国土空间规划丛书

战略性新兴领域"十四五"高等教育教材
教育部战略性新兴领域"十四五"高等教育教材体系建设团队编写

丛书主编　吴志强

国土空间规划实施与治理

IMPLEMENTATION AND GOVERNANCE OF TERRITORIAL & SPATIAL PLANNING

岳文泽　主编

同济大学出版社
TONGJI UNIVERSITY PRESS
·上海·

图书在版编目（CIP）数据

国土空间规划实施与治理 / 岳文泽主编． -- 上海：同济大学出版社，2024.8. -- （国土空间规划丛书 / 吴志强主编）（战略性新兴领域"十四五"高等教育教材）． ISBN 978-7-5765-1308-0

Ⅰ．TU98

中国国家版本馆CIP数据核字第20241SV810号

战略性新兴领域"十四五"高等教育教材
国土空间规划丛书

丛书主编　吴志强

国土空间规划实施与治理

岳文泽　主编

策划编辑：吕　炜　｜　责任编辑：邢宜君　｜　责任校对：徐逢乔　｜　封面设计：完　颖

出版发行：同济大学出版社 www.tongjipress.com.cn
　　　　　（地址：上海市四平路1239号 邮编：200092 电话：021-65985622）
经　　销：全国各地新华书店、建筑书店、网络书店
印　　刷：上海安枫印务有限公司
开　　本：787mm×1092mm　1/16
印　　张：32.75
字　　数：578 000
版　　次：2024年8月第1版
印　　次：2024年8月第1次印刷
书　　号：ISBN 978-7-5765-1308-0
定　　价：128.00元

本品若有印装质量问题，请向本社发行部调换　　版权所有　侵权必究

《国土空间规划实施与治理》编委会

主　编

岳文泽

副主编

王　伟　周国华　胡守庚　吕　晓　徐丽华

张　杨　柯新利　郭　杰　鲍海君　董　慰

总 序

"智人"（Homo sapiens）之所以在动物界中脱颖而出超越动物本能，是因为其具有谋划共同愿景、在共同目标下创造复杂工具技术、展开语言沟通交流及大规模集体协同行动的能力。其中包含三种关键能力：

（1）具有想象愿景的能力。可通过协商想象，制定出一个共同认同的、尚未现实存在的愿景目标（visioning）。

（2）具有为实现目标设置路径的能力。对大规模个体进行系统分工，分头分段推进计划（approaching）。

（3）具有语言沟通、协同调整的能力。在实施愿景的过程中，对于没有发生的场景进行过程沟通，不断优化目标、优化途径、优化分工，直到实现愿景，甚至实现超出原本愿景的目标（coordinating）。

这三种能力是人类区别于其他动物的本质能力，也是规划的三大核心要素：目标愿景、实施路径、沟通协调。因此，只要理解人类与动物能力的本质区别，就可以理解人类为什么一定会进行规划。

土地是人类生存的根本基础，也是动植物的生存基础。人类在现代文明之前，几乎所有的生存、生活和生产活动都在土地上发生。因此，人类在进入现代文明之前，各种族之间的竞争几乎都可以理解为对生存土地及土地之上的生产、生活资料的竞争。马克思主义诞生以前，西方对于财富的认识一般为：土地是财富之母，劳动是财富之父。马克思主义诞生以后，资本主义产生财富的依托要素被扩展至除土地、劳动之外的资本等其他要素。

空间比土地的含义更多，也更复杂。空间之所以比土地复杂，可以从以下三个方面来认识：

（1）从空间维度上，空间有地下、地面、地上、空中的深度和高度。

（2）从生产维度上，除了包含第一产业之外，更重要的是第二产业和第三产业，以及更高维度的生产组织和生产关系。

（3）从构成要素维度上，除了自然物质空间和人造物质空间外，还有社会空间，以及正在诞生的数字智能空间的多要素空间复合。

因此，我们现在一般称空间是复合的，空间进入了三度空间：物质空间、社会空间和数字空间。而三度空间在某个时段中又是一体化运行推进的，这也说明人类文明正进入更高的维度，空间的规划也变得更加多维、更加系统、更加复合，要求更高的文明来规划和治理。

空间规划是文明的产物，不同的文明阶段也对应了不同的空间规划。进入工业文明后，随着城市空间的立体化和城市财富要素的高速流动，大城市的规划成为一种职业，也是现代空间规划的起源。现代空间规划从大城市区域的空间规划，逐步发展到中小城市的规划，并延续到农业地区的规划，使得空间规划包含了城市和乡村地区人类居住空间的整体规划。

当前，我们这套"国土空间规划丛书"第1期共有22个分册，包括《国土空间规划原理》《数字国土空间》《国土空间规划概论》《国土空间规划理论与方法》《国土空间治理学（上册）》《国土空间治理学（下册）》《国土空间规划实施与治理》《国土空间使用与管理（上册）》《国土空间使用与管理（下册）》《国土空间总体规划编制》《国土空间详细规划编制》《乡镇域国土空间规划》《村域国土空间规划》《国土空间专项规划编制》《国土空间健康规划》《国土空间遗产保护与复兴规划》《国土空间产业规划》《国土空间生态规划》《国土空间规划与空间形态设计》《国土空间规划相关知识：自然卷》《国土空间规划相关知识：人文卷》《国土空间规划相关知识：陆海统筹》，基本涵盖了空间规划的维度和层级。

这套丛书汇聚了清华大学、北京大学、东南大学、天津大学、同济大学、华中科技大学、中国人民大学等众多高水平教学团队的智慧和经验，除完成系统整理和传播国土空间规划领域的知识、厘清学科脉络这一书籍的历史使命之外，我们还期望这套丛书在指导实际规划工作中的决策和操作、推介最新技术和方法、了解和适应国土空间规划行业变化、扩展跨学科和国际视野方面能提供实际的帮助。

"国土空间规划丛书"作为开放体系，随着科技进步和城市规划理论的发展而不断更新和完善，可能会增加更多探讨新兴技术和方法的分册、更新前沿的实际案例研究。我们也希望这套丛书能够成为国土空间规划领域的一个开放平台，吸引更多的学者和实践者参与进来，激发更多关于构建更加智能、可持续和公平的城市的讨论和探索，共同推动国土空间规划学科的发展。

"国土空间规划丛书"总主编
中国工程院院士
教育部建筑类专业教学指导委员会副主任、城乡规划学分指导委员会主任

前　言

国土空间作为支撑人类经济社会运行的基本载体，是参与国民经济循环的核心要素，也是建构现代国家治理与社会秩序的基础，可物质地、实践地进入人类社会，与人形成辩证统一的生命共同体。构建优势互补、高质量发展的区域经济布局和国土空间体系，是中国进入生态文明新时代作出的一项重大部署，为全面推进中国式现代化提供最为坚实的基础保障。然而，进入21世纪以来，"增长主义""九龙治水"式的国土空间开发利用与管理模式不仅难以应对愈发严重的生态环境破坏、资源粗放利用、空间发展失衡等一系列问题，也难以满足人民日益增长的美好生活需要与共同富裕、新型城镇化、乡村振兴等高层级的战略要求。为此，我国于2019年颁布《中共中央　国务院关于建立国土空间规划体系并监督实施的若干意见》，开启了以"多规合一"为核心的国土空间规划体系改革，将国土空间规划定义为"国家空间发展的指南、可持续发展的空间蓝图，是各类开发保护建设活动的基本依据。"至此，国土空间规划在国家治理体系中的引领性、基础性地位在顶层设计层面得以明确。当前，随着各级政府自然资源"两统一"改革（"两统一"具体指统一行使全民所有自然资源资产所有者职责，统一行使所有国土空间用途管制和生态保护修复职责）全面铺开，各地国土空间规划实践已经从方案/规划编制进入实施监督阶段，如何真正让规划的美好蓝图走向现实世界成为核心问题。

我国的空间规划在数十年的学理争鸣、学科建设、实践探索之中不断深化发展，使得规划本身已经超越了一门单纯的专业技术，成为涵盖公共管理、经济增长、社会民生等广泛议题的科学体系、技术范式与政策制度。长期以来，规划学科主要立足自然科学视角，在认知国土空间演化规律、优化调整人地关系等方面已经有了相对完备的知识体系。但面向"两统一"的系统性变革，既有的规划知识体系"重技术、轻实施""重目标、轻治理"，对于规划实施的理解更侧重于单一而具体的行政行为，并未将其纳入自然资源领域整体治理体系之中考量，规划实施本身所具有的人本性、治理性、政策性被忽视，难以培养能够解决复杂空间治理问题、支持多元目标决策、促进社会多元主体沟通协调等适应新时代发展趋势的现代化人才。因此，建构新时代国土空间规划学科体系，迫切需要以规划实施为重要视角，融合公共管理、法学、经济学、社会学等社会科学思维，强化规划学科的"以人为本"属性。

不同于过去的城乡规划、土地利用规划等，本轮国土空间规划体系改革带有鲜明的"治理转向",是战略导向、问题导向、需求导向的综合结果,具体表现为:第一,不同于过去任何一个强调单一目标的发展阶段,统筹协调成为当前国土空间规划体系的首要任务。面向中国式现代化的多维战略目标,规划实施更需要彰显"治理"的核心价值,实现高标准保护、高效率开发、高水平协调、高品质美丽、高效能治理多个目标协同。第二,本轮国土空间规划体系改革带有鲜明的问题导向,生态优先、安全优先、民生优先等理念在本轮规划实践中被赋予了前所未有的重要性。这从根本上重塑了国土空间开发保护的基本逻辑,"先定底线、再谋发展"成为规划实践的共识,如何使规划实施更具有弹性、更有可行性成为关键问题。第三,从我国国土空间开发保护实践的历史逻辑来看,规划始终是我国根据人民实际需求而不断优化的一项自主选择,已经实现了从支撑基本社会秩序的"保障性"阶段到实现生产生活多元融合的"发展性"阶段的跃迁。然而,规划本身仍是人类有限理性的产物,面向动态、非线性、充满不确定性的社会发展进程,在规划实施过程中需要因时制宜、因地制宜、因人制宜。因此,本教材以"国土空间规划实施与治理"为主线,旨在建构一个面向治理的国土空间规划实施知识体系,将政府、市场、社会等多元主体,以及不同类型、不同环节的规划实施路径共同纳入其中。

本书共分为10章,聚焦国土空间规划实施与治理的理论与实践,在深入阐释其概念内涵、多元主体构成、核心内容体系等的基础上(第1章),了解国土空间规划实施与治理的相关学理、法理、管理等理论基础(第2章),并围绕国土空间规划实施的计划管理(第3章)、国土空间用途管制(第4章)、国土空间规划许可制度(第5章)、国土空间规划的建设项目管理(第6章)、国土空间规划的自然资源资产市场治理(第7章)、国土空间规划实施的监督治理(第8章)、国土空间规划实施的社会治理(第9章)等规划实施全流程所涉及的基本概念内涵、核心价值原则、主要发展脉络、内容体系构成等展开,最后对国土空间规划实施与治理的实践进行总结,并提出展望(第10章)。各章节均将规划实施置于国家治理体系与治理能力现代化进程中去解读,旨在回应政府与市场、公平与效率、安全与发展等基本理论问题,在实践层面也力求面向一线前沿,为国土空间规划、土地资源管理、地理学等专业的学生与从业人员提供参考。

本教材由岳文泽教授负责制定编写提纲以及全书的统稿、修订、审稿等工作。参与各章初稿撰写的人员情况为:第1章由岳文泽负责,胡守庚、卢有朋、张英男、韩正康、杨剩富参与撰写;第2章由董慰负责,岳文泽、张子龙、王金满、王伟参与撰写;第3章由郭杰负责,金晓斌、刘大海、李彦平、李效顺、李永峰、易家林、洪步庭、宋家鹏参与撰写;第4章由柯新利负责,周国华、郭杰、何利杰、刘大海、李彦平、李效顺、李永峰、刘慧参与撰写；第 5 章由张杨负责，卢有朋、吕晓、陆张维、刘大海、李彦平、杜立柱、董通参与撰写；第 6 章由吕晓负责，徐丽华、王伟、岳文泽、王金满、陆张维、董慰、刘大海、李彦平、胡贤辉参与撰写；第 7 章由胡守庚负责，吕晓、肖武、刘大海、李彦平、李效顺、李永峰参与撰写；第 8 章由鲍海君负责，张杨、张子龙、徐艳、王梦婧、莫诗琴参与撰写；第 9 章由周国华负责，朱佩娟、董慰、王伟参与撰写；第 10 章由王伟负责撰写。此外，由国安东负责组织协调、校核和部分初稿的撰写，郑殿元、刘逸竹、钟鹏宇、候勃、刘斌、曾源源、万鹏翔、吴桐、杨术、裴温琪等也参与了部分章节的校核与修订。

　　本书在编写过程中广泛借鉴、参考了多学科教材，各级政府法律、行政法规与政策文件，以及各类专著书籍与权威期刊论文。受编写人员知识体系、编写时间等因素限制，书中存在的错误、缺失与疏漏之处，恳请广大读者给予批评指正，我们将在教材修订中及时更新完善。

岳文泽

2024 年于杭州

目 录

总 序   V
前 言   VII

第1章 绪论   **001**
    1.1 国土空间规划实施与治理的基础理论认知   001
    1.2 国土空间规划实施与治理的多元主体   016
    1.3 国土空间规划实施与治理的内容体系   029
    1.4 改革开放后国土空间规划实施与治理的发展历程   039

第2章 国土空间规划实施与治理的理论基础   **054**
    2.1 国土空间规划实施与治理的学理基础   054
    2.2 国土空间规划实施与治理的法理基础   068
    2.3 国土空间规划实施与治理的制度基础   081
    2.4 国土空间规划实施与治理的技术支撑   094

第3章 国土空间规划实施的计划管理   **106**
    3.1 自然资源计划管理概述   106
    3.2 土地资源计划管理   116
    3.3 其他自然资源计划管理   136

第4章 国土空间规划的用途管制   **149**
    4.1 国土空间规划实施的用途管制概述   149
    4.2 主体功能区管制与治理体系   154
    4.3 "三区三线"管制与治理体系   167

4.4	全域功能分区管制与治理体系	177
4.5	空间准入清单管制与治理体系	205

第 5 章　国土空间规划许可制度　　214

5.1	国土空间规划许可概述	214
5.2	规划许可的法律效力	219
5.3	城镇规划项目许可制度体系	222
5.4	乡村规划项目许可制度体系	229
5.5	专项资源使用许可制度体系	237

第 6 章　国土空间规划的建设项目管理　　253

6.1	建设项目管理概述	253
6.2	农用地转用制度	259
6.3	建设用地预审制度	270
6.4	土地征收制度	274
6.5	建设用地审查报批制度	283
6.6	存量建设用地更新制度	289
6.7	国土空间开发保护的全流程管理	295

第 7 章　国土空间规划实施的自然资源资产市场治理　　314

7.1	自然资源资产市场治理概述	314
7.2	我国自然资源资产市场体系	321
7.3	国有土地市场体系	329
7.4	集体所有土地市场体系	338
7.5	专项自然资源资产产权市场体系	351

第 8 章　国土空间规划实施的监督治理　　364

8.1	国土空间规划实施监督概述	364
8.2	国土空间规划编制监督概述	373
8.3	国土空间规划实施监测与评估	382

8.4	国土空间规划实施监察	389
8.5	国土空间规划实施督察	393
8.6	国土空间规划实施监测网络	397

第 9 章　国土空间规划实施的社会治理　406

9.1	国土空间规划实施的社会治理概述	406
9.2	国土空间规划实施的责任规划师制度	425
9.3	国土空间规划实施的公众参与制度	433
9.4	国土空间规划实施的规委会制度	447

第 10 章　国土空间规划实施与治理的实践与展望　454

10.1	各国（地区）国土空间规划实施与治理比较	454
10.2	国土空间规划实施与治理的国际实践	460
10.3	国土空间规划实施与治理的国内实践	482
10.4	国土空间规划实施与治理的展望	496

参考文献　501

第 1 章 绪 论

■ 导语

通过本章学习,掌握国土空间规划实施与治理的相关基础概念、涉及主体与对象、核心内容体系,辨析国土空间规划实施与治理同传统规划实施与管理的区别,厘清政府、市场、社会等多元主体在规划实施与治理中的定位、分工与关系,了解国土空间规划实施与治理的原则、类型、内容、层级重点与方法体系。在此基础上,充分了解我国空间规划实施与治理的历史沿革,深刻理解并认识国土空间规划体系重构面临的时代背景。

1.1 国土空间规划实施与治理的基础理论认知

国土空间规划实施与治理是一个与时俱进的概念,既是对以往土地利用规划、城乡规划、主体功能区规划等"多规"的批判性继承,也有"合一"之后的全新特征。本节的核心回答了"国土空间规划实施与治理是什么"的问题,并主要辨析了国土空间规划、国土空间治理、规划实施与治理的概念与内涵,为建构系统的知识体系与实践模式奠定基础。

1.1.1 国土空间规划

1. 国土空间规划的概念

规划是对各类系统未来发展的一种谋划、安排、部署和展望。以控制论为基础的现代规划重点是确定要达成的目标，以及为实现目标可能采取的途径和措施，同时分析这些途径和措施可能造成的各种后果，并从中找出最满意的行动方案。空间规划的对象更为明确，它包含所有以地域实体作为主要研究对象的规划，是对空间合理保护、开发、利用、修复和治理的规划，其核心是建立各种空间保护开发之间的关系，包括空间数量、质量、结构、强度及其变化之间的关系。《欧洲空间发展展望》(*European Spatial Development Perspective*)指出，空间规划是由公共部门对未来空间内各类活动分配施加影响的各种办法，旨在创造更理性的土地利用组织和联系，在保护环境的同时对发展需求作出平衡，并实现各种社会和经济目标。[1] 城乡规划、土地规划、景观规划、国土空间规划等在广义上都属于空间规划的范畴。

国土空间规划不同于以发展建设为主的城乡规划，也不同于侧重要素单一、偏约束思维的土地利用规划，而是我国基于全球普遍发展规律与独特国情所提出的全新命题。2019年5月发布的《中共中央 国务院关于建立国土空间规划体系并监督实施的若干意见》（以下简称《若干意见》）提出，将主体功能区规划、土地利用规划、城乡规划等空间规划融合为统一的国土空间规划。至此，我国确立了国土空间规划在空间规划体系中的统领地位。

总体来说，本书将国土空间规划的概念表述如下：国土空间规划是对一定区域国土空间开发与保护在空间与时间上所作出的统筹安排。它是国家空间发展的指南、可持续发展的空间蓝图，是各类保护与开发建设活动的基本依据。国土空间规划是以对一定空间范围内资源禀赋的科学认知为基础，以优化空间结构、提升空间利用效率和提高空间品质等为核心价值，对土地利用、设施布局、开发秩序、资源配置等一定区域内的国土空间开发、保护实践所做的整体性部署和策略性安排，以及将之付诸实施和进行治理的过程性活动。

2. 国土空间规划的类型

自2018年国家实施机构改革以来，新组建的自然资源部开始践行国家赋予的"两统一"使命，即统一行使全民所有自然资源资产所有者职责，统一行使所有国土空间用途管制和生态保护修复职责，我国国土空间规划体系建设的行政组织体系趋于统一、稳定。我国的国土空间规划体系总体上可分为"五级三类"："五级"是指全国、省级、市级、县级、乡镇级；"三类"是指总体规划、专项规划、详细规

---

1. European Commission. European Spatial Development Perspective [R]. 1999.

划。此外，国土空间规划在编制与实施监督运行方面也存在"四体系"，包括编制审批体系、实施监督体系、法规政策体系、技术标准体系。

1）国土空间规划的"五级"

"五级"对应我国的行政管理体系，是一种依据行政主体单元划分的类型，具体有全国、省级、市级、县级、乡镇级五个类型。全国国土空间规划纲要是对全国国土空间作出的全局安排，以贯彻国家核心意志与解决社会主要矛盾为主线，是全国国土空间保护、开发、利用、修复的政策和总纲，侧重战略性。省级国土空间规划具有"承上启下"的作用，既是对全国国土空间规划的落实，又指导市县国土空间规划编制，侧重协调性，由省级政府组织编制。市级、县级和乡镇级国土空间规划是本级政府对上级国土空间规划要求的细化落实，是对本行政区域开发保护作出的具体安排，侧重实施性。

2）国土空间规划的"三类"

"三类"是一种根据规划具体内容差异作出的分类，具体包括总体规划、详细规划与专项规划。总体规划强调综合性、统筹性、战略性，是对一定区域范围内全域空间的全局性安排，涉及国土空间保护、开发、利用、修复、防灾等以及一系列制度政策保障措施。需要说明的是，并非所有行政层级都需要编制国土空间总体规划，例如可以将部分乡镇整合形成片区单元进行总体规划编制，乡镇级国土空间总体规划也可以一并纳入上级总体规划联合编制等。在编制报批方面，国家级国土空间总体规划由自然资源部会同相关部门组织编制，由党中央、国务院审定后印发；省级国土空间总体规划由省级政府组织编制，经同级人大常委会审议后报国务院审批；市县级以及乡镇级国土空间总体规划分为两类情况，一是需报国务院审批的城市国土空间总体规划，由市级政府组织编制，经同级人大常委会审议后，由省级政府报国务院审批；二是某些市县及乡镇国土空间规划由省级政府根据当地实际，明确规划编制审批内容和程序要求。

详细规划是对具体地块用途和开发建设强度等作出的实施性安排，是开展国土空间开发保护活动、实施国土空间用途管制、核发城乡建设项目规划许可、进行各项建设等的法定依据。在城镇开发边界内的详细规划，由市县级自然资源主管部门组织编制，报同级政府审批；在城镇开发边界外的乡村地区，以一个或几个行政村为单元，由乡镇政府组织编制"多规合一"的实用性村庄规划，作为详细规划，报上一级政府审批。

专项规划是指在特定区域（流域）、特定领域，为体现特定功能，对空间开发保护利用作出的专门安排，是涉及空间利用的专项规划。海岸带、自然保护地等专项规划及跨行政区域或流域的国土空间规划，由所在区域或上一级自然资源主管部门牵头组织编制，报同级政府审批；涉及空间利用的某一领域专项规划，如交通、能源、水利、农业、信息、市政等基础设施，公共服务设施，军事设施，以及生态环境保护、文物保护、林业草原等专项规划，由相关主管部门组织编制。相关专项规划可在国家、省和市县层级编制，不同层级、不同地区的专项规划可结合实际选择编制的类型和精度。

3）国土空间规划的"四体系"

"四体系"是一种结合规划运作环节作出的分类，具体包括编制审批体系、实施监督体系、法规政策体系、技术标准体系。

编制审批体系是指各级各类国土空间规划的编制、审查与报批，需要体现并把控国土空间规划的战略性、科学性、协调性、操作性。编制审批体系在"五级"之中体现为"一级政府、一级事权"，以及事权在不同层级政府的传导衔接，在"三类"之中体现为总体规划、详细规划、专项规划之间对国土空间各项部署安排的方向侧重与深度差异，例如总体规划是战略性总纲，专项规划是交通、能源、水利等专项相关的行业领域对特定空间的安排，详细规划是规划许可依据与实施性、建设性的安排。

实施监督体系是指国土空间规划的实施和监督管理，在内容与手段上主要包括：①以国土空间规划为依据，对所有国土空间实施用途管制，突出全域全要素覆盖与系统性治理；②依据详细规划实施规划许可制度，体现操作性与合法性；③开发保护项目涉及的各项审批，表现为"谁组织审批、谁负责监管""谁组织编制、谁负责实施"；④规划动态监测、评估等机制，融合大数据、人工智能等数字化技术；⑤健全国土空间重要控制线管制要求，须兼具规划约束性与动态性。

法规政策体系是支撑国土空间规划体系的各类法规政策，主要包括：①国家层面有关国土空间规划相关法律，即自然资源主管部门出台的有关国土空间规划的部门性规章制度；②地方性有关国土空间规划相关法律，即各级地方自然资源主管部门出台的有关国土空间规划的部门性规章制度；③支撑国土空间规划实施的人口、生态环境、财税、金融等配套政策。

技术标准体系是保障国土空间规划编制、监督实施等全流程的技术运用与规范标准，主要包括：①各级政府有关国土空间规划编制的技术规程，包括编制指南、数据标准、制图规范等；②各级政府有关国土空间规划实施的技术规程，包括全域土地综合整治、生态保护修复等不同开发保护项目；③各级政府有关国土空间规划监管的规章制度，例如"一张图"平台、规划实施监测网络等。

3. 国土空间规划的内容

理解国土空间规划内容是科学组织各类国土空间开发与保护活动的前提条件，本书按照国土空间规划"五级三类"的层级与内容，分类阐述国土空间规划实施与治理的基础依据。

1）总体规划的编制内容

国土空间总体规划共有五个层级。根据"一级事权、一级规划"的原则，各层级总体规划是各级政府在其行政辖区内行使法定行政事权的依据。规划主要内容包括：国土空间发展目标，总体格局，主体功能区定位要求，生态、农业城镇的功能空间布局，生态保护红线、永久基本农田、城镇开发边界等空间管控边界，以及各类海域保护线划定、专项规划空间统筹，要素综合配置，约束性指标和刚性管控要求，规划实施传导机制和路径措施。

（1）全国国土空间总体规划的主要编制内容

全国国土空间总体规划的编制内容主要包括：①国土空间开发保护目标，包括国土空间开发强度、建设用地规模，生态保护红线控制面积、自然岸线保有率，耕地保有量及永久基本农田保护面积，用水总量和强度控制等指标的分解与下达；②主体功能区划分，包括城镇开发边界、生态保护红线、永久基本农田的协调与落实情况；③城镇体系布局，包括城市群、都市圈等区域协调重点地区的空间结构；④生态系统保护格局，包括重大基础设施网络布局，城乡公共服务设施配置要求；⑤自然保护地体系和历史文化保护体系；⑥乡村空间布局，包括促进乡村振兴的原则和要求、保障规划实施的政策措施；⑦对省级规划、专项规划的指导和约束要求等[1]。

（2）省级国土空间总体规划的主要编制内容

省级国土空间总体规划的编制内容主要包括：①落实全国国土空间总体规划的主要目标、管控方向与重大任务，结合省域实际，明确省级国土空间发展的总体定位、国土空间开发的保护目标和空间战略；②落实全国国土空间总体规划所确定的国家级主体功能区，结合地方实际细化省级主体功能区；③统筹划定生态保护红线，以及永久基本农田、城镇开发边界三条控制线，确定省域生态空间、农业空间、城镇空间的范围；④自然资源要素、历史文化和自然景观资源要素等资源要素的保护与利用；⑤基础设施、防灾减灾等基础支撑体系；⑥生态修复和国土空间综合整治；⑦区域协调与规划传导，包括省级协调、省域重点地区协调，以及市县规划的传导和对专项规划的指导约束。

---

1. 文超祥，何流.国土空间规划实施管理［M］.南京：东南大学出版社，2022.

（3）市县级国土空间总体规划的主要编制内容

市县级国土空间总体规划的编制内容主要包括：①落实主体功能定位，明确空间发展目标战略；②优化空间总体格局，促进区域协调、城乡融合发展；③强化资源环境底线约束，落实上位国土空间总体规划所确定的生态保护红线、永久基本农田、城镇开发边界等划定要求，统筹划定"三条控制线"；④依据国土空间开发保护总体格局，注重城乡融合、产城融合，优化城市功能布局和空间结构，改善空间连通性和可达性；⑤结合不同尺度的城乡生活圈，优化居住和公共服务设施用地布局，完善开敞空间和慢行网络，提高人居环境品质；⑥加强自然和历史文化资源的保护，运用城市设计方法，保护自然与历史文化，优化空间形态，塑造具有地域特色的城乡风貌；⑦统筹存量和增量、地上和地下、传统和新型基础设施系统布局，构建集约高效、智能绿色、安全可靠的现代化基础设施体系，提高城市综合承载能力，建设韧性城市；⑧针对空间治理问题，分类开展整治、修复与更新，有序盘活存量建设用地，推进国土整治修复与城市更新，提升空间综合价值；⑨保障规划有效实施，提出对下位规划和专项规划的指引；⑩衔接国民经济和社会发展五年规划，制定近期行动计划；⑪提出规划实施保障措施和机制。

（4）乡镇级国土空间总体规划的主要编制内容

乡镇级国土空间总体规划的编制内容主要包括：①落实上位国土空间总体规划的要求，确定乡镇功能定位、发展目标和产业导向等；②落实上位国土空间总体规划对本乡镇社会经济发展目标、国土开发保护目标和规划指标的要求；③结合地方实际，提出国土空间开发保护的总体策略；④在上位国土空间总体规划所确定的规划用途分区的基础上进行细化落实，划定二级用途分区；⑤落实上位规划的"三条控制线"，以及重要基础设施和廊道控制线、重要历史文化资源保护控制线、重要公共服务设施控制线等其他控制线和重点蓝线、绿线、紫线等；⑥优化用地布局，研究各类用地增加或减少的相互关系和比例情况，制定规划期内乡镇主要用地地类结构调整方案，编制结构调整表；⑦在通用管制规则的基础上，结合地方实际，制定有特色、细化和深化的管制规则；⑧明确国土空间综合整治与修复的目标任务、主要内容、整治区域及其整治对策与措施，并进行空间落位；⑨协调并落实各类专项规划重要设施的空间需求，落实交通、能源、给水、排水、环卫等主要设施的用地需求和空间布局；⑩明确向下位规划传导的内容；⑪确定规划实施与行动、规划实施保障措施[1]。

---

1. 自然资源部国土空间用途管制司. 国土空间用途管制理论与实践[M]. 北京：商务印书馆，2023.

2）专项规划的编制内容

专项规划主要内容包括：规划目标、空间布局、约束性指标与空间管控要求，以及近期实施项目信息等，并根据实际需要补充其他内容。规划目标要结合总体规划、上级专项规划要求和行业发展需求，提出总体目标与实施战略，细化明确分阶段目标；空间布局要符合生态保护红线、永久基本农田、城镇开发边界等重要控制线和国土空间用途管制要求，明确专项规划总体空间格局，细化本区域（流域）、领域的重大项目布局，科学合理统筹配置资源要素，提供明确的空间配置方案；约束性指标和空间管控要求明确战略管控、资源安全、要素保障、空间管制等，以及专项规划项目用地范围内的空间要求，提出本区域（流域）、领域的有关规划控制性指标；近期实施项目要加强主管部门之间信息共享，统筹协调项目空间布局，科学安排项目建设规模、时序等内容，并将其纳入空间治理平台进行管理，作为后续项目用地用海审批的重要依据。

3）详细规划的编制内容

（1）城镇开发边界内的详细规划主要编制内容

城镇开发边界内的详细规划的编制内容主要包括：①深化与完善片区规划所确定的功能定位；②在片区规划所确定的建设用地规模、耕地保有量和设施配建等要求的基础上，深化用地布局，精准落位在每块用地的图斑上；③明确蓝线、绿线、黄线等具体控制线的范围；④确定各地块的用途、开发强度、保护与利用模式、控制性指标等。

（2）城镇开发边界外的详细规划（村庄规划）主要编制内容

城镇开发边界外的详细规划（村庄规划）的编制内容主要包括：①严格落实上级规划要求，合理预测村庄人口规模，明确村庄发展、国土空间开发保护等目标；②落实生态保护红线、耕地保有量、永久基本农田保护面积、村庄建设用地规模等约束性指标及相关预期性指标；③优化调整村域用地布局，明确各类土地规划用途；④加强建设用地的弹性和兼容性管理，合理确定用途分类的深度；⑤确定农业空间、生态空间和城镇空间相应的国土空间用途管控要求，引导各类土地的合理保护和开发利用，落实永久基本农田划定成果，落实耕地保护任务和补充任务，明确永久基本农田地块（图斑）范围、保护要求和管控措施；⑥落实上级规划所确定的国土空间综合整治和生态修复目标与项目安排，进一步明确各类项目的具体任务、实施范围和时序；⑦明确主导产业发展方向，因地制宜地发展优势特色产业；⑧制定公共服务设施、道路交通、公用设施、防灾减灾的村庄配套设施规划，居民点规划和近期规划。

1.1.2 国土空间治理

1. 管理、治理与空间治理

管理活动始于人类群体生活中的共同劳动,距今已有上万年历史。在中国古代,"管"是指锁的钥匙,而"理"是一个思想范畴,二者结合引申为对于复杂事物的管束与整治。从广义上说,管理是指在特定的环境条件下,以人为中心,通过计划、组织、指挥、协调、控制及创新等手段,对组织所拥有的人力、物力、财力、信息等资源进行有效决策与控制等,以期高效地达到既定组织目标的过程。从狭义上说,管理是指一定组织中的被授权者,通过实施计划、组织、领导、协调、控制等职能来协调他人的活动,使别人同自己一起实现既定目标的活动过程。

20世纪90年代以来,治理理论在全球广泛兴起,并被赋予了各种不同的现代内涵。《牛津简明英语词典》列举了有关治理的三种相关含义,分别是指:①控制(governing)的行为、方式或者事实,政府统治(government),包括"控制力或管制力、控制、掌控"和"被控制的状态与良好的秩序";②"控制的功能或权力,控制的权威"和"负责控制管理的人或实体";③对生活或商业的管理行为。很显然,这些含义都是指组织的控制、引导和运行,关键词是"控制(steer)"。当前,相对权威、影响较大的治理概念始于全球治理委员会发布的《我们的全球伙伴关系》。该研究报告指出,治理是各种公共的或私人的个人和机构管理其共同事务的诸多方式的总和。它是使相互冲突的或不同的利益方得以调和并且采取联合行动的持续的过程。这既包括有权迫使人们服从的正式制度和规则,也包括各种人们同意或以为符合其利益的非正式的制度安排。[1] 它与管理(management)、统治(government)的内涵既有交集,也存在着差异。统治的主体是一元的、集中的,大多由社会公共权力部门的政府来承担;管理是为了实现某一组织目标而形成的一系列活动;而治理则强调多主体或多组织实现共同目标[2]。

相较于以上概念,空间治理(spatial governance)是一个舶来品,流行于西方20世纪70年代以来的社会科学领域。在已有的学术讨论中,尽管对于空间治理存在不同认知视角,但大多建立在治理概念的基础之上:一是从治理的结果导向来看,将空间治理定义为"通过资源配置实现国土空间的有效、公平和可持续利用,以及各地区间相对均衡的发展"[3];二是从治理的主体关系来看,认为空间治理本质

---
1. 全球治理委员会. 我们的全球伙伴关系 [R]. 牛津:牛津大学出版社,1995:23.
2. 吴次芳,吴宇哲,彭毅,等. 空间治理 [M]. 北京:地质出版社,2023.
3. 刘卫东. 经济地理学与空间治理 [J]. 地理学报,2014,69(8):1109-1116.

是对政府、市场、社会主体之间关系的反映，强调不同利益集团的互动过程[1]；三是从治理的工具与路径来看，认为规划、政策和权力安排是国家空间治理中的主要手段[2]。

2. 国土空间治理的概念

国土空间治理这一概念建立在我国独特的国情和全球普遍性的发展规律基础之上，本质上看，国土空间治理是对空间关系的重构，既包括"人－地"关系，也应包括"人－人"关系。其中，"人－人"关系即把人的全面发展和多样化需求放在重要的位置，处理好多元主体的利益关系，集中反映在对国土空间价值的治理上；"地－地"关系即尊重山水林田湖草沙生命共同体系统运行的规律，维护和修复各要素之间的联系和作用机制，集中反映了对国土空间要素和结构的治理[3]。本书将国土空间治理定义为：多元主体管理其共同的空间，是相互冲突或不同利益相关方达成调和且采取共同开发保护行为，协调、重塑空间关系的系统过程，总体上实现空间的高标准保护、高效率开发、高水平协调、高品质美丽和高效能治理。

国土空间治理是一个由治理主体、治理理念、治理体制、治理方式和治理手段构成的相互影响、相互关联的体系。在治理主体上，国土空间治理不仅强调政府主导，也重视市场和社会的多重力量，从治理决策的前后端形成整体协同的治理范式，借助政府的"放管服"改革，调整优化政府和市场的权责边界。在治理理念上，强调人和空间的全面发展，做到人与自然的整体协调和统一。资源节约和绿色发展是国土空间治理的重要理念导向，重视将生态成本、生态要素和生态效益纳入国土空间开发和保护中。在治理体制上，通过构建完善的政策法规体系和技术标准体系，保证各利益主体的共同参与和利益诉求，将治理依据法治化。在治理方式上，注重国土空间精细化和精准化管理与服务。在治理手段上，借助以数字技术为代表的信息技术革命推动空间治理手段转型，搭建数字化平台应用于国土空间规划、实施和监督预警的全过程，实现治理手段智慧化。

3. 国土空间治理的类型

国土空间治理是一个兼具空间性与治理性的概念，保持空间的整体性、尺度性与治理体系相契合是国土空间治理的重要特征（专栏1-1），依此可将国土空间治

---

1. 张京祥，陈浩. 空间治理：中国城乡规划转型的政治经济学[J]. 城市规划，2014，38（11）：9-15.
2. 张兵，林永新，刘宛，等. "城市开发边界"政策与国家的空间治理[J]. 城市规划学刊，2014（3）：20-27.
3. 朱从谋，王珂，张晶，等. 国土空间治理内涵及实现路径：基于"要素—结构—功能—价值"视角[J]. 中国土地科学，2022，36（2）：10-18.

理分成以下几种类型。

1）国家国土空间治理

国家空间治理是对全国国土空间的治理，重点是中央政府事权范围内的空间治理，涉及国家空间中综合性和战略性的空间结构问题。主要内容包括：①体现国家意志导向，维护国家空间安全和国家空间主权；②协调区域发展，统筹海陆和城乡发展；③重大资源、能源、交通、水利等关键性空间要素的优化布局；④统筹全国生产力组织和经济布局，优化产业空间布局结构，合理布局全国性工业集聚区、新兴产业示范基地、农产品生产基地、中心城市、门户城市、城市群或都市圈；⑤统筹推进大江大河流域治理、跨省区国土空间生态修复和综合整治，建立以国家公园为主体的自然保护地体系；⑥提出国家空间开发保护的政策宣言和差别化的空间治理准则，等等。

2）区域国土空间治理

由于区域属性不同，各类区域在国土空间治理中所要重点解决的问题往往也有所差异。空间治理对应其所在区域的类型，有多少种区域分类，就可以分出多少种类型的空间治理。按照区域属性划分，区域空间治理主要有以下四种类型。

自然区空间治理。主要指流域、山区、海岛、草原、大江大湖、沿海地带等相对独立的自然地理单元的空间治理。

经济区空间治理。如长江三角洲经济区、珠江三角洲经济区、黄河三角洲经济区、粤港澳大湾区，以及各类经济技术开发区、自由贸易港、保税区、欠发达地区等的空间治理。

行政区空间治理。行政区是为了对国家政权职能实行分级管理而划分出来的地理单元。全国行政体制分为国家、省、市、县、乡镇五级政府，按照"一级政府、一级事权"的中央与地方分工，每一级政府都有其相应的行政区空间治理事权。

社会区空间治理。社会区是以民族、风俗、文化、习惯、居住形态等社会因素的差别所划分的地理单元，如城市区、乡村区、革命老区、少数民族地区等。其中，城市区和乡村区是空间治理的重点对象。

3）场所国土空间治理

场所的物质形态是场地，在空间尺度上属于微观层面，主要是一种营建空间。人类的大部分活动最终都需要落在场地上，场地与人类日常活动关系特别密切。在越来越重视以人为本位的当下，场所空间治理的意义日益凸显出重要性。场地的内容十分丰富，包括场地的总体布局、场地的外部空间组织、场地的建筑组合、场地的交通组织、场地的道路布置、停车场、管线工程、给水工程、排水工程、供电管线、供热管线、电信管线、广场、建筑高度、容积率、建蔽率、绿化控制等。

专栏 1-1　尺度理论与国土空间治理

尺度概念最初与制图学密切相关，指自然地理领域对地形地图的分级。20世纪80年代，尺度概念由Taylor等学者引入人文地理学领域，尺度开始包含复杂的社会与权力关系，并与国土空间治理发生密切联系，而这些社会与权力关系会推动相关尺度的变化，即尺度重构。尺度政治是政治地理学中以政治为导向的尺度运用，通过"强势方""弱势方"之间的"尺度上推"和"尺度下推"来描述政治博弈。尺度理论作为重要理论工具，可用于阐释国土空间治理过程，例如在20世纪90年代后，城市区域主义成为主要的空间发展模式，其尺度重构既包含社会关系转型，也有物理空间转变。首先，全球化进程所引发的城市治理尺度重构将城市置于全球城市体系之中，尤其是在全球化生产贸易体系之中；其次，城市逐渐演变成覆盖更大地理范围的多中心、城市群等形态，传统的核心－边缘结构由此被重塑；最后，在城市区域内部，跨国资本所受约束显著减弱，多重地理尺度也得以重新组织。

资料来源：张衔春，胡国华，单卓然，等.中国城市区域治理的尺度重构与尺度政治［J］.地理科学，2021，41（1）：100-108.

1.1.3　规划实施与治理

1. 规划实施与治理的概念

在传统的城乡规划与土地利用规划中，对于规划实施人们主要从政府行政管理的角度来理解，并分别有各自界定。例如，参照《土地基本术语》（GB/T 19231—2003），土地利用规划实施管理是："为了合理利用和保护土地资源，维护土地利用的社会整体利益，组织编制和审批土地利用规划，并依据规划对城乡各项土地利用进行控制、引导和监督的行政管理活动。"《城市规划基本术语标准》（GB/T 50280—98）则从广义上将城市规划实施管理界定为："城市规划管理是城市规划编制、审批和实施等管理工作的统称。"全国科学技术名词审定委员会于2020年公布的《城乡规划学名词》将规划实施管理定义为："根据批准的法定规划，组织和编制相关规划，对各类建设和发展行为进行引导、控制和监督的行政行为。"

国土空间规划是将主体功能区划、土地利用规划、城乡规划等"多规合一"的规划。无论是国家治理体系还是国土空间规划体系，改革仍在进行中，理论认知与实践发展也在不断深化。其中，治理性是国土空间规划实施的基本属性，这一点已成为各界基本共识。因此，规划实施与治理不同于传统的规划实施管理，更强调多元主体参与、多种冲突统筹协调、多种调控机制融合。

广义上，一切依法依规进行的国土空间开发保护活动都在国土空间规划实施与治理范围内。狭义上，国土空间规划实施与治理主要指由政府主导的行政过程，具体包括各级政府及自然资源主管部门组织开展的土地利用计划管理、国土空间用途管制、规划许可、资源供应等不同行政活动。

综合以上讨论，本书将规划实施与治理定义为：为了合理利用和保护国土空间资源，构建可持续发展的国土空间体系，维护国土空间整体效益，多元主体管理共同的空间存在，依据相关法律法规、技术规范和经批准的法定规划，对国土空间的保护、开发、利用、修复活动进行控制、引导、监督，协调利益冲突的系统行政活动。

2. 规划实施与治理的特征

国土空间规划实施与治理既有公共管理特性，又有空间规划的属性，呈现出科学性、协调性、法治性、动态性、服务性五个主要特征。

1）科学性

国土空间是以物质空间为基础载体的复合系统，在国土空间规划实施与治理中，要认识和探索不同空间尺度上人类与自然系统演化的客观规律，国土空间规划实施与治理的成功与否，首先取决于规划的行动是否基于事实的国土空间系统认知，是否具备对自然、城市、乡村、人与社会的现实状况的认识，以及是否是对客观规律的揭示和判断。其次，国土空间规划涉及多目标、多要素和多种使用方式，规划实施与治理必须将生态、地理、经济、管理等多学科对空间变化过程的研究成果贯通运用于规划管理领域中，深入探讨其内在联系，进而对未来发展进行选择和决策[1]。最后，国土空间规划实施与治理的科学性还表现为系统性和综合性，这是由国土空间这个有机综合体具有多功能、多层次、多因素和错综复杂、动态关联的本质所决定的。因此，国土空间规划实施与治理是一项需要协同其他行政主管部门，运用系统方法进行科学分析、统筹平衡的综合管理。

2）协调性

协调是指一项系统过程的各个环节、各种要素、各类主体紧密衔接，从而使

---

1. 孙施文. 我国城乡规划学科未来发展方向研究[J]. 城市规划, 2021, 45（2）: 23-35.

整体系统更加稳定。国土空间规划实施与治理的一个重要目标就是协调不同空间矛盾,维护公共利益。国土空间具有公共物品的特性,在开发利用过程中存在较大的外部性;市场机制在配置具有公共物品属性的资源时极易发生"公地悲剧"(专栏1-2),例如,在城市建成区面积不断向外扩张的过程中,地方政府能够通过出让建设用地提高财政收入,将其用于城市基础设施建设以及各类公共服务保障,但具有良好社会、生态效益的优质农地、自然生态空间等若被侵占,长此以往,将造成水土流失、生物多样性减少、诱发次生自然灾害等。在我国社会主义市场经济体制下,更加需要通过国土空间规划实施与治理,充分考虑政府、市场和社会多元主体利益诉求,有效协调公共利益、部门利益、私人利益之间,中央利益与地方利益之间,长远利益与短期利益之间,以及整体利益与局部利益之间的冲突[1]。

专栏1-2　什么是"公地悲剧"?

1968年英国加勒特·哈丁教授(Garrett Hardin)在《科学》杂志上发表"The Tragedy of the Commons"一文,首次提出"公地悲剧"理论模型。此模型以理性人为基本假设,假设每个理性的牧羊者都希望自己的收益最大化。在公共草地上,每增加一只羊会有两种结果:一是获得增加一只羊的收入;二是加重草地负担,并有可能导致草地被过度放牧。经过思考,牧羊者决定不顾草地的承受能力而增加羊群数量,以此来增加自身收益。然而,在利益最大化驱动下,许多牧羊者共同加入这一行列,由于羊群的进入不受限制,所以牧场被过度使用,草地状况迅速恶化,由此导致所有牧民破产。

公地作为一项公共资源或财产,有许多拥有者,他们中的每一个都有公地使用权,且没有权力阻止其他人使用,由此会造成资源过度使用和枯竭。过度砍伐的森林、过度捕捞的渔业资源及污染严重的河流和空气,都是"公地悲剧"的典型例子。之所以叫悲剧,是因为每个当事人都知道资源将由于过度使用而枯竭,但每个人对阻止事态的继续恶化都感到无能为力,而且都抱着"及时捞一把"的心态加剧事态恶化。公共物品因产权难以界定(界定产权的交易成本太高)而被竞争性地过度使用或侵占是必然的结果。

资料来源:Garrett Hardin.The Tragedy of the Commons [J].Science,1968,162:1243-1248.

---

1. 吴次芳,谭永忠,郑红玉.国土空间用途管制[M].北京:地质出版社,2020.

3）法治性

"法治"一般认为是现代文明和现代国家的标志，强调依法治国的良好治理模式和治理秩序，强调"法律至上"，要求国家"制定良好的法律"并且保障法律能够"得到普遍的服从"[1]。规划实施与治理的法治性是为了促进规划实施与治理的有效性，以法律规范形式确立国土空间规划的严肃性与强制性，也要将规划实施与治理的具体过程纳入法律规范体系之内。法治性的核心就是构建规则体系，程序规则、权责利结构规则是该体系的核心。权责利的结构规则要求界定规划实施与治理过程中涉及主体、对象、约束行为、允许行为、激励行为等的范围和边界，程序规则要求在规划实施与治理中围绕基本规则、过程规则、层级监督规则、救济规则等建立公开透明、公平正义的规范秩序。国土空间规划实施与治理，必须以法治化为准则，坚持法治精神，用法治思维和法治方式化解国土空间规划实施与治理过程中所遇到的问题。

4）动态性

动态是相对静态而言的，任何系统都不是固定的、一成不变的，而是处于一定环境中，与外界环境有着千丝万缕的联系，随着时间推移不断发生改变。每一个时代都有其对应的时空秩序，规划实施与治理工作在定位、内容与步骤等各个方面都会随着国家治理体系、国家战略导向、社会主要矛盾等的变化而发生改变。作为一项面向未来数十年的发展蓝图，国土空间规划实施与治理并非静态、完全刚性与封闭的，而是需要因时制宜、因地制宜地制定相关政策对规划进行指导。从规划过程来说，规划的制定是一个综合各项要素的过程，不但是全域、全要素和空间使用的安排，还是对各类未来可能的政策、规制、调控所产生的空间效应的权衡。这就要求在组织安排的过程中，对各类政策、各级调控和规制的方式方法进行反馈与完善。

5）服务性

国土空间规划实施与治理应时刻秉持为人民服务的基本原则。首先，国土空间规划实施与治理是积极的、主动的行政行为。目前，国土空间规划的实施与治理中深化"放管服"、简化项目审批手续是构建服务型政府的关键[2]；其次，保护各方的合法利益是国土空间规划实施与治理的重要职责。在国土空间规划实施中，良性互动的多元主体协商程序是面向空间治理的必然选择。随着人类活动的多样化和利益关系的复杂化，以政府为唯一主体的单中心管理结构逐渐难以应对国土空间规划实

---

1. 严金明，张东昇，迪力沙提·亚库甫.国土空间规划的现代法治：良法与善治[J].中国土地科学，2020，34（4）：1-9.
2. 何颖，李思然."放管服"改革：政府职能转变的创新[J].中国行政管理，2022，2：6-16.

施与治理中的问题，国土空间规划实施与治理要改变过去以控制和命令手段为主、由政府分配资源的传统管理方式，应关注多元主体的利益，向政府、社会、市场多元主体合作转变。

3. 规划实施与治理的定位

国土空间规划实施与治理在建设现代治理体系中具有重要的地位和作用。总体而言，国土空间规划实施与治理具有以下三个方面的重要意义。

1）规划实施与治理是推进生态文明建设的关键举措

建设生态文明是中华民族永续发展的千年大计。国土是生态文明建设的空间载体，国土空间规划是推进生态文明建设的关键举措，在中共中央、国务院印发的《生态文明体制改革总体方案》中，其被作为一项重要的制度建设内容予以明确；同时《若干意见》也指出，国土空间规划"是加快形成绿色生产方式和生活方式、推进生态文明建设、建设美丽中国的关键举措"。改革开放以来，中国在现代化进程中探索出一条以低成本要素吸引全球产业资本、以高投资报酬吸纳住户需求与过剩资本的"以地谋发展"道路，但由此也引发了城市无序蔓延、生态环境退化、空间发展失衡等问题。与传统的城乡规划编制工作相比，国土空间规划按照"统一行使全民所有自然资源资产所有者职责，统一行使所有国土空间用途管制和生态保护修复职责"的使命，坚持生态优先、绿色发展，尊重自然规律、经济规律、社会规律和城乡发展规律，坚持节约优先、保护优先、自然恢复为主的方针，在资源环境承载能力和国土空间开发适宜性评价的基础上，科学有序统筹布局生态、农业、城镇等功能空间，划定生态保护红线、永久基本农田、城镇开发边界等空间管控边界以及各类海域保护线，强化底线约束，为可持续发展预留空间。坚持山水林田湖草沙生命共同体理念，加强生态环境分区管制，量水而行，保护生态屏障，构建生态廊道和生态网络，推进生态系统保护与修复，依法开展环境影响评价。

2）规划实施与治理是实现高质量发展的重要手段

推动高质量发展，是保持经济持续健康发展的必然要求，是适应我国社会主要矛盾变化和全面建成小康社会、全面建设社会主义现代化国家的必然要求，是遵循经济发展规律的必然要求。高质量发展，是能够很好地满足人民日益增长的美好生活需要的发展，是体现新发展理念的发展，是创新成为第一动力、协调成为内生特点、绿色成为普遍形态、开放成为必由之路、共享成为根本目的的发展。高质量发展的多元价值取向，与国土空间多维属性相辅相成，规划实施与治理是构建优势互补、高质量发展的区域经济布局和国土空间体系的重要手段。规划实施与治理的关键在于实现生产、生活、生态空间"三生融合"，构建"安全国土－效率国土－公平国土－美丽国土－善治国土"五大国土。"安全国土"旨在以高标准保护为基础，实现由单一功能割裂保护向国土空间全域统筹开发与保护的转变。"效率国土"旨在以高效率开发为核心，实现由空间开发单维突进向功能空间融合提效的转变，撬动全要素生产率大幅提升。"公平国土"旨在以高水平协调为重点，实现由差异化空间倾斜发展向差异化空间公平发展的转变。"美丽国土"旨在以高质量生态为导向，将有力推动经济社会发展建立在资源高效利用和绿色低碳发展基础上。"善治国土"旨在以高效能治理为保障，实现由要素条块式割裂管理向生命共同体协同治理的转变。

3）规划实施与治理有效促进国家治理体系与治理能力现代化

"国家治理体系和治理能力现代化"是中共中央提出全面深化改革的总目标之一。国家治理体系和治理能力现代化的实质就是国家治理体系制度化、法治化、规范化、程序化，从而不断提高国家治理的执行力和效能，减少我国现代治理体制和公共政策中职能碎片化、"一放就乱、一收就死"、部门主义等带来的高昂治理成本与负面效应。规划自改革开放以来逐渐成为各部门关注的焦点，加之城市的无序扩张，日益膨胀的空间规划体系导致同一空间被割裂，严重阻碍地方发展活力。为此，我国在2018年组建自然资源部，并启动"多规合一"的国土空间规划体系改革。规划实施与治理通过构建统一的底图、底数，形成统一的国土空间用途管制体系，为凝聚部门共识、协调不同部门的冲突提供互动与协商机制。随着生态优先、保护优先、民生优先作为规划实施与治理的重要准则，拓宽了市场主体、社会主体等更为多元主体进入规划实施与治理的渠道，规划从编制、审批到实施、监督、评估、预警、考核等的全流程也在不断完善和健全，以实现从分散治理到综合性治理，从条块分割到系统集成管理，为实现国家治理体系和治理能力现代化的目标提供有力的制度保障。

1.2 国土空间规划实施与治理的多元主体

开展国土空间规划实施与治理需要具备一系列条件，其中治理主体的构建与发育是不可或缺的基础和前提。我国当代规划理论与实践已经表明，尽管我国实施中国特色社会主义制度，但这不意味着规划实施与治理仅仅依赖政府主体，多元主体的有效协作配合是落实规划蓝图的重要路径。因此，本节介绍国土空间规范化实施与治理过程中涉及的政府、市场和社会主体，解读不同主体在其中所承担的差异化职能定位，并重点要求掌握政府主体在规划实施与治理过程中承担的核心职能。

1.2.1 规划实施与治理的政府主体

1. 政府主体与政府职能

政府是国家的统治机构，是为维护和实现特定的公共利益，按照区域划分原则组织起来的政治统治和社会管理组织。政府是国家公共行政权力的象征、承载体和实际行为体[1]。不同国家的政府组织形式有很大差异，与其政权性质、民族文化、经济水平等因素相关，在传统政治学中，政府权力在横向的分工方式被称为政体，纵向权力的传导配置方式被称为国家结构。传统西方的思想家们都主张依照横向权力分立，例如英国洛克将政府权力划分为立法权、执行权和对外权，法国孟德斯鸠将政府权力分为立法权、行政权和司法权。政府的组成可以从广义和狭义两方面来界定，广义上泛指行使国家权力的各类部门，包括从中央到地方的立法、行政和司法机关；狭义上是指国家机构的行政机关。若按管辖权力范围，政府可分为中央政府和地方政府。根据宪法和国务院组织法、地方组织法的有关规定，国务院即中央人民政府，是最高国家权力机关的执行机关，是最高国家行政机关；地方各级人民政府是地方国家权力机关执行机关，是地方各级国家行政机关[2]。

立法机关是指能够行使制定、修改和废除法律等立法权力的国家机关。我国是工人阶级领导的、以工农联盟为基础的人民民主专政的社会主义国家，中国共产党是国家的领导核心，人民代表大会制度是我国的根本政治制度，立法权限的相对集中有利于维护法治的统一和国家的统一。同时，由于我国地域广阔，各地发展阶段、民族文化、资源禀赋等各不相同，因此，宪法、立法和有关法律确立的立法体制既是统一的，又是分层次的。所谓统一，一是指所有立法都必须以宪法为依据，不得同宪法相抵触，下位法不得同上位法相抵触；二是指国家立法权由全国人大及其常委会统一行使，法律只能由全国人大及其常委会制定。所谓分层次，就是在保证国家法治统一的前提下，国务院、省级人大及其常委会和较大市的人大及其常委会、自治地方人大、国务院各部委、省级人民政府和较大的市的人民政府等，分别可以制定行政法规、地方性法规、自治条例和单行条例。

行政机关是指依照《中华人民共和国宪法》(以下简称《宪法》)和相关的行政

---

1. 王浦劬.论转变政府职能的若干理论问题[J].国家行政学院学报，2015（1）：31-39.
2. 竺乾威.理解公共行政的新维度：政府与社会的互动[J].中国行政管理，2020（3）：45-51.

机关组织法设立并同时取得行政主体资格的行政组织,它与行政机构、公务组织和社会组织等共同被称为行政主体,是行政主体按照组织构成与存在形态而划分的。行政主体是享有行政权、能以自己的名义实施行政行为、能独立承担该行政行为所产生的法律效果的社会组织。在我国,行政主体整体可以分为行政机关和法律法规授权的组织两个部分,具体相关部门包括:国务院;国务院的组成部门;国务院直属机构;经法律法规授权的国务院办事机构;国务院管理的国家局;地方各级人民政府;地方各级人民政府的职能部门;经法律法规授权的派出机关;经法律法规授权的行政机关的内部机构;法律法规授权的其他组织。

司法机关是指行使司法权的国家机关,是国家政治体制的重要组成部分,负责审判刑事案件、民事案件和行政案件,维护社会秩序,维护法律的尊严与权威。我国的司法机关包括"公检法司安"机关。"公"指公安机关,"检"指检察机关(人民检察院),"法"指审判机关(人民法院),"司"指司法行政机关,"安"指国家安全机关。

政府职能,是指国家行政系统根据国家和社会发展的需要,依法承担的职责和功能,是政府一切活动的逻辑与现实起点,它反映政府"应该做什么""能够做什么""怎么做"等问题[1]。政府职能反映着公共行政的基本内容和活动方向,是公共行政的本质表现。政府职能按照内容划分主要分为四个部分:一是政治职能,是指政府为维护国家统治阶级利益,维护国家安全,制定和执行法律,保障公民的基本权利和自由,实施人民民主专政是我国政府的核心政治职能;二是经济职能,是指为实现国民经济社会可持续发展,促进经济增长、提高就业率、控制通货膨胀;三是文化职能,是指政府为满足人民日益增长的文化生活需要,依法对文化事业所实施的管理;四是社会公共服务职能,是指除政治、经济、文化职能以外政府必须承担的其他职能。

2. 规划实施与治理涉及的主要行政活动类型

规划实施与治理是一项治理过程,在我国,以国家逻辑主导的治理活动必然会涉及大量行政行为,而所谓行政行为,是指享有行政职权的行政主体行使权力,对国家和社会公共事务进行管理和提供公共服务的法律行为。在规划实施与治理过程中,通常涉及行政许可、行政处罚、行政强制、行政救济等不同行政活动。

1)行政许可

行政许可是指行政机关根据公民、法人或者其他组织的申请,经依法审查,准予

---

1. 童颖华,刘武根. 国内外政府职能基本理论研究综述[J]. 江西师范大学学报(哲学社会科学版),2007(3):21-25.

其从事特定活动的行为。根据当前《中华人民共和国行政许可法》(以下简称《行政许可法》)相关规定，行政许可的设定范围包括以下六类：①直接涉及国家安全、公共安全、经济宏观调控、生态环境保护以及直接关系人身健康、生命财产安全等特定活动，需要按照法定条件予以批准的事项；②有限自然资源开发利用、公共资源配置以及直接关系公共利益的特定行业的市场准入等，需要赋予特定权利的事项；③提供公众服务并且直接关系公共利益的职业、行业，需要确定具备特殊信誉、特殊条件或者特殊技能等资格、资质的事项；④直接关系公共安全、人身健康、生命财产安全的重要设备、设施、产品、物品，需要按照技术标准、技术规范，通过检验、检测、检疫等方式进行审定的事项；⑤企业或者其他组织的设立等，需要确定主体资格的事项；⑥法律、行政法规规定可以设定行政许可的其他事项。

行政许可的程序，是指行政许可的实施机关从受理行政许可申请到作出准予、拒绝、中止、变更、撤回、注销等行政许可等决定的步骤、方式和时限的总称。一般可分为以下步骤。①申请与受理：公民、法人或者其他组织从事特定活动，依法需要取得行政许可的，应当向行政机关提出申请；②审查与决定：行政机关应当对申请人提交的申请材料进行审查，行政机关对行政许可申请进行审查后，除当场作出行政许可决定的外，应当在法定期限内按照规定程序作出行政许可决定；在审查程序中，主要包括形式审查与实质审查，形式审查指行政机关对申请人材料完备度、是否符合法定形式等进行审查，实质审查则要审查申请人是否具有相应的权利能力、是否具有相应行为能力、是否符合法定程序形式、是否会损害公共利益与利害关系人利益、是否符合其他法律与相关规定；③期限：除可以当场作出行政许可决定的外，行政机关应当自受理行政许可申请之日起二十日内作出行政许可决定，二十日内不能作出决定的，经本行政机关负责人批准，可以延长十日，并应当将延长期限的理由告知申请人。但是，法律法规另有规定的，依照其规定；④听证：法律法规、规章规定实施行政许可应当听证的事项，或者行政机关认为需要听证的其他涉及公共利益的重大行政许可事项，行政机关应当向社会公告，并举行听证；⑤变更与延续：被许可人要求变更行政许可事项的，应当向作出行政许可决定的行政机关提出申请；符合法定条件、标准的，行政机关应当依法办理变更手续；同样，需要延续依法取得的行政许可的有效期的，应当在该行政许可有效期届满三十日前向作出行政许可决定的行政机关提出申请，行政机关应当根据被许可人的申请，在该行政许可有效期届满前作出是否准予延续的决定；逾期未作决定的，视为准予延续。

2）行政处罚

行政处罚是指行政机关依法对违反行政管理秩序的公民、法人或者其他组织，以减损权益或者增加义务的方式予以惩戒的行为。根据当前《中华人民共和国行政处罚法》相关规定，行政处罚的种类主要包括以下六类：①警告、通报批评；②罚款、没收违法所得、没收非法财物；③暂扣许可证件、降低资质等级、吊销许可证件；④限制开展生产经营活动、责令停产停业、责令关闭、限制从业；⑤行政拘留；⑥法律、行政法规规定的其他行政处罚。不同于刑事处罚、民事处罚，行政处罚针对的是公民、法人或其他组织违反国家法律法规，但尚未构成犯罪，依法应承担行政责任的行为。民事处罚主要关注平等主体之间民事法律关系的调整，更多针对违反民事法律规范的行为，以保护个体的权益。刑事处罚主要针对犯罪，涉及对社会整体秩序和利益的维护。

行政处罚由具有行政处罚权的行政机关在法定职权范围内实施，主要包括以下几类情况。①简易程序：违法事实确凿并有法定依据，对公民处以二百元以下、对法人或者其他组织处以三千元以下罚款或者警告的行政处罚的，可以当场作出行政处罚决定。②除了可以当场作出的行政处罚外，行政机关发现公民、法人或者其他组织有依法应当给予行政处罚行为的，必须全面、客观、公正地调查，收集有关证据；必要时，依照法律法规，可以进行检查。③行政机关在作出责令停产停业、吊销许可证或者执照、较大数额罚款等行政处罚决定之前，应当告知当事人有要求举行听证的权利；当事人要求听证的，行政机关应当组织听证。在实际规划实施与治理过程中，依据具体违法违规情形会有不同处理处罚方式，例如，《中华人民共和国土地管理法》（以下简称《土地管理法》）对于违反规划用途的相关规定有："买卖或者以其他形式非法转让土地的，由县级以上人民政府自然资源主管部门没收违法所得；对违反土地利用总体规划擅自将农用地改为建设用地的，限期拆除在非法转让的土地上新建的建筑物和其他设施，恢复土地原状，对符合土地利用总体规划的，没收在非法转让的土地上新建的建筑物和其他设施；可以并处罚款；对直接负责的主管人员和其他直接责任人员，依法给予处分；构成犯罪的，依法追究刑事责任。"

3）行政强制

行政强制，是指行政机关或者行政机关申请人民法院，对不履行行政决定的公民、法人或者其他组织，依法强制履行义务行为。根据《中华人民共和国行政强制法》规定，行政强制措施的种类包括：①限制公民人身自由；②查封场所、设施或者财物；③扣押财物；④冻结存款、汇款；⑤其他行政强制措施。

行政强制的方式主要包括：①加处罚款或者滞纳金；②划拨存款、汇款；③拍卖或者依法处理查封、扣押的场所、设施或者财物；④排除妨碍、恢复原状；⑤代履行；⑥其他强制执行方式。依据《土地管理法》规定："依照本法规定，责令限期拆除在非法占用的土地上新建的建筑物和其他设施的,建设单位或者个人必须立即停止施工,自行拆除;对继续施工的,作出处罚决定的机关有权制止。建设单位或者个人对责令限期拆除的行政处罚决定不服的,可以在接到责令限期拆除决定之日起十五日内,向人民法院起诉;期满不起诉又不自行拆除的,由作出处罚决定的机关依法申请人民法院强制执行,费用由违法者承担。"

4)行政救济

行政救济是行政相对人不服行政主体对其所作出的行政行为,向作出该行政行为的行政主体或者其上一级机关提出复查申请,有权的行政主体据此对行政相对人的申请进行复查并作出裁决的一种法律制度。在现代国家管理中,行政管理的作用越来越重要,行政救济在防止行政权滥用、保护行政相对人的合法权益上具有重要作用。我国已经颁布实施了《中华人民共和国行政复议法》(以下简称《行政复议法》)、《中华人民共和国行政诉讼法》《中华人民共和国国家赔偿法》以及信访条例等一系列行政救济的法律法规,为有效推进规划实施与治理提供重要抓手。行政救济以是否由行政机关实施救济作为标准可分为行政内救济和行政外救济。行政内救济是指行政机关实施的救济,在我国包括行政复议、信访、行政仲裁等,主要是指行政复议。行政外救济包括诉讼救济和立法直接实施的救济,以及立法机关或其他机关已经形成制度的其他救济途径,在我国主要是指行政诉讼。因此,根据当前行政救济的法律法规体系,下文主要介绍行政复议、行政诉讼两项救济制度。

(1)行政复议

行政复议就是上级行政机关针对下级行政机关与其他单位和个人之间的行政管理纠纷进行复查,并作出裁决的一种行政活动。根据现行的《行政复议法》,行政复议范围采取了"正面+负面"清单、"概括+举例"等多种方式进行界定,总体而言包括有以下情形:①对行政机关作出的行政处罚决定、行政强制措施、行政强制决定、确认自然资源的所有权或者使用权的决定、赔偿决定或不予赔偿决定、不予受理工伤认定申请的决定或者工伤认定结论不服;②申请行政许可,行政机关拒绝或者在法定期限内不予答复,或者对行政机关作出的有关行政许可的其他决定不服;③认为行政机关侵犯其经营自主权或者农村土地承包经营权、农村土地经营权;④认为行政机关滥用行政权力排除或者限制竞争;⑤认为行政机关违法集资、摊派费用或者违法要求履行其他义务;⑥申请行政机关履行保护人身权利、财产权利、受教育权利等合法权益的法定职责,行政机关拒绝履行、未依法履行或者不予答复;⑦认为行政机关不依法订立、不依法履行、未按照约定履行或者违法变更、解除政府特许经营协议、土地房屋征收补偿协议等行政协议;⑧认为行政机关在政府信息公开工作中或其他行政行为侵犯其合法权益。

（2）行政诉讼

行政诉讼是指公民、法人或其他组织认为行政机关和行政机关工作人员的行政行为侵犯其合法权益，向人民法院提起诉讼，人民法院予以受理、审理并作出裁判的活动。行政诉讼的受案范围包括：①对行政拘留、暂扣或者吊销许可证和执照、责令停产停业、没收违法所得、没收非法财物、罚款、警告等行政处罚不服的；②对限制人身自由或者对财产的查封、扣押、冻结等行政强制措施和行政强制执行不服的；③申请行政许可，行政机关拒绝或者在法定期限内不予答复，或者对行政机关作出的有关行政许可的其他决定不服的；④对行政机关作出的关于确认土地、矿藏、水流、森林、山岭、草原、荒地、滩涂、海域等自然资源的所有权或者使用权的决定不服的；⑤对征收、征用决定及其补偿决定不服的；⑥申请行政机关履行保护人身权、财产权等合法权益的法定职责，行政机关拒绝履行或者不予答复的；⑦认为行政机关侵犯其经营自主权或者农村土地承包经营权、农村土地经营权的；⑧认为行政机关滥用行政权力排除或者限制竞争的；⑨认为行政机关违法集资、摊派费用或者违法要求履行其他义务的；⑩认为行政机关没有依法支付抚恤金、最低生活保障待遇或者社会保险待遇的；⑪认为行政机关不依法履行、未按照约定履行或者违法变更、解除政府特许经营协议、土地房屋征收补偿协议等协议的；⑫认为行政机关侵犯其他人身权、财产权等合法权益的。

3. 规划实施与治理的部门职能

根据国土空间规划实施与治理的概念定义，国土空间规划实施与治理是一项系统性活动，直接与各级行政机关的行政职能相关联，各地区、各部门要加大对本行业本领域涉及空间布局相关规划的指导、协调和管理，制定有利于国土空间规划编制实施的政策，明确时间表和路线图，形成合力，确保规划的科学性、合法性及有效性。

1）自然资源主管部门

国土空间规划实施与治理的主要职责由各级自然资源主管部门承担。从国家层级而言，自然资源部整合了原来分属于不同部门的职责，负责全国的土地、矿产、森林、草原、湿地、水、海洋等自然资源的空间规划和数量监管，其核心职责为行使全民所有土地、矿产、森林、草原、湿地、水、海洋等自然资源资产所有者职责和所有国土空间用途管制职责；负责自然资源调查监测评价、统一确权登记工作、自然资源资产有偿使用工作、自然资源合理开发利用等多项重要工作；推进主体功能区战略和制度，组织编制并监督实施国土空间规划和相关专项规划；建立国土空间规划实施监测、评估和预警体系；组织划定生态保护红线、永久基本农田、城镇开发边界等控制线；负责土地、海域、海岛等国土空间用途转用工作。此外，自然资源部还负责加强和规范规划实施监督管理工作，确保规划的严肃性和权威性，以及民生福祉和高质量发展。这包括严格国土空间规划实施监督管理，依法批准的国土空间规划作为开展各类国土空间开发保护建设活动、实施统一用途管制的基本依据。

2）生态环境部门

评估建设项目对环境的影响，制定环保标准和政策，推动绿色发展；监督企业遵守环保规定，定期开展环保检查，对违法行为进行处罚；处理环境污染事件，协调解决跨区域环境问题，保障公众环境权益；推广绿色建筑和可持续发展理念，促进清洁生产，减少对环境的负面影响。

3）住房和城乡建设部门

负责城乡建设项目的规划和管理，制定建筑行业的标准和规范；监督建筑市场秩序，打击违法违规行为，保障建筑市场的公平竞争；推动城乡一体化发展，改善城乡居民生活条件，提升城市品质；负责房屋建设、市政工程等城乡建设活动的管理和监督。

4）农业农村部门

负责高标准农田建设，推动农村土地流转和适度规模经营，促进农业现代化；促进农村经济发展和农民增收，改善农村生产生活条件；负责农村基础设施建设，如农田水利、农村道路的建设等，提升农村发展水平。

5）交通运输部门

负责交通网络规划和建设项目审批，确保交通网络的合理布局；制定交通运输政策和标准，提高交通运输效率，保障交通安全；监督交通运输市场，维护公平竞争，打击违法违规行为；负责公路、铁路、水运等交通方式的管理和维护，确保交通运输的顺畅。

6）水利部门

负责水资源的规划和管理，制定水资源保护和利用政策；制定水利建设项目的规划和标准，确保水利设施的安全运行；监督水利设施的运行和维护，预防和减少水灾害风险；负责水土保持和防洪减灾工作，保障人民生命财产安全。

上述部门通过相互协作和分工，共同推动国土空间规划的实施和土地资源的合理利用，确保社会经济的可持续发展。随着城市化进程加速和环境保护意识提升，部门职责和功能也在不断地调整和完善，以适应新的发展要求和挑战。

1.2.2 规划实施与治理的市场主体

1. 市场主体与市场机制

1）市场

市场是一个古老的概念,在早期具有较强的空间属性,主要指商品交换的场所。在经济学领域,市场更多的是一种经济关系的范畴,是供求关系、商品交换关系的总和,是社会分工和商品生产的产物。萨缪尔森(Samuelson)与诺德豪斯(Nordhaus)在《微观经济学》中指出:"市场是买者和卖者相互作用并共同决定商品或劳务的价格和交易数量的机制。"[1] 管理学更多从交换行为规律与交换主体视角来界定市场,认为市场是供需双方在共同认可的条件下所进行的商品和服务的交换活动。总体而言,市场是一个综合性的概念,是商品经济条件下生产者和消费者之间为实现产品或服务价值所进行的满足特定需求的交换关系、交换条件和交换过程的总称。市场主要有以下特征。

市场是买方与卖方力量的结合体。买方,即消费者,他们有某种需要或欲望,并拥有可供交换的资源;卖方,能够提供满足消费者需求的产品或服务。促成买卖双方交换的条件包括双方合意的价格、时间与地点、法律政策制度保障等。

市场就是需求。所谓需求是指在一定时期、既定的价格水平下,消费者愿意且能够用于购买各类产品和服务的能力。

市场是消费者、购买力和购买欲望的有机统一体。市场由一切具有特定需求和欲望,并且愿意和可能从事交换,使需求和欲望得到满足的潜在顾客组成,市场规模的大小,视有需要、拥有他人需要的资源,并愿将此资源换给其所需的人数多少而定。

从类型学的角度来看,根据市场上买卖双方力量对比的情况,如果市场出现供不应求、卖方在市场上占有主导地位时叫作卖方市场;而当市场供过于求、买方在市场上占有主导地位时叫作买方市场。按照交换对象不同,广义上市场分为商品市场、生产要素市场,其中商品市场可以分为消费品市场与生产资料市场,商品市场可以按照用途、商品存在形态进行分类。生产要素市场可以分为资本市场、劳动力市场、金融市场、技术市场等。按照竞争态势分类,市场可以分为充分竞争市场、非垄断性竞争市场、寡头垄断市场、纯粹垄断市场。

2）市场主体

市场主体是我国经济活动的主要参与者、就业机会的主要提供者、技术进步的主

---

1. 保罗·萨缪尔森,威廉·诺德豪斯.微观经济学[M].萧琛,主译.19版.北京:人民邮电出版社,2012.

要推动者，在国家发展中发挥着十分重要的作用。《中华人民共和国市场主体登记管理条例》明确规定，市场主体主要是指在国家境内以营利为目的从事经营活动的自然人、法人及非法人组织，具体指：①公司、非公司企业法人及其分支机构；②个人独资企业、合伙企业及其分支机构；③农民专业合作社（联合社）及其分支机构；④个体工商户；⑤外国公司分支机构；⑥法律、行政法规规定的其他市场主体。

市场主体在市场经济中扮演着商品与服务的生产、交换、分配和消费的主体角色，通过市场竞争机制实现资源的优化配置，进而推动经济的增长与发展。市场主体不仅在生产领域发挥着基础性作用，而且在促进技术创新、提升生产效率、满足消费者需求以及创造就业机会等方面均发挥着不可替代的作用。此外，市场主体还承担着税收贡献者的角色，为政府提供财政收入，支持公共服务和社会福利事业的发展。从宏观经济层面来看，市场主体的活跃度和创新能力是衡量一个国家或地区经济活力的重要指标。一个充满活力的市场主体群体能够有效促进经济结构的优化，增强经济的内生增长动力。因此，市场主体作为市场经济的基石，其健康、稳定的发展对于经济体系的高效运转和可持续发展具有决定性影响。

在现代市场经济体系中，市场对于资源配置是以市场体系的形式进行的，市场机制是指市场体系内供求、价格、竞争、风险等要素之间的互相联系及作用机理。下文主要介绍价格机制、供求机制、竞争机制和风险机制四类市场机制。

价格机制： 在市场竞争过程中，市场上某种商品价格的变动与市场上该商品供求关系变动之间的有机联系运动。它通过市场价格信息来反映供求关系，并通过这种市场价格信息来调节生产、流通和交换。另外，价格机制还可以促进竞争、激励和调节收入分配等。

供求机制： 市场中商品、货币等市场要素的供给与需求在交换过程中表现出的互相影响、互相制约，并趋于均衡的联系过程和方式。供求机制的作用，是对商品供给和需求的比例进行调节，使生产某种商品的社会劳动量与社会对这种商品的需求量相适应。

竞争机制： 在商品经济条件下，经济主体为了自身的利益，在经济活动中开展竞赛、争夺利益以及彼此之间形成相互制约的过程和方式。在同一部门内部，竞争机制促进生产者争夺有利的销售市场，争取资金、人才、技术、管理等，从而降低成本获得超额利润；在不同部门之间，竞争机制促进生产者抢占有利的投资场所和投资条件，形成社会平均利润和生产价格。

风险机制： 在商品经济中，市场主体的经济行为同盈利、亏损和破产等风险之间的相互制约、相互作用的过程和方式。风险机制激励个体搜寻更多信息，改善经营管理，提高生产效率；形成压力机制，约束经济主体的行为；通过不确定性带来的补偿收益，促进部分资本转向高风险、高收益的行业部门，推动技术革新。

我国实施社会主义市场经济体制，就是要使市场在社会主义宏观调控下对资源配置起基础性作用，使经济活动遵循价值规律的要求，适应供求关系的变化；通过价格杠杆和竞争机制的功能，把资源配置到效益较好的环节中去，并给企业以压力和动力，实现优胜劣汰；运用市场对各种经济信号反应比较灵敏的优点，促进生产和需求的及时协调，总体实现产权有效激励、要素自由流动、价格反应灵活、竞争公平有序、企业优胜劣汰。

2. 规划实施与治理的市场主体与职能

在国土空间规划实施与治理的过程中，涉及的市场主体相对于宏观国家社会经济意义上的市场主体目的更为多元、范围更为聚焦，指的是面向经济、文化、生态等不同目标，从事国土空间开发、利用、管理和保护的自然人、法人及非法人组织。在国土空间规划框架下，政府、企业、个人等不同主体的互动日益丰富，既是规划实施的重要参与者，也是推动空间结构优化和资源高效利用的关键力量，其行为受到国家相关法律法规和政策的规范和指导，各司其职，共同推动国土空间的合理开发和有效保护。根据国民经济行业分类、产权性质等不同角度划分，市场主体涉及各类经济活动，下文以举例的方式介绍国土空间规划实施与治理中涉及的市场主体与其主要职能。

1）**各级政府**

我国宪法明确了自然资源资产公有制的主体地位，中央政府既行使全民所有自然资源所有权，享有占有、使用、收益等私法意义上的权益，同时又需要结合公共利益从公法领域直接或间接行使公权力。不同于一般商品市场治理，政府同样会以参与自然资源资产市场、政府投资项目等直接或间接方式作为市场主体进而参与规划实施与治理，以实现规划蓝图目标。例如，改革开放以来，规划实施与治理的主体力量已经从中央政府转变为地方政府，除了聚焦公共物品（基础设施、绿地等）等的提供，地方政府为了防范债务风险与国有资产流失，同样会组织实施土地储备行为，即县级（含）以上自然资源主管部门为调控土地市场、促进土地资源合理利用，依法取得土地，组织前期开发、储存以备供应。政府在其中直接作为土地市场的供给方参与市场活动，采用招标、拍卖、挂牌等方式进行土地出让，并形成卖方垄断、买方竞争的市场模式。

2）**房地产业、建筑业等企业**

房地产业主要包括房地产开发经营、物业管理、房地产中介服务、房地产租赁经营等，在规划实施与治理中扮演着举足轻重的角色，通过住宅、商业中心、工业园区、基础设施建设等开发落实详细规划，重点负责完善生活空间功能。房地产业的经营策略、土地交易等对远期的国土空间结构、资源要素配置都有着深远的影响。建筑业主要涵盖房屋建筑业、土木工程建筑业、建筑安装业，负责具体执行规划实施与治理涉及的项目安排，负责按照设计图纸和规范进行施工，不仅要保证工程进度和质量，还要确保施工过程的安全性和环保标准的达标。此外，咨询和规划设计院等机构是规划实施的智囊团，提供从宏观到微观层面的专业服务，具备丰富的规划经验和技术专长，能够为政府和企业提供科学的规划方案和决策支持。通过对地形、环境、经济等多方面因素的综合分析，规划设计院协助制订出既符合发展需求又具有前瞻性的规划设计。

3）金融业企业

金融业企业主要包括货币金融服务企业、资本市场服务企业、保险业等，在规划实施与治理中发挥着杠杆性作用。金融业企业通过提供贷款、发行债券等金融手段，为各类建设项目提供必要的资金支持以便于其他市场主体开展规划实施活动。同时，金融机构还参与项目评估，对项目风险进行量化分析，从而降低投资风险，吸引更多的社会资本参与到规划实施中来。金融业企业的参与不仅有助于缓解政府财政压力，也促进了资本市场的健康发展。

4）制造业企业

制造业企业范围较为广泛，指使原材料经物理变化或化学变化后成为新的产品的生产者，包括了谷物磨制、建筑材料制造、炼铁、炼钢等各个领域，在规划实施与治理过程中负责生产空间功能。一般而言，制造业企业在规划实施与治理过程中被认为是吸纳有效投资与固定劳动力的有效方式，能够间接提振地方消费与税收，是各地工业用地配置的重点领域。

总之，市场主体在国土空间规划实施与治理中发挥着多元化作用，它们通过市场机制和创新驱动，与政府的宏观调控相结合，共同推动国土资源的合理配置和可持续利用，实现经济社会发展与生态环境保护的双赢。

1.2.3　规划实施与治理的社会主体

1. 社会主体与社会治理

在社会学中，社会主体通常指的是具有独立意志和行为能力的个体或集体，它们在社会生活中扮演着重要角色，并通过各种方式与其他社会成员相互作用。个人作为社会主体，拥有自由意志和选择权，能够根据自己的价值观和目标进行决策和行动。组织和群体作为社会主体，则是由多个个体组成，共同追求某种目标或利益。如政府机构通过制定和执行法律法规，维护社会秩序和公共利益；非政府组织则致力于推动社会公益事业，改善弱势群体的生活条件。社会主体中组织和群体的存在和活动，不仅反映了社会的多元性和复杂性，也推动了社会的进步和发展。社会主体在社会生活中具有重要的地位和作用，主要包括社会组织、公众和公民各种形式的自组织。应该充分认识和尊重不同类型的社会主体，使其发挥各自优势和特长，共同推动社会的发展和进步。同时，也应该关注社会主体的责任和义务，引导其积极履行社会责任和义务，共同构建和谐、稳定、繁荣的社会。

2. 规划实施与治理的社会主体与职能

在国土空间规划实施与治理中，社会主体是指那些参与到国土空间规划、实施、监督和评估过程中，不依赖于政府和市场部门，以自组织为形式，以制度供给、可信承诺和相互监督为具体措施进行自我治理的社会层面的社会力量。这些社会主体包括但不限于公民个人、社会组织、企业和其他非政府组织，在国土空间规划体系中起到了不可或缺的作用，不仅参与规划的制定和实施，还参与监督和评价规划的执行。下文介绍国土空间规划实施与治理中涉及的主要社会主体。

1）公民个人

公民作为国土空间规划的直接受益者和参与者，通过各种途径，如公众听证会和社区会议，参与规划的讨论和决策过程。此外，公民在日常生活中遵守规划法规，也是国土空间规划实施的重要组成部分。

2）社会组织

包括专业协会和非政府组织等。这些组织通常代表特定的社会利益，参与规划的制定、实施和监督过程，提供专业意见和反馈，以提升规划的科学性和公正性。

3）媒体和信息服务机构

媒体和信息服务机构通过报道和评论，对规划实施进行舆论监督，提高公众对规划的关注度，传播规划知识，普及规划理念，为公众参与规划提供信息支持。媒体的监督作用也促使政府和企业在规划实施过程中更加注重透明度和公信力。

4）科研机构和高等教育机构

这些机构是规划实施的知识库和创新源泉。科研人员通过开展前沿研究，不断探索新的规划理念和技术方法，为规划实践提供理论支撑和技术指导。高等教育机构则培养未来的规划人才，通过教育和培训，输送专业人才进入规划实施领域。这些机构还可能与政府和企业合作，共同开展规划研究项目，推动规划学科的进步。

5）法律服务机构

在规划实施中提供法律咨询、合同审查和争议解决等服务，确保规划实施过程中遵守相关法律法规，预防和减少法律风险。对于在规划实施过程中遇到的法律问题，法律服务机构能够提供专业法律意见，帮助各方妥善解决纠纷。

国土空间规划实施与治理的社会主体多样化，通过各自的方式参与规划编制、实施与监督过程，共同推动国土空间规划的科学化、民主化和法治化。社会主体的参与不仅有助于提高规划的透明度和公众满意度，还有助于提升规划的执行效率和优化效果。

1.3 国土空间规划实施与治理的内容体系

随着社会经济不断发展，国土空间规划所需要解决的空间问题、面对的空间对象、承担的空间任务都呈现出指数级别上升，其所具备的治理能力超越了过去土地利用规划、城乡规划等"单规"。因此，国土空间规划实施与治理是一项系统性工程，涵盖了多要素、多主体、多线程，理解其内容体系十分必要。本节将依次介绍规划实施与治理的原则、类型、内容、不同层级重点等，以便读者掌握我国国土空间规划实施的内容体系架构。

1.3.1 国土空间规划实施与治理的原则

规划实施与治理将是规划方案付诸行动并落实的过程，是规划全生命周期管理中的重要环节，也是规划作用发挥和价值释放的根本途径。规划实施机制是支撑规划方案实施执行并达到既定目标的运行方式、流程规则和制度建构，是促进规划实施效能发挥的保障手段和重要抓手，顺畅高效的规划实施工作离不开健全完善的配套机制保障。当前我国国土空间规划逐渐进入全面实施阶段，客观上要求工作重心从高质量编制好规划成果向高水平实施好总体规划转变，切实发挥总体规划的战略引领和刚性管控作用，确保规划目标和战略方案的有效传导与实施落地十分重要[1]。下文基于《若干意见》和《省级国土空间规划编制指南》等官方文件，提炼出以下

---

1. 欧阳鹏，刘希宇，郑筱津. 整体性治理视角下市县国土空间总体规划实施机制研究［J］. 规划师，2023，39（9）：1–8.

规划实施和治理指导原则。

1）强化规划权威

规划一经批复，任何部门和个人不得随意修改、违规变更。下级国土空间规划要服从上级国土空间规划，相关专项规划、详细规划要服从总体规划；坚持先规划、后实施，不得违反国土空间规划进行各类开发建设活动；坚持"多规合一"，不在国土空间规划体系之外另设其他空间规划。相关专项规划的有关技术标准应与国土空间规划衔接。因国家重大战略调整、重大项目建设或行政区划调整等确须修改规划的，须先经规划审批机关同意后，方可按法定程序进行修改。对国土空间规划编制和实施过程中的违规违纪违法行为，要严肃追究责任。

2）改进规划审批

按照"谁审批、谁监管"的原则，分级建立国土空间规划审查备案制度。精简规划审批内容，管什么就批什么，以大幅缩减审批时间。减少需报国务院审批的城市数量，直辖市、计划单列市、省会城市及国务院指定城市的国土空间总体规划由国务院审批。相关专项规划在编制和审查过程中应加强与有关国土空间规划的衔接及"一张图"的核对，批复后纳入同级国土空间基础信息平台，叠加到国土空间规划"一张图"上。

3）健全用途管制制度

以国土空间规划为依据，对所有国土空间分区分类实施用途管制。在城镇开发边界内的建设，实行"详细规划+规划许可"的管制方式；在城镇开发边界外的建设，按照主导用途分区，实行"详细规划+规划许可"和"约束指标+分区准入"的管制方式。对以国家公园为主体的自然保护地、重要海域和海岛、重要水源地、文物等实行特殊保护制度。因地制宜制定用途管制制度，为地方发展和保护留有空间。

4）监督规划实施

依托国土空间基础信息平台，建立健全国土空间规划动态监测评估预警和实施监管机制。上级自然资源主管部门要会同有关部门组织对下级国土空间规划中各类管控边界、约束性指标等管控要求的落实情况进行监督检查，将国土空间规划执行情况纳入自然资源执法督察内容。健全资源环境承载能力监测预警长效机制，建立国土空间规划定期评估制度，结合国民经济社会发展实际和规划定期评估结果，对国土空间规划进行动态调整完善。

5）推进"放管服"改革

以"多规合一"为基础，统筹规划、建设、管理三大环节，推动"多审合一""多证合一"。优化现行建设项目用地（海）预审、规划选址以及建设用地规许可、建设工程规划许可等审批流程，提高审批效能和监管服务水平。

6）因地制宜、特色发展，尊重区域发展规律

把握区域发展特征和自然生态本底条件，合理确定规划目标，明确约束性指标和刚性管控要求，立足资源禀赋、发展阶段、重点问题和治理需求，尊重客观规律，体现地方特色，发挥比较优势，确定规划目标、策略、任务和行动，走合理分工、优化发展的路子。

7）共建共治、共享发展

加强社会协同和公众参与，充分听取公众意见，发挥专家作用，实现共商共治，让规划编制成为凝聚社会共识的平台。发挥市场配置和政府引导作用，推进空间治理体系和治理能力现代化，实现经济效益、社会效益、环境效益的统一，使发展成果更多、更公平地惠及全体人民。

8）生态优先、绿色发展

坚持保护优先，严守生态安全、国土安全、粮食安全和历史文化保护底线，推动形成绿色低碳的发展方式和生活方式，控制和减少碳排放，促进碳达峰、碳中和目标的实现。

1.3.2 国土空间规划实施与治理的类型

1. 国土空间总体规划实施与治理

国土空间总体规划的实施，主要通过不同层级规划之间的规划传导，以及实施管控过程中的各类规划审批或实施监督等行政管理手段等来实现治理目标。国家和省级国土空间总体规划的实施，主要通过明确规划约束性指标、刚性管控要求和指导性要求等，提出下级国土空间总体规划和相关专项规划、详细规划的分解落实要求，建立健全规划实施传导机制，确保相关专项规划和下级规划能够符合并细化落实全国和省级国土空间规划的各项要求。下级国土空间规划不得突破上级国土空间规划确定的约束性指标，不得违背上级国土空间规划的刚性管控要求。市县级和乡镇级国土空间总体规划的实施，除了通过规划实施传导机制，将规划要求在相关专项规划和下级总体规划、详细规划中细化落实外，主要是通过规划许可、农用地转用、国土空间开发保护项目全流程管理等行政管理措施进行。

2. 国土空间专项规划实施与治理

国土空间专项规划必须符合总体规划的要求，与总体规划相衔接，同时又是总

体规划在某一特定领域的细化，是对总体规划的某个重点领域所做的补充和深化，具有针对性、专一性和从属性。国土空间专项规划从属于国土空间规划体系，同时也受国民经济和社会发展规划等其他规划体系的指导，在实施过程中需要以空间性内容为重点，将专项规划涉及的指标或重大设施布局等传导至详细规划的编制、修改和实施过程中，或明确市级专项规划向下层次规划传导路径，确保各专项要素传导落地。此外，也立足各级自然资源部门和专项规划涉及的其他相关部门的管理事权，将专项发展诉求落实到有关部门开展的专项项目实施方案编制和实施中，确保规划精准落地。在实施过程中，国土空间规划"一张图"数据库可实现统一管理。

以城镇社区建设专项规划实施路径为例，城镇社区建设专项规划的实施通过将专项规划发展目标与策略落实到控制性详细规划的编制或修改中、落地于未来社区建设或城市更新等具体工作中，在使专项规划涉及的空间布局内容完全符合国土空间规划管控要求的同时，实现城镇社区建设目标。

3. 国土空间详细规划实施与治理
1）详细规划的概念特性与分类

国土空间详细规划以总体规划或专项规划为依据，对一定时期内局部地区具体地块用途、强度、空间环境和各项工程建设所作的实施性安排，是开展国土空间开发保护活动、实施国土空间用途管制、进行各项建设等的法定依据。详细规划具有微观性和地方性，范围一般比较小，直接服务于具体项目。

国土空间详细规划可分为控制性详细规划和开发性详细规划两大类型。控制性详细规划是地方政府为规范和控制土地使用者的微观利用行为而编制的规划，它详细地规定了各类土地的使用范围、使用界限、使用强度、利用要求、限制条件等；开发性详细规划是为指导某一具体地段、地块或某一土地使用单位的国土空间如何开发利用而进行的具体规划[1]。

2）详细规划的实施与治理路径

国土空间详细规划对具体地块用途和开发强度等作出的实施性安排，是实施国土空间用途管制，核发建设用地规划许可证、建设工程规划许可证、乡村建设规划许可证等城乡建设项目规划许可，以及实施城乡开发建设、整治更新、保护修复活动的法定依据。随着详细规划管理范围扩大至全域全要素，详细规划的内容也逐渐扩展到城镇空间、农业空间、生态空间等多种功能空间，并在体系制度上从规划编

---
1. 吴次芳，叶艳妹，吴宇哲，等.国土空间规划[M].北京：地质出版社，2019.

制、规划实施到监测评估、维护运行逐渐形成完整闭环管理。

国土空间详细规划的实施与治理路径既有针对建设行为的"详细规划＋规划许可"模式，以实现建设空间的功能布局、强度控制、形态塑造更为有效，也有针对非建设空间或开发建设量较少空间的"约束指标＋空间准入"管制方式，以尽可能地维持现状或维护至较好的状态。在具体的国土空间详细规划的实施与治理过程，各地也探索出不同的方法确保详细规划高效落地：如厦门市探索和完善责任规划师制度，从技术咨询、规划服务等方面发力，助力详细规划的有效实施[1]；上海市在探索存量时代详细规划转型与实施路径改革的过程中，提出在规划许可的基础上采用"权益协商＋叠加政策"的方式来辅助存量建设空间的详细规划实施[2]。

1.3.3 国土空间规划实施与治理的内容

国土空间规划实施与治理既是一种行政行为，也是一种社会过程，具有集专业性、技术性、政策性、经济性、社会性于一体的多个层次的治理内容，涵盖控制、引导、调节和监督国土空间的土地利用、资源环境及各项建设活动的全过程。下文按照国土空间规划实施与治理的理论逻辑和实践需求，将其内容归纳为以下几个方面。

1. 国土空间规划实施的计划管理

国土空间规划对耕地保有量、建设用地总量以及其他自然资源要素的规模等核心管控的约束性指标进行总量控制和分级传导，然而空间规划的规划目标相对宏观长远、规划期跨度一般较大，在落实到具体的自然资源利用过程中时，需要进行科学合理的实施计划安排，包括有计划地开发、利用、整治和保护等，以促进自然资源的合理配置，即推进国土空间规划实施的计划管理[3]。

国土空间规划实施的计划管理是落实长期国土空间规划蓝图、统筹短期国土空间土地利用的重要抓手，包括以耕地资源计划管理、建设用地计划管理为主要内容的土地资源计划管理，和以海洋空间利用计划、矿产资源开发利用计划、林草资源保护利用计划为代表的其他自然资源计划管理。当前我国国土空间规划实施的计划管理配置方式主要有三种：一是重点项目用地由国家统一配置计划指标；二是分解下达基础指标；三是继续实施计划指标配置与处置存量土地挂钩。在计划管理体制不断创新完善

---
1. 翁芳玲. 全域全要素覆盖 全生命周期管理：聚焦福建省厦门市国土空间详细规划体系建设[J]. 资源导刊，2024（7）：54-55.
2. 黄玫. 存量空间 增量价值：国土空间详细规划转型及实施路径改革[J]. 规划师，2023，39（9）：9-15.
3. 刘松雪，林坚，杨凌. 国土空间规划下的土地利用年度计划管理思考[J]. 中国土地，2022（6）：28-30.

的过程中，自然资源利用计划管理已逐步发展为兼具推进自然资源要素保障、参与宏观调控落实区域战略、引导经济发展方式转变等多重目标的重要政策工具。

2. 国土空间规划的分区管制

国土空间规划通过"多规合一"改革实现空间规划的统一，以统筹全域全要素系统治理、为高质量发展做好空间保障和引导，而国土空间规划体系改革的目的正是服务于国土空间用途管制，改变过去各部门以自身事权为出发点，通过土地利用总体规划、城乡总体规划等划分各自空间类型，从而导致管控手段薄弱的状况。从分系统到全域全覆盖的用途管制，要求统筹考量不同空间区域、不同空间要素的开发保护特点，明确每一个国土空间单元是该保护还是该开发，以及保护和开发的方向或限制，即开展国土空间规划的分区管制。

国土空间规划的分区管制在宏观、中观尺度上采用"国家和省区级主体功能区划→地市、县区、镇街级功能区划"的地域功能区划，引导与管控区域主体功能定位；在微观尺度上以"三区三线"为依据，结合主体功能区在市县的实施，根据功能定位和保护程度不同，落实分级分类管控。其管制途径主要以"指标＋清单＋空间"为基础，通过统筹各类空间和要素的功能及保护需求、结合不同管控工具之间的互动组合形成管控合力，引导国土空间开发向科学、适度、有序转变。

3. 国土空间规划许可制度

国土空间治理是国家治理体系的重要组成部分，在以国土空间规划为基础实现其空间治理目标的过程中，为维护用地、用林、用草和用海秩序，制止有违国土安全的活动发生，有必要在事前对行政相对方将要获取的土地或其他自然资源的使用或开发权利进行干预与控制，通过合法性、合规性审查确保相关权利人在其权限范围内开发建设并取得由此产生的利益，即建立和完善国土空间规划许可制度体系。

国土空间规划许可制度体系主要包括空间准入许可、空间转用许可、空间使用许可、空间建设许可和全流程的开发利用与监管机制等，其主要以全要素计划管理为依据，明确自然资源开发利用和建设活动的空间载体用途及使用条件。当前我国国土空间规划许可制度是《中华人民共和国城乡规划法》（以下简称《城乡规划法》）中的行政许可制度与《土地管理法》中的土地管理制度的"合一"，并在此基础上探索综合土地、林地、草地、矿产和海洋资源等空间资源要素的全域全要素国土空间规划许可制度体系。作为用途管制的主要执行环节，国土空间规划许可是科学合理利用国土空间的重要举措。

4. 国土空间规划的建设项目管理

国土空间规划是国家空间发展的指南、可持续发展的空间蓝图。作为一项战略规划，国土空间规划是从战略角度体现国家意志、优化空间资源配置的空间治理手段，然而在具体解决乡村耕地碎片化、空间布局无序化、土地利用低效化和生态质量退化等多维度问题的过程中，要实现从"蓝图规划"到"实景画卷"的跨越，少不了从"规划管控"到"项目建设"的转变，以及相关工作环节的有序推进，通过策划、组织、监测和控制形成系统性、实操性强的国土空间建设项目，即开展国土空间规划的建设项目管理。

国土空间规划的建设项目管理可分为保护类建设项目、开发类建设项目及修复类建设项目的管理等，具体包括农用地转用管理、建设用地预审、土地征收管理、新增建设用地审查报批、存量建设用地更新管理及国土空间综合整治、生态保护修复等国土空间开发保护的全流程管理。国土空间规划的建设项目管理作为实施手段，是明确国土空间建设项目的方向和重点、细化各类建设项目安排、确保国土空间规划高效落地的关键措施。

5. 国土空间规划实施的市场治理

自然资源资产市场治理是确保国土空间规划实施高效的关键手段。自新中国成立以来，自然资源资产市场经历了由缺失到探索，再到逐步发展和完善的历程。目前我国的自然资源市场涵盖了土地（包括建设用地、耕地、林地、草地）、矿产资源、水资源以及海域和海岛等多个资源领域。随着市场经济的发展，自然资源资产市场治理的依据和政策体系也在不断完善。

自然资源资产市场治理的对象包括国有土地市场、集体所有土地市场和海域海岛、矿产、森林、草原等专项资源市场，治理手段囊括了法律法规、管理体制、产权制度、市场机制和监管机制，治理政策可大致分为自然资源资产管理政策、生态保护政策、市场监管政策三类。建立清晰、合理的自然资源市场结构，对市场中各类资源的交易形式、主体和机制进行组织布局，构建起国土空间规划实施中各类自然资源高效、公平配置的基础。

6. 国土空间规划实施的监督治理

国土空间规划实施的监督治理是规划落地的重要保障。从土地利用规划到城乡规划再到国土空间规划时代，随着规划体系的不断变革，监督机制也逐渐完善。从土地利用执行的简单监管逐渐走向规划综合监测与评估，如今我国已建立起多层次、多领域、多主体的国土空间规划监督体系。

国土空间规划实施的监督治理指的是对国土空间规划编制、审批、实施等全过程进行监督活动，以确保规划内容的科学性、合理性和可行性，以及规划实施的合法性、合规性和有效性，其主要内容包括国土空间规划编制监督、实施监测与评估、实施检查和实施督察。随着信息技术的发展，我国正逐步建立起国土空间规划实施监测网络，以数字化、网络化支撑实现国土空间规划全生命周期管理的智能化，以更好地实现国土空间规划实施的监督治理。

7. 国土空间规划实施的社会治理

社会治理是一种独立于政府和市场的有效治理方式，随着国家治理体系与治理能力现代化进程的不断推进，国土空间规划体系建构和实施过程中的社会治理问题已经得到重视。国土空间规划实施的社会治理改变了以往规划实施模式，让多元主体有效参与规划编制与实施过程，培育了规划的自主性和自治性，提供了一种规划转型的途径，是国家现代治理体系的重要组成部分。

国土空间规划实施的社会治理是指政府组织、社会组织和普通公众（个人）等多方相关主体，在国土空间规划的编制、实施、监督等环节协同参与，对各类国土空间要素的使用和保护进行统筹安排，并实施保护、开发、利用、修复和整治，保障国家生态、生活和生产在空间上有序运行的过程。国土空间规划实施的社会治理主要通过规划公众参与制度和责任规划师制度进行保障。

1.3.4 不同层级规划实施与治理的重点

1. 国家级国土空间规划实施与治理重点

国家级国土空间规划应当以贯彻国家重大战略和落实大政方针为目标，提出较长时间内全国国土空间开发的战略目标和重点区域规划，制定和分解规划的约束性指标，确定国土空间开发利用整治保护的重点地区和重大项目，提出空间开发的政策指南和空间治理的总体原则。

国家级国土空间规划实施与治理的重点内容主要包括：①体现国家意志导向，维护国家安全和国家主权，谋划顶层设计和总体部署，在省级国土空间规划及专项规划编制中深化落实国土空间开发保护的战略选择和目标任务；②在下级规划中分解落实国土空间规划管控的底数、底盘、底线和约束性指标；③协调区域发展、海陆统筹和城乡统筹，优化部署重大资源、能源、交通、水利等关键性空间要素；④细化地域分区，在省级层面上部署相应的生产力组织和经济布局，调整和优化产业空间布局结构；⑤合理规划城镇体系，以国家级规划为依据，进一步推进中心城市、城市群或城市圈空间规划工作；⑥统筹推进大江大河流域治理，建立配套政策机制，保障跨省区的国土空间综合整治和生态保护修复，建立以国家公园为主体的自然保护地体系；⑦实施过程坚持国土空间开发保护的政策宣言和差别化空间治理的总体原则。

2. 省级国土空间规划实施与治理重点

省级国土空间规划是从空间上落实国家发展战略和主体功能区战略的重要载体，是对一定时期内省域国土空间发展保护格局的统筹部署，是促进本地区城镇化健康发展和城乡区域协调发展的重要手段，是规范省域内各项开发建设活动秩序、实施国土空间用途管制和编制市县级等（下层次）国土空间规划的基本依据，具有战略性、综合性和协调性。

省级国土空间规划实施与治理的重点内容主要包括：①在市县级国土空间规划及专项规划编制中，深化落实国家规划的重大战略、目标任务和约束性指标；②为省域国土空间组织的空间竞争战略、战略性区位、空间结构优化战略、空间可持续发展战略和解决空间问题的"一揽子"战略方案落实建立配套政策体系及建设信息平台等；③合理配置国土空间要素，细化功能分区，将省级规划中农田保护区、生态保育区、旅游休闲区、农业复合区等功能区进一步细化到各地域单元中。针对省级规划提出的重大资源、能源、交通、水利等关键性空间要素的布局方案，进一步优化增补调整落实；④强化国土空间区际协调。

3. 市级国土空间规划实施与治理重点

市级国土空间规划应当结合本市实际，落实国家级、省级规划的战略要求，发挥空间引导功能和承上启下的控制作用，注重保护和发展的底线划定及公共资源的配置安排，重点突出市域中心城市的空间规划，合理确定中心城市的规模、范围和结构。

市级国土空间规划实施与治理的重点内容主要包括：①在下级总体规划、市级详细规划、专项规划等规划编制中落实市级规划目标任务和约束性指标，以提升城市能级和核心竞争力、实现高质量发展和创造高品质生活的战略指引为目标；②构建"多中心、网络化、组团式、集约型"的城乡国土空间格局；③落实市级国土空间规划提出山、水、林、田、湖、草等各类自然资源保护、修复的规模和要求，明确约束性指标；④统筹安排市域交通等基础设施布局和廊道控制，推进重要交通枢纽地区轨道交通建设；⑤依据公共服务设施建设标准和布局要求，推进公共服务设施建设；统筹安排重大资源、能源、水利、交通等关键性空间要素；⑥按要求推进城乡风貌特色保护、历史文脉传承、城市更新、社区生活圈建设等；⑦分阶段规划实施总体规划的目标和重点任务，明确下位规划需要落实的约束性指标、管控边界和管控要求。

4. 县级国土空间规划实施与治理重点

县级国土空间规划除了落实上位规划的战略要求和约束性指标以外，还要重点突出空间结构布局，突出生态空间修复和全域整治，突出乡村发展和活力激发，突出产业对接和联动开发。

县级国土空间规划实施与治理的重点内容主要包括：①在乡镇级国土空间规划、详细规划和专项规划编制中落实乡村振兴战略、主体功能区战略和制度，落实县级规划的目标任务和约束性指标；②推进县域镇村体系、综合交通、基础设施、公共服务设施及综合防灾体系建设；③以县级城镇开发边界为界限，形成县级集建区与非集建区，分别构建"指标+控制线+分区"的管控体系，县级集建区重点突出土地开发模式引导；④以国土空间生态修复目标为依据，推进国土空间生态修复工程，安排国土综合整治和生态保护修复重点工程的规模、布局和时序；⑤针对乡村发展和振兴的重点区域，优化乡村居民点空间布局，激活乡村发展活力、推进乡村振兴；⑥完善明确国土空间用途管制、转换和准入规则，健全规划实施动态监测、评估、预警和考核机制，保障规划落地。

5. 乡镇级国土空间规划实施与治理重点

乡镇级国土空间规划是乡村建设规划许可的法定依据，要体现落地性、实施性和管控性，突出土地用途和全域管控，对具体地块的用途作出确切的安排，对各类空间要素进行有机整合，充分融合原有的土地利用规划和村庄建设规划。

乡镇级国土空间规划实施与治理的重点内容主要包括：①推进生态保护修复；②推进耕地和永久基本农田保护；③推进农村住房布局；④推进产业发展空间建设；⑤推进基础设施和基本公共服务设施布局；⑥推进乡村综合防灾减灾体系建设；⑦推进自然历史文化传承与保护工作；⑧根据需要并结合实际，在乡（镇）域范围内，以一个村或几个行政村为单元编制"多规合一"的实用性村庄规划，规划成果纳入国土空间基础信息平台统一实施管理，推进差异化特色型村庄建设。

1.4 改革开放后国土空间规划实施与治理的发展历程

从历史角度梳理不同空间规划模式下国土空间规划实施与治理的模式，对于厘清当下国土空间规划实施与治理的时代特征、明确未来的转型逻辑十分必要。本节将梳理自改革开放以来我国规划实施与治理的四个阶段，并结合当前国土空间规划实施与治理的时代背景，提出规划实施与治理面临的核心任务。

1.4.1 国土空间规划实施与治理的历史沿革

1. 两规并存：相互博弈阶段（1978—1997年）

改革开放后，国家计划经济向市场经济转轨，解决土地问题成为城市建设发展的关键，推动了土地管理制度的不断完善。1984年1月，国务院颁布《城市规划条例》，以行政法规的形式明确了建设用地许可、建设工程许可、竣工验收等各项基本制度，标志着城市规划和建设管理进入有法可依的时代，为城市建设活动提供引导和保障。1986年，《土地管理法》颁布，这是我国首部关于土地资源管理、土地调整的法律，其中明确规定："各级人民政府编制土地利用总体规划，地方人民政府的土地利用总体规划经上级人民政府批准执行。城市规划和土地利用总体规划应当协调。在城市规划区内，土地利用应当符合城市规划。"土地所有权和使用权分离，标志着我国土地管理进入法治化新轨道。

这一时期，国土空间规划呈现出以城乡规划和土地利用总体规划为主导的规划管理模式，二者在规划管理上采用"双轨制"，一个偏市场、一个偏计划，形成相互博弈的两套制度体系。在管理机构上，国家土地管理局负责全国土地的统一管理工作，为规划实施工作提供有力保障。城市规划的职能承担者经历了从国家城市建设总局（1979年成立）、城乡建设环境保护部（1982年成立）到建设部（1988年成立）的变更，相关规划内容由建设部下设的城乡规划司和城市建设司承担。在国土规划和土地利用总体规划编制、审批和监督管理工作方面，颁布了《国土规划编制办法》（1987年）、《全国国土总体规划纲要（草案）》（1990年）、《中华人民共和国土地管理法实施条例》（1991年）等文件，强调国土规划的主要任务、编制和审批过程，并对土地登记制度和国家建设用地和乡（镇）村建设用地审批程序进行了细化规定。此时，为统一城市规划工作程序，实现城市经济社会发展目标，相继出台了《城市规划编制审批暂行办法》（1980年）、《城市规划定额指标暂行规定》（1980年）、《国家建设征用土地条例》（1982年）、《风景名胜区管理暂行条例》（1985年）、《中华人民共和国城市规划法》（1989年）、《建设用地计划管理办法》（1996年）等法律法规。其中，《中华人民共和国城市规划法》作为我国第一部关于城市规划的法律，规定城市土地利用与建设工程的规划管理将实行法定许可证制度（"一书两证"），为城市规划审批提供法律和技术依据。

总体而言，该阶段国土空间规划以城市规划和土地利用规划为主，各自遵循其规划逻辑和管理体系。然而，地方扩张发展模式与要素垂直管制模式在体制、思维模式等方面存在差异，成为地方政府争取土地发展权和资源要素配置权、参与区域竞争的重要工具，导致国土空间规划实施上的冲突矛盾，协调工作收效甚微。

2. 多规混杂：自成体系阶段（1998—2012年）

随着经济社会发展，土地管理模式愈加复杂，为保护耕地和城乡统筹发展，我国通过制定法律来指导空间规划实施。1998年3月，第九届全国人大一次会议通过了《关于国务院机构改革方案的决定》，由地质矿产部、国家土地管理局、国家海洋局和国家测绘局共同组建国土资源部，负责全国土地开发整理项目计划的编制、政策法规制定、项目实施及验收等工作。同年，修订了《土地管理法》，正式确立以保护耕地为目标的土地用途管制制度，指出"国家编制土地利用总体规划，规定土地用途，将土地分为农用地、建设用地和未利用地。严格限制农用地转为建设用地，控制建设用地总量，对耕地实行特殊保护。"2007年10月，第十届全国人大常委会第三十次会议通过《中华人民共和国城乡规划法》，弥补了乡村区域的规划短板，强调了各级政府、规划主管部门对于组织编制规划的职责和法律责任，明确了各类规划审批的层级和程序，还规定了严格的城乡规划修改程序。这一规定降低了规划实施过程中修改的随意性，防止"一任领导、一个规划"的现象，保留了建设用地规划许可证、建设工程规划许可证、乡村建设规划许可证工作制度（"一书三证"），结合投资体制改革，明确了发放建设项目选址意见书的情形和环节。

这一时期，随着经济和城镇化推进，城乡二元分割、资源环境破坏和空间重叠冲突等问题日益凸显。国家多个部门和省市纷纷采取措施，探索改进和制定各类空间规划作为调控手段，统筹全域保护和开发。因此，催生了海洋功能区划、主体功能区划，以及为协调各类空间规划之间矛盾的"多规合一"等诸多新型空间规划，试图解决部门规划自成体系、内容冲突和缺乏衔接的问题。在审批报批上，相继出台了《建设项目用地预审管理办法》《建设用地审查报批管理办法》，明确了建设用地审查、报批等程序，以及农用地转用方案、补充耕地方案、征收土地方案和供地方案。其次，在土地供应方面，2007年9月，国土资源部出台《招标拍卖挂牌出让国有建设用地使用权规定》，强调以招标、拍卖或者挂牌出让国有建设用地使用权，健全土地使用制度。在规划实施上，2004年10月，国务院发布《关于深化改革严格土地管理的决定》，明确指出严格控制农用地转为建设用地的总量和速度，加强规划管理、促进节约集约和健全土地管理责任制度。随后，2006年8月，国务院印发《国务院关于加强土地调控有关问题的通知》，强调农用地转为建设用地必须符合土地利用总体规划、城市总体规划、村庄和集镇规划，纳入年度土地利用计划，并依法办理审批手续。此外，该阶段处于工业化、城镇化快速发展时期，建设用地供需矛盾突出，我国相继出台了《国务院关于促进节约集约用地的通知》《城乡建设用地增减挂钩试点管理办法》《闲置土地处置办法》《国务院关于严格规范城乡建设用地增减挂钩试点切实做好农村土地整治工作的通知》等文件，强调实施农村土地整治工程，促进土地节约集约和耕地保护。

总体来讲，这一阶段的国土空间规划呈现全域化、综合化、多样化的特点，各类空间规划的"规划边界"逐渐模糊，出台了一系列的管制政策，细化管制指标、转变管制方式。同时，随着土地用途管制制度的确立，政府越来越重视对计划指标的管控，并制定了一系列违反土地管理规定行为的处分办法。

3. 多规合一：试点探索阶段（2013—2017年）

为建立生态文明制度体系，推进生态文明建设。2013年11月，《中共中央关于全面深化改革若干重大问题的决定》首次提出自然资源资产产权制度和用途管制制度，并要求建立空间规划体系，划定生产、生活、生态空间开发管制界限。2015年9月发布的《生态文明体制改革总体方案》指出：推进市县"多规合一"，实现一个市县一个规划、一张蓝图；统一编制市县空间规划，并建立完善耕地占补平衡、天然林、草原、湿地、海洋资源开发保护制度。由此可见，单一的土地用途管制已不再适应国土空间保护的新时代要求。2016年2月，中共中央、国务院印发的《关于进一步加强城市规划建设管理工作的若干意见》指出，完善城市规划管理体制，加强城市总体规划和土地利用总体规划的衔接，推进两图合一。2017年1月，《省级空间规划试点方案》出台，强调以主体功能区规划为基础，全面摸清并分析国土空间本底条件，划定城镇、农业、生态空间以及生态保护红线、永久基本农田、城镇开发边界，编制统一的省级空间规划，为实现"多规合一"、建立健全国土空间开发保护制度积累经验。

这一时期，国家在地方层面积极探索"多规合一"工作开展，并针对各类规划出台了系列规划实施管理与制度文件。在实施审批方面，2016年11月，为严格规范建设项目用地审查工作、简化审批程序，修订了《建设用地审查报批管理办法》，明确了农用地转用、补充耕地、征收土地和供应方案。在规划实施上，针对耕地后备资源不断减少，市县耕地占补平衡、占优补优难度日趋加大，耕地保护面临多重压力的情况，2017年1月出台了《中共中央 国务院关于加强耕地保护和改进占补平衡的意见》，明确提出大力实施土地整治，落实补充耕地任务。2017年3月，《自然生态空间用途管制办法（试行）》颁布，明确指出国土分级和分类管控模式，并要求生态红线内外按禁止开发区域和限制开发区域管理，从严控制生态空间转为城镇空间和农业空间。在监测监管上，强调利用卫星遥感等技术，对自然资源和生态环境保护状况开展全天候监测。此外，2016年1月，修订了《城乡规划违法违纪行为处分办法》，强调加强城乡规划管理，惩处城乡规划违法违纪行为。

总的来说，这一阶段，随着生态环境和空间保护意识的加强，空间规划实施管控指标的落实强度加强，管制重点已经由最初的数量向质量和空间管控转变，管制范围也由耕地向林地、草原、水域、湿地等自然生态空间转变，这为国土空间规划实施与治理奠定了良好的基础。

4. 归一融合：整体治理阶段（2018年至今）

2018年2月，第十九届三中全会通过《中共中央关于深化党和国家机构改革的决定》，整合国土资源部、住建部等有关部门，组建自然资源部，全面落实"统一行使全民所有自然资源资产所有者职责，统一行使所有国土空间用途管制和生态保护修复职责"。2019年5月，《中共中央 国务院关于建立国土空间规划体系并监督实施的若干意见》明确提出，建立国土空间体系并监督实施，并将主体功能区规划、土地利用规划、城乡规划等空间规划融合为统一的国土空间规划，实现"多规合一"，国土空间规划实施与治理步入城乡统一的山水林田湖草沙等全域、全要素、全流程管理阶段。

截至2023年，尽管单独的国土空间规划法还未出台，但其主要内容已体现在2019年修订的《城乡规划法》和《土地管理法》中，同时该时期出台了众多行政法规、部门规章以及政策文件，形成了较为完善的规划实施与治理制度体系。在规划编制与审批上，强调依据《省级国土空间规划编制指南（试行）》《市级国土空间总体规划编制指南（试行）》等相关技术规定，编制各级国土空间总体规划，并经同级人大常委会审议后，由省级人民政府呈报国务院。按照"谁审批、谁监管"原则，分级建立国土空间规划审查备案制度，缩减审批时间；并深化"放管服"改革，以"多规合一"为基础，将建设项目选址意见书和建设项目用地预审意见合并、建设用地规划许可证和建设用地批准书合并，推进"多审合一、多证合一"。

在规划实施上,强调不在国土空间规划体系之外另设空间规划,对所有国土空间分区分类实施用途管制,城镇开发边界内实行"详细规划+规划许可"的管制方式,城镇开发边界外实行"详细规划+规划许可"和"约束指标+分区准入"的管制方式。后相继出台了《关于在国土空间规划中统筹划定落实三条控制线的指导意见》《自然资源部关于进一步加强国土空间规划编制和实施管理的通知》等政策文件,依法严肃规划许可管理,在建设工程规划许可、低效用地再开发、城市更新、全域土地综合整治等方面,严格依据控制性详细规划、村庄规划或乡镇国土空间规划的要求。围绕耕地保护、建设节约集约用地和乡村振兴,建立和完善永久基本农田保护、耕地占补平衡、建设用地"增存挂钩"和城乡建设用地增减挂钩,节余指标跨省调剂等政策,处理以往过多关注耕地数量而忽略耕地质量的弊端,促进耕地"三位一体"的保护和节约集约用地。在监督管理上,相继出台了《自然资源部办公厅关于加强国土空间规划监督管理的通知》《国土空间规划"一张图"实施监督信息系统技术规范》等政策文件,指出要制定规划编制、审批、修改和实施监督全过程留痕制度,确保规划实施与治理行为全过程可回溯、可查询,并建立全国国土空间规划实施监测网络,进一步以"数字化""网络化"实现国土空间规划全生命周期的"智能化"管理,推进国土空间规划治理数字化转型。

由此可见,在这一阶段,国土空间规划实施与治理进入全域全要素全流程的统一管理阶段,全面提升了项目审批效能、治理能力和监管服务水平。

1.4.2 当前国土空间规划实施与治理的时代背景

国土空间规划实施与治理是保障国家战略有效实施、全面建成社会主义现代化强国的重要抓手。在国土空间规划体系的构建基础上,推进规划实施与治理已成为国土空间规划工作的重点任务。面向国家治理体系与治理能力现代化、生态文明建设、高质量发展、乡村振兴与新型城镇化等重大战略需求,如何通过国土空间规划实施与治理,实现空间蓝图对"人民日益增长的美好生活需要"的响应,加快推进中国式现代化建设,成为政府部门和广大规划工作者所面临的重大挑战。

1. 中国式现代化

现代化是任何一个民族和国家都无法逾越的历史阶段[1]。西方国家的工业革命创造了

---

1. 徐坤.中国式现代化道路的科学内涵、基本特征与时代价值[J].求索,2022(1):40-49.

巨大的物质财富，促进了西方国家的繁荣发展与文明进步[1]。然而，西方现代化模式产生的贫富分化困境导致了不可持续的发展问题，不可复制。新中国成立以来，我国在社会主义现代化建设中不断探索实践。特别是党的十八大以来，以习近平同志为核心的党中央带领全国各族人民成功推进和拓展了中国式现代化，取得了理论系统创新突破和伟大实践。随着中国式现代化的深入推进，中国式现代化对国土空间规划实施与治理也提出了更高要求。下文从核心要义与内涵属性出发加以解读（图1-1）。

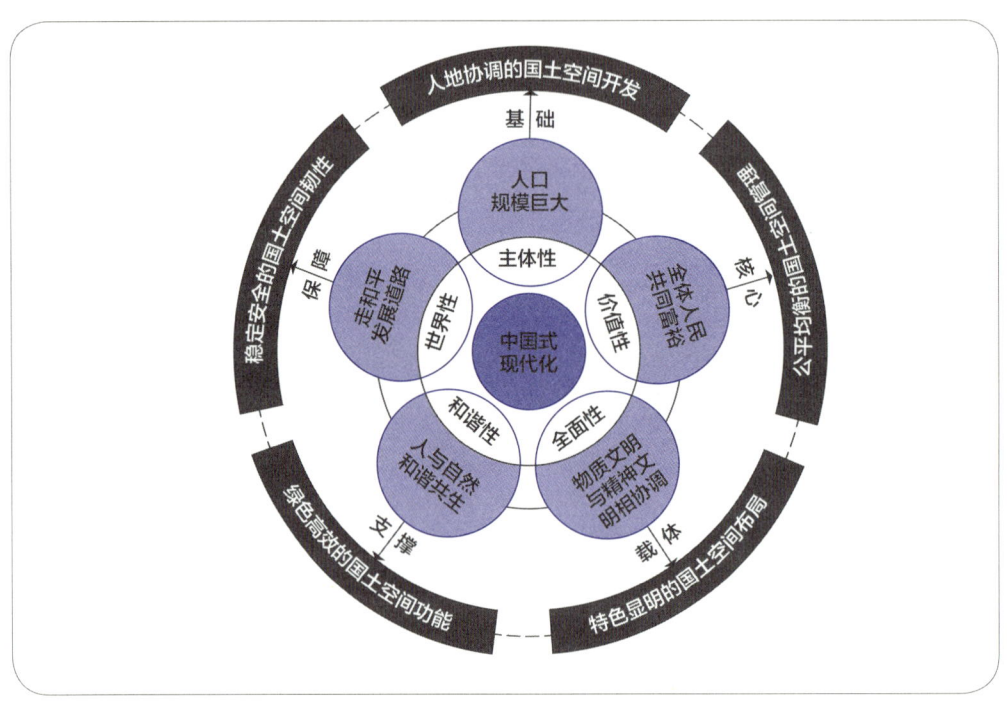

图1-1 国土空间规划实施与治理和中国式现代化逻辑关系
图片来源：于昊辰，吕晓，杨俊，等.面向中国式现代化的国土空间治理：从理论逻辑到实现路径[J].中国土地科学，2024，38（1）：9-19.

1）人口规模巨大的主体性：以人地协调的国土空间开发为基础

中国人口规模有14亿之巨，远超其他国家，这是中国式现代化的主体性特征。现代化水平通常和经济发展存在直接因果关系，而作为一切经济活动的载体，国土空间开发模式也将直接影响经济发展质量和效率，以及人地关系的重大调整或重构[2]。诸如城乡基础设施建设、产业升级重组等，都是国土空间开发的组织形式和人地关系演化的具体呈现。由"地"看，我国资源禀赋总体不高、区域差异大，适宜

---

1. 周文，肖玉飞.中国式现代化道路的独特内涵、鲜明特征与世界意义[J].马克思主义与现实，2022（5）：36-45，204.
2. 刘焱序，傅伯杰，王帅，等.空间恢复力理论支持下的人地系统动态研究进展[J].地理学报，2020，75（5）：891-903.

开发的土地资源十分有限，耕地保护和生态保护压力长期存在；由"人"看，人口多集聚于"胡焕庸线"以东，且由欠发达地区（或农村）向发达地区（或大城市）流动的态势仍在持续。这种人地关系的空间配置会给发达地区或城市的资源环境带来巨大压力，增加实现中国式现代化的艰巨性。

因此，首要的任务是建立一个基本安全的国土空间体系，以足量空间来应对不确定性，健全完善"三区三线"是重要路径；其次，应合理调整布局城乡人居设施结构，精准匹配不同群体空间需求，提升资源利用效率与区域消费能力；最后，巨大规模的人口流动为生产要素与多元需求的重新组合创造了机会，同时也要不断提升要素保障的动态响应能力。

2）全体人民共同富裕的价值性：以公平均衡的国土空间管制为核心

中国式现代化强调全体人民共同富裕的价值特征。作为生产要素和财富之母，土地在我国快速城镇化过程中发挥了不可磨灭的基础性作用。但由于在发展过程中过于强调效率、对公平重视不足，城乡间、区域间的发展差异和贫富差距日益显化。理论而言，我国社会主义公有制下的土地产权制度具有实现共同富裕的前提基础，即土地所有权归国家所有（即全民所有）或农民集体所有。但现实中由于集体土地与国有土地产权并不对等，城乡二元治理、居民收入差距长期存在。此外，不同区域发展基础、资源禀赋、辐射能力截然不同，在全国发展战略中所扮演的角色也有差异（如产业升级、粮食供给、能源保障、生态保育等），从根本上造成了经济水平和居民收入的客观差距。倘若任土地资源完全由市场因素支配、缺乏宏观管制机制，不仅城乡间和区域间差距难以缩小，还将影响全体人民共同富裕的目标。

可见，若要实现价值性目标，缩小城乡间与区域间发展差距是前提条件，这为国土空间治理提出了更高要求，即加快形成公平均衡的国土空间管制，促进区域协调发展和城乡融合发展，让城与乡、发达与欠发达地区都充分发挥自身应有的独特价值。更重要的是，要依靠合理生态补偿、转移支付等方式，构建利益与收入分配机制，推动社会公平和提升民生福祉，为实现共同富裕目标扫除障碍[1]。

3）物质文明与精神文明相协调的全面性：以特色鲜明的国土空间布局为载体

中国式现代化强调物质文明和精神文明齐头并进，这既是人民对美好生活的向往，也是中国式现代化的全面性特征。在经历数十年的经济高速增长后，我国物质文明建设已取得巨大进展，但精神文明建设相对滞后，亟需赓续中华优秀传统文化，这亦是"两个结合"所蕴含和强调的。土地作为万物之源，人民生产生活所需的物质都

---

1. 于昊辰，吕晓，杨俊，等. 面向中国式现代化的国土空间治理：从理论逻辑到实现路径[J]. 中国土地科学，2024，38（1）：9-19.

来源于土地馈赠，与物质文明建设息息相关。悠久的农耕文明培育了人们对土地的情感，并在数千年演进历程中形成了各具特色的地域文化，这无疑为国土空间治理的中国方案提供了宝贵的智慧和财富，但实践中仍未得到充分吸纳、使用和传承。

因此，新形势下的国土空间治理将承载物质文明空间和精神文明空间全面协调发展的使命和特点，即更好地吸纳融合地域文化底蕴精髓，营造文化氛围浓厚的人文环境，发挥优秀传统文化引领作用。这既要合理布局国土空间来延续历史文脉和保护文化遗产，打造有历史记忆、地域特色、民族风情的城镇乡村，也要优化城市乡村功能布局和景观设计，打造文化艺术街区和公共休闲空间[1]，并将区域发展、城乡形象、产业培育同精神文明建设全方位联动，为促进物质文明和精神文明相协调发展而作出国土空间治理的应有贡献。

4）人与自然和谐共生的持续性：以绿色高效的国土空间功能为支撑

西方现代工业社会转型过程经历了以牺牲资源、环境和生态为代价换取一时的经济增长的阶段，所带来的问题迄今都未得到完全解决。自党的十八大以来，我国生态文明建设被提升至前所未有的高度，其最终目标则是实现人与自然和谐共生。这既是中国式现代化的持续性特征，也是国土空间治理所要实现的重点目标，二者相辅相成。一方面，"双碳"目标、山水林田湖草沙一体化保护与系统治理等战略思想的提出，迫切要求人类生产和生活方式向绿色、低碳、环保转型，并通过生态修复、产业转型、能源革命等措施，最大程度地降低生态环境损害和自然资源损耗；另一方面，人与自然和谐共生并非弱化经济发展，而是要求人的需求同自然供给能力相适应，追求经济发展同生态环境保护的良性循环和协调发展。

上述新要求迫切需要以绿色高效的国土空间功能为支撑，妥善处理好高质量发展和高水平保护的关系。而绿色高效并不仅限于生产和生活方式变革，更是思维方式和价值观念的变革，具有长期性和动态性。一是要强化主体功能，将国土空间开发的各种需求限制在环境可承受能力、资源可持续利用限度内，因地制宜地布局优势产业，推动资源高效循环利用，促使资源、生产、消费等要素相匹配、相适应；二是要更加重视生态保护和修复，统筹山水林田湖草沙各类自然要素，保护自然生态系统的完整性，并提高"三生"空间的协调性，以适应性管理来营造人与自然和谐共生的系统环境。

5）走和平发展道路的稳定性：以稳定安全的国土空间韧性为保障

中国式现代化倡导践行人类命运共同体理念，即世界性特征。通常认为，若要

---

1. 严金明，黄宇金，夏方舟. 面向中国式现代化的国土空间格局优化：基本遵循、理论逻辑和战略任务［J］. 中国土地科学，2023，37（11）：1–10.

避免战争威胁，实现和平发展，需依赖综合国力的提高，以确保发展环境的稳定安全，但国土空间治理所扮演的角色尚未受到充分重视。例如，水、能源、粮食是人类生存所需的重要资源，本质上都来源于国土空间。从供给看，近年来"逆全球化"思潮抬头，上述资源产业链出现被动断裂和主动脱钩风险，致使供给变化不定、循环受阻，安全问题凸显；从需求看，受气候变化、经济增长、饮食结构调整影响，上述资源的全球需求持续攀升。可见，国土空间在能源保障、粮食供应以及风险防御方面将发挥巨大作用，并将深刻影响走和平发展道路过程的平稳性和安全性。

世界正经历百年未有之大变局，过去虽也强调粮食安全、能源安全等目标，但未涉及和平发展层面，如何以稳定安全的国土空间韧性服务我国和平发展的稳定性特征将成为新的方向。一方面，应在耕地保护与大食物观落实、自然资源开发利用方面持续优化资源配置、产业布局和区域规划，促进资源高效循环利用和产业升级发展，以提升资源供给和储备，为现代化进程提供坚实保障；另一方面，要持续提升国土空间智能化、数字化治理水平，提高关键领域风险感知、防御和抗灾能力，强化生态保护修复以减少生态风险，提升国土空间和生态系统自身抵御和适应外界变化的能力，确保现代化进程始终处于稳定安全的运行状态。

2. 国家治理体系与治理能力现代化

深入推进国家治理体系和治理能力现代化，是中国特色社会主义现代化建设和政治发展的必然要求。在此背景下，党的十八届三中全会明确将推进国家治理体系和治理能力的现代化作为全面深化改革的总目标，这是中国共产党考察世界许多国家现代化进程和总结中国式现代化进程规律后，作出的全新理论论断和重大战略决策[1]。党的十九届四中全会继承并深化了这一重大政治命题，与时俱进地提出了坚持和完善党的领导制度体系、人民当家作主制度体系、中国特色社会主义法治体系、中国特色社会主义行政体制、社会主义基本经济制度、繁荣发展社会主义先进文化的制度、统筹城乡的民生保障制度、共建共治共享的社会治理制度、生态文明制度体系等13项制度建设的实践路径，对我国国家治理体系和治理能力建设应该"坚持和巩固什么、完善和发展什么"进行了全面回答。

作为国家主权管辖下的空间范围，国土空间是物质基础、能量源泉、发展之基，其治理体系和治理能力是国家治理体系和治理能力现代化建设的重要组成部分。国土空间治理体系是由政府、市场、社会三元治理主体构成的一整套紧密相连、相互

---

1. 熊光清，蔡正道. 中国国家治理体系和治理能力现代化的内涵及目的：从现代化进程角度的考察［J］. 学习与探索，2022（8）：55-66.

协调的国土空间开发利用保护体制机制和法律法规安排。[1] 国土空间治理能力是政府、市场、社会三元主体基于治理体系，运用相关治理工具开展国土空间治理各方面事务的能力。国土空间治理体系需要通过建立和完善一系列规章制度、法律法规、市场机制、决策系统以及监督机制，解决传统治理体系中因规制不全、政策冲突、过程低效、决策盲目、监督不足等问题而引发的治理矛盾，从而实现国土空间治理体系现代化。同时，国土空间治理能力也需要匹配治理体系，满足系统综合、创新突破、标准统一、精细落地、持续发展等现代化要求，从而解决因传统治理能力不足而产生的资源浪费、推进乏力、模式混乱、路径僵化、利用粗放以及不可持续发展等问题。因此，在现代化治理情境中，国土空间治理体系现代化内涵特征体现为随社会发展进步而不断改革调整的规划治理体系、市场治理体系、社会治理体系，最终满足制度化、法治化、高效化、科学化、民主化等现代化准则要求；而国土空间治理能力现代化则是治理主体为了充分发挥国土空间治理体系的最大化效能，基于系统化、创新化、标准化、精细化和持续化等现代化准则，不断推进"三元九能力"（有为政府能力、有效市场能力、有序社会能力）提升和重构的过程（图1-2）。

3. 生态文明建设

环境保护问题一直是经济发展过程中的世界性难题。中西方的工业化都没有成功避开"先污染后治理"的老路，转变经济发展方式、推进工业文明向生态文明转型已经成为世界可持续发展的共识。随着工业化的快速推进和城市化的加速发展，我国面临着资源约束趋紧、环境污染严重、生态系统退化的严峻形势。在这样的背景下，生态文明建设的系统深入实施显得尤为迫切[2]。

党的十八大以来，我国生态文明建设经历了从政策确立到政策完善和实践探索的发展历程。在这一过程中，我国政府高度重视生态文明建设，通过加强制度建设和实施一系列有效的政策措施推动了生态文明建设的不断深入和发展。党的十八大以来，生态文明顶层设计和制度体系建设得以全面推动。相继出台了《中共中央 国务院关于加快推进生态文明建设的意见》《生态文明体制改革总体方案》等纲领性文件，明确了生态文明建设的目标和任务。同时，修订了30多部生态环境领域的法律和行政法规，覆盖各类环境要素的法律法规体系基本建立。主体功能区战略深入实施，省级以下生态环境机构监测监察执法垂直管理制度、自然资源资产产

---

1. 严金明，郭栋林，夏方舟. 中国共产党百年土地制度变迁的"历史逻辑、理论逻辑和实践逻辑"[J]. 管理世界，2021, 37（7）: 19-31, 2.
2. 周生贤. 走向生态文明新时代：学习习近平同志关于生态文明建设的重要论述[J]. 求是，2013（17）: 17-19.

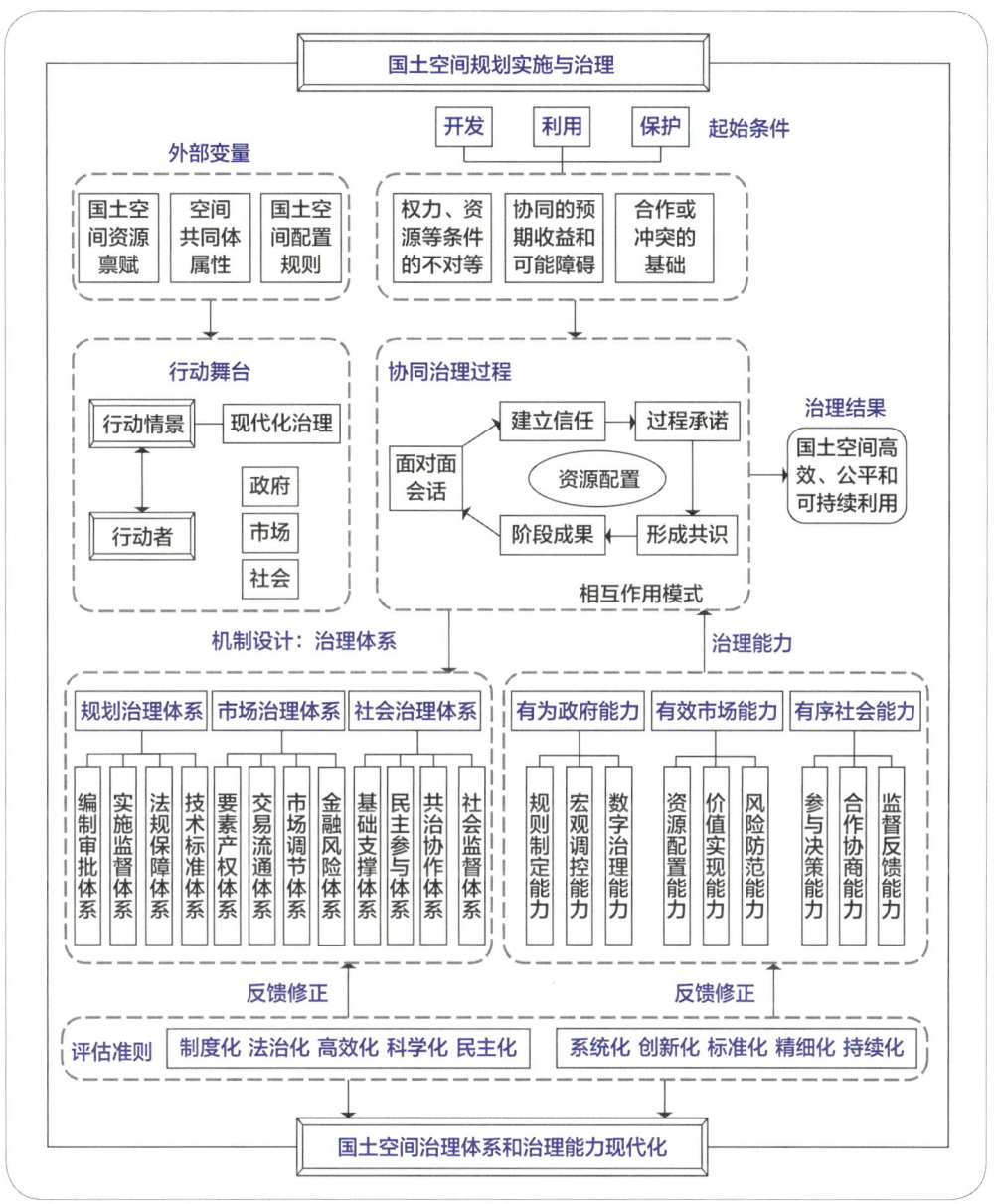

图1-2 国土空间规划实施与治理和国土空间治理体系和治理能力现代化逻辑关系
图片来源：严金明，冯思远，夏方舟.国土空间治理体系和治理能力现代化的思考［J］.中国行政管理，2024（4）：129-140.

权制度、河（湖、林）长制、排污许可制度、生态保护红线制度、生态补偿制度、生态环境保护"党政同责"和"一岗双责"等制度逐步建立健全。这些制度构建了生态文明"四梁八柱"的制度体系，它们的实施推动了生态文明建设的深入开展。

在生态文明建设的宏大背景下，国土空间规划实施与治理占据了至关重要的地位，并发挥着不可替代的作用。国土空间是生态文明建设的空间载体，国土空间规划实施与治理是推动生态文明深入发展的关键举措。通过对国土空间的科学规划、合理布局和有效治理，尤其是划定生态保护红线和明确生态空间布局，为生态文明建设奠定了坚实基础和保障。国土空间是生态文明建设的物质基础，是自然资源和生态环境的集合体。国土空间规划实施与治理就是对这些自然资源和生态环境进行科学、合理的规划和管理，确保它们的可持续利用和健康发展。同时，国土空间规划实施与治理为生态文明建设提供了重要平台。通过规划引领和治理保障，可以实现经济发展与生态环境保护的协调统一，推动绿色、低碳、循环经济的发展模式。最后，国土空间规划实施与治理也是国家实施生态文明建设的重要政策工具。通过制定和实施相关规划、政策和措施，可以引导社会各界积极参与生态文明建设，形成全社会共同推动的良好局面。

4. 高质量发展

2017年，习近平总书记在党的十九大报告中提出了"中国特色社会主义进入了新时代，中国经济发展也进入了新时代"的重大论断[1]，指出新时代中国经济的基本特征是由高速增长阶段转向高质量发展阶段。自此，高质量发展一直是社会、学术各界关注的焦点问题。党的二十大报告指出，"高质量发展是全面建设社会主义现代化国家的首要任务"，推动高质量发展是跨越中等收入阶段向更高水平迈进、实现中国式现代化的需要，是应对外部环境挑战、确保国民经济循环畅通的需要，是加快发展方式绿色转型、实现"双碳"目标的需要，是扎实推进全体人民共同富裕的需要，是防范化解重大风险的需要。

高质量发展旨在形成高质量、多层次、宽领域的有效供给体系，促进新型工业化、信息化、城镇化、农业现代化同步发展、深度融合，推进绿色低碳循环发展，倒逼产业转型升级，构建全方位开放新格局，以及让广大人民群众共享改革发展成果。强调质量第一、效益优先，贯彻"创新、协调、绿色、开放、共享"的新发展理念，注重创新驱动、绿色发展，实现经济社会的全面协调可持续发展。高质量发展的提出，标志着我国经济发展进入了一个新的时期。它不仅是对经济增长方式的根本性转变，更是对发展理念的全面更新。从高速增长转向高质量发展，意味着不仅要追求经济总量的增长，更要注重发展的质量和效益，实现经济、社会、环境的和谐共生[2]。

国土空间规划实施与治理不仅是推动高质量发展的关键手段，也是实现经济、社会、环境协调发展的重要保障，具体可见图1-3。高质量发展背景下，需注重资

---

1. 赵涛，张智，梁上坤. 数字经济、创业活跃度与高质量发展：来自中国城市的经验证据[J]. 管理世界，2020，36（10）：65-76.
2. 张军扩，侯永志，刘培林，等. 高质量发展的目标要求和战略路径[J]. 管理世界，2019，35（7）：1-7.

源的集约利用和高效配置,具体表现在:第一,通过国土空间规划,明确各地区的资源禀赋和发展潜力,合理安排产业布局和基础设施建设,避免资源浪费和重复建设,提升资源利用效率,为高质量发展提供坚实的空间支撑。第二,引导产业转型升级,推动形成绿色、低碳、循环的发展方式,为经济社会的可持续发展注入新的动力。第三,需要明确城乡发展的目标和方向,引导资源要素向农村流动,打破城乡二元结构,推动城乡一体化发展,推动农村产业振兴和基础设施建设。而国土空间治理,正是确保规划落地生根的关键所在。它涉及政策制定、监管执行、公众参与等多个方面,需要政府、市场、社会等多方共同参与。有效的治理能够确保规划的科学性和可操作性,推动形成政府主导、市场运作、社会参与的多元共治格局;可以加强对城乡发展的监管和协调,确保城乡发展的均衡性和可持续性;可以从空间布局上促进经济、社会、环境的协调发展。

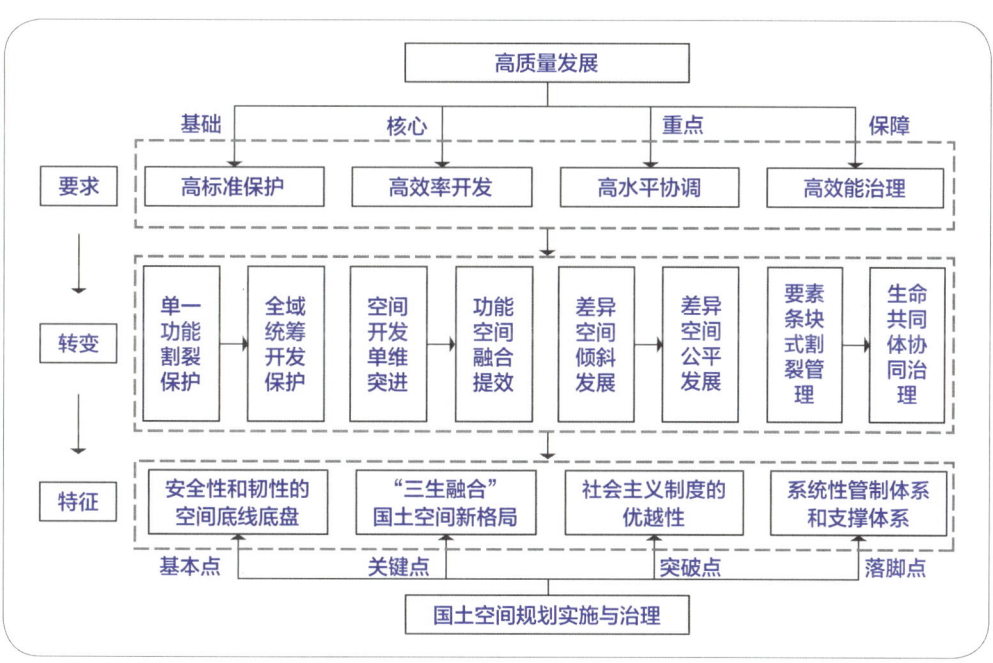

图1-3 国土空间规划实施与治理和高质量发展逻辑关系

5. 乡村振兴与新型城镇化

随着中国社会经济快速发展,特别是科技革命的突飞猛进和社会结构转型,以及由此伴随着的人口迁移与集聚、城市的兴起与乡村的衰落,乡村振兴与新型城镇化战略显得尤为重要[1]。在推进中国式现代化建设的进程中,乡村振兴与新型城镇化

---

1. 王振波,刘亚男. 新时代背景下我国乡村振兴研究述评:基于十九大以来的文献考察[J]. 社会主义研究,2020(4):151–158.

两大战略相互支撑、相互促进，推动形成城乡融合发展的新格局。这一战略构想不仅是对当前城乡发展问题的深刻反思，更是对未来城乡关系的科学规划。

乡村振兴旨在解决乡村地区面临的发展相对迟缓、人居环境质量相对较低、人口流失矛盾突出等问题，强调通过科学规划和有效治理，激发乡村内在的发展潜力，推动乡村产业兴旺、生态宜居、乡风文明、治理有效、生活富裕。这不仅有助于提升乡村地区的发展质量和效益，还能够为城乡居民提供更加优质的生态产品和休闲空间，促进城乡之间的交流与融合。与此同时，新型城镇化是对传统城市化模式的创新与发展，其在科学发展观指导下，按照"人本、生态、统筹、集约、和谐、持续"的理念，推动城乡一体化发展的过程，它不仅仅是简单的城市人口增加和规模扩张，更是产业结构、就业方式、人居环境、社会保障等一系列由"乡"到"城"的重要转变。新型城镇化的核心在于实现人的城镇化，让农村转移人口真正融入城镇，享受现代化生活方式。

在乡村振兴的背景下，国土空间规划实施与治理为农村地区的发展提供了基础性支撑和宏观性指导。统筹考虑农村的自然条件、经济基础和社会发展需求，科学规划农村的功能区划和产业布局，为农村经济发展、生态保护、文化传承等提供了明确的指引。国土空间规划实施与治理通过优化农村资源配置，推动农村经济的转型升级。通过科学规划，明确各类土地资源的用途和布局，推动农用地、建设用地和生态用地的合理配置。同时，加强对农村闲置土地的利用和管理，提高土地利用效率，提升对农村产业发展的支持和服务，推动农村第一、第二、第三产业的融合发展。

在新型城镇化的背景下，国土空间规划实施与治理为城市的可持续发展提供了有力支撑。通过科学规划城市的布局和功能分区，优化城市的空间结构，提高城市的承载能力。同时，加强对城市基础设施和公共服务设施的建设和管理，提升城市的生活品质和宜居性。城乡融合方面，优化城乡空间布局和资源配置，推动城乡产业融合发展、基础设施互联互通、公共服务共建共享。同时，加强对城乡发展的统筹协调和监管服务，打破城乡二元结构壁垒，推动城乡经济社会一体化发展。

国土空间规划实施与治理不仅为农村和城市的发展提供战略指导和支持服务，还能优化资源配置、促进生态环境保护、推动新型城镇化健康发展以及促进城乡融合发展，其重要性不言而喻。

综上，国土空间规划实施与治理是保障国家战略有效实施、推进中国式现代化进程的重要基础。具体而言：

国土空间规划实施与治理是加快国家治理体系与治理能力现代化建设的重要抓手。 国土空间规划实施与治理涉及多个领域和方面，需要政府各部门之间的协同配合和社会各界的广泛参与。在规划实施与治理过程中，政府需强化其组织协调能力和制度创新机制，以提升国家治理体系和治理能力的现代化水平。这不仅意味着政府工作将更为高效和透明，更重要的是使政府能够更精准地满足人民的需求，更全面地为人民服务，为国家战略的实施提供坚实后盾。

国土空间规划实施与治理是促进生态文明建设的关键之举。科学合理布局生产、生活和生态空间，能够促进产业结构的绿色转型，引导社会形成绿色、低碳的生产方式和生活方式，促进人与自然的和谐共生。这不仅有利于保护我们赖以生存的生态环境，还有助于推动可持续发展，为子孙后代留下更加美好的家园。

国土空间规划实施与治理是推进高质量发展的必由之路。合理规划能够确保土地、资本、劳动力等生产要素得到最优化配置和高效利用，从而提高经济运行效率和资源利用效率。这对于提升国家整体经济实力和国际竞争力、推动经济高质量发展十分重要。

国土空间规划实施与治理是促进城乡融合发展的内在需求。国土空间规划实施与治理通过统筹协调城乡自然、经济、社会等多方面因素，打破城乡二元结构壁垒，推动城乡资源共享和优势互补，这有助于缩小城乡差距，促进城乡协同发展，为实现城乡一体化和全面进步奠定坚实基础。

关键术语

国土空间、治理、国土空间治理、规划、国土空间规划、规划实施、规划实施与治理

思考题

1. 什么是国土空间规划实施与治理？
2. 国土空间"规划实施与治理"与传统"规划实施与管理"的关联与区别是什么？
3. 国土空间规划实施与治理涉及哪些主体？
4. 国土空间规划实施与治理的涉及主要行政活动主要有哪些类型？
5. 国土空间规划实施与治理的主要内容是什么？

第 2 章

国土空间规划实施与治理的理论基础

■ 导语

　　通过本章学习，旨在掌握国土空间规划实施与治理的相关基础理论，明确国土空间规划在实施和治理中所涉及的相关学科原理，共涉及四个方面：一是学理基础，介绍相关学科中与国土空间规划关联度较高的主要思想和理论发展历程；二是法理基础，介绍国土空间规划实施和治理的法律地位、相关法律依据以及行政程序；三是制度基础，介绍国土空间规划在行政事务中所涉及的专项制度；四是技术基础，介绍国土空间规划实施和治理中所涉及的数据收集处理、评估监督和工程治理等相关技术。

2.1 国土空间规划实施与治理的学理基础

　　本节通过对国土空间规划实施与治理的相关学术理论的梳理，详细介绍相关理论的思想源流与沿革、核心理论组成和具体内涵等内容，揭示国土空间规划实施和治理的思想根基。

2.1.1 城市规划思想和理论

1. 城市规划思想起源和内涵

　　人类空间的生产实践表明，"城市"原本是由"城"与"市"两个不同社会功能的空间所构成的。一方面，"城"者是谓行政、军事地域之要冲，为政治、文化因素和人口集聚地，承担镇守国土、治理社会的功能；另一方面，"市"者即商品交换的场所，早期城市政治军事社会管理的功能居于首位，到工业革命之后，生产力与生产关系和空间的联系更为紧密，城市的职能日趋多元化，客观上对城市空间规模、功能结构等提出更高要求。

1）思想起源

第一次工业革命后，中世纪的古老城市形态无法适应机器大生产的种种要求，由此产生的环境污染、公共卫生恶化等问题进一步引发了城市在组织制度、社会结构、空间布局、生活形态等方面的深刻变化。在愈发严重的空间矛盾下，公共卫生运动、环境保护运动和城市美化运动等塑造了西方城市化的核心价值，深刻地影响了近现代城市规划的起源[1]。

公共卫生运动发端于14—17世纪，这一时期黑死病、肺结核等传染病在西方世界迅速蔓延。在重大公共卫生危机下，欧洲各国开始关注城市环境整治和基础卫生设施建设，标志着人类开始从被动适应转向主动营造健康的公共空间环境。例如，英国国会于1848年通过世界上第一部《公共卫生法》，此后一大批公园、排水和垃圾清运等公共设施得以建设，城市的物质环境水平得到提升，公共健康理念也深度融入城市规划理论与实践中。人们早就意识到工业革命带来的环境破坏、资源短缺等问题，但更多聚焦理论研究与粮食、水资源等单一资源。20世纪中叶爆发的数次全球性资源环境危机，迫使各国政府、不同学科共同面对环境问题，环境保护运动应运而生。环境保护运动涵盖了经济、政治、社会、文化各个领域，从对自然环境保护到社会正义诉求，都要求规划从单一的面向经济发展的空间干预，进一步迈向考虑多目标协同的公共性政策转变。从对自然环境的保护到对社会正义的追求。城市美化运动主要是指19世纪末至20世纪初欧美许多城市针对日益加速的郊区化趋向，为恢复市中心的良好环境和吸引力而进行的景观改造活动。城市美化运动作为一种明确的思潮和运动，以伯恩海姆所作的"芝加哥规划"为开始，反映了现代文明重心不断下沉的发展趋势，文化多元性、治理多中心性等后现代思维极大影响了规划思想[1]。

2）内涵

这一时期内城的城市规划带有鲜明问题导向，许多社会改革家、规划师、建筑师、工程师、生态学家等都针对大城市存在的种种问题进行了研究。公共卫生运动等力图通过改造大城市的物质环境来解决社会问题，缓和尖锐的社会矛盾，从而

---

1. 仇保兴. 19世纪以来西方城市规划理论演变的六次转折[J]. 规划师，2003（11）：5-10.

重新建立起一个和谐、高效、新型的社会。城市美化运动的目的是期望通过创造一种新的物质空间形象和秩序，以恢复城市中因工业化的破坏性发展而失去的视觉美与和谐生活，来创造或改善社会的生存环境。当时人们已经强烈地意识到，有规划的设计对于一个城市的发展是十分必要的，只有通过整体的形态规划，才能摆脱城市发展现实中的困境。这种思想认识曾一度主导控制了整个西方城市规划的理论和实践活动，包括19世纪中叶奥斯曼的巴黎改建规划、美国格网状城市的总体规划、霍华德的田园城市理论、西谛的城市形态研究、阿伯克隆比的大伦敦规划、柯布西耶的光明城、《雅典宪章》的诞生，以及第二次世界大战后西方国家的普遍重建等。可以说，真正意义上的城市规划可作为面对经济、社会发展现实问题的一种解决手段，作为国家治理的重要公共政策是在近代工业革命以后才产生的[1]。

2. 核心理论

随着19世纪末西方踏入了快速的工业化和城市化进程，面向规模各异、职能不同的城市，有关城市未来发展方向以及城市内部空间组织的理论探讨逐渐丰富，这些理论成为此后城市规划发展、实施与治理的学理基础。现代城市规划的产生可以依据其思想基础划分为四个方面：一是受空想社会主义和无政府主义影响形成的理想主义规划；二是受笛卡尔理性主义思想影响形成的理性主义规划；三是在实用主义思想影响下的实用主义规划；四是以芝加哥学派、邻里单元等为代表的后现代主义规划。

1）理想主义规划

理想主义规划的发端是"田园城市"。1898年，霍华德（Ebenezer Howard）在其著作《明日：走向真正改革的和平之路》（*Tomorrow: A Peaceful Path to Real Reform*）中提出了田园城市理论。霍华德认为田园城市是为健康、生活以及产业而设计的城市，它的规模足以提供丰富的社会生活，但不应超过这一程度；四周要有永久性农业地带围绕，城市的土地归公众所有，由委员会受托管理[2]。恩温（Raymond Unwin）和帕克进一步将田园城市延伸为卫星城理论，1922年恩温在其著作《卫星城市的建设》（*The Building of Satellite Towns*）中提出了卫星城的概念，这种布局将工作和居住区域分离，在提供良好的居住环境和社区生活同时，保持人们与自然的亲近[3]。

2）理性主义规划

1931年，勒·柯布西耶（Le Corbusier）在其著作《光辉城市》（*La Ville Radieuse*）

---

1. 孙施文. 城市规划哲学 [M]. 北京：中国建筑工业出版社，1997.
2. 孙施文. 现代城市规划理论 [M]. 北京：中国建筑工业出版社，2007.
3. 张京祥. 西方城市规划思想史纲 [M]. 南京：东南大学出版社，2005.

中提出了"光辉城市"规划方案。柯布西耶在其光辉城市设想中认为，城市是必须集中的，只有集中的城市才有生命力。他使用了一种基于汽车路网的格网系统（zoning），将人们生活所需的居住、办公和工业在这一套格网系统中水平排列划分，对于各部分的每个单元所拥有的资源都做了均等的分配和划分。1933年，在柯布西耶的主持下，国际现代建筑协会（Congrès International d'Architecture Modern, CIAM）在雅典会议上制定了现代城市规划的纲领性文件——《城市规划大纲》，后被广泛称为《雅典宪章》（Charter of Athens）。《雅典宪章》提出了城市的功能分区思想，认为城市可以被划分为居住、工作、游憩和交通四大基本类型，这也是城市需要承载的四大基本功能，并提出城市规划需要重视三维空间的规划设计营造，考虑立体空间，重视法律保护对城市规划建设和控制的重要性，还强调以人民群众利益为城市规划的基础。1932年，弗兰克·赖特（Frank Lloyd Wright）提出了广亩城市（Broadacre City）的设想。受美国启蒙思想影响，广亩城市理论蕴含人与自然环境和谐共生的精神内核，倡导把过密的城市重新分布在地区性农业的方格网格上。广亩城市理论主张，应将密集的城市结构重新布局在一个以区域性农业为基础的网格体系中，使每户家庭周围都能拥有约1英亩（约合4 046.86平方米）的土地，用于种植蔬菜等。

1943年，伊利尔·沙里宁（Elieel Saarinen）在其著作《城市：它的发展 衰败与未来》（The City: Its Growth, Its Decay, Its Future）中详尽阐述了有机疏散思想（Organic Decentration）。该理论认为，城市是与生物类似的有机集合体，因此城市和生命有机体的内部秩序一致应当是城市建设的基本原则，需要将人口和岗位分散到可供合理发展的地域上去[4]。

3）实用主义规划

实用主义规划主要有系统规划理论和新城运动。1969年，麦克劳格林（J.B. Mcloughlin）在其著作《系统方法在城市和区域规划中的应用》（Urban and Regional Planning: A System Approach）中认为系统规划理论应包含理性分析、结构控制和系统战略三个部分。1968年英国的《城乡规划法》以结构规划（structure plan）和地方规划（local plan）取代原来的发展规划、总体规划和详细规划。在系统规划思想下，城市规划期望通过对城市系统的各个组成要素及其结构的研究，揭示要素的特征、功能和相互作用关系，在整体上对城市问题提出解决方案。

1946年，英国政府通过了《新城法》，新城运动（New Town）在国家政策支持下全面展开。该运动的主要目标是建设一个兼顾生活和工作、平衡又独立，能吸收各种阶层的人来居住和工作的新城。新城在本质上既是一定区域范围内为其周围地区服务的中心城市,也是与"母城"发生相互作用的区域城镇体系的组成部分,同时能对不断流入大城市的人口要素起到一定的"截流"作用。

4）后现代主义规划

1925年,伯吉斯(W.Burgess)在论文《城市发展:一个研究项目介绍》(*The Growth of the City: An Introduction to a Research Project*)中提出了著名的同心圆模式。他与芝加哥大学的城市社会学家一起将芝加哥街道作为城市规划"活动实验室",将自然生态学的基本理论体系引入人类社区研究中,后被称为芝加哥学派(Chicago School)。此后芝加哥学派又提出了扇形模式和多核心模式,与同心圆模式一起被并称为城市社会空间结构的三大经典模型。1929年,佩里(C.Pery)提出邻里单元(Neighbourhood Unit)的概念,一个邻里单元不被城市道路分割,将一个小学服务范围视作基本尺度,作为居住区甚至城市的细胞,追求营建空间的宜人景观,强调居住区的整体文化认同和归属感。

1954年,CIAM中的第10小组(Team X)于荷兰发表的《杜恩宣言》中提出了"人际结合"思想,指出要以人为核心,按照不同人类特性去研究居住问题,以适应人们为争取生活意义和丰富生活内容的社会变化要求。其中,代表人物史密森(Smithson)夫妇提出了簇群城市(Cluster City)这一具有强烈后现代特征的新城市形态概念,他们认为城市形态应当源自生活本身的结构,空间是行为方式的体现,把社会生活引入人们所创造的空间中是城市规划的任务。凯文·林奇(Kevin Lynch)在1960年出版的《城市意象》(*The Image of the City*)中更进一步地提出,人的生理、心理的切实感受在城市美中比构图与形式方面的和谐更重要,他将城市分解为可感受的空间特征,建立了空间环境与人的知觉意象之间的关系,提出了著名的"城市认知地图",强调利用路径、边界、区域、节点、标志来组织城市意象体系。

此外,还有社会公正与公众参与(Social Justice and Public Participation)。20世纪70年代,大卫·哈维(David Harvey)出版了《社会公正与城市》(*Social Justice and the City*)一书,这让人开始意识到住宅和物质环境的建造只是城市规划建设工作的一部分,更重要的是广泛、公正的规划制度。于是美国城市规划开始由强调物质的规划转向对城市社会问题和对策的综合研究。

2.1.2 公共管理理论

1. 公共管理的内涵

公共管理(Public Management)是一个涉及多学科重大理论与实践的研究领

域，是公共管理学的基本概念之一。在公共管理的产生和发展过程中，众多学者对公共管理的基本内涵进行了探讨。公共管理这一名词首次出现在20世纪30年代，依时间先后，对公共管理内涵理解的代表性观点包括：①公共管理是传统公共行政的规范取向和一般管理的工具取向的二者结合，公共管理者被视为公共行政这一职业的实践者；②公共管理将管理学的计划、组织、控制与对人力、财政、物资、信息、政治资源的管理相结合，与公共行政有所不同；③公共管理综合了公共行政的方案设计与组织重建、政策与管理规划、财务管理、人力资源管理、通过预算制度进行资源分配以及各种方法和技术，是公共行政或公共事务的一部分；④公共管理比内部行政的含义更广，是对政治权威的管理；⑤公共管理包括公共行政，从公共行政到公共管理意味着以最大化的效率实现组织目标以及对结果负责。

对公共管理定义的理解，应着重把握以下要点。

1）公共管理的主体是多元化的公共部门

政府是公共管理活动中居于核心地位的主体，在维护社会秩序、保障国家安全、促进经济发展、改善民生等方面具有不可替代的作用。但公共管理实践已表明，公共管理活动中的主体是多元化的。相当一部分政府职能交由非政府公共部门来完成是可能且可行的，甚至在一些微观管理方面，非政府公共部门还具有明显的职能优势。

2）公共管理的对象是各种公共事务

公共事务是与公共利益相关的事务，是指与全体社会成员的共同利益相关、满足其共同要求、关系其整体生活质量的一系列活动以及这些活动的最终结果。诸如，涉及国家主权、合法性、普遍性的国家事务，涉及国防、社会治安等公共安全与秩序事务，涉及交通、邮电、教育、医疗等与人们共同利益息息相关的事务。

3）公共管理的目标是实现公共福祉和公共利益

公共福祉反映了社会整体的生活质量和福利水平，公共利益是社会上所有成员的、超越了个人或特定群体的共同利益。公共管理旨在通过对公共事务的有效管理，实现增进公共福祉和提升公共利益，其目标与私人管理（商业管理）有所不同，是不以营利为目的的[1]。

综合以上观点，可以对公共管理作如下界定：公共管理是以政府为核心的公共部门整合了社会的各种力量，广泛运用政治的、经济的、管理的、法律的方法，强

---

1. 苏保忠，张正河. 公共管理学［M］. 北京：北京大学出版社，2004.

化政府的治理能力，提升政府绩效和公共服务品质，从而实现公共福祉与公共利益[1]。

2. 公共管理的范式变化及核心理论

历经百余年的发展历程，公共管理逐步发展成为一门独立学科，并经历了多次理论范式变化。从传统公共行政理论到新公共行政理论，再到新公共管理理论及公共治理理论，公共管理的范式变化历程及核心理论主要如下：

1) 传统公共行政理论

传统公共行政学范式建立在伍德罗·威尔逊 (Thomas Woodrow Wilson) "政治－行政"二分法和马克斯·韦伯 (Max Weber) 科层制理论的基础上，聚焦对行政组织或官僚体制的研究，以行政效率作为政府追求的最高目标。"政治－行政"二分法由威尔逊在 19 世纪末提出，在其发表的《行政研究》中公共行政研究被首次从政治学中分离出来。该理论认为，政治是"在重大而带有普遍性的"方面的国家活动，而行政是"国家在个别和细微事项方面的活动"，即行政可以被视作政治付诸实践的一种手段，是政治过程所做决定的具体实施，但行政应是不受政治操控、摆脱政治干涉的独立领域[2]。

科层制理论又称官僚制理论，由韦伯在 20 世纪初提出。作为一种行政体制，由经过训练的专业工作人员依照既定规则持续运作，其主要特征体现在：管辖范围受到诸如法律、行政规章等具有固定和法定规则的约束，这是其权威的来源。公职与权力遵循稳定而有序的高低等级制度。公职人员从事的公共事务与私人生活领域之间存在明显界限，是完全非人格化的。公职管理以全面而熟练的专业化训练为先决条件，将行政作为一种专门化的职业。公职人员要完全发挥工作能力来处理官方事务，将其作为一种全职工作。公职管理遵循一般性规定，这些规定通常是稳定、全面且可学习的[3]。传统公共行政的科层制理论已在现代国家行政和生产管理中广泛实践应用，它顺应社会化大生产和社会组织复杂化的需要，以非人格化的体制否定了人治和主观随意性的管理模式，保证了行政组织的高效能[4]。但不可否认的是，科层制理论建立在一种理想化的层面上，因为个人行动具有自利性、传统性和价值性，科层组织中的行动者不可能完全按照中立人的行动假设去展开行动，这与其中

---

1. 陈振明，薛澜. 中国公共管理理论研究的重点领域和主题 [J]. 中国社会科学，2007 (3): 140-152, 206.
2. 何艳玲. 公共行政学史 [M]. 北京：中国人民大学出版社，2018.
3. 欧文·E·休斯. 公共管理导论 [M]. 4 版. 北京：中国人民大学出版社，2015.
4. 张萍芬. 关于韦伯的科层制理论 [J]. 河北理工大学学报（社会科学版），2011, 11 (6): 22-23, 26.

立人假设之间存在内在张力[1]。

2）新公共行政理论

新公共行政理论是相对于传统公共行政理论而言的，强调一种民主取向的公共行政学。该理论产生于20世纪60年代末到70年代初，以弗雷德里克森（H.George Frederickson）等人为代表。通过批判传统公共行政理论中"效率至上"和"社会公平"的价值观，新公共行政理论试图建立一种将公平与效率协调统一起来的公共行政新规范——"社会性效率"，强调公共行政的核心价值在于促进社会公平[2]。具体而言，新公共行政理论针对传统公共行政理论的危机，提出要通过政府采取积极措施来应对，而非简单地在公共产品供给领域用私人或其他社会组织来替代。新公共行政理论认为，使行政成为民主行政是其核心使命，将科层制改造得民主且可控是民主行政的根本出路。

3）新公共管理理论

新公共管理理论产生于20世纪70年代。该理论极大地扩充和丰富了公共管理领域理论，主要观点聚焦批判传统公共行政理论，以及推崇市场主义和管理主义。新公共管理理论认为，传统的公共行政理论严重遏制了现代社会中的行政效率，需要转变为扁平化且更富弹性的行政模式。因此，新公共管理理论提倡把公民看作消费者，政府公共部门要引进市场机制来改善行政绩效。具体来看，主要体现在：①公共部门要借鉴私人企业的管理方法。公共部门与私人部门之间并非完全割裂的，私人部门管理所具有的创新、高效、低成本的管理模式和方法值得公共部门管理借鉴。②公共部门产品和服务的市场化。公共部门与私人部门之间、公共部门之间可以展开竞争，公共部门也可以将公共产品和服务交由私人部门去提供。③公共服务的顾客取向。公共部门的社会职责在于根据消费者的需求向他们提供相应的服务，在消费者需求驱动下的政府才能满足多元化社会需求、促进公共服务质量的提高[3]。

新公共管理理论推动了从公共行政向公共管理的转变，伴随着政府再造运动应运而生，指导了各国政府的改革实践。到20世纪末，新公共管理理论已成为理论和实践上最具有影响力的公共行政理论流派。随着世界经济发展和技术进步，信息化和全球化进程不断加速，导致了一系列问题的出现，如政府财政危机、传统官

---

1. 张云昊. 规则、权力与行动：韦伯经典科层制模型的三大假设及其内在张力[J]. 上海行政学院学报，2011，12（2）：49-59.
2. 丁煌. 寻求公平与效率的协调与统一：评现代西方新公共行政学的价值追求[J]. 中国行政管理，1998（12）：83-86，82.
3. 周晓丽. 新公共管理：反思、批判与超越：兼评新公共服务理论[J]. 公共管理学报，2005（1）：43-48，90-93.

僚体制的低效,以及公民对政府信任度的下降。这些问题对公共部门在提供公共产品和服务方面提出了更高的期望和要求。在此背景下,对于管理主义仅关注政府效率的批判,乃至对新公共管理理论的批判也愈发高涨,新公共服务理论随之应运而生。

4)新公共服务理论

新公共服务(New Public Service)理论脱胎于新公共管理理论,认为政府应扮演"提供服务"的角色,而非"掌舵人",由登哈特夫妇(Robert B.Denhardt, Janet V.Denhardt)提出。新公共服务理论的基础包括民主公民权理论、公民社会和社区模式、组织人本主义和话语理论,强调公民权和公民身份是公共行政的基础、公民和公民团体组成社会,主张减少对公共部门权力的控制和限制,更加重视服务对象(公民)的需要。新公共服务理论的主张可概括为政府的职能是服务而不是"掌舵";公共利益是目标而非副产品;政府要具有战略性思维兼行动民主;政府服务公民;重视人的价值,而非只重视生产率;公民权和公共服务比企业家精神更重要。

5)公共治理理论

公共治理(Public Governance)理论源起于对传统公共行政理论的反思,兼有对其他公共管理理论实践的批判。20世纪末,公共部门作为单一的行动主体已难以应对日益全球化、复杂化的公共问题,政府、市场、社会多元主体形成合力才能有效解决复杂的公共问题。治理可看作是政府与市场、社会多元主体共同管理的理想类型,主要特征可概括为——出自政府但不限于政府的多元主体。各主体的责任界限相对模糊、权力相互依赖和互动。形成自主自治的行为体网络。对政府的作用范围和方式做出重新界定,办好事情的能力并不在于政府下命令或运用其权威的权力[1]。治理语境下,政府在治理网络中扮演着"元治理"的角色,承担着建立指导社会组织行为方向、行为准则的重任。公共治理与政府管理之间的关系虽然密切,但二者的体制机制仍存在固有差别。二者应各有侧重,协同推进、有机结合,不能以公共治理代替政府管理[2]。

3. 公共管理与国土空间规划

国土空间规划是公共管理的重要组成部分,它涉及国家或地方政府对国土空间资源的开发、利用、保护和治理等方面的决策与调控。国土空间规划的主要目的是

---

1. 格里·斯托克,华夏风.作为理论的治理:五个论点[J].国际社会科学杂志(中文版),2019,36(3):23-32.
2. 何翔舟,金潇.公共治理理论的发展及其中国定位[J].学术月刊,2014,46(8):125-134.

实现国土空间资源的合理配置和高效利用，保障生态安全，促进经济社会可持续发展，并维护公众的利益，以及满足公众的需求。

1）国土空间规划政策的执行

公共管理的政策执行是将政策制定阶段所确定的目标和方案转化为具体行动和实际成果的过程，国土空间规划作为一项公共政策，是公共管理的重要内容。其政策执行的特殊性不仅体现在涉及资源要素多元与时间跨度较长，还需要依赖于其他不同类型公共政策的执行，以实现其政策目标。国土空间规划的执行是分级分类进行的，包括国家、省（自治区、直辖市）、市、县、乡镇等不同层级，每个层级根据其管理深度和空间尺度要求承担相应的职责。其编制和审批需要遵循严格的程序，包括公众参与、专家咨询、政府审批等环节，以提高规划的透明度和公众接受度。地方政府在落实国土空间规划时需要具备强大的政策执行力，这包括资源配置、组织协调、监督评估等多方面的能力，应当建立起规划实施的监督体系，确保规划得到有效执行，并能够及时调整和优化规划内容，以适应经济社会发展的新要求。

2）国土空间规划资源配置

有效的资源配置是实现公共利益、促进社会经济可持续发展的关键，公共管理部门需要根据国土空间规划合理分配土地、水资源和能源等，以支持城市化、工业化、农业发展等活动。国土空间规划资源配置的有效性直接影响国家的空间治理能力和可持续发展目标的实现。公共管理部门在这一过程中扮演着关键角色，通过科学规划、严格监管、积极协调和高效服务，确保国土空间资源得到合理利用和保护。国土空间规划从编制到落地实施，需要协调不同政府部门和机构，形成合力。公共管理部门作为桥梁，应加强公众参与，通过各种渠道收集公众意见，确保国土空间规划更加民主、透明和科学。

3）国土空间规划监督与评估

国土空间规划监督与评估是确保规划有效实施和达到预期目标的重要环节。监督是为了确保规划的执行不偏离既定的方向和目标，而评估则是为了检查规划实施的效果，及时调整和优化规划内容。根据自然资源部办公厅发布的《关于加强国土空间规划监督管理的通知》（自然资办发〔2020〕27号），监督实施国土空间规划是党中央、国务院的重大决策部署，各级自然资源主管部门承担着重要的监督管理责任。监督工作需要依法依规编制和监督实施规划，防止出现违规编制、擅自调整、违规许可等问题，确保规划的严肃性和权威性。此外，还应加强廉政风险防控，树立风清气正的行业形象。而国土空间规划的评估通常包括规划实施的监测、评估和预警，需要按照"一年一体检、五年一评估"的要求开展城市体检评估，并提出改进规划管理意见。市县自然资源主管部门应适时向社会公开城市体检评估报告，省级自然资源主管部门要严格履行监督检查责任。国土空间规划的监督与评估是一个系统性的公共管理过程，涉及规划的编制、执行、监测、评估和反馈等多个方面，每个环节都需要公共管理部门参与执行，确保规划能够科学、合理、有效地指导国土空间的利用和保护。

2.1.3 空间治理理论

1. 空间治理的概念和内涵

治理是各种公共的或私人的个人和机构管理其共同事务的诸多方式的总和。它是使相互冲突的或不同的利益得以调和并且采取联合行动的持续过程。这既包括有权迫使人们服从的正式制度和规则，也包括各种人们同意或以为符合其利益的非正式的制度安排。空间治理（Spatial Governance）是指通过资源配置实现国土空间有效、公平和可持续的利用，以及各地区间相对均衡的发展。从地理学和城市规划的角度来看，空间治理可被视作一种多元博弈的协同治理机制。该机制涉及政府、市场和社会之间的广泛沟通，旨在通过持续的博弈和交流过程，协调各方利益冲突，以满足城市发展的需求。空间治理的结构主体由政府、非政府等多元化利益集团构成，其治理范畴涵盖城市及区域内各类事务。张京祥将当代中国城乡规划的本质界定为"空间治理"[1]，即对空间资源的使用和收益进行分配和协调的政治过程[1]。空间治理是具备城乡空间属性特征的治理实践，当前空间治理理论被广泛地应用于江河流域空间治理、城市群空间治理、城市社区治理、街头治理等研究领域。

在"治理"与"空间"视角的基础上，空间治理这一概念主要有两个理论来源：一是从空间研究的社会转向为起点，再到空间的治理转向；二是从社会科学的空间转向为起点，进而到治理理念的空间转向。在这两条线索相互交织、聚合和整合的过程中，空间治理理论得到了持续发展，并形成了多种具有广泛适用性的理论，主要包括空间生产理论、增长机器理论、城市政体理论及新公共管理理论等。

---

1. 张京祥，陈浩. 空间治理：中国城乡规划转型的政治经济学［J］. 城市规划，2014，38（11）：9-15.

2. 空间治理的核心理论

1）城市政体理论

城市政体理论是空间治理的源理论，空间治理研究的基本范式都可追溯到城市政体理论。20世纪80年代，以克伦拉斯·斯通（Clarence Stone）为代表的西方学者提出了城市政体理论，这一理论从多元利益主体的角度研究城市政治权力的分配，强调了"共治"的属性。该理论认为，城市发展的资源要素主要由政府、市场和社会（公众）三大类主体控制，其中政府代表行政权力，市场代表经济组织力量，公众则代表社会力量。这三类主体之间的相互博弈和平衡共同主导着城市的发展。然而，随着时代演进和不同国家社会政治环境的差异，一些学者开始质疑城市政体理论的普适性，指出其在解释城市发展方面存在明显限制。针对这一观点，斯通将城市政体理论的焦点从分析政体稳定的权力结构转移到了解释政体变迁的影响因素上[1]。在我国国土空间治理研究中，学者们通常使用城市整体模型作为理论工具，以解释城乡空间结构的演化。例如，张庭伟将城市发展动力分为政府力、市场力以及社会力，并提出了城市空间发展动力机制模型——合力模型、覆盖模型和综合模型[2]。

2）空间生产理论

1974年，为解决20世纪60年代以来西方发达国家普遍面临的城市化快速发展和资本主义扩张产生的城市危机，法国哲学家亨利·列斐伏尔（Henri Lefebvre）在《空间的生产》一书中首次提出了空间生产理论（The Production of Space），开启了城市空间研究的范式转向。该书意图揭示并批判资本主义如何通过空间实践控制社会生活，以及探讨通过改变空间结构来促进更公平的社会关系。

列斐伏尔提出了"Social space is a Social"即"社会空间是社会的产物"的核心观点，这一观点将空间视域超脱于物理场所，并赋予其丰富的社会、文化和政治意义[3]。基于此，他进一步构建了三元一体的理论框架，即空间三重性，包括"空间的实践"（Spatial practices）、"空间的表征"（Representations of space）和"表征的空间"（Representational space）。其中，"空间的实践"是城市的社会生产与再生产以及日常生活。"空间的表征"是概念化的空间，是由科学家、规划者、社会工程师等的知识和意识形态所支配的空间。"表征的空间"是"居民"和"使用者"的空间，它处于被支配和消极体验的地位，三者之间是辩证统一的关系。

---

1. Stone C N. Reflections on Regime Politics: From Governing Coalition to Urban Political Order[J]. Urban Affairs Review, 2015, 51（1）: 101-137.
2. 张庭伟. 1990年代中国城市空间结构的变化及其动力机制[J]. 城市规划, 2001（7）: 7-14.
3. LEFEBVRE H. The Production of Space[M]. New Jersey: Wiley-Blackwell, 1992.

3)增长机器理论

在第二次世界大战后,美国的旧中心城市经历了中高收入人群向郊区迁移以及经济衰退的阶段,美国学者哈维·莫洛奇(Harvey Molotch)试图构建解释这一现象的理论体系,于1976年在《作为增长机器的城市:地点的政治经济学》一文中首次提出了"增长机器"(Growth machine)的概念,为分析城市治理结构开辟了新视角。莫洛奇将以土地利益为核心,诱发系列增长过程的城市比喻为一架增长机器。该理论认为:城市治理的核心问题在于促进增长,而增长的核心是土地价值的提升[1]。为获取这种增长所带来的利益,利益相关者的精英群体构建了增长联盟。随着城市的发展和土地价值增加,增长联盟得到了相应的回报,实现了多方共赢的目标。1987年,莫洛奇与罗根(Logan)对城市增长机器理论进行了系统完善,城市被视为"增长机器"的前提是具备使用价值和交换价值的双重属性。增长联盟通过提高土地使用率和地租水平,使土地的交换价值超越使用价值,从而将城市转变为"增长机器"。此外,劳工、本地社区居民、公众等社会团体被视为反增长联盟的主要力量,与增长联盟形成利益对立。

4)新公共管理理论

新公共管理理论已成为中西方国家国土空间治理的重要理论基石。20世纪80年代,为解决公共部门效率低下、财政紧缩和公众对政府效能的不满等问题,西方发达国家普遍进行了再造公共部门的新公共管理运动。新公共管理理论建立在对传统行政的批判和吸收基础上,为空间治理理论提供了新的思路和方法。

该理论强调了市场机制的引入,市场取向的观点促使政府在国土空间规划和土地利用管理中采取更加灵活的政策,与市场和社会力量共同参与城乡发展和资源配置。

新公共管理理论的绩效导向思想被应用到空间治理中,倡导建立明确的绩效评估体系,加强了对城乡规划和项目实施过程的监督和评估,优化了城乡协同发展的实际效果。新公共管理理论主张的去中心化和分权原则促进了地方政府和社区的参与,加强了基层治理能力,提高了城乡管理的响应速度和适应能力。空间治理主体与公共治理的主体一致,在强调多元主体的新型治理模式中,政府不再是唯一的管理主体,还应当包括企事业单位、组织、团体、社区和个人等,他们共同完成对公共事务的管理、对公共服务的供给、对公共设施的建设、对社会风险的应对,从而实现空间治理效益的最大化。

---

1. 哈维·莫洛奇,吴军,郭西. 城市作为增长机器:走向地方政治经济学[J]. 中国名城,2018(5):4-13.

2.1.4 自然资源管理理论

1. 自然资源及自然资源管理内涵

自然资源是指天然存在、有使用价值、可提高人类当前和未来福利水平的自然环境因素的总和[1]。自然资源作为基础性生产要素之一，对一个国家或地区经济发展至关重要。自然资源管理指为了实现自然资源最优化配置等目标而开展的一系列管理措施，涉及生态环境、人类健康、社会文明等方方面面，科学、合理、有效地进行自然资源管理关系到人类未来的可持续发展。自然资源管理力求在人类需求与保护生物多样性、生态系统健康和地球自然系统的完整性之间取得平衡，需以自然科学和经济学等理论为基础，健全自然资源管理制度。其核心理论包括地球科学系统理论与生态学理论、人地关系理论、地域分异规律理论和自然资源价值理论等。

2. 自然资源管理理论

1）地球科学系统理论与生态学理论

地球科学系统理论揭示了地球上各类自然资源之间的联系和相互作用，它们通过相互影响和相互制约，形成一个错综复杂的生态网络。生态学理论则强调，人类的生存与发展离不开从自然生态系统中获取的各种惠益，包括供给服务（如食物和水提供）、调节服务（如洪水和疾病控制）、文化服务（如精神、娱乐和文化享受）以及支持服务（如维持地球生命环境的养分循环）。

2）人地关系协调理论

人地关系协调理论表明，人类社会与地理环境相互作用、相互影响。人类与自然界必须协调发展才能保证经济社会持续稳定的发展。人类与自然之间并非一种征服与被征服、控制与被控制的关系，而是一种和谐共生的相互平等关系。因此，必须坚决树立人与自然和谐共生的理念，坚持保护与开发并重的原则，合理开发自然资源。

3）地域分异规律理论

地域分异规律，也称空间地理规律，是指自然地理环境及其组成要素在某个确定方向上保持特征的相对一致性，而在另一确定方向上表现出差异性，因而发生

1.《党的十八届三中全会重要决定辅导读本》编写组．党的十八届三中全会重要决定辅导读本［M］．北京：人民出版社，2013．

更替的规律[1]。我国地域辽阔，资源环境条件存在显著的空间差异，基于陆地表层地域分异规律，开展自然地域系统研究可以了解资源、环境和生态系统的空间分异规律，对合理利用自然资源，因地制宜进行生产布局有指导作用，为政府在产业布局、国土资源调查与监测、区域与城市规划、自然保护区建设、环境整治、生态建设和环境保护等众多方面的决策提供科学依据。

4）自然资源价值理论

自然资源作为人类生产劳动的基础条件和物质基础，可以满足人类生存和发展要求，具有使用价值。保护自然资源，既要将自然资源视为财产，保护其经济价值，还要将自然资源视为环境要素的组成部分，保护其生态功能。以自然资源价值管理推动自然资源的资产化管理对实现其可持续发展至关重要，其价值主要体现在：①推动自然资源价值管理有助于实现资源的可持续和高效利用，避免浪费大量资源；②推动价值管理可以体现资源开发企业的"绿色"利润，企业通过将资源性资产的成本内化至其成本费用中，以帮助企业实现绿色转型；③推动资源价值管理有助于优化自然资源收益分配方式，使国家作为自然资源所有者参与资源价值分配，实现国家权益；④推动资源价值管理可以实现与国际组织及其他国家惯例的协调，推动国家或区域间资源环境产权交易等制度的实施。

2.2 国土空间规划实施与治理的法理基础

本节将重点介绍与国土空间规划实施与治理相关的法理内容，首先通过对我国法律的基本层级体系的了解，进一步认识我国规划相关法律法规的基本结构、效力等级、制定和实施情况等，掌握国土空间规划的相关法律法规知识和国土空间规划在实施与治理过程中的法律依据。

2.2.1 我国法律的基本层级体系

1. 中国特色社会主义法律体系

中国特色社会主义法律体系为大陆法系，宪法－法律－法规是我国法律体系的

---

[1] 刘志强，王明全，金剑.国内外地域分异理论研究现状及展望[J].土壤与作物，2017，6（1）：45-48.

基本特征[1]。宪法作为国家的根本法，在中国特色社会主义法律体系中居于统领地位。法律解决国家发展中带有根本性、全局性、稳定性和长期性的问题，作为国家法治基础，是中国特色社会主义法律体系的主干。根据宪法和法律所赋予的职责，国务院为适应经济社会发展和行政管理的实际需要，制定了大量行政法规，涵盖国家经济、政治、文化和社会事务的方方面面。行政法规通过将法律规定具体化，补充和细化了法律，是中国特色社会主义法律体系的重要组成部分。

宪法和法律同样也赋予了省、自治区、直辖市和较大城市的人民代表大会及其常委会制定地方性法规的权力。地方性法规与行政法规一样也是中国特色社会主义法律体系的重要组成部分，但在行政效力上低于行政法规，其作用在于作为国家立法体系的延伸和完善，执行法律、行政法规规定，补充、细化和完善法律和行政法规在一些事项尤其是地方性事务上的不足，保障了上位法律法规的有效实施，同时也为国家立法积累经验。

2. 法律体系的效力层级

在法律体系中权威性体现在上一层级的法律效力高于下一层次，即法律适用中由法律的位阶效力带来的"上位优先"原则。此外还有"新法优先""特别优先"以及"变通优先"。具体而言：①由于新法反映了立法者的最新意志、更符合当下社会实际，因此同一内容在同一行政管辖范围内，应当选择适用新规定；②由于法律适用对象更为精准，因此当同一立法机关确立的法律法规中对同一事项规定不一致时，应选择适用范围更小者；③由于宪法和法律赋予了自治条例、单行条例和经济特区法规以制定变通规定的权力，因此意味着变通条款本身代表了上位法的意志并由上位立法机关批准生效，应当优先选择变通者[2-5]。

3. 规范性文件

在法律体系之外，还有以法律和行政法规为准则制定的规范性文件，这是由国家机关和其他团体、组织制定的具有约束力的非立法性文件的总和[6]（广义的规范

---

1. 中华人民共和国国务院. 中国特色社会主义法律体系 [R]. 2011.
2. 杨登峰. 新旧法的适用原理与规则 [M]. 北京：法律出版社，2008.
3. 全国人民代表大会. 中华人民共和国立法法 [EB/OL]. [2023-03-13]. http://www.wangcheng.gov.cn/xxgk_343/gdwxxgk/bmxxgk/qzfgzbmhbmgljg/qszj/fggw_3618/202304/t20230403_11048865.html
4. 余文唐. 法律冲突：三大规则之法理研辩 [J/OL]. https://www.chinacourt.org/article/detail/2017/12/id/3104756.shtml. 2017.
5. 董书萍. 法律适用规则研究 [M]. 北京：中国人民公安大学出版社，2012.
6. 国务院办公厅. 国务院办公厅关于加强行政规范性文件制定和监督管理工作的通知 [EB/OL]. (2018-05-16). https://www.gov.cn/gongbao/content/2018/content_5296541.htm

性文件指属于法律范畴的立法性文件,包含了宪法、法律、法规和规章,为便于区分,此处取其狭义定义)。虽然规范性文件不在法律体系范畴内,但其是法律执行落实的必要补充和重要支撑。规范性文件中所包含的行政规章,分为部门规章和地方政府规章,前者由国务院所属各部门、委员会在职权范围内发布用于调整部门管理事项,后者由省级或国务院指定市的人民政府基于法律授权和地方性法规就特定领域制定。部门规章和地方政府规章在各自范围内具有同等效力。行政规章之外的规范性文件是行政机关在其管辖范围内具有普遍约束力,并在一定期限内反复使用的文件,是行政机关履行职能的重要方式。规范性文件不属于正式立法,但数量最大、种类最繁、与人民生活最密切,因此在当前全面推进依法治国的进程中,必须重视对其合法性的辨析,并监督其发布和使用[1-2]。

2.2.2 国土空间规划相关法律法规

2019年,中共中央、国务院发布了《若干意见》,要求到2020年基本建立包括法规政策体系在内的"四体系",并在2025年前予以完善。截至2024年,"国土空间开发保护法""国土空间规划法"等新的主干法律暂未出台[3],仍处于新的立法工作完成前的过渡期,既有法律法规仍然有效,并与相关的法规、规范性文件共同指导国土空间规划工作。本书按照国土空间规划的工作内容和权责划分,将国土空间规划法律法规体系分为四个部分,具体如下。

1. 主干核心:《土地管理法》和《城乡规划法》及其相关法律法规

2019年《土地管理法》修订并于次年实施,新的《土地管理法》在"土地利用总体规划"一章中明确"已经编制国土空间规划的不再编制土地利用总体规划和城乡规划",正式确立了国土空间规划对以往土地利用总体规划和城乡规划的替代作用和法律地位。同年在《城乡规划法》的修订中,首次纳入了村庄规划,这是第一次确立村庄规划的法律地位,意味着城乡二元体系打破、迈入城乡一体化时代。但两部法律侧重有所不同,《土地管理法》侧重对自然资源要素尤其是土地要素的配置管理,通过明确土地的利用范围、方式等,达到合理利用土地、切实保护耕地的

---

1. 国务院办公厅. 关于全面推行行政规范性文件合法性审核机制的指导意见[EB/OL].[2018-12-20]. https://www.gov.cn/zhengce/zhengceku/2018-12/20/content_5350427.htm
2. 袁勇. 规范性文件合法性的判断标准[J]. 政治与法律,2020,10:82-95
3. 自然资源部办公厅. 自然资源部2023年立法工作计划[EB/OL].[2023-07-06]. https://www.gov.cn/zhengce/zhengceku/202307/content_6891704.htm

目的。《城乡规划法》侧重城乡空间和区域的统筹布局，通过对建设空间在规模、设施、安全、交通等方面的控制要求，达到融合协调城乡关系，改善人居环境的目的。

围绕《土地管理法》和《城乡规划法》，相关部门还制定了《土地管理法实施条例》，对耕地、国土调查、建设用地、农用地转用、土地征收、宅基地和集体经营性建设用地在行政管理和使用方式上进行了具体规定。在一些行政法律法规或者民法中，也有相关条款：比如《中华人民共和国民法典》（以下简称《民法典》）中针对物权、所有权和用益物权的条款中，分别对应列举和明确了不动产、小区住宅和经营性用房、自然资源、土地承包经营权、建设用地和宅基地使用权，以及地役权相关的权利义务和处罚办法。《中华人民共和国黑土地保护法》（以下简称《黑土地保护法》）对耕地中的"黑土地"保护进一步予以明确和控制。对包括土地管理、城乡建设在内的行政决定有异议的，需要遵循《行政复议法》开展行政复议或诉讼。

2. 底线控制："三区三线"相关法规、行政规章和规范性文件

按照党中央、国务院的决策部署，三条控制线是中华民族永续发展的基础，以最严格的生态环境保护制度、耕地保护制度和节约用地制度，作为调整经济结构、规划产业发展和推进城镇化不可逾越的红线。"三线"将引导形成科学适度有序的国土空间布局体系，成为国土空间开发保护利用中生态、生产和生活空间的基本盘。截至2023年底，以《生态保护红线划定技术指南》《城镇开发边界划定技术指南》和《永久基本农田划定技术规程》为指导，"三线"已划定完毕。

永久基本农田由基本农田概念发展而来，目前主要通过《土地管理法》及其实施条例进行管理利用。2024年年初，新的《永久基本农田保护管理办法》公开征求意见，对永久基本农田的评估建设、调整占用、征收补划以及治理监督等进行了更为详尽细致的安排。《关于加强生态保护红线管理的通知》对生态保护红线内的活动进行了原则性规定，并由各省分别制定具体管理办法，由于自然保护地中核心部分必须划入生态红线，其管理还需参照《中华人民共和国湿地保护法》（以下简称《湿地保护法》）、《中华人民共和国长江保护法》（以下简称《长江保护法》）、《中华人民共和国自然保护区条例》（以下简称《自然保护区条例》）、《国家级自然公园管理办法（试行）》等自然保护地相关法律法规。城镇开发边界由各省在建设用地总规模控制的前提下自主统筹划定，并在《关于做好城镇开发边界管理的通知（试行）》等文件的指导精神下，各地自主制定管理细则。

3. 要素支撑：针对特定要素的专门法及相关法规和行政规章

耕地和建设用地、交通、水体、文物、自然保护地、风景名胜区等要素往往涉及某一特定管理部门，不一定由自然资源部门主管，但往往通过设置专题研究或专项规划，将其纳入国土空间规划体系中，并通过用途管制等方式与《土地管理法》或《城乡规划法》相衔接。

这部分在法律体系中所涉内容最多，其主要以部门法律或法规形式开展，如针对耕地的《中华人民共和国耕地保护法》（审议中，以下简称《耕地保护法》）、《黑土地保护法》；针对历史文化的《中华人民共和国文物保护法》（简称《文物保护法》）、《历史文化名城名镇名村保护条例》；针对某一自然资源要素的《中华人民共和国草原法》（以下简称《草原法》）、《中华人民共和国森林法》（以下简称《森林法》）、《中华人民共和国水法》（以下简称《水法》）、《中华人民共和国矿产资源保护法》（以下简称《矿产资源保护法》）、《湿地保护法》等；针对不同设计对象的标准如《综合交通体系规划标准》等。一些暂未形成法律的，而通过规范性文件和行政规章明确要求，如针对自然保护地的《关于建立以国家公园为主体的自然保护地体系的指导意见》和《自然保护地生态环境监管工作暂行办法》等。

4. 技术保障：针对具体工作制定的标准规范

完整、准确、及时的数据是规划的起点，2019年发布的《自然资源部关于全面开展国土空间规划工作的通知》中要求着手搭建从国家到省市县级的国土空间规划"一张图"实施监督信息系统，这部分的主要工作是按照规划和管理要求进行数据建库，主要依托数据标准等技术规范，如针对国土调查和用途管制的《国土空间调查、规划、用途管制用地用海分类指南》、针对总体规划的《市级国土空间总体规划数据库规范》，以及一些行业如林业、野生动物保护等数据建库标准。

在数据基础上，针对国土空间规划的不同工作对象还有其各自对应的大量技术标准，进行强制性或指导性规定。如针对居住区和社区的《城市居住区规划设计标准》（GB 50180—2018）、《社区生活圈规划技术指南》；针对城市体检的《城市体检评估规程》；针对建设的《民用建筑设计统一标准》（GB 50352—2019）、《城乡建设用地竖向规划规范》（CJJ 83—2016）、《民用建筑通用规范》（GB 55031—2022），等等。但要指出的是，数据标准不从属于法律体系，但是制定和履行法律法规的依据，此处不再详述。

2.2.3 规划制定与法定程序

1. 既有法定程序

国土空间规划由原土地利用总体规划、城市规划和主体功能区规划等合并发展而来，其中原土地利用规划和城市规划是分别由《城乡规划法》和《土地管理法》所确立的法定规划。在国土空间规划体系还未完全建立以前，已有规划仍然在发挥作用，并且在新编制的国土空间规划中必须纳入其主要内容。因此有必要对原城市规划和土地利用规划的编制程序进行简要介绍。

城市规划原是由住房和城乡建设部门组织编制，分为城市总体规划和控制性详细规划。其中，城市总体规划审批层级更高，包含了城镇体系规划、中心城区规划和交通、环境保护、公共服务与基础设施、历史文化、地下空间、防灾减灾等专项规划，其编制、修改和审批程序依照2005年原建设部发布实施的《城市规划编制办法》进行。控制性详细规划是城市总体规划在城市内部局部地区的解释与深化，也是城市土地使用的直接依据，其编制审批依照2011年发布实施的《城市、镇控制性详细规划编制审批办法》进行。土地利用总体规划由原国土资源部门组织编制，依照当时的《土地管理法》和《中华人民共和国土地管理法实施条例》（以下简称《土地管理法实施条例》），原国土资源部制定颁布了《土地利用总体规划管理办法》，作为土地利用总体规划的编制审批和修改的法定依据。

但需要指出的是，自2018年国务院机构改革，"城乡规划"和"土地规划"逐步过渡到国土空间规划，国土空间规划相关法律法规将陆续出台。2023年9月，全国人民代表大会常务委员会公布了本届任期内的立法计划，其中包含了"国家发展规划法""国土空间规划法"和"国家公园法（自然保护地法）"。自然资源部在2023年全国国土空间规划工作会议中也将"推动国土空间规划立法取得重大成果"作为年度国土空间规划的10项重点工作之一，其当年立法工作计划中包含"国土空间开发保护法"在内的5件国土空间规划领域相关法律[1]。截至2023年，各级各类国土空间规划编制均在《若干意见》的框架下开展。

2. 当前国土空间规划的制定程序

新修订的《土地管理法》第十八条指出，"已经编制国土空间规划的，不再编制土地利用总体规划和城乡规划"。从中可知，国土空间规划体系中原属于土

---

1. 全国人民代表大会. 十四届全国人大常委会立法规划［EB/OL］.［2023-09-08］. http://politics.people.com.cn/n1/2023/0908/c1001-40072920.html

地管理部门或城乡建设部门的总体规划、详细规划及海岸带、自然保护地等个别专项规划的组织编制权责均由自然资源部门承担，专项规划由相关主管部门组织编制。

1）**总体规划的制定程序**

就总体规划而言，国家层级的总体规划由自然资源部门会同有关部门组织编制，上报党中央、国务院审定。省、自治区和直辖市，以及国务院指定城市的总体规划由本级人民政府组织编制，由自然资源部门开展具体编制工作，经同级人大常委会审议后报送国务院审批，其中非省级总体规划在人大常委会审议后必须经省级人民政府报送。其他市、县或乡镇的总体规划，由省级人民政府明确程序要求，在目前的实际编制中，市县和镇级总体规划一般由市县级或镇级人民政府组织编制，自然资源部门牵头开展具体编制工作。较为特殊的是，并不要求所有乡镇都编制乡镇总体规划，可以单独编制或可以几个乡镇合并编制，也可以与县级总体规划合并编制，相关程序参考当地县级或跨行政区总体规划编制审批要求。

2）**详细规划的制定程序**

详细规划以城镇开发边界为区分。其中，城镇开发边界以内的详细规划，由市县自然资源主管部门组织编制，报同级人民政府审批。城镇开发边界以外，一般为实用性乡村规划，由乡镇人民政府组织编制，报上一级人民政府审批。详细规划上报审批前，均应采取上墙上网等方式进行公示。

但在实际编制过程中，会出现一些乡村紧邻城市开发边界、城镇化水平与城市相当，甚至一部分在城镇开发边界外，另一部分在城镇开发边界内的情况。针对此情形，2019年自然资源部办公厅35号文明确了"因地制宜、分类编制"的要求。实践中的一般做法是，按照村庄被划入城镇开发边界内区域的类型（集中建设区、特别用途区和弹性发展区）以及村庄与城镇的联系程度来选择如下两种方式：与城镇开发边界一起编制控制性详细规划、取消村庄规划；或仍然单独编制村庄规划以保证村庄规划的完整性，但将城镇开发边界内与村庄相关部分充分纳入，以确保规划间的衔接性。目前大部分省份对村庄的规划编制要求和方式已在编制导则等技术规程中予以明确。

3）**专项规划的制定程序**

如上文所述，除海岸带、自然保护地等专项规划由本级自然资源主管部门牵头组织编制，涉及跨行政区或流域时，为上一级自然资源主管部门，报同级人民政府审批。自然资源部门权责之外的专项规划，主要涉及交通、能源、水利、农业、信息、市政等基础设施、公共服务设施、军事设施，以及生态环境保护、文物保护和林业草原等方面，一般由相关主管部门组织编制，并将其主要内容纳入到总体规划中。其中，风景名胜区规划、历史文化名城/名镇/名村保护规划等，均有相关法规予以明确强制性的编制要求。还有相当数量的专项规划，由主管部门基于自身工作需要开展编制，如没有法律法规提出编制这些专项规划的强制要求，则一般以"技术标准"的形式出台的规划编制规范作为依据。以综合交通体系规划为例，2019年颁布施行的《城市综合交通体系规划标准》（GB/T 51328—2018）明确其服务于城市总体规划中的城市综合交通体系规划或单独的城市综合交通体系规划编制，编制依据为国家、省和直辖市的城镇体系规划、经济社会发展规划以及相关综合交通专业规划。类似的还有生态环境保护规划（《生态环境规划编制技术导则 总纲》）、林草产业发展保护规划、矿产资源规划（《矿产资源规划编制实施办法》）等。

2.2.4 规划实施的法律属性

法律属性指法律自身固有的性质，由法律关系主体、客体和内容三部分决定。根据现行规定，不同层级的国土空间规划制定主体、实施对象和内容各异，由此决定了国土空间规划在实施中的法律属性的多样性，主要有行政立法属性、行政规定属性和行政处理属性[1]。

1. 行政立法属性

行政立法是就一般事项所制定的普遍抽象规定，由行政主体基于法律向不特定多数人授权行使，构成要件有主体、权源、对象、内容、效果等五部分[2]。国土空间规划是行政主体（各级人民政府）以行政管辖区域内不特定多数人为对象，对国土空间的保护、利用、开发等一般性事项进行的安排。国土空间规划发挥着生产力布局和优化国土空间利用格局的作用，其完成需要精深的专业技术知识和丰富的行政经验，因此授权给以自然资源部门为主的行政主体来编制、颁布和实施。即国土空间规划来源于法律授权，由此确立了国土空间规划的立法属性。

按照现有法律，《土地管理法》第十八条是国土空间规划法律授权的主要依据。国家立法权在全国人大常委会和国务院之间的分配是该条款的调整内容，授予国务院行使本属于国家立法机关的国土空间规划权。因此立法权体现在国务院通过审

---

1. 戴加佳, 宋华琳. 论国土空间规划的法律性质[J]. 行政管理改革, 2022, 12: 86-94.
2. 刘飞. 城乡规划的法律性质分析[J]. 国家行政学院学报, 2009, 2: 45-48.

定全国国土空间规划的工作行使国土空间规划权，并将该项权力行使完毕。审批省级（或部分市）国土空间规划，或者再次审批下一层级国土空间规划是对国土空间规划权的二次行使，实质已经不属于国务院替代立法机关行使立法权的范畴，更多的是一种行政执行权，其要旨在于落实行政一体性原则[1]，确保整个规划体系的协调、统一和完整。

2. 行政规定属性

行政规定，是行政主体依照行政组织法赋予的行政权而制定的规则[2]。在《国务院办公厅关于加强行政规范性文件制定和监督管理工作的通知》中，行政规定的定位是"以下级机关或本机关公务人员为对象的公文"。行政规定因为具有被引用作为行政行为依据的特性，从而产生外部效力，这与行政立法是一致的，但二者的区别在于权力不同，行政立法基于法律授权，行政规定基于法定行政权授权[3]。

相比全国国土空间规划，地方国土空间规划权来自法定行政权，只能在上位规范的立法意志范围内做出执行性规定，由此确立了行政规定属性。一方面，全国国土空间规划由国务院依据法律授权作出的行政立法，地方政府应当执行并落实其内容，同时，按照行政一体性原则，下级行政机关有义务服从并与上级行政机关保持一致的，地方政府应当执行经审批通过的省级（或部分国务院指定市的）国土空间规划。另一方面，地方国土空间规划必须在国土空间规划范畴内做出具体安排，但地方国土空间规划制定机关可以就规划目标设定、预测、方法、实施等方面享有的裁量权力属于行政裁量范畴，由此衍生出的地方国土空间规划和由效果裁量衍生的裁量基准在法律性质上也属于行政规定。

3. 行政处理属性

总体上，将国土空间规划的法律性质视为行政立法或行政规定，须经行政处理的传导方能实际影响行政相对人的合法权益，但在行政规范之下隐藏着行政处理的性质[4]。国土空间规划中的行政处理概念，在于因应行政诉讼救济需要，经行政处理属性的判定而使国土空间规划行为进入司法审查，成为司法审查和权利救济的标的。因此认定国土空间规划的行政处理属性，不仅服务于司法审查，也在于以

---

1. 高秦伟. 机构改革中的协同原则及其实现[J]. 福建行政学院学报，2018（4）：17-28.
2. 刘莘. 行政立法原理与实务[M]. 北京：中国法制出版社，2014.
3. 陈立夫. 都市计划司法审查相关法律议题[J]. 月旦法学杂志，2020，7.
4. 胡建淼. 行政法学[M]. 北京：法律出版社，2023.

法律保留与法律优位原则为依归，使国土空间规划权维护立法权与行政权之间的关系。

虽然"抽象性"是国土空间规划的主要特征，但个别规划内容仍然存在"具体性"，需要以行政处理的构成要件进行分析。理论上，各级各类国土空间规划都存在行政处理的可能性，但国家级国土空间规划有行政立法属性，地方总体规划由下位总体规划、详细规划与"一书两证"间隔了行政相对人的权利义务，即须有两级的传导才能具体影响相对人权益，因此不容易衍生行政处理的内容。但详细规划作为总体规划实施的主要依据，具有行政规定的法律性质，经"一书两证"可能直接越过行政许可行为限制权利或增加义务。这让详细规划更容易被异化为行政处理，但一般情况下并非整个详细规划的异变，而是在详细规划整体保持行政规定属性之下，如果详细规划的个别内容同时具备针对特定相对人、涉及相对人权益、权利义务实际影响、明确性与效力外化等四个构成要件，则这部分内容具有行政处理的法律形式，即行政法上的可诉性。

2.2.5 国土空间规划实施的法律控制

我国国土空间规划编制具有稳定性和长期性，这也意味着其在一定时期内是反复适用的，若其中存在违法情况，则可能对相关人员造成持续性的合法权益侵害。因此，需对国土空间规划实施进行法律控制。

1. 法律控制的基本概念

法律控制指的是通过制定和实施法律，对个人、团体和组织的行为进行引导、规范、约束和监督，以实现社会秩序、保护公共利益和维护正义的过程。[1] 法律控制是一个系统工程，其主要通过立法制定明确规范，确保法律严格实施和执行，通过司法解释和适用保障法律准确实施，通过监督和制约机制防止权力滥用。法律控制的两种基本方式是严格规则与正当程序[2]。在法律控制的整体概念框架下，国土空间规划实施的法律控制是其具体应用之一。对于国土空间规划而言，国土空间规划不仅给行政相对方授权，同时为实现公共利益，还需对国土空间使用进行限制。

国土空间规划实施法律控制主要指通过法律手段和法律程序，对国土空间规划

---

1. 孟祥锋. 法律控权论[M]. 北京：中国方正出版社，2009.
2. 何明俊. 城乡规划法学[M]. 南京：东南大学出版社，2016.

的编制、实施、监督和变更进行全面控制和管理，以确保国土空间规划的合法性、科学性和可行性，促进国土资源的合理利用、生态环境的保护和社会经济的可持续发展。具体而言，国土空间规划实施的法律控制主要包括以下三方面：一是国土空间规划实施的内容控制；二是国土空间规划实施的合法性审查；三是国土空间规划实施的变更控制[1-4]。

2. 国土空间规划实施法律控制的主要形式

1）内容控制

国土空间规划实施的内容控制主要指对国土空间规划的具体内容进行法律规范和约束，其中包括如建筑以及环境保护等各种具体指标的控制。在国土空间规划编制过程中，相关法律法规规定了规划的基本原则、目标、要求和指标，并明确了规划的内容和范围。这些规定确保了规划的科学性、合理性和可行性，以及与经济、社会、生态环境等要素的协调性。同时，内容控制还包括对国土空间规划中特定领域、特定区域的要求和限制，例如对生态保护区、文化遗产保护区的规划要求等。

2）合法性审查

国土空间规划实施的合法性审查是指审查机构和部门依据相关法律法规，对国土空间规划的合法性进行审查和监督，确保规划的合法性和合规性。相关法律法规规定了国土空间规划编制的程序和要求，包括规划编制的程序、参与主体、公众参与、决策程序等方面。这些规定确保了规划编制过程的透明性、公正性和合法性。同时，合法性审查也包括对规划编制程序的合规性审查，以及对规划内容是否符合法律法规的审查。如审查国土空间规划是否完成社会公示、是否征求有关部门意见及采纳情况、是否有司法局出具的合法性审查意见以及是否有人大常委会审议意见或会议纪要等。在实践中，合法性审查主要体现为审查制度，主要包括审批与备案。其中，审批主要指审查规范性文件的合法性后批准，在国土空间规划中主要审查规划内容的合法融贯性、权力适当性和程序合规性。备案的目的则是存档以备后续查阅。

3）变更控制

国土空间规划实施的变更控制是指对国土空间规划变更的法律控制。由于社

---

1. 李泠烨. 控制性详细规划的法律定位及控制. 中国法学，2024，4：250-269.
2. 徐丹. 我国地方规划权：发展历程、风险与法律控制. 盛京法律评论，2020，8（1）：245-267.
3. 李文韬. 我国城乡规划权法律控制机制研究：基于公共利益的分析[D]. 上海：华东政法大学，2017.
4. 杨晓晨. 国土空间规划的类型化及其法律规制[D]. 北京：中国政法大学，2023.

会经济发展和规划实施的需要，国土空间规划可能需要进行调整和变更。相关法律法规规定了国土空间规划的变更程序和要求。变更控制的目的是确保规划的变更是在法律框架内进行的，遵循合法性审查程序和相关要求，保证变更的合理性和合法性。同时，变更控制还包括对规划变更后的实施和监督，确保规划变更能够有效实施并达到预期的目标。

3. 不同类型国土空间规划的法律控制

国土空间规划主要分为总体规划、专项规划以及详细规划三类，各类国土空间规划的法律控制存在着相同点。首先，各类规划的法律控制主要依据《土地管理法》《城乡规划法》和其他相关法律法规。其次，在合法性审查上，各类规划在正式实施前均需经法定的审批程序，且在规划的编制和审批过程中，均要求进行公众参与。最后，在变更控制上，一旦各类规划获得批准，就具有法律效力，必须严格执行。各级政府和相关部门需对规划的实施情况进行监督检查，确保规划的落实。同时，规划的变更调整需符合一定的条件，并按照相应程序审核和批准。不同类型规划的法律控制也有所区别，详述如下几个方面内容。

1）**国土空间总体规划的法律控制**

与国土空间专项规划和详细规划相比，国土空间总体规划遵循着更为严格的法律控制。国土空间总体规划主要针对国家、省、市、县等不同层级的国土空间规划进行总体布局和长远发展规划，具有宏观性和战略性。因此，在合法性审查上，国土空间总体规划由高层次政府负责编制，并通过国家或省级人大常委会审批。如根据《城乡规划法》第十四条规定，城市总体规划由城市人民政府组织编制。省、自治区和直辖市的城市总体规划由同级人民政府报国务院审批。省、自治区首府以及国务院确定的城市总体规划，由省、自治区人民政府审查同意后，报国务院审批。其他城市的总体规划报省、自治区人民政府审批。

总体规划的法律控制优先于专项规划和详细规划。当变更其他规划涉及总体规划强制内容的，应当首先变更总体规划。在总体规划修改前，则需结合原规划实施考察情况，向原审批机关提交变更评估报告，经同意后再按编制程序重新审批。

2）**国土空间专项规划的法律控制**

在内容控制上，国土空间专项规划应符合总体规划和上级规划的约束要求。国土空间专项规划空间布局要符合生态保护红线、永久基本农田、城镇开发边界等重要控制线、约束性指标要求以及国土空间用途管制要求。同时，专项规划的规划期限应与本级总体规划的期限相衔接，近期规划的期限应与国民经济和社会发展规划的期限相适应。

在合法性审查上，国土空间专项规划一致性分析审查核对主要由本级自然资源部门负责。本级自然资源部门重点审查专项规划与总体规划确定的重要控制线、约束性指标和空间管控要求等内容的一致性，并出具审查核对意见。未经规划一致性分析审查核对或核对未通过的专项规划，不得报批或发布。此外，不同专项规划需报不同级别政府审批。如省市县专项规划一般报本级政府审批，跨区域（流域）专项规划报上一级政府审批。且专项规划编制牵头部门应将审查核对意见与专项规划成果一同报批。

在变更控制上，专项规划的修改需经历严格的论证及审批程序。对依法批准的专项规划，任何单位和个人不得擅自修改。修改专项规划必须先由相关行业主管部门会同本级自然资源部门充分论证必要性和可行性，再按程序报本级政府审批。在具体的实施监管上，各级政府和专项规划编制牵头部门按照谁牵头编制、谁负责实施和谁组织审批、谁负责监管的原则，开展专项规划实施和监管工作。

3）国土空间详细规划的法律控制

国土空间详细规划的内容控制主要依据总体规划展开。根据《城乡规划法》第十九条规定，城市人民政府城乡规划主管部门根据城市总体规划的要求，组织编制城市的控制性详细规划，经本级人民政府批准后，报本级人民代表大会常务委员会和上一级人民政府备案。

国土空间详细规划的合法性审查主要针对规划实施过程中的具体工程建设行为。具体而言，在国土空间详细规划实施中，主要依据建设工程规划许可以及对于各地块主要用途、建筑密度等强制性约束内容进行审查。其中建设工程规划许可主要是审查相关建设项目是否符合控制性详细规划和规划条件。而各地块中的主要用途、容积率等具体约束内容则是国土空间规划实施过程中判定建设项目是否符合规划约束条件的重要依据。根据《城乡规划法》第四十条规定，在城市、镇规划区内进行建筑物、构筑物、道路、管线和其他工程建设的，建设单位或者个人应当向城市、县人民政府城乡规划主管部门或者省、自治区、直辖市人民政府确定的镇人民政府申请办理建设工程规划许可证。在乡、村庄规划区内进行乡镇企业、乡村公共设施和公益事业建设的，建设单位或者个人应当向乡、镇人民政府提出申请，由乡、镇人民政府报市、县人民政府城乡规划主管部门核发乡村建设规划许可证。此外，根据《城市规划编制办法》第四十二条规定，控制性详细规划确定的各地块的主要用途、建筑密度、建筑高度、容积率、绿地率、基础设施和公共服务设施配套规定应当作为强制性内容。

国土空间详细规划的变更控制与利害关系人密切相关。具体而言，一方面，在详细规划修改前，组织编制机关应当对修改的必要性进行论证，并征求规划地段内利害关系人的意见。另一方面，经依法审定的修建性详细规划、建设工程设计方案的总平面图确需修改的，城乡规划主管部门应当采取听证会等形式，听取利害关系人的意见，因修改给利害关系人合法权益造成损失的，应当依法给予补偿。

2.3 国土空间规划实施与治理的制度基础

制度是按照法律要求制定、落实法律要求的最直接的依据。本节按照制度类型，分别介绍了各项制度的内涵、发展历程、构建逻辑、实施方式和特点等，掌握国土空间规划实施和治理中的直接依据，熟悉各项制度的框架体系，在具体实践中可以按图索骥。

2.3.1 国土空间规划制度

1. 国土空间规划制度的内涵

国土空间规划制度是指国家依据国土空间开发利用总体布局和均衡发展的要求，制定的关于国土空间开发利用的总体方针、政策、目标和重大工程、重点任务的空间布局。国土空间规划制度是国家对国土空间开发利用进行宏观指导和管理的重要制度安排，旨在实现国土空间合理开发利用、保护生态环境、促进经济社会可持续发展的总体目标。

国土空间规划制度的建立和实施，有利于综合考虑国土空间资源的数量、质量和分布特征，统筹各类土地利用和空间开发活动，确保国土空间开发利用行为符合国家发展战略和生态环境保护要求。同时，国土空间规划制度也在一定程度上引导和规范地方与部门的空间规划编制和实施，提高国土空间开发利用的协调性和可持续性。

2. 国土空间规划制度的发展历程

当代国土空间规划制度的确立旨在促进社会文明的健康发展，以解决可能对未来发展构成威胁的自然、社会和经济因素。这一制度的建立旨在提前对文明生存空间的内外关系进行系统性、普遍性的规划，实现其可持续发展。现代国家的空间规划体系被视为国家现代化进程中不可或缺的一部分。随着国家现代化进程发展，治理范围不再局限于城乡空间，而扩展至包括农业、生态和海洋等更大范围的空间。

现代空间规划制度在大都市诞生后，一般沿着三条路径向前推进：一是在大城市周边通过空间规划制度建设新城；二是大城市的规划体系和制度向中小城镇扩散，在当时的英国、法国、德国等都出现了一批中等城市和小城镇的现代空间规划；三是发达国家的空间规划制度影响了一批发展中国家的空间规划制度建立，政府运用法定权力干预和限制土地所有者的土地利用。

我国关于国土空间规划协调的制度探索从 20 世纪 80 年代就已开始，可分为四个阶段[1]。

第一阶段是 20 世纪 80 年代开始的城市规划和土地利用规划"两规协调"探索阶段。1980 年国务院正式发布《全国城市规划工作会议纪要》，提出各城市都要编制和修订城市总体规划和详细规划。1987 年，关于开展土地利用总体规划的通知将土地利用总体规划划分为全国、省、市三个层次，并于同年开始尝试编制全国土地利用总体规划。1990 年，《城市规划法》正式施行，要求城市总体规划与土地利用总体规划相协调，并确立了规划管理"一书两证"制度。1993 年，《村庄和集镇规划建设管理条例》明确了村庄规划的主要内容。

第二阶段是 2003 年后社会经济发展规划、城市规划和土地利用规划"三规合一"理论探讨与实践。2003 年，针对规划种类繁多、管制手段各异、空间冲突频现的局面，广西钦州首先提出了"三规合一"，开展国民经济与社会发展规划、土地利用规划和城市规划统筹试点实践；重庆市开展发展规划、城市规划、土地规划和生态环境保护规划"四规合一"的工作；广州市全面启动"三规合一"工作，探索在不打破部门行政架构的条件下实现"一张图"管控。2008 年，为适应城乡统筹发展的时代要求，《城乡规划法》正式实施，确立了城乡规划包括"城镇体系规划、城市规划、镇规划、乡规划和村庄规划"，并在"一书两证"的基础上增加乡村建设规划许可，改变了以往城市规划无法触及农村建设、农村地区土地资源浪费严重的困境。

第三阶段是 2014 年后"多规合一"的讨论热潮与实践阶段。继 2013 年《中

---

1. 王开泳，陈田. 新时代国土空间规划体系重建与制度环境改革[J]. 地理研究，2019，38（10）：2541-2551.

共中央关于全面深化改革若干重大问题的决定》明确提出"建立空间规划体系"后，2014年，《关于开展市县"多规合一"试点工作的通知》将全国28个试点市县列入试点名单，分部门探索多种空间规划的融合。基于市县"多规合一"的试点经验，2016年中央开始部署省级空间规划试点，海南省和宁夏回族自治区率先开展了空间规划体系的实践探索。

第四阶段为2017年以来的国土空间规划试点与研究阶段。2018年3月，党中央、国务院出台《深化党和国家机构改革方案》，标志着中国国土空间规划体制改革全面启动，正式开启了体制改革和规划整合，实现了行政机构与职能调整。2019年第三次修正的《土地管理法》规定"经依法批准的国土空间规划是各类开发、保护、建设活动的基本依据"，首次明确了国土空间规划的法律地位。

3. 国土空间规划制度的结构和内容

国土空间规划制度作为一个国家或地区为了统一、科学、有序地利用、保护和管理国土空间资源而建立的一系列制度和规范，通常由以下几个方面的结构和内容构成。

1）法律法规

国土空间规划制度的核心是相关法律法规，这些法律法规规定了国土空间规划的基本原则、内容、程序和实施方式，例如《城乡规划法》《土地管理法》《环境保护法》等，以及相关的其他空间要素管理类法规，如《基本农田保护条例》《草原法》《森林法》《文物保护法》《旅游法》《测绘法》和《行政区划管理条例》等，同时还涉及上述相关法规配套的管理或实施条例、规范技术标准等。

2）规划体系

国土空间规划制度包括一系列层次和类型的规划文件，例如国家级、省级、市级、县级等不同层次的国土空间规划。《中共中央 国务院关于统一规划体系更好发挥国家发展规划战略导向作用的意见》（中发〔2018〕44号）确定了国家发展规划居于各类规划的最上位，是各类规划编制的总遵循，国土空间规划、专项规划和区域规划属于专题规划范畴，国家级国土空间规划以空间治理和空间结构优化为主要内容，是实施国土空间用途管制和生态保护修复的重要依据。此外，《若干意见》提出分级分类建立国土空间规划，主要包括三种类型，即总体规划、详细规划和相关专项规划。从分级看，要求国家、省、市县编制国土空间总体规划，各地结合实际编制乡镇国土空间规划（图2-1）。

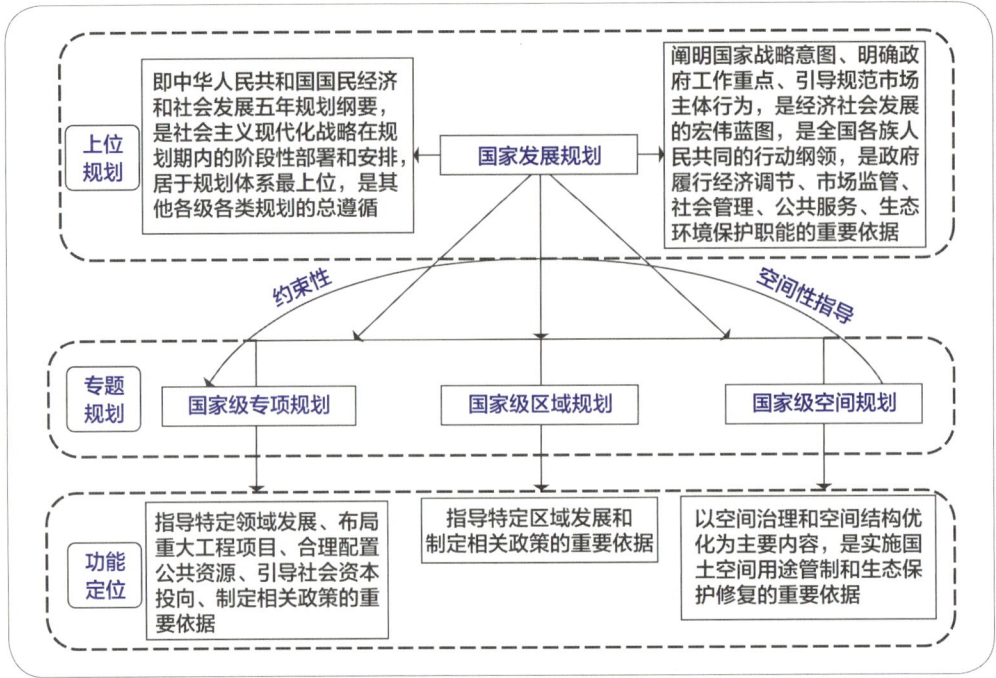

图 2-1　国家规划体系层级关系与功能定位示意
资料来源：王开泳，陈田.新时代的国土空间规划体系重建与制度环境改革［J］.地理研究，2019，38（10）：2541-2551.

3）政策措施

国土空间规划制度包括一系列政策措施，以指导和促进国土空间的合理利用和保护。这些政策措施可能涉及土地利用政策、土地征收政策、生态环境保护政策、土地资源管理政策等。

4）管理机制

国土空间规划制度包括相应的管理机制，用于监督、评估和调整国土空间规划的实施情况。这些管理机制可能涉及规划审批制度、监督检查制度、评估考核制度等。

2.3.2　国土空间用途管制制度

1.国土空间用途管制的内涵

国土空间用途管制是国际上通行的现代空间治理基本制度。国土空间用途管制是指在国土空间规划确定的空间用途、开发利用限制条件等的基础上，政府在国土空间准入许可、用途转用许可、开发利用监管等环节对各类国土空间用途或功能进行监管，其本质是政府依据警察权对国土空间开发利用的规制，具有强制力[1]。国土空间用途管制具有政治性、生态性、经济性、社会性和文化性等特点，其中，政治性是指国土空间用途管制必须落实国家意志，具有很强的意志性色彩，比如必须充分体现和落实国家生态文明建设和耕地保护国策等；生态性主要是通过对负外部性进行限制性规定，确保居民生命健康、防止公害、保护环境和促进绿色低碳发展；经济性主要是需要针对市场失灵引致无序所采取限制性规定；社会性主要考虑对公平与效率失衡以及财产安全保障所采取相关限制性规定；文化性主要是针对自然历史文化遗产和特色景观保护采取限制性规定。

国土空间用途管制是一项强制性的公共政策，也是一种具有科学属性的技术活动，其涉及对象除了自然属性的国土空间以外，还涉及城乡的经济社会发展。同时，用途管制所涉及的地域范围，应该是全域的，既包括城镇（建设用地），也包括农村（村庄以及农用地）；既包括地表，也包括三维的地下与地上空间使用与形态；既包括陆地，又包括海洋。

2. 国土空间用途管制的发展历程

我国的国土空间用途管制，源于土地用途管制[2]。自改革开放以来，伴随着工业化和城镇化的快速推进，我国对建设用地的需求不断增加。尽管建立了统一的分级限额审批制度，但仍然无法有效控制建设用地扩张和耕地流失。在这一背景下，为解决耕地流失问题，政府采取了一系列措施，包括1997年中共中央、国务院联合下发的《关于进一步加强土地管理切实保护耕地的通知》，以及1998年修订通过的《土地管理法》，该法以法律形式规定土地管理的根本制度为用途管制，严格限制农用地转为建设用地，对耕地实行特殊保护。此外，还相继出台了多项政策措施，限制建设用地占用耕地的数量。2015年9月，中共中央、国务院印发《生态文明体制改革总体方案》（中发〔2015〕25号），明确由国土资源部（现自然资源部）牵头健全国土空间用途管制制度，提出"将用途管制扩大到所有自然生态空间"，这是国土空间用途管制首次被明确提出。为落实中央改革要求，2017年3月，国土资源部（现自然资源部）会同国家发展和改革委员会（以下简称发改委）等9个部委，研究制定并经国务院同意印发《自然生态空间用途管制办法（试行）》。同时，印发了《自然生态空间用途管制试点方案》，部署在福建、江西、河南、海南、贵州、青海等6省开展试点实践，以点带面探索可复制、可推广的自然生态空间用途管制制度经验。之后，为

---

1. 于海涛，林坚，彭震伟，等."健全国土空间用途管制制度"学术笔谈[J].城市规划学刊，2023（5）：1-11.
2. 黄征学，蒋仁开，吴九兴.国土空间用途管制的演进历程、发展趋势与政策创新[J].中国土地科学，2019，33（6）：1-9.

落实中央政治局第 41 次集体学习会议精神，将试点扩大到上海、浙江、甘肃等共 9 省（直辖市）19 市县，试点工作包括划定自然生态空间、制定准入条件、明确转用规则、创新管护模式等，以探索可复制、可推广的空间用途管制制度经验。从初期的保护耕地到扩大到保护自然生态空间，我国的国土空间用途管制制度不断完善，为促进经济社会可持续发展和生态文明建设提供了重要保障。

3. 国土空间用途管制制度的构建逻辑

健全国土空间用途管制制度是完善我国开发保护格局、构建具有中国特色的空间治理体系的重要内容。健全国土空间用途管制制度，本质上是以对发展权的调控为核心，以科学编制国土空间规划为基础，完善规划体系运行和规划管理制度，建立起一套支撑国土空间高质量发展和高水平保护的公共干预机制[1]。健全国土空间用途管制制度，既包括宏观层面的政策引导，也包括微观层面对具体开发使用行为的管制，其内容涵盖以下多个关键方面。

首先，以空间格局优化为核心目标。在国家层面，实施主体功能区战略是推动国土空间合理布局的重要手段。该战略通过划定不同功能区域，明确其发展定位和管控要求，实现国土空间的有序开发和保护。此外，还需结合区域协调战略、国家重大战略和新型城镇化战略，形成完整的国家发展与安全格局。地方层面则需要贯彻国家战略，加强"三区三线"管控，促进地方资源的合理配置和高质量发展。

其次，健全用途管制规则是制度建设的核心。这需要加强法律法规建设，确保用途管制行为的合规性和合法性。同时，需要建立健全政策体系，通过建立利益补偿机制和完善公平交易政策，协调保障不同利益主体的发展权利。另外，还需要进行行政体系改革，推进多规合一改革，实现政府职能转变和优化营商环境。

最后，完善规划技术标准体系是制度建设的基础。在规划编制层面，需要完善"五级三类"规划编制技术体系，明确各级各类规划的作用和相互关系。在规划体系运行和监督实施环节，需要完善规划实施评估标准和多尺度、多类型国土空间使用绩效的评价体系。同时，还需要推动规划技术的数智化转型，建立用途管制监管系统，为国土空间的规划调控提供充分的技术支持。

健全国土空间用途管制制度需要在空间格局优化、用途管制规则和规划技术标准体系等方面取得关键进展，为实现国土空间的有序开发和保护提供坚实的制度保障。

---

1. 于海涛，林坚，彭震伟，等. 健全国土空间用途管制制度学术笔谈［J］. 城市规划学刊，2023（5）：1-11.

2.3.3 自然资源资产产权制度

1. 自然资源资产产权制度的内涵

自然资源资产产权是自然资源资产的所有权、用益物权、债权等一系列权利的总称。自然资源资产产权制度是关于自然资源资产产权主体、客体、内容（权利义务）和权利取得、变更、消灭等规定的总和，是加强生态保护、促进生态文明建设的重要基础性制度，对完善社会主义市场经济体制、维护社会公平正义、建设美丽中国起着重要的基础支撑作用。自然资源资产产权制度以落实产权主体为关键，以调查监测和确权登记为基础，其主要目的是促进自然资源集约开发利用和生态保护修复，加强政府监督管理，促进自然资源资产要素的流转顺畅、交易安全、利用高效，实现资源开发利用与生态保护相结合[1]。在实践中，我国自然资源资产产权体系（表2-1）主要包括土地资源资产产权、森林资源资产产权、水资源资产产权、矿产资源资产产权、草原资源资产产权、海域资源资产产权以及无居民海岛产权。

表2-1　我国自然资源资产产权体系

类别	主要法规依据	主要权力类型
土地资源	《宪法》《民法典》《土地管理法》《农村土地承包法》	所有权、使用权、用益物权
森林资源	《民法典》《森林法》《农村土地承包法》	所有权、使用权、担保物权
水资源	《民法典》《水法》	所有权、使用权（取水权）
矿产资源	《民法典》《矿产资源法》	所有权、探矿权、采矿权
草原资源	《民法典》《草原法》	所有权、使用权、承包经营权
海域资源	《民法典》《海域使用管理法》	所有权、使用权
无居民海岛	《民法典》《海岛保护法》	所有权

2. 自然资源资产产权制度发展历程

我国自然资源资产产权制度改革与经济体制改革相辅相成，相互促进。自然资源资产产权制度的发展大致可分为三个历史阶段，分别为完全公有制阶段、使用权无偿取得与不可交易阶段、使用权有偿取得与可交易阶段[2]。

第一阶段为完全公有制阶段（新中国成立至20世纪70年代末）。我国在该阶段实行计划经济体制，自然资源的开发和分配受到计划调配和公有制经济体制的影响。

---

1. 谭荣.价值、利益和产权：百年土地产权制度变迁的治理逻辑[J].中国土地科学，2021，35（12）：1–10.
2. 卢现祥，李慧.自然资源资产产权制度改革：理论依据、基本特征与制度效应[J].改革，2021（2）14.

具体而言,自然资源的开发利用绝大部分由国务院各部门直接管理,自然资源分配则主要采取无偿划拨的方式,自然资源由国有企业直接使用,在此影响下,市场作用十分有限。在该阶段中,自然资源产权确权根据政府行为进行,自然资源完全由行政支配,自然资源和自然资源产权的交易被禁止与限制,任何集体、个人不得出售、出租、转让、抵押任何自然资源资产,国家与集体之间、集体与集体之间的产权变动不能通过交易进行。这种自然资源完全公有带来的问题主要是资源配置效率低下。

第二阶段为使用权无偿取得与不可交易阶段（20 世纪 70 年代末至 1988 年）。 在这一阶段我国相继制定了一系列自然资源资产产权的法律制度,如《中华人民共和国森林法》(1984 年)、《中华人民共和国草原法》(1985 年)、《中华人民共和国矿产资源法》(1986 年)、《中华人民共和国土地管理法》(1986 年)、《中华人民共和国水法》(1988 年),以上法律法规将自然资源的所有权与使用权分离,打破了"公有共用"的国有企业垄断使用局面,且规定了自然资源的开发利用权。此外,1982 年的《中华人民共和国宪法》首次明确规定了自然资源的集体所有权,《中华人民共和国宪法》第九条规定："矿藏、水流、森林、山岭、草原、荒地、滩涂等自然资源,都属于国家所有,即全民所有。由法律规定属于集体所有的森林和山岭、草原、荒地除外。"这一阶段存在的问题主要是自然资源使用权不可交易带来的自然资源资产的低效利用和闲置。

第三阶段为使用权有偿取得与可交易阶段（1988 年至今）。 1988 年《中华人民共和国宪法》第十条修改为"土地的使用权可以按照法律的规定转让",标志着自然资源资产产权市场交易的开端。同年修正的《土地管理法》第二条规定："国家依法实行国有土地有偿使用制度"。1994 年第八届全国人大第八次会议通过的《中华人民共和国城市房地产管理法》进一步规范了土地使用权的出让、转让、出租、抵押等活动。此后,针对单项自然资源资产的法律法规规定了矿业权的出让交易、水资源使用权的可交易制度。如 1996 年修正的《中华人民共和国矿产资源法》建立了矿业权有偿取得、依法转让的制度,对采矿权审批权限进行了调整,强化了探矿权、采矿权的有偿取得与转让[1]。

3. 自然资源资产产权制度内容

1）自然资源所有权

自然资源所有权是指自然资源所有者所拥有的、受到国家法律保护和限制的排

---

1. 王宏英, 曹海霞. 山西构建煤炭开发生态环境补偿机制的实践与完善建议 [J]. 中国煤炭, 2011, 37 (10): 8-11.

他性的专有权利。自然资源所有权人依法享有占有、使用、收益和处分四项权能，并有权设立用益物权和担保物权。自然资源所有权分为国家所有权和集体所有权。自然资源国家所有权的主体是国家，法律规定由国务院代表国家行使所有权。如根据《中华人民共和国民法典》（以下简称《民法典》）第二百四十六条规定，法律规定属于国家所有的财产，属于国家所有即全民所有。国有财产由国务院代表国家行使所有权，法律另有规定的，依照其规定。

自然资源国家所有权的客体是一切属于国家所有的自然资源。根据法律规定包括：①矿藏、水流、海域；②无居民海岛；③城市的土地；④法律规定属于国家所有的农村和城市郊区的土地；⑤森林、山岭、草原、荒地、滩涂等自然资源，属于国家所有，但是法律规定属于集体所有的除外；⑥法律规定属于国家所有的野生动植物资源。

自然资源集体所有权的主体是农民集体，由集体经济组织、村民委员会或村民小组依法代表行使所有权。其中，根据《民法典》第二百六十二条规定，对于集体所有的土地和森林、山岭、草原、荒地、滩涂等，依照下列规定行使所有权：①属于村民集体所有的，由村集体经济组织或者村民委员会依法代表集体行使所有权；②分别属于村内两个以上农民集体所有的，由村内各集体经济组织或者村民小组依法代表集体行使所有权；③属于乡镇农民集体所有的，由乡镇集体经济组织代表集体行使所有权。

2）自然资源用益物权

自然资源用益物权是指国家所有或者国家所有由集体使用以及法律规定属于集体所有的自然资源，组织、个人依法可以占有、使用和收益。与土地相关的用益物权主要包括土地承包经营权、建设用地使用权、宅基地使用权、地役权等。此外，根据法律规定，国家实行自然资源有偿使用制度，但是法律另有规定的除外。用益物权人行使权利，应当遵守法律有关保护和合理开发利用资源、保护生态环境的规定。所有权人不得干涉用益物权人行使权利。依法取得的海域使用权受法律保护。依法取得的探矿权、采矿权、取水权和使用水域、滩涂从事养殖、捕捞的权利受法律保护。

3）自然资源统一调查监测评价

自然资源统一调查监测评价是指全面调查我国自然资源状况（种类、数量、质量和空间分布等），监测自然资源动态变化情况，建设调查监测数据库，分析评价自然资源调查监测数据，科学分析和客观评价自然资源和生态环境保护修复治理利用的效率。自然资源统一调查监测评价涉及土地、矿产、森林、草原、水、湿地、海域和海岛等自然资源，涵盖陆地和海洋、地上和地下。

自然资源统一调查监测的工作内容主要包括自然资源调查、监测、数据库建设、分析评价以及成果应用。具体而言：①自然资源调查分为基础调查和专项调查。其中，基础调查是对自然资源共性特征开展的调查，专项调查指为自然资源的特性或特定需要开展的专业性调查。专项调查主要包括耕地、森林、草原、湿地、水、海洋、地下资源调查以及地表基质调查。②自然资源监测是在基础调查和专项调查形成的自然资源本底数据基础上，掌握自然资源自身变化及人类活动引起的变化情况的一项工作，实现"早发现、早制止、严打击"的监管目标。③自然资源调查监测数据库是自然资源管理"一张底版、一套数据、一个平台"的重要内容，是国土空间基础信息平台的数据支撑。④自然资源分析评价是指统计汇总自然资源调查监测数据，建立科学的自然资源评价指标，开展综合分析和系统评价，为科学决策和严格管理提供依据。⑤自然资源统一调查监测评价成果主要包括数据及数据库、统计数据集、报告、图件，成果应用主要有部门应用和社会服务两种应用途径。

4）自然资源统一确权登记

自然资源统一确权登记是指对水流、森林、山岭、草原、荒地、滩涂、海域、无居民海岛等以上各类自然资源的所有权和所有自然生态空间统一进行确权登记。自然资源统一确权登记的具体内容主要包括：①自然资源的坐落、空间范围、面积、类型、数量以及质量等自然状况；②自然资源所有权主体、代表行使主体以及代表行使的权利内容等权属状况；③自然资源用途管制、生态保护红线、公共管制及特殊保护要求等限制情况；④其他相关事项。

自然资源登记类型包括自然资源首次登记和变更登记。其中，首次登记是指在一定时间内对登记单元内全部国家所有的自然资源所有权进行的全面登记。在不动产登记中已经登记的集体土地及自然资源的所有权不再重复登记。变更登记是指因自然资源的类型、边界等自然资源登记簿内容发生变化而进行的登记。自然资源登记的一般程序为通告、调查、审核、公告、登簿。

2.3.4 自然资源督察制度

1. 自然资源督察制度的内涵

自然资源督察制度的产生与我国的改革发展息息相关，自然资源督察体系的雏形在两类背景下产生。一类是矿产、森林、草原等资源由于稀缺性导致竞争性使用，行业主管部门为了防止自然资源经济价值受到无序使用的破坏，设立的垂直的监督机制[1]。另一类是为了应对土地资源开发利用过程中的违法行为而产生的土地督察。在改革开放前，中央政府高度集权，地方政府自主行为空间被压缩，土地违法的主体主要是个人，如滥占耕地兴建住房等行为。在改革开放以后，我国进行了向下放权的行政体制改革，地方政府的自主性、自利性不断加强，同时也引发了严重的地方政府违法用地行为。因此，为了遏制地方政府土地违法的势头愈演愈烈，我国于2006年建立了土地"决策权、执行权、监督权"相分离的国家土地督察制度[2]。2018年，随着自然资源部的组建，土地督察制度随之转型为自然资源督察制度[3]。

自然资源督察制度是指自然资源部经国务院的授权，在其权限与责任范围内，代表国务院对省、自治区、直辖市人民政府以及国务院确定的城市人民政府自然资源利用和管理情况进行监督检查活动的行政监督制度。自然资源督察主要是对各类自然资源的开发保护情况，以及各级地方政府对党中央、国务院在自然资源领域各项方针政策、决策部署落实情况以及法律法规执行情况等进行督察，对违法违规行为，督察机构可按照有关规定对地方政府负责人开展约谈，移交问题线索。自然资源督察的具体内容包括：①对地方政府落实中央有关国土空间用途管制重大方针政策和决策部署的督察；②对三条控制线、国土空间管控、规划主要控制指标及有关法律法规等执行情况的督察；③对地方政府履职问题及地方有关重大典型问题的督察；④对地方政府主体责任落实情况的督察并及时反馈自然资源部有关政策实施的问题；⑤督察地方做好问题整改并在做好调查研究基础上提出意见和建议。

自然资源督察制度的设立直接影响和关系着自然资源保护、利用以及修复成效，是我国推动生态文明建设的重要制度安排[4]。自然资源制度的实施落实对于耕地保护、国土空间规划实施、生态系统修复以及自然资源管理行政能力的提高有着重要意义。首先，自然资源督察制度通过督察落实耕地保护"长牙齿"硬措施工作机制，督察地方政府落实耕地保护责任情况，核查制止耕地"非农化"、有效防止"非粮化"和耕地占补平衡、进出平衡责任落实情况，有利于促进地方政府更好地落实耕地保护目标责任制，进一步完善最严格的耕地保护制度，保障我国粮食安全，促进社会稳定和经济长远持续发展。其次，自然资源督察制度对国土空间

---

1. 姜闻远，陈海嵩. 中国自然资源督查体系完善的规范路径［J］. 自然资源学报，2022，37（12）：3073-3087.
2. 叶丽芳，黄贤金，马奔，等. 基于问卷调查的土地督察机构改革设想［J］. 中国人口·资源与环境，2014，24（3）：77-82.
3. 郭施宏，肖洁笙. 国家自然资源督察制度的演进逻辑与展望［J］. 土地经济研究，2023（1）38-54.
4. 张一，白敏. 生态环保督察与自然资源督察协同治理及其优化［J］. 环境保护，2023，51（7）：34-39.

规划实施情况监督检查,重点督察地方政府落实耕地和永久基本农田、生态保护红线和城镇开发边界三条控制线等国土空间管控底线及主要指标落实情况,成为推动国土空间规划切实落地的重要制度体系保障。再次,自然资源督察制度从数量、质量、生态等多角度进行监督检察,有利于推动生态系统的整体保护、系统修复、综合治理。最后,自然资源督察制度的建立,有利于各地在统一的自然资源政策下依法有序管理和利用自然资源,确保自然资源管理法律法规在全国的统一实施。

2. 自然资源督察机构设置及职责

自然资源督察机构设置为1个国家自然资源总督察办公室,以及9个经中央授权由自然资源部向地方派驻的国家自然资源督察机构,分别为国家自然资源督察北京局、沈阳局、上海局、南京局、济南局、广州局、武汉局、成都局、西安局。由此,建立了"一办九局"的自然资源督察组织架构。

国家自然资源总督察办公室是机构改革后自然资源部的内设机构。主要职责:①完善国家自然资源督察制度,拟订自然资源督察相关政策和工作规则等。②指导和监督检查派驻督察局工作,协调重大及跨督察区域的督察工作。③根据授权,承担对自然资源和国土空间规划等法律法规执行情况的监督检查工作。

国家自然资源督察局代表国家自然资源总督察履行自然资源督察职责,负责所辖地方政府落实党中央、国务院关于自然资源和国土空间规划的重大方针政策、决策部署及法律法规执行情况进行督察,在履行职责过程中坚持和加强党对自然资源督察工作的集中统一领导。主要职责包括:①督察地方政府落实党中央、国务院关于自然资源重大方针政策、决策部署及法律法规执行等情况;②督察地方政府落实最严格的耕地保护制度和最严格的节约用地制度等土地开发利用与管理情况;③督察地方政府落实自然资源开发利用中的生态保护修复、矿产资源保护及开发利用监管等职责情况;④督察地方政府实施国土空间规划情况,重点是落实生态保护红线、永久基本农田、城镇开发边界等重要控制线情况;⑤对涉及自然资源开发利用、生态保护重大问题开展督察;⑥按照有关规定对地方政府负责人开展约谈,移交移送问题线索;⑦督察地方政府组织实施整改情况,按照有关规定提出责令限期整改建议;⑧承办国家自然资源总督察交办的其他任务。此外,自然资源部授权3个海区局,承担所辖海区内海洋自然资源和国土空间规划督察职责。同时,15个森林资源监督专员办事处作为国家林业和草原局的派出机构,承担林草领域的相关监督职责。

3. 自然资源督察的方式

督察方式，即国家自然资源督察机构对地方政府自然资源利用和管理情况进行监督检查的具体组织形式和工作方法。在实践中自然资源督察机构在前期土地督察工作基础上逐渐形成了包括日常督察、例行督察和专项督察等督察工作方式[1]。

日常督察是指为了实现常态化监管而开展的常规性督察。日常督察主要是常态化对地方当期的情况开展监督检查，突出抓典型问题，具有常规性和全面性等特点。

例行督察是指在一定时间内对某一地区内自然资源利用和管理情况进行"全面体检"，总结经验，发现并督促整改存在的问题，督导地方建立自然资源管理长效机制，提出加强和改进自然资源管理工作的政策与工作建议。例行督察作为国家自然资源督察机构常态化的工作方式，具有全过程、全覆盖、全方位等特点，是效果反响最好的一项督察业务。

专项督察是指围绕国家和各省（自治区、直辖市）重大决策部署，各省（自治区、直辖市）自然资源和国土空间规划管理重点工作组织开展区域性专项督察及重点地区的定点监督检查，查明情况和事实，向上级提交督察报告，向督察对象提出督察建议、意见，对存在的问题督促整改，具有针对性强、时效性强、威慑力大等特点。

4. 自然资源督察的特点

我国实现了由针对土地、矿产、森林、草原等各类自然资源的要素督察向统一的自然资源督察的转型。在此过程中，自然资源督察回应以前单要素督察所存在的现实问题，呈现出系统性、整体性、全局性、层级负责以及垂直监督的特点。

1）系统性、整体性、全局性

自然资源是由山、水、林、田、湖、草、沙组成的和谐统一的生命共同体。生态环境和自然资源是统一的自然系统，是相互依存、紧密联系的有机链条。自然资源督察机构在这样的指导思想下重构，按照系统性、整体性、全局性的观念开展督察工作。原"国家土地督察"更名为"国家自然资源督察"，将对土地资源的督察扩展到对土地、森林、草原、海洋、矿产等所有自然资源，实现了督察工作的重大转折。自然资源督察站在更高的视角，从系统性、整体性、全局性的角度，综合运用土地、矿产、森林、草原、海洋、水资源等法律法规，对修路架桥、占地建房、

---

1. 张世良，刘伯恩，王光耀，等. 关于推动自然资源综合执法体制改革的思考[J]. 中国国土资源经济，2023，35（10）：45-51，89.

挖山采矿、毁林毁草、围海造地等行为进行全面督察，综合审查其合法合规性、科学合理性、整体统一性，实现全覆盖、全链条、全周期管理，形成各部门齐抓共管的大执法格局。

2）直接授权，层层代表，落实层级负责制

党中央、国务院直接授权于自然资源部，由自然资源总督察代表国务院负责督察体系构建和行使监督检察权，派驻地方的国家自然资源督察局代表总督察负责在督察范围内对地方政府的自然资源利用和管理情况进行监督和检查。

3）各地派驻，垂直监督，实现信息及时反馈

经中央授权由自然资源部向地方派驻9个国家自然资源督察局，实现了对地方政府自然资源利用行为的垂直监督。国家自然资源督察局通过调查，核实，一旦发现地方政府存在违规、违法的举动可直接向自然资源部汇报情况，这样既简化了信息递送上级机关审核的程序，也缩短了违法案件立案的时间。

2.4 国土空间规划实施与治理的技术支撑

国土空间规划实施和治理涉及的专业多、内容杂，在实践过程中将涉及多个专业的技术内容。本节对国土空间规划实施和治理中涉及的主流技术类型和技术要求及框架等展开详细介绍，目的在于让读者了解不同国土空间规划实施和治理中所涉及的技术手段及其能够完成的工作。

2.4.1 规划实施与治理技术的内容

国土空间规划实施关键技术，是指在国土空间规划的实践过程中，为实现规划目标、优化资源配置、促进可持续发展等目的，所运用的一系列先进、核心的技术手段和方法，主要包含如下两方面。

1. 监测技术

规划实施监测技术是确保规划目标得以实现的重要手段。主要包含规划实施监测的核心技术、实地与精细化监测技术、数据处理与智能分析技术、精准化汇聚技术、智能化处理技术等五类。通过对规划区域地表信息的快速获取和动态监

测,为规划实施提供及时、准确的数据支持。同时,利用空间数据集成和分析,实现规划实施过程的监控和可视化。此外,利用全球定位(Global Positioning System, GPS)、北斗等定位技术,为规划实施提供精确的空间信息。

2. 评估技术

规划实施评估技术是对规划实施效果进行客观评价的重要手段。评估内容有环境影响评估、社会经济影响评估、风险评估等,通过构建科学的评估指标体系和采用合适的评估方法,可以对规划实施的效果进行定量和定性分析,揭示规划实施过程中存在的问题和不足,为优化规划方案提供参考。主要方法包括基于一致性的评估方法、基于效能的评估方法、成本收益法、多项指标评价法等四大类。

3. 土地整治技术

此外,还有土地整治技术作为实现规划目标的具体手段和措施。主要通过全域土地综合整治、城市更新等工作开展,与建筑施工关系密切,主要涉及土方施工与生态修复工程。在工程技术中,不仅仅局限于单一的技术领域,综合运用是关键。具体实施中,则针对区域特点和规划目标,选择对应的工程技术手段。如针对农村的全域土地综合整治,往往包含有耕地复垦、农业面源污染治理和生态修复等。但由于工程技术实施对象和目标的多样性和复杂性,本节受篇幅限制,不作具体介绍。

综上所述,规划实施技术涉及学科多、涵盖范围广,选择合适的技术是规划实施的必要条件。总体上,规划实施的技术选择应当遵循以下原则:一是科学性与先进性,充分考虑其科学依据和实践效果,确保技术能够准确反映规划区域的实际情况;二是系统性与协调性,从整体出发,综合考虑技术之间的关联性和互补性,确保各项技术能够形成合力;三是可操作性与实用性,确保技术能够方便、快捷地为规划人员所掌握和使用;四是可持续性与前瞻性,选择具有长期效益和广泛应用前景的技术,探索新的技术和方法,为规划实施注入新的活力和动力。

2.4.2 规划实施监测技术

1. 技术要求

为贯彻落实《全国国土空间规划纲要(2021—2035年)》《数字中国建设整体布局规划》,指导全国国土空间规划实施监测网络建设,2023年9月5日,《全国国土空间规划实施监测网络建设工作方案》(2023—2027年)(以下简称《方案》)。《方案》提出了业务联动网络、信息系统网络和开放治理网络三个层面的建设目标,到2025年,形成统一的网络架构、场景功能、算法模型和数据治理等方面的技术要求,具体如下。

业务联动网络。根据规划实施监督监测需求,充分发挥调查监测工作体系优势,串联国土空间开发保护全链条管理业务,凝聚各级自然资源部门力量,形成体系化的工作网络。

信息系统网络。依托国土空间基础信息平台,升级拓展"一张图",纵向实现多层级规划"一张图"系统的联通,横向实现规划"一张图"系统与关联业务系统的数据互联,形成标准统一、链接通畅的国土空间规划实施监测网络。

技术应用与数据处理。依托遥感、地理信息系统、全球定位系统等现代信息技术手段,开展数据获取、处理、分析和应用。建立健全权威高效的数据获取机制,推进多源时空数据融合治理,确保数据的准确性和可靠性。建立健全跨层级、跨地域、跨部门有序共享数据的制度,加强数据质量管理。

智能监测与预警。构建国土空间信息模型,建设国土空间规划专业大模型,运用通用人工智能等新技术发展成果,提升监测的智能化水平。实现对国土空间规划实施状况的实时监测、动态预警、定期评估和综合研判,为国土空间规划的实施落地和优化调整提供支撑。

开放治理网络。依托数字化的开放平台等,完善政策机制,丰富工作形式,推进"共建共治共享"理念落实落地。形成社会各界有序便捷参与、共同谋划、协同攻关、合力创新的国土空间治理开放网络。

2. 技术框架

国土空间规划实施监测技术框架遵循监测准备、指标构建、质量控制、综合分析、结果展示的技术路线(图 2-2 和图 2-3)[1]。其中,监测准备阶段包含实时高分辨率的卫星遥感影像、地理基础信息、海洋海岸带监测数据、社会经济传统数据、大数据等多源异构数据的快速获取和融合集成。指标构建阶段指分类分层全生命周期管理的梳理基本指标、特色指标等进行监测指标体系库建设。质量控制阶段指对监测数据开展精度验证,保障监测分析结果的准确性,建立标准化的工作流程,提高监测数据服务的广度、深度。综合分析是对全要素数据成果进行综合分析评价。结果展示是指逐步搭建可感知、能学习、善治理和自适应的智慧化监测平台,建立

---

1. 李莉,张建平,杨翼红. 国土空间规划实施监测总体思路与关键技术研究的思考[J]. 地理信息世界,2022,29(5):49-53,60.

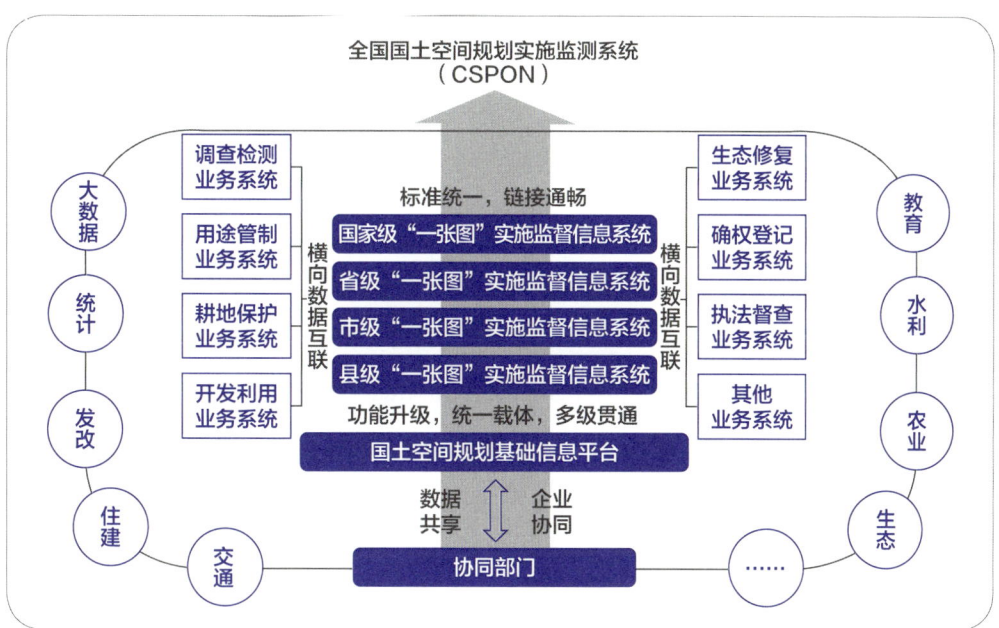

图 2-2　全国国土空间规划实施监测网络架构关系
图片来源：《全国国土空间规划实施监测网络建设工作方案》（2023—2027 年）

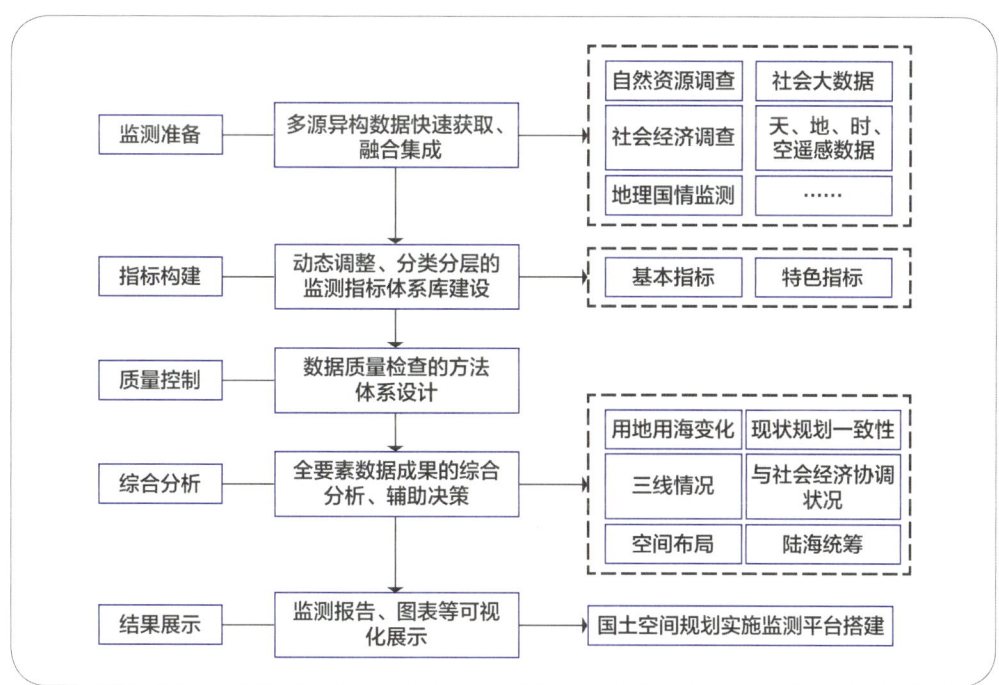

图 2-3　国土空间规划实施监测技术框架
图片来源：李莉，张建平，杨冀红. 国土空间规划实施监测总体思路与关键技术研究的思考［J］. 地理信息世界，2022，29（5）：49-53，60.

层层叠加、坐标一致、接口统一、上下贯通的服务多元主体的国土空间规划"一张图"实施监督信息平台,实现自动比对分析、查询浏览统计,形成监测报告、监测图表等可视化成果,为统一国土空间规划成果审查、国土空间用途管制、强化规划实施监督提供依据和支撑,全面提升国土空间现代化治理效能。

3. 主要技术与特点

1)核心技术

规划实施监督的核心技术是围绕遥感建立的"3S"技术,即遥感(Remote Sensing,RS)、地理信息系统(Geographical Information System,GIS)和GPS。其中RS提供宏观视野下的国土资源观测数据,以其覆盖范围广、信息获取快速的特点,成为国土空间规划实施监测的重要手段。主要平台有无人机、卫星等,可以获取地表覆盖、土地利用、生态环境等多方面的信息,有助于实现国土资源动态监测,为规划决策提供科学依据。GIS的核心是空间信息的集成与管理,实现对国土资源信息的集成、存储、查询和分析,构建国土空间规划数据库,实现空间数据的可视化表达和动态更新。GIS还可以与其他监测技术相结合,提高监测的精度和效率,为规划决策提供更加全面、准确的信息支持。GPS的核心是利用高精度定位,实现对土地资源的精准测绘,提高数据的可靠性,GPS还可以辅助规划者进行地形地貌分析,为规划方案的制定提供科学依据。

2)实地与精细化监测技术

地面调查和测量、无人机,以及三维激光扫描是实地与精细化监测的主要技术手段。地面调查与测量技术是国土空间规划实施监测的基础方法,其核心是实地数据的采集与验证。这些技术既为制定国土空间规划提供重要支持,也是验证其他监测技术数据准确性的必要手段,其成果还可以结合3S技术,实现空间数据的相互验证和补充,提高数据的可靠性和完整性。无人机监测的核心是精细化的地表信息获取,通过搭载不同的传感器和设备,无人机可以实现对地表形态、植被覆盖、土地利用等信息的精细获取,还可以对特定区域进行快速巡查和应急监测,目前无人机以其灵活机动、分辨率高的优势,在规划实施监测中发挥着越来越重要的作用。三维激光扫描通过激光扫描仪对目标区域进行快速扫描,获取大量的点云数据,并通过数据处理软件生成三维模型,可以精确地反映地表形态和物体结构。

3)数据处理与智能分析技术

为实现空间数据的分析、挖掘和实时获取,规划实施中广泛使用了数据处理和智能分析技术,主要包括大数据与人工智能、空间数据挖掘和知识发现以及物联网监测。前者的核心是实现空间数据的深度挖掘与分析，通过对海量空间数据的收集、统计、聚类、关联规则挖掘等操作，可以发现隐藏在数据中的有用信息和知识，挖掘出数据中的潜在信息和规律。近年来发展迅猛的机器学习、深度学习等方法，可以实现对空间数据进行智能分析和预测。物联网监测技术的核心是通过将各种传感器和设备连接到互联网上实现土壤湿度、空气质量、水位变化等多种指标环境变化的实时监测，并将数据传输到数据中心进行处理和分析，具有实时性、连续性和自动化等优点，还可以与其他监测技术相结合，实现多源数据的融合和综合利用。

4）精准化汇聚技术

为满足国土空间规划编制与管理的精准需求，应深入开展对数据资源的全面梳理，因此对规划和自然资源数据进行统一的分类与编码，构建详尽的目录体系，通过优化数据资源的管理结构，有效提升数据资源的可用性，这种技术手段被称为数据标准体系汇聚技术。在此基础上，采用多源异构数据实时接入数据，针对多源异构数据在线汇聚、自动解析入库、数据标准化处理、资源化发布等方面开展技术革新，构建连接各种系统的数据共享流通管道，保障数据"鲜活、按需、有效、安全"，有效解决多源异构数据智能化、自动化共享接入的难题。

5）智能化处理技术

时空数据结构复杂且来源多样，现有的时空数据也不再局限于传统的数据形式，文字、图件、音频和视频等多媒体数据的格式和形式各不相同，下面将介绍几种当前智能化处理技术。数据融合处理技术将多样化的时空大数据进行有效整合、清洗、转换和提取，充分融合，能更好地反映事物发展的全貌、揭示事物本质和客观规律。语义关系引擎技术则利用国土空间时空大数据与数据实体之间具有语义关系的特点，将原本层次多、体系复杂的数据互相连通，实现"数据降维"和"数据转换"，从而使原本枯燥单纯的数据变成灵活有用的信息。数据挖掘技术可用于处理复杂的时空关系，寻找数据的隐匿性规律。

4. 规划监测技术的进展

以往空间类规划实施监测主要包括主体功能区规划、城乡规划以及土地利用总体规划的监测，存在规划之间衔接不够，实施监测自成体系，技术方法手段参差不齐的问题。在空间规划改革背景下，关于国土空间规划监测、国土空间规划"一张图"实施监督等方面的研究日益增多，不少学者开展了监测指标、监测数据、监测信息化技术手段、监督实施机制等方面的研究。当前在规划实施监测技术研究方面，越来越重视以下几方面的研究：①开展数据治理，加强规划全周期数据融合联动,通过健全数据获取机制和多源时空数据治理,拓展数据来源、提高数据质量、夯实数据支撑,提升规划全周期的数据融合联动能力;②提升智慧能力,推动自动化、智能化水平提升。引入深度学习、大模型等智能技术,面向国土空间要素的动态感知与变化识别、国土空间模拟推演与预测预警、智能交互与知识推理等,构建智慧国土空间规划大模型,通过模型训练和模型微调实现自学习、自演进,提升国土空间规划实施预警与评估调整模型的智能性、智慧性;③健全横纵互联互通的信息网络,依托现有各级自然资源云和电子政务云,加强各级网络节点建设和网络互通,纵向实现国家、省(自治区、直辖市)、市、乡镇多级贯通,横向强化与其他政务部门的衔接连通,形成横向到边、纵向到底、一体联动的信息监测网络。

未来针对国土空间规划实施和治理,面向多元用户等需求,需进一步拓展监测深度、广度,采用新技术提升监测能力,持续健全完善国土空间规划实施监测体系,全面建成"一张图"实施监督信息系统。为形成完善的国土空间监测网,应重视以下两点:一是深入研究监测新技术,研究多源数据融合集成方法,充分挖掘大数据等多源数据应用潜能,全面提高要素识别和协同监测能力;二是开展场景表达技术研究,如场景参数化、实体语义化的场景构建及动态表达技术研究,实现场景化管控和动态模拟推演,用于规划的实施监测预警。

2.4.3 规划实施评估框架与方法

国土空间规划实施评估主要目的是对现行各类空间规划的实施情况开展评估,摸清已有规划实施情况和现状存在的问题,为国土空间规划编制奠定基础。在一般的实践意义上,国土空间规划实施评估主要是指按照一定标准对规划目标和实施效果进行分析判断的过程,重点是对规划的有效性进行评估。通过规划实施评估可以确保规划从静态的蓝图规划向动态的政策规划转变,规划实施评估是确保规划有效实施的重要环节,既有助于加强规划实施过程中的管理和督导,提高规划的指导性,强化规划的约束性,也有助于及时发现规划实施过程中出现的问题,找出产生问题的原因,提出解决问题的方法,及时进行宏观调控。

1. 规划实施评估技术要求与评估框架

1)技术要求

(1)与国土空间治理体系同步构建

规划实施评估是立足现状、摸清"家底"、面向目标找差距,从问题导向、目标导向、操作导向，明晰下一步国土空间规划编制的难点与重点。国土空间治理体系正在构建，规划实施评估应同步考虑空间规划实施机制的搭建。现状分析方面，以问题导向为重点，找出现状发展存在的主要问题。上位规划落实方面，以目标导向为重点，与上位目标相衔接，明确下一步国土空间规划编制落实战略目标的重点和主要方向。实施机制方面，以操作导向为重点，与各地国土空间管理体系建立相衔接，提出适合地方事权特点的政策机制建议。

（2）基础调查数据统一

一是充分应用"三调""双评价"成果统一评估基数。以第三次全国国土调查，为规划实施评估奠定现状基础。基于"双评价"是对自然资源和生态环境本底的综合评价，明确国土空间的城镇建设、农业生产等的适宜程度，为规划实施评估提供空间适宜性的指引。二是统一用地分类标准。以此来解决空间规划分类与不统一，带来统计上的问题。市县国土空间利用现状图，需细化到三级地类，中心城区及其他重点区域的国土空间利用现状图，需细化到四级地类。三是实施空间的分区分类。根据区域的不同特点各有侧重，城镇发展区域以城市总体规划为基础，以发展类的其他空间规划为补充。农业和生态区域以土地利用为基础，以保护类的其他空间规划为补充。

2）规划实施评估框架

（1）评估目的和主要维度

新时期对国土空间规划的要求和规划实施评估的目的，是在全面贯彻党的一系列会议精神、严格落实《若干意见》要求的基础上，构建统一的实施评估框架体系，评估现行各级各类规划的实施情况，全面摸清"家底"、深入分析现状、查找主要问题及成因，为科学编制国土空间规划夯实基础。

规划实施评估包含有一致性、协同性、实施过程、适应性和公众满意度5个维度[1]。一致性评估是针对规划目标实施结果的蓝图式静态评估；协同性评估是对多规融合与协作的评估；实施过程评估针对规划实施机制和主要指标数据的年度时序分析，是对一致性评估的精细动态补充；适应性评估是在理解规划实施影响因素的基础上，针对不同情景规划方案的评估；公众满意度评估是为贯彻"以人民为中心"的执政理念，对规划实施效果开展公众调查，明确不足，听取改进意见等。此外，还有基于地域功能均衡模型，对规划实施取得的经济、社会和生态等综合效益进行综合效能评估（图2-4）。

---

1. 唐长春, 卢幸芷, 雷钧钧, 等. 新时期国土空间规划实施评估框架构建与方法创新：以湖南省湘潭市为例 [J]. 规划师, 2021, 37（11）: 48-54.

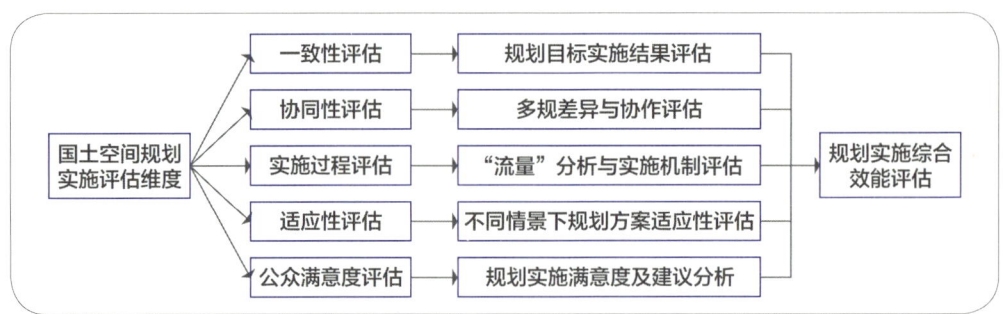

图 2-4　国土空间规划实施评估主要维度示意
图片来源：唐常春，卢幸芷，雷钧钧，等.新时期国土空间规划实施评估框架构建与方法创新：以湖南省湘潭市为例[J].规划师，2021，37（11）：48-54.

（2）评估内容框架

规划实施评估的内容包括基础研究、实施评价和结论建议等几个环节。基础研究环节针对区位交通、资源利用、生态环境和经济社会等现状开展系统分析，并对现行空间类规划的回顾。实施评价是评估的主要环节，包含的内容有战略目标评估、空间发展格局与建设用地布局评估、耕地保护与空间管控评估、各类要素配置评估、规划合理性与适应性评估、综合效能与满意度评估等内容。其中，战略目标评估包括发展定位、战略和指标体系评估。空间发展格局与建设用地布局评估包括对市域发展格局、中心城区及重要功能区规划的实施评估等。耕地保护与空间管控评估包括耕地和永久基本农田保护评估、市域和市辖区空间管控评估。各类要素配置评估主要是通过分析专项规划的实施情况，对基础设施和公共服务设施等要素配置进行评估。规划合理性与适应性评估是对现行规划的合理性、差异性和协同性，以及面对新形势、新要求的适应性进行分析评价。综合效能与满意度评估是基于经济、社会、生态效应的客观分析和公众满意度调查分析的规划实施综合效能评估。结论与建议环节包括规划执行情况、规划实施成效、存在问题及成因、规划编制与实施建议等（图 2-5）。

2. 主要技术方法

1）基于一致性的评估方法

基于一致性的不同（例如土地利用、建设许可或是其他指标），所采取的评估方法也各不相同，主要有如下五种。

土地开发利用与空间吻合度模型。规划执行过程评价是针对评估初期到评估末期发生变化的地块，判断其与规划目标的吻合程度。所以，规划执行过程中

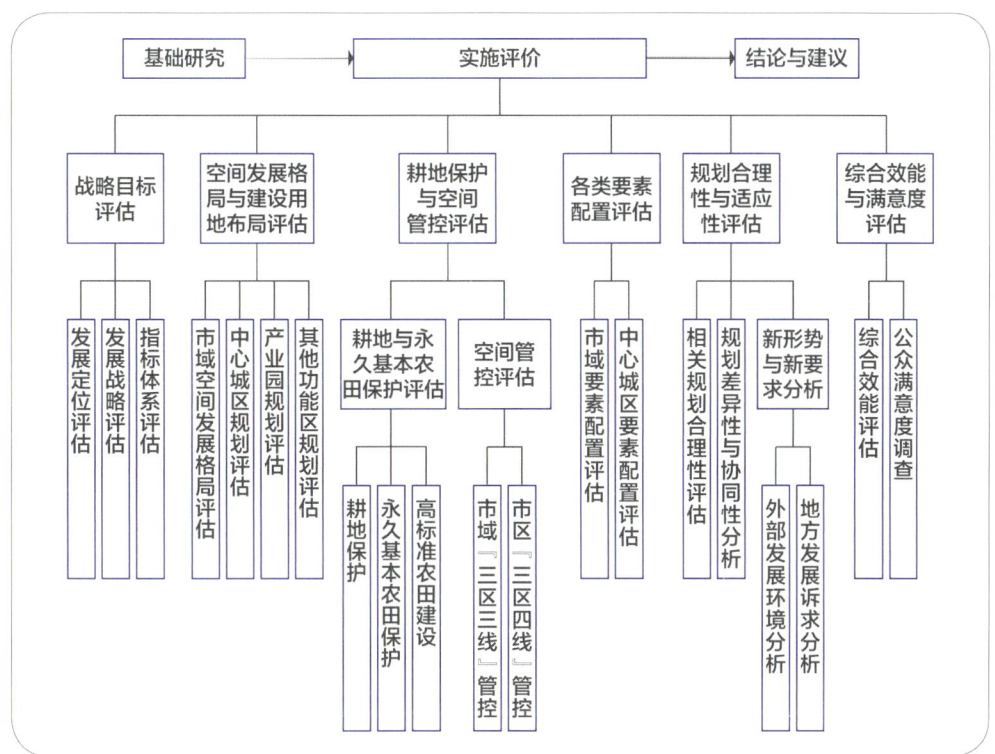

图 2-5　国土空间规划实施评估内容框架
图片来源：唐常春，卢幸芷，雷钧钧，等. 新时期国土空间规划实施评估框架构建与方法创新：以湖南省湘潭市为例[J]. 规划师，2021，37（11）：48-54.

的空间吻合性定义为土地利用空间变化与规划目标的吻合程度。运用 GIS 的叠加分析与地图的代数运算法则可以得到土地利用变化，考察其是否符合规划方案的调整要求。

规划建设许可证与规划的符合度。建设规划许可证被视为一致性评价的明智选择，对于地方政府而言，数据是现成的，数据的计算处理较为简便，可用于不同地区的横向比较，直接反映管理部门和人员的态度与履职情况。

人口分布特征与规划的符合度。一般认为，如果规划是有效的，那么人口增长应当主要集中于允许建设区，限制建设区的人口总量应得到控制。基于这样的假设，有学者通过对比允许建设区与限制建设区的人口总量和人口增量情况来表现地方政府通过规划控制城市向农村地区和开放空间蔓延的有效性。还有的学者认为当前的一致性研究过多地关注物质空间，而缺少对人口的流动性与活动的观察。

规划措施的执行情况。利用规划措施的执行情况反映规划落实度，有研究者从广度和深度考察了新西兰地方规划关于暴雨防控和公共服务设施等方面政策措施的落实情况：广度以规划中确定的且已使用过的政策占规划所用政策的比例表征；深度用某项政策的使用频率表征。

各类规划指标的完成情况。国内有关研究主要探讨耕地保有量、基本农田保护面积、城乡建设用地规模、耕地补充量、人均城镇工矿用地等约束性指标的执行度。

2）基于效能的评估方法

根据已有研究的评价框架，认为以下情形可以认定规划是有效能的：一是决策参考了规划且完全与规划吻合，而且这种吻合不是巧合；二是决策与规划不符，但违背规划的决策是经过深思熟虑的，有充足的正当理由；三是规划为决策者分析（违背规划的）决策的事后可能结果与影响提供了帮助；四是决策频繁地偏离规划，但规划不断被检讨，规划目标仍被作为行动的出发点。

效能评估主要分为三步：首先是识别哪些规划是应当发挥效能的决策；其次分析决策过程中的相关承诺、评论，辨析采取该决策的理由、正当性；最后是分析规划是否为决策者提供了指导或者辅助作用。另有学者提出规划产生效能必须符合三个条件：必须把规划功能定位于辅助决策，为决策提供分析问题的框架；确保规划与接下来的决策是持续相关的，规划是决策的一部分，而不是被束之高阁；规划在决策过程中起到了实质性的辅助作用或指导作用。

3）其他评价方法

其他比较常用的方法还有成本收益法和多项指标评价法。前者最初被用于评价美国联邦水资源保护与开发利用项目，以及英国的交通基础设施建设项目，随后被用到包括规划在内的各类公共项目和行动。成本收益法的优势在于，理论较为成熟，研究和实践比较丰富，试图反映所有人的价值，各种影响的分类方法和计算结果通俗易懂。后者一般通过建立由社会公众认知度、投入产出率、环境改善率、劳动生产提高率、完成性指标、限制性指标、违反规划事件指标等组成的评价指标体系，综合评价获得规划的实施评估结果。但是这些评价方法一般只关注规划个别方面的最终作用或影响。

3. 规划实施评估技术的进展

在新时代背景下，国土空间总体规划实施将面对更多元的利益主体、更精细化的空间治理需求和更复杂的制度环境。截至 2023 年，已有北京市、上海市、广州市与武汉市等开展了规划实施评估工作，关注点主要集中在实施评估框架、技术方法、指标体系、规划公众参与机制、实施保障机制和规划实施困境反思等方面。指标主要体现在市县级尺度上，包括土地利用的指标落实情况、规划效益与公众满意度等。

我国国土空间规划实施评估的进展主要包括：①对国土空间规划实施评估的概念框架进行梳理，形成了一套理论体系；②开展了指标体系研究，对市县级国土空间规划实施评估指标体系进行研究，确保规划的科学性和合理性；③研究对规划环评体系的重构，在国土空间规划中，环境影响评价作为规划实施保障和监管的重要职责，强化了对规划实施的跟踪评估功能，新时期国土空间规划环评应对标规划体系的层级、类型和编制内容，重构技术方法，强化因果关系模型、增加结果导向模型和提供预警优化方案；④研究监测评估预警模型，面向国土空间规划实施监督的监测评估预警模型体系，将其作为智慧规划转型的关键支撑；⑤规划评估的创新实践与方法探索，以杭州为例，杭州提出以构建基础数据平台为前提，应用新技术进行实施性评估与趋势预判，以及实施机制评估，为城市实施评估工作提供优化建议。

关键术语

新公共管理理论、自然资源管理、行政立法、国土空间规划实施法律控制、自然资源督察制度、规划实施评估

思考题

1. 现代城市规划思想的核心理论分为哪几类？
2. 规划的行政立法属性是如何确定的？
3. 国土空间规划制度的发展历程及侧重点是什么？
4. 简述一种规划实施评估包含的内容。

第 3 章

国土空间规划实施的计划管理

■ 导语

　　本章深入探讨了国土空间规划实施的计划管理，从计划管理的基本概念到具体的自然资源管理实践，涵盖了计划管理的理论基础、实施流程、监督机制及其在国家治理和发展中的关键作用。通过本章学习，读者将学习到计划管理的内涵，包括其作为管理活动的重要职能和环节，以及如何通过"事前、事中、事后"的分类进行有效管理；还将了解中国计划管理体制的演变历程，以及自然资源计划管理在生态文明建设中的重要性。

3.1 自然资源计划管理概述

　　本节旨在首先全面介绍自然资源计划管理的概念、分类、意义及国家计划管理体制的演变，为后续深入探讨各类自然资源的具体计划管理奠定基础，通过解析计划管理的内涵与特征，明确其在国家治理和社会经济发展中的核心地位；其次，将详细阐述计划管理的三阶段"事前、事中、事后"管理，以及这种分类方式在提升管理效率与确保目标实现中的关键作用；同时，还将回顾计划管理体制的历史发展，从计划经济模式的确立到市场经济体制的探索，再到当前的高质量发展阶段，展现计划管理体制的演变轨迹与未来趋势；最后，本节将聚焦自然资源计划管理的基本内容，特别是其在新时代生态文明建设中的重要作用，为后续章节针对土地、海洋、矿产、林草等具体自然资源的计划管理提供理论框架和背景支持。

3.1.1 计划管理的概念内涵

1. 计划管理的概念

计划具有双重含义,一方面指代一种工作过程,即基于内外部环境的综合分析,设定组织在未来特定时期内要实现的目标,并制定对应的具体策略方法。另一方面指代计划形式,即通过文字和量化指标来明确组织及其内部不同部门和成员在未来一定时期内的行动方向、内容以及执行方式。现代管理理念强调,计划是管理活动的核心组成部分,涉及未来预测及规划,对于组织成功至关重要。计划管理是对计划进行编制、执行、调整、考核,并通过计划来组织,指导和调节管理活动的总称。在社会主义国家,计划管理活动是对国家经济和社会发展进行有序管理的关键手段,直接影响协调社会再生产各环节的相互关系,确保了社会资源的有效分配和利用。

计划管理作为一种管理工具,具有针对性、综合性和约束性等特征。从针对性而言,计划管理是基于党和国家的方针政策、工作安排和指示精神,为满足未来一定时期内工作发展需要所制定的行动准绳,要求充分考虑实际条件,与组织资源和能力相匹配。从综合性而言,计划是在动态过程中由一系列的具体程序组成,计划管理需要系统考虑和运用各种因素和方法,从而形成切实可行的行动方案。从约束性而言,计划管理的约束性(规范性)体现在计划一旦被批准,即在特定范围内具有法律效力。无论是组织还是个人,都必须遵循计划规定的内容,不得擅自变更或延迟执行,故约束性是确保计划得以有效实施、达成既定目标的关键。

2. 计划管理的分类

计划管理按其特性定位,可划分为三个阶段,即"事前、事中、事后"管理。

"事前"管理是对所制定计划的初步审核与评估。该阶段国家对各级各部门提交的计划内容进行详尽审查,以确保其合法性、科学性和可行性,核查计划与国家政策和法规的一致性,保障计划的有序实施。根据各部门计划的审核情况,对资源进行合理配置和调配,确保各项计划能够得到有效的支持和保障。同时,对计划可能面临的各种风险进行评估,采取相应的预防措施,确保计划顺利进行。

"事中"管理重点在于监督和提高计划执行体系的工作效率。"事中"管理具体内容包括对计划执行过程进行密切监督,及时发现问题并采取调整措施,确保计划的顺利进行；促进各相关部门之间的沟通和协调，解决执行过程中的各种问题和困难；建立和完善计划管理的信息系统，收集、整理和分析相关数据，为计划执行提供实时的支持和参考，是提高执行效率的有效手段。

"事后"管理是对计划实施完毕后的绩效考核、总结经验、吸取教训、汇编材料、归档备案。该阶段是对计划实施过程的回顾和反思，目的是通过绩效考核来评估计划成效，总结成功经验和不足之处，为未来的计划制定和执行提供宝贵参考。同时，将实施过程中的相关资料进行系统化整理和归档，为组织的知识和经验积累作出贡献。

3. 计划管理的意义

计划管理是其他管理职能的前提和基础，计划管理活动在国家治理和社会经济发展中占据重要地位。首先，计划管理为国家提供了科学的生存发展纲领和指挥实施的准则。在社会高速变革与发展的时代，机遇与挑战往往相伴而生，通过科学的方法设定并追求长期和短期的战略目标，可以在抓住机遇的同时，有效规避风险，为实现发展目标架设稳固桥梁。例如，国家首先通过五年计划和其他发展策略框架的制定，在明确宏观目标的基础上，围绕目标展开各项工作规划，包括推动经济增长、社会发展和技术创新战略性的规划，确保了政府行动的方向性和有效性，并最终实现发展目标。其次，计划管理优化了有限资源的分配，确保关键领域和战略性行业能获得必要的资源投入。高效的资源管理对于教育、卫生、国防等国家关键领域的发展至关重要。此外，计划管理增强了政府对潜在风险的预测和应对能力，如自然灾害的应急响应、经济危机的预防措施，以及国家安全的保障，显著提升了国家的整体韧性。从治理角度看，为了适应分工精细化、过程复杂化、关系严密化的现代社会组织架构，计划管理成为组织协调的先决条件，通过增强决策的科学性和系统性，实现时间、空间和数量上的相互衔接，提高了政府的行政效率和公共服务质量，进而提升公众对政府的信任度。透明和有序的政府行动方式，为公众参与和监督提供了便利，强化了政府的合法性和效能。综上所述，计划管理是确保国家战略顺利实施、提升国家治理水平的关键机制，不仅涉及经济和社会发展，更涵盖了政治、国家安全等广泛领域，是国家面对内外挑战、实现长期稳定发展的必备策略。

4. 国家计划管理体制

国家计划管理体制，是社会主义国家针对国民经济与社会发展实施的一套管理体系、制度及方法的总称。该体制涵盖了计划管理的组织结构、权责划分、具体形式和实施手段等方面。作为经济体系的核心组成部分，国家计划管理体制综合性强，覆盖面广，涉及农业、工业、交通运输、商业、劳动、财政、科教文卫等各个领域，发挥串联社会再生产各环节的重要作用，以实现国民经济的协调发展[1]。

自中华人民共和国成立以来，中国的计划管理体制经历了三个主要阶段。

1）确立阶段（1949—1978年）

1949年，新成立的中央人民政府采用苏联的计划经济模式。 这一时期，中国政府通过制定和实施五年计划，集中资源优先发展重工业和基础设施，快速建立了国家的工业化体系。计划通常具有强制性，通过中央政府逐级向下分发任务和目标，各地区和部门必须严格执行。在"一五"时期，高度集中的计划管理体系帮助中国在短时间内恢复和发展了经济，为中国的工业化打下了坚实基础。然而，过度集中的计划体制在发展中逐渐僵化，显示出其局限性，如在"二五"时期，中央过度下放计划权给地方，导致计划执行效率下降和经济发展受阻。

2）探索阶段（1978—2012年）

1978年，中国正式进入改革开放新时期，标志着计划管理体制的改革进入探索阶段。 在这一阶段，中国逐步取消了指令性计划，计划管理体制开始向市场经济体制过渡。1982年，国家将计划的名称从"国民经济计划"改为"国民经济和社会发展计划"，发展目标由单一的经济增长扩展到社会政策和环境保护等领域，追求国家发展的全面进步。通过有机结合指令性计划、指导性计划与市场调节的方法，计划管理体制在保证政府宏观调控导向不动摇的基础上，逐步增强了市场在资源配置中的作用。1988年，国家计划委员会与国家经济委员会合并为新的国家发展计划委员会，标志着计划管理职能的转变和整合。与此同时，中国政府实施了一系列政策调整，用以适应市场经济的要求和快速发展的经济形势，如加强市场监管，促进公平竞争等。从"十一五"（2006—2010年）开始，"五年计划"转变成了"五年规划"，党的领导方式和执政方式发生深刻转变并且不断改革完善。

3）转型阶段（2013年至今）

2013年以来，计划管理体制进入转型阶段。 伴随社会主义市场经济建设向高质量发展转型，政府适度放宽了对微观经济活动的直接干预，强化宏观调控系统和

---

1. 何盛明. 财经大辞典［M］. 北京：中国财政经济出版社，1990.

现代市场体系，市场的决定性作用不断增强，经济体制改革进一步深化。新的五年规划不仅保留经济发展内容，还加入了创新、协调、绿色、开放、共享的新发展理念，强调科技创新、民生改善和生态环境保护。此外，政府还实施了一系列中长期发展规划，明确了发展目标和政策措施，以促进产业结构优化升级和社会经济的协调发展。这不仅推动了经济的高质量发展，也使中国在全球经济中的竞争力得到了显著提升。在这一阶段，总体上中国已从传统的计划经济模式转变为更加开放和灵活的体制，市场机制和政府规划结合更加协调，推动了国家的现代化全面发展。

3.1.2　自然资源计划管理的基本内容

1. 自然资源计划管理的背景

2018年3月，中共中央印发《深化党和国家机构改革方案》，将组建自然资源部作为深化国务院机构改革的第一项任务，并赋予其"统一行使全民所有自然资源资产所有者职责，统一行使所有国土空间用途管制和生态保护修复职责"。这一举措标志着我国自然资源管理体制的根本性变革，通过整合国土资源部、国家发改委、住房和城乡建设部、水利部、农业农村部、国家林业和草原局、国家海洋局、国家测绘地理信息局等多个部门的相关职能，构建了一个高效协同、权责统一的自然资源管理体系，为自然资源的科学管理和生态文明建设奠定了坚实的机构基础。

党的十九大报告将自然资源管理置于建设生态文明和美丽中国的核心位置，彰显了国家对自然资源保护与合理利用的高度重视。自然资源领域因此成为生态文明体制改革的先锋阵地，不仅明确了管理发展的宏伟蓝图，更为我国自然资源管理制度的革新提供了行动指南，引领着我国自然资源管理迈向新纪元。

党的二十大报告深刻阐述了中国式现代化的丰富内涵与本质要求，擘画了全面建设社会主义现代化国家的宏伟蓝图，明确了阶段性目标任务。自然资源作为经济社会发展的基石、能量源泉与空间支撑，在推动高质量发展、促进人与自然和谐共生、构建美丽中国的伟大征程中，扮演着不可或缺的基础性与战略性角色。

面对新时代的新要求，我国自然资源利用计划管理正经历着深刻的转型与升级。当前，管理重心虽聚焦土地与海洋资源，但为全面响应生态文明建设的总体部署，亟须将视野拓展至林地、草地、湿地、水资源、矿产资源等其他关键自然资源领域，实现自然资源的全面、系统、协同管理。在此基础上，应秉持山水林田湖草沙生命共同体的科学理念，创新管理机制，将各类重要自然资源纳入统一的计划管理体系之中。同时，根据资源特性与区域差异，灵活设置管理指标，科学规划规模与布局，探索实施弹性考核机制与差别化管理策略，不断优化计划的制定、分配与执行评估流程，以精细化管理推动自然资源的高效、可持续利用，为全面建设社会主义现代化国家贡献力量[1]。

2. 国家自然资源利用计划概况

国家自然资源利用计划，是一套多层次、多维度的综合管理体系，紧密围绕土地、海洋、矿产、森林等核心自然资源类型构建。计划核心宗旨在于通过实施精准科学的规划与高效合理的管理策略，确保自然资源的可持续利用与全面保护，深刻践行生态文明建设的核心理念。计划不仅着眼于满足当前经济社会发展的迫切需求，更前瞻性地维护生态平衡、促进生物多样性，旨在为后代留下宝贵的自然资源遗产。计划内容聚焦土地资源的优化配置与集约利用，海洋资源权益与生态安全，森林资源的生态保育与可持续经营，以及矿产资源的绿色勘查、有序开采与综合利用等视角，这些领域在国家发展战略、社会进步轨迹及生态环境保护体系中占据举足轻重的地位。同时，为确保计划的有效执行与持续改进，建立了严格的监管评估机制，对资源利用的全过程进行动态监测与科学评估，及时发现并纠正偏差，确保各项措施落地见效。

通过一系列综合措施的实施，国家自然资源利用计划致力于构建一个资源节约型、环境友好型的社会，实现经济社会发展与生态环境保护的双赢。自然资源利用计划不仅是国家长远发展战略的重要组成部分，更是实现人民美好生活向往、促进社会和谐稳定的重要基石，为国家的可持续发展与人民的福祉提供了坚实支撑。

1）土地利用计划

土地利用计划是指国家对计划年度内新增建设用地量、土地开发整理补充耕地量和耕地保有量等的具体安排[2]。土地是我国自然资源利用的核心，一直以来都是自然资源领域的工作重点，围绕土地利用计划管理已经形成了相对完善的制度体系。1987年，国家计划委员会和原国家土地管理局编制下发第一个全国性土地利

---

1. 吴次芳. 国土空间规划[M]. 北京：地质出版社，2019.
2. 姜海，李成瑞，王博，等. 土地利用计划管理绩效分析与制度改进[J]. 南京农业大学学报（社会科学版），2014，14（2）：73-79.

用方面的计划，将土地利用纳入国家计划管理，此后土地利用计划管理经历了不断的改革发展。自然资源部在《关于2024年土地利用计划管理的通知》（自然资发〔2024〕55号）中强调，土地利用计划是国民经济和社会发展计划的专项计划，其年度规模和配置方式对经济社会发展具有重要作用。2024年继续坚持"项目跟着规划走、要素跟着项目走"的理念，统筹安排全年土地利用计划，着力提高土地要素配置的精准性和利用效率，切实保障有效投资用地需求。

2）海洋资源利用计划

海洋资源利用计划是在国家层面对海洋自然资源进行战略性规划和管理的系统性调控措施，是国家对计划内新增海洋开发利用空间、自然岸线保有率持续保护优化、海湾整治修复及围填海存量资源开发的具体安排[1]。《生态文明体制改革总体方案》中提出，实行围填海总量控制制度，对围填海面积实行约束性指标管理。建立自然岸线保有率控制制度。我国据此已建立了较为完善的围填海实行计划管理，并确定了各省（自治区、直辖市）规划期内围填海总量控制目标，但是尚未建立海洋自然资源年度计划管理制度，亟需进一步完善自然资源管理研究的重要议题，指导海洋资源管理实践工作。

3）矿产资源利用计划

矿产资源利用计划是国家针对矿产资源实施的战略性规划与管理体系，旨在通过精细化管理与高效利用，确保国家经济安全与可持续发展。该计划紧密依托《矿产资源法》及其实施细则、《全国矿产资源规划（2008—2015年）》等法律法规与政策文件，明确了对计划年度内新增矿产资源勘查开发量、战略性矿产储备量及资源综合利用效率的全方位安排。自然资源部印发的《关于完善矿产资源规划实施管理有关事项的通知》（自然资发〔2024〕53号），落实了规划实施责任，明确了各级自然资源主管部门的职责与考核要求，并依托系统开展年度实施监测分析。该通知健全了规划动态调整机制，允许在特定情形下对规划进行调整，并精简优化了规划审核事项以提高审批效率，旨在促进矿产资源勘查开发的科学化、规范化和绿色化，为国家经济发展提供坚实的资源保障。

4）林草资源利用计划

林草资源利用计划以《森林法》《草原法》《林草产业发展规划（2021—2025年）》（林规发〔2022〕14号）等法律法规为政策依据，是国家为实现林草资源可持续利用与生态保护双赢目标而制定的系统性规划，全面规划了计划年度内林草资源

---

1. 刘大海，李彦平，李晓璇，等.自然资源管理改革基本逻辑下海洋自然资源年度利用计划的思考［J］.海洋开发与管理，2019，36（1）：23-29.

的增量、质量提升、生态修复及合理利用等关键环节，着重加强生态保护与修复工作，通过科学规划林草资源布局，优化资源配置，提升资源质量，以满足经济社会发展对林草产品的多样化需求，积极推动绿色发展与富民增收，促进林草产业转型升级与融合发展，实现生态保护与经济发展的良性循环，为建设美丽中国贡献绿色力量。

3. 自然资源利用计划基本流程与治理重点

1）自然资源利用计划基本流程

（1）问题识别与目标设定：系统性评估与量化目标构建

在自然资源利用计划的初始阶段，需构建一套多维度的系统性评估框架，该框架不仅涵盖资源总量的精确统计，更聚焦资源质量的精细化评估、利用效率的深度剖析以及环境影响的全面评价。通过集成遥感技术、GIS及环境经济学等多学科方法，实现对自然资源现状的精准刻画与问题诊断，为规划提供坚实的科学基础。基于系统性评估结果，设定一系列明确、具体且可量化的目标体系，这些目标需紧密关联国家可持续发展战略、区域发展规划及未来趋势预测。通过构建数学模型与情景分析，确保目标设定既符合法律法规要求，又具备前瞻性与可操作性，以驱动自然资源的高效利用与生态环境的持续优化。

（2）数据收集与分析：多源数据融合与高级分析技术

广泛采用遥感卫星、无人机、地面监测站及物联网等多源数据收集手段，实现自然资源数据的全面覆盖与高精度获取。通过数据融合技术，将不同来源、不同格式的数据整合为统一的数据集，为深入分析提供丰富的信息源。运用大数据处理、机器学习及空间统计等高级分析技术，对集成后的数据进行深度挖掘与综合分析。通过构建复杂网络模型进行趋势预测及空间模式识别，揭示自然资源利用中的深层次规律与潜在问题，为规划方案的精准制定提供科学依据。

（3）利用计划制定与评估优化：科学规划与多元评估融合

对于前期评估与分析结果，采用系统动力学、优化理论等科学方法，制定科学合理的自然资源利用规划方案。方案需明确资源保护、开发利用、管理调控及产业规划的具体策略与措施，并充分考虑政策、法律及科技等因素的影响，确保规划方案的合法合规性、可操作性与前瞻性。引入模拟分析、专家咨询、公众参与及同行评审等多元评估机制，对规划方案进行全面而深入的审视与评估。通过构建综合评估指标体系，对方案的经济性、社会性及环境性进行量化评价，及时发现并纠正潜在问题，为规划方案的优化调整提供决策支持。

(4)利用计划审批：严格程序与公众参与

遵循相关法律法规与政策要求，建立严格的规划方案审批程序。通过专家评审、部门联审及政府决策等环节，确保规划方案的科学性、合理性与合法性。同时，加强审批过程的透明度与公开性，提升规划方案的公信力与认可度。建立健全的公众参与机制，广泛征求社会各界对规划方案的意见与建议。通过听证会、问卷调查及网络平台调查等方式，增强公众对自然资源利用规划的参与感与认同感，促进规划方案制定的民主化与科学化。

(5)利用计划实施监测：动态监测与实时反馈

建立健全的自然资源利用规划实施监测体系，明确监测指标、方法与周期。通过遥感监测、现场调查及数据统计等手段，对规划方案的实施效果进行动态监测与实时反馈。基于监测结果，定期对规划方案的实施效果进行评估。通过构建评估指标体系与模型，对方案的经济效益、社会效益及环境效益进行量化评价。针对发现的问题与不足，及时对规划方案进行调整与优化，确保规划目标的实现与可持续发展。

(6)利用计划修正更新：持续迭代与动态适应

开展规划方案的定期评估与反思机制，对已实施的规划方案进行全面回顾与总结。通过对比分析、问题剖析及经验提炼等方式，发现并总结规划方案中的不足与改进空间。根据评估结果及外部环境变化，对规划方案进行动态调整与更新。积极关注国内外自然资源利用的最新动态与趋势，借鉴先进经验与做法，不断创新与完善自然资源利用计划。同时，加强科技支撑与人才培养，提升规划方案的科学性与前瞻性，以适应新的形势与需求。

2）自然资源利用计划治理重点

(1)探索制定自然资源开发利用计划

自然资源并非取之不尽、用之不竭，制定自然资源开发利用计划，有助于实现资源的可持续利用，推动经济的健康发展，保护生态环境，为未来的可持续发展奠定坚实基础。在探索制定自然资源开发利用计划时，可参照土地利用计划，将自然生态要素纳入计划管理，设定林地、湿地、滩涂等重要生态资源的保护目标以及国土空间综合整治年度目标。同时，注重体系创新，完善配套设施，以现有的国土空间用途管制制度为基础，将用途管制范围扩大到所有自然资源领域，健全统一的自然资源用途管制制度，并建立自然资源准入制度和开发许可制度[1]。

1.金志丰，张晓蕾，张芳怡.自然生态空间用途管制试点情况分析与思考[J].国土资源情报，2019（2）：10-13.

（2）建立自然资源数字化管理体系

自然资源种类繁多，分布广泛，传统的管理方式往往难以应对其复杂性和动态性。2024年，自然资源部印发《自然资源数字化治理能力提升总体方案》（自然资发〔2024〕33号），着重强调了自然资源信息化治理发展，统筹运用数字化技术和思维，利用遥感技术、物联网技术等手段，实现对自然资源的全面动态监测，提升数据采集精度。同时，制定自然资源数据标准，整合关联各类数据，建立统一的自然资源数据库。打破部门壁垒，建设数据共享平台，实现数据在不同部门和单位之间的共享和互通，为监管和决策提供有力支持，实现对自然资源开发利用活动的实时监控和预警。

（3）引导资源计划管理指标有序流动配置

计划管理指标体系可分为基础性、奖励性和扶持性3类计划指标[1]。基础性计划指标是自然资源开发利用计划的基石，主要用于保障重大战略部署和重大建设项目的顺利进行。各级政府应根据基础性计划指标，合理安排自然资源的开发时序、规模和布局，确保自然资源的可持续利用。奖励性计划指标旨在激励地方政府更加积极地推进自然资源开发利用工作。通过对地方政府在自然资源保护、节约集约利用、生态修复等方面的表现进行评估，对表现优秀的地区给予一定的奖励，如增加建设用地指标、提供财政支持等，激发地方政府的工作热情和创新能力。扶持性计划指标主要面向欠发达地区和特定自然资源开发项目，通过定向扶持和资金倾斜，帮助欠发达地区提升自然资源开发利用水平，推动区域协调发展。扶持性计划指标还用于支持一些具有重大战略意义的自然资源开发项目，如重大生态工程、资源循环利用项目等。

（4）完善自然资源开发利用计划的监督考核体系

完善的计划监督考核体系是保障科学规划，避免盲目开发和无序利用，从而提升资源利用效率的有效措施。通过对自然资源开发利用活动的严格监督和考核，及时发现并纠正破坏生态环境的行为，确保开发与保护并重，推动生态文明建设。建立多层次的监督机制，通过设立专门的监督机构，监督检查计划的执行情况，实行定期巡查和随机抽查相结合的方式，确保监督的全面性和有效性。将自然资源利用计划执行情况纳入政府绩效考核体系中，直接挂钩考核结果，优化自然资源利用计划实施监测反馈机制，既要以良好激励促进绩效考核的顺利进行，又要以绩效考核为手段，将数量型指标与质量型指标关联起来。同时，建立举报奖励机制，鼓励社会公众参与监督，形成全社会共同监督的氛围。

---

1. 钟明洋，陈平，石义. 国土空间用途管制制度体系的完善[J]. 中国土地，2020（5）：13-16.

3.2 土地资源计划管理

土地资源利用计划管理是国家调控土地利用与保护耕地的主要手段之一，是国家进行土地行政管理工作的重要抓手，在国家土地宏观调控与国土空间用途管制体系中具有特殊而重要的地位[1]。为了实现社会经济可持续发展和耕地保护的双重目标，自 1987 年第一轮土地利用规划编制以来，我国逐渐探索形成了一套自上而下、逐级控制、以"土地指标管控+用途分区管制"为特征的土地规划运行体系[2]。现阶段，我国土地资源利用计划管理以保护耕地为核心，严控新增建设用地，严格实施土地用途管制[3]。政府实行土地资源计划管理时，一方面通过制定土地利用总体规划统一进行总量控制与指标分配；另一方面制定土地利用年度计划，层层分解下达用地指标并对其进行指令性管理，下文就以上两方面分别展开说明。

土地利用总体规划是在一个规划时期内，根据全国、省（自治区、直辖市）、市、县、乡镇五个层级行政区域的自然和社会经济发展禀赋，结合国民经济发展需求，通过自上而下垂直编制土地利用总体规划，把中央预测确定的耕地保有量、永久基本农田面积、城乡建设用地规模等规划控制指标层层分解直至乡镇，各类约束性指标作为强制性内容，逐级向下传导，下级规划不得突破上级规划的控制要求，必须有效落实资源要素的数量控制[4]。《土地管理法》第四条规定，国家编制土地利用总体规划，规定了土地用途，将土地分为农用地、建设用地和未利用地。严格限制农用地转为建设用地，控制建设用地总量，对耕地实行特殊保护，使用土地的单位和个人必须严格按照土地利用总体规划确定的用途使用土地。《全国土地利用总体规划纲要（2006—2020 年）》进一步确定了约束性指标与预期性指标两类，明确了总体规划的约束引导职能。当前，为落实党中央"多规合一"建立国土空间规划体系的要求，国务院印发《全国国土规划纲要（2016—2030 年）》对相关国土空间专项规划起引领和协调作用，以加强对规划指标的精准实施。

土地利用年度计划根据国民经济和社会发展规划、国家产业政策、土地利用总体规划以及建设用地与土地利用的实际状况编制而成。土地利用年度计划在土地用途管制中发挥了重要作用，计划本身也是规划，是规划年度化的短期分割，二者内

---

1. 姜怡航. 高质量发展视角下土地利用计划管理制度优化研究［D］. 南京：南京农业大学，2021.
2. 周天肖. 中央-地方关系下土地规划治理模式研究［D］. 杭州：浙江大学，2018.
3. 李晋，郑芳媛，邓跃，等. 围填海存量资源利用和管控政策研究［J］. 中国软科学，2022（10）：13-19.
4. 叶艳妹，吴次芳. 县级土地利用总体规划的理论与实践：以永嘉县为例［M］. 北京：地质出版社，2001.

涵基本一致，规划目标最终决定计划的内容[1]。《土地管理法》第二十三条规定，土地利用年度计划的编制审批程序与土地利用总体规划的编制审批程序相同，一经审批，必须严格执行。土地利用年度计划具体包括对计划年度内的耕地保有量指标、新增建设用地计划指标（新增建设用地总量指标和新增建设占用农用地及耕地指标）、土地开发整理计划指标（包含土地开发补充耕地指标和土地整理复垦补充耕地指标）、城乡建设用地增减挂钩指标等的统一安排。《土地利用年度计划管理办法》是我国土地利用年度计划制度构建的依据，自1999年发布以来，先后于2004年、2006年和2016年进行三次修订。其中，《土地利用年度计划管理办法》（2016年修订）依据规划指标进一步完善构建了土地利用年度计划体系，主要修订内容包括新增建设用地总量指标和新增建设占用农用地及耕地指标等新增建设用地计划指标、土地整治补充耕地计划指标、耕地保有量计划指标、城乡建设用地增减挂钩指标，以及工矿废弃地复垦利用指标。2023年，自然资源部印发《关于2023年土地利用计划管理的通知》（自然资发〔2023〕38号），着眼从单向增量思维转为增量与存量并重发展。土地利用年度计划的依据来自规划约束性指标体系，同时也是规划约束性指标得以顺利执行的保障[2]。

3.2.1　耕地资源计划管理

耕地资源指专门种植农作物并能够正常收获的土地，是维持人类生存及农业生产的基本资源，也是最主要的自然资源，具有多重价值属性[3]。《土地利用现状分类》（GB/T 21010—2017）将耕地划分为水田、水浇地和旱地，在实践中，耕地常被划分为永久基本农田与一般耕地。永久基本农田是指根据一定时期内人口和国民经济对农产品需求以及对建设用地的预测而确定的，在国土空间总体规划期内严格保护、不得占用的耕地，而一般耕地则是指除永久基本农田以外的耕地。

耕地资源计划管理指在一个规划期内，中央政府根据国家未来经济和社会发展趋势，围绕耕地总量不减少、耕地占补平衡等原则，对经过土地利用年度计划确定的耕地保有量、永久基本农田保护面积、土地整治补充耕地等指标开展的计划管

---

1. 易家林，欧名豪，郭杰.国土空间规划时代的土地利用规划：历史贡献与时代使命［J］.南京农业大学学报（社会科学版），2022，22（6）：146-158.
2. 易家林，郭杰，欧名豪，等.国土空间用途管制：制度变迁、目标导向与体系构建［J］.自然资源学报，2023，38（6）：1415-1429.
3. 胡月明，杨颢，邹润彦，等.耕地资源系统认知的演进与展望［J］.农业资源与环境学报，2021，38（6）：937-945.

理。其中，耕地保有量和永久基本农田面积两项总量指标是耕地保护目标责任制的重要考核指标，明确在目标年必须保有的耕地规模和任何时间点都必须保持的基本农田面积，是我国维护粮食安全、实行最严格的耕地保护制度的体现。《土地管理法实施条例》第十三条规定，省、自治区、直辖市人民政府对本行政区域耕地保护负总责，其主要负责人是本行政区域耕地保护的第一责任人。省、自治区、直辖市人民政府应当将国务院确定的耕地保有量和永久基本农田保护任务分解下达，落实到具体地块，明确规定我国实施耕地资源计划管理的具体方案。

1. 耕地保有量

耕地保有量，即耕地总量，为上一年结转的耕地数量，扣除年内各项建设占用耕地的数量和农业结构调整占用及生态退耕的数量后，加上年内土地开发、复垦和土地整理增加的耕地数量。耕地保有量是衡量和评估一个地区农业生产潜力和可持续性的重要指标之一，用于防止过度开垦和城市化对农业用地的侵蚀和占用。《土地管理法》第十六条规定，地方各级人民政府编制的土地利用总体规划中，耕地保有量不得低于上一级土地利用总体规划确定的控制指标。截止至 2023 年，我国人均耕地面积仅 1.37 亩[1]，只有世界平均水平的三分之一，却承载了世界 22% 的人口数量。随着工业化、城镇化进程不断加快，"人增地减"已然成为我国现代化进程中最突出的矛盾。同时，近年来我国部分耕地质量持续降低，在农业科技没有重大突破的情况下，粮食单产继续提高的难度增大。因此，为确保国家粮食安全，国家必须保有数量足够和质量过关的耕地。《全国国土规划纲要（2016—2030 年）》中确定"2020 年全国耕地保有量目标为 18.65 亿亩，2030 年全国耕地保有量目标为 18.25 亿亩"，省、市、县、乡将国家层面确立的耕地保有量继续逐级分解，通过制定本级层面土地利用总体规划，确定不同层级的耕地保有量。随后，在总结以往经验的基础上，我国进一步强调坚守 18 亿亩耕地红线不容动摇[2]，突出了国家对最严格耕地保护政策的贯彻落实，关乎国家经济建设与发展全局[3]。

2. 永久基本农田保护面积

永久基本农田是依据土地利用总体规划确定的不得占用的耕地，具有优质、连片、稳定的特征。一经划定就要实施永久性保护，禁止破坏和闲置荒芜永久基本农

---

1. 1 亩约合 666.67 平方米。
2. 张晓玲，刘康，蔡玉梅. 坚守 18 亿亩耕地红线不动摇［J］. 求是，2009（21）：43-45.
3. 谭荣. 中国土地制度导论［M］. 北京：科学出版社，2021.

田。划定永久基本农田并实行特殊保护，是贯彻落实最严格耕地保护制度的基本要求，更是维护国家粮食安全和社会稳定的关键举措[1]。《土地管理法》第三十三条规定，国家实行永久基本农田保护制度，表 3-1 中所示的耕地类型均应当根据土地利用总体规划划为永久基本农田，实行严格保护。永久基本农田划定工作以乡镇为基本单位开展，落实到具体地块，由县级人民政府自然资源部门和农业农村部门共同负责实施，将相关信息纳入国家数据库，并对社会公告位置、界限信息。各省（自治区、直辖市）应划定不低于 80% 的耕地为永久基本农田，具体比例由国务院根据各省（自治区、直辖市）耕地实际情况规定。永久基本农田一经划定，任何单位和个人不得擅自占用或者改变其用途。若国家重点建设项目确实难以避让，亦不得擅自调整总体规划来规避转用或者审批，必须经国务院批准，才可进行农用地转用或者土地征收。

表 3-1 《土地管理法》规定的永久基本农田划定范围

序号	范围类别
1	经国务院农业农村主管部门或者县级以上地方人民政府批准确定的粮、棉、油、糖等重要农产品生产基地内的耕地
2	有良好的水利与水土保持设施的耕地，正在实施改造计划以及可以改造的中、低产田和已建成的高标准农田
3	蔬菜生产基地
4	农业科研、教学试验田
5	国务院规定应当划为永久基本农田的其他耕地

永久基本农田保护面积作为耕地资源的计划管理内容之一，是对永久基本农田控制线管控的落实。《全国国土规划纲要（2016—2030 年）》指出，要严格控制非农业建设占用耕地，加强对农业种植结构调整的引导，加大生产建设和自然灾害损毁耕地的复垦力度，适度开发耕地后备资源；划定永久基本农田并加以严格保护，永久基本农田保护面积不低于 1.03 亿公顷，保障粮食综合生产能力达到 5 500 亿公斤以上，确保谷物基本自给。

3. 土地整治补充耕地指标

土地整治指在一定的区域内，按照土地利用总体规划确定的目标和用途，以

---

1. 钱凤魁，王秋兵，边振兴，等. 永久基本农田划定和保护理论探讨 [J]. 中国农业资源与区划，2013, 34（3）: 22-27.

土地整理、复垦、开发和城乡建设用地增减挂钩为平台，推动田、水、路、林、村综合整治，改善农村生产、生活条件和生态环境，促进农业规模经营、人口集中居住、产业聚集发展，推进城乡融合发展的一项系统工程。土地整治补充耕地指标，指通过实施耕地后备资源开发、高标准农田建设、土地复垦等各类土地整治项目所形成的，经验收认定并完成自然资源部项目备案后，可用于耕地占补平衡的有效补充耕地指标（即经项目建设将非耕地变成耕地所形成的指标）。

1）补充耕地指标核定

补充耕地指标的核定流程主要包括地类认定、面积认定、质量评定和产能核算四个环节。

（1）地类认定

项目区地类认定按照《土地利用现状分类》（GB/T 21010—2017）、《第三次全国国土调查技术规程》和《国土变更调查技术规程》等明确的调查认定标准执行。地类认定的程序可以根据施工的不同阶段被划分为两个主要类别：一类是施工开始前的地类识别，另一类是施工完成后的地类识别。施工开始前的地类识别工作是基于最新的年度土地变更调查数据来进行的。施工完成后的地类识别，则依赖于项目的最终竣工图纸和实地的调查测量结果。在技术条件允许的情况下，一些地区还可以采用遥感技术等现代手段来辅助完成对项目竣工后土地使用情况的评估和认定。

（2）面积认定

面积认定工作涉及对项目区域的多个方面进行综合考量，包括该地区的自然条件、经济状况、土地使用模式以及基础设施建设等，遵循土地变更调查的标准和相关技术规范，对工程实施前后的耕地面积变化进行详细调查和确认，单位为公顷，具体包含开工前耕地面积（$S_{前}$）计算、竣工后耕地面积（$S_{后}$）计算、新增耕地面积（S）计算、新增水田面积计算。

①开工前耕地面积（$S_{前}$）计算：指依据开工前最新年度土地变更调查成果计算耕地面积，具体表示为

$$S_{前}=\sum_{i=1}^{n}\left[S_{i}\left(1-R_{i}\right)\right] \quad (3-1)$$

$$S_i = S_{i总} - S_{i非耕地} - S_{i线状} - S_{i零星} \quad (3-2)$$

式中，$S_{前}$指施工前项目区净耕地面积，n是项目区内划分单元总数；S_i指施工前第i

个单元耕地毛面积（含田坎），R_i指施工前第i个单元的田坎系数。$S_{i总}$指施工前第i个单元图斑总面积，$S_{i非耕地}$指施工前第i个单元非耕地图斑面积，$S_{i线状}$指施工前第i个单元耕地图斑中非耕地类的线状地物总面积，$S_{i零星}$指施工前第i个单元耕地图斑中非耕地类的零星地物总面积。

②竣工后耕地面积（$S_后$）计算：指通过实地调查和测量完成的项目竣工图计算得到的耕地面积，表示为

$$S_后 = \sum_{j=1}^{n} [S_j(1-R_j)] \qquad (3-3)$$

$$S_j = S_{j总} - S_{j非耕地} \qquad (3-4)$$

式中，$S_后$指竣工后项目区净耕地面积，n是项目区单元总数，R_j指竣工后第j个单元田坎系数。S_j指竣工后第j个单元耕地毛面积（含田坎），$S_{j总}$指竣工后第j个单元图斑总面积，$S_{j非耕地}$指竣工后第j个单元非耕地图斑面积。

③新增耕地面积（S）计算：新增耕地面积为项目施工前后耕地面积之差，表示为

$$S = S_后 - S_前 \qquad (3-5)$$

④新增水田（$S_{新增水田}$）面积计算表示为

$$S_{新增水田} = S_{新增耕地中的水田} + S_{旱地改造为水田} + S_{水浇地改造为水田} \qquad (3-6)$$

式中，$S_{新增水田}$为新增水田面积，$S_{新增耕地中的水田}$为新增耕地中的水田面积，$S_{旱地改造为水田}$为旱地改造为水田的面积，$S_{水浇地改造为水田}$为水浇地改造为水田的面积。

（3）质量评定

新增耕地的质量等级评定遵循农业用地质量分类等技术规范。在项目区域内，新增耕地的平均质量等级是通过各单元的面积加权平均法来确定的。对于提质改造前的耕地，其平均质量等级直接基于项目启动前最新的耕地质量评定结果。而提质

改造后的耕地，其平均质量等级同样采用面积加权平均法，根据各单元的具体情况进行计算。计算公式如下。

$$K=\frac{\sum_{i=1}^{n}K_iS_i}{\sum_{i=1}^{n}S_i} \quad (3-7)$$

式中，K 为项目区耕地平均质量等别，n 是项目区单元总个数；K_i 为第 i 个单元的耕地质量利用等别，S_i 为第 i 个单元的耕地面积。

（4）产能核算

新增产能计算基于耕地的质量等级评定和农业用地质量评分等技术标准，对新增耕地以及经过质量提升改造的耕地所带来的产能增加进行量化，单位为公斤[1]。

①新增产能表示为

$$新增产能 = 新增耕地增加的产能 + 提质改造耕地增加的产能新增耕地增加的产能 \quad (3-8)$$

②新增耕地增加的产能表示为

$$新增耕地增加的产能 = (D - 新增耕地平均质量等别) \times 新增耕地面积 \times 15 \times 100 \quad (3-9)$$

式中，D 指产能计算常数，$D \leqslant 16$（当产能为 0 时，$D=16$）。

③耕地提质改造增加的产能表示为

$$改造增加产能 = (改造前耕地平均质量等别 - 改造后耕地平均质量等别) \times 改造面积 \times 15 \times 100 \quad (3-10)$$

---

1. 张迅，徐志远，朱晓宇，等. 贵州省新增耕地核定信息系统的研究与应用 [J]. 安徽农学通报，2021，27（20）：6.

2）补充耕地指标交易

为贯彻落实国家关于采取"长牙齿"的硬措施加强耕地保护的相关要求，激发各地垦造新增耕地积极性，提高各类建设项目尤其是重大基础设施项目的耕地占补平衡保障能力，各地以省为单位，自主设定补充耕地指标交易指导价格、补充耕地指标调剂价格等。

3.2.2 建设用地计划管理

建设用地指建造建筑物、构筑物的土地，包括城乡住宅和公共设施用地、工矿用地、交通水利设施用地、旅游用地、军事设施用地等，是区域发展、城镇与乡村人口、经济社会发展的重要载体[1]。建设用地计划管理是自然资源部会同国家发改委，根据全国新增建设用地计划指标控制总规模，结合各省（自治区、直辖市）和国务院有关部门提出的计划指标建议，围绕建设用地总量、增量、存量实行协同管控，通过土地利用年度计划确定规划期内的新增建设用地总量、建设占用农用地（含建设占用耕地）、建设占用未利用地等一系列建设用地指标来实施的建设用地管理，是国家为保护耕地，对建设用地采取的管控手段。

1. 新增建设用地指标

为每年度各地方建设用地面积设置最高限度，通过土地利用总体规划从中央到地方层层分解下达。根据相关政策表述，新增建设用地计划指标可理解为新增建设用地占用农用地、未利用地的规模，即新增建设中将农用地、未利用地转为建设用地的控制规模。《土地管理法》第十六条规定，下级土地利用总体规划应当依据上一级土地利用总体规划编制，地方各级人民政府编制的土地利用总体规划中的建设用地总量，不得超过上一级土地利用总体规划确定的控制指标。

2. 建设占用农用地指标

1）建设占用农用地

农用地指直接用于农业生产的土地，包括耕地、林地、草地、农田水利用地、养殖水面等。农用地转建设用地指标是规划中用于控制一个地区在一年内将农业用地转变为建设用途的土地面积的定量标准。拥有新增建设用地指标是实施土地

---

1. 徐同远. 土地·房屋法律知识[M]. 北京：中国农业出版社，2010.

用途转换的前提条件，允许将农业用地或未开发土地重新规划为建设用途，确保了土地使用变更的合理性和有序性[1]。由于新增建设用地总量指标由国家指令性计划控制，各地得到的新增建设用地配额成了稀缺资源，农用地如转为新增建设用地，会产生额外的经济效益，这也使得土地价值激增[2]。中央确定的新增建设用地总量控制指标界定了对应年限的农地非农化开发规模上限，地方政府从中央取得的新增建设用地配额，本质上是土地开发权。国家通过新增建设用地配额这一政策工具实施土地用途管制，严格控制建设用地总量，对耕地实施特殊保护，具有现实针对性和必要性，对遏制土地市场投机、经济过热以及协调区域发展等具有重要作用。

2）建设占用耕地

工业化、城镇化的推进不可避免地占用大量耕地，建设占用耕地指标是对一个地区每年耕地允许转为建设用地的总量控制工具。新增建设占用耕地规模和整理复垦开发补充耕地义务量是相互关联的指标，体现了耕地占补平衡法人责任制的政策要求。规划期内新增建设占用耕地规模要控制在指标确定的规模以内，不得突破控制指标范围，且各项建设应尽量减少对耕地的占用。

《土地管理法》规定国家实行占用耕地补偿制度，非农建设经批准占用耕地要按照"占多少，补多少"的原则，由占用耕地的单位负责补充数量和质量相当的耕地；有条件开垦或者开垦的耕地不符合要求的，应当按规定缴纳耕地开垦费，专款用于开垦新的耕地，该项政策用于建设用地与耕地的结构调整，是制止耕地非农化的重要措施。

3）农用地转用申请与审批

农用地转用是指将农用地按照国土空间规划和国家规定的批准权限报批后转变为建设用地的行为，是国家层面用于控制建设用地增长、保护农用地普遍采用的手段，对土地用途管制起关键作用。《土地管理法》第四条明确，"严格限制农用地转为建设用地，控制建设用地总量"。作为我国土地管理的基本措施，农用地转用制度将长期贯彻下去。

《土地管理法实施条例》第二十三条规定，在国土空间规划确定的城市和村庄、集镇建设用地范围内，为实施该规划而将农用地转为建设用地的，由市、县人民政府组织自然资源等部门拟订农用地转用方案，分批次报有批准权的人民政府批准。农用地转用方案应当重点对建设项目安排、是否符合国土空间规划和土地利用年度

---

1. 张先贵.我国土地管理权行使方式研究[D].南京：南京大学，2020.
2. 靳相木.新增建设用地指令性配额管理的市场取向改进[J].中国土地科学，2009，23（3）：19-23.

计划以及补充耕地情况作出说明。农用地转用方案经批准后，由市、县人民政府组织实施。

2019年《土地管理法》的修订，合理划分和调整了中央和地方在农用地转用方面的审批权限，其中一条重要原则就是按照是否占用永久基本农田来划分国务院和省级政府的审批权限。根据相关规定，任何建设项目若需占用土地并涉及将农业用地改变为建设用地，都必须经过正式的审批流程以获得农用地转用许可。若涉及将永久基本农田改变用途，必须得到国务院批准。在土地利用总体规划所确定的城市、村庄和集镇的建设范围内，为了执行该规划而需要将非永久基本农田的农业用地转为建设用地时，应根据年度土地使用计划，分批次由原批准土地利用总体规划的机关或者其授权的机关批准。对于已经批准的农用地转用范围内的具体建设项目，用地可以由市、县人民政府批准；若在土地利用总体规划确定的建设用地范围之外，需要将非永久基本农田的农业用地转为建设用地，由国务院或者国务院授权的省、自治区、直辖市人民政府批准。

农用地转为建设用地的审批工作，主要依据土地利用总体规划、土地利用年度计划、建设用地供应政策来进行。对于土地利用总体规划，若土地位于规定的建设用地区域内，则允许进行转用；若不符合规划，则不允许转用。对于土地利用年度计划，审批工作必须在其所设定的指标限制之内，严格按照计划执行，避免超出预定的农用地转用额度。对于建设用地供应政策，国家通过合理分配土地资源，减少对农用地的不必要占用，优化投资结构，避免资源浪费和建设重复，确保国民经济的均衡与可持续发展。

3. 建设占用未利用地指标

未利用地指尚未利用或者是难以利用的土地。根据《土地利用现状分类》（GB/T 21010—2017）以及《土地管理法》中"三大类"土地划分标准，未利用地是指除了农用地和建设用地以外的地类，具体包括其他草地、河流水面、湖泊水面、沿海滩涂、内陆滩涂、沼泽地、冰川及永久积雪、盐碱地、沙地、裸土地以及裸岩石砾地。各地在建设过程中涉及占用未利用地的，依照农用地转用的审批权限和审批程序办理，应当办理未利用地转用审批手续，由地级以上市人民政府批准。现阶段我国各地出台的实施条例统筹未利用地与建设用地间的转换。我国部分地区建设占用未利用地的相关要求和具体规定如表3-2所列。

表 3-2 各地建设占用未利用地具体规定

地域	文件名称	具体规定
天津市	《天津市土地管理条例》（2021年修订，2022年1月1日施行）	第三十七条 建设项目占用国土空间规划确定的未利用地的，必须经过科学论证和评估，参照农用地转用审批程序，经依法批准后进行；用地同时涉及农用地和未利用地的，一并办理审批手续。
浙江省	《浙江省土地管理条例》（2021年11月1日施行）	第三十一条第三款 未利用地转为建设用地的，应当纳入土地利用年度计划，并按照农用地转为建设用地的审批权限、程序等规定办理。
广东省	《广东省土地管理条例》（2022年8月1日施行）	第二十五条 建设占用未利用地的，应当办理未利用地转用审批手续，由地级以上市人民政府批准；同时占用农用地和未利用地的，由农用地转用批准机关一并审批。
黑龙江省	《黑龙江省土地管理条例》（2022年修订，2023年3月1日施行）	第三十三条 建设项目占用土地，涉及未利用地转为建设用地的，参照农用地转用的规定办理审批手续。
宁夏回族自治区	《宁夏回族自治区土地管理条例》（2022年修订，2023年1月1日施行）	第三十条 建设占用土地，应当按照法定权限和程序报批。涉及占用农用地的，应当依法办理农用地转用审批手续；占用未利用地的，按照农用地转用审批程序办理。

3.2.3 城乡建设用地增减挂钩

1. 城乡建设用地增减挂钩的概念内涵

城乡建设用地增减挂钩是依据国土空间规划，分别选取等面积的拟用于恢复为耕地的农村建设用地地块（拆旧区）和拟用于城市建设的地块（建新区），共同构成项目区域。通过实施土地整治、复垦等手段，维系各类土地面积平衡，以期实现耕地质量提升、建设用地节约集约、城乡用地合理布局的政策体系[1]。

城乡建设用地增减挂钩中的"增"是指城市建设用地的增加，以符合国土空间规划且拟用于城市建设的土地增加为代表。"减"是指农村建设用地的减少，以拟用于农业用地的农村建设用地中改造和复垦的土地减少为代表。"挂钩"是指城市建设用地的增加与农村建设用地的减少挂钩，建设用地的总规模不应超过原有规模，城市建设用地的增加规模不应超过农村建设用地的减少规模。在这一过程中，产生了相对应的城乡建设用地增减挂钩节余指标，《城乡建设用地增减挂钩节余指标跨省域调剂实施办法》（自然资规〔2018〕4号）指出节余指标是按照"先复垦、后挂钩"的要求，经批准立项实施的建设用地复垦项目，在保障项目区内拆旧搬迁安置用地、配套设施建设用地、农村发展用地和解决无房户、危房户建

---

1. 张远索. 土地管理：理论与实践［M］. 北京：学苑出版社，2016.

房用地的前提下,将节余的建设用地复垦面积用于其他城乡建设的建设用地指标。城乡建设用地增减挂钩的最终目标是确保建设用地总量不增加、耕地面积不减少、耕地质量不下降,从而盘活存量土地,节约集约用地,使城乡用地布局更加合理,助推城市化及新农村建设,改善农村生产生活条件,促进城乡统筹协调发展。

城乡建设用地增减挂钩改革试点打破了城乡土地相对割裂的"二元"结构,对实现统筹城乡发展进行了积极探索,表现出以下几点积极作用:①优化城乡用地结构,缓解建设用地供需矛盾,有利于推进土地规模化集约利用。拆旧建新工程项目具有空间位置明确、实施时序明确的特点,一定程度上优化了空间布局、提高了土地利用效率。②支持新农村建设,促进农村生产发展,改善农民生活环境。一方面,建设用地拆迁复垦以后,新增的耕地可以很快投入生产,有利于农民增收;另一方面,增减挂钩对农村闲置的零散建设用地进行有效整合,逐步改善了村庄基础设施和农民生活条件。③缓解了部分地区耕地保障和经济发展之间的矛盾。在国家严格用地控制指标的前提下,通过对给定项目区内的增减挂钩周转指标进行建新拆旧,有效缓解了部分地区用地指标紧张的困局。④有利于土地资源保护和土地利用规划的实施。通过合理撤并农村零散居民点,大力推进农村建设用地整理复垦,实现农村建设用地减少和城镇建设用地增加相挂钩,改善部分地区因建设用地需求增大、农用地整理力度落后,而造成的在规划实施过程中农村建设用地和城镇建设用地总量同步增长的状况,有利于保持耕地总量,实现国土空间规划确定的目标。

2. 城乡建设用地增减挂钩的发展历程

城乡建设用地增减挂钩政策是耕地占补平衡政策的有益延续与具体体现,是国家为兼顾耕地保护和经济发展、统筹城乡发展用地需求而衍生的一项制度供给。1986年3月,中共中央、国务院印发《关于加强土地管理制止乱占耕地的通知》(中发〔1986〕7号)首次正式将耕地保护作为我国的基本国策。同年6月通过的《中华人民共和国土地管理法》强调"特殊保护耕地、严格控制建设用地"和"优化市场配置、构建城乡统一建设用地市场"并重的管理制度,土地管理工作自此进入有法可依阶段。将城乡建设用地增减挂钩政策起点拟定为1986年,系统梳理该政策的演变历程,主要包括三个阶段:①政策萌芽与形成阶段(1986—2004年)。②政策实施与规范阶段(2005—2013年)。③政策创新与完善阶段(2014年至今)(表3-3)。

表 3-3　城乡建设用地增减挂钩政策演变历程

阶段	时间	内容
政策萌芽与形成阶段	1986 年	耕地保护成为我国基本国策。
	2000 年	原国土资源部印发《关于加强土地管理促进小城镇健康发展的通知》(国土资发〔2000〕337 号),第一次明确提出建设用地周转指标概念。
	2004 年	国务院发布《国务院关于深化改革严格土地管理的决定》(国发〔2004〕28 号)提出,鼓励农村建设用地整理,城镇建设用地增加要与农村建设用地减少相挂钩。
政策实施与规范阶段	2005 年	原国土资源部印发《关于规范城镇建设用地增加与农村建设用地减少相挂钩的试点工作的意见》国土资发〔2005〕207 号,开启了"增减挂钩"地方试点的序幕。
	2009 年	原国土资源部共批准 24 个省(市)开展增减挂钩试点。
	2011 年	原国土资源部联合 7 个部门赴天津等 14 个省(市)全面清理检查 2006 年以来各地开展增减挂钩试点和农村土地整治工作。
	2013 年	原国土资源部取批准 29 个省份开展增减挂钩试点,共安排城乡建设用地增减挂钩指标 6 万余公顷。
政策创新与完善阶段	2014 年	中央批准 11 个连片特困地区可将部分增减挂钩节余指标在省域范围内流转使用,增减挂钩指标使用范围首次突破了县域边界。
	2018 年	国务院出台《跨省域补充耕地国家统筹管理办法》等文件,明确增减挂钩节余指标跨省域调剂的计划安排、资金收支、指标管理等有关要求。
	2019 年	自然资源部发布《自然资源部关于开展全域土地综合整治试点工作的通知》(自然资发〔2019〕194 号),允许全域土地综合整治验收后腾退的建设用地节余部分按照增减挂钩政策在省域范围内流转。
	2021 年	《巩固拓展脱贫攻坚成果同乡村振兴有效衔接过渡期内城乡建设用地增减挂钩节余指标跨省域调剂管理办法》明确过渡期继续开展增减挂钩节余指标跨省域调剂。

1)政策萌芽与形成阶段(1986—2004 年)

1986 年,我国将耕地保护确定为基本国策,同年国家土地管理局成立后,提出要控制因农业结构调整占用耕地的行为。1991 年,国务院制定《土地管理法实施条例》提出要严格控制建设用地占用耕地指标。20 世纪 90 年代后期,一些地方为解决城镇和工业园区发展所需建设用地不足的问题,相继采取建设用地置换、周转和土地整理折抵等办法来盘活城乡存量建设用地。1999 年,原国土资源部提出土地置换和指标折抵两项政策,下放土地规划权,赋予地方创新空间,激发地方政府参与土地整理的积极性。

2000 年 6 月,中共中央、国务院印发《关于促进小城镇健康发展的若干意见》

（中发〔2000〕11号），提出"对以迁村并点和土地整理等方式进行小城镇建设的，可在建设用地计划中予以适当支持"，"要严格限制分散建房的宅基地审批，鼓励农民进镇购房或按规划集中建房，节约的宅基地可用于小城镇建设用地"，适时引导小城镇健康发展，加快农村改革与发展。随后，原国土资源部印发《关于加强土地管理促进小城镇健康发展的通知》（国土资发〔2000〕337号），第一次明确提出建设用地周转指标概念，建设用地主要通过"农村居民点向中心村和集镇集中""乡镇企业向工业小区集中和村庄整理"等途径解决，对试点小城镇"可以给予一定数量的新增建设用地占用耕地的周转指标，用于实施建新拆旧"。2004年10月，国务院发布的《关于深化改革严格土地管理的决定》（国发〔2004〕28号）明确指出"实行最严格的土地管理制度，是中国人多地少的国情决定的，也是贯彻落实科学发展观，保证经济社会可持续发展的必然要求"。该文件第十条明确提出"鼓励农村建设用地整理，城镇建设用地增加要与农村建设用地减少相挂钩"，城乡建设用地增减挂钩政策由此正式形成。

2）政策实施与规范阶段（2005—2013年）

2005年，原国土资源部印发《关于规范城镇建设用地增加与农村建设用地减少相挂钩试点工作的意见》（国土资发〔2005〕207号），开启了增减挂钩地方试点的序幕。2006年4月，原国土资源部将山东、天津、江苏、湖北、四川五省（市）列为第一批增减挂钩试点区域。2008年起，原国土资源部下发《城乡建设用地增减挂钩试点管理办法》（国土资发〔2008〕138号）等政策文件，从国家层面进一步明确了增减挂钩政策的基本内涵以及试点工作的基本原则，要求严格规范城乡建设用地增减挂钩和农村土地整治工作，强化试点工作的规划引导、严格项目区整体审批、加强周转指标监管、维护农民权益、严格限制增减挂钩试点范围。2009年，原国土资源部为改变批准和管理方式，开始将增减挂钩指标纳入年度土地利用计划管理体系，负责确定挂钩周转指标总规模及指标的分解下达，试点项目区的批准和管理则由有关省市负责。2008—2009年，原国土资源部又相继批准了19个省份加入增减挂钩试点。

增减挂钩试点的实施推进，对于缓解土地供需矛盾、促进城乡统筹发展发挥了积极作用，但一些地方也存在擅自扩大试点范围和突破试点指标的现象，政策执行失之偏颇。为进一步严格规范增减挂钩试点，2010年12月，国务院印发《关于严格规范城乡建设用地增减挂钩试点切实做好农村土地整治工作的通知》（国发〔2010〕47号），要求坚决扭转片面追求增加城镇建设用地指标的倾向，制止以各种名义擅自开展土地置换等行为，严禁突破挂钩周转指标、盲目大拆大建和侵害农民权益。2011 年，原国土资源部联合中央农办、国家发改委等 7 个部门赴天津、安徽、重庆、广东等 14 个省（市）开展增减挂钩试点和农村土地整治巡查工作，全面检查 2006 年以来的增减挂钩试点和农村土地整治工作。针对试点存在的主要问题，原国土资源部会同有关部门，要求各地严格查处未经批准擅自扩大试点规模、擅自置换建设用地、损害农民利益等行为，并严格按照国发〔2010〕47 号文件的规定进行整改，为增减挂钩试点奠定了良好的基础。

2013 年 10 月下旬，原国土资源部审议并通过 2013 年城乡建设用地增减挂钩指标分解下达方案，共批准 29 个省份开展增减挂钩试点，安排城乡建设用地增减挂钩指标 60 000 公顷（90 万亩）。至此，增减挂钩试点正式走向全国。同时，原国土资源部要求管理部门深入总结浙江省千村示范和万村整治的成功经验，明确要求进一步完善增减挂钩制度设计，综合考虑增减挂钩对新农村建设和农村土地整治的影响，推进田、水、路、林、村综合整治，加强增减挂钩试点的监督指导以确保增减挂钩试点的规范运行。

3）政策创新与完善阶段（2014 年至今）

增减挂钩政策作为助力扶贫的重要工具，2014 年开始其流转范围也不断扩大。2014 年中央批准 11 个连片特困地区可将部分增减挂钩节余指标在省域范围内流转使用，增减挂钩指标使用范围首次突破了县域边界。2015 年 11 月，《中共中央 国务院关于打赢脱贫攻坚战的决定》要求"利用城乡建设用地增减挂钩政策支持易地扶贫搬迁"。随后，原国土资源部出台《关于用好用活增减挂钩政策积极支持扶贫开发及易地扶贫搬迁工作的通知》（国土资规〔2016〕2 号），突破"县域范围内建新拆旧对应设置项目区"的管理模式，创新开展拆旧建新项目区分别管理和增减挂钩节余指标管理，允许集中连片特困地区、国家扶贫开发工作重点县和开展易地扶贫搬迁的贫困老区将增减挂钩节余指标在省域范围内流转使用。政策覆盖 20 个省份，共涉及 832 个贫困县。

2017 年 4 月，为更好发挥增减挂钩政策支持脱贫攻坚的作用，原国土资源部印发《关于进一步运用增减挂钩政策支持脱贫攻坚的通知》（国土资发〔2017〕41 号），允许省级贫困县产生的增减挂钩节余指标在省域范围内流转使用。增减挂钩政策范围再次拓展，覆盖省份扩大到 28 个，共 1 250 个贫困县。2017 年 11 月，为进一步精准支持深度贫困地区脱贫攻坚，原国土资源部出台《关于支持深度贫困地区脱贫攻坚的实施意见》（厅字〔2017〕41 号），进一步拓展增减挂钩政策，允许"三区三州"及其他深度贫困县增减挂钩节余指标实现国家统筹的跨省域调剂使用。2018 年，国务院出台《跨省域补充耕地国家统筹管理办法》（国办发〔2018〕16

号）和《城乡建设用地增减挂钩节余指标跨省域调剂实施办法》（自然资规〔2018〕4号）等文件，进一步明确"三区三州"及其他深度贫困县增减挂钩节余指标跨省域调剂的计划安排、资金收支、指标管理等有关要求，为规范有序开展增减挂钩跨省域调剂提供了政策支撑。

2019年，自然资源部发布的《关于开展全域土地综合整治试点工作的通知》（自然资发〔2019〕194号）提出，全域土地综合整治验收后腾退的建设用地，在保障试点乡镇农民安置、农村基础设施建设、公益事业等用地的前提下，允许节余的建设用地指标按照增减挂钩政策在省域范围内流转，以期盘活乡村存量建设用地，为乡村振兴提供资金支持。2021年，自然资源部、财政部、国家乡村振兴局印发的《巩固拓展脱贫攻坚成果同乡村振兴有效衔接过渡期内城乡建设用地增减挂钩节余指标跨省域调剂管理办法》（自然资发〔2021〕178号）进一步明确，脱贫攻坚目标任务完成后，设立5年过渡期，过渡期内继续开展城乡建设用地增减挂钩节余指标跨省域调剂。2022年，中共中央办公厅、国务院办公厅印发《乡村建设行动实施方案》，要求合理安排新增建设用地计划指标，规范开展城乡建设用地增减挂钩，保障乡村建设行动重点工程项目的合理用地需求。

3. 城乡建设用地增减挂钩的项目类型

增减挂钩政策作为耕地占补平衡政策的深化与实践，是国家在维护耕地资源与推动经济增长之间寻求平衡的战略举措。通过创新制度安排，满足城乡一体化发展的土地需求，实现土地资源的优化配置和高效利用。随着经济发展和用地矛盾的改变，增减挂钩政策的体系设计和适用范围多次进行了调整升级，大致可总结为三个阶段。

1）县域内自用增减挂钩

这一阶段，在县域范围内，增减挂钩政策通过控制建设用地指标，激励地方政府进行土地整理和复垦，以坚守耕地红线为前提，实现项目区内土地合理利用、优化城乡用地布局的目标。2004年，国务院印发《国务院关于深化改革严格土地管理的决定》（国发〔2004〕28号），对增减挂钩政策进行探索。为落实该文件中鼓励农村建设用地整理、城镇建设用地增加要与农村建设用地减少相挂钩的相关要求，原国土资源部于2005年发布《关于规范城镇建设用地增加与农村建设用地减少相挂钩试点工作的意见》（国土资发〔2005〕207号）。2007年，原国土资源部发布《关于进一步规范城乡建设用地增减挂钩试点工作的通知》（国土资发〔2007〕169号），进一步明确了试点工作，城乡建设用地增减挂钩首次出现在政府文件中。

2008年，原国土资源部正式发布《城乡建设用地增减挂钩试点管理办法》（国土资发〔2008〕138号）。至此，增减挂钩政策正式落地，此阶段的增减挂钩政策处于起步期，试点范围主要应用于县域内自用增减挂钩。

2）省域内跨县流转增减挂钩

这一阶段，在省域范围内，增减挂钩政策的目标从节约集约用地和城乡统筹逐渐转向助力脱贫攻坚。增减挂钩政策在缓解城镇建设用地供需矛盾的同时显化土地的资本属性，提高指标调剂的级差地租收益，在全面建成小康社会的决胜期为助力脱贫攻坚开启新通道。2015年11月，中共中央、国务院《关于打赢脱贫攻坚战的决定》要求通过城乡建设用地增减挂钩政策来支持易地扶贫搬迁工作。随后，原国土资源部针对这一项决定，发布《关于用好用活增减挂钩政策积极支持扶贫开发及易地扶贫搬迁工作的通知》（国土资规〔2016〕2号），明确提出在县内设置建新区的管理模式，提出拆旧区、建新区分开管理，形成节余指标管理增减挂钩项目的方法。允许集中连片特困地区、国家扶贫开发重点县、革命老区在省域内开展增减挂钩节余指标流转，该政策首批将我国20个省的832个国家级贫困县纳入流转范围。至2017年4月。该政策又把流转范围扩大到省级贫困县，至此，我国28个省共计1 250个贫困县均可开展节余指标流转。

3）跨省域调剂增减挂钩

2017年11月3日，原国土资源部印发《关于支持深度贫困地区脱贫攻坚的意见》（国土资规〔2017〕10号）允许节余指标跨省域调剂，范围限制在深度贫困地区形成的节余指标，可以在东西部扶贫协作和对口支援框架内流转，开辟了国家财政转移支付之外新的资金转移渠道。2018年，国务院办公厅正式出台《关于印发跨省域补充耕地国家统筹管理办法和城乡建设用地增减挂钩节余指标跨省域调剂管理办法的通知》（国办发〔2018〕16号），进一步明确了增减挂钩节余指标跨省域调剂的流程、收益分配和管理，自然资源部和财政部也出台相应配套政策，完善增减挂钩节余指标跨省域调剂的政策实施体系。2021年，自然资源部、财政部、国家乡村振兴局印发《巩固拓展脱贫攻坚成果同乡村振兴有效衔接过渡期内城乡建设用地增减挂钩节余指标跨省域调剂管理办法》（自然资发〔2021〕178号），要求跨省域调剂任务产生的节余指标必须是可长期稳定利用的耕地，位于生态保护红线范围内或坡度在25度以上陡坡的耕地原则上不得复垦为耕地，从而对耕地保护提出更严格的要求。

专栏 3-1　重庆"地票交易"模式

为破解保障发展和保护耕地的"两难"问题，唤醒农村"沉睡的资产"，2008年，作为全国统筹城乡综合配套改革试验区的重庆市，在全国率先设立农村土地交易所。同年12月，重庆市首张20公顷（300亩）指标的地票由民营企业重庆玉豪龙公司以2 560万元竞得，高出起拍价1 280万元，增幅达100%。自此，重庆在全国首创了地票交易制度。地票是以耕地占补平衡、城乡建设用地增减挂钩制度为基础，将农村闲置、废弃的建设用地复垦为耕地，腾出的建设用地指标优先保障农村自身发展，节余建设用地指标以"地票"入市公开交易，可在全市规划建设范围内使用。2008—2018年，重庆市围绕复垦、交易、使用三个环节，形成了以《重庆市地票管理办法》为总领，以"自愿复垦、公开交易、收益归农、价款直拨、依规使用"为核心内容的地票制度体系（图3-1）。

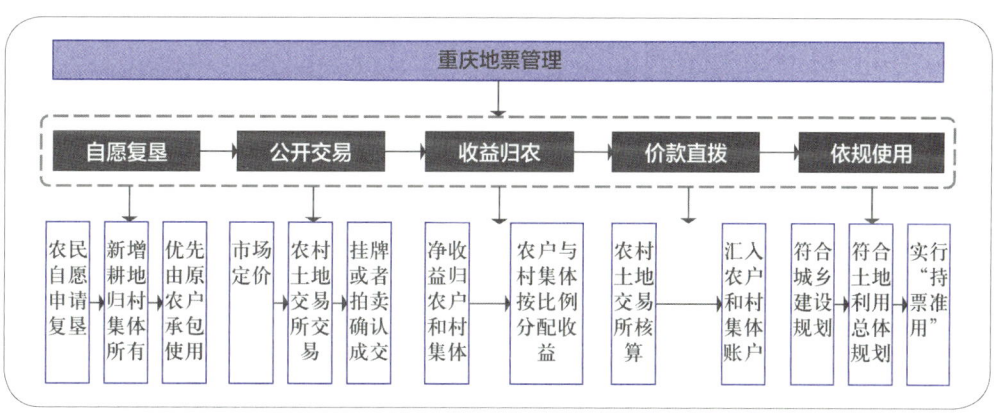

图 3-1　重庆地票制度体系

地票含有优化新增建设用地指标、耕地占补平衡指标、建设用地规划空间指标等内容，并对三项指标实行打捆交易，在促进耕地保护、盘活农村闲置资源、拓宽农民增收渠道、推动城乡融合发展等方面发挥了积极作用。在地票制度的推进过程中，全部复垦为耕地的模式也产生了一些问题，比如并非所有地块都适合复垦为耕地，特别是在生态保护红线内的区域，原有建设用地复垦为林地、草地等生态用地更为适宜。为进一步完善地票制度，推动城乡自然资本加快增值，2018年重庆市国土资源与房屋管理局联合相关部门印发了《关于拓展地票生态功能促进生态修复的意见》（渝国土房管规发〔2018〕4号），将地票制度中的复垦类型从单一的耕地，拓展为耕地、林地、草地等类型，将更多的资源和资本引入自然生态保护和修复中，实现统筹城乡发展、促进生态产品供给等生态、经济和社会综合效益。

截至 2019 年年底，重庆市完成农村建设用地复垦 23 980 公顷（35.97 万亩），其中自 2018 年拓展地票生态功能以来复垦形成林地 275.27 公顷（4 129.05 亩）。地票制度及其市场化交易机制建立以来，重庆市累计交易地票 20 300 公顷（30.45 万亩），实际使用地票 15 693.33 公顷（约 23.54 万亩）；全市约有 7 600 个农村集体经济组织参与了地票交易，累计获得集体地票收益 150 余亿元，农户获得地票收益约 330 亿元；累计交易贫困区县地票 14 653.33 公顷（约 21.98 万亩），实现收益 430.48 亿元，占同期全市地票交易量的 72.4%；累计 13.63 万个进城落户居民家庭选择以地票方式变现财产权，实现了"地随人走、带着财产进城"。

资料来源：盖纯，刘政宁.36.9 万亩、724.42 亿元 重庆土交所推动地票交易量质齐升 [N/OL].[2023-02-21]. http://cq.people.com.cn/n2/2023/0221/c367643-40309933.html

3.2.4　建设用地增存挂钩

1. 建设用地增存挂钩的概念内涵

在当前中国快速发展的城镇化背景下，城乡发展不平衡以及土地资源日益稀缺成为亟待解决的问题。为了应对这一挑战，建设用地增存挂钩政策应运而生，成为解决土地资源分配不均问题的有效手段。近年来，"批而未供"和闲置土地问题日益突出。根据 2022 年度国家级开发区土地集约利用监测统计情况的通报（自然资办函〔2023〕215 号），579 个国家级开发区批而未供土地 1.57 万公顷，占规划建设用地面积的 3.11%；闲置土地 0.06 万公顷，占已供应国有建设用地的 0.14%，数据反映出土地资源无效和低效供给的现实困境，亟需通过政策制定进行引导调整。

增存挂钩机制是将新增建设用地计划指标分配与存量建设用地消化相挂钩，并实施奖惩的一种工作制度。该政策允许在特定条件下，通过合理调配和转换土地使用权，实现建设用地总量的控制与土地利用效率的提高。具体来说，通过将农村地区的低效利用或未充分利用的土地转换为城市建设用地，同时确保总体土地使用量不增加，从而达到节约资源和促进区域均衡发展的目的。

在实施过程中，增存挂钩强调将闲置或低效利用的农村土地进行整治、复垦和提升，转化为可以用于城市建设的高效土地。这不仅有助于缓解城市扩张对土地资源的压力，而且可以促进原有土地所有者，尤其是农民的利益得到补偿和改善。同时，"增存挂钩"还能促进城乡之间的资源共享和经济互补，加速推动新型城镇化和区域经济的协调发展。

2. 建设用地增存挂钩具体要求

为积极促进节约集约用地，以土地利用方式转变推动形成绿色发展方式和生活方式，实现高质量发展，自然资源部发布的《自然资源部关于健全建设用地"增存挂钩"机制的通知》（自然资规〔2018〕1号）中，针对消化批而未供土地和盘活利用闲置土地的要求可总结如下。

1）推进土地利用计划增存挂钩

各级自然资源管理部门在分配新增建设用地指标时，将着重考虑批而未供土地和闲置土地状况，逐年调整策略，对表现不佳的区域减少新增指标分配。同时，明确区域性的处置目标与奖惩措施，对于成功处理未供应和闲置土地的地区，次年将基于绩效，额外奖励一定比例的新增建设用地指标，反之则相应削减。

2）规范认定无效用地批准文件

各地需定期审查已批准的用地文件，识别并废止无效审批。对于农用地转用或土地征收批准后长期未实施或补偿安置未完成的，相关批准文件自动失效。针对因规划、政策变动等原因无法供地的，地方政府需核实现状，妥善解决补偿问题后，可申请撤销原批准文件。

3）有效处置闲置土地

针对企业因素导致的土地闲置，主管部门将迅速介入，依法征收闲置费或收回土地。对于非企业因素造成的闲置，则需在政府统筹下，明确责任，妥善处置。特别鼓励闲置工业用地通过转让、合作等方式激活，支持其向新兴产业转型，并依据政策调整土地用途及办理相关手续。

4）做好批而未供和闲置土地调查确认

对于已失效或撤回的用地批准，各级政府需逐级上报，经核实后汇总处理。这些土地在土地变更调查中仍按原用途记录，相关计划、指标及税费维持有效，由地方政府具体管理。同时，加强对闲置土地的监测，确保数据准确，并明确后续处理的方向和再利用策略。

5)加强增存挂钩机制运行的监测监管

依托信息化监管平台,各级自然资源管理部门将加强对建设用地增存挂钩实施情况的监督,国家土地督察机构将重点督察批而未供和闲置土地的处理情况。对于问题突出的地区,应依法提出整改要求,确保政策有效落地执行。

3.3 其他自然资源计划管理

本节内容旨在深入探讨除土地资源以外的其他重要自然资源的计划管理,包括海洋资源、矿产资源和林草资源等。随着生态文明建设的不断推进和自然资源管理体系的日益完善,对这些关键自然资源的计划管理显得尤为重要。通过本节的学习,学生将了解到不同类型自然资源在计划管理中的独特性和共性,掌握其计划管理的核心内容和实施策略,以及它们在促进经济社会可持续发展和生态保护中的重要作用。本节将从概念阐述、管理体制、政策导向、实施流程等多个维度出发,全面分析并总结这些自然资源的计划管理实践,为自然资源管理的综合决策和科学管理提供有力支持。

3.3.1 海洋资源利用计划

海洋资源是自然资源的重要组成部分,是国民经济和社会发展的重要物质与空间财富之一。我国是海洋资源大国,但人均占有海洋资源量却相对少,因此需要通过法律、行政、经济等多手段在保障社会经济发展的同时严格依法管理海洋资源,坚持节约高效利用、集约环保开发,避免破坏和浪费,实现海洋资源可持续发展。《国务院关于加强滨海湿地保护严格管控围填海的通知》(自然资规〔2018〕5号)明确要求进一步加强对滨海湿地的保护,严控新增围填海造地,加快处理围填海历史遗留问题和加强海洋生态保护修复,文件中还提出取消围填海地方年度计划指标,除国家重大战略项目外,全面停止新增围填海项目审批。在此背景下,有必要对海洋空间利用进行科学规划和总体控制,引导沿海地方合理开发利用海洋空间资源,保障沿海地区经济社会的可持续发展。根据习近平总书记"共抓大保护、不搞大开发"的讲话精神,当前海洋空间资源开发与保护所面临的问题的根本解决途径在于尊重经济增长与海洋空间资源配置的内在联系，合理安排海洋空间开发利用的规模和强度。根据自然资源部发布的"三定方案"，自然资源部于2018年组建了用途管制司，将用途转用、年度计划、用地预审等用途管制职责整合于一体，强化了全域全要素国土空间用途管制的力度，其中海洋领域的一项重要变革就是要求拟订并实施海洋年度利用计划。

1. 海洋资源的定义

海洋资源是指在一定社会、经济条件下，海洋环境中可以被人类利用的物质和能量，以及与海洋开发有关的海洋空间[1]。海洋资源种类繁多、形式各异，国内外诸多专家学者依据不同的标准从不同的角度对海洋资源进行了分类。依据海洋资源的自然本质属性、特征和存在与开发状态，可分为海洋生物资源、海水与海水化学资源、海洋矿产资源、海洋能量资源、海洋空间资源[2-3]。

2. 海洋资源利用计划主要内容

计划是国土空间用途管制中的基础性制度之一，通过总量统筹加强对海洋自然资源开发的约束，提高海洋自然资源开发质量和效率，解决市场经济体制下海洋国土空间开发利用的负外部性问题。海洋资源利用计划是国家对海洋自然资源进行有计划开发利用、保护和整治修复所采用的宏观行政调控措施，是国家对计划内新增海洋开发利用空间、稳定和提升自然岸线保有率、海岸线和海湾整治修复及围填海存量资源开发的具体安排[4]。

1）海洋资源利用计划治理重点

（1）海洋空间开发利用规模管控内容

海洋资源利用计划是国家对海洋空间资源进行数量配置的一种方式，需要对海洋空间开发的规模进行控制，包括两方面内容，一是总量控制，二是节奏控制，即一方面要根据资源环境承载力确定海洋开发利用的总量，另一方面要根据国民经济社会发展和海洋生态环境保护的要求，确定空间资源的年度安排[5]。

（2）严守自然岸线保有率的红线

海洋资源利用计划应贯彻落实党中央、国务院及自然资源部在海岸线保护方

---

1. 管华诗，王曙光. 海洋管理概论[M]. 青岛：中国海洋大学出版社，2003.
2. 孙悦民，宁凌. 海洋资源分类体系研究[J]. 海洋开发与管理，2009，26（5）：42-45.
3. 崔旺来，钟海玥. 海洋资源管理[M]. 青岛：中国海洋大学出版社，2017.
4. 李彦平，刘大海. 基于生态文明价值导向的海岸带空间用途管制的思考[J]. 环境保护，2020，48（21）：31-35.
5. 刘大海，李彦平，李晓璇，等. 自然资源管理改革基本逻辑下海洋自然资源年度利用计划的思考[J]. 海洋开发与管理，2019，36（1）：23-29.

面的政策，禁止各地突破自然岸线保有率红线，地方政府若突破自然岸线保有率红线，应在下一年度计划安排时给予处罚。

（3）落实自然岸线"占补平衡"

在自然岸线不断逼近红线和海洋开发利用不得不占用自然岸线的情况下，地方政府和企业应积极落实自然岸线"占补平衡"的措施。在不得不占用一定数量自然岸线时，要根据相关要求，先主动整治修复一段相同长度的岸线，使其符合自然岸线标准，纳入自然岸线管理，保证自然岸线总量不减少。待岸线整治修复项目验收后，方可占用自然岸线。

（4）鼓励地方政府主动开展海岸线整治修复

在稳定自然岸线保有率的前提下，海洋资源利用计划应通过奖惩措施，鼓励地方政府选取受损严重、但具有恢复能力的岸段开展整治修复。对于开展海岸线整治修复效果良好的地方，可在下一年度海洋空间开发利用数量上给予支持。

（5）鼓励地方政府主动开展海湾整治修复

海洋资源利用计划应通过奖惩措施，鼓励地方政府开展海湾整治修复工作，对于整治修复效果良好的地方，可在下一年度海洋空间开发利用数量上给予支持。

（6）鼓励地方政府主动盘活围填海存量资源

围填海存量资源是宝贵的空间资源，海洋资源利用计划应鼓励地方政府主动谋划，盘活围填海存量资源，有效缓解地方发展空间不足的难题。

2）海洋资源利用计划指标

根据当前海洋空间资源管理需求，海洋资源利用计划指标包括新增海洋开发利用空间计划指标、海洋空间整治修复与盘活利用计划指标、海岸线清退与异地补充计划指标[1]。

（1）新增海洋开发利用空间计划指标

指年度新增的海洋空间开发利用总量。从级别上，可以分为国家预留指标和下达地方指标；从类型上，可以分为新增建设用海计划指标、新增海洋牧场用海计划指标和新增海砂开采计划指标。

国家预留指标是指为国家重大战略项目预留的用海空间总量；下达地方指标是指自然资源部下达给沿海省（自治区、直辖市）的新增用海空间总量，各省（自治区、直辖市）需将计划指标进行进一步分解，下达给沿海各市县。各省（自治区、直辖市）为保障本省重大项目用海需求，可预留一部分计划指标，

---

1. 李彦平，刘大海，刘伟峰，等.海洋空间利用年度计划内涵研究与制度框架构建［J］.海洋经济，2019，9（2）：3-11.

地级市计划指标不预留，全部下达给沿海各县。新增海洋牧场用海计划指标是用于海洋牧场建设的用海空间总量；新增建设用海计划指标是指涉及港口、临海产业等需要围填海的总量；新增海砂开采计划指标指代用于海砂开采的用海空间总量。

（2）海洋空间整治修复与盘活利用计划指标

海洋空间整治修复与盘活利用计划指标，指下达地方开展海湾、海岸线整治修复的任务量和围填海历史遗留问题处置的任务量。前者涉及海湾清淤、生态廊道构建、岸线修复等措施的综合设计，解决围填海历史遗留问题；后者包括合理调整用海布局、促进闲置海域再利用、推进生态化改造与转型等任务。

（3）海岸线清退与异地补充计划指标

海岸线清退与异地补充计划指标，是针对与周围其他空间利用不协调的占用海岸线的合法用海项目，实施海岸线退出机制，将原有占用岸线项目退出，并在异地合理补充一定长度岸线和一定面积的海域。在实施中，地方政府应根据实际情况，给予海域使用权人合理补偿，并保障项目搬迁顺利进行。新项目选址应符合国土空间规划，禁止选择生态功能显著、生态脆弱敏感的区域，禁止占用自然岸线。具体包括清退养殖岸线与补充养殖岸线计划指标、清退港口岸线与补充港口码头岸线计划指标、清退临海产业岸线与补充临海产业岸线计划指标。

3）海洋资源利用计划管理流程

（1）海洋资源利用计划编制

海洋资源利用计划实行统一编制，由自然资源部负责，在编制过程中应加强与国家发改委（重大项目）、农业农村部（海洋牧场）、交通运输部（港口）、生态环境部（海洋生态环境）等部门协同。海洋资源利用计划应根据国土空间规划、海岸带综合保护利用规划、沿海地区经济社会发展状况、海洋空间使用需求、固定资产投资、集约节约用海要求、海洋资源环境承载力等实际情况开展编制。

（2）海洋资源利用计划下达

新增海洋资源利用计划指标分为国家预留和下达地方两类，前者为国务院及国务院有关部门、中央军委或者中央军委授权的军队有关机关审批、核准、备案的单独选址重点建设项目预留，不占用地方指标；后者按照自然资源部→省级自然资源主管部门→市级自然资源主管部门→县级自然资源主管部门的顺序依次下达。其中，各省（自治区、直辖市）可预留计划指标，用于保障本省（自治区、直辖市）

重大项目用海，市级计划指标须全部下达县级[1]。

（3）海洋资源利用计划执行

海洋资源利用计划具有强制性，一经批准下达，必须严格执行。针对国务院、国务院相关部门、中央军委或其授权的军队机关审批、核准、备案的单独选址重点建设项目，如在计划年度内使用海洋空间，经批准后，由自然资源部负责在国家预留指标中予以相应核减；对于省级及省级以下（含计划单列市）有关部门审批、核准、备案的用海项目，经批准后，由省级自然资源主管部门负责在地方年度计划指标中予以相应核减。此外，在新增海洋空间利用计划指标未下达前，可以预先安排使用不超过上一年度国家下达计划指标总量的50%。

（4）海洋资源利用计划监督

县级以上地方自然资源（海洋）主管部门开展在线报备制度完善工作，对海洋资源利用计划指标使用情况及时进行登记，并按月在线上报；自然资源部依据在线报备数据，按季度对各省（自治区、直辖市）计划安排使用情况进行通报。各省（自治区、直辖市）自然资源主管部门开展定期跟踪检查，于每年一月底前形成上一年度的计划执行情况报告报自然资源部。

（5）海洋资源利用计划考核

对海洋资源利用计划进行科学的绩效考核是促进计划管理更新落实、效用提升的有效手段。考核重点围绕新增海洋空间利用计划、海洋空间整治修复与盘活利用计划，以及海岸线清退与异地补充计划，内容包括：新增海洋空间总量、新增项目占用岸线数量和落实"占补平衡"任务的情况；海岸线、海域整治修复和围填海历史遗留问题处置的实施管理、进展成效、社会满意度等；清退岸线的数量及整治修复质量、补充岸线利用项目的用海保障与补偿、社会满意度等。

3.3.2 矿产资源开发利用计划

矿产资源是人类社会赖以生存和发展的重要物质基础，是国家安全与经济发展的重要保证。作为自然界赋予人类的宝贵财富，矿产资源对国家的经济发展、社会进步以及国家安全具有举足轻重的地位。由于矿产资源的重要性与稀缺性，各国政府都把矿产资源的勘探、开发与利用作为政府管理的重要职能，以最大可能地发挥其对于国家发展与壮大的支撑作用[2]。根据《矿产资源法》及其配套法规和有关规定，

---

1. 崔彬，王文，吕晓岚. 资源产业经济学［M］. 北京：中国人民大学出版社，2013.
2. 孙鸿烈. 中国资源科学百科全书［M］. 青岛：中国石油大学出版社，2000.

矿产资源管理是指国家对矿产资源的普查勘探、开发利用及保护，以及矿区生态修复等的监督与控制的行政行为的总称。自然资源行政主管部门对矿产资源的勘查、开发、积累、储备、配置、使用所实施的监督和管理，以保障矿产资源开发利用取得最佳经济效益、社会效益和环境效益，实现矿产资源可持续利用，为国民经济和社会发展规划的制定提供决策依据，保证国民经济和社会的可持续发展对矿产资源的需求。

1. 矿产资源的定义

矿产作为自然资源的重要组成部分，是人类社会发展的重要物质基础，矿产资源指经过地质成矿作用，埋藏于地下或出露于地表，在当前和可预见将来的技术条件下，具有开发利用价值的矿物或有用元素的含量达到具有工业利用价值的物质。《矿产资源法》从法律角度界定，矿产资源是指由地质作用形成、具有利用价值的，呈固态、液态、气态等形态的自然资源，我国的矿产资源目录由国务院确定。

2. 矿产资源开发利用计划

根据《矿产资源法》，矿产资源的保护、勘查、开采和矿区生态修复都要依据矿产资源规划，矿产资源规划的实施需要通过矿产资源开发利用计划来细化、落实。根据矿产资源规划的内容，矿产资源开发利用计划包括矿产资源勘查计划、矿产资源开采计划和矿区生态修复计划。

1）矿产资源勘查计划

矿产资源勘查是摸清矿产禀赋条件，研判开采风险，有效利用资源的前提。由于矿产资源稀少、隐蔽，其开采工作需要采用物探、遥感、坑探等技术方法，进行测量、取样、化验工作，以探明矿体分布、种类、质量、数量等属性条件。矿产资源勘查计划是自然资源主管部门根据矿产资源储量和开发强度，按照矿产资源总体规划，分年度确定勘查区域、勘查阶段等内容的工作计划。根据开采的地址和取得的成果，可以将矿产地质勘查分为预查、普查、详查和勘探四个阶段（表3-4）。其中预查、普查阶段一般由国家投资来开展，以确定矿床基本情况。经普查确定矿产资源基本情况后，详查和勘探阶段可以出让探矿权，鼓励社会资本参与进入矿产地质勘查。

2）矿产资源开采计划

矿产资源开采计划是在矿产资源规划的框架下，根据国民经济发展对矿产资源的需求，结合矿产资源储量、矿产地质情况，从宏观上对矿产资源开发的种类、数量和地域分布进行制定的工作。首先，计划根据矿产资源储量、地质条件等因素，

表 3-4 矿产地质勘查四阶段对比表

	预查	普查	详查	勘探
范围	据前人资料选区	预查圈出的矿化潜力较大地区	普查概略研究后圈出的详查区	已知有价值矿区、详查圈出的勘探区
方法	综合研究、类比野外观测	地质、物探、化探、遥感、坑探、钻探	采用各种勘查方法和手段	应用各种勘查手段和有效方法
工程量	极少量工程验证	数量有限取样工程	系统的取样工程	加密各种取样工程
可行性评价	—	战略研究	可行性研究	可行性研究
要求	初步了解资源远景	对矿化作初步评价	是否具有工业价值	满足投资者要求
目的	圈出可供普查的矿化潜力较大地区	对有价值地段圈出详查区范围	圈出勘探区范围	为矿山建设在确定矿山规模、产品、开采方式、工艺、总布置等提供依据

结合国土空间规划、矿产资源规划综合确定开采布局。在资源富集区，按照循环经济模式建设矿业经济区，形成以矿产资源开发为基础，以矿产资源加工和综合利用为产业延伸的矿业经济特区。其次，为保证矿产资源总量稳定，需根据区域矿业特点开展新建矿山可行性研究，做好生产矿山的合理衔接。对于可行性研究合理的新建、改建或扩建生产矿山，应积极筹建，按计划形成生产能力。另外，重要矿产资源的年度开采计划由政府部门根据经济建设的需要、生产矿山的核定产能和矿产品市场的情况提出，然后落实到重点矿山企业，保证矿产品的供应。

矿产资源开采计划还应与其他生产建设活动相协调，避免空间冲突，保证安全生产。依据《矿产资源法》，重大工程建设项目论证时，应当向所在地的省（自治区、直辖市）人民政府自然资源主管部门查询矿产资源分布和矿业权设置情况。重要矿产资源矿床原则上不得压覆；确需压覆的，应当报国务院自然资源主管部门或者各省（自治区、直辖市）人民政府自然资源主管部门批准。压覆已设置矿业权范围内的矿产资源，对行使矿业权造成直接影响的，建设单位应当与矿业权人协商，并给予合理补偿；协商不成的，由各省（自治区、直辖市）人民政府处理。建设单位或者矿业权人对处理决定不服的，可以依法提起行政复议或者行政诉讼。

3）矿区生态修复计划

矿区生态修复计划，是为保证矿区高质量可持续发展，针对由于矿产资源开发而造成的矿区环境恶化等不良影响，开展修复重点工程的生态修复计划方案。《矿产资源法》规定，矿业权人从事矿产资源勘查、开采活动，应当采取必要的措施尽量减少对原生地理地貌、动植物、地面径流和地下水等生态系统的影响。矿业权人应当履行生态修复义务，在开展矿产资源勘查、开采活动前，分别编制勘查方案和开采方案，细化矿业权出让合同中关于矿产资源综合勘查、综合开采和矿区生态修复的要求，并按照矿业出让权合同、勘察方案、开采方案，实现边生产、边修复。

矿区生态修复计划应在造成损伤前，根据矿山地质条件，制定开采计划，科学预测矿产资源开采可能造成的生态损伤范围和损伤程度，利用生态修复技术，编制矿区生态修复实施方案，确定重点生态修复工程计划。在推进生态修复过程中需贯彻落实国土空间规划、区域生态环境综合治理规划，以生态文明建设为指导，坚持因地制宜的原则，实施矿区生态环境全要素、全过程治理。对已经造成的矿区生态损伤状况，应以生态环境自我修复为主，人工干预为辅，强调时效性、空间协同性和经济性。同时，还应对受损空间的治理效果进行预先计划和安排，提高空间利用效率，保障矿区高质量发展。

4）矿产资源开发利用计划管理流程

（1）前期准备与规划

系统收集地质勘探报告、矿产资源储量评估、市场需求分析及环境承载力评估等基础性数据，形成对矿区全面而深入的认识。随后，基于基础数据，运用资源经济学、区域规划学等理论方法，制定矿产资源的总体规划，明确开发利用的宏观目标与战略方向。此阶段核心在于科学评估资源潜力与市场需求，为后续的详细设计与实施奠定坚实基础。

（2）方案设计与论证

根据前期规划，运用采矿工程学、选矿工艺学及环境工程学的专业知识，综合设计开采方案，包括确定合理的开采规模、采选工艺流程、环境保护措施等。设计方案完成后，通过组织跨学科专家团队进行严格评审与论证，确保方案在技术、经济、环境等方面均具备可行性和优越性。通过科学论证，优化资源配置，提升开发效率与可持续性。

（3）审批与许可

将设计方案提交至自然资源主管部门进行审批，要求提交详尽申请材料，涵盖设计方案、环境影响评价报告、安全生产预评价等。自然资源主管部门依据相关法律法规及技术标准，对申请材料进行严格审查，确保开发活动符合国家产业政策和环境保护要求。审批通过后，颁发采矿许可证等证照，赋予企业合法开采权，体现了政府监管与市场机制的有机结合，旨在保障矿产资源的合理开发与利用。

（4）实施与监管

将设计方案转化为实际生产，企业需严格按照批准的开采方案进行矿区建设、设备采购与安装等工作，确保生产安全与环境保护措施得到有效执行。同时，自然资源主管部门及环保部门需对开发活动进行全过程的监管，包括开采量控制、资源利用率监测、环境保护措施落实情况等。通过定期评估与检查，及时发现并纠正问题，确保矿产资源得到高效、有序、可持续的开发利用。

（5）后期处理与复垦

企业需对尾矿进行妥善处理与资源化利用，减少环境污染与资源浪费。同时，对矿区土地进行复垦与生态恢复工作，恢复土地的生产功能与生态环境。培养企业的社会责任的承担与对可持续发展的追求并督促其落实，也是实现矿产资源开发利用与环境保护和谐共生的关键所在。

3.3.3 林草资源利用计划

林草资源具体可分为林业资源和草业资源，是指在一定社会经济条件下，能够为人类提供物质和非物质利益的林木、竹子、灌木和草地等植被及其所依赖的土地资源。林草资源具有多重功能，包括木材生产、生态保护、水土保持、气候调节、休闲娱乐等。林草资源利用计划是指为实现森林和草原资源的合理利用与可持续管理而制定的规划方案，旨在协调生态、经济与社会需求，提升资源恢复力和生态服务功能，确保林草资源为当代及未来代际带来持续利益。中国作为一个拥有丰富森林和草原资源的国家，科学制定并实施林草资源利用计划，是实现生态文明建设和绿色发展的关键所在，是践行绿水青山就是金山银山理念的重要举措。

1. 林业资源计划管理

1）**林业资源的定义**

林业资源指林木、林地及其所在空间内的一切森林动植物、微生物及其所构成的自然环境条件的总称。《土地利用现状分类》（GB/T 21010—2017）将其划分为乔木林地、竹林地、红树林地、森林沼泽、灌木林地、灌丛沼泽、其他林地，作为国家重要的自然资源和战略资源，在保障木材及林产品供给、维护国土生态安全中具有核心地位，在应对全球气候变化中具有特殊地位。

2）**林业资源计划管理主要内容**

林业资源计划管理指国家根据国民经济发展需要、资源环境条件以及林业生产规律，对林业产业进行的中长期规划、组织、协调、控制和监督的过程。其目的在于优化林业资源配置，提高林业生产效率，促进林业产业的可持续发展，同时保护和改善生态环境。

为贯彻落实科学发展观，统筹好林业资源的保护利用，国家林业局印发《全国林地保护利用规划纲要（2010—2020年）》，作为指导全国林地保护利用的纲领性文件，主要阐明规划期内国家林地保护利用战略，明确全国林地保护利用的指导思想、目标任务和政策措施，引导全社会严格保护林地、节约集约利用林地、优化林地资源配置，提高林地保护利用效率。文件从林地总量、森林保有量、优化林地保护利用结构（提升重点公益林和重点商品林占林地总面积比例）、林地生产力和建设项目征占用林地规模等方面为林地资源的保护与利用做出了详细统筹安排。为严格限制林地转为建设用地，文件中规定林地必须用于林业发展和生态建设，不得擅自改变用途；进行勘查、开采矿藏和各项建设工程，应当不占或者少占林地，必须占用或者征用林地的，应当依法办理审核手续。国家每5年编制或修订一次征占用林地总额，并将总额指标按年度分解到各省（自治区、直辖市）。2011—2020年，我国占用林地总额控制在105.5万公顷以内。2021年，国家林业和草原局、国家发展和改革委员会联合印发《"十四五"林业草原保护发展规划纲要》，明确了"十四五"期间我国林业草原保护发展的总体思路、目标要求和重点任务，指出到2025年，我国森林覆盖率达到24.1%，森林蓄积量达到190亿立方米。

（1）基于政府管制的政策工具

在森林治理中，各国普遍采用基于政府管制的政策工具，通过法律法规的权威力量，直接管理或禁止特定行为以纠正市场失灵的问题，增进区域福利，包括：森林采伐限额制度，科学设定采伐上限以维护森林生态健康；林木采伐许可证制度，要求所有采伐活动必须事先获得许可，确保采伐行为合法合规；生态保护红线制度，明确划定并严守森林保护区域，禁止破坏性活动，共同构筑起森林资源可持续利用与生态保护的坚实屏障[1]。

森林采伐限额。为有效保护和利用森林资源，促进林业产业高质量发展，我国依法实行采伐限额制度，严格控制森林年采伐量。森林采伐限额指采伐林地上森林、消耗林木蓄积的最大限量。森林采伐限额的确定，首先需由林业主管部门根据消耗量低于生长量和森林分类经营管理的原则，通过科学测算制定数额，经国家林业和草原局审核同意后，由各省（自治区、直辖市）人民政府批准并报国务院备案

---

1. 龙贺兴，傅一敏，刘金龙.国际森林治理的变迁历程和展望［J］.林业经济，2016，38（3）：3-7，42.

后实施（重点林区由国务院批准后实施）。实施森林采伐限额管理，既是《森林法》赋予的法定职责，也是加强森林资源保护管理的重要举措之一，对保障森林资源稳步增长和生态环境持续改善具有重要作用。"十四五"期间，国务院办公厅发布《关于重点林区"十四五"期间年森林采伐限额的复函》（国办函〔2021〕15号）、《国家林业和草原局关于"十四五"期间年森林采伐限额的复函》（林资发〔2020〕102号）等多份重要文件，体现了国家层面对森林采伐限额管理的高度重视。同时，在地方层面各省（自治区、直辖市）积极响应中央号召，结合本身资源禀赋与经济发展现状，对"十四五"时期森林采伐限额指标进行分解核定，从严控制森林采伐消耗，实现对森林资源的计划管理。

林木采伐许可。 为严格实施森林采伐限额制度，我国并行推行林木采伐许可证制度，明确规定采伐林地上的林木前必须向县级以上人民政府林业主管部门申请采伐许可证。该许可详细规定了采伐的地点、林种、树种、面积、蓄积量、采伐方式、更新措施及林木权属等关键信息，确保采伐活动合法合规。其中，自然保护区外的竹林及农村居民自留地和房前屋后个人所有的少量林木免于申请。林业主管部门在核发许可证时，需严格遵循年采伐限额，避免超量发放。对于任何伪造、变造、买卖、租借采伐许可证的违法行为，将依法由县（市、区）级以上人民政府林业主管部门予以严厉打击，没收相关证件及违法所得，并处以相应罚款，以维护森林资源的可持续管理和生态平衡。

生态保护红线。 生态保护红线制度是中国生态环境保护的一项重要制度创新，专门用于保护国家生态安全的底线和关键区域。自21世纪初起，我国便启动了系统性的生态保护红线划定工作，将森林、湿地等具有特殊生态功能的区域纳入保护范围，并逐级细化至地方管理层面。近年来，随着中央政策的密集出台，生态保护红线的划定与管理工作得到了进一步加强，不仅扩大了保护范围，还明确了严格的管控措施。特别是将红树林等重要生态系统全面纳入红线保护，彰显了我国对于生态环境保护的坚定决心。至2021年底，全国范围内已全面构建起"三线一单"[1]生态环境分区管控体系，标志着我国生态保护红线制度进入了新的发展阶段，为生态文明建设和可持续发展提供了有力支撑。

（2）基于市场机制的政策工具

林地有偿使用。 在国有森林资源资产有偿使用领域，我国尚处于积极探索阶段，实践经验尚显不足。为推进这一进程，2015年中共中央、国务院发布的《国有

---

1. "三线一单"，是指生态保护红线、环境质量底线、资源利用上线和生态环境准入清单，是推进生态环境保护精细化管理、强化国土空间环境管控、推进绿色发展高质量发展的一项重要工作。

林场改革方案》(中发〔2015〕6号）率先提出了探索建立国有林场森林资源有偿使用制度的要求。随后，2016年国务院印发的《关于全民所有自然资源资产有偿使用制度改革的指导意见》(国发〔2016〕82号）进一步明确了建立国有森林资源有偿使用制度的方向。为响应此号召，全国多地自2018年起纷纷出台相关政策与管理办法，省（市、区）级林业主管部门积极引导国有林场通过市场机制合理开发利用森林资源，鼓励企事业单位及个人依托森林景观和丰富的林产品资源，发展生态旅游、康养服务、林下经济、林产品加工等多种经营业态，并明确了出租、承包等作为森林资源有偿使用的主要方式。例如，在地方实施的森林旅游项目中，国有林场将森林景观资源的开发经营权授予投资者，后者则需按年向林场支付林地使用费，这一模式不仅促进了森林资源的可持续利用，也为地方经济发展注入了新活力。

森林生态效益补偿。生态效益补偿机制是调节生态环境损害与保护主体利益的关键制度，旨在激励生态保护。针对森林资源，该机制通过政府或市场手段使生态服务外部性内部化，确保提供者获酬，受益者付费[1]。我国已将其纳入生态环境保护政策，并在《森林法》中明确。当前以政府税费和财政补偿为主，森林碳汇交易则提供了更市场化的补偿路径。

2. 草业资源计划管理
1）草业资源的定义

草业资源包括草地环境及其相关水热资源、动植物资源、土壤资源以及风能、生物质能源、化学能源等，是一种可更新的自然资源，作为陆地生态系统的重要组成部分，为人类提供了丰富的生物资源和重要生态服务。实践中，我国草原主管部门与《草原法》中多用"草原"一词。《草原法》中草原包括各类天然草地和人工草地。在自然资源，部门的土地利用分类则多用"草地"的概念，将其视为一种土地利用类型，此处对草原草地的使用不做严格区分。

2）草业资源计划管理主要内容

草业资源计划管理指国家针对草业资源进行的系统性、长期性的规划和管理过程，涉及对草业资源的评估、规划、利用、保护和监督等多个方面，旨在实现草业资源的可持续利用，维护草地生态系统的平衡，以及满足社会经济对草地资源的需求。

农业农村部（以下简称农业部）发布的《全国草原保护建设利用"十三五"规划》（农牧发〔2016〕16号）确定草原保护建设利用"十三五"主要目标，具体由5

---

1. 李文华，李芬，李世东，等. 森林生态效益补偿的研究现状与展望[J]. 自然资源学报，2006（5）：677-688.

类 23 项指标构成，主要可分为草原生态功能、草原生产能力、草原科学利用水平、草原灾害防控能力、草原基础设施等，其中空间规划相关的指标包括全国草原综合植被盖度、基本草原面积、改良草原面积、牧草种子田面积、草原禁牧面积、草原划区轮牧面积、草原自然保护区等。科学的指标分类管控是实行草原用途管制、征占用总额控制制度的基础。

草原资源调查是草原管理工作的重要基础，摸清草原资源底数，认知草原演化规律，可为草原资源政策制定、规划、管理提供科学依据。然而，由于我国草原和森林过去分别由农业部门和林业部门管理，导致草地和林地之间存在边界不清、管理界线交叉重叠的问题。2023 年，《自然资源部国家林业和草原局关于共同做好森林、草原、湿地调查监测工作的意见》（自然资发〔2022〕5 号）规定国家林草局继续负责组织实施林草湿调查监测工作。省级自然资源主管部门与林草主管部门共同做好本省林草湿调查监测工作。省级林草湿调查监测工作专班制定本省 2023 年林草湿调查监测工作方案，明确工作目标、主要任务、组织分工、进度安排和主要成果等。在各级工作专班统筹下，同级自然资源主管部门和林草主管部门共同审核林草湿调查监测成果，进行总体质量管控，各地统计汇总形成包含森林、草原、湿地面积，森林覆盖率，森林蓄积量，草原综合植被盖度以及其他相关指标的林草湿调查监测成果。

关键术语

计划管理、耕地资源计划管理、建设用地计划管理、城乡建设用地增减挂钩、城乡建设用地增存挂钩、海洋资源利用计划、矿产资源管理、林业资源计划管理

思考题

1. 简述计划管理在社会主义国家中的作用，及其如何影响国家的经济发展和社会进步。
2. 简要介绍自然资源计划管理的背景和目标。
3. 阐述国土空间规划和土地利用年度计划的定位及相互关系。
4. 阐述城乡建设用地增减挂钩政策如何促进耕地保护和城乡发展。
5. 阐述矿产资源开发利用计划如何平衡开发与保护需求。
6. 阐述林草资源利用计划如何实现森林和草原资源的可持续管理。

第 **4** 章

国土空间规划的用途管制

■ 导语

  用途管制作为国土空间规划实施的重要手段，是推进形成新时代国土空间开发保护格局、构建具有中国特色空间治理体系的重要内容。随着国土空间规划改革逐步深入，生态文明建设、经济"换挡提速"、资源环境紧约束等都对我国现代化空间治理体系建设提出了新要求。鉴于此，本章从规划实施的用途管制概述出发，分别从主体功能区管制、"三区三线"管制、全域功能分区管制和空间准入清单管制四个方面展开，构建以空间规划为基础、以用途管制为主要手段的国土空间治理体系，推动形成主体功能约束有效、国土开发有序的空间发展格局，以提升国土空间治理能力现代化水平。

4.1　国土空间规划实施的用途管制概述

4.1.1　国土空间用途管制治理的基本概念

  国土空间用途管制是国土空间开发保护的基本手段，涵盖宏观层面的国土战略引导、中观层面的分区划线管控和微观层面的开发保护活动许可等[1]。对比空间治理、国土管理、空间管制等相近概念，可以发现，空间用途管制具有法定性和强制性特征，是一种公权力对私权力的约束，也是一种多层次整合与多部门协同的公

---

1. 赵勇健. 国土空间管制体系的国际比较与经验借鉴：以美、英、日为例[J]. 城乡规划，2024（2）：66-74.

政策，其初衷是政府通过对空间资源的刚性管控，实现对自然资源和公众利益的保护。随着社会不断发展，其目的逐渐拓展至保护城市土地和房产价值、矫正市场失灵、保护城乡风貌景观、提高公共财政效率等方面[1]。

国土空间用途管制源于土地用途管制，涉及规划、实施、监督三项核心职责，其基本内涵是：按照可持续发展的要求和不同层级公共管理目标，划分不同尺度的空间区域，制定各空间区域的用途管制规则或正负面清单，通过用途变更许可或正负面清单等配套政策，使国土空间开发利用者严格按照国家规定的用途开发利用国土空间的制度。其核心内容包括：国土空间区域划分、分区内容确定、管制条款或正负面清单制定、管制实施四方面的内容。

4.1.2 国土空间用途管制治理目标与原则

1. 国土空间用途管制的治理目标

国土空间用途管制作为一种对土地进行空间管理的公共政策，其主要目标是优化土地资源配置、促进空间高效利用和协调多主体利益[2]。一方面，通过实施差异化的管控策略，以实现资源优化配置、生态环境保护和经济社会可持续发展；另一方面，通过对国土空间分区，即根据国土空间的自然条件、资源禀赋、环境承载力和经济社会发展需求，将国土空间划分为不同的功能区，如生态保护区、城镇发展区、农业生产区等，并在此基础上更好地实现国土空间用途管制。

2. 国土空间用途管制的原则

构建统一的国土空间用途管制体系需要遵循三个主要的治理原则：系统性、激励性和高效能性[3-4]。

系统性。系统性管制是国土空间用途管制的必要条件，科学认知管制客体物质规律是系统性管制的基本要求。国土空间是一个由多个要素构成的复杂系统，应进行全面、系统性的用途管制，如加强对荒地、湿地等的管制，并构建全域全要素的管制体系。同时，对山水林田湖草沙等生命共同体的治理，需要破除分散管制所引

---

1. LADD F H. Local Government Tax and Land Use Policies in the United States: Understanding the Links [M]. London: Elgar Publishing，1998.
2. 岳文泽，王田雨.中国国土空间用途管制的基础性问题思考[J].中国土地科学，2019，33（8）：8-15.
3. 易家林，郭杰，欧名豪，等.国土空间用途管制：制度变迁、目标导向与体系构建[J].自然资源学报，2023，38（6）：1415-1429.
4. 易家林，郭杰，欧名豪，等.面向治理转型的国土空间用途管制制度完善路径探讨[J].中国土地科学，2024，38（1）：64-72.

发的"碎片化"问题，尊重空间功能的整体性，建立基于主导功能的分区体系。在更大尺度上，如流域或全国，系统性管制应以全局最优替代局部经济最优，构建基于国家安全战略和主体功能区战略的分配机制，统筹兼顾社会经济发展、生态安全和粮食安全。

激励性。激励性管制关注的是如何激发参与主体的积极性，充分尊重管制对象正当利益是激励性管制的核心条件。国土空间用途管制针对个人或组织对自然资源的开发利用，旨在保护自然资源及其增值收益。在现代社会中，产权制度是推动发展的关键，而发展权作为自然资源财产权的一部分，各国对其采取了不同的管控措施。目前，中国的国土空间开发管制偏重于管制而忽视激励，导致管制对象抵触，成本高且效果差。因此，要平衡管制权和财产权，关键在于采用激励性管制，转变单向行政管制机制为协商互动机制，结合行政、市场和法律手段。同时，地方政府既是管制者也是被管制者，需重视其利益诉求，完善规划沟通机制，探讨国家与地方规划平衡，优化政绩考核标准，实现正向激励。

高效能性。高效能管制是构建统一的国土空间用途管制体系的最终目标，整体提升管制主体治理能力是高效能管制的核心。任何管制制度的建立和改革，都必须以提高治理效率为核心，推动资源的高效利用和管理的高效执行。国土空间治理现代化是国家治理体系的关键部分，而用途管制的重构则是推动其现代化的关键策略。高效能的管制应与社会经济发展同步，符合生态文明建设，确保生态和粮食安全，同时支持高质量发展，提高资源配置效率。管制主体需以国土空间整体利益为出发点，建立有效的政府间目标传导和跨区域协同治理机制。此外，利用先进技术提高管制效率，能够简化审批流程，降低成本。

4.1.3 用途管制治理的发展历程

国土空间用途管制制度是随着社会经济发展与科学技术进步而不断变迁的。中国国土空间制度演变大致可以分为制度准备与构建阶段、制度完善阶段、强化与分区阶段，以及统一管制与分区阶段四个阶段。

1. 土地用途管制制度准备与构建阶段（1986—2004年）

1986年，中国成立了国家土地管理局，结束了长达几十年的土地多头分散管理体制，标志着土地资源统一管理的开始。同年，《土地管理法》的颁布确立了"统一分级限额审批"的用地管理制度，并配套出台了《基本农田保护条例》和《建设用地计划管理办法》等法规。然而，地方政府采取的"化整为零"或"下放土地审批权"等策略行为，导致了耕地锐减和土地市场波动等问题。1997年《关于进一步加强土地管理切实保护耕地的通知》首次提出"用途管制"的概念，为土地用途管制制度的构建奠定了基础。

1998年，中国实现了自然资源管理的重要转变，地质矿产部、国家土地管理局、国家海洋局和国家测绘局联合组建了国土资源部，这标志着国家对自然资源的管理由分散走向集中。同年修订的《土地管理法》进一步明确了国家实行土地用途管制制度，以土地利用总体规划为基础，严格限制农用地转为建设用地，控制建设用地总量，并对耕地实行特殊保护。随后，国土资源部发布了《关于切实做好耕地占补平衡工作的通知》，要求非农业建设占用耕地前必须先补充耕地，并出台了《土地利用年度计划管理办法》，有效遏制了耕地被大量占用的趋势。1999年4月，国务院公布了《全国土地利用总体规划纲要（1997—2010年）》，明确了规划控制指标，并强调了土地用途分区的落实。这些措施共同构成了土地用途管制制度体系，包括农用地转用审批制度、基本农田保护制度和占补平衡制度等，为规范土地供给、土地利用和管理秩序奠定了基础。此外，为增强用途管制的弹性和灵活性，国家在20世纪90年代后期开始鼓励和支持城乡建设用地增减挂钩试点，将市场交易因素引入用途管制制度，使管制手段从纯粹的行政手段转向行政手段和经济手段并重，以适应经济发展和土地资源保护的双重需求。

2. 土地用途管制制度完善阶段（2004—2013年）

面对中国土地资源供需的结构性矛盾，国务院在2004年发布了《关于深化改革严格土地管理的决定》，提出城镇建设用地的增加应与农村建设用地的减少相挂钩，以实现土地资源的合理配置。2008年，国土资源部进一步明确了这一土地管控机制，发布了《城乡建设用地增减挂钩试点管理办法》，标志着基于发展权转移的土地管理政策正式确立。为了加强对农用地转用等关键事项的监督，2006年国家土地督察制度正式启动，这为规范和约束地方政府的土地管理行为提供了有力保障。然而，既有的土地用途管制制度在空间布局方面存在不足，导致了建设用地布局零散、无序扩张等问题。为了解决这些问题，2008年发布的《全国土地利用总体规划纲要（2006—2020年）》提出了城乡建设用地扩展边界控制和落实城乡建设用地管控制度的要求。2009年，国土资源部发布的《市县乡级土地利用总体规划编制指导意见》进一步明确了在编制规划时需划定基本农田集中区、整备区以及"三界四区"，这标志着土地管理工作从单一地块管理转向了更为全面的空间管控阶段。

3. 自然生态空间用途管制强化与分区阶段（2013—2018年）

进入21世纪，随着国家对生态环境保护重视程度的提高，国家"十五"计划首次将"环境保护"作为基本国策，以确保国家的环境安全。在此背景下，草原、水域、湿地等生态要素的用途管制制度逐步建立，制定了如《草原法》《水法》《湿地保护管理规定》等相关法律法规，进一步明确了土地用途管制制度，以确保其合理利用和保护。党的十八届三中全会《关于全面深化改革若干重大问题的决定》明确提出"划定生产、生活、生态空间开发管制界限，落实用途管制"。2015年，中共中央和国务院发布了《生态文明体制改革总体方案》，明确指出对所有自然空间进行用途管制的重要性与必要性。随后，国土资源部出台了《自然生态空间用途管制办法（试行）》，旨在建立一个全面的用途管制体系，并在多个省市进行了试点，以构建功能分类、用途分区、管控分级为导向的自然生态空间用途管制体系，这标志着我国生态保护政策的进一步发展，从单一要素管理转向了全面的生态空间管理。

4. 统一的国土空间用途管制与分区阶段（2018年至今）

2013年，党的十八届三中全会提出了完善自然资源监管体制的目标，强调了统一行使国土空间用途管制职责的重要性。随后，国家发改委等四部委推动了"多规合一"试点工作，旨在整合规划体系，提高空间管制协调性。2018年，自然资源部正式成立，标志着国土空间用途管制职责的统一行使。这一行政机构的重组是推进用途管制制度变革的关键一步。同年，中共中央、国务院发布了《关于统一规划体系更好发挥国家发展规划战略导向作用的意见》，明确了国家级空间规划的重要性，作为实施国土空间用途管制和生态保护修复的重要依据。为了加强顶层设计与地方实践的互动，2019年中共中央、国务院发布了《若干意见》，强调了以国土空间规划为依据，对所有国土空间分区分类实施用途管制。同时，新修正的《土地管理法》将基本农田升级为永久基本农田，并补充了国土空间规划相关内容，确立了国家土地督察制度的法律地位。2020年初，国务院印发《关于授权和委托用途审批权的决定》，对农用地转用审批权进行下放，赋予省级政府更大的用地自主权，这标志着管制权力的不断调整和政策更新。

纵观国土空间用途管制制度的变迁过程，其充分体现了具有中国特色的自然资源管理制度的演进规律。首先，国土空间用途管制制度的变迁反映了国家战略需求的变化，从重点保护耕地资源和保障粮食安全，转向了生态文明建设上，关注生态安全和空间治理现代化。其次，这一制度的演进遵循了试点先行、顶层设计和法律跟进的路径，通过试点地区的实践探索、中央决策文件的发布、行政机构的调整和法律修订，逐步推进改革。再次，权力调整是制度变迁的核心，从国家土地管理局到国土资源部，再到自然资源部，管制权力逐步集中，同时在集权与分权之间寻求平衡，增强了中央及省级政府的管理控制力度，并赋予地方一定自主权，以增强制度效力。最后，国土空间用途管制制度的变迁也表现出路径依赖的特性，即一旦走上了某条路径，其发展方向会得到自我强化[1]。

4.2 主体功能区管制与治理体系

改革开放以来，我国工业化、城镇化进程迅速推进，现代化建设全面铺开，城乡面貌发生了巨大而深刻的变化。国民经济与社会的快速发展以自然资源与国土空间的开发利用为支撑，但过程中不科学、不合理的开发方式也带来了一系列值得重视的突出问题，如耕地面积锐减、生态破坏严重、资源开发强度大、空间结构不合理、区域发展不协调等。为应对以上发展问题，并考虑国土空间未来发展趋势与需求，我国于"十一五"时期提出构建主体功能区，通过统筹考虑未来我国人口分布、经济布局、国土利用和城镇化格局，逐步编制完成陆海全域统筹的主体功能区规划，对国土空间制定了阶段性、目标性的定位布局和发展策略。本节重点阐述主体功能区的基本概念、理论基础、实践进展、配套政策制定与实施。

4.2.1 主体功能区的基本概念

1. 主体功能区的概念内涵

主体功能区是我国为应对经济快速增长和城镇化进程加速过程中的区域发展不均、资源环境承载能力减弱问题而创新提出的概念，是基于资源环境承载能力、现有开发密度与发展潜力，科学划定并依法推进实施的具有主导功能、辅助功能和次要功能的分类调控基本地域空间单元，是为协调经济布局与人口、资源、生态环境的失衡关系而提出的新型发展战略。通过主体功能区规划的编制、实施，分类管理区域政策体系的建立、实行，从而规范空间开发秩序，形成合理的国土空间开发结构和区域协调发展格局，具有明确的时限性和阶段性、显著的针对性和可行性、较

---

1. 钱忠好，牟燕. 中国土地市场化改革：制度变迁及其特征分析[J]. 农业经济问题，2013, 34（5）：20-26, 110.

强的指导性与约束性。

主体功能区在空间组织上综合自然系统的背景功能和人类系统的需求功能，旨在促进人口、资源、经济部门等社会经济要素的空间有序转移和跨区域流动，实现社会良性循环体系中各功能的公平和协调。从空间性质来看，主体功能区指向的是区域经济学中的"匀质区"概念[1]，与区域经济学中关注各组成部分功能联系的"功能区域"概念存在差别。从地理学视角出发，主体功能区是一种新的区域类型，强调区域的外部性，重点关注区域内在变化对于其他区域的影响，是地理学"区域性、综合性、整体性和差异性"思维的重大发展[2]。

总体来说，主体功能区在本质内涵上可概括为生态文明理念的制度载体、国土空间开发保护的宏观战略和基础制度、国家空间治理的综合政策平台，自概念面世以来，其战略地位不断得到强化，被确立为实现中国式现代化和高质量发展的重要手段。

2. 主体功能区的类型划分

主体功能区规划是推进主体功能区形成、调整和优化的必要程序，一般具有明确的有效期限，并明确各阶段的目标、任务和工作重点，强调技术方法、数据获取、实施主体、部门管理等具有针对性和可操作性的因素。主体功能区规划成果是未来一定时期内国土开发保护格局的综合展示，对土地利用规划以及其他各类专项规划的制定和实施发挥指导性与约束性作用。不同于传统的自然区划或人文区划类型，主体功能区规划依据不同区域的人口、资源、环境、经济状况等自然条件和社会条件，确定发展定位方向，明确空间生产的功能与结构，确定开发政策与强度，加快经济发展模式的转变与空间结构的调整，逐步形成资源环境保护与经济发展需求相协调的国土空间开发格局，实现国土空间的高效利用，体现了综合地理区划的内涵[3]。

现行的主体功能区类型划分主要有两种方式。按照开发方式分类，即基于不同区域的资源环境承载能力、现有开发强度和未来发展潜力，以是否适宜或如何进行大规模高强度工业化城镇化开发为划分基准，将我国国土空间划分为优化开发区域、重点开发区域、限制开发区域和禁止开发区域四类。而按开发内容分类，即以提供主体产品的类型为基准，我国主体功能区可划分为城市化地区、农产品主产区和重点生态功能区三类，另将遗产保护地功能按照实体空间边界叠加在三大功能全覆盖的国土空间之上。在以开发内容为基准的分类中，城市化地区是以提供工业品

---

1. 张可云. 主体功能区的操作问题与解决办法［J］. 中国发展观察，2007（3）：26-27.
2. 丁四保. 中国主体功能区划面临的基础理论问题［J］. 地理科学，2009，29（4）：587-592.
3. 樊杰，周侃，盛科荣，等. 中国陆域综合功能区及其划分方案［J］. 中国科学：地球科学，2023，53（2）：236-255.

和服务产品为主体功能的地区，易聚集人口且经济条件较好，开发强度及发展潜力较大；农产品主产区以增强农业综合生产能力作为发展的首要任务，耕地较多、农业发展条件较好；重点生态功能区以增强生态产品生产能力作为首要任务，是生态系统脆弱或生态功能重要、资源环境承载能力较低的地区[1]。从两种分类方式对应来看，优化开发区域、重点开发区域主要对应城市化地区，限制开发区域对应农产品主产区、重点生态功能区，禁止开发区域则是对应自然和文化资源保护区域（表4-1）。

表4-1　主体功能区类型划分及其主要内容

类型划分	主要内容
优化开发区域	经济比较发达、人口比较密集、开发强度较高、资源环境问题更加突出，应优化和进行工业化城镇化开发的城市化地区。
重点开发区域	有一定经济基础、资源环境承载能力较强、发展潜力较大、易集聚人口且经济条件较好，应重点进行工业化城镇化开发的城市化地区。
限制开发区域	分为两类：①农产品主产区，耕地较多、农业发展条件较好，以增强农业综合生产能力作为发展的首要任务，同时限制进行大规模高强度工业化城镇化开发的地区；②重点生态功能区，生态系统脆弱或生态功能重要，资源环境承载能力较低，不具备大规模高强度工业化城镇化开发的条件，以增强生态产品生产能力作为首要任务，同时限制进行大规模高强度工业化城镇化开发的地区。
禁止开发区域	禁止开发区域是依法设立的各级各类自然文化资源保护区域，以及其他禁止进行工业化城镇化开发、需要特殊保护的重点生态功能。国家层面的禁止开发区域包括国家级自然保护区、世界文化自然遗产、国家级风景名胜区、国家森林公园和国家地质公园。省级层面的禁止开发区域，包括省级及以下各级各类自然文化资源保护区域、重要水源地以及其他省级人民政府根据需要确定的禁止开发区域。

2024年1月，《主体功能区优化完善技术指南》正式实施，其在原主体功能区划基础上统筹能源安全、文化传承、边疆安全等空间安排，拓展形成了"3+N"主体功能分区体系，用于各层级国土空间规划编制、修订以及主体功能区的优化调整。在"3+N"主体功能分区体系中，"3"为延续全国及省级主体功能区规划中的城市化地区、农产品主产区和重点生态功能区分类；"N"则是能源资源富集区、边境地区、历史文化资源富集区等叠加功能类型，同时各地可根据实际需要，因地制宜补充完善叠加功能类型，叠加功能类型可交叉重叠。主体功能区分类在主体功能区规划实施及我国规划体系改革进程中，经实践检验而不断拓展创新，"3+N"分类体系面向新时期的"区域发展特色彰显"及"主体功能区战略深入实施"等需求，为推动主体功能区战略的逐级传导落地，深入推进主体功能区建设以及在省、市县级国土空间规划编制中的主体功能区的优化细化提供了指导和技术规范。

---

1. 樊杰. 主体功能区战略与优化国土空间开发格局［J］. 中国科学院院刊，2013，28（2）：193-206.

4.2.2 主体功能区管制的理论基础

1. 区位理论

区位是指人类在活动的过程中所占据的空间位置，区位理论用以解释人类在经济及社会活动中的空间位置分布以及在空间中的相互关系，传统的区位理论有农业区位理论、工业区位理论、中心地理论等。

区位理论认为各区域需要根据地域资源禀赋条件来进行合理的产业布局，扬长避短，为支撑优势产业发展进行要素配置，促进区域经济快速发展。区位理论的提出，使得如何合理选择产业发展的优势区域或开展生产活动的最佳位置成为区域发展规划中首要考虑的问题。而随着区域发展过程中因盲目无序开发导致一系列危及区域可持续发展的问题出现，人们逐步意识到单纯追求经济增长的传统发展观的弊端，开始对传统的优势区开发理念进行反思，继而推行强调"经济－社会－生态"协调发展的可持续理念，积极探索协同经济社会发展与生态环境保护的新区域发展模式。

主体功能区依据各区域的经济、社会发展状态以及资源环境禀赋进行分区，主体功能区划中各要素规模集聚及其间的相互作用关系可基于区位理论进行解释。区域经济发展可看作资本、人口、土地等要素在空间上的流动转换过程，空间资源的有限性和差异性则决定了各地区在承担生产要素空间集聚以及生态环境优化上的潜在差别性。只有从整体上进行功能区差别化定位，重视区域经济发展资源禀赋条件的差异性，同时将区域生态环境保护放到经济建设的同等重要地位，制定与地区资源禀赋条件相适宜的空间发展与治理秩序，形成区域功能分工互补、区域经济发展互助、要素流动通畅的国土空间开发治理格局，才能切实推进经济、社会、生态协调的可持续发展，解决区域及城乡发展不平衡的难题。

2. 地域功能理论

地域功能是指一定地域在自然资源和生态环境系统以及人类生产活动和生活活动中所履行的职能和发挥的作用，具有主观认知、多样构成、相互作用、空间变异、时间演变的基本属性[1]。现代地域功能理论在19世纪西方近代地理学的区域研究和区划实践中萌芽，并于20世纪的地理学研究和区域开发实践中得到了传承和发展，中国地理学者们在结合我国国土空间开发实践进行深入的学术思考后，正式提

---

1. 樊杰. 我国主体功能区划的科学基础 [J]. 地理学报，2007（4）：339-350.

出地域功能理论。现代地域功能理论以陆地表层空间秩序为研究对象,重点研究地域功能的生成机理,以及功能空间的结构变化、相互作用、科学识别方法和有效管理手段[1]。

在科学的发展观和价值观的指导下,基于特定地域的功能属性,科学识别、合理组织功能区并进行功能建设,协调好各功能区内自然-人文系统关系、人与自然的关系、同级功能区关系、功能区局部与整体的关系以及功能区建设的长短期效益关系等。主体功能区划以地域功能理论为基础,对未来我国人口分布、经济布局、国土利用和城镇化格局进行统筹考虑,同步考量自然与人文因素共同作用、社会与环境复合系统,进行国土空间综合功能区划,是在较长的时间段、更大空间尺度中谋求的综合效益最优的方案,实现主体功能区划需要具备配套完善的制度和措施系统[2]。

3. 区域协调发展理论

区域的发展受地理区位、资源禀赋及经济发展的客观规律影响,而以上要素在空间上呈现不均衡分布状态,区域协调发展则是立足地区比较优势,以有序的分工协作实现区域间相对均衡、动态协调和充分发展的过程。区域发展的不平衡和促进区域协调发展,是我国发展进程中历来所面临的重难点问题。传统意义上的区域协调发展更多地关注经济层面,通常以区域经济发展水平的差距作为衡量标准,主要通过加大落后地区的产业项目投入和建设等措施来缩小区域间的经济发展差距,但由于其忽略了客观经济规律的影响,收效甚微,大多数不适宜进行开发建设区域仍处于发展进程缓慢、经济效益低、竞争力弱、可持续性差的状态。广义的区域协调发展涵盖经济、空间、社会和环境四个维度,包含市场的统一性和开放性、区域发展机会的公平性、区域发展的可持续性等含义,中央政治局第三十九次集体学习中明确,区域协调发展应包括区域经济发展水平的差距、基本公共服务均等化水平、区域发展是否发挥了当地比较优势、发展是否同当地资源环境承载能力相协调等四个层面内容[3]。

自党的十八大以来,为增强各地区经济发展的融合性、互动性和协调性,进一步促进区域协调发展,我国重点实施了区域协调发展战略、区域重大战略、主体功能区战略等国家战略。其中,区域协调发展是主体功能区战略实施重要目标导向和

---

1. 盛科荣,樊杰,杨昊昌.现代地域功能理论及应用研究进展与展望[J].经济地理,2016,36(12):1-7.
2. 樊杰.中国主体功能区划方案[J].地理学报,2015,70(2):186-201.
3. 樊杰."十五五"时期中国区域协调发展的理论探索、战略创新与路径选择[J].中国科学院院刊,2024,39(4):605-619.

主体功能区规划的重要基础理论。主体功能区战略着眼我国区域发展不均、城乡发展差距大的基本国情，按区域分工和协调发展的原则划定空间开发单元，以实现人口、经济和资源环境协调发展为目的，通过设定不同类别主体功能区域的重点发展建设任务，使得各功能定位区域都能够选择相适宜的开发与保护活动，并采取财政转移支付、基本公共服务均等化等措施，促进影响区域发展状态的各种要素在区域间自由流动和合理配置，使得各地域居民都能够享受到大体相同的生活水平，从而构筑主体功能定位明确、区域经济优势互补、空间利用效率提升、人与自然和谐发展的区域发展与城乡发展新格局。

4. 可持续发展理论

可持续发展是指在不损害未来世代的人类需求的情况下，满足当前世代人类社会的发展需求的发展模式。其通过强调在经济增长、社会包容以及环境保护三个方面保持平衡，保证行动方式既能促进当前经济社会的进步，又不会对自然生态系统和未来时代的人类造成损害。可持续发展要求协调社会经济发展与自然资源利用以及生态环境的关系，具有整体性、动态性、地域性、阶段性的特点。该概念通过1987年的《我们共同的未来》报告被广泛传播，并在此后成为国际社会的重要议程，催生了各类相关的实践和政策制定。2015年，联合国大会正式提出可持续发展目标（sustainable development goals，SDGs），列入其中的17项目标相互联系、相辅相成，跨越社会、经济和环境领域，共同构成了全球在可持续发展方向上的广泛共识和面向未来的行动蓝图。

主体功能区是国家实施可持续发展战略、实现区域协调发展的重大战略部署，主体功能区划的确定过程有别于以GDP为基础指标的传统区域管理评价体系，其通过将自然资源与环境纳入区域经济管理的核算体系，采用多元综合指标确定评价单元发展水平及潜力，并依据不同区域资源环境承载力的不同、集聚产业和人口能力的不同制定出具有针对性的、差别化的区域政策，可以从根本上避免资源的盲目和过度开发，为解决经济发展和生态环境保护的优先序问题提出了解决方案。主体功能区是可持续发展战略落实在地域空间上的体现，推动了区域协调发展理论与可持续发展战略的融合，通过主体功能区划，将观念层次、经济－社会体制层次、科学技术层次的可持续发展融为一个整体，明确各区域的发展重点，通过人口转移、产业转移等政策推进主体功能区建设，增强各区域的可持续发展能力，进而增强我国总体的可持续发展能力。

4.2.3 主体功能区的实践进展

主体功能区作为规范国土空间发展秩序的重要举措,自"十一五"规划面世至今已近二十年,历经了从主体功能区概念提出、全国主体功能区规划颁布实施、主体功能区战略确定、主体功能区规划融入国土空间规划体系、主体功能区优化完善等阶段,期间战略地位不断提升,主体功能区建设也陆续稳步推进,对优化国土空间发展格局、促进区域协调发展起到重要支撑和保障作用。主体功能区的实践总体上可划分为政策提出、规划实施和优化完善三个阶段。

1. 政策提出阶段(2006—2011年)

2006年,国家"十一五"规划中明确了构建主体功能区的总体要求,并系统阐述了推进形成主体功能区的基本方向和主要任务。2007年,党的十七大报告要求"加强国土空间规划,按照形成主体功能区的要求,完善区域政策,调整经济布局",并将"基本形成主体功能区布局"列为全面建设小康社会的一项重要目标。在该时期,主体功能区作为空间开发失序、生态系统失衡、城市问题显现等难题的解决方案被提出,针对其概念内涵、建设途径、方法体系等进行了一系列的探讨。2010年,《全国主体功能区规划》编制完成并颁布实施,提出了"4+3+2"的主体功能区分类体系,构建以"两横三纵"为主体的城市化战略格局、以"七区二十三带"为主体的农业战略格局、以"两屏三带"为主体的生态安全战略格局以及海洋主体功能区战略格局,并设定了全国陆地国土空间的开发强度、城市空间面积、农村居民点占地面积、各类建设占用耕地新增面积、耕地保有量、林地保有量等一系列全国陆地国土空间开发规划指标的预期值,明确了国家层面四类主体功能区的功能定位、发展目标、发展方向和开发原则。

2011年,国家"十二五"规划中提出共同实施区域发展总体战略与主体功能区战略,构筑区域经济优势互补、主体功能定位清晰、国土空间高效利用、人与自然和谐相处的区域发展格局;随后在党的十八大、十八届三中全会和五中全会报告中,主体功能区被确定为生态文明建设的首要任务之一,在优化国土空间开发保护格局中被赋予基础制度的地位。总体来看,主体功能区战略将国家规划体系延伸到社会经济发展空间合理布局的高度,对规范空间开发保护秩序发挥了重要作用,进一步确立了我国国土空间开发总体布局。而自2006年以来,历经又三轮"五年规划"后,我国的基本国情已发生巨大变化,新发展阶段的社会主要矛盾、经济增长方式、发展空间格局都发生了转变,同时主体功能战略作为促进区域协调、高质量发展的重要举措和实现中国式现代化的重要手段，其战略地位不断被强化，但时代背景的变化也给主体功能区战略的深入实施带来了挑战（表4-2）。为响应新时期中国式现代化和高质量发展要求，充分发挥主体功能区在国家空间治理体系中的基础性和关键性作用，需要进一步强化主体功能区理论内涵研究的发展与创新，为新时代的主体功能区建设和调整提供科学支撑。

表4-2 主体功能区发展历程

时间	文件名称	相关论述
2006年	《国民经济和社会发展第十一个五年规划纲要》	根据资源环境承载能力、现有开发密度和发展潜力，划分四类主体功能区，按照主体功能定位调整完善区域政策和绩效评价。
2007年	《胡锦涛在中国共产党第十七次全国代表大会上的报告》	加强国土规划，按照形成主体功能区的要求，完善区域政策，调整经济布局。围绕推进基本公共服务均等化和主体功能区建设，完善公共财政体系。
2010年	《中国共产党第十七届中央委员会第五次全体会议公报》	实施主体功能区战略，构筑区域经济优势互补、主体功能定位清晰、国土空间高效利用、人与自然和谐相处的区域发展格局。
2011年	《国民经济和社会发展第十二个五年规划纲要》	实施区域发展总体战略和主体功能区战略，构筑区域经济优势互补、主体功能定位清晰、国土空间高效利用、人与自然和谐相处的区域发展格局。
2012年	《胡锦涛在中国共产党第十八次全国代表大会上的报告》	构建国土空间开发保护制度，完善主体功能区配套政策，建立以国家公园为主体的自然保护地体系。
2013年	《中国共产党第十八届中央委员会第三次全体会议公报》	坚定不移实施主体功能区制度，建立国土空间开发保护制度，严格按照主体功能区定位推动发展，建立国家公园体制。
2015年	《中国共产党第十八届中央委员会第五次全体会议公报》	加快建设主体功能区，发挥主体功能区作为国土空间开发保护基础制度的作用。
2015年	《国民经济和社会发展第十三个五年规划纲要》	加快建设主体功能区。发挥主体功能区作为国土空间开发保护基础制度的作用，落实主体功能区规划，完善政策，推动各地区依据主体功能定位发展。
2017年	《习近平总书记在中国共产党第十九次全国代表大会上的报告》	完善主体功能区配套政策，建立以国家公园为主体的自然保护地体系。
2017年	《中共中央 国务院关于完善主体功能区战略和制度的若干意见》	深入实施主体功能区战略，发挥主体功能区作为国土空间开发保护基础制度作用，推动主体功能战略格局在市县层面精准落地，健全不同主体功能区差异化协同发展长效机制。
2019年	《中共中央 国务院关于建立国土空间规划体系并监督实施的若干意见》	建立国土空间规划体系并监督实施，将主体功能区规划、土地利用规划、城乡规划等空间规划融合为统一的国土空间规划，实现"多规合一"。
2020年	《中国共产党第十九届中央委员会第五次全体会议公报》	坚持实施区域重大战略、区域协调发展战略、主体功能区战略，健全区域协调发展体制机制，构建高质量发展的国土空间布局和支撑体系。
2020年	《国民经济和社会发展第十四个五年规划纲要》	深入实施区域重大战略、区域协调发展战略、主体功能区战略，健全区域协调发展体制机制，构建高质量发展的区域经济布局和国土空间支撑体系。
2022年	《习近平总书记在中国共产党第二十次全国代表大会上的报告》	深入实施区域协调发展战略、区域重大战略、主体功能区战略、新型城镇化战略。构建优势互补、高质量发展的区域经济布局和国土空间体系，健全主体功能制度，优化国土空间发展格局。

2. 规划实施阶段（2012—2019 年）

主体功能区规划是基于区域的特定条件和发展需要进行主体功能分区并制定相适宜的发展策略的具体过程，形成的主体功能区规划成果是我国土空间开发的战略性、基础性和约束性规划，也是推动主体功能区战略落地的基础及抓手。在《全国主体功能区规划》发布之后，各省级主体功能区规划相继发布并实施。省级主体功能区规划在全国主体功能区方案的基础上进行补充和细化，最终形成以县域为评价单元的全域覆盖主体功能区划成果，确定了国土空间开发保护的总体格局，提高了国土空间开发保护功能管控能力和格局优化的政策地位。在 2011—2016 年，主体功能区建设适应从主体功能区规划到战略再到制度的重心转变，集中于理论体系完善、主体功能区建设管理模式、政策差异及实施成效评估等方面探索。至 2017 年后，《中共中央 国务院关于完善主体功能区战略和制度的若干意见》融合空间规划体制改革的内容，强调差异化绩效考核、生态产品价值实现机制、"三区三线"划定以及空间用途管制等内容，构建了"五机制三制度一体制九政策"框架体系，主体功能区制度战略框架体系基本构建完成，主体功能区战略规划的实施落地进一步得到保障，关注重点随之转移到了对主体功能区的优化评估、深化落实的探索以及主体功能区与双碳目标的结合、地域功能结构细化。

2019 年，《中共中央 国务院关于建立国土空间规划体系并监督实施的若干意见》出台，自此主体功能区规划不再单独编制，其理念、技术、内容、政策等融入国土空间规划的"五级三类"体系，成为其中的重要组成部分，是国土空间开发保护总体格局部署的顶层方案和在国土空间规划体系中逐级落实发展规划所确定的关键指标的重要途径[1]。同时，主体功能区规划编制完成以来，各相关部门响应战略要求，积极搭建主体功能区政策体系，形成主体功能区规划与土地、环保、农业、能源等部门专项规划的有机衔接，深入推动主体功能区规划的实施并取得了良好成效[2]。总体上，全国陆地国土空间开发指标完成进展较好，城市空间结构加快重组、生态空间与农业空间格局逐步明确，主体功能区战略落实传导机制基本确立，有力推进了高效、协调、可持续发展的国土空间开发格局和国土空间治理体系的形成。

3. 优化完善阶段（2020 年至今）

主体功能区战略的实施有效推动了社会、经济和生态环境相协调的国土空间

---

1. 樊杰. 地域功能-结构的空间组织途径：对国土空间规划实施主体功能区战略的讨论[J]. 地理研究，2019，38（10）：2373-2387.
2. 黄征学，潘彪. 主体功能区规划实施进展、问题及建议[J]. 中国国土资源经济，2020，33（4）：4-9.

开发保护格局的形成，但部分地区在推进主体功能区战略落地及建设的过程中，也暴露了政策体系建设缓慢、指标体系约束不强、类型划分存在偏差等一系列矛盾问题。同时，在我国经济社会基础发生了巨大转变的背景下，部分由原主体功能区规划所确定的区域功能定位，目前可能已不再适应新的发展要求或地方实际，因此需要考虑新时代社会经济发展需求变化，结合国土空间规划的编制实施，对原主体功能分区进行评估和调整优化，以支持新发展格局构建，促进各地区高质量发展。各省主体功能区优化完善实践见表 4-3。

表 4-3 主体功能区优化完善实践进展

地区	实践进展
江苏省	完善区域互补的陆域主体功能区格局，科学细化主体功能分区，统筹优化海洋主体功能区格局，明确自然保护地和能源资源富集区名录。
四川省	落实主体功能区战略和制度，根据全国国土空间规划纲要确定的主体功能区战略格局，为全省 183 个县（市、区）确定了主体功能定位。
广东省	优化主体功能区战略格局，深化细化主体功能分区，根据省域实际划定特别振兴区等省级叠加功能区，协同建立主体功能区发展长效机制。
山西省	优化主体功能区布局，优化细化主体功能分区，完善主体功能区配套政策。农产品主产区和重点生态功能区所在县（市、区）不再考核经济发展类指标，鼓励农产品主产区、重点生态功能区与城市化地区探索"飞地经济"，激励约束地方严格按照主体功能定位谋划发展。
山东省	科学确定县（市、区）主体功能，深化细化主体功能区，完善主体功能区配套政策。落实国家确定的能源资源富集区、历史文化资源富集区等叠加功能区安排，结合实际建立特别振兴区等名录，按照主体功能区优化完善有关标准，因地制宜细化乡镇主体功能定位。
甘肃省	健全主体功能区制度，合理优化甘肃省 86 个县级行政区和嘉峪关市的主体功能定位，推动主体功能区战略逐级传导。优化三大主体功能区布局，明确能源资源富集区、历史文化资源富集区、边境地区三类叠加功能区。
江西省	完善主体功能分区体系，优化县域主体功能分区，依据主体功能分区实施差异化管控，加强对叠加功能区的特色功能培育和政策支持，细化明确乡镇单元主体功能区。
云南省	在国家下发基础上对省域 129 个县（市、区）主体功能区划分进行了优化，以乡镇为基本单元进一步细化主体功能区及叠加功能区，因地制宜确定叠加功能类型，形成"3+5"主体功能类型。["5"即重点小城镇、自然景观保护功能区（含自然保护地体系）、边境地区、历史文化资源富集区、能源资源富集区。]
安徽省	调整优化主体功能分区，细化主体功能传导落实机制，立足资源环境禀赋特点，叠加确定能源资源富集区、历史文化资源富集区等其他功能区域，形成"3+N"的主体功能区体系，形成功能互补的主体功能综合布局。
吉林省	优化主体功能区战略格局，细化主体功能分区，划定能源富集区，确定特别振兴区，强化主体功能差异化引导。

2024 年，由自然资源部发布的《主体功能区优化完善技术指南》重点明确了如何在国家和省级国土空间规划中完善落实主体功能区战略、优化主体功能分区，市级

以下国土空间规划中如何划定功能分区、明确详细规划单元，从而推动主体功能区战略的自上而下逐级传导和精准落地。文件中将"三条控制线"面积与占比纳入了指标体系，基于耕地和永久基本农田、农产品产量、生态保护红线、自然保护地、生态保护重要性、经济聚集能力、人口聚集能力等7项指标对各评价单元的农业功能、生态功能、城镇功能优势等方面进行综合评估，并依据评估结果判断原主体功能定位是否符合发展需求，进而识别出需要优化调整的评价单元。同时，主体功能区类别划分层面，在原区划基础上进一步统筹能源安全、文化传承、边疆安全等空间安排，拓展形成了"3+N"主体功能分区体系，对主体功能定位进行了补充完善，有助于进一步凸显各地域特点并保障发展需求，增强与其他重大发展战略间的联动。

4.2.4　主体功能区配套政策制定与实施

主体功能区配套政策是指为保障主体功能区战略的落地实施，各级政府及相关部门所出台的系列政策及考核评价制度。《全国主体功能区规划》中提出了包括财政、投资、产业、土地、农业、人口、民族、环境、应对气候变化和绩效考核评价制度的"9+1"政策体系。此后，按照部署要求，国家与省级的各相关政策陆续出台，并对财政、投资、土地、人口等政策要求进行了细化，逐步推行按照地域主体功能定位实施差异化的绩效考评。

1. 财政政策

财政政策是政府的主要政策工具，直接作用于政府收入和支出的影响领域，是引导和调控主体功能区域的各类主体行为的宏观调控手段，对推进主体功能区建设具有重要作用。"十一五"规划纲要主要关注面向农产品主产区、重点生态功能区的公共服务和生态环境补偿的财政转移支付，以及当地居民基本公共服务均等化的实现路径。《全国主体功能区规划》同样提出按主体功能区要求和基本公共服务均等化原则，深化财政体制改革，完善公共财政体系，加大均衡性转移支付力度；通过建立地区间横向援助机制，经由资金补助、定向援助、对口支援等多种形式，协调生态环境受益地区以及重点生态功能区间的生态环境保护利益补偿。《国家重点生态功能区转移支付办法》《生态文明体制改革方案》《关于加快建立流域上下游横向生态保护补偿机制的指导意见》《建立市场化、多元化生态保护补偿机制行动计划》《生态综合补偿试点县名单》等文件相继公布，提高了用于限制开发区和禁止开发区的一般性财政支付、生态环境建设专项的转移支付，各类主体功能区横向转移机制逐步建立。

2. 投资和产业政策

产业投资政策是将主体功能区战略落实到国土开发过程，促进区域均衡发展的重要途径。《全国主体功能区规划》提出，在投资政策层面将政府预算内投资按主体功能区安排或按领域安排，并实行两种方式相结合的政府投资政策。其中，按主体功能区安排的投资，重点关注国家重点生态功能区和农产品主产区特别是中西部国家重点生态功能区和农产品主产区的发展；按领域安排的投资，注重是否符合各区域的主体功能定位和发展方向，重大制造业项目原则上应布局在优化开发和重点开发区域，并区分情况优先在中西部国家重点开发区域布局，同时逐步加大政府投资用于农业、生态环境保护方面的比例。修订后的《产业结构调整指导目录》《外商投资产业指导目录》和《中西部地区外商投资优势产业目录》等政策文件进一步明确不同主体功能区鼓励、限制和禁止的产业；严格市场准入制度、建立市场退出机制，保障了主体功能区战略下的投资及产业政策配置。

3. 土地政策

土地政策是现行土地法律框架下推动主体功能区建设的一项重要政策安排，土地政策主要通过对区域土地供应数量和结构的控制来引导行为活动主体的行为、调控国土空间开发时序及秩序，从而落实主体功能区的空间管制要求。《全国主体功能区规划》中提出要按照不同主体功能区的功能定位和发展方向，实行差别化的土地利用和土地管理政策，在限制开发区、禁止开发区确保耕地数量和质量，逐步减少农村居住用地；城市化地区严格控制工业用地增加，适度增加城市居住用地，合理控制交通用地增长；严格控制优化开发区域建设用地增量，探索实行城乡之间用地增减挂钩、城乡之间人地挂钩、地区之间人地挂钩的政策。其后，《关于建立城镇建设用地增加规模同吸纳农业转移人口落户数量挂钩机制的实施意见》《自然生态空间用途管制办法（试行）》等文件的发布，促进了土地资源的节约集约利用、提高了其功能合理性，同时加强了粮食安全和生态安全保障。

4. 人口政策

人口政策主要关注区域经济布局和人口布局不平衡、人口城镇化和土地城镇化发展不协调等问题，旨在引导人口在空间内有序流动、合理分布，推动经济集聚和人口集聚协同发展。《全国主体功能区规划》中提出在优化开发和重点开发区域要实施积极的人口迁入政策，加强人口集聚和吸纳能力建设，引导区域内人口均衡分布，同时防止人口向特大城市中心区过度集聚；在限制开发和禁止开发区域则要实施积极的人口退出政策,增强劳动力跨区域转移就业的能力,同步引导区域内人口向县城和中心镇集聚;通过改革户籍管理制度,逐步统一城乡户口登记管理制度,促进基本公共服务均等化和权益同等。《国家人口发展规划(2016—2030年)》中进一步提出要根据不同主体功能区定位要求,健全差别化的人口政策,多措并举引导人口向优化开发和重点开发区域适度集聚,支持鼓励限制开发和禁止开发区域的人口自愿迁出,严格控制超大、特大城市的人口规模,制定和完善与主体功能区相配套的人口政策。各区域及城乡间人口的合理流动得到有效引导,基本公共服务的均等化稳步推进,与主体功能区布局要求相适应的人口分布格局逐渐实现。

5. 其他政策

此外,主体功能配套政策还包括农业政策、环境政策、民族政策、应对气候变化政策等,分别在支持和保护农业发展、惠农政策力度、农业及农村基础设施建设、农村社会事业发展、各类主体功能区污染物控制、产业准入环境标准、水资源保护、少数民族聚居区的发展、能源资源集约节约利用、气候适应等方面设定差异化要求。如农业政策主要关注对农产品主产区的转移支付、农产品市场调控以及农产品加工业发展;环境政策主要关注优化开发区和重点开发区的污染控制、水资源利用效率,以及限制开发区、禁止开发区域的自然资源管理和生态保护修复;民族政策在优化开发和重点开发区域注重扶持区域内少数民族聚居区的发展,在限制开发和禁止开发区域聚焦少数民族聚居区经济社会发展中的突出民生问题和特殊困难;应对气候变化政策提出在城市化地区要积极发展循环经济、实施重点节能工程,在农产品主产区要继续加强农业基础设施建设、推进农业结构和种植制度调整,在重点生态功能区增加陆地生态系统的固碳能力等适应对策。各部门对应出台的《特色农产品区域布局规划(2013—2020年)》《关于贯彻实施国家主体功能区环境政策的若干意见》《生态环境损害赔偿制度改革试点方案》《完善能源消费强度和总量双控制度方案》等相关政策文件,保障了主体功能区规划的顺利实施,主体功能建设切实推进。

6. 绩效考核评价

绩效考核评价按照区域的不同主体功能定位进行设定,不同主体功能类别区域的评价重点各有侧重,同时强化考核结果运用,以此引导各地区推进主体功能区建设。总体上在优化开发区聚焦对经济结构、资源消耗、环境保护、自主创新以及外来人口公共服务覆盖等指标的评价;重点开发区评价指标重点稍有不同,在经济发展层面更注重评价经济增长，自主创新水平暂不考量，同时相较于优化开发区还另外增加对人口吸纳、质量效益、产业结构等指标的综合评价；限制开发区强调对农产品保障能力的评价，主要考核农业综合生产能力、农民收入；禁止开发区重视对于区域自然文化资源原真性和完整性保护情况的评价，考核依法管理的情况、污染物"零排放"情况、保护对象完好程度以及保护目标实现情况等内容。

4.3 "三区三线"管制与治理体系

国土空间规划体系改革以来，"三区三线"作为优化国土空间布局和实施国土空间用途管制的重要手段，是各级国土空间规划编制与监督实施的重要内容。习近平总书记指出，要坚持底线思维，以国土空间规划为依据，把城镇、农业、生态空间和生态保护红线、永久基本农田、城镇开发边界作为调整经济结构、规划产业发展、推进城镇化不可逾越的红线。目前，全国"三区三线"已获批，作为新时代国土空间规划编制的重要内容、实施的刚性依据，已成为国土空间治理体系中的重要一环。但鉴于划定"三区三线"是一项继承历史上各类管制政策、技术标准、相关规划的创新性工作，本节基于"三区三线"的基本概念开始梳理，从永久基本农田保护管制、生态保护红线管制和城镇开发边界管制三个方面展开，探索科学统筹划定"三条控制线"的管制与治理模式。

4.3.1 "三区三线"的基本概念

1. "三区三线"的概念内涵

"三区三线"是指：农业空间、生态空间、城镇空间三种类型空间所对应的区域，以及分别对应划定的永久基本农田保护红线、城镇开发边界、生态保护红线三条控制线。二者共同构成国土空间用途管制的重要内容，是国土空间用途管制的核心框架[1-2]。"三区"中的农业空间指以农业生产和农村居民生活为主体功能，承担农

---

1. 岳文泽，王田雨，甄延临．"三区三线"为核心的统一国土空间用途管制分区［J］．中国土地科学，2020，34（5）：52-59，68．
2. 张尚武，刘振宇，王昱菲．"三区三线"统筹划定与国土空间布局优化：难点与方法思考［J］．城市规划学刊，2022（2）：12-19．

产品生产和农村生活功能的国土空间，主要包括永久基本农田、一般农田等农业生产用地和村庄等农村生活用地；生态空间指具有自然属性的以提供生态服务或生态产品为主体功能的国土空间，包括森林、草原、湿地、河流、湖泊、滩涂、荒地、荒漠等；城镇空间指以城镇居民生产、生活为主体功能的国土空间，包括城镇建设空间、工矿建设空间及部分乡级政府驻地的开发建设空间。"三线"中永久基本农田是按照一定时期人口和经济社会发展对农产品的需求，确定的不得擅自占用或改变用途的耕地；生态保护红线是以重要生态功能区、生态敏感区和生态脆弱区为重点而划定的实施强制性保护的空间边界；城镇开发边界是在一定时期内因城市、建制镇以及各类开发区发展需要，可以集中进行开发建设、完善城镇功能、提升空间品质的区域边界，涉及城市、镇和各类开发区等。其主要的差异在于："三区"突出主导功能划分，在其内部统筹要素分类，是功能分区和用途分类的基础；而"三线"侧重边界的刚性管控，是"三区"内部最核心的刚性要求，从空间关系上看，"三区"各自包含"三线"。

2. "三区三线"政策

党的十八大以来，以空间治理能力现代化为目标，中央多次提出构建统一的空间规划体系，谋划全域统一行使所有国土空间用途管制和生态保护修复职责，涉及的主要政策制度如表 4-4 所列，这些文件对全国各地编制国土空间规划、科学划定三条控制线起到了探索和指导作用。

表 4-4 "三区三线"划定的主要政策制度

时间	主体	政策文件	主要内容/作用
2015.09	中共中央 国务院	《生态文明体制改革总体方案》	构建以空间规划为基础、以用途管制为主要手段的国土空间开发保护制度。
2019.05	中共中央 国务院	《中共中央 国务院关于建立国土空间规划体系并监督实施的若干意见》	以国土空间规划为依据，对所有国土空间分区分类实施用途管制。
2019.05	自然资源部		全面启动国土空间规划编制审批和实施管理工作。
2019.11	中共中央办公厅、国务院办公厅	《关于在国土空间规划中统筹划定落实三条控制线的指导意见》	明确了三线划定的基本原则、具体要求和管控规则，为全国统筹划定三条控制线提供了政策依据。
2022.08	自然资源部、生态环境部、国家林业和草原局	《关于加强生态保护红线管理的通知（试行）》	对加强生态保护红线管理，严守自然生态安全边界提出具体要求。
2023.10	自然资源部	《关于做好城镇开发边界管理的通知（试行）》	要运用好"三区三线"划定成果，在国土空间开发保护利用中加强和规范城镇开发边界管理。

4.3.2 永久基本农田保护管制

1. 永久基本农田概念内涵

2008年，十七届三中全会《中共中央关于推进农村改革发展若干重大问题的决定》首次明确提出"永久基本农田"概念。"永久基本农田"是在原《土地管理法》"基本农田"概念基础上提出来的。基本农田是一个独具中国特色的概念，等同于国外研究中的重要农地（important farmland）[1]。最早的基本农田的提出可追溯到1963年黄河中下游水土保持工作会议，提出基本农田为"旱涝保收、产量较高的耕地"。其后，国务院颁布并修订的《基本农田保护条例》从法律层面正式提出了基本农田的内涵。基本农田的内涵可以理解为基本农田是具有一定保护数量指标的优质耕地，一旦划定就不能随意占用。

随着基本农田保护形势的日益严峻，十七届三中全会《中共中央关于推进农村改革发展若干重大问题的决定》明确提出要划定永久基本农田的战略思想。《全国土地利用总体规划纲要（2006—2020年）调整方案》（国土资发〔2016〕67号）明确要求科学划定永久基本农田，全面提升基本农田保护水平，努力实现基本农田保护与建设并重、数量与质量并重、生产功能与生态功能并重，对基本农田的内涵认识也上升到了永久基本农田层面。永久基本农田可以理解为优质、连片、永久、稳定的耕地[2]，主要包括四个方面内涵：一是基本农田是优质连片耕地；二是基本农田落地到户，位置将"永久"固定；三是基本农田划定应考虑其多样性功能，包括生产功能与生态功能；四是基本农田划定应与社会经济发展相协调，具有稳定性。因此，准确理解和认识基本农田内涵，才能建立科学的基本农田划定方法体系，保障基本农田永久稳定。

永久基本农田是耕地的精华与优质耕地保护的抓手。《土地管理法》对以下应当划为永久基本农田的耕地进行了规定，实行严格保护：①经国务院农业农村主管部门或者县级以上地方人民政府批准确定的粮、棉、油、糖等重要农产品生产基地内的耕地；②有良好的水利与水土保持设施的耕地，正在实施改造计划以及可以改造的中、低产田和已建成的高标准农田；③蔬菜生产基地；④农业科研、教学试验田；⑤国务院规定应当划为永久基本农田的其他耕地。

---

1. 聂庆华，包浩生. 基于GIS农田质量自动分等定级算法及其实现：以北京市房山区为例[J]. 南京大学学报（自然科学版），1999（6）：55-61.
2. 钱凤魁，王秋兵，边振兴，等. 永久基本农田划定和保护理论探讨[J]. 中国农业资源与区划，2013，34（3）：22-27.

2. 管控要求

永久基本农田保护管制对加快推进农业农村现代化、深化农业供给侧结构性改革和实施乡村振兴、促进生态文明建设等方面具有重要战略意义。永久基本农田的管制治理通过颁布强制政策与监督管理考核等技术规程，确保耕地的数量不减少、质量有提升，维持粮食生产能力不减弱。《土地管理法》《土地管理法实施条例》及相关法规文件在空间上规定了每一耕地地块规划期内的用途，并且一经划定，任何单位和个人不得擅自占用或改变用途，不得以任何方式挪作它用，同时融入社会对技术规程的监督考核，鼓励具体承担保护义务和涉及利益分配的村民参与，并及时公告相关结果，进而在政府和社会层面从数量、空间、时间三个维度严格管控优质、连片、永久、稳定的耕地。

《土地管理法》明确：①国家实行永久基本农田保护制度；②永久基本农田应当落实到地块，纳入国家永久基本农田数据库严格管理；③永久基本农田经依法划定后，任何单位和个人不得擅自占用或者改变其用途；④禁止通过擅自调整县级土地利用总体规划、乡（镇）土地利用总体规划等方式规避永久基本农田农用地转用或者土地征收的审批；⑤禁止占用耕地建窑、建坟或者擅自在耕地上建房、挖砂、采石、采矿、取土等；⑥禁止占用永久基本农田发展林果业和挖塘养鱼。

《土地管理法实施条例》明确：①国家对耕地实行特殊保护，严守耕地保护红线，严格控制耕地转为林地、草地、园地等其他农用地；②耕地应当优先用于粮食和棉、油、糖、蔬菜等农产品生产；③省、自治区、直辖市人民政府应当将国务院确定的耕地保有量和永久基本农田保护任务分解下达，落实到具体地块。

《关于严格耕地用途管制有关问题的通知》[1]明确：①要严格落实永久基本农田特殊保护制度；②永久基本农田现状种植粮食作物的，继续保持不变；③按照《土地管理法》第三十三条明确的永久基本农田划定范围，现状种植棉、油、糖、蔬菜等非粮食作物的，可以维持不变，也可以结合国家和地方种粮补贴有关政策，引导向种植粮食作物调整；④种植粮食作物的情形包括在耕地上每年至少种植一季粮食作物和符合国土调查的耕地认定标准，采取粮食与非粮食作物间作、轮作、套种的土地利用方式；⑤永久基本农田不得转为林地、草地、园地等其他农用地及农业设施建设用地；⑥严禁占用永久基本农田发展林果业和挖塘养鱼；⑦严禁占用永久基本农田种植苗木、草皮等用于绿化装饰以及其他破坏耕作层的植物；⑧严禁占用永

---

1. 于 2021 年 11 月 27 日由自然资源部、农业农村部、国家林业和草原局联合印发。

久基本农田挖湖造景、建设绿化带；⑨严禁新增占用永久基本农田建设畜禽养殖设施、水产养殖设施和破坏耕作层的种植业设施。

3. 相关政策

2008年十七届三中全会《中共中央关于推进农村改革发展若干重大问题的决定》首次明确提出"永久基本农田"概念。"永久基本农田"是在原《土地管理法》"基本农田"概念基础上提出来的，按照《基本农田保护条例》的规定，永久基本农田是按照一定时期人口和经济社会发展需要，依据土地利用总体规划确定不得占用的耕地。一经划定，在规划期内必须得到严格保护，除法律规定的情形外，不得擅自占用和改变。

永久基本农田是耕地的精华与优质耕地保护的抓手。《土地管理法》第三十三条第一款规定下列耕地应当根据土地利用总体规划划为永久基本农田，实行严格保护：

①经国务院农业农村主管部门或者县级以上地方人民政府批准确定的粮、棉、油、糖等重要农产品生产基地内的耕地；

②有良好的水利与水土保持设施的耕地，正在实施改造计划以及可以改造的中、低产田和已建成的高标准农田；

③蔬菜生产基地；

④农业科研、教学试验田；

⑤国务院规定应当划为永久基本农田的其他耕地。

永久基本农田的划定是耕地保护、土地集约利用、粮食安全保障的有效方式。政府及社会高度重视永久基本农田的划定工作，《土地管理法》规定各省、自治区、直辖市划定的永久基本农田一般应当占本行政区域内耕地的80%以上，具体比例由国务院根据各省、自治区、直辖市耕地实际情况规定。截至2018年6月，全国实际划定15.50亿亩永久基本农田，有划定任务的2887个县级行政区完成划定工作并通过省级验收。国家也出台相关政策规范化永久基本农田红线管理工作，自然资源部、农业农村部起草了《永久基本农田保护红线管理办法》，明确了永久基本农田保护红线的划定、管控、保护、质量建设和优化调整等的相关管理方法。永久基本农田保护红线应当坚持"整体稳定、优化微调"。重大建设项目难以避让确需占用永久基本农田，或高标准农田建设、土地综合整治等依照本办法规定确需对永久基本农田保护红线进行优化调整的，应当按照"数量不减、质量不降、布局优化"的原则调整并补划，补划的永久基本农田应当是可以长期稳定利用的耕地。永久基本农田红线坚持管控保护原则和"三线"协调机制，禁止在城乡建设中以单个项目占用为目的，擅自调整永久基本农田保护红线。禁止在生态保护红线、城镇开发边界调整过程中，擅自调整占用永久基本农田保护红线。城镇开发边界范围内的永久基本农田，原则上应当予以保留。对零星破碎、不便耕种、确需进行集中连片整治的，应当保留在城镇开发边界范围内，且总面积不减少；确需调出城镇开发边界范围的，应当确保城镇开发边界规模不扩大。集中连片的梯田和与生态保护对象共生的耕地，确有必要纳入自然保护地，且符合永久基本农田划定要求的，经省级人民政府自然资源主管部门会同有关部门论证，可以同时划入生态保护红线和永久基本农田保护红线，实行严格保护。

在永久基本农田红线划定的实践中，我国学者借鉴美国的"土地评价和立地分析"系统（land evaluation and site assessment，LESA），构建永久基本农田划定理论方法体系，主要包括三个方面的评价[1]。

耕地自然质量评价。首先要选取耕地自然质量评价指标，评价指标直接影响到评价结果真实性、合理性和科学性，评价指标要求覆盖面要广，要对影响耕地质量的土壤条件、水文条件、地形地貌条件、土地利用条件等进行全面客观地分析做到所考虑因素既不遗漏，又不重叠。指标选取可参照已被广泛应用的农用地分等成果。

耕地立地条件评价。耕地立地条件是指除耕地自然质量条件之外影响耕地永久稳定性的一切外部环境条件，包括社会经济发展压力、耕地区位优势以及自然景观等环境条件。立地条件会影响基本农田与社会发展的协调性。因此，立地条件评价指标选取要因地制宜，既要考虑耕地区位因素，如交通的便捷、农贸市场的繁华等条件，又要考虑经济建设用地需求，如未来城市发展、项目落地、道路扩建等因素条件，同时还要考虑基本农田所特有的景观价值功能，如城市间的景观隔离带、景观的美学功能等。

耕地质量与立地条件综合评价。永久基本农田划定中既要考虑耕地自然因素条件，还要考虑耕地立地环境因素条件，通过耕地质量评价可以科学掌握耕地的自然质量条件，而通过耕地立地条件评价，可以科学分析影响耕地稳定性的外界环境条件。因此，开展耕地质量评价和立地条件评价综合研究分析，既可以了解和掌握耕地自然质量，又可以了解和掌握耕地立地环境特征，保障了划定的基本农田既具有良好的自然质量条件，又具有稳定协调的立地环境条件。

---

1. 钱凤魁，王秋兵，边振兴，等.永久基本农田划定和保护理论探讨［J］.中国农业资源与区划，2013，34（3）：22-27.

4.3.3 生态保护红线管制

1. 生态保护红线概念内涵

《生态保护红线划定指南》定义生态保护红线是依法在重点生态功能区、生态环境敏感区等区域划定的严格管控边界。在生态安全格局视角下,划定生态保护红线可以看作亟需生态保护的国土空间与开发利用的国土空间相互竞争的过程,即从"源"克服"阻力面"达到"汇"的过程。生态保护红线的实质是保障和维持生态系统结构、功能、过程稳定的最关键、最完整的国土空间[1-2]。具体可从以下三方面理解:①生态保护红线是确定生态系统服务极重要和生态环境极敏感的国土生态保护空间。该空间作为生态保护红线划定的"源",是人类和生物物种扩散、生态系统结构完整的原点。②生态保护红线是以克服竞争阻力、确保生态系统完整性与连通性为目标的国土功能空间。在厘清"格局-过程-功能"关系的基础上,应当构建空间"源"向外演化所形成的阻力面,进而识别生态廊道等关键生态要素,刻画具有完整性与连通性的生态空间格局。③生态保护红线是落实空间刚性管控的政策线。生态系统服务需求作为"社会-经济-环境"系统的终端,应当确保生态系统服务供给与社会需求之间的动态平衡,进而促进"人口-资源-环境"的均衡。

2. 管控要求

基于上述理解与分析,并借鉴生态安全格局研究范式,提出生态保护红线划定及优化框架如下:①运用 Delphi-AHP 法评价典型区域的耕地质量,在不划入优质耕地的前提下,确定各生态系统服务(产水量、土壤保持、碳储量、生境质量)及生态敏感性(水土流失、沙漠化、生境敏感)指标的红线划定阈值,进而识别生态系统服务极重要区与生态环境极敏感区。②通过评估生态系统服务供需,有效识别供需不匹配的区域并排除在生态系统服务极重要区外,与生态环境极敏感区叠加获取生态保护红线初步划定区域。③根据生态保护红线初步划定区域提取生态源地,结合构建的综合生态阻力面,利用 Linkage Mapper 与最小累积阻力模型(minimum cumulative resistance model,MCR)提取生态廊道与生态节点,其缓冲区与生态保护红线初步划定区域共同构成生态保护红线区域。④采用 STARS 算法,辨识生态系统完整性与连通性对关键生态系统服务影响的突变点及优化阈

---

1. 林勇, 樊景凤, 温泉, 等. 生态红线划分的理论和技术 [J]. 生态学报, 2016, 36 (5): 1244-1252.
2. 张雪飞, 王传胜, 李萌. 国土空间规划中生态空间和生态保护红线的划定 [J]. 地理研究, 2019, 38 (10): 2430-2446.

值，以判别亟需优化的生态保护红线区域并对不同类型的管控区域提出针对性管控对策。

3. 相关政策

根据《关于加强生态保护红线管理的通知（试行）》（自然资发〔2022〕142号），生态保护红线管制方面有以下几个关键点。

系统完整性： 生态保护红线具有系统完整性，意味着在划定时需要考虑生态系统的完整性，确保生态系统的结构和功能得到保护。

强制约束性： 生态保护红线具有强制约束性，对人为活动进行严格控制。在生态保护红线内，除国家重大项目外，仅允许对生态功能不造成破坏的有限人为活动。

管控人为活动： 生态保护红线内，自然保护核心保护区原则上禁止人为活动，其他区域严格禁止开发性、生产性建设活动。在符合法律法规的前提下，允许一些对生态功能不造成破坏的有限人为活动，如管护巡护、保护执法、科学研究、调查监测等。

动态平衡性： 生态保护红线并非一成不变，而是需要根据生态系统的变化和人类活动的影响进行动态调整，以确保其持续有效地保护生态环境。

协同增效性： 生态保护红线的划定和实施需要与经济社会发展规划、土地利用规划、城乡规划等相衔接，实现生态环境保护与经济社会发展的协同增效。

操作可达性： 生态保护红线的划定需要具有明确的地理坐标和边界范围，以便于管理和监督。同时，需要建立健全生态保护红线的监测、评估、考核和奖惩机制，确保其得到有效执行。

总的来说，生态保护红线的管制旨在通过建立严格的生态保护制度，对生态功能保障、环境质量安全和自然资源利用等方面提出更高的监管要求，从而促进人口资源环境相均衡、经济社会生态效益相统一。

4.3.4 城镇开发边界管制

1. 城镇开发边界概念内涵

作为国土空间规划的关键组成部分，城镇开发边界管制是指通过法律、政策、规划等手段，在国土空间规划中对城镇发展区域进行明确的界定，以实现城镇空间的合理布局、资源的高效利用和生态环境的严格保护，推动城镇实现绿色、集约、高质量发展的一种空间管理措施[1]。与城镇开发边界内涵相似的概念还有"城镇增长边界"（urban growth boundary，UGB）、"城市开发边界"等。该思想最早可追溯到现代城市规划产生的萌芽阶段，以霍华德《明日的田园城市》的观点为代表——为了应对城市的无序蔓延和由此带来的各种"城市病"而在中心城区外围设立永久性绿带，以抑制城市无序生长[2]。城镇开发边界管制也有助于通过提高土地资源利用效率，实现资源节约型城镇发展，保护城镇周边的生态环境和生物多样性，平衡城镇发展与社会经济需求，促进区域均衡发展。

2. 管控要求

城镇开发边界管制的治理体系强调综合性，旨在通过科学规划和严格管理，以防止城镇无序蔓延、实现对城镇发展边界的有效控制。该治理体系包括以下几个关键组成部分。

规划引领：基于国家和地方的发展战略，科学划定城镇开发边界，作为管制依据。

法规支撑：建立完善的法律法规体系，为城镇开发边界的划定和管理提供法律依据和政策支持。

生态保护与资源节约：强调生态保护和资源节约，确保边界管制与环境保护相协调。

技术应用：综合采用地理信息系统、遥感技术、大数据分析等现代技术手段，提高城镇开发边界管理的科学性和精准性。

全周期管理：涵盖城镇开发边界实施过程中的规划、实施、监督、评估、考核和执法等各环节。

弹性与适应性：在城镇开发边界管理中预留一定的弹性空间，以适应未来的发展变化和不确定性。

部门协调与合作：建立跨部门协调机制，实现信息共享和资源整合。

考核与问责：将城镇开发边界的管控情况纳入地方政府和领导干部的政绩考核，确保责任落实。

信息公开与透明度：通过国土空间基础信息平台和"一张图"实施监督信息系统，提高管理的透明度和信息公开水平。

---

1. 林坚，乔治洋，叶子君. 城市开发边界的"划"与"用"：我国14个大城市开发边界划定试点进展分析与思考［J］. 城市规划学刊，2017（2）：37-43.
2. 赵民，程遥，潘海霞. 论"城镇开发边界"的概念与运作策略：国土空间规划体系下的再探讨［J］. 城市规划，2019，43（11）：31-36.

公众参与： 鼓励公众参与城镇开发边界的规划和管理过程，并通过社会监督提高管理的透明度和公众满意度。

持续评估与调整： 定期对城镇开发边界的管理效果进行评估，并根据评估结果和新的发展趋势进行必要的调整。

地方差异化管理： 考虑到不同地区的自然资源禀赋和经济社会发展实际，实施差异化的城镇开发边界管理策略。

3. 相关政策

自 2019 年"城镇开发边界"提出以来，多地进行了城镇开发边界的探索实践，目前已取得了良好成效，主要体现在以下方面。首先，城镇开发边界管制一定程度上防止了城镇无序蔓延，通过划定城镇开发边界，有效控制了城镇的扩张速度和方向，促进了城镇紧凑发展。其次，在节约集约利用土地方面有了明显成效，城镇开发边界的设定推动了对存量用地的盘活，加强了对新增建设用地的控制，提高了土地使用效率。此外，城镇开发边界管制促进了城镇高质量发展，通过城镇开发边界的严格管理和科学划定，提升了城镇空间品质。城镇开发边界管制也是落实生态文明建设要求的重要举措，城镇开发边界的划定有助于保护耕地和生态环境。在优化城市空间布局方面，城镇开发边界管制通过城镇开发边界管理，优化了城市总体规划，提升了城市空间布局的合理性。在实现规划城镇建设用地的合理安排方面，城镇开发边界管制通过引导城镇建设用地向城镇开发边界内集中，促进了城镇集约集聚建设，提高了土地节约集约利用水平。城镇开发边界管制也促进了地方经济和产业发展，吸引了大量人口定居，创造了较高的 GDP 和财政收入。这些成效展示了城镇开发边界管制在促进城镇发展、提升土地利用效率、保护生态环境以及推动经济结构调整等方面的积极作用。

同时，城镇开发边界管制在实践中仍存在一些问题和挑战，具体包括：①缺乏统一划定标准；②政策执行力度不一；③规划与实际发展出现脱节；④公众参与度不足；⑤技术手段应用不充分；⑥资源环境承载力评估不足；⑦跨部门协调机制不健全；⑧监督和执法难度大等。为此，城镇开发边界管制可通过以下对策实现对城镇发展更为科学和有序的管理。

第一，依据国土空间规划，合理设定城镇开发边界，控制城镇无序扩张，促进城镇紧凑发展和节约集约利用土地。

第二，实施全周期管理，加强对城镇开发边界的实施、监督、评估、考核和执法等全周期管理，确保规划的严肃性和权威性。

第三，促进城镇绿色发展，通过改变规模驱动、粗放利用的空间开发模式，加大存量用地盘活力度，促进发展方式绿色转型。

第四，保护与发展并重，在城镇开发边界管理中，保护耕地、生态和历史文化遗产，同时兼顾城镇发展需求。

第五，根据城镇的区位、资源和发展潜力，采取分类引导城镇发展的策略，支持小城镇发展成为卫星镇，支持具有特定资源的小城镇发展成为专业功能镇。

第六，科学配备和动态调整人员编制，优先满足社会管理、公共服务等领域用编需求，优化行政资源配置，提升城市治理水平。

上述对策有助于实现城镇发展区管制的目标，即促进城镇高质量发展，同时保护生态环境和历史文化资源，实现可持续发展。

4.4　全域功能分区管制与治理体系

全域功能分区管制是国土空间布局优化、开发、保护的重要环节，是各级政府制定土地利用政策、调整土地利用结构、统筹区域协调发展的重要依据。随着经济社会发展与空间管理的需要，国土空间规划中全域功能分区工作不断细化，成为科学布局生产、生活、生态"三生"空间、推进实现高质量发展与高品质生活的关键举措，对于美丽中国建设目标的实现具有重要现实意义。本节首先明确了全域功能分区管制的基本概念，进而从生态保护区与生态控制区管制、农田保护区管制、城镇发展区管制、乡村发展区管制、海洋发展区管制和矿产资源发展区管制六个方面阐释国土空间规划全域功能分区的重点内容与管制规则。

4.4.1　全域功能分区的基本概念

1. 全域功能分区的概念内涵

全域功能分区是以全域覆盖、不交叉、不重叠为基本原则，以国土空间的保护与保留、开发与利用两大管控属性为基础，根据主体功能区战略定位，结合国土空间规划发展策略，将全域国土空间划分为生态保护区、自然保留区、永久基本农田集中区、城镇发展区、农业农村发展区、海洋发展区等六类基本分区，并明确各分区的核心管控目标和政策导向。同时，还可对城镇发展区、农业农村发展区、海洋发展区等规划基本分区进行细化分类，并明确各分区的核心管控目标和政策导向。

2. 全域功能分区管制

全域功能分区管制与传统土地用途管制相比，在以下三个方面具有更强的功能：①更具有整体性和全域性的功能。即国土空间用途管制要做到区域全覆盖，不仅要管控农用地和建设用地，还要管控海洋以及河流、湖泊、荒漠等自然生态空间；②具有更强的空间管控功能。它不仅指一般意义上的地下、地表和地上的立体空间，更指由土地、水、地形、地质、生物等自然要素以及建筑物、工程设施、经济基础设施与文化景观等人文要素构成的地域功能空间；③具有更强的空间治理功能。国土空间用途管制以空间治理体系和治理能力现代化为目标导向，更强调将山水林田湖草沙作为生命共同体的功能。它要求以可持续发展为价值取向，不断推进国土空间用途管制的治理结构和治理模式创新，理顺空间、要素与功能之间的逻辑关系，实现"政府－市场－社会"的联动，"国土空间规划－国土空间用途管制－资源总量管控"的联动，建构底线约束与激励引导相结合的新机制，切实推进空间开发利用更有序、更有效和更高品质[1]。

全域功能分区管制的特点包括但不限于：其是一项强制性的公共政策，也是一种具有科学属性的技术活动，涉及对象除了自然属性的国土空间以外，还关系到城乡的经济社会发展，最终为人服务；全域功能分区管制所涉及的地域范围应该是全域，既包括城镇（建设用地），也包括农村（村庄以及农用地），既包括地表，也包括三维的地下与地上空间使用与形态。

3. 国土空间用途管制与全域功能分区的关系

全域功能分区作为土地用途管制实施的重要组成部分，其需要结合空间用途的有效管制，才能发挥有效的指导作用[2]。一方面，当前的国土空间用途管制并未实现所有国土空间的全部覆盖和规则统一。例如饮用水水源保护地的划定和管制规则，在不同部门和各省（自治区、直辖市）之间的要求仍有明显的差异，而生态属性的林地、草地、园地、坑塘水面、未利用地等管制规则明显不足、利用随意，这是当前国土空间用途管制的突出薄弱之处。另一方面，虽然当前国土空间规划中提出了

---

1. 念沛豪, 蔡玉梅, 马世发, 等. 国土空间综合分区研究综述 [J]. 中国土地科学, 2014, 28（1）: 20-25.
2. 吴桐, 岳文泽, 夏皓轩, 等. 国土空间规划视域下主体功能区战略优化 [J]. 经济地理, 2022, 42（2）: 11-17, 73.

分区管制的总体思路，但当前建设项目用地预审、农转用和土地征收审批等具体工作中并未体现"分区准入"的实际作用，依然延续了传统自然资源系统内部各部门以各类控制线和单一要素管制要求并行审查的许可模式。各类要素管制规则之间各成体系，缺乏相互关联，在具体实施管理遇到冲突时的取舍关系没有理顺，以分区管制为目标的空间准入、用途转换、功能管制等工具明显缺位。因此，健全国土空间用途管制需要建立以"三区三线"为核心的空间管控思路，用途管制分区的模式需要实现由"管制分区"到"功能分区＋管制规则"的转变，才能使空间的功能性属性得到凸显，例如，以三条控制线为抓手，根据生态保护、农业生产、城镇发展等不同的空间用途，制定差异化的空间管控规则[1]。

4.4.2　生态保护区与生态控制区管制

1. 生态保护区管制

1）概念

生态保护区是指对有代表性的自然生态系统、珍稀濒危野生动植物物种的天然集中分布区、有特殊意义的自然遗迹等保护对象所在的陆地、陆地水体或者海域，依法划出一定面积予以特殊保护和管理的区域。生态保护区的建立旨在保护自然生态系统和生物多样性，维护生态平衡和可持续发展。这些区域通常包括自然保护区、风景名胜区、森林公园、地质公园、海洋公园等。

2）划定方法

生态保护区的划定方法具体包括以下步骤。

选择合适的划分标准： 根据生态环境的特点和保护需求，选择合适的划分标准，如生物多样性指数、生态系统服务功能等。

收集相关数据和信息： 收集与划分生态保护区相关的地理、生态、经济等方面的数据和信息，确保划分方案的科学性和可靠性。

分析评估现有状况： 对待划分的地区进行综合分析和评估，包括土地利用情况、生物多样性、生态系统健康状况等。

识别生态保护红线划定范围： 首先，依据国家空间规划文件和地方相关规划，如《全国主体功能区规划》《全国生态功能区划》等，结合相应的国家和地方社会经济发展规划和生态环境保护规划，识别生态保护的重点区域，确定生态保护红线划定的重

---

1. 叶斌，郑晓华，罗海明，等."三区三线"统筹划定：现象剖析、技术逻辑与南京经验［J］. 城市规划学刊，2024（1）：54-62.

点范围。其次，需依据科学评估结果，将生态功能相对极重要、极敏感脆弱的区域与禁止开发区域进行空间叠加，纳入生态保护红线。最后，解决红线内存在的交叉重叠问题，按照一定原则，如"先做减法，后做加法"，处理永久基本农田、集中居民居住地等生产建设用地与生态保护红线的关系，确保生态保护区的有效性和合理性。

3）管控措施

生态保护区的管控措施是确保生态保护区有效运行和生态资源得到保护的关键。以下是对生态保护区管控措施的清晰归纳和具体说明。

制定与实施保护计划：生态保护区应制定全面的保护计划，明确目标和操作指南。保护计划应综合考虑生物多样性保护、资源合理利用、自然演替、生态修复和公众参与等因素。确保计划的有效实施，通过监测和评估来追踪保护区的状况和发展。

建立管理机构：设立专门的管理机构，负责保护区的运营和管理。管理机构应包括科学专业人员、管理人员和辅助人员，确保保护区的正常运行和管理工作的顺利进行。

加强监测与评估：对生态保护区进行定期监测和评估，以评估保护区的健康状况和生态功能。监测可以包括动植物种群数量、物种多样性、水质和土壤质量等指标。评估结果应为保护区的管理提供科学依据，指导保护工作的改进。

强化法律法规和执法力度：加强生态保护区的法律法规建设，确保保护区的管理和保护有法可依。

加大执法力度：严厉打击非法猎捕、盗采和其他违法行为，保护保护区内的生物资源不被破坏。

提升保护管理水平：强化现代科技支撑，积极争取各类项目资金，加强保护站点、检查哨卡、巡护检测等基础设施建设。

充分运用遥感等先进技术手段：加强保护区监管和监督检查，确保违法违规问题及时发现处置。

通过上述管控措施的实施，可以有效保护生态保护区内的生态资源和生态环境，实现生态系统的可持续发展。

2. 生态控制区管制

1）概念

生态控制区是指生态控制线以内，以严格的生态保护为目标，统筹山水林田湖草沙等生态资源保护利用的地区。这个区域的主要目的是强化生态保育和生态建设，同时严控开发建设活动。

生态控制区以生态保护红线、永久基本农田保护红线范围为基础，包含具有重要生态价值的山地、森林、河流、湖泊等现状生态用地，以及饮用水源保护区、自然保护区、风景名胜区、森林公园等法定保护空间。此外，一些对生态安全格局具有重要作用的大型公园和结构性绿地也被包括在内。生态控制区的管制要求非常严格，除了少数例外情况（如重大道路交通设施、市政公用设施、旅游设施和公园等），其他开发建设活动都被禁止。这些例外情况也需要进行环境影响评价及规划选址论证，并在规划选址批准前进行公示。

总的来说，生态控制区是一个以保护生态环境为主要目标的特殊区域，其实施严格的管制要求，以确保生态环境的持续稳定和健康发展。

2）划定方法

生态控制区的划定方法主要遵循一系列明确的原则和步骤，以确保对重要生态空间的有效保护。以下是关于生态控制区划定方法的清晰概述。

目标确定： 生态控制线划定的首要目标是实现严格的生态保护。这包括保护具有重要生态价值的山地、森林、河流湖泊等现状生态用地以及水源保护区、自然保护区、风景名胜区等法定保护空间。

划定范围： 生态控制线的划定范围通常包括自然保护区、基本农田保护区、一级水源保护区、森林公园、郊野公园及其他风景旅游度假区；坡度大于25度的山地、林地以及海拔超过50米的高地；主干河流、水库、湿地及具有生态保护价值的海滨陆域；维护生态系统完整性的生态廊道和隔离绿地；岛屿和具有生态保护价值的海滨陆域；以及其他需要进行生态控制的区域。

划定原则： 生态控制线的划定应遵循因地制宜的原则和生态特异性原理。根据不同地域、不同城市以及不同城市生态系统的生态重要性、脆弱性和危险性，制定不同的生态红线划分指标和体系。

3）管控措施

生态控制区的管制主要基于其设立的目标，即强化生态保育和生态建设，同时严格控制开发建设活动。以下是一些可能的管制措施。

明确管控边界： 需要清晰地界定生态控制区的边界，并在地图上明确标注。这有助于公众和相关部门了解并遵守相关规定。

制定严格的建设和开发标准： 在生态控制区内，应制定严格的建设和开发标准，限制对生态环境有不良影响的活动。例如，对于可能对生态环境造成破坏的建设项目，应进行严格的环境影响评估，并在必要时进行限制或禁止。

加强监管和执法： 对于违反生态控制区规定的行为，应加强监管和执法力度。这包括对环境违法行为的查处和处罚，以及对相关责任人的追责。

推动公众参与：公众是生态环境保护的重要力量。应鼓励公众参与生态控制区的监督和管理，强化公众的环保意识和提高公众参与度。例如，可以设立举报奖励制度，鼓励公众举报环境违法行为。

实施生态修复工程：对于已经受到破坏的生态环境，应实施生态修复工程，恢复其生态功能。这可以通过植树造林、湿地恢复、土壤改良等方式实现。

加强宣传教育：可以通过媒体、学校、社区等渠道进行宣传教育，提高公众对生态控制区重要性的认识，增强公众的环保意识和责任感。

建立监测和评估体系：建立生态控制区的监测和评估体系，定期对其生态环境质量进行评估和监测。这有助于及时发现和解决问题，确保生态控制区的生态环境得到有效保护。

通过实施以上措施，可以确保生态控制区的生态环境得到有效保护，实现强化生态保育和生态建设的目标。

4.4.3　农田保护区管制

农田保护区主要是为了保护和维护粮食生产能力、生态平衡以及农业可持续发展。此类土地主要用于农业生产，有着严格的管理措施，以确保土壤质量、水资源和生物多样性得到保护。农田保护区对于保障国家粮食安全、促进农业现代化具有重要意义。

1. 农田分类管控原则

国家实行基本农田保护制度，明确要在土地利用总体规划中确定基本农田，划定基本农田保护区。

基本农田是耕地资源中的优质部分，具有土地质量好、区位条件好、水利设施完备且集中连片等特点。基本农田的保护原则是保优不保劣，保近不保远，保整不保零。农田保护区要解决的核心问题是哪些耕地应该被划入保护区，实施严格的耕地保护制度。学者们以科学的土地质量分级为基础，基于农用地利用等别成果来划定基本农田保护区[1]。

2. 农田保护区分类

农田保护区管制对于不同保护等级的耕地采用不同的保护方式，即针对不同

---

1. 郑新奇，杨树佳，象伟宁，等.基于农用地分等的基本农田保护空间规划方法研究[J].农业工程学报，2007（1）：66-71，292.

地区、类型、等级、效益的耕地制定不同的保护类型。农田保护区按照保护等级可以基本分为两大类：永久基本农田与一般农田。对两类不同的农田采用不同的方式保护。

对于永久基本农田，坚持采用严格的用途管制制度，保持中国耕地总量底线的刚性约束，坚守粮食生产安全的底线。 伴随城镇化进入稳定期，建设占用耕地需求减弱，永久基本农田保护理应继续实施。局部地区如生态敏感区不适宜继续耕种而被划入永久基本农田的地块，实行退耕还林还草。

对于一般农田，则需要在保障其生产功能的同时，注重合理利用和可持续发展。 具体来说，首先要优化一般农田的布局和结构，根据当地的气候、土壤等自然条件和社会经济条件，合理确定农作物的种植结构和轮作制度。其次，要加强一般农田的基础设施建设，提高农田的灌溉、排水、交通等条件，为农业生产提供有力保障。此外，还要推广先进的农业技术和管理模式，提高一般农田的产出效益和可持续发展能力。一般农田的占用采用审批制度，同时必须由占用人提供经济补偿。这部分经济补偿不再用于耕地数量的开发，而是用于提升永久基本农田区的耕地质量，使粮食生产能力不降低，同时为未来的补偿落实与永久基本农田质量提升制定相应方案和监管措施。随着经济水平的提升、人口数量的稳定、粮食产能的提高，耕地占用的经济补偿，未来将从用于提升永久基本农田质量慢慢转向维护生态安全格局。

3. 农田保护区管制原则与方法

2021年12月，自然资源部、农业农村部、国家林业和草原局印发了《关于严格耕地用途管制有关问题的通知》（以下简称《通知》），该《通知》提出要坚持最严格的耕地保护制度和节约用地制度，采取"长牙齿"的硬措施，严格耕地用途管制，坚决遏制耕地"非农化"、严格管控耕地"非粮化"，牢牢守住耕地保护红线。从具体管制措施来看，《通知》明确了耕地和永久基本农田利用优先顺序和负面清单。一是永久基本农田重点用于粮食生产，原种植油、糖、菜等非粮食作物的，可以维持不变，也可以结合国家和地方种粮补贴有关政策引导，向种植粮食作物调整。二是建立永久基本农田利用负面清单，不得以农业种植结构调整等理由改变永久基本农田的耕地地类属性；严禁占用永久基本农田发展林果业和挖塘养鱼；严禁占用永久基本农田种植苗木、草皮等用于绿化装饰以及其他破坏耕作层的植物；严禁占用永久基本农田挖湖造景、建设绿化带；严禁新增占用永久基本农田建设畜禽养殖设施、水产养殖设施和破坏耕作层导致耕地地类改变的种植业设施。三是明确一般耕地的利用优先顺序。永久基本农田以外的耕地属于一般耕地。严格控制耕地转为林地、草地、园地等其他农用地和农业设施建设用地。一般耕地主要用于种植粮食和棉、油、糖、蔬菜等农产品及饲草饲料生产，在不破坏耕地耕作层且不造成耕地地类改变的前提下，可以适度种植其他农作物。四是明确一般耕地的利用负面清单。不得在一般耕地上挖湖造景、种植草皮；不得违规超标准在铁路、公路等用地红线外，以及河渠两侧、水库周边占用一般耕地建设绿化带（铁路、公路等两侧绿化带宽度应小于5米，其中县乡道路两侧绿化带宽度应小于3米）；不得在国家批准的生态退耕规划和计划外擅自扩大退耕还林、还草、还湿、还湖规模。经批准实施的，应当在第三次全国国土调查底图和年度国土变更调查成果上，明确实施位置，带位置下达退耕任务；确需在耕地上建设农田防护林的，应当符合农田防护林建设相关标准。

在划定农田保护区时，应分析区域内的生态、农业和社会经济状况，确保保护区的划定能够最大限度地实现生态、农业和社会效益。例如，优先划定具有重要生态功能、较高农业生产能力、社会经济效益明显的农田。根据区域实际情况，制定农田保护区划分标准。这些标准可以包括土壤质量、水资源、生物多样性、农业生产能力等要素。在划定农田保护区时，应根据这些标准进行评估和筛选。对划定的基本农田进行动态监测，及时调整。根据农田保护区的实际情况和国土空间规划的需求，适时对农田保护区进行动态调整。如遇项目审批、政策变动等因素，应及时调整保护区范围，确保农田资源的合理利用。同时，设立农田保护区补偿机制，对受保护政策影响的相关利益主体进行合理补偿，确保农田保护政策的顺利实施。

4.4.4　城镇发展区管制

1）概念

城镇发展区包括城镇集中建设区、城镇弹性发展区和特别用途区，这些区域的划定旨在满足城镇发展需求、优化城镇功能和空间布局。城镇发展区的管制指对城镇发展区域内各类土地使用和开发活动进行规范和控制，以实现城镇的有序发展、优化城镇功能和空间布局，同时保护生态环境和历史文化资源。作为主要的主体功能区，城镇发展区的管制是主体功能区战略制度落地实施的关键手段。

2）划定方法

城镇发展区管制首先通过国土空间规划，明确不同区域的土地用途，如住宅、商业、工业、绿地等，并制定相应的土地使用政策；也对城镇内的建设活动进行管理，包括建筑高度、密度、风格等，以保持城镇的美观和协调。在环境保护方面，城镇发展区管制划定生态保护区域，限制可能对环境造成破坏的开发活动，保护自然资源和生态系统。城镇发展区管制也注重历史文化保护，对城镇中的历史文化区域进行保护，限制可能影响历史遗迹和文化特色的开发行为。另外，公共设施规划、交通规划、经济发展规划及社会管理等方面的内容也是城镇发展区管制的重要内容。

城镇发展区管制开展后，较好地促进了城镇化质量的提升、城市规模结构改善、城乡融合发展等方面的成效。在城镇化质量提升方面，随着新型城镇化战略的推进，城镇化不仅注重数量的增长，更加注重质量和功能的完善，城市发展质量得到稳步提升。城市规模结构也得到了一定程度的优化，城市人口规模不断扩大，大中小城市和小城镇协调发展，形成了更加合理的城市规模结构。城市群一体化发展水平也有提高，如京津冀、粤港澳大湾区、长三角等城市群的发展取得显著成效，成为推动区域经济发展的重要增长极。此外，城镇发展区管制通过户籍制度改革使农业转移人口市民化制度基本建立，提高了市民化质量。城镇发展区管制也加快了城乡一体化进程，使得城乡居民收入差距持续缩小，城乡融合发展体制机制和政策体系不断建立健全。在经济效益影响方面，城镇发展区管制提升了城市经济实力，城市地区生产总值快速增加，科技创新成果丰硕，产业结构优化升级；并促进了城镇居民人均可支配收入的持续较快增长，消费结构明显升级，生活质量提升。城镇发展区管制也对公共服务设施改善、交通设施完善、生态文明建设等方面产生了较好的促进作用。这些成效的取得，是城镇发展区管制政策实施效果的体现，也是我国城镇化发展进入新阶段的重要标志。

3）管控措施

我国城镇发展区管制虽然取得了一定的成效，但仍面临诸多挑战。在人口流动不平衡的情况下，某些地区人口流入过度集中，对管制提出了新的要求。在城镇化率较低的部分地区，老龄化可能加剧该地区的城镇化困境。此外，产业结构发展失衡是城镇发展区管制的又一困境：城镇化发展与产业结构紧密相关，产业结构单一或落后的地区难以吸引人才和投资，影响城镇化的可持续发展。城镇发展区管制也离不开资源环境承载能力的约束，城镇扩张对自然资源的需求增加，可能导致的生态环境问题不容忽视。此外，城镇基本公共服务覆盖不均，尤其是非户籍人口群体的公共服务享有水平亟需提升。在城市治理能力方面，城市治理能力有待提高科学化、精细化、智能化水平，包括空间治理、社会治理、行政管理等方面。历史文化传承与现代城市规划的冲突也是城镇发展区管制的一个重要考量内容，保护历史文化街区、历史肌理与追求现代化建设之间的冲突是亟待解决的问题。此外，在城乡融合发展背景下，城镇发展区管制需要统筹城镇规划、基础设施建设、产业协同等方面的内容。

由此，城镇发展区管制的对策主要可围绕以下几个方面展开。首先，依据国土空间规划，合理设定城镇开发边界，控制城镇无序扩张，促进城镇紧凑发展和节约集约利用土地。其次，实施全周期管理，加强对城镇开发边界的实施、监督、评估、考核和执法等全周期管理，确保规划的严肃性和权威性。强化规划实施监督，建立区级城市体检评估机制，确保规划的连续性和一致性，实现规划的长期有效执行。另外，城镇发展区管制可考虑通过构建合理的城市空间结构，为产业发展提供高品质空间；改变规模驱动、粗放利用的空间开发模式，加大存量用地盘活力度，促进发展方式绿色转型；在城镇开发边界管理中，保护耕地、生态和历史文化遗产，同时兼顾城镇发展需求；城镇开发边界管理既要体现严肃性，守住底线，又要给予地方一定的灵活性，以适应经济社会发展的动态需求。在分类引导城镇发展方面，城镇发展区管制根据城镇的区位、资源和发展潜力，可采取不同的发展策略，如支持大城市周边小城镇发展成为卫星镇，支持具有特定资源的小城镇发展成为专业功能镇等。在推动城乡一体化方面，城镇发展区管制需统筹城乡规划，推动城镇基础设施和公共服务向乡村延伸，实现城乡功能衔接互补。另外，优化行政资源配置、深化户籍制度改革、推动历史文化传承、提升城市治理水平也是城镇发展区管制的重要内容。

这些对策有助于实现城镇发展区管制的目标，即促进城镇高质量发展的同时，保护生态环境和历史文化资源，实现可持续发展。同时，解决这些困境也需要政策支持、制度改革、规划优化和综合治理等多方面形成合力。在具体的实践中，城镇发展区的管制还需要结合当地的实际情况，考虑经济发展水平、社会需求、环境承载力等多方面因素，制定出既符合国家宏观政策，又具有地方特色的管制措施，最终旨在实现城镇的可持续发展和社会经济的协调增长。

4.4.5 乡村发展区管制

乡村发展区是指农田保护区外，为满足农林牧渔等农业发展、农民生产生活为主要功能的区域，包括村庄建设区、一般农业区、农田整备区、林业发展区。乡村发展区是以农民生活、农林业生产为主导用途的国土空间，严控大规模的城镇建设。乡村发展区管制是在城乡一体化发展和乡村振兴战略背景下，为实现乡村可持续发展和提升农民生活质量而提出的管理措施。由于乡村发展区在地域位置、形态结构、功能价值等方面与城市国土空间有所差异，因此二者的管制规则和发展思路有所不同。乡村发展区以促进农业和乡村特色产业发展、改善农民生产生活条件为导向，按照"详细规划＋规划许可"和"约束指标＋分区准入"的方式，根据具体土地用途类型进行管理，统筹协调村庄建设、生态保护，有效保障农业生产发展配套设施用地。具体包括：永久基本农田集中区以外的耕地、园地、林地、草地等农用地，农业和乡村特色产业发展所需的各类配套设施用地，以及现状和规划的村庄建设用地。

1. 村庄建设区管制

1）概念

村庄建设区是指在规划期内因建设管控引导需要，因地制宜划定的并用于村庄集中开发建设的区域。用地类型主要为宅基地、公共服务与基础设施、商业服务用地、无污染的小型产业用地以及留白用地等。其中产业用地指用于农产品加工流通、农村休闲观光旅游、电子商务等混合的第一、第二、第三产业用地，土地用途包括工业用地、商业用地、物流仓储用地等。

2）划定方法

村庄建设边界作为乡镇国土空间总体规划及村庄规划中重要的控制线，应科学规划和合理管理村庄建设边界的用途，引导村庄建设用地集中布局，提高节约集约利用水平。根据村庄的实际情况和发展需求，合理规划和建设相关基础设施，如道路、供水、供电等。结合村庄资源和特色，优化农业产业结构，推动农业产业升级和转型，提高村民的收入和生活质量。

3）管控措施

村庄建设区的准入应符合国土空间规划和其他相关规划，原则上限制建设用地复垦、宜耕后备资源开发、农用地整理等土地整治工程的准入。在符合国土空间规划和其他相关规划的前提下，村庄建设区准入宅基地、农村公共服务设施、交通市政基础设施、农产品加工仓储、农家乐、民宿、创意办公、休闲农业、乡村旅游配套设施等农村生产、生活相关的用途。原则上禁止大型工业园区、大型商业商务酒店开发等大规模城镇建设用途。各设区市自然资源主管部门应在细则中明确村庄建设区中允许准入的城镇开发用途和规模上限。已批准村庄规划覆盖的区域，村庄建设区的准入应符合村庄规划的要求。已批准村庄规划未覆盖的区域，各项村庄建设用地和各类配套设施用地应优先利用闲置地和荒废地，尽量少占耕地，新增建设用地应符合规划确定的人均村庄建设用地规模和范围要求，优先保障农村宅基地和公共服务设施用地的建设需求，宅基地建设应依法落实"一户一宅"要求，遵守地方宅基地建设标准；公共服务设施应严格按照国土空间规划明确的公共服务设施建设标准和布局要求进行建设。对村民生产、生活有负面影响的生产、开发活动以及违法建设应当通过国土空间规划的编制和实施逐步退出。

2. 一般农业区管制

1）概念

一般农业发展区是指城镇发展区、基本农田集中区、生态环境保护重点区以外，以农业生产发展为主要利用功能导向划定的区域。其他用于农业生产的区域，区内用地一般以耕地为主，也包括少量园地、林地和其他农用地。

2）划定方法

一般农业区划定方法主要基于农业生产的自然条件和社会经济条件，按照地域分异规律，科学地划分农业区，以实现生产力的合理布局。通过评估区域内的农业资源分布、农业生产潜力和限制因素，综合考虑自然条件和社会经济条件，以及农业生产的特点和需求。根据地域差异和农业资源的特性，划定具有不同农业发展方向和特色的区域。

3）管控措施

一般农业区中的耕地按照《土地管理法》《土地管理法实施条例》《关于坚决制止耕地"非农化"防止耕地"非粮化"稳定发展粮食生产的意见》等法律法规和文件的要求进行管控。一般农业区内的耕地优先用于粮食和棉、油、糖、蔬菜等农产品生产。鼓励依据国土空间规划、全域土地综合整治规划等相关规划开展土地整治，提升耕地质量，促进区内建设用地、其他农用地整治为耕地。一般农业区中零星分布的永久基本农田在满足相应保护任务的前提下可通过国土空间规划的编制和实施调为一般耕地，在未调出前，按照相应规则管制。在符合国土空间规划和其他相关规划的前提下，一般农业区允许农业设施建设用地准入，不需落实占补平衡，使用后必须恢复原用途。严格控制农业设施建设用地转化为非农建设用地。在符合国土空间规划和其他相关规划的前提下，一般农业区允许准入利用农村本地资源开展农产品初加工、发展休闲观光旅游而必需的配套设施建设。已批准详细规划覆盖的区域，上述建设项目的选址和建设应符合详细规划的各项规定；已批准详细规划未覆盖的区域，在不占用永久基本农田和生态保护红线、不突破国土空间规划建设用地指标等约束条件、符合用途管制要求、不破坏生态环境和乡村风貌的前提下，安排少量建设用地，可视作符合国土空间规划。各区市自然资源主管部门应在细则中明确已批准详细规划未覆盖的区域建设项目的用途准入、规模控制、建设高度、建设强度和风貌的管控规则。一般农业区中的永久基本农田储备耕地在补划为永久基本农田前，按照一般耕地管理和使用，并及时进行补充更新。重大建设项目或整改补划永久基本农田的，可直接在永久基本农田储备耕地中进行补划。

下列用途应通过国土空间规划的编制和实施有序退出，并限期恢复种植条件，规划期间确实不能恢复种植条件的，允许保留现状用途，但不得扩大面积。具体包括：一般农业区内破坏、污染耕地的开发生产活动；违法违规占用耕地的用途；零星的建设用地等。

3. 农田整备区管制

1）概念

农田整备区是指在规划实施期间，可以调整补充为基本农田的耕地集中分布区域。这些区域通过土地整治活动，逐步形成集中连片、具有良好水利和水土保持设施的耕地集中分布区域。

2）划定方法

农田整备区管制的主要目的是优化农田布局，提高土地利用效率，确保粮食安全，推动农业现代化发展。将零星分散的农田整合为集中连片的区域，便于规模经营和现代化管理。加强农田水利设施建设，提高农田灌溉和排水能力，优化土壤质量，提高农田综合生产能力。通过水土保持和生态保护措施，减少水土流失和环境污染，维护农田生态系统的稳定和健康。

3）管控措施

农田整备区内的现状耕地优先用于粮食和棉、油、糖、蔬菜等农产品生产。在符合国土空间规划和其他相关规划的前提下，鼓励通过建设用地复垦、宜耕后备资源开发、农用地整理和其他土地整治工程的实施，在非耕地地类上垦造耕地，提升耕地连片程度；鼓励开展耕地质量提升、旱地改水田等项目，提升耕地质量。农田整备区内建设用途的准入参照一般农业区进行管制。农田整备区内应退出的用途参照一般农业区进行管制。

4. 林业发展区管制

1）概念

林业发展区是指依据自然地理条件、社会经济条件、林业资源分布和林业发展需求等因素，划定的专门用于林业发展和资源保护的区域。这些区域通常具有特定的林业发展目标、功能定位和管理要求，旨在促进林业资源的可持续利用和生态环境的保护。林业发展区管制是指对规划为林业发展的特定区域进行一系列的管理和限制措施，这些措施旨在确保林业资源的合理开发和利用时，实现林业的可持续发展。

2）划定方法

基于自然地理条件、社会经济条件和林业资源分布规律，科学合理地划定林业发展区。确保林业资源的可持续利用和生态环境的保护，避免过度开发和破坏。根据林业资源的不同功能和用途，合理划定不同功能类型的林业发展区。

3）管控措施

林业发展区内的林地根据林地种类按照《全国林地保护利用规划纲要（2010—2020年）》中Ⅲ级林地、Ⅳ级林地的要求进行管控。

鼓励依据国土空间规划及其他相关规划，实施生态修复工程，提升生态环境质量。严格限制农业开发占用林业发展区，在不涉及林地、水域和天然牧草地，并符合国土空间规划和其他相关规划的前提下，经评估有利于提升生态功能的，可开展土地整治新增耕地。林业发展区内的经济林地鼓励推行集约经营、农林复合经营，在法律允许的范围内合理安排各类生产活动，最大限度地挖掘林地生产力。严格控制征占用林业发展区中的丰产优质用材林、木本粮油林、生物质能源林培育基地等重要林地，在符合国土空间规划和其他相关规划的前提下，允许能源、交通、水利等基础设施和城乡建设用地准入，从严控制商业性经营设施建设用地准入，限制勘查、开采矿藏和其他项目用地准入。林业发展区中的其他经济林允许准入符合法律法规要求并符合国土空间规划的各类建设用途。已批准详细规划覆盖区域，林业发展区中各类建设的选址和建设应符合详细规划的各项规定；已批准详细规划未覆盖区域，区内的各种开发建设活动应做好选址论证，严格控制建筑规模与开发强度，严格风貌管控，确保生态安全和生态服务质量不降低。各设区市自然资源主管部门应在细则中明确已批准详细规划未覆盖区域中各类建设活动的用途准入、规模控制、建设高度、建设强度和风貌的管控规则，并明确需要选址论证的项目以及选址论证报告的内容和审批程序。

下列用途应通过国土空间规划的编制和实施有序退出：区内原有的各种不符合生态保护要求的生产、开发活动；现有的围湖造田，应当按照国家规定的防洪标准进行治理，逐步退田还湖；国有林场和坡度在25度以上已经开垦种植的林地要逐步还林；违法违规的现状建设。

总体来看，乡村发展区用途管制是在生态文明建设理念和治理能力现代化的要求下，针对乡村发展区要素、结构、功能的复杂性，以及用途管制空间的异质性和动态性等特征，以"详细规划＋规划许可"和"约束指标＋分区准入"为手段，优化提升乡村地域资源要素、结构体系和功能价值的重要举措。在乡村地区落实乡村发展区用途管制有利于强化国土空间开发权利合理分配、城乡关系融合、生态福利共享，实现城乡空间综合治理与乡村有序发展。

4.4.6 海洋发展区管制

1. 规划分区

1）海洋国土空间规划分区层级

海洋空间规划是新时代国土空间规划的重要内容，同时因为海洋自然环境特征与陆地迥异，海洋空间规划不能完全遵循国土空间规划的陆地层级体系。在确定新时代海洋空间规划层级时，国家级海洋空间规划是对新时代海洋空间作出"全局"安排，省级海洋空间规划是沿海省（自治区、直辖市）对全省海洋空间开发与保护在空间和时间上做出总体安排，设置以上两个层级是必须的。

我国现行最重要的海洋空间规划——海洋功能区划，在层级上分为全国、沿海省（自治区、直辖市）、地级市、县级四级。全国和沿海省（自治区、直辖市）海洋功能区划报国务院批准，地级市与县，以及县级市的海洋功能区划均报省级人民政府批准。在原国家海洋局印发的《市县级海洋功能区划编制技术指南》中，明确要求各省（自治区、直辖市）根据本地区特点，可将市县两级区划合并为一级区划编制，即只编制市级区划或者县级区划，实践中海洋功能区划多数形成的是全国、沿海省（自治区、直辖市）、地级市或县级的三级模式。对于新时代海洋空间规划，应当充分发挥市级海洋空间规划的统筹作用，将市级、县级海洋空间规划明显区分，市级海洋空间规划主要落实和深化国家级和省级海洋空间规划要求，并为编制县级海洋空间规划、海岸带规划（专项规划）和实施"分区管理＋用海准入"管制提供基本依据。如果个别县（区）海岸线较短、毗邻海域面积较小，可不单独编制海洋空间规划，相关规划内容由市级海洋空间规划根据市、县两级海洋空间规划编制要求统筹编制，对于这种特殊情形不单独编制县级海洋空间规划，并不是将县级海洋空间规划的要求置之不理，而是要统筹到市级海洋空间规划中统一编制。

新时代海洋空间规划建议不设置乡镇级，主要理由如下：第一，海洋自然生态系统之间紧密联系、相互依存，应按照生态系统的整体性、系统性及其内在规律划分海洋空间，编制乡镇级海洋空间规划因为乡镇海域面积太小极易造成生态系统的割裂，不符合系统观和整体论的要求。第二，乡镇级人民政府不具有管理海域的权限。根据《中华人民共和国海域使用管理法》（以下简称《海域使用管理法》第七条规定，国务院海洋行政主管部门负责全国海域使用的监督管理，沿海县级以上人民政府海洋行政主管部门根据授权，负责本行政区毗邻海域使用的监督管理。第三，我国乡镇的海域空间面积普遍较小，不具备单独编制乡镇级海洋空间规划的条件。国土空间规划对乡镇级规划编制的要求也是因地制宜，可以不单独编制。第四，从用海实践上看，除了小面积个人养殖用海外，多数用海规模相对较大，比如港口、核电站、海上牧场、海洋保护区等，需要使用或占用的海域远远不止于一个乡镇的面积，不编制乡镇级海洋空间规划，有利于集中优势发挥海洋功能，保护海洋生态。

2）规划分区体系

当前国土空间规划海洋部分编制中，要求在省级总体规划中划定"两空间内部一红线"，在市县级总体规划中划定海洋发展区，并进一步细分为渔业用海区、工矿通信用海区、交通运输用海区、游憩用海区、特殊用海区和海洋预留区，两级分区均属于不同尺度的功能分区的范畴。2021年7月印发实施的《省级海岸带综合保护与利用规划编制指南》进一步要求划定海洋空间三级分区体系。基于此，在承接省（自治区、直辖市）、市、县功能分区的基础上，考虑用海方式的多样性及对自然属性影响的差异性、海洋功能的完整性等因素，提出三级分区体系（表4-5）。

表4-5 海洋空间规划分区体系

省级总体规划 （宏观尺度）	市县级总体规划 （中观尺度）	海岸带专项规划 （微观尺度）
海洋生态空间	海洋生态保护区	—
	海洋生态控制区	—
海洋开发利用空间	海洋发展区	渔业用海区
		渔业基础设施区
		增养殖区
		捕捞区

续表

省级总体规划 （宏观尺度）	市县级总体规划 （中观尺度）	海岸带专项规划（微观尺度）	
海洋开发利用空间	海洋发展区	交通运输用海区	港口区
			航运区
			路桥隧道区
		工矿通信用海区	工业用海区
			盐田用海区
			固体矿产用海区
			油气用海区
			可再生能源用海区
			海底电缆管道用海区
		游憩用海区	风景旅游用海区
			文体休闲娱乐用海区
		特殊用海区	军事用海区
			水下文物保护区
			海洋倾倒区
			其他特殊用海区
		海洋预留区	—

2. 分区管制

1）海洋空间开发利用的特殊性及管制需求

海洋是一个整体的、系统的、复合的生态空间，具有立体性、连通性、水体流动性等特征，区域异质性不明显，具体体现在：

海洋空间具有开放性。流动的海水使局部海域变化受季风、洋流等区域乃至全球尺度海洋事件影响，反之，溢油、采矿等局部干扰亦可能造成大范围扰动，这要求海洋空间的开发利用必须在更大尺度考虑各类影响。

海洋空间具有立体性。垂直维度从海空、海面到海底的不同层次对应不同的自然地理与生态环境条件，可对同一点位或区域开展能源、航运、渔业等"多宜性"海洋空间利用，一些发达海洋国家为此率先开展立体海洋空间规划探索。

海域资源类型丰富。海域资源包括生物资源、矿产资源、海水资源、可再生能源、空间资源等类型，这些资源并不孤立存在，常以多种组合分布于同一海域空间，使海域具有多种开发潜力。

海洋空间具有脆弱性。各类用海工程"牵一发而动全身",存在很大的负外部性,且人工干预也很难在短期内修复,必须对海洋保护利用采取"最严格的特殊手段"。

海洋空间具有不宜居性。空间利用主要体现为生产属性与生态属性,较少涉及人居因素,利用需求同陆地截然不同。

海域与陆地差异较大。一层厚度不一的海水,将水体之中海底的资源与环境条件完全隐蔽起来。除了一望无际、起伏不平的海面外,其他很难再看到别的什么。在任何一个海域之中,其环境特性、资源状况和社会功能价值,人们无法直观了解并进行判断。

海域的物质构成较复杂。低空海域由空气组成,水体由海水组成,底土由泥沙、岩石等构成,而水面是空气与水体的交界面,海床为水体与底土的交界面。海平面时刻处于涨落过程中,使水面的位置和水体的深度处于动态变化中;此外,海床时刻受到底层海水水流、波浪等的综合影响,也处于变化中,尤其是深度较浅区域变化更加频繁。因此,尽管可以根据物质构成将海域分为"水面、水体、海床、底土"特征明显的四层空间,但实际上各层空间边界并不固定。

海洋空间不同于土地的特征,使其开发利用具有显著的特殊性,进而使海洋空间用途管制产生不同的制度需求。

海域空间用途兼容性强,要求管制规则具有更强的弹性。海域空间是海洋生物资源、矿产资源、海水资源、可再生能源、空间资源等多种资源的复合体,这也是海洋空间利用方向多样性的关键因素。海洋空间分区会基于自然属性和经济社会发展需求,选择最适合、最有效率、最具优势的开发利用方向作为主导用途,并以维护主导用途的开展作为用途管制实施的重要内容。但其他用途与主导用途之间并非仅有竞争性、互损性等不相容的关系,还可能具有一致性、互利性等兼容性关系,甚至可能存在立体分层使用海域的情形,这就需要对其他的非主导用途提出更为明确和具体的管制要求。

用海方式是影响海域自然属性改变程度的重要因素,是用途管制应重点关注的内容。对于土地利用来说,同种用途分区内的开发建设的方式及对自然属性的影响具有相似性,而在海域利用中,同种用途的用海活动可能有几种用海方式的选择。以码头建设为例,使用者可以选择填海造地,也可以选择非透水构筑物或构筑物,不同用海方式对海洋自然属性的改变程度等存在很大差别,这就要求海域空间用途管制必须重视对用海方式的约束或引导。

海洋开发利用的尺度较大,开发与管理的精细化程度较低。海洋环境复杂,开发利用受到浪、潮、流甚至海洋灾害等各种因素影响，无人口定居，对于海洋开发利用无法提出建筑密度、容积率等精细化的管控要求或约束指标（围填海形成的土地利用除外），因此广泛地采用详细规划中指标约束的管制形式不具可操作性，更适合采用正面清单、负面清单、条件式许可等形式。

海洋空间利用负外部性的空间溢出效应更大，需要重视更大范围内用海活动的协调。 海洋管理中无法像陆地一样将开发利用空间和生态空间实行物理隔离，海洋开发建设产生的污染物，很容易扩散到邻近区域，因此即使是开发利用空间也需要重视污染物的排放管控。除了环境污染外，海洋开发建设对水动力条件的影响也不容忽视，尤其是海砂开采、围填海等用海活动，极容易导致岸线侵蚀或航道淤积等，影响区域用海协调或设施安全。

2）海洋空间分区管制的基本思路

国土空间用途管制的演进历程表明，用途管制的诉求、内容与措施具有鲜明的时代特征，是不同时期人与自然的关系在制度上的具体体现。根据《生态文明体制改革总体方案》《中共中央 国务院关于建立国土空间规划体系并监督实施的若干意见》，国土空间规划与用途管制的对象就是国土空间的开发和保护。实施国土空间用途管制，其重要起因就是为了解决"因无序开发、过度开发、分散开发导致的优质耕地和生态空间占用过多、生态破坏、环境污染等问题"。因此，协调好开发与保护的关系，始终是海洋国土空间用途管制的核心任务。国土空间规划分区明确了生态空间和海洋开发利用空间的边界，解决了"哪些应当保护"和"哪些可以利用"的问题，接下来"如何保护"和"如何利用"的问题就需要通过制定管制规则来解决，这也是海洋空间用途管制面临的第一层问题。但对于海洋空间，开发与保护不是"非此即彼"的关系，生态空间内不可避免需要开展某些特定的用海活动，而开发利用空间内也需要对生态环境的适当保护，此即为海洋空间用途管制面临的第二层问题，即"如何在保护中利用"和"如何在利用中保护"。

3）海洋空间分区管制的内容体系

国土空间用途管制规则主要是针对各类国土空间分区就开发利用方向、结构布局优化调整重点、自然资源利用性质、开发利用行为规范、禁止性规定、限制性规定、激励性规定等，制定供使用者共同遵守的章法或条款。不同国家、地区管制规则的共同特点是：微观、详细、简明、可操作性强。新的国土空间规划和用途管制体系下，管制规则的制定一般应重视以下几方面的目标和内容：一是确保国土空间合理开发，保证国土空间能够充分发挥生产或服务效能，确保国土空间合理利用，防止过度开发或低效开发；二是避免国土空间不相容利用，维持良好的生产、生活和生态环境；三是增强国土空间生态功能，遵循生态系统的整体性、人与自然的共生性、生物区域的多样性准则，有利于山水林田湖草沙生命共同体的形成，不断增进国土空间的生态服务功能，以满足社会大众对美好生活追求的需要；四是鼓励国土空间集聚开发，有利于优化产业结构、陆海统筹，有利于转变国土空间开发利用方式，促进国土空间紧凑发展，提高开发效率。

国土空间用途管制的演进历程表明，用途管制的诉求、内容与措施具有鲜明的时代特征，是不同时期人与自然的关系在制度上的具体体现。不同阶段、不同对象的用途管制制度（包括其管制规则）必然充分考虑了当时阶段国土空间开发保护面临的迫切问题和目标，因此，制定管制规则必然要坚持目标导向，明确规划分区单元的空间发展目标；保障区内主导用途的空间需求，包括对生态环境和特定资源的要求等；同时，任何开发利用活动都具有一定的负外部性，尤其是对海洋生态环境可能存在较大的负面影响，应着重考虑。

在各个时期，用途管制都被看作是消除空间利用负外部性问题的有效手段，目标是实现管制对象的可持续利用。《生态文明体制改革总体方案》则进一步明确了当前阶段实施国土空间用途管制的原因，即国土空间无序开发、过度开发、分散开发导致优质耕地和生态空间占用过多、生态破坏、环境污染等问题。而《若干意见》则提出了国土空间规划体系改革的远景目标，即生产空间集约高效、生活空间宜居适度、生态空间山清水秀，安全和谐、富有竞争力和可持续发展。

结合当前海洋开发与保护面临的现实困境和制度缺陷，海洋国土空间用途管制的整体目标是实现海洋空间可持续利用，支撑沿海地区乃至国家经济社会高质量发展。按照海洋空间"保护"和"开发利用"两大属性，进一步细化为：维护海洋自然属性，保护海洋生态空间，确保海洋生态空间面积不减少、功能不降低、生态服务保障能力逐渐提高；发挥海洋空间服务效能，转变海洋开发利用方式，提升海洋开发利用空间的节约集约利用水平，提高海洋空间利用效率，为高质量发展提供有力支撑。

基于以上分析，海洋空间分区的具体要求如下。

生态保护区（海洋）：自然保护地核心保护区原则上禁止人为活动，其他区域严格禁止开发性、生产性建设活动，在符合现行法律法规前提下，除国家重大战略项目外，仅允许对生态功能不造成破坏的有限人为活动。

生态控制区（海洋）：严禁随意开发，不得擅自改变岸线、地形地貌及其他自然生态环境原有状态。经评价在对生态环境不产生破坏的前提下，可适度开展旅游、科研、教育等活动。

渔业用海区： 合理布局渔业基础设施，节约集约利用岸线和海域空间。确保传统养殖用海稳定，支持集约化海水养殖，有序发展海洋牧场。防治海水养殖污染，防范外来物种侵害，保持海洋生态系统结构与功能稳定。

工矿通信用海区： 优化空间布局，合理控制开发利用规模，节约集约利用岸线和海域空间；保障国家产业政策鼓励类产业用海。落实环境保护措施，严格实行污水达标排放；保障油气资源勘探开发，支持海洋可再生能源开发利用；优化海上风电布局，促进海上风电与其他产业协调发展。防止海砂开采对砂质岸线、海洋保护区、渔业资源的破坏。防范海上溢油等海洋环境突发污染事件。

交通运输用海区： 优化港口布局，合理控制港口建设规模，集约高效利用岸线和海域空间，保障重点港口用海需求；维护沿海主要港口、航道和锚地水域功能，保障航运安全。减少对海洋水动力环境、岸滩及海底地形地貌的影响，防止海岸侵蚀；在跨海桥梁等路桥用海范围内严禁建设其他永久性建筑物。

游憩用海区： 合理控制规模，优化空间布局，有序利用海岸线、海湾等重要旅游资源。保护海岸自然景观和沙滩资源，避免对海洋生态环境造成影响。保护公众亲海空间，禁止非公益性设施占用公共旅游资源。

特殊用海区： 保障军事用海需求；合理选划海洋倾倒区，保障国家大中型港口、河口航道建设和维护的疏浚物倾倒需要；加强污水达标排放和倾倒用海监测、监视和检查，防止对周边功能区环境质量产生影响。

海洋预留区： 规划期内应加强管理，严禁随意开发，不得擅自改变岸线、地形地貌及其他自然生态环境原有状态；确需开发利用的，应按程序调整预留区的功能。

4.4.7　矿产资源发展区管制

由于矿产资源禀赋的固定性，客观上造成矿产资源的开发具有空间局限性。同时，由于矿产资源开采方式不同，对国土空间和自然资源的影响各异，在国土空间规划中的功能划分也不同。因此，应根据矿产资源的禀赋特征，以及产业结构布局，在国土空间规划框架下划定矿产资源发展区。目前，一般将矿区规划在生产空间内。

一些早期建成的存续矿山企业，受城镇扩张的影响，部分矿区可能位于城镇开发边界之内。但随着的矿区可采资源储量的减少，已在城镇开发边界内的矿山企业正逐步退出,并腾退出矿山建设用地。按照矿产资源的禀赋特点,国土空间主要功能应考虑结合区域社会经济发展,矿产资源发展区包括矿产业经济区、矿产资源勘查区、矿产资源开采区和矿区生态环境治理区。当然,受矿产资源赋存的空间特性,这些区域在地表可以重叠。

1. 矿业经济区

1)矿业经济区的内涵

矿业经济区是指以矿产资源勘查、开采及后续选冶加工为主体,具有自身特点和一定规模的资源禀赋及配套程度,开发利用状况、矿业经济发展情况和产业政策等,规划确定的产业链,促进后续冶炼、加工产业的发展,以资源为基础引导我国重化工业、原材料等基地建设合理布局。矿业经济区范围不宜过大,便于统一管理。

2)矿业经济区的划定

矿业经济区的划定须考虑地质成矿的客观性,以及矿业经济对区域社会经济的贡献等。影响矿业经济区的因素主要包括以下几方面内容。

资源潜力: 包括矿产资源的种类、查明资源储量、预测资源量、资源查明程度、共伴生矿产资源综合勘查、综合评价情况等。

资源开发利用条件与现状: 包括区域环境容量、交通、电力、水资源等开发利用条件,主要矿种的矿石开采量、矿业集中度、采选冶及后续加工业的配套程度、矿产资源节约与综合利用情况,重点工程项目情况等。

矿业经济发展情况: 包括市场需求、矿业产值、矿业增加值及其对地区经济的贡献率、矿业人口占地区就业总人口的比例、吸引区外资金及矿业对外投资情况等。

产业政策: 包括促进矿业经济区建设的财政、税收、结构调整等国家和地方产业政策等。

3)矿业经济区的管控

为发挥矿业经济区的作用,在国土空间规划实施中,应从以下几个方面加强管控。

合理规划矿业经济区,积极培育和发展矿业市场。 国土空间规划在分析区域资源、环境、产业发展的基础上,结合国民经济和社会发展规划,提出区域产业发展方向和发展战略。在矿产资源富集区域,一般规划以矿业经济为支撑的技术经济开发区。因此,在规划的矿业经济区内须大力改善投资环境,发展优势产业。积极培育和发展矿业市场,形成统一开放、竞争有序的市场体系,重点发展资本、劳动力、技术、矿业权等要素市场,增加矿产资源勘查和矿产资源综合开发利用的采、选、冶技术改造和科技创新及矿山环境保护与恢复治理的资金投入，提高矿产资源综合利用水平和矿山环境保护与恢复治理的能力。

实施综合协同发展战略。矿业经济区的健康发展需要矿业，但不应仅限于矿业，应将矿产资源与环境、经济、社会发展密切联系起来，以矿产资源勘查、开发、利用带动相关产业的协同发展。同时关注矿产资源开发对资源环境影响及治理，实现矿产资源、环境、经济社会的和谐统一。尊重矿床地质规律和矿业经济发展规律，研究市场经济条件下的矿产资源的短缺程度和可能的失衡危害，及时地发出警报，及时发现矿业发展的未来走向，在产业进入衰老期之前及时实施有效的经济转型，顺利实现矿业的可持续发展，使矿产资源的开发利用在保护生态环境的前提下开展。在规模开发矿产资源、推动经济发展的同时，不断改善和建设良好的生态环境。以循环经济为核心，促进矿产资源的技术开发能力和产业化水平，提高资源综合效益。

加强政府宏观调控。政府要加强对矿业的宏观管理和政策引导，定期发布矿业产业政策、技术政策、经济政策。在国土空间规划框架下，明确鼓励、限制、禁止勘查开采的矿种和矿区。定期发布鼓励、限制和禁止淘汰的采矿技术、方法、设备等。适时发布信贷、税收等有关经济政策，控制矿产品总量平衡。通过产业政策、技术政策、经济政策进行宏观调控，可有效解决由于采掘业的特殊性造成的市场缺陷和市场失灵问题，促进矿业企业技术进步和维护市场的公平竞争。编制好各级矿产资源规划，加强矿业权市场的监管，推进矿业权信息公开化，建立矿山反哺机制，解决好资源枯竭企业的发展问题。

同时，统筹制定并实施矿业城市的产业政策、财政政策、投资政策、社保政策等，推动城市结构调整和城市更新转型，借鉴国外经验，针对矿业制定合理的税负政策，切实减轻矿山企业的税负政策。建立资源型城市的生态补偿机制和筹措矿区生态环境修复和治理基金，加大国家财政对资源的转移支付支持。对资源枯竭或衰退性的产业转产项目及替代产业的培育给予税收、信贷、引资方面的政策支持。

2. 矿产资源勘查区

为了查明矿产资源赋存情况，增加矿产资源储量，根据地质成矿理论，在可能成矿区域进行矿产资源勘查。为降低矿产资源勘查风险，矿产资源勘查从调查评价开始，应按顺序开展预查、普查、详查和勘探四个阶段。为避免矿产资源勘查与其他生产、生活活动在空间上发生冲突，可以对矿产资源勘查进行合理分区，并有计划地在相应的区域内开展矿产资源勘查活动。

1）矿产资源重点调查评价区

矿产资源重点调查评价区是针对成矿条件有利、有资源潜力，勘查工作程度相对较低的区域所划定的分区。矿产资源重点调查评价区是部署公益性地质矿产调查评价工作的重点区域，通过圈定找矿靶区和发现新的矿产地，拉动后续矿产资源勘查，形成新的后备资源基地。

按照全面部署、突出重点，提高基础地质调查程度，加强远景调查与潜力评价的总体要求，在明确公益性基础地质调查和矿产资源调查评价的重点任务和区域的基础上，一般将国家级重点调查评价区、基础地质调查和矿产资源远景评价工作程度较低的区域、国家和省（自治区、直辖市）急缺矿种、重要矿种的调查评价区域、有重要找矿前景的地区、优质、高效、新型非金属矿产资源调查评价的区域、老少边穷和严重缺水的供水水文地质勘查地区等圈定为矿产资源重点调查评价区。

在矿产资源重点调查评价区内安排公益性地质调查并进行调查评价，对生态环境并不造成影响，因此没有空间的限制，即在划定的重点调查评价区内，部署公益性基础地质调查和矿产资源调查评价项目，引导拉动商业性矿产资源勘查，降低投资风险，为探矿权人提供地质公共信息产品和服务。

2）禁止勘查区

禁止勘查区是指按照国土空间规划，在规划期内依照法律法规和特殊功能区的要求等，不允许开展矿产资源勘查活动的区域。包括生态环境保护功能的禁止勘查区和重要城镇及基础设施保护功能的禁止勘查区。

生态环境保护功能的禁止勘查区包括： 自然保护区，地质遗迹保护区（地质公园），重要饮用水水源保护区的一级保护区，风景名胜区，森林公园，国家重点保护的不能移动的历史文物和名胜古迹所在地等。以这些区域为准，结合生态保护红线划定一定范围内，不得开展矿产资源勘查活动。

重要城镇及基础设施保护功能的禁止勘查区包括： 铁路、高速公路、国道、省道两侧一定范围；重要工业区、大型水利工程设施、城镇市政工程设施等一定范围；港口、机场、国防工程设施圈定的地区。这些区域内也不允许开展矿产资源勘查。

在禁止勘查规划区内，不再新设探矿权，探矿权许可证到期后不再延续；同时区内现有探矿权的勘查活动，如对周边生态环境产生重大影响的，应提出具体的限期整改措施，限期仍不符合要求的，注销其勘查许可证。

3）重点勘查区

重点勘查区是按照矿产资源供需关系、国家产业政策、相关规划要求及资源环境承载力，在成矿条件有利，找矿前景良好的地区划定的重点加强矿产资源勘查活动的区域。重点勘查区旨在引导地质勘查基金和社会资金的投向，促进商业性矿产资源勘查。力争在重要矿种的资源储量上有较大突破，形成具有一定规模的（大中型）勘查或开发基地。

重点勘查区主要是含油气盆地、大型煤炭基地和矿产资源重点成矿带；成矿地质条件有利、找矿潜力大和市场需求量大的大中型危机矿山、现有油气田、资源枯竭城市的深部和外围区域；矿产资源前景较好且勘查程度相对较低，开展矿产勘查对保障区域经济社会发展具有重要意义的区域。

在重点勘查规划区，优先安排国家和省级地质勘查基金，主要通过地质勘查基金开展矿产资源的前期勘查，降低勘查风险；引导社会资金投入，引导和拉动商业性矿产资源勘查。通过配套地质勘查基金，改善投资环境，优先提供地质基础资料等措施，鼓励社会资金加快推进危机矿山接替资源勘查，促进矿山企业与地勘单位联合，共同寻找危机矿山的接替资源。

4）鼓励勘查区

鼓励勘查区是按照矿产资源供需关系、国家产业政策、相关规划要求，以及资源环境承载力等，鼓励进行商业性矿产勘查活动的区域。一般是已经开展了预查和普查，对矿产资源的地质赋存情况基本了解，甚至是达到详查阶段的区域，勘查风险可以有效控制。

一般地，将国家、省（自治区、直辖市）紧缺矿种的具有找矿前景的区域，以及老少边穷等经济欠发达且具有找矿潜力的地区划定为鼓励勘查区。在鼓励勘查区内优先设置探矿权，制定有关优惠政策。通过鼓励商业性矿产资源勘查，满足国家对急缺矿产资源的需求，缓解资源瓶颈约束，并促进区域经济社会协调发展。

5）限制勘查区

限制勘查区是按照矿产资源供需关系、国家产业政策、相关规划要求以及资源环境承载能力，对矿产资源勘查活动实行一定限制的区域。

可以将以下区域划定为具有资源保护功能的限制勘查区：国家规定实行保护性开采的特定矿种，以及具有地方特色且资源储量有限，需要储备和保护的区域；虽有可靠的资源基础和市场需求，但现阶段开发技术条件不成熟的区域。将以下区域划定为具有生态环境保护功能的限制勘查区：重要饮用水水源保护区的二级保护区和准保护区等；现有技术条件下开发对环境具有破坏性影响的矿产分布区域。

在矿产资源限制勘查规划区内，新设探矿权之前应进行严格规划审查，进行专门的规划论证或进行规划调整，对现有探矿权没有达到规划制定的勘查准入条件的，限期提出整改措施。

3. 矿产资源开采区

一般情况下，矿产资源勘查工作量有限，对区域生态环境的影响尚不足以产生不可逆转的效应。但矿产资源的开采方式可能会对区域生态环境造成程度不同的影响。因此，矿产资源开采区划就非常重要，而且必须符合国土空间规划的管控要求。

1）禁止开采区

禁止开采区规划期内根据国家产业政策、经济社会发展及资源环境保护的要求或国家特殊需要等，受经济、技术、安全、环境等多种因素的制约，禁止进行矿产资源开采的区域。包括具有资源保护功能的禁止开采区、具有生态环境保护功能的禁止开采区，以及具有重要城镇及基础设施保护功能的禁止开采区。

具有资源保护功能的禁止开采区。 包括：需要进行矿产资源储备和保护的矿产地；现有技术经济条件下，达不到资源合理利用、整体开发等要求，开发利用会造成严重资源破坏或浪费的区域。

具有生态环境保护功能的禁止开采区。 包括：自然保护区、地质遗迹保护区（地质公园）、重要饮用水水源保护区的一级保护区、风景名胜区、国家级或省级森林公园、国家重点保护的不能移动的历史文物和名胜古迹所在地等；矿产资源开发对生态环境具有不可恢复的影响，存在难以防范的矿山安全隐患的地区。

具有重要城镇及基础设施保护功能的禁止开采区。 包括：铁路、高速公路、国道、省道两侧一定距离或直观可视范围；重要工业区、大型水利工程设施、城镇市政工程设施等一定范围；港口、机场、国防工程设施圈定的地区。

此外，禁止开采区还包括国家规定的其他不得勘查开采矿产资源的区域。在禁止开采范围内，结合国土空间规划的要求，不再颁发采矿许可证，根据实际情况注销区内现有采矿许可证，采矿许可证到期不再延续；区内已建矿山定期予以关闭，根据矿山规模大小和提前关闭时间的长短，对现有生产矿山、已关闭矿山提出禁止开采区内的矿山环境保护与恢复治理具体措施。

2）重点开采区

重点开采区是在矿产资源比较集中、资源禀赋和开发利用条件好的地区，为加强对矿产资源勘查开发利用过程的调控管理，在充分考虑区域内矿产资源特点、勘查程度、开发利用现状、矿山环境保护等因素及其动态变化的基础上划定的进行重点规划和统筹安排的区域。

一般将大中型矿产地、重点矿区、重要矿产集中分布的区域，国家规划矿区及对国民经济具有重要价值的矿区等划定为重点开采区。

在矿产资源重点开采区内，统筹安排矿产资源勘查开采活动，引导和支持各类生产要素集聚，加快基础设施建设，保障区内矿产资源开发必要的用地需求，促进大中型矿产地整体勘查和整装开发，适当提高新建矿山最低开采规模标准，依法做好矿产资源开发整合，优化矿山布局和企业结构，引导资源向大型、特大型现代化矿山企业集中，促进形成集约、高效、协调的矿山开发格局。

3）鼓励开采区

鼓励开采区是规划期内按照矿产资源供需关系、国家产业政策、相关规划要求，以及资源环境承载能力等，鼓励进行矿产资源开发利用活动的区域。

一般将以下区域划定为鼓励开采区：①矿产品市场前景好，有较好的流向渠道和后续加工产业的紧缺矿种分布区域；②有较好的开采技术经济条件，易形成规模化经营，开发利用过程中能够有效控制对生态环境影响的区域；③老少边穷等经济欠发达且具有矿产资源开发潜力的地区。

对于矿产资源鼓励开采区，应在采矿权设置的数量和时序上适当给予倾斜，并在矿山建设用地等方面适当给予支持，也可以利用矿山用地优惠政策给予支持。

4）限制开采区

限制开采区是在规划期内根据国家产业政策、经济社会发展及资源环境保护的要求或国家特殊需要等，受经济、技术、安全、环境等多种因素的制约，对矿产资源开采活动实行一定限制的区域。包括具有资源保护功能的限制开采区，和具有生态环境保护功能的限制开采区。在国土空间规划中，限制开采区往往部分位于生态保护红线或城镇开发边界内，或可能会影响到生态空间和生活空间的区域。因此要根据资源环境承载力进行合理限制，保证矿产资源开发与社会经济、生态环境的协调发展，具体做法包括以下二条。

将以下区域划定为具有资源保护功能的限制开采区： 受国家产业政策调控，国家规定实行保护性开采的特定矿种分布区域；具有地方特色且需保护性限量开采的矿种分布的区域；虽有可靠的资源基础，但当前市场容量有限、应用研究不够、资源利用方式不合理的区域；在较高技术经济条件与一定外部条件下，才能达到资源合理利用的区域。

将以下区域划定为具有生态环境保护功能的限制开采区： 自然保护区、地质遗迹保护区（地质公园）的外围保护地带；重要饮用水水源保护区的二级保护区和准保护区等。

在矿产资源限制开采区内，新设采矿权之前应严格规划审查，进行专门的规划论证或进行规划调整；对在产矿山未达到该区开采规划准入条件的，责令限期整改，到期仍达不到要求的，依法注销采矿许可证。

4. 矿山生态保护与治理区管制

矿产资源开发必然会对矿区生态环境造成程度不同的损伤。根据《矿产资源法》，采矿权人应当在矿山闭坑前或者闭坑后的合理期限内完成矿区生态修复工作，并按照国务院自然资源主管部门规定的标准和程序进行验收。矿业权人的生态修复义务不因矿业权的灭失而免除。因此，矿山生态环境保护与治理是采矿权人的义务，且必须执行。对于未按照矿业权出让合同和勘查方案、开采方案履行生态保护修复义务的，由县级以上人民政府自然资源主管部门责令限期修复，处五十万元以上、二百万元以下的罚款；逾期仍未修复的，由出让矿业权的人民政府自然资源主管部门依法确定有修复能力的单位代为修复，所需费用由违法者承担，并可以提起生态损害赔偿诉讼。因此，准确划分矿山环境保护与治理分区，为布设矿山环境保护与治理工程提供依据，是更好开展矿山环境保护与治理的需要，也可以反映对矿山环境监督管理的技术水平。

根据矿山环境影响评估分区，结合矿山环境问题对人居环境、生态环境、工农业生产、区域社会经济发展的影响，兼顾矿山环境影响发展趋势的预测分析，在矿区生产影响范围内划分矿山环境重点保护区、重点预防区和重点治理区、一般治理区。

矿山环境重点保护区和重点预防区： 主要集中在矿产资源集中开采区范围内，针对矿山环境脆弱、容易受到矿产资源开采扰动并会造成严重损伤的区域，或者矿山环境治理刚结束，生态环境正在恢复阶段的区域。对矿山进行重点保护区和重点防护区加强动态监测，及时了解矿山环境变化，实现矿山环境的有效保护，确保矿山环境恢复治理成效。

矿山环境重点治理区： 主要包括矿产资源开发容易诱发一系列矿山环境问题，严重危害到人居环境、生态系统、工农业生产和经济发展的区域。对此，要根据矿产资源开发状况，按照边开采边治理的原则，考虑合理的采后稳定距离，按照矿业权出让合同中关于矿区生态修复的要求，开展矿山生态治理与修复。矿山企业作为矿山环境治理的主体，应通过具体的矿山环境治理工程的实施来保证矿山环境治理的效果。按照国土空间规划，在矿山环境治理时，要秉持安全区域生态系统的理念，对重点治理区内的自然资源全要素进行综合治理，避免不能从根本上治理、孤立地采取"头疼医头，脚疼医脚"的治理模式。

矿山环境一般治理区，主要是矿产资源开发已对环境造成破坏，但破坏程度相对较轻；或矿山环境问题对生态环境、工农业生产和经济发展造成一定影响，且影响程度比重点治理区较弱的区域，这些区域可作为矿山环境远期治理区。但要加强矿山环境监测，并根据矿山环境变化及时采取有效措施。

4.5 空间准入清单管制与治理体系

新时期国土空间规划允许空间留白，为发展预留"弹性"空间，以应对发展过程中的不确定性。以国土空间规划为依据的用途管制，同样也需要实行底线约束与激励引导相结合的"弹性"管控机制。空间准入清单作为用途管制的一项重要内容，是自然保护区建设与管理准入的基本门槛。本节从空间准入清单的基本概念入手，分别从正面清单准入管制和负面清单准入管制两个方面展开，阐释提升国土空间规划在实施管理过程中精准度和适应性的空间准入内容与决策方法。

4.5.1 空间准入清单的基本概念

1. 空间准入清单的概念内涵

空间准入清单是在国土空间管理中用于指导和规范空间利用的一份详细列表。它包含了在特定空间进行使用、开发或建设前所需满足的所有条件和要求。空间准入清单是国土空间管制的重要工具，有助于确保空间利用的合规性、合理性和可持续性，提高空间利用的透明度和效率，防止无序开发对环境和社会造成负面影响，促进城乡可持续发展。通过制定和执行空间准入清单，可以有效地引导和规范空间利用，保护公共利益，提高管理效率，避免资源浪费和环境破坏[1]。空间准入清单根据其管理方式和使用目的分为正面清单和负面清单两种类型。

空间准入正面清单： 是一种明确列出允许或鼓励的活动、项目或行为的清单，详细列出在特定空间内可以进行的活动、开发项目或建设行为，以及这些活动需要

---

1. 徐小黎，顾余庆，刘剑波. 国土空间专项规划清单管理探索研究［J］. 中国土地，2024（2）：14-17.

满足的具体条件。正面清单的优点在于明确性，它为开发者和管理者提供了清晰的指导，有助于确保空间利用的合规性和预期性。然而，正面清单也可能限制了创新和灵活性，因为它只允许清单上明确列出的活动。

空间准入负面清单：是一种列出禁止或限制的活动、项目或行为的清单，会详细列出在特定空间内禁止或限制的活动、开发项目或建设行为。负面清单的优点在于它为开发者提供了更大的灵活性和创新空间，除了清单上明确禁止的活动外，其他活动都是允许的。然而，负面清单也可能导致管理上的不确定性，因为它可能没有涵盖所有潜在的不适当活动。

在实际应用中，正面清单和负面清单可以结合使用，通过正面清单明确鼓励和支持的活动，同时通过负面清单禁止或限制可能对环境或社会造成负面影响的活动，充分发挥二者的优势，以更有效地指导和管理空间利用。无论是正面清单还是负面清单，用语都要准确，避免含糊其词，要明确时间的节点和空间的边界，而且必须接受检验并不断修订。更为重要的是，负面清单要特别重视与行政审批事项清单的衔接。对未列入国家行政审批事项清单、已经取消的涉及市场准入的事项，不得纳入国土空间用途管制准入负面清单，其余经审查合格的准入负面清单事项，在准入负面清单中逐条列出。

2. 空间准入清单管制

随着生态环境问题的日益严重，经济发展与生态环境之间的矛盾凸显。为了加强国土空间规划和管理，提高资源利用效率，推动经济转型升级，需要将区域规划转向以空间资源配置为重点，弥补市场调控的失效。2017年原国土资源部印发《自然生态空间用途管制办法（试行）》提出建立覆盖全部自然生态空间的用途管制制度，2024年中共中央办公厅、国务院办公厅颁布《关于加强生态环境分区管控的意见》，提出实施生态环境分区管控，严守生态保护红线、环境质量底线、资源利用上线，科学指导各类开发保护建设活动。随着国家治理体系和治理能力现代化的推进，空间管制通过"空间准入"规则对社会经济发展进行必要的调控，以清单化的方式明确空间使用条件和限制，提高空间治理的效率和成效。

空间准入清单管制是指依据不同地域的功能、空间资源特色和开发潜力，从空间范围上划定针对不同程度建设活动的"准入门槛"。它通过对区域空间整体使用的战略划分，解决城市发展与生态保护的矛盾，以及城市发展空间的弹性问题和区域空间土地的统一管理问题。

空间准入清单管制的具体内容主要包括以下内容。

空间分区：基于国土空间规划和管理需求，依据不同地域的功能定位、资源条件、环境容量、开发潜力等因素，设定用地主导类型、产业发展方向、用地规模、建筑和人口容量等定量和定性要素的准入门槛，将国土空间划分为若干个具有明确准入条件和限制的区域。这些区域可以是禁止开发区、限制开发区、重点开发区等，每个区域都有其特定的用途和管理要求。

清单编制：明确列出各类空间资源的准入条件和限制，设定对生态环境敏感区域的保护要求，限制或禁止可能对生态环境造成破坏的活动，引导资源和产业向环境友好、资源节约的方向发展，从而优化国土空间布局，保护生态系统的完整性和稳定性，实现对国土空间资源的精细化和规范化管理。

清单实施：根据已经编制并经过批准的空间准入清单，明确实施范围和预期目标，根据清单内容及要求制定详细的实施计划，并在实施过程中根据实际情况和评估结果，对空间准入清单进行动态调整与更新。同时，加强对空间准入清单实施情况的监管和检查，建立健全相关法律机制。

20 世纪 90 年代中后期以来，伴随着城镇化和工业化的加快推进，对空间资源的竞争也越来越激烈。为协调好城镇空间与农业空间、生态空间的关系，国家从建立土地用途管制开始，不断丰富和完善空间用途管制的类型、目标、手段，逐步构建起了覆盖全域全要素的国土空间用途管制制度。

土地用途管制阶段：早期国土空间用途管制主要集中于土地资源的单一用途管制，主要关注土地的规划、分类和使用，确保土地资源的合理利用。

生态要素用途管制阶段：随着环境保护意识的增强，国土空间用途管制逐渐扩展到生态要素领域。除了土地资源外，还开始关注水资源、森林资源等生态要素的保护和合理利用。

自然生态空间用途管制阶段：进入 21 世纪后，国土空间用途管制进一步向自然生态空间扩展。此阶段不仅关注单一资源的利用，更强调自然生态空间的整体性和系统性保护。

国土空间用途管制阶段：这一阶段的特点在于综合考虑国土空间内各种资源的相互关系和影响，以及经济社会发展需求，通过编制空间准入清单等手段，对国土空间进行整体规划和管控。在此阶段，空间准入清单的编制和实施成为重要手段。通过明确禁止、限制的开发利用项目和行为，确保国土空间资源的合理利用和保护。同时，空间准入清单的实施也促进了国土空间规划与其他相关政策、规划的协调与配合。

4.5.2　正面清单准入管制

1. 空间管制正面清单的内容

空间管制正面清单的界定应当符合国家长期发展战略和规划，特别是在经济发展、生态环境保护、社会可持续发展等方面的重要战略目标，不但应符合相关技术标准，确保在实施过程中能够达到预期的效果，并且需具有足够的工作深度，确保项目的可行性和可持续性；应当以促进国土空间的合理利用和高效管理为目标，提升国土空间的秩序和品质，确保国土资源的可持续利用，明确允许和鼓励的开发利用项目和行为，为投资者和开发者提供明确的指导，避免因为不明确的规定而导致的投资风险。同时，结合区域发展特点，根据区域的实际情况，充分考虑生态、环境和资源的保护，避免对生态环境造成破坏，确保资源的可持续利用。此外，空间管制正面清单应当根据国家发展战略、法律法规、技术标准以及区域发展实际情况的变化进行动态调整和更新，确保正面清单的时效性。

空间管制正面清单的内容主要依据特定地区或国家的法律法规、发展战略和技术标准制定，以确保国土空间的合理利用和高效管理，是一个动态的、系统的指导性文件，需要定期评估清单的实施效果，根据实际情况进行调整和完善，旨在通过明确允许和鼓励的活动和项目，促进国土空间的合理利用和高效管理。其内容主要包括注重生态环境保护，允许并鼓励有利于环境治理、资源保护和景观维护的基础设施建设；提升国土空间品质，鼓励利用闲散地、非耕地或劣质地进行各类建设活动，支持旧城改造和内部挖潜，提升城市空间利用效率；鼓励社会参与，通过政策支持、奖励机制等吸引社会资本投入相关领域。

按照以上原则及内容，正面清单的内容主要是界定允许、鼓励的开发利用项目和行为。例如，自然生态核心区和保障区，都可以采用正面清单管理。自然生态保障区的正面清单可列举如下：①允许符合《中华人民共和国自然保护区条例》及相关法规规定的活动；②可以允许进入从事科学试验，教学实习，参观考察，旅游以及驯化、繁殖珍稀、濒危野生动植物等活动；③允许建设有利于环境治理、资源保护或景观维护的基础设施，必要的科学试验，以及法律、行政法规另有规定的相关活动；④在不影响自然保护区主体功能的前提下，对范围较大、目前核心区人口较多的区域，可以保持适量的人口规模和适度的农牧业活动，同时通过生活补助等途径，确保人民生活水平稳步提高。

饮用水水源二级保护区，也可以采用正面清单管理：①饮用水水源二级保护区内，在采取一定措施，防止污染饮用水水体的前提下，可进行网箱养殖、旅游等项目，旅游项目应以可持续发展为理念，以保护生态环境为前提，以统筹人与自然和谐发展为准则，依托良好的自然生态环境和独特的人文生态系统，采取生态友好方式，合理开展；②在禁止开发区的红线区域外，允许由国务院审批的重大线性基础设施建设，以及由省级政府或授权市县级政府审批的非重大线性基础设施建设。

2. 空间管制正面清单的制定

空间管制正面清单的制定是一个系统性的过程，需要遵循促进国土空间的合理利用、提升国土空间的秩序和品质、保护生态环境等制定目标和原则，收集和分析法律法规、发展战略、技术标准、区域特点等基础数据，制定初步清单，明确适用范围和领域，征求相关部门、专家和社会公众意见并进行修改完善，最终审议通过并发布实施，同时需要定期对正面清单的实施情况进行监测和评估，了解清单的实际效果和存在的问题，对正面清单进行动态调整和完善。在整个过程中，需要综合考虑法律法规、国家发展战略、技术标准以及区域发展特点等多方面的因素，确保制定的正面清单具有科学性、合理性和可操作性。

空间管制正面清单制定的步骤需要遵循一定的逻辑和程序，以确保清单的科学性、合理性和有效性。以下是详细步骤。

1）前期准备

明确目标和原则： 确定空间管制正面清单制定的目标，如优化国土空间布局、促进可持续发展等；遵循法律法规、国家发展重大战略、相关技术标准等原则，确保清单的合法性和科学性。

收集和分析数据： 收集相关区域的地质、生态、经济、社会等数据，进行深入分析；识别出有利于提升国土空间秩序和品质的关键领域和项目。

2）清单内容确定

界定允许和鼓励的开发利用项目和行为： 根据前期分析的结果，明确允许和鼓励的开发利用项目和行为，例如在生态保护区允许符合法律法规规定的科学试验、教学实习、参观考察等活动。

制定具体管制内容： 制定科学有效的国土空间分类、分区、指标、结构、强度、权利等具体管制内容，形成全面系统地约束或引导各类国土空间开发利用与保护行为的管制规则。

体现多元导向： 清单不仅要规定"可以做什么"，还要回答"可以怎么做"等问题，构建底线约束与激励引导有机融合，体现鼓励、限制与禁止等多元导向的管制规则体系。

3）清单公示和征求意见

清单公示：将制定的正面清单进行公示，提高透明度，让公众了解清单内容。

征求意见：收集公众、专家、相关部门等对正面清单的意见和建议，汇总和分析收集到的意见，对清单进行必要的修订和完善。

4）清单修订和完善

根据反馈修订：根据收集到的意见和建议，对正面清单进行修订和完善，确保清单的科学性、合理性和有效性。

确保清单的完整性和可操作性：清单应包含所有允许和鼓励的开发利用项目和行为，具有明确的操作性和可执行性，方便相关部门和单位进行管理和监督。

5）清单实施和监督

制定实施措施：制定正面清单的实施措施和管理规则，确保清单的有效执行。

加强监督：建立监督机制，对正面清单的执行情况进行监督和管理，对违反清单规定的单位和个人进行处罚和纠正。

6）总结与评估

定期总结与评估：定期对正面清单的实施情况进行总结与评估，分析清单执行的效果和存在的问题，为后续的修订和完善提供依据。

持续改进：根据总结与评估的结果，对正面清单进行持续改进和优化，确保清单始终与经济社会发展、法律法规变化等实际情况保持同步。

3. 空间管制正面清单的实施

空间管制正面清单的实施需要明确促进国土空间的合理利用、提升国土空间的秩序和品质、保护生态环境等目标，遵循正面清单的制定原则，制定详细的实施方案，加强各部门之间的协同配合，确保实施过程中各项工作的顺利开展，通过媒体、网络等渠道，广泛宣传空间管制正面清单的内容、意义和实施要求，提高公众的认知度和参与度，对相关部门和人员进行培训指导，使其了解正面清单的具体内容和实施要求，提高执行效率和准确性，按照实施方案的要求，严格执行正面清单的各项规定，确保各项活动和项目符合清单要求。同时，建立监督检查机制，对正面清单的实施情况进行定期或不定期的监督检查，对正面清单的实施效果进行评估，了解清单的实际效果和问题，发现问题及时纠正和处理。

4.5.3　负面清单退出管制

1. 空间管制负面清单的内容

空间管制负面清单的界定首先需要遵循"法无禁止即可为"的总原则，应全面落实依法治国的基本方略，确保所有内容都符合法律法规的要求，体现对法律法规的尊重，制定和实施国土空间用途管制准入负面清单，必须坚持总体国家安全观，确保国土空间的安全，以保障粮食安全、生态安全、经济安全为重点，维护国家基本制度和空间开发利用秩序，列入准入负面清单的事项应当尽量简化，体现对效率与活力的追求，充分发挥国土空间开发利用的潜能，促进国土空间的高效集聚开发。同时，空间管制负面清单需要具有适应性和灵活性，持续更新并不断改善以适应新的发展需求[1]。

空间管制负面清单明确禁止或限制在生态敏感区、自然保护区、风景名胜区等区域内进行的建设活动，以保护生态环境和生物多样性；针对某些区域或行业，限制高污染、高能耗、低附加值的产业发展，鼓励绿色、低碳、循环经济的发展；对于限制的活动，列出需要满足的具体条件，如环保要求、资源利用限制、建筑高度限制等；在城乡规划建设中，限制无序扩张、违法建设等行为，保障城乡规划的依法实施和土地资源的合理利用；对公共服务设施的建设和管理进行规范，确保设施的安全、高效和公平使用。同时，负面清单应说明进行这些活动所需的审批流程和手续，如项目申请、环境影响评价、规划许可等；明确需要采取的环境保护措施，如绿化要求、污染控制、生态保护等；对于土地、水资源、能源等资源利用进行限制和指导；针对特定区域（如历史文化保护区、自然保护区、城市中心区等）提出特殊要求。

按照以上原则及内容，负面清单主要是界定禁止、限制的开发利用项目和行为。例如，自然生态核心区和保障区以外的一般生态保护区，可采用负面清单管理：①禁止新建、扩建、改建三类工业项目和涉及重金属、持久性有毒有机污染物排放的工业项目，现有的要逐步关闭搬迁，并进行相应的土壤修复；②原则上禁止新建农村居民点，允许保持一般生态区内现有合法的村民宅基地规模，并根据人口外迁情况，逐步减小宅基地规模；③禁止在坡度在25度以上的陡坡地开垦，对于坡度为25度以上的陡坡耕地逐步实施退耕，加强生态公益林保护与建设，提升区域水源涵养和水土保持功能；④原则上禁止新、改、扩建矿产资源开发项目；⑤严格控制噪声、恶臭、油烟等污染排放较大的建设项目。

---

1. 瞿婧晶，张其琪，唐鑫，等. 基于负面清单的泰兴市地下空间开发适宜性评价［J］. 城市地质，2022，17（3）：271-279.

2. 空间管制负面清单的制定

空间管制负面清单制定的步骤可以清晰地归纳为以下几个阶段。

1）前期准备

明确目标和原则： 根据有限政府理论，明确空间管制负面清单制定的目标，即公开政府及其部门的国土空间用途管制行政职能、权限，确保行政机关在履行职能和行使权力时遵循清单规定，不越权越界。

收集和分析数据： 收集相关区域的地质、生态、经济、社会等数据，进行综合分析，识别出需要特别管控的区域和项目。

2）清单内容确定

识别关键领域： 基于公共利益目标，识别出对空间再生产的秩序有重要影响的领域，如生态保护、资源利用、产业发展等。

制定负面清单： 根据分析结果，将需要特别管控的区域和项目列入负面清单，包括但不限于生态功能保护区域、永久基本农田保护区域、基础设施配置区域等。

遵循制定原则： 确保负面清单的制定符合法律法规、国家发展重大战略、相关技术标准等原则，有利于提升国土空间的秩序和品质。

3）清单公示和征求意见

清单公示： 将制定的负面清单进行公示，让公众了解清单内容，提高透明度。

征求意见： 收集公众、专家、相关部门等对负面清单的意见和建议，进行汇总和分析。

4）清单修订和完善

根据反馈修订： 根据收集到的意见和建议，对负面清单进行修订和完善，确保清单的科学性和合理性。

适时更新： 随着法律法规、国家政策、区域发展等条件的变化，适时对负面清单进行更新和调整。

5）清单实施和监督

制定实施措施： 制定负面清单的实施措施和管理规则，确保清单的有效执行。

加强监督： 建立监督机制，对负面清单的执行情况进行监督和管理，确保行政机关按照清单规定行使权力。

3. 空间管制负面清单的实施

空间管制负面清单的实施首先需要对清单进行公示，通过政府网站、新闻媒体等渠道广泛宣传，确保公众和相关单位了解清单内容，对相关部门和单位进行清单内容的解读和普及，提高相关人员对清单的认识和重视程度；加强日常管理与监督，对于需要利用空间资源的单位和个人，要求其在使用前对照空间管制负面清单进行自查，确保自身行为符合清单要求；市、区两级审批部门在履行办理程序时，需依据空间管制负面清单进行审查，对不符合清单要求的申请不予批准；相关部门定期对空间使用情况进行检查与巡查，确保空间管制负面清单得到有效执行。同时，要及时处理问题并进行反馈，适时对空间管制负面清单进行修订和更新，定期对空间管制负面清单的实施情况进行总结与评估，对清单进行必要的调整和完善，提高其实施的针对性和有效性。

关键术语

国土空间用途管制、主体功能区、"三区三线"、全域功能分区、空间准入正面清单、空间准入负面清单

思考题

1. 简述用途管制治理的发展历程。
2. 阐述主体功能区管制的理论基础。
3. 阐述"三区三线"的基本概念。
4. 阐述全域功能分区的基本概念及分类。
5. 简述空间准入清单管制的基本内容。

第 5 章

国土空间规划许可制度

■ 导语

通过本章学习，读者将建立对国土空间规划许可制度的全面认知，掌握国土空间规划许可制度的基础知识，包括规划许可的基本概念、层级、主要内容和一般程序，理解规划许可的合法要件、效力与变更、消灭，熟悉国土空间规划许可制度的构成及"一书三证"的基本概念、使用范围和主要程序，并在此基础上，了解海域、矿产、林地、草原等专项资源使用许可制度。

5.1 国土空间规划许可概述

国土空间规划许可制度是结合国民经济发展对用地、用林、用草和用海等使用条件的合法性、合规性审查，是政府为了保证国土空间资源的合理利用，对国土空间开发利用行为进行的行政许可，也是国土空间用途管制的主要执行环节。本节结合城乡规划许可的已有资料和国土空间体系建设的最新要求，主要介绍国土空间规划许可的基本概念、基本内容、基本原则及一般程序。

5.1.1 国土空间规划许可的基本概念

1. 基本概念

国土空间规划许可，是指各级人民政府规划主管部门按照法律法规的规定和要求，根据依法审批的国土空间规划，对各项建设项目拟选地址进行审核，确定建设用地面积和范围，提出土地使用规划要求，以及对各类建设工程进行组织、控制、引导和协调的行为。国土空间规划许可体系是根植于国土空间规划的基础而形成的一项行政管理机制，涵盖空间准入授权、空间转用许可以及开发利用与监管机制等关键环节[1]。

国土空间规划许可制度的意义在于：①有利于规范开发行为，避免无序开发和混乱建设，减少对生态环境、历史文化等公共资源的破坏，更好地维护社会整体利益，保障国土空间资源的可持续利用；②有利于提高资源利用效率，优化资源配置，避免重复建设和低效利用，实现国土空间资源价值的最大化；③确保规划要求不会被随意更改或违反，有利于增强规划的权威性和严肃性，并强化了规划的法定地位和作用，保障规划的有效实施[2]。

2. 许可层级

国土空间规划许可具有不同的层级，通常包括：

国家级许可。 主要针对涉及国家重大战略、重点项目和跨区域的开发建设活动进行许可和协调。

省级许可。 负责省内重要项目和跨市的规划许可，同时对下一级的许可工作进行指导和监督。

市级许可。 对本市范围内的各类建设和土地利用活动进行许可管理，包括城市新区开发、重大基础设施建设等。

县级许可。 侧重于县域内的具体项目许可，如城镇建设、乡村振兴项目等。

乡镇级许可。 主要针对乡镇和村庄范围内的乡镇企业、公共设施和公益事业建设及村民住宅建设等活动进行审批和许可。

5.1.2 基本内容

国土空间规划许可体系是一个复杂的行政管理体系，它通过一系列的许可和监督机制，确保国土资源的合理利用和保护，同时促进区域的可持续发展。国土空间规划许可体系主要包括空间准入许可、空间转用许可、空间使用许可和空间建设许可，以及海洋、矿产、林地、草地等专项资源使用许可[3]。

---

1. 毕云龙，徐小黎，涂梦昭.关于建立国土空间规划许可制度体系的探讨［J］.中国土地，2021（9）：17-20.
2. 杨波，宿金梦，韩倩倩，等.国土空间用途管制规划许可和监管创新模式探究［J］.中国土地，2024（7）：21-25.
3. 吴次芳，谭永忠，郑红玉.国土空间用途管制［M］.北京：地质出版社，2020.

1. 空间准入许可

空间准入许可是在确定的空间用途及开发利用限制条件下,对于特定区域的使用进行审批和控制,是一种针对不同用途分区实行的空间准入审查。通过制定空间准入正负面清单,对国土空间开发利用进行前置审查,确保开发活动符合规划要求[1]。空间准入许可作为对进入某一特定区域进行开发或利用前的一种必要的行政审批,是国土空间用途管制中最有效的管制手段之一。例如,自然资源主管部门核发的"建设项目用地预审与选址意见书"就属于空间准入许可的一种。

2. 空间转用许可

空间转用许可涉及将一个区域从一种用途转变为另一种用途的审批过程,通常需要考虑区域的现有功能、环境影响以及社会经济效益等因素。该许可根据完善的审批制度,细化转用具体规则,限制过度的国土空间开发和用途改变。例如,"农转用"审批就是一种空间转用许可,当建设项目需占用农用地时,必须先依法办理农转用手续。

3. 空间使用许可

空间使用许可是对自然资源开发利用进行合法性批复的许可,指在已有的规划框架内合理安排和使用土地、水域等资源。空间使用许可通过对建设项目、农业活动、工业开发等具体操作进行严格审批,确保了自然资源得到合理利用和保护,防止国土空间过度开发和滥用。例如,建设用地规划许可、乡村建设规划许可等行政审批均属于空间使用许可。

4. 空间建设许可

空间建设许可是针对建设活动的审批,如新开工建设各种建筑物、基础设施等。[2] 这类许可通常要求详细的设计方案、环境影响评估报告及其他相关文件,以确保建设活动符合国家和地方的发展规划。该许可是对建设项目的条件、规模等进行审查,以确保建设活动符合规划要求,避免违规建设和资源浪费。例如,建筑工程规划许可即为一种空间建设许可。

5. 专项资源使用许可

**专项资源使用许可是指在特定领域或行业中,国家对相关单位或个人进行授权

---

1. 黄征学,祁帆. 完善国土空间用途管制制度研究[J]. 宏观经济研究,2018(12):93-103.
2. 邵一希. 多规合一背景下上海国土空间用途管制的思考与实践[J]. 上海国土资源,2016,37(4):10-13,17.

或许可使用专项资源的一种管理制度。这些专项资源使用许可的具体内容和要求可能因资源类型、地区和管理部门的不同而有所差异。在实际应用中，需要根据具体情况进行申请和审批。以下是常见的专项资源使用许可及其法律凭证：

海域使用许可。对依照《国家海域使用管理暂行规定》申请使用海域而获批准的用海项目，各级海洋行政主管部门应按照本办法发放海域使用许可证。

矿产资源使用许可。对应"矿产资源勘查许可证"和"采矿许可证"。勘查许可证又称探矿证、探矿许可证，是指探矿权申请人获得法律许可，对矿产资源进行勘查以及行使探矿权人其他权利的合法凭证。采矿许可证，是指国家有关主管部门依法向采矿企业颁发的、授予采矿企业采矿权的正式法律文书。

森林资源使用许可。建设项目如需占用林地，经林业主管部门审核同意后，建设单位和个人应当依照法律法规的规定办理建设用地审批手续。

草原资源使用许可。矿藏开采和工程建设等确需使用草原的申请，修建直接为草原保护和畜牧业生产服务的工程设施需要使用草原的申请，或者临时占用草原的申请，经审核同意的，林业和草原主管部门应当按照《草原法》的规定，作出准予行政许可的书面决定。

5.1.3 国土空间规划许可的基本原则和一般程序

国土空间规划许可程序是指为了实现国土空间的合理规划和有效管理，依法设定的一系列规范、步骤和流程，用于对各类开发建设活动和土地利用行为进行审查、批准和监督。

1. 基本原则

国土空间规划许可程序的制定通常遵循以下原则。

合法性原则。许可程序必须符合国家法律法规、政策以及相关的规划要求，确保程序的设立和执行有明确的法律依据。程序中的申请条件、审查标准、审批权限等都要与现行的国土空间规划法及相关配套法规相一致。

公正性原则。程序应保障各方当事人的合法权益，做到公平、公正、公开，避免歧视和偏袒。在审查过程中，对所有申请人一视同仁，不因其身份、地位、财富等因素而区别对待。

科学性原则。基于科学的规划理论和方法，充分考虑土地利用、生态保护、经济发展等多方面的因素，使许可程序具有科学性和合理性。在评估项目对环境的影响时，采用科学的评估模型和方法。

效率性原则。尽量简化烦琐的环节，优化流程，提高审批效率，减少不必要的时间和成本消耗，以促进经济社会的发展。利用信息化技术实现网上申请、审批和信息共享，缩短审批时间。

公众参与原则。鼓励公众参与规划许可过程，充分听取公众的意见和建议，增强程序的透明度和民主性。例如，在重大项目许可前，通过听证会、公示等方式广泛征求公众意见。

可持续性原则。注重资源的合理利用和生态环境保护，确保许可的项目符合可持续发展的要求。对于可能对生态造成重大影响的项目，严格审查其生态保护措施。

适应性原则。能够根据经济社会发展的变化、法律法规的修订以及实践中出现的问题，及时进行调整和完善。例如，当新的规划理念和技术出现时，相应地更新许可程序中的审查内容和标准。

责权明确原则。清晰界定许可程序中各个环节的责任和权力，避免职责不清导致的互相推诿和效率低下。明确审批部门、申请人、相关利益方等各自的权利义务，确保责任可追溯。

2. 一般程序

建立科学合理的规划许可程序，有利于确保规划许可的公正、透明和科学。其一般程序通常包括：

申请。国土空间规划许可是依申请的行政行为，申请人向相关规划管理部门提交申请书、项目相关资料等，并对其申请材料的真实性负责。

受理。规划部门对申请材料进行审核，确定是否符合规划许可受理条件。

审查。对申请项目进行实质性审查，包括规划符合性、技术指标等方面。该阶段一般涉及多个部门的协同审查，例如，发展改革部门、生态环境部门、住房和城乡建设部门等。

公示。将申请事项进行社会公示，以广泛征求公众意见。

听证。若规划涉及重大利益关系或公众关注度高，必要时需组织听证。

决定。规划部门根据审查结果、公示反馈和听证情况等，作出是否准予规划许可的决定。

送达。将规划许可决定送达申请人并向社会公布，颁发相应阶段的许可证。

5.2 规划许可的法律效力

规划许可在中国法律体系中具有重要的法律效力，它是城乡规划管理的重要组成部分，确保了城乡规划的有序实施。任何建设活动都必须依法申请并获得相应的规划许可，违反规划许可的行为将受到法律的严格制裁。本节主要介绍规划许可的合法要件、规划许可的效力与变更，以及规划许可的消灭。

5.2.1 规划许可的合法要件

合法要件是指在法律上必须满足的条件或标准，以确保某个行为、决定或程序是合法有效的。这些条件或标准可以是法律规定的明确要求，也可以是法律实践中形成的一般原则。规划许可的合法要件是指在进行某一建设项目的国土空间规划许可时，需要满足的条件或标准，通常包括以下几个方面。

主体要件： 作出规划许可的行政机关必须具有法定的职权，具备相应的管理权限。申请许可的主体应具备相应的资格和条件，比如具备开发建设的法定资质等。

依据要件： 规划许可应当依据合法有效的国土空间规划等相关规划文件，包括总体规划、详细规划等，确保与规划的目标、布局等相契合。确保许可行为有明确的依据和标准。

程序要件： 必须遵循法定的程序，如申请、受理、审查、决定、公示等环节，保障行政相对人的知情权和参与权，保障公众参与和监督。

申请要件： 申请人需提交符合要求的申请材料，包括项目的基本情况、设计方案等必要信息，确保申请资料的全面、准确、真实。

内容要件： 规划许可应当明确规定许可的具体内容，如许可的范围、条件、期限等，不能模糊不清或存在歧义。

合理性要件： 许可决定应当具有合理性，综合考虑公共利益、生态环境保护、相邻关系等多方面因素，不能显失公平或违背常理。许可行为本身不能违反国家相关法律法规以及其他强制性规定。

此外，作出规划许可的行政机关必须是有权进行规划许可的特定部门，不能越权许可；作出规划许可所依据的规划必须是经过法定程序批准的；在程序中要保障申请人有充分的时间提出意见和进行陈述申辩；申请人提交的材料要真实、完整；许可的内容要准确界定建设范围和要求；许可决定不能只考虑个别利益而忽视了整体利益和环境影响等[1]。只有满足这些合法要件，规划许可才具有合法性和有效性。

5.2.2 规划许可的效力与变更

1. 规划许可的效力

规划许可的效力主要是指国土空间规划许可在法律上所具有的确定性和权威性。规划许可可以保障建设活动合法有序进行，避免混乱和无序开发，为投资者和建设者提供明确的预期和保障。例如，一个建设项目获得了规划许可，那么在许可范围内的建设活动就是确定合法的，行政机关不能随意阻止或要求更改；建设者必须严格按照许可要求进行建设，否则可能面临处罚；如果有其他主体试图干扰该建设，建设者可以依据许可进行对抗；在许可有效期内，建设者不用担心规划突然变化导致项目受阻，这就保障了其投资和建设活动的顺利进行。

规划许可的效力具体包括：

确定力。规划许可一旦颁发，即确定了建设活动的合法性和相关规划要求，行政机关和相对人都要受其约束。它代表着行政机关对特定建设活动在法律上的认可，是其合法开展的依据。

拘束力。行政机关不能随意更改规划许可内容，相对人必须严格按照许可要求实施建设。

执行力。明确了行政相对人在规划范围内进行建设等活动的具体权利和义务。规划许可具有强制执行力，违反规划许可规定的行为将受到法律制裁。

公信力。社会公众可以根据规划许可来判断建设活动的合法性，增强了社会对规划管理的信任。

稳定力。在规划许可有效期内，相对人可以根据许可稳定地开展建设，不用担心规划的随意变动[2]。规则许可保障相对人基于许可进行的投入和安排具有相对稳定的预期，不会轻易因规划变动而受影响。

对抗力。相对人可凭借许可对抗其他可能影响其建设的不当行为。

指引力。为相对人实施建设行为提供了明确的方向和标准，使其行为符合规划要求。

---

1. 何明俊.关于国土空间规划立法模式的探讨[J].城市规划，2023，47（10）：4-10，53.
2. 吕一平，赵民.论《国土空间规划法》的立法视域、法律秩序与体系衔接[J].城市规划，2023，47（3）：28-37.

2. 规划许可变更

规划许可变更指的是在规划许可证件核发后,因某些特定原因需要对已经颁发的规划许可的内容进行修改、调整或补充的情况。科学合理的规划许可变更有利于适应城市发展变化,保障公共利益平衡,有助于修正原许可中可能存在的不合理或不适应的部分。通过规划许可变更,可以使规划更加符合现实情况和发展需求,促进城市的合理建设和可持续发展。但变更也必须依法依规进行,充分考虑各方利益和影响,以确保变更的合理性和公正性。

规划许可变更通常需要满足以下条件:

法律依据。必须有明确的法律法规或政策规定允许进行变更。

客观情况变化。如城市发展战略调整、重大基础设施建设、公共利益需求发生显著变化等。

规划合理性。变更后的规划应更具合理性和科学性,有利于提升整体规划质量。

利益平衡。要充分考虑对相关权益人的影响,尽量做到公共利益与个人利益的平衡。

程序合规。严格按照规定的程序进行申请、审查、公示、听证等环节。

技术可行性。确保变更在技术上是可行的,不会引发新的问题或隐患。

提出规划变更申请需要填写规划许可变更申请表,并提交相关材料,包括但不限于原规划许可证件、变更内容的附图、设计图等。规划审批部门在审批变更前应采取公示等方式听取利害关系人意见,并对变更申请进行审查,确保变更内容符合相关法律法规和技术标准。

5.2.3 规划许可的消灭

规划许可的消灭指的是因特定原因,原已获得的规划许可的法律效力终止或不再存在,当规划许可的条件或效力因某种原因不再满足时,该许可即告消灭。

规划许可的消灭可以分为以下几种类型:

期限届满。规划许可通常有一定的有效期限,当期限届满且未获得续期时,规划许可自然消灭。

撤销许可。因违反法律规定或程序瑕疵等原因,行政机关有权撤销已颁发的规划许可,导致许可消灭。

失效许可。因规划调整、政策变化等原因,原规划许可不再符合新的规划要求或政策导向,导致许可失效。

放弃许可。申请人或权利人自愿放弃已获得的规划许可,不再继续使用该许可。

其他情形。如土地被征收、权利人死亡等特定情况下,规划许可也可能消灭。

规划许可的消灭在国土空间规划中具有重要意义,具体体现为以下几点:

保障规划的权威性。规划许可是城乡规划管理的重要手段,通过消灭不符合规划要求的许可,可以维护规划的权威性和严肃性。

促进土地合理利用。规划许可的消灭可以促使土地使用者按照新的规划要求重新申请许可,实现土地的合理利用和资源的优化配置。

维护公共利益。通过撤销不符合公共利益要求的规划许可,可以保护公共利益不受损害,维护社会公平和正义。

规范市场秩序。规划许可的消灭可以规范市场秩序,防止因违规建设等行为导致的市场秩序混乱和恶性竞争。

5.3 城镇规划项目许可制度体系

规划许可制度体系体现了我国对城乡规划管理的重视,旨在通过法律手段促进城乡经济社会全面协调可持续发展。本节主要介绍城镇规划项目许可制度体系所包括的建设项目用地预审与选址意见书、建设用地规划许可以及建设工程规划许可的基本概念、适用范围、主要程序和审查要点。

5.3.1 建设项目用地预审与选址意见书

1. 基本概念

根据 2001 年国土资源部发布的《建设项目用地预审管理办法》中的定义,建设用地预审是指国土资源主管部门在建设项目审批、核准、备案阶段,依法对建设项目涉及的土地利用事项进行的审查。依据《城乡规划法》,按照国家规定需要有关部门批准或者核准的建设项目,以划拨方式提供国有土地使用权的,建设单位在报送有关部门批准或者核准前,应当向城乡规划主管部门申请核发选址意见书。2018 年,随着自然资源部的组建,土地管理和规划管理长期分治的局面被打破。2019 年 9 月,《自然资源部关于以"多规合一"为基础推进规划用地"多审合一、多证合一"改革的通知》（自然资规〔2019〕2号）中提出统筹规划、建设、管理三大环节，将建设项目选址意见书、建设项目用地预审意见合并，自然资源主管部门统一核发建设项目用地预审与选址意见书，不再单独核发建设项目选址意见书、建设项目用地预审意见。建设项目用地预审与选址意见书是自然资源主管部门在建设项目可行性研究阶段，依法对项目涉及土地利用的事项进行审查的行政行为，既是项目合法用地的前提，也是国土空间规划管理的重要组成部分。

2. 适用范围

建设项目用地预审与选址意见书适用于按照国家和省规定需要政府或有关部门审批、核准、备案，以划拨方式提供国有建设用地使用权的建设项目。主要包括以下几类项目：

涉及新增建设用地的项目。当建设项目需要使用新增土地进行建设时，无论该用地预审权限是在自然资源部还是在省级以下自然资源主管部门，都需要向地方自然资源主管部门提出用地预审与选址申请。

需要有关部门批准或核准的建设项目。对于需要以划拨方式提供国有土地使用权的项目，建设单位在报送有关部门申请或核准前，应向自然资源主管部门申请核发建设用地预审与选址意见书。

重大建设项目。国家和省确定的重大建设项目，以及那些需要在国土空间规划确定的建设用地范围以外选址的建设项目，除了需要提交选址可行性论证报告及专家评审意见外，还需要办理建设项目用地预审与选址意见书。

涉及修改已有规划的项目。如果建设项目涉及修改各级国土空间规划，都需要进行规划修改方案的法律法规符合性审查，并办理建设项目用地预审与选址意见书。

占用永久基本农田或较大规模耕地的项目。对于占用永久基本农田或较大规模耕地的建设项目，需要经过省或市级自然资源主管部门的踏勘论证，并办理建设项目用地预审与选址意见书。

符合特定条件的其他建设项目。除了上述情况外，其他符合国家供地政策、土地使用标准、节约集约用地规定等特定条件的建设项目，也需要办理建设项目用地预审与选址意见书。

3. 主要程序

根据用地预审与规划选址权限归属的不同，申请流程也有所差异：

一是用地预审权限在自然资源部的，需要由建设单位向项目所在地自然资源主管部门提出用地预审与规划选址申请，由市（县）自然资源主管部门受理，逐级上报省自然资源厅，经省自然资源厅初审后上报自然资源部，待自然资源部通过用地预审后，根据建设项目审批（核准、备案）层级规定，由省自然资源厅或市（县）自然资源主管部门核发建设项目用地预审与选址意见书。

二是对于省级审批（核准、备案）的项目，用地预审与规划选址权限在省自然资源厅的，实行"一表申请、一窗受理、合并办理"。省级自然资源主管部门可以根据实际情况，确定用地预审和选址意见合并办理的层级和权限，以及统一受理和发放的部门。建设单位向省自然资源厅提出用地预审与规划选址申请，项目所涉及的市县级自然资源主管部门出具初审意见，省自然资源厅审查通过后核发建设项目用地预审与选址意见书。如果是涉及区市行政区域范围内的项目（不含占用永久基本农田、生态保护红线、用地规模70公顷以上以及占用耕地超过35公顷的项目），建设单位向市级自然资源主管部门提出用地预审与规划选址申请，市级自然资源主管部门审查通过后核发建设项目用地预审与选址意见书，并报省自然资源厅备案。

三是建设项目用地预审与规划选址权限在市县级自然资源主管部门的，建设单位向市（县）自然资源主管部门提出用地预审与规划选址申请，市（县）自然资源主管部门审查通过后核发建设项目用地预审与选址意见书。

此外，使用已批准建设用地进行建设的项目，不再办理用地预审；确需办理选址意见书的，向地方自然资源主管部门申请。

4. 审查要点

建设项目用地预审与选址意见书是国土空间规划主管部门根据规划及有关法律规范，按照实地现状和条件，对建设项目布局进行确认或选择的法律凭证。申请建设项目用地预审与选址意见书的要件主要包括：建设单位的书面申请、经批准的项目建议书，以及法规需要的其他文件等。国土空间规划主管部门应根据建设项目的性质、使用功能、用地规模和建筑物或者构筑物的特点以及对外部条件的要求，结合国土空间现状、发展和规划要求，发放建设项目用地预审与选址意见书。

建设项目用地预审与选址意见书的审查要点包括：

①经批准的项目建议书和根据有关规定的申请条件。

②建设项目的基本情况。

③建设项目拟选地点与城乡规划布局是否相协调。

④建设项目拟选地点与城市交通、通信、能源、市政、防灾规划等是否衔接协调。

⑤建设项目拟选地点配套的生活设施与城市居住区及公共服务设施规划是否衔接协调。

⑥建设项目拟选地点对城市环境有无可能造成污染或破坏，与城乡环境保护规划和风景名胜、文物古迹保护规划、城市历史文化区保护规划等是否相协调。

⑦其他规划要求。如是否占用良田、菜地，是否符合有关管理部门对建设项目的管理要求等。

5.3.2 建设用地规划许可

1. 基本概念

建设用地规划许可是指在城市规划区内，对于新建、扩建和改建建筑物、构筑物、道路、管线和其他工程设施的单位或个人，必须向城市规划行政主管部门提出建设申请，并经过审查后获得的法定许可。建设单位在取得建设用地规划许可证后，方可向县级以上地方人民政府土地主管部门申请用地。

《自然资源部关于以"多规合一"为基础推进规划用地"多审合一、多证合一"改革的通知》（自然资规〔2019〕2号）中提出将建设用地规划许可证、建设用地批准书合并，自然资源主管部门统一核发新的建设用地规划许可证，不再单独核发建设用地批准书。建设用地规划许可是国土空间规划行政主管部门确认建设项目的位置、用地性质、面积和界限等符合城市规划要求的法定凭证，是建设活动合法进行的前提条件，对促进土地资源的合理、节约和高效利用，保护和增进公共利益，以及促进城市长远发展具有积极作用。

2. 适用范围

《城乡规划法》明确了在城市、镇规划区内以划拨方式和出让方式提供国有土地使用权的项目均需申请建设用地规划许可。2019年，《自然资源部关于以"多规合一"为基础推进规划用地"多审合一、多证合一"改革的通知》（自然资规〔2019〕2号）指出，以划拨方式取得国有土地使用权的，建设单位向所在地的市、县自然资源主管部门提出建设用地规划许可申请，经有建设用地批准权的人民政府批准后，市县级自然资源主管部门向建设单位同步核发建设用地规划许可证、国有土地划拨决定书。以出让方式取得国有土地使用权的，市县级自然资源主管部门依据规划条件编制土地出让方案，经依法批准后组织土地供应，将规划条件纳入国有建设用地使用权出让合同。建设单位在签订国有建设用地使用权出让合同后，市、县级自然资源主管部门向建设单位核发建设用地规划许可证。

3. 许可程序

申请办理建设用地规划许可证的要件包括：建设单位的书面申请，建设项目批准、核准、备案文件，建设项目用地预审与选址意见书或国有土地使用权出让合同，以及法规规章规定的其他材料。具体流程如下：

①凡在城市规划区内进行建设需要申请用地的，必须持国家批准建设项目的有关文件，向城市规划行政主管部门提出定点申请。

②规划行政主管部门根据用地项目的性质、规模等，按照城市规划的要求，初步选定用地项目的具体位置和界限。

③根据需要，征求有关行政主管部门对用地位置和界限的具体意见。

④城市规划行政主管部门根据城市规划的要求，向用地单位提供规划设计条件。

⑤审核用地单位提供的规划设计总图。

⑥核发建设用地规划许可证。

4. 证载内容及审查要点

建设用地规划许可证的证载内容包括用地单位、项目名称、批准用地机关、批准用地文号、用地位置、用地面积、土地用途、建设规模、土地取得方式。同时，建设用地规划许可证应当包括标有建设用地具体界限的附图和明确具体规划要求的附件。附图和附件是建设用地规划许可证的配套证件，具有同等的法律效力，由发证单位根据法律法规规定和实际情况制定。

依据《城乡规划法》和《城市国有土地出让转让办法》的规定，建设用地规划许可审核要点主要包括：

建设用地申请条件。以划拨方式提供国有土地使用权的建设项目，建设单位应当持有关部门批准、核准、备案文件，提出建设用地规划许可申请；以出让方式取得国有土地使用权的建设项目，建设单位在取得建设项目的批准、核准、备案文件和签订国有土地使用权出让合同后，向市、县人民政府城乡规划主管部门领取建设用地规划许可证。

建设用地规划设计条件。规划设计条件既是建设工程设计的规划依据，也是建设用地的规划要求，一般情况下，规划设计条件也是控制性详细规划所确定的内容。规划设计条件主要包括核定土地使用规划性质、容积率（建筑基地范围内建筑面积总和与建筑基地面积的比值）、建筑密度（建筑物底层占地面积与建筑基地面积的比率）、建筑高度基地主要出入口位置、绿地比例、土地使用其他规划要求等多方面。

建设工程总平面，确定建设用地范围。

城乡用地调整。具体情况有三种形式：在土地所有权和土地使用权不变的情况下改变土地的使用性质；在土地所有权不变的情况下改变土地使用权及使用性质；对不合理的现状布局进行局部调整以符合国土空间规划。

临时用地。为满足建设工程施工、堆料需要的临时用地，一般结合建设用地范围的审核一并确定。临时用地使用期限一般不得超过2年，到期收回土地，不得影响国土空间规划的实施。

地下空间的开发利用。随着城乡建设发展，地下空间开发利用逐渐成为建设用地规划管理的重要内容，其开发利用应在国土空间规划指导下进行，并与民防规划相结合，与地下管网规划相协调。

需要重点审查的情况，包括对改变地形、地貌活动的控制等。

5.3.3　建设工程规划许可

1. 基本概念

建设工程规划许可是经规划主管部门依法审核、确保建设工程符合预期规划要求的行政行为。建设工程规划许可设立的目的是确保建设工程活动控制性详细规划和规划条件的各项要求，统筹协调房屋建筑、市政道路和管线的空间关系，解决建设活动对城市空间、周围环境的外部性问题，并为建设活动的事前、事中、事后监管提供法定依据。依据经法定程序批准的国土空间规划，严格实施建设工程规划许可管理对保障城乡规划的有效实施，维护公共利益、防止对城乡空间产生不利影响具有重要意义[1]。

依据《中华人民共和国建筑法》《不动产登记暂行条例》等法律法规，建设工程规划许可是施工许可、不动产确权登记的前置条件。建设工程规划许可的主要目

---

1. 姚爱国."放管服"改革背景下的建设工程规划许可制度重构[J].规划师，2020，36（14）：33-39.

的如下。

①有效地指导各类建设活动,保证各类建设工程按照城市规划的要求有序地进行建设。

②维护城市公共安全、公共卫生、城市交通等公共利益和有关单位、个人的合法权益。

③改善城市市容景观,提高城市环境质量。

④综合协调对相关部门建设工程的管理要求,促进建设工程的建设。

2. 适用范围

在城市、镇规划区内进行建筑物、构筑物、道路、管线和其他工程建设的,建设单位或者个人应当向城市、县人民政府自然资源行政主管部门或者省、自治区、直辖市人民政府确定的镇人民政府申请办理建设工程规划许可证。建设工程规划许可适用范围广泛,包括城镇开发边界内的各项建设活动,主要包括地区开发建设工程、单项建筑、市政交通工程、市政管线工程。

3. 许可程序

依据《关于统一实行建设用地规划许可证和建设工程规划许可证的通知》(原建规字〔1990〕66号),申请建设工程规划许可证的一般程序:

凡在城市规划区内新建、扩建和改建建筑物、构筑物、道路、管线和其他工程设施的单位与个人,必须持有关批准文件向城市规划行政主管部门提出建设申请。

城市规划行政主管部门依据城市规划提出建设工程规划设计要求。

城市规划行政主管部门征求并综合协调有关行政主管部门对建设工程设计方案的意见,审定建设工程初步设计方案。

城市规划行政主管部门审核建设单位或个人提供的工程施工图后,核发建设工程规划许可证。建设工程规划许可证所包括的附图和附件,按照建筑物、构筑物、道路、管线以及个人建房等不同要求,由发证单位依据法律法规和实际情况制定。附图和附件是建设工程规划许可证的配套证件,具有同等法律效力。

4. 审查要点

建设工程规划管理的审核内容依据建设工程特点确定,由于建设工程类型比较多，性质也各不相同，将其归纳起来可以分为建筑工程（包括地区开发建筑和单项建筑工程）、市政管线工程和市政交通工程三大类，由规划主管部门对其分别进行审核，内容如下：

地区开发建设工程许可。首先应着重审核其修建性详细规划，然后按照工程进度，分别对施工地块的建筑工程进行审核。以居住区开发建设工程的审核为例，其审核的要点是居住区规划设计基本原则、用地平衡指标、规划布局、空间环境、住宅、公共服务设施、绿地和道路系统等。

单项建筑工程许可。审核的依据是自然资源行政主管部门依据详细规划提出的规划设计要求和附图。其审核的要点是建筑物的使用性质、建筑容积率、建筑密度、建筑高度、建筑间距、建筑退让、无障碍设施、绿地率、主要出入口、停车泊位、交通组织、建设基地标高、建筑空间环境、有关专业管理部门的意见和临时建设控制等。

市政交通工程规划许可。主要涉及指市内交通和市域交通，包括城市道路（地面和高架）、地下轨道等。地面道路工程的审核要点是道路走向及坐标、横断面、标高和纵坡、路面结构、交叉口、附属的隧道、桥梁、人行天桥（地道）、收费口、广场、停车场和公交车站设施等。高架交通的审核要点是首先按构筑物的要求，并按交通系统规划和单项工程规划进行审核，同时可参照建筑工程规划许可的要求进行审核。

市政管线工程规划许可。主要控制市政管线工程的平面布置及其水平、竖向间距，并处理好与相关道路、建筑物、树木等之间的关系。其审核要点是埋设管线的排列次序、水平间距垂直净距、覆土深度、竖向布置、架空管线之间及架空管线与建（构）筑物之间的水平净距、竖向间距、管线敷设与行道树、绿化、市容景观的关系，以及相关管理部门的意见和其他管理内容。

5.4 乡村规划项目许可制度体系

乡村规划项目许可制度体系是中国城乡规划法律框架的重要组成部分，其核心目标是规范乡村建设行为，维护村民公共利益，并保持乡村的风貌。本节从乡村规划项目许可制度的演进切入，介绍了该许可的基本概念、适用范围与法律依据、主要程序及变更。

5.4.1 乡村建设规划许可概述

1. 基本概念

受传统计划经济体制的影响，新中国成立后相当长的时间里，我国实行偏向城镇的城乡二元发展战略，这一发展战略在为我国以较快速度完成工业化提供了所需的基本积累的同时，也导致了城乡居民收入的较大差距，并使得农村的基础设施、公共服务水平相对落后于城镇地区。改革开放后，特别是在20世纪80年代末期，各种经济社会矛盾出现，城乡一体化思想逐渐受到重视。区别于城乡二元发展，城乡一体化是中国现代化和城镇化发展的一个新阶段，要求把工业与农业、城市与乡村、城镇居民与农村居民作为一个整体，统筹谋划、综合研究，通过体制改革和政策调整，促进城乡在规划建设、产业发展、市场信息、政策措施、生态环境保护、社会事业发展等方面的一体化，实现城乡在政策上的平等、产业发展上的互补、国民待遇上的一致，让农民享受到与城镇居民同样的文明和实惠，使整个城乡经济社会全面、协调、可持续发展[1]。党的十八大报告要求"推动城乡发展一体化"，党的十九大针对新时代城乡发展不平衡、农村发展不充分这一突出矛盾，对城乡发展一体化战略作出进一步阐述和深化，提出了"建立健全城乡融合发展体制机制和政策体系，加快推进农业农村现代化"的战略路径[2]。在城乡二元结构到城乡一体化发展再到城乡融合的机制建设过程中，乡村规划许可制度的建设发挥了重要作用。

1993年颁布的《村庄和集镇规划建设管理条例》使得乡村地区的规划建设管理开始有法可依，2008年新出台的《城乡规划法》以立法方式正式将乡规划和村庄规划纳入城乡规划的体系中，并在"一书二证"的基础上将规划许可内容扩大到"一书三证"，新增的"一证"即乡村建设规划许可证，这意味着乡村建设规划许可制度正式形成。

乡村建设规划许可是指规划主管部门依据乡村建设规划，依法赋予建设单位或个人进行建设活动的法律资格或许可，允许其实施某种建设行为的法律权利的具体行政行为。乡村建设规划许可是《城乡规划法》对乡村建设提出的新要求，有利于保证集体所有土地上的建设工程能够按照法定的村庄规划进行建设，为规划主管部门在规划区内行使规划管理职能提供依据，同时确保建设主体的合法权益。多年来，乡村建设规划许可制度在规范乡村建设活动、促进乡村发展、实现城乡融合等方面发挥了重要的作用[3]。

---

1. 刘彦随. 中国新时代城乡融合与乡村振兴[J]. 地理学报，2018，73（4）：637-650.
2. 张克俊，杜婵. 从城乡统筹、城乡一体化到城乡融合发展：继承与升华[J]. 农村经济，2019（11）：19-26.
3. 潘裕娟，章征涛，王朝晖. 面向村民住宅的乡村建设规划许可实践研究：以珠海市农村地区为例[J]. 城市规划，2020，44（7）：46-51.

2. 适用范围与法律依据

乡村建设规划许可是许可制度在乡村地区的实践，在不同层级有不同的适用范围（表5-1），包括空间范围、行为范围和权属范围，分别体现在空间地域、建设行为和土地权限上[1]。在空间地域层面上，主要集中于乡村规划区的合理界定，要求该建设规划在建设用地范围内，城镇开发边界外，乡、村庄规划区域内。在建设行为层面上，主要针对不同类型建设行为，包括农村村民住宅、乡镇企业、乡村公共设施和公益事业的建设，其中村民住宅建设行为的具体情况分两种：一是在原宅基地建设基础上建设农村住房；二是在新增农村宅基地上建设农村住房。乡镇企业是指乡、村庄内的各类企业。乡村公共设施和公益事业包括垃圾收集处理、供水、排水、供电、供气、道路、通信、广播电视、公厕等基础设施和学校、卫生院、文化站、幼儿园、福利院等公共服务设施。在土地权限层面上，乡村建设规划许可主要关注土地不同所有制与使用权范围。通常来说，乡村建设规划只涉及集体土地。

表5-1 相关法律法规对许可范围的规定

法律法规	适用范围		
	空间范围	行为范围	权属范围
《城乡规划法》第四十一条	乡、村庄规划区	乡镇企业、乡村公共设施和公益事业、农村村民住宅	—
《乡村建设规划许可实施意见》第二点	乡、村庄规划区	农村村民住宅、乡镇企业、乡村公共设施和公益事业建设	—
《浙江省城乡规划条例》第三十七、三十八条	乡、村庄规划区	乡镇企业、乡村公共设施、公益事业建设、农村村民住宅建设	集体土地
《杭州市城乡规划条例》第三十二条	乡、村庄规划区	乡镇企业、乡村公共设施、公益事业设施、农村村民住宅建设	集体土地

除上述适用范围的限制外，乡村建设规划许可还要符合横向和纵向法律法规的要求。纵向上包括：①全国人大制定的法律；②国务院制定的行政法规；③省（自治区、直辖市）人大制定的地方性法规；④省、自治区、直辖市制定的规

---

1. 耿慧志，胡淑芬，徐烨婷，等. 乡村建设规划许可实施的难点、问题和完善策略[J]. 城市发展研究，2020，27（2）：46-53.

章；⑤一般市、县和城乡规划行政主管部门制定的规范性文件。

横向法规体系的约束主要源于各地的地方性法规，由于不同省市的乡村规划建设实际情况有所不同，乡村规划实施管理方法也各有特点。例如，北京市作为我国首都，其乡村建设规划需强化首都风范、古都风韵、时代风貌，完善保护实施机制。2023年我国首部住建领域组织实施的关于乡村建设的地方性法规《杭州市乡村建设条例》出台，强调了在乡村建设过程中要注重传统村落的保护。

3. 主体、客体及内容

乡村建设规划许可的主体是土地使用和规划项目的发起者、机构或个人。乡村建设规划许可的客体是主体所要建设的对象，具体指的是国家依法批准的，处于适用范围内的农民集体建设用地。该客体充分体现出乡村建设规划许可的土地权属。当客体涉及农用地和未利用地时，主体应当办理农用地转用审批，将其转为集体建设用地。

依据现行《乡村建设规划许可实施意见》（建村〔2014〕21号），乡村建设规划许可的具体内容应包括对地块位置、用地范围、用地性质、建筑面积、建筑高度等方面的要求。根据管理实际需要，乡村建设规划许可的内容还可包括对建筑风格、外观形象、色彩、建筑安全等方面的要求。各地可根据实际情况，对不同类型乡村建设规划许可制度的内容和深度提出具体要求，其中，要重点加强对建设活动较多、位于城郊及公路沿线、需要加强保护的乡村地区的乡村建设规划许可管理。

5.4.2 乡村建设规划许可程序

1. 审理流程

乡村建设规划许可由申请主体发起申请，乡、镇人民政府负责接收申请并报送。市县级自然资源主管部门负责受理、审查乡村建设规划许可申请，作出乡村建设规划许可决定，核发乡村建设规划许可证。市县级城乡规划主管部门在其法定职责范围内，依照法律法规、规章的规定，可以委托乡、镇人民政府实施乡村建设规划许可。整体看来，乡村建设规划许可程序可以分为三个阶段，分别是申请与受理、审查与决定、核发与监督（图5-1）。

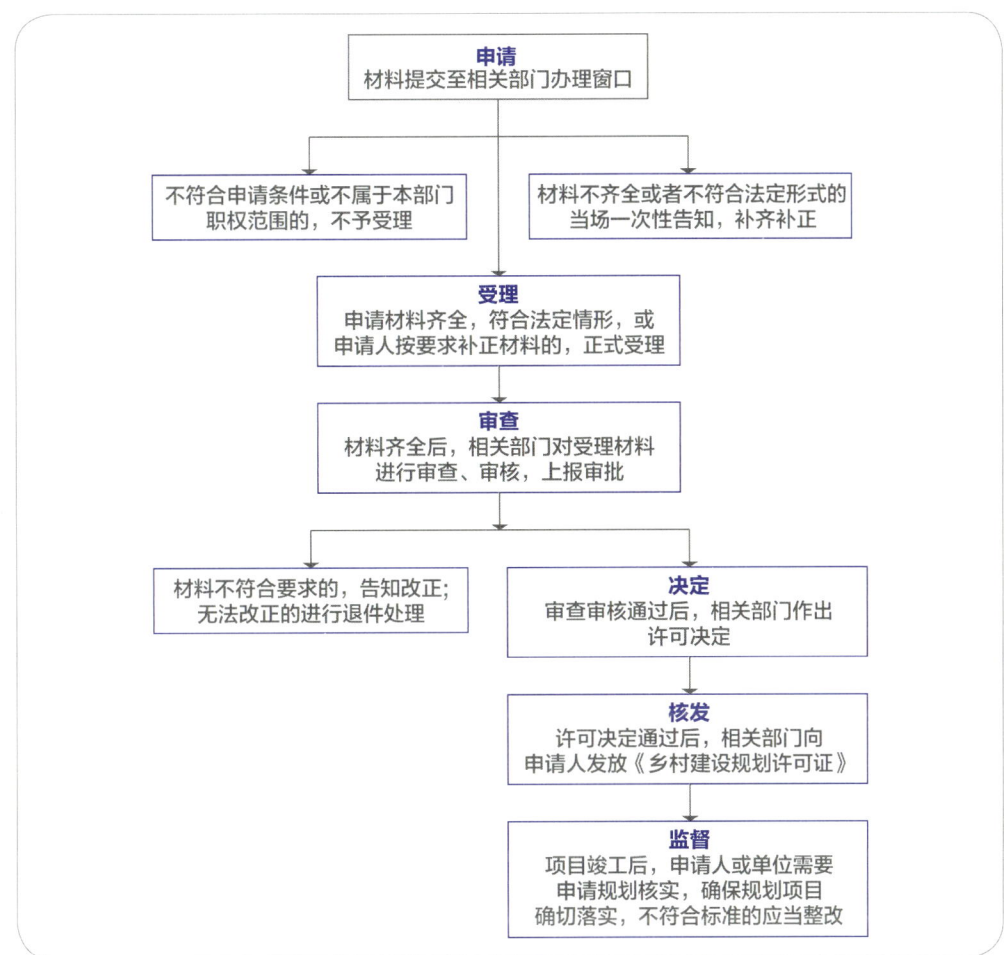

图 5-1　乡村建设规划许可流程

申请与受理。申请人需向自然资源部门提交申报要件，具体申报要件需要根据地方政策而定。对于满足申请条件、申请材料齐全、符合法定形式或申请人按照要求补齐补正材料的，则正式受理。乡镇人民政府、街道办事处应当自收到申请之日起 3 个工作日内作出初审决定，同意的，报自然资源规划主管部门审批；不同意的，应当书面说明理由。

审查与决定。审查的具体内容包括建设项目、建设地点、建筑面积、日照分析、节能等基础信息，涉及特殊审查内容需交由相关部门进行审核。市、县人民政府城乡规划主管部门应自受理乡村建设规划许可申请之日起 20 个工作日内进行审查并作出决定。对符合法定条件、标准的，应依法作出准予许可的书面决定；对不符合法定条件、标准的，应依法作出不予许可的书面决定，并说明理由。

核发与监督。对于满足要求的建设项目，核发乡村建设规划项目许可证。建设项目过程中需要接受相关部门的监督，竣工后，建设单位或者个人应当向乡村建设规划许可证的核发单位申请规划核实。核实合格的，在乡村建设规划核实意见表或在联合验收意见表中签署规划核实合格意见。不合格的，出具不合格意见，告知要求整改的内容、理由及处理意见。建设单位或者个人可在整改后，重新申请规划核实。

2. 任务清单与项目入库

为了加强对乡村建设规划许可程序的管理，我国推行任务清单与项目入库。乡村建设任务清单与项目入库是保持乡村建设水平的关键举措，前者是乡村建设规划许可程序开展的前提，后者则是乡村建设规划许可程序的后续保障与必然要求。2022年，国家乡村振兴局印发《乡村建设项目库建设指引（试行）》与《乡村建设任务清单管理指引（试行）》（国乡振发〔2022〕19号），明确建立"一库一单"制度。

1）任务清单

省、市、县三级需编制乡村建设任务清单，将乡村建设重点任务全部纳入清单管理，乡村建设项目需要依据任务清单展开。乡村建设任务清单应明确任务名称、主管部门、建设目标、建设内容、建设标准、建设规模和建设资金来源等基本要素。

2）项目入库

各类乡村建设项目需纳入乡村建设库中，村部门会同行业主管部门共同建设项目库，共享项目库信息。入库项目主要分为乡村规划、公共基础设施、农村人居环境、基本公共服务四种类型，具体涉及乡村规划建设管理、农村道路、防汛抗旱和供水、清洁能源、农产品仓储保鲜冷链物流设施、数字乡村、村级综合服务设施、农房质量安全、农村人居环境整治提升、农村基本公共服务等方面。

入库程序按照村申报、乡审核、县审定的程序确定入库项目。入库信息需要重点采集以下信息：责任单位、项目名称、项目类别、建设性质、建设内容、建设规模、建设地点、建设期限、资金规模、资金渠道、补助方式、实施进展、投资完成情况、绩效目标、直接受益人数、资产权属、管护主体等。

5.4.3 乡村建设规划许可变更

1. 变更的必然性

变更是乡村建设规划许可灵活性的必然需求。规划许可变更不需要以许可违法或者不当为前提，只要许可赖以存在的社会、经济、政治、法律关系发生变更，或是规划实施主体的判断发生错误，或是许可本身已呈现弊端，继续实施该许可失去了意义甚至违反了初衷，出于公共利益的需要或者为了保护许可主体的利益，规划主管部门即可依据申请或主动调整规划许可。乡村建设规划许可变更的必然性可以从规划本身、历史选择、许可变更本质、村民对公权的信任和法律五个层面进行梳理。

从规划本身的特性来看，乡村建设规划本身为适应乡村的基础情况，会随着农村政治、经济以及社会关系的变化而变化。这样的变更可以称之为情势变更，情势变更主要存在三种情形，分别是法律变更、政策变更以及事实情况变迁。

从历史的角度来看，乡村建设规划许可是历史的选择。规划许可处于不停地调整之中，乡村居住点的用地不断集约，由未来导向性衍生出了变动性，乡村建设规划许可必须变更以适应乡村的发展。

从许可变更的本质来看，乡村建设规划许可变更的过程实际上是一个利益区分、判断、平衡、选择、阐述、协调的不断协调过程。在乡村建设规划许可变更时，需要正确衡量村集体公共利益与农民私人利益，公共利益并不必然要优先于私人利益，要根据具体情况科学衡量和协调，合理取舍，慎重地衡量利益，让私权不受公权的侵犯才是许可变更存在的基础。

从村民对公权的信任来看，规划变更有利于加强村民对公权力的信任。规划主管部门代表公众行使规划许可这一公权力，通过作出变更，使变更后的乡村建设规划许可与农村社会经济发展需求相符，重新实现公共利益与私人利益的良性动态平衡，从而加强村民对规划主管部门公权力的信任。

从法律的角度来看，乡村建设规划许可变更符合法律要求。《城乡规划法》明确规定了严格的规划修改制度，同时保证城乡规划的可持续发展。法律条文中"城乡规划的修改"一章明确了修改规划的前提条件、审批和备案等法定程序。因此在法律层面上，乡村建设规划许可变更也存在必然性。

2. 变更的特征与适用范围

乡村建设规划许可变更是指在乡村建设规划许可证发出后，在不改变原规划条件的前提下，对许可证件和附图进行修改的行为。乡村建设规划许可变更的特征主要概括为两点：从时间上看，变更发生在乡村建设规划许可作出之后，消灭之前；从变更范围上看，乡村建设规划许可变更不包括行政区域行为对象的变更。乡村建设规划许可变更程序基本与乡村建设规划许可程序相似，其基本流程主要包括申请与受理、审查、核发。但在执行程序前需要明确变更的适用范围，乡村建设规划项目不得随意变更。若的确需要变更，应当在以下适用范围内：

依申请变更。其中包括许可申请主体发生变化的，例如原单位或个人名称更改。

行政机关主动变更。其中包括乡村建设规划许可所依据的法律法规、规章修改或废止，或准予许可所依据的客观情况发生重大变化的，例如因村庄规划修改造成土地使用条件变化；因公共利益需要；国家和地方有关政策和规范标准发生变化；其他不可抗拒因素影响建设项目实施。

3. 变更补偿与弹性

在乡村建设规划项目变更中，多方利益关系将发生变化。为了保障农民利益，提高程序效率，我国实行变更补偿与弹性政策。依据现行的《乡村建设规划许可实施意见》（建村〔2014〕21号），为了公共利益的需要，依法变更或撤回已经生效的乡村建设规划许可证，由此给被许可人造成财产损失的，还应当依法给予补偿。我国的乡村建设规划项目变更体现出了变更的补偿性和弹性，这得益于国外经验的启发。英、美、法等国家对于变更没有成文法，主张"无为而治"；而以德国为代表的国家则利用完备的法律对许可变更进行深入划定和规范，这对我国乡村建设有一定借鉴意义。

变更补偿。主要是指对利益受损方进行一定的补偿。英国的规划项目变更体现在对多方利益的权衡。地方政府要对业主因规划许可撤销与变更所产生的开支、损失与损害作出适当的赔偿。这种赔偿要求建设项目必须是在规划许可后、撤销与变更规划许可前发生的，赔偿主要指的是用于准备规划许可申请的开支以及与规划许可撤销与变更直接相关的损失，例如损失的利润及失去的土地和房地产价值。英国对程序的保障非常重视，规划管理中明确了邻里告知的程序，规划主管部门在决策时会考虑这些邻里的意见。英国在变更的程序及赔偿方面的经验对我国平衡公共与私人利益、保护公众私人财产方面有一定的启示。

变更弹性。主要是指对变更程序赋予一定的灵活性。以德国为例，其在规划实施当中针对实质性变更和非实质性变更类型有不同的要求。针对实质性变更，德国的变更程序充分考虑了公平性。若公布的规划许可变更，行政机关行为的职权或第三人利益将受到影响，则须将变更通知机关与个人，给予他们提出异议的机会，听证部门将听证结果、意见和未解决异议同时移送相关部门。针对非实质性变更，在实现规划变更的公正性时，也兼顾了效率和灵活性。如果变更计划不影响他人利益或经当事人同意，抑或是属于其他无关紧要的变更，计划制定机关执行计划许可程序时无需通过听证程序公告计划许可决定。德国的弹性变更政策，不仅提升了公平性，还提高了程序效率，降低了过程费用，对我国变更程序优化与政策调整方面有一定的启发。

5.5 专项资源使用许可制度体系

专项资源使用许可制度体系是基于国土空间治理体系的综合性管理体系，旨在规范各类自然资源的使用和保护，确保资源的合理开发与可持续利用。本节主要介绍海域使用许可制度、矿产资源相关许可制度、林地使用许可制度与草原使用许可制度。

5.5.1 海域使用许可制度

1. 海域使用权
1）海域使用权属制度建立的背景

海洋是资源的宝库，是人类赖以生存和发展的自然环境中一个十分重要的组成部分，海域是海洋资源一定范围内的载体[1]。依据《海域使用管理法》，海域包括内水、领海的水面、水体、海床和底土。其中，内水指领海基线向陆地一侧至海岸线的海域。海域蕴含丰富的矿产、生物、航运等重要资源，其开发利用是社会经济发展活动中的重要内容。同其他自然资源一样，海域资源具有有限性，与人们日益增长的需求间的矛盾日益凸显。加之长期以来，一些人错误地认为毗邻海域属于本地、本企业甚至个人所有，导致非法买卖、租用、抢占海域的现象时有发生，直接影响社会秩序的稳定和海洋资源的可持续利用，因此亟须对各种开发利用海域的活动进行规范和管理，确保海域资源的科学、合理地利用。

为进一步维护国家海域所有权，促进海域资源的合理开发利用，最大限度地满足人们生产和生活的需要，平衡供需矛盾，我国不断推进海洋经济发展和海域使用管理工作，制定了一系列方针政策，为海域使用管理立法提供了强有力的指导和支

---

1. 谭柏平. 我国海洋资源保护法律制度研究［D］. 北京：中国人民大学，2007.

持，也为加强海域使用管理提供了明确的政策依据[1]。《海域使用管理法》明确规定，海域属于国家所有。同时，依据所有权与使用权相分离的原则，把海域使用权授予海域使用申请人，并依法维护海域使用权人的合法权益，这既是海洋经济发展的客观需要，也是国家作为海域所有者的权益在经济上的实现方式，对于建立有序的海域使用秩序具有重要意义。

2）海域使用权的内涵

海域使用权是对国家所有的特定海域的使用价值进行开发利用和收益的排他性使用权，是所有权与使用权分离的一种表现形式[2]。单位和个人使用海域，必须依据《海域使用管理法》的有关规定取得海域使用权。海域使用权的法律关系由主体、客体及内容构成：

海域使用权的主体是自然人、法人和其他非法人团体。其中，在《海域使用管理法》施行前，已经由农村集体或者村民委员会经营、管理的养殖用海，且该用海活动符合海洋功能区划，经县级人民政府批准的，可以将其海域使用权确定给农村集体经济组织及村民委员会。

海域使用权的客体是我国内水、领海的水面、水体、海床和底土所构成的特定海域。该海域不是单一物，而是以海床为中心、上有海水、下有底土的集合物，也可归类为民法上的不动产。例如，海床与底土是不可移动的，且权利变更需要登记。

依据《海域使用管理法》，海域使用权人在享受其应有的权力之外，也需要承担相应义务，包括支付海域使用金、按照海洋功能区划使用海域、对他人非排他性用海予以容忍、及时报告海域重大情形变化、接受有关部门监督与管理等义务。

3）海域使用权的基本特征

海域所有权属于国家。法律上，所有权的内容包括占有权、使用权、收益权、处分权，即所有权的四项权能。

海域使用权的产生以国家海域所有权为前提。海域使用权来源于海域所有权，这种关系决定了海域使用权的基本属性。

海域使用权是一种自然资源使用权。它是指非海域所有人依照法律规定，为一定的目的使用国家所有的海洋资源，这项特点直接影响了海域使用的性质。

授予海域使用权的主体是代表国家行使海域所有权的国务院。而海域使用权的

---

1. 苗晨颖.试论海域资源高效利用新模式：以舟山市为例［J］.浙江国土资源，2022（11）：40-41.
2. 杨潮声.海域使用权制度研究［D］.长春：吉林大学，2011.

客体是国家所有的海洋资源，使用权的具体授予则依照法律规定的权限由有关行政机关执行。

2. 海域使用许可

行政许可是我国海域使用权出让最主要的方式，指国家行政机关代表国家对海域使用申请人的用海申请进行受理、审核和批准。海域使用许可有利于实现国家对海洋资源的掌控，维护公共利益和兼顾社会公平。具体包括以下程序：

1）申请程序

海域使用权人依法提出海域使用申请是行政审批的第一步，也是取得海域使用权的一项法定程序。单位和个人可以向县级以上自然资源或海洋行政主管部门申请使用海域，申请人在提出申请时，应当提交的书面材料包括：①海域使用申请书；②海域使用论证材料；③相关的资信证明材料；④法律法规规定的其他书面材料。

2）审批程序

审批程序包括受理、审查、审核（包括用海预审）和审批环节。其中，受理海域使用申请的自然资源或海洋行政主管部门为受理机关；有审批权的自然资源或海洋行政主管部门为审核机关；受理机关和审核机关之间的各级自然资源或海洋行政主管部门为审查机关。

<u>受理</u>。国家实行海域使用权属的统一管理原则，海域使用申请应当由自然资源或海洋行政主管部门统一受理，其他任何单位和个人都不得违法受理海域使用申请。

下列项目的海域使用申请由自然资源部受理：国务院或国务院投资主管部门审批、核准的建设项目；省（自治区、直辖市）管理海域以外或跨省（自治区、直辖市）管理海域的项目；国防建设项目；油气及其他海洋矿产资源勘查开采项目；国家直接管理的海底电缆管道项目；国家级保护区内的开发项目及核心区用海。其他项目由县级海洋行政主管部门受理。跨管理海域的，由共同的上一级海洋行政主管部门受理。

<u>审查</u>。审查机关在收到受理机关报送的申请材料后，对项目用海是否符合国土空间规划、申请海域是否计划设置其他海域使用权、申请海域是否存在管辖异议、是否存在海域使用纠纷及协调处理情况、是否有弄虚作假的问题等要点进行审查后，提出审查意见报送上级审查机关或审核机关。

<u>审核</u>。《海域使用管理法》规定，有批准权的自然资源部或海洋行政主管部门

对用海申请材料及下级自然资源或海洋行政主管部门审核内容和审核意见进行核实，并就海域使用申请征求同级有关部门的意见。需要注意的是，国务院或国务院投资主管部门审批、核准的建设项目涉及海域使用的，应当由自然资源部就其使用海域的事项在项目审批、核准前预先进行审核。

审批。依据《海域使用管理法》，海域使用的审批权分为两个层次：一是国务院的审批权，包括填海五十公顷以上的项目用海、围海一百公顷以上的项目用海、不改变海域自然属性的七百公顷以上的项目用海、国家重大建设项目用海、国务院规定的其他项目用海。二是其他项目用海的审批权限，由国务院授权省、自治区、直辖市人民政府规定。自然资源或海洋行政主管部门对海域使用申请提出批准或者不予批准的审核意见。对于建议批准的，由有审批权的人民政府批准，作出项目用海批复，并登记颁发海域使用权证书；对于不予批准的，由自然资源或海洋行政主管部门向海域使用申请者下达不予批准的通知书。

3）海域使用论证

海域使用论证是指通过对申请使用海域区位条件、资源状况、区域生产力布局、用海历史沿革、海域功能、海域整体效益及灾害防治、国防安全等方面的调查、分析、比较和论证，提出该项用海是否可行的书面材料，以实现科学用海、规范用海和可持续用海的过程。海域使用论证是海域使用管理过程中海域使用权申请取得阶段的一项重要基础工作，是有序开发海洋资源、保护海洋生态环境的重要手段之一。

2019年2月，《国务院关于取消和下放一批行政许可事项的决定》（国发〔2019〕6号）发布，取消"海域使用论证单位资质认定"的行政许可事项，要求多举措加强"事中、事后"监管。2020年，自然资源部组织有关单位开展《海域使用论证管理规定》的修订。同时，经征求社会公众和有关方面意见、专家咨询论证等程序，自然资源部于2021年1月正式印发《自然资源部关于规范海域使用论证材料编制的通知》（以下简称《通知》），以加强和规范海域使用论证工作，进一步提高海域使用论证工作的质量和水平，保证海域使用的科学性。当前海域使用论证管理主要呈现两方面变化。

论证材料编制规范化。取消"海域使用论证单位资质认定"行政许可事项后，海域使用论证报告质量参差不齐，部分报告未完全符合编制要求，随意简化核心论证环节，严重影响了报告的质量，降低了海域使用论证报告的公信力。因此，自然资源部先后出台海域使用论证和评审工作新政策、新规范，推进论证材料编制的规范化。其中，《海域使用论证管理规定》修订版明确指出：编制主体要对所提交论证报告内容和结论的真实性、准确性负责。在评审过程中，应对报告内容开展质量评估，以杜绝低质量和结论失真的报告出现。此外，为提升海域使用报告的公信力，报告还需要在网站和其他渠道进行公示，接受公众的意见，并作为行政审批等环节的重要依据。

加强"事中、事后"监管。 为进一步提高海域使用论证工作的质量和水平，国务院要求切实加强海域使用论证监督管理，其举措主要包括：一是制定相关规范，强化质量评估和监督检查；二是落实信用监管的要求，构建海域使用论证单位信用监管体系；三是强化责任追究，严格查处违法行为。为落实上述措施，《通知》明确规定了海域使用论证工作实施监督管理机构。其中，自然资源部为监督主管部门，负责实施监督全国海域使用论证工作，并组织建设全国海域使用论证信用平台，纳入自然资源领域信用体系，对失信行为依法及时公开或列入信用约束名单。此外，论证报告实行终身追责制，经核实发现编制主体、编制人员等给国家、公民或者其他组织造成重大损害的，要依照有关法律法规承担法律责任。

5.5.2 矿产资源相关许可制度

矿产资源是重要的自然资源，也是社会能源供给和经济发展的物质基础[1]。在矿产资源的有效利用中，矿业权的设立和管理起着至关重要的作用。其中，采矿权作为矿产资源开发的基石，为资源利用提供原始物料来源，探矿权则扮演着为采矿权提供潜在可开采资源储量的关键角色[2]。我国矿法及配套法规明确规定对矿产资源的勘查、开采实行"两证、三方案"许可证制度，这意味着任何对矿产资源进行的勘查或开采活动，都必须遵循法律程序，经过申请登记，并获得相应的勘查或采矿许可证，从而合法地取得探矿权或采矿权[3]。因此，矿产资源相关许可制度主要包括勘查许可制度和采矿许可制度两方面。

1. 勘查许可制度
1）勘查许可的概念及要求

勘查许可是指省、自治区、直辖市人民政府及以上自然资源主管部门依据相关法律法规要求，对勘查矿产资源行为进行审核并授权实施。矿产资源作为国家的重

---
1. 李玉喜，修艳敏. 关于矿产资源勘查开采过程中关键节点的探讨[J]. 中国矿业，2021，30（S2）：31-36.
2. 李海婷. 矿业权登记与矿产资源勘查开采行政许可的关系重构[J]. 中国矿业，2016，25（10）：11-13，22.
3. 陈志广，许书平，苗琦. 我国探矿权审批登记特征、存在问题与改革建议[J]. 中国矿业，2020，29（5）：12-17，21.

要资产,其所有权归属于国家。为了加强对矿产资源的勘查管理,国家实行勘查许可证制度。按《中华人民共和国矿产资源法实施细则》规定,矿产勘查行政主体由国务院自然资源主管部门以及省、自治区、直辖市人民政府共同构成。勘查单位或个人在获得勘查许可后,必须严格按照国务院关于矿产资源勘查登记管理的规定,办理申请、审批和勘查登记手续,确保勘查活动的合法性和合规性。

2)探矿权人及其权利和义务

取得勘查许可证的单位或者个人称为探矿权人。其中,探矿权赋予了持证人在法定勘查许可范围内进行矿产资源勘查的权利。根据相关规定,非油气矿产资源的探矿权人既可以是追求盈利的营利法人,也可以是专注于特定事业发展的非营利法人中的事业单位法人。根据《自然资源部关于进一步完善矿产资源勘查开采登记管理的通知》(自然资规〔2023〕4号)规定,油气(含石油、烃类天然气、页岩气、煤层气、天然气水合物)探矿权人原则上应当是营利法人。

探矿权人享有以下权利:在勘查许可证规定的范围内进行勘查活动;在勘查区域及其相邻地带通行,并有权架设供电、供水、通信管线,但需确保不干扰或损害原有设施;根据勘查工作需要,可临时使用土地;在勘查作业区内,享有优先取得矿产资源的采矿权和新发现矿种的探矿权;自行销售勘查过程中按照批准的施工设计回收的矿产品,除非国务院规定需由指定单位统一收购。

与此同时,探矿权人亦需履行以下义务:必须在勘查许可证规定的期限内开始并完成勘查工作;开工前须向勘查登记管理机关报告相关情况;严格按照探矿工程设计进行施工;对共生和伴生的主要矿产资源进行综合勘查和评价;完成勘查后,须编写矿产资源勘查报告并提交审批;依据国务院的相关规定,提交矿产资源勘查成果档案资料;遵守劳动安全、土地复垦和环境保护的相关法律法规;勘查作业结束后,必须及时消除安全隐患,确保环境安全。这些权利与义务共同构成了探矿权人的责任体系,确保了矿产资源的合理勘查和有效管理。

3)勘查许可的程序

勘查许可审核的具体程序包括八个步骤[1]:

申请。申请人需遵循《矿产资源勘查区块登记管理办法》(2014年修订)规定的审批登记权限及国务院地质矿产主管部门的授权要求,向具备管辖权的登记管理机关提交完整的勘查登记申请资料。

受理。登记管理机关经办人会严格核验申请资料,确保齐全无误后登记并收取

---

1. 韦军.行政执法实务[M].南宁:广西人民出版社,2015.

勘查登记手续费。同时，填写探矿权申请登记一览表，记录申请时间及顺序号，并由申请人签字确认。若资料不齐全，经办人将不予受理并退回申请。

审查。审查人员将按申请顺序对资料进行详细审查，并提出审查意见，填写探矿权申请登记表。若需修改或补充资料，登记管理机关将通知申请人按行政许可法规定的一次性告知程序进行补充。如申请人未在规定期限内补报资料，则视为自动放弃。

报批。审查人员将审查通过的申请资料及审批表提交给主管领导进行审批签发。

通知。审批结果确定后，登记机关会迅速通知申请人。准予登记的，通知中会明确探矿权使用费的支付及勘查许可证领取的具体步骤；若不予登记，将说明原因，确保申请人了解审批结果。

领证。申请人在收到领证通知后，须在 30 日内完成费用缴纳。缴费完成后，凭领证通知及缴费证明，到指定地点领取勘查许可证。逾期未办理，则视为放弃探矿权申请。

发证。成功领证的申请人信息将被发证登记管理机关详细记录于相关一览表，为后续的监管和年检工作提供便利。

通报与公告。为保障信息及时传递和公开透明，国务院国土资源行政主管部门在颁发、注销或吊销勘查许可证之日起 10 日内，会及时通知相关省（自治区、直辖市）的地质矿产主管部门，由其转发至项目所在地的地（市）、县级人民政府负责地质矿产管理工作的部门。同时，省级勘查登记管理机关也会按照相应规定，向上级主管部门和项目所在地的相关部门进行通报。此外，省级勘查登记管理机关还会在每季度的第一旬内向国务院自然资源行政主管部门报送上一季度的矿产资源勘查登记项目的通报表，以便上级部门全面掌握各地勘查活动的整体情况。各级登记管理机关定期公告登记发证情况，接受社会监督，确保勘查活动公开、公平、公正。

勘查许可证有效期因矿产类型而异，通常矿产勘查许可证有效期最长为 3 年，石油、天然气等特定矿产勘查许可证的有效期则可延长至最长 7 年。探矿权人如需延长勘查时间，应在许可证到期前 30 日内向登记管理机关申请延续登记。每次延续的时间受到严格限制，不得超过 2 年，以确保勘查活动的有序进行。在有效期内若发生勘查区块范围的变更、勘查对象的改变、探矿权的依法转让或探矿权人信息的变动等情况，探矿权人需及时向登记管理机关提交变更登记的申请。按《矿产资源勘查区块登记管理办法》（2014 年修订）规定，当勘查许可证有效期届满且探矿权人不再办理延续登记或不打算保留探矿权时，或因故需要撤销勘查项目时，探矿权人应在许可证有效期内，向登记管理机关提交勘查项目完成报告或终止报告，并附相关资金投入情况报表和证明文件。登记管理机关核定其实际勘查投入后办理注销登记手续，确保资源勘查活动规范结束。

2. 采矿许可

1）采矿许可概念与要求

采矿许可是指县级以上自然资源主管部门依据矿区专项规划以及相关法律法规要求，对开采矿产资源行为进行审核并授权实施。国家对矿产资源的开采同样实行许可证制度。开采矿产资源必须严格遵循法律规定，依法申请登记并取得采矿许可证，从而确保采矿权的合法性。按《中华人民共和国矿产资源法实施细则》规定，矿产开采行政主体由自然资源部，省（自治区、直辖市）级自然资源主管部门，县级以上自然资源主管部门共同构成。对于国有矿山企业而言，在开采矿产资源时，必须遵循国务院关于采矿登记管理的规定，按照规定的程序办理申请、审批和采矿登记手续。特别是当开采涉及国家规划矿区、对国民经济具有重要价值的矿区矿产以及国家规定实行保护性开采的特定矿种时，必须持有国务院有关主管部门批准的文件。对于集体所有制矿山企业、私营矿山企业及个体采矿的申请开办，其审查批准和采矿登记工作则按照省、自治区、直辖市的有关规定进行办理。

2）采矿权人及其权利和义务

取得采矿许可证的单位或者个人称为采矿权人。其中，采矿权赋予了持证人在法定采矿许可范围内对矿产资源进行开采，并享有所开采矿产所有权的权利。按《自然资源部关于进一步完善矿产资源勘查开采登记管理的通知》（自然资规〔2023〕4号）规定，采矿权申请人原则上应当为营利法人。按《中华人民共和国矿产资源法实施细则》规定，作为采矿权人，享有以下权利：在采矿许可证所规定的范围和期限内自由进行开采活动；自主销售矿产品（国务院规定由指定的单位统一收购的除外）；在矿区范围内建设采矿所需的生产和生活设施；根据生产建设的需要依法取得土地使用权。同时，采矿权人亦需履行以下义务：在批准的期限内进行矿山建设或者开采；确保矿产资源的有效保护、合理开采和综合利用；依法缴纳资源税和矿产资源补偿费；遵守国家在劳动安全、水土保持、土地复垦和环境保护等方面的法律法规；接受地质矿产主管部门和有关主管部门的监督管理，并按规定填报矿产储量表和矿产资源开发利用情况统计报告。这些权利与义务共同构成了采矿权人的责任体系，确保了矿产资源的合理开采和可持续利用。

3）采矿许可的程序

采矿许可的审核包括采矿权申请人资质条件的证明、矿产资源开发利用方案、依法设立矿山企业批准文件、开采矿产资源的环境影响评价报告、申请登记书和矿区范围图等内容。采矿许可审核流程主要包括矿区范围申请和采矿权申请等在内的七个步骤[1]。

矿区范围申请。采矿权申请人在提出采矿权申请前，需依据已批准的地质勘查储量报告，向登记管理机关提出矿区范围的划定申请，按《矿产资源开采登记管理办法》的审批、发证权限及自然资源部对省级自然资源主管部门的授权，提交相关资料供采矿登记管理机关审查。机关在收到资料后的40日内，将作出是否批准的决定，批准后划定矿区范围并下发相关批复文件。矿区范围划定后，申请人需在规定的预留期内办理矿山建设项目的立项和企业设立手续，并编制矿产资源开发利用方案。

采矿权申请。采矿权申请人需遵循相关法规的审批、发证权限，将采矿登记申请资料提交至采矿登记管理机关进行审查。

受理。县级以上自然资源主管部门负责受理此类申请，在收到申请后的40日内作出准予登记或不予登记的决定，并及时通知采矿权申请人。

审查。采矿登记管理机关对采矿权申请人提交的采矿登记申请资料及下级登记管理机关的调查意见进行细致核查。主要核实申请范围和面积是否与已划定的矿区范围一致、矿山生产规模是否发生变化、是否与设计的利用储量相匹配、矿山设计服务年限的合理性以及矿产资源的综合开发利用和回收情况。

登记。由具备审批权的自然资源主管部门负责决策和记录。采矿登记管理机关在收到完整的登记资料后，将在40日内（不包括资料补充和修改的时间）作出是否同意采矿登记的决定。

颁发采矿许可证。对于准予登记的项目，登记管理机关会向申请人发出书面通知，通知方式可以是当面递交或邮寄送达。若选择邮寄方式，申请人收到通知的日期以邮政局的收件邮戳为准。申请人在收到通知后的30日内，需前往发出通知的采矿权登记管理机关缴纳相关费用，并领取采矿许可证，正式成为采矿权人。

通知和公告。采矿登记管理机关在颁发采矿许可证后，会通知矿区所在地的县级人民政府对矿区范围进行公告。县级人民政府应在接到通知后的90日内完成公告，并根据采矿权人的请求，协助埋设界桩或设置地面标志，以确保矿区的明确界定和有效管理。

依据《矿产资源开采登记管理办法》规定，采矿许可证的有效期依据矿山建设

---

1. 朱亚福. 长春市国土资源系统干部政治业务建设培训教材［M］. 长春：吉林大学出版社，2008.

规模的不同而有所区别，特别是石油、天然气等资源的滚动勘探开发，其采矿许可证的有效期最长可达 15 年。在许可证有效期内，如需对矿区范围、主要开采矿种、开采方式、企业名称或采矿权人进行变更，必须向登记管理机关提交采矿权变更登记的申请。其中，已设采矿权变更矿区范围的，需根据变更后的新矿区范围统一编制并提交相关申报材料；申请变更主要开采主矿种的，需提交经过评审备案的矿产资源储量报告，特别是当变更的矿种属于国家开采总量控制范围时，还需满足国家的宏观调控和开采总量控制要求，并通过专家论证和公示程序，确保无异议后方可进行变更；申请采矿权转让变更的，受让人必须满足本通知规定的采矿权申请人条件，并承担原采矿权的所有权利和义务，以确保采矿权转让的合法性和规范性，维护矿产资源开发利用的秩序。

5.5.3 林地使用许可制度

林地作为森林资源的重要组成部分，承载着丰富的生物资源，林地不仅发挥着涵养水源、保持水土、防风固沙等重要生态功能，还是林业经济发展的物质基础[1-2]。随着经济社会发展，人类对土地和林木资源的利用需求日益增加。为实现林地资源的合理利用和优化配置，林地使用许可制度应运而生，成为促进林地资源可持续利用、维护林地生态平衡的关键举措。

1. 概念与要求

林地使用许可是指县级以上自然资源主管部门依据林业专项规划以及相关法律法规要求，对在林地上建造永久性、临时性的建筑物、构筑物，以及其他改变林地用途的建设行为进行审核并授权实施的过程，旨在确保林地资源的合理利用，防止林地资源的无序开发和过度利用，保护生态环境和生物多样性。按照《森林法》（2019 年修订）、《中华人民共和国森林法实施条例》（2018 年修正）、《建设项目使用林地审核审批管理办法》《国家林业和草原局关于印发〈建设项目使用林地审核审批管理规范〉和〈使用林地申请表〉、〈使用林地现场查验表〉的通知》（林资发〔2015〕122 号）等法律法规，林地使用许可的行政主体由自然资源部、县级以上自然资源主管部门共同构成。这些法律法规为林地使用许可制度的实施提供

---

1. 徐新良，刘纪远，庄大方，等. 中国林地资源时空动态特征及驱动力分析［J］. 北京林业大学学报，2004（1）：41-46.
2. 殷格兰，邵景安，郭跃，等. 林地资源变化对森林生态系统服务功能的影响：以南水北调核心水源地淅川县为例［J］. 生态学报，2017，37（20）：6973-6985.

了明确的法律依据，规范了许可程序和要求，确保了林地资源的合理利用和生态保护。

2. 主要特征

建设占用林地实施分级管理，是林地使用许可制度的重要特点。依据《建设项目使用林地审核审批管理办法》，占用和临时占用林地的建设项目应当遵守林地分级管理的规定，针对Ⅰ级至Ⅳ级四级保护林地分别制定不同的管理要求。其中，Ⅰ级保护林地作为最重要的生态区域，严格禁止任何形式的占用。对于符合规定的公益性设施、国防、军事外交项目、战略性新兴项目等，国务院有关部门与省级人民政府及其有关部门批准的项目，符合城镇规划的建设项目以及符合乡村规划的建设项目，可以在满足一定条件下使用Ⅱ级及其以下保护林地。战略性新兴产业项目、勘查项目、大中型矿山、符合相关旅游规划的生态旅游开发项目，可以使用Ⅱ级及其以下保护林地。其他工矿、仓储建设项目和符合规划的经营性项目，可以使用Ⅲ级及其以下保护林地。此外，针对公路、铁路等线性工程建设项目配套的采石（砂）场、取土场使用林地等特殊项目使用林地的情况也作出了相关禁止性规定。这种分级管理的方式，既保障了重要生态区域的安全，又满足了经济社会发展对土地资源的合理需求。

3. 内容与程序

1）林地使用许可的内容

林地使用许可的审核内容涵盖了多个方面。为确保林地使用的合理性和科学性，首先应对建设项目的性质进行评估，判断其是否符合国家产业政策和林地保护利用规划。其次，对林地保护利用规划等专项规划要求进行审查，确保建设项目与规划相衔接。此外，还需考虑林地总量控制与定额要求，确保林地资源的可持续利用。同时，对是否使用生态区位重要和生态脆弱地区的林地、是否使用天然林和单位面积蓄积量高的林地等进行严格审查，以维护生态平衡和生物多样性。

2）林地使用许可的程序

林地使用许可的审核程序严谨而规范，确保了许可的公正性和透明度。

<u>申请</u>。用林单位或个人需向县级人民政府自然资源主管部门提出申请，并提交相关材料。

<u>受理</u>。林业主管部门收到申请后，对申报材料进行初步审核，符合要求的予以受理，材料不全的退回申请者补全。

现场查验及公示。县级自然资源主管部门受理申请后，进行现场查验和公示，核实申请材料的真实性和合法性，并将审核情况予以公示。

审查及决策。具有审批权的自然资源主管部门对申请进行审查，综合考虑各项因素作出行政决定。

费用收取与许可发放。一旦决定批准，自然资源主管部门需按规定预收森林植被恢复费并核发行政许可决定书。

后续监督及公示。林地使用许可发放后，将林地使用许可的结果进行公示，接受社会监督。主管部门将对林地使用情况进行后续监管，确保申请者按照许可要求使用林地。

3）林地使用许可的申请材料

依据《建设项目使用林地审核审批管理办法》，占用林地和临时占用林地的用地单位或者个人提出使用林地申请，应当填写《使用林地申请表》，同时提供下列材料：

用地单位的资质证明或者个人的身份证明。

建设项目有关批准文件。包括：可行性研究报告批复、核准批复、备案确认文件、勘查许可证、采矿许可证、项目初步设计等批准文件；属于批次用地项目，提供经有关人民政府同意的批次用地说明书并附规划图。

拟使用林地的有关材料。包括：林地权属证书、林地权属证书明细表或者林地证明；属于临时占用林地的，提供用地单位与被使用林地的单位、农村集体经济组织或者个人签订的使用林地补偿协议或者其他补偿证明材料；涉及使用国有林场等国有林业企事业单位经营的国有林地，提供其所属主管部门的意见材料及用地单位与其签订的使用林地补偿协议；属于符合自然保护区、森林公园、湿地公园、风景名胜区等规划的建设项目，提供相关规划或者相关管理部门出具的符合规划的证明材料，其中，涉及自然保护区和森林公园的林地，提供其主管部门或者机构的意见材料。

具有相应资质的单位作出的建设项目使用林地可行性报告或者林地现状调查表。

4. 发展趋势与挑战

随着生态文明建设的深入推进和绿色发展理念的普及，林地使用许可制度也在不断完善和发展。一方面，国家加大了对林地资源的保护力度，提高了林地使用的门槛和标准，严格限制了对重要生态区域的占用；另一方面，通过优化审批流程、加强监管执法、推广科技应用等措施，提高了林地使用许可的效率和质量[1]。林地使用许可制度作为林地管理的重要手段，在维护生态平衡、保障林地资源安全、促进林业可持续发展方面发挥了重要作用。面对新形势下的新挑战和新要求，未来应进一步加强法律法规建设，提高林地使用许可的法治化水平；加强科技支撑，提高林地资源监管的智能化水平；加强社会监督，提高林地使用许可的透明度和公信力；继续加强相关部门之间的协调与配合，形成多部门联动、齐抓共管的良好局面。同时，还应积极探索林地资源合理利用的新模式和新途径，推动林业产业的高质量发展[2]。

5.5.4 草原使用许可制度

草原作为地球生态系统的重要组成部分，承载着重要的生态、经济和社会功能。随着我国经济社会的快速发展，草原资源的合理利用与保护问题日益凸显。为了切实保护草原资源，我国设立草原使用许可制度，为草原的使用与审核提供了科学依据。

1. 概念与要求

草原使用许可制度是指县级以上自然资源主管部门草原保护建设利用规划依据相关法律法规等要求，对矿藏开采和有关工程建设、修建为草原保护和畜牧业生产服务的工程设施、临时占用草原等改变草原用途的行为进行审核并授权实施。该制度的实施旨在进一步加强草原征占用监督管理，强化草原征占用审核审批制度，严格规范征占用草原行为，确保草原资源的合理利用与可持续发展。草原使用许可制度的建立与实施有利于保护草原生态环境，防止过度开发和无序利用，对于促进草原畜牧业的健康发展，实现草原资源的优化配置，提高草原管理的科学性和规范性具有重要意义。

为切实落实国家草原使用许可制度，国家林业和草原局印发了《草原征占用审核审批管理规范》（林草规〔2020〕2号）、《建设项目使用林地、草原及在森林和野生动物类型国家级自然保护区建设行政许可委托工作监管办法》（林资发〔2021〕97号）等相关政策规定，为保护草原资源和生态环境，维护农牧民的合法权益提供依据。从各地管理情况来看，不同地区依据本地现实情况针对草原使用问题制定了

---

1. 黎浩洁. 林地资源保护管理与林业生态建设研究进展［J］. 新农业，2023（8）：89-90.
2. 曾会娟. 林地资源管理与可持续林业发展策略［J］. 中国林业产业，2023（12）：61-63.

较为详细的管理规定，例如，内蒙古自治区林草局制定了《内蒙古自治区征占用草原审核审批程序规定》(内林草草监发〔2020〕380号)、《内蒙古自治区草原征占用审核审批管理规定》(内林草草监发〔2023〕235号)，针对草原使用权限、草原使用申请材料和审查程序等作出了具体规定。

2. 内容与程序

1）草原使用许可的内容

草原使用许可的内容主要包括以下几个方面：

生态保护红线有关规定。草原使用行为必须严格遵守国家划定的生态保护红线，不得破坏草原生态系统的完整性和稳定性。

基本草原管理规定。草原使用行为应符合基本草原管理的相关要求，包括草原保护、建设、利用等方面的规定。

国家产业政策。草原使用行为应与国家产业政策相符合，促进草原资源的合理利用与产业发展。

对当地生态环境、畜牧业生产和农牧民生活的影响。草原使用行为应充分考虑对当地生态环境的影响，确保不破坏生态环境。同时，应兼顾畜牧业生产和农牧民生活的需要，促进草原资源的可持续利用。

草原所有者、承包经营人意见。草原使用许可审核过程中应充分尊重草原所有者、承包经营权人的权益和意见，确保他们的合法权益得到保障。

草原恢复方案。包括恢复措施、恢复时间、恢复目标等，以确保草原资源在使用后能够得到及时有效恢复。

2）草原适用许可的程序

草原使用许可的程序严谨而规范，以确保审核的公正性和有效性。具体程序如下：

申请。草原征占用单位或个人需向具有审核审批权限的自然资源主管部门提出草原征占用申请。

受理。自然资源主管部门在收到申请后，对申请材料进行初步审查，符合要求的予以受理。

现场查验与公示。县级以上自然资源主管部门对受理的申请进行现场查验，核实申请材料的真实性和准确性。同时，将申请内容及审核情况进行公示，接受社会监督。

审查与决策。具有审批权的自然资源主管部门对申请进行全面审查，综合考虑草原使用许可的审核内容，形成审查意见。在此基础上，作出是否授予草原使用许可的行政决定。

费用收取与许可发放。对于获得草原使用许可的申请者，自然资源主管部门将按照规定收取草原植被恢复费，并发放行政许可决定书。这一步骤旨在确保申请者在使用草原后能够承担起恢复草原植被的责任。

后续监管与公示。草原使用许可发放后，将草原使用许可的结果进行公示，接受社会监督。主管部门将对草原使用情况进行后续监管，确保申请者按照许可要求使用草原。

3. 发展趋势与挑战

在当前形势下，草原使用许可制度面临着新的发展趋势与挑战。一方面，随着生态文明建设的深入推进，草原保护的重要性日益凸显，草原使用许可制度的完善与实施成为草原资源管理的重要任务；另一方面，随着经济社会的发展，草原资源的需求不断增加，如何在保护草原生态环境的前提下满足合理的使用需求成为草原使用许可制度需要解决的重要问题[1-2]。

同时，草原使用许可制度还面临着一些挑战。首先，草原资源的分布广泛且复杂多样，给草原使用许可的管理带来了很大的难度。其次，草原使用许可制度的执行力度和监管效果有待进一步提高，需要加大制度建设和执法力度[3]。最后，随着科技的进步和社会的发展，草原使用许可制度需要不断创新和完善，以适应新的形势和需求。未来，还需加强宣传，借助新闻媒体的力量提高政策的普及度。例如，内蒙古自治区通过微信等平台发放《致使用林地草原项目单位的一封信》《林地草原常用政策明白卡》《建设项目使用林地草原问答》，帮助社会公众全面了解政策、合法合规用足用好政策，提升林草保护和利用知识的普及度和认可度。此外，还应进一步加强草原使用许可制度的法治化建设，提高制度的执行力和监管效果。同时，加强科技创新和信息化建设，提高草原使用许可管理的科学性和精准性。

---

1. 鲁春霞，谢高地，成升魁，等.中国草地资源利用：生产功能与生态功能的冲突与协调[J].自然资源学报，2009，24（10）：1685-1696.
2. 沈海花，朱言坤，赵霞，等.中国草地资源的现状分析[J].科学通报，2016，61（2）：139-154.
3. 刘博，励汀郁，谭淑豪，等.现行草地产权制度下牧户的技术效率分析[J].干旱区资源与环境，2018，32（9）：42-48.

关键术语

国土空间规划许可、建设用地规划许可、建设工程规划许可、乡村建设规划许可、海域使用权、林地使用许可

思考题

1. 什么是国土空间规划许可？
2. 请简述国土空间规划许可体系的内容。
3. 城镇规划项目许可制度体系的核心法律制度"一书三证"指的是什么？
4. 请简述建设用地规划许可的程序。
5. 2023年，国家乡村振兴局印发《乡村建设项目库建设指引（试行）》与《乡村建设任务清单管理指引（试行）》，明确了建立"一库一单"，其中"一库一单"指什么？
6. 常见的专项资源使用许可制度包括哪些？

第 6 章

国土空间规划的建设项目管理

■ 导语

通过本章学习，掌握国土空间规划建设项目管理的基本概念、原则、主要类型和基本流程，熟悉农用地转用制度、建设用地预审制度、土地征收制度、建设用地审查报批制度、存量建设用地更新制度，以及国土空间开发保护的全流程管理，了解相关制度实施依据和内容，审批权限和报批程序，以及一般建设项目、重大建设项目、设施农业项目、国土空间综合整治项目、生态保护修复项目、矿产开发项目和海域使用项目的全流程管理。在此基础上，充分理解我国国土空间规划的建设项目管理中涉及的各类用地审查报批制度和全流程管理等内容。

6.1 建设项目管理概述

建设项目管理是一个综合性的全周期管理过程，旨在确保建设项目从规划到完成的各个阶段都能高效、有序地进行，达到预期目标。本节重点介绍了建设项目的内涵、特征、生命周期和类别等基本概念，并对建设项目管理的原则、主要类型和基本流程进行了梳理和阐述。

6.1.1 建设项目的基本概念

1. 建设项目的内涵与特征

建设项目是项目的类型之一，是社会扩大再生产的重要基础，在国民经济和社会发展中占主要地位。我国建筑业将建设项目定义为：在一个总体设计或初步设计范围内，由一个或几个单项工程组成，经济上实行统一核算、行政上实行统一管理的建设单位[1]。一般而言，建设项目具有以下特征。

1）**联系的整体性**

在建设前期、建设期、使用期各阶段，建设项目的目标任务、时间安排、工作内容、资源使用、成果体现共同构成了一个联系紧密、互相促进、互相制约的有机整体。

2）**条件的约束性**

建设项目的约束条件包括：时间约束（如项目工期目标）；资源约束（如所需财力、物力和人力等计划与控制的总量目标）；质量约束（如建设项目的技术水平、管理水平、预期生产与使用能力、使用效益目标）；其他外部因素的约束（如环境约束、安全约束等）。

3）**过程的有序性**

建设项目是有序的过程链，从提出建设的设想建议、评估决策、方案选择、勘察设计、组织施工、竣工验收，到投入使用，整个过程遵循客观的建设规律和特定的建设程序。

4）**形式的固定性**

建设项目按照特定的任务，具有组织形式一次性的特点。表现为建设地点的一次性固定、投资的一次性框定、设计方案与施工组织设计最终的唯一确定，以及项目建成后的形式和功能的固定性等。

5）**投资的标准性**

建设项目具有一定的投资限额标准，只有达到一定限额投资的建设对象才可作为建设项目管理对象，不满限额标准的称为零星固定资产购置。

2. 建设项目的生命周期

建设项目的生命周期包含前期决策、设计/计划、施工、运行四个阶段。建设项目在生命周期的各个阶段都有明确的工作任务与内容。在决策阶段，主要任务是进行项目的各项前期工作，包括项目可行性研究、项目立项、融资、选址等，以业主需求的形成作为完成标志。在设计阶段，依照业主提出的要求进行建设项目的设计，通常包括概念设计、基本设计、详细设计，以建设项目设计文档的完成为完成标志。在计划阶段，编制建设项目的施工组织计划和方案，以施工组织计划和方案的形成作为完成标志。在施工阶段，按设计图纸和施工组织计划来具体实施项目，

---

1. 董小林. 建设项目风险评价与管理［M］. 北京：中国社会科学出版社，2019.

以建设项目的产品形成、竣工移交为完成标志。在运行阶段，满足项目从投入使用到拆除整个过程中的维护、维修、扩建、改建等需求，以项目的物理拆除为完成标志[1]。

3. 建设项目的分类

建设项目的类别可根据项目的不同特征来划分（表6-1）。按照规模，可分为大型、中型和小型建设项目；按照性质，可分为新建、扩建、改建、迁建和恢复项目；按照用途，可划分为生产性和非生产性建设项目；按照环境影响，可划分为对环境造成重大影响的项目、对环境造成轻度影响的项目和对环境造成影响小的项目；按照投资主体，可划分为国家投资项目、各级地方政府投资项目、企业投资项目、"三资"企业项目和各类投资主体联合投资项目；按照行业性质，可划分为农业项目、工业项目、商业项目、交通项目、水利项目、卫生项目、市政项目和旅游项目等。

表6-1 建设项目的分类依据、类别及主要特征

分类依据	类别	主要特征
建设项目的规模	大型建设项目	总规模、总投资巨大，建设周期较长，涉及影响因素多
	中型建设项目	总规模、总投资适中
	小型建设项目	总规模、总投资较小
建设项目的性质	新建项目	从无到有，新开始建设
	扩建项目	在原有项目基础上进行扩充建设
	改建项目	在原有项目基础上进行技术改造和更新
	迁建项目	因各种原因使原有项目搬迁另地建设
	恢复项目	因各种原因使原有项目进行恢复建设
建设项目的用途	生产性建设项目	项目直接用于物质生产
	非生产性建设项目	项目用于满足人们物质文化生活需要
建设项目的环境影响	对环境造成重大影响项目	环境影响程度大
	对环境造成轻度影响项目	环境影响程度轻
	对环境造成影响小项目	环境影响程度小
建设项目的投资主体	国家投资项目	投资主体为国家
	地方投资项目	投资主体为地方政府
	企业投资项目	投资主体为企业
	"三资"企业项目	投资主体为"三资"企业
	联合投资项目	联合型投资主体

---

1. 李红兵. 建设项目集成化管理理论与方法研究[D]. 武汉：武汉理工大学，2005.

续表

分类依据	类别	主要特征
建设项目的行业性质	农业项目	项目属农业行业
	工业项目	项目属工业行业
	商业项目	项目属商业行业
	交通项目	项目属交通行业
	水利项目	项目属水利行业
	卫生项目	项目属卫生行业
	市政项目	项目属市政设施
	旅游项目	项目属旅游行业

6.1.2 建设项目管理的原则

1. 建设项目管理的基本思想

1）建设项目管理需要综合性思维

建设项目管理需要综合性思维，要求项目管理者能够全面考虑如时间、成本、质量、风险等各种因素，在不同的维度、不同目标和要求之间进行权衡和取舍，并作出合理的决策和规划。

2）建设项目管理基本在工作现场发生

建设项目的最终产品因其庞大的特性以及和土地的紧密关联性，不得不在产品的现场进行操作。为此，建设项目的管理工作需要跟随产品位置迁移，基本在工作现场发生。

3）建设项目管理需要多方共同参与

建设项目涉及多个利益相关者，如项目业主、政府、承包商和金融机构等。同时，受业主委托的咨询、监理等机构也会对项目进行管理。因此，建设项目管理是多元利益相关者协同合作的过程。

2. 建设项目管理的基本原则

建设项目管理的基本原则是指导项目管理者有效地规划、执行和闭环项目的框架。在工程建设领域，一般涵盖以下要点：①合规性，确保项目遵守所有相关的法律法规、标准和规范，包括建筑法规、环境保护规定、安全标准和行业规范。②重视质量，坚持质量第一，确保施工符合设计和规范要求。③安全至上，将安全放在首位，采取一切必要措施预防安全事故的发生。④成本控制，包括预算管理、成本分析和成本控制措施，有效配置各项资源。⑤进度管理，确保项目按照既定的时间表推进，及时完成各个阶段的目标。⑥风险管理，识别、评估和应对设计风险、施工风险、环境风险和金融风险。⑦沟通协调，包括业主、设计师、承包商、供应商、政府部门等多元建设项目参与方有效沟通，协调各方利益。⑧合同管理，确保工程项目合同得到妥善管理，包括合同执行、变更控制、争议解决等。

6.1.3 建设项目管理的主要类型

1. 保护类建设项目管理

保护类建设项目是对现有历史建筑、古迹、自然生态环境等进行保护性工程建设，从而减少其受到的自然或人为破坏，最大程度上保护原状，以便发挥其社会或自然价值。保护类建设项目主要包括：

1）对历史建筑的保护工程建设

对具有历史价值的建筑物进行保护，包括修复损坏部分，维护其原有结构、风格和文化价值，以及防止进一步的破坏，从而确保历史建筑的长期保存和可持续利用。

2）对耕地等农用地实施特殊保护

根据《土地管理法》，国家严格限制农用地转为建设用地，控制建设用地总量，对耕地实行特殊保护，使用土地的单位和个人必须严格按照土地利用总体规划确定的用途使用土地。

3）对自然保护地、生态用地保护管理等实施特殊保护

我国建立以国家公园为主体的自然保护地体系，确保我国重要自然生态系统、自然遗迹、自然景观和生物多样性得到系统性保护，提升生态产品供给能力，维护国家生态安全，为建设美丽中国、实现中华民族永续发展提供生态支撑。

2. 开发类建设项目管理

开发类建设项目通常指在一定区域内进行的系统性改造、投资、建设、运营和维护的行为。开发类建设项目涉及以下内容。

土地一级开发：指由政府或其授权委托的企业，对一定区域范围内的城市国有土地或乡村集体土地进行统一的征地、拆迁、安置、补偿，并进行适当的市政配套设施建设，使该区域范围内的土地达到建设条件，再对熟地进行有偿出让或转让的过程。

土地二级开发：即在土地一级开发完成后，将达到规定可转让的土地使用权通

过市场流通进行交易的过程，包括土地使用权的转让、出租、抵押等。

土地三级开发：即在二级开发后的产业导入、硬件维护等后续服务。

3. 修复类建设项目管理

修复类建设项目是指对受到损害或退化的自然环境进行恢复和改善的工程活动。我国生态修复工程主要类型包括：

1）**森林资源修复**

通过重点防护林体系建设、天然林资源保护、退耕还林等重大生态工程建设，深入开展全民义务植树，修复现有森林资源。

2）**草原生态系统修复**

通过实施退牧还草、退耕还草、草原生态保护和修复等工程，以及草原生态保护补助奖励等政策，提高草原生态系统质量，恢复草原生态功能。

3）**水土流失及荒漠化防治**

实施风沙源治理、石漠化综合治理等防沙治沙工程和国家水土保持重点工程，建设沙化土地封禁保护区，从而减少荒漠化和沙化面积、石漠化面积，改善区域水土资源条件。

4）**河湖、湿地保护恢复**

包括湿地保护、退耕还湿、退田（圩）还湖、生态补水等保护和修复工程，积极保障河湖生态流量，建设湿地自然保护区、湿地公园等多种形式的保护体系，从而改善河湖、湿地生态状况。

5）**海洋生态修复**

包括沿海防护林、滨海湿地修复、红树林保护、岸线整治修复、海岛保护、海湾综合整治等工程建设，改善局部海域生态环境，遏制红树林、珊瑚礁、海草床、盐沼等典型生境退化趋势。

6.1.4 建设项目管理的基本流程

1. 启动阶段

建设项目管理需明确项目的目标、可交付成果以及项目范围，确保所有利益相关者对项目有一致的理解；进行可行性研究，评估项目的可行性，包括技术、经济、法律和市场等方面的因素；制定详细的项目计划，包括关键里程碑、任务分解、资源分配和时间表，确保计划合理且可实施。

2. 规划阶段

通过定义工作包和任务，将项目的范围划分为可管理的工作包，并定义具体的任务和交付物；制定项目进度计划，安排项目活动的顺序和时间，确定关键路径和里程碑；确定并分配项目资源和所需的人力资源、物资和设备，进行资源分配和调度。

3. 执行阶段

按照项目计划执行各项任务，管理团队成员，监督工作进展。主要包括监控项目进度和成本，跟踪项目的进度和成本情况，及时发现偏差并采取纠正措施；管理项目质量，确保项目交付物符合质量要求，实施质量控制和质量保证措施；与利益相关者进行有效沟通，保持良好关系，解决问题和冲突。

4. 收尾阶段

建设项目管理在收尾阶段需进行项目评估，对项目的整体绩效进行评估，总结经验教训，以便于改进未来的项目管理；整理和归档项目相关的文件和信息，完成资料归档和知识管理；确保项目的正式关闭，并进行必要的交接工作，如技术支持、培训等。

5. 项目评价

项目建设完成后的总结评价环节，包括建设项目的成本效益分析、外部性分析等，为未来项目的建设与管理提供参考。

6.2 农用地转用制度

农用地转用制度是市场经济国家在控制建设用地增长、保护农用地，尤其是耕地保护方面普遍采用的手段。鉴于我国人多地少、耕地资源紧张的国情，农用地转用制度尤为重要。本节从农用地转用的基本概念出发，介绍了农用地转用的特点、适用范围、依据与内容和审批权限与报批程序，并阐述了耕地占补平衡管理和退耕还林还草政策等内容。

6.2.1　农用地转用的基本概念

1. 农用地转用的概念

20世纪90年代末期，中国耕地保护面临的形势十分严峻，开发区热、房地产热导致耕地面积锐减，人地矛盾日益尖锐。1997年，中共中央、国务院联合下发《关于进一步加强土地管理切实保护耕地的通知》（中发〔1997〕11号）提出"对农地和非农地实行严格的用途管制"。1998年，《土地管理法》第四条规定"国家编制土地利用总体规划，规定土地用途，将土地分为农用地、建设用地和未利用地。严格限制农用地转为建设用地，控制建设用地总量，对耕地实行特殊保护"。法律规定农用地转用应按照法定程序批准，未经批准擅自占用农用地进行非农业建设的属于违法占地行为，达到法定犯罪面积的还要追究破坏农用地罪的刑事责任。2019年，《土地管理法》对农用地转用制度进行了重新设计，更加强调对耕地，特别是永久基本农田的保护，农用地转用的制度作为我国土地管理的基本措施将长期贯彻下去[1]。

农用地转用是农用地转为建设用地的简称，是指按照国土空间规划和获得国家规定的批准权限后，将农用地转变为建设用地的行为，即将耕地、林地、草地等直接用于农业生产的土地转变为用于建造建（构）筑物土地的行为。

2. 农用地转用的特点

1) **农用地转为建设用地必须经过依法审批**

农用地转为建设用地，必须经过依法审批，否则就是非法占用土地。农用地转用审批是国家控制土地利用的一种制度，相当于行政许可，是保护农用地的必要手段。

2) **农用地转用的审批权集中于国务院和省级人民政府**

农用地转用的审批权集中于国务院和省级人民政府，但省级人民政府可以依法作一定的授权，这种授权与土地利用总体规划的授权审批相一致。2020年3月，《国务院关于授权和委托用地审批权的决定》（国发〔2020〕4号）要求，将国务院可以授权的永久基本农田以外的农用地转为建设用地审批事项授权各省、自治区、直辖市人民政府批准。

3) **农用地转用要以土地利用总体规划为依据**

土地利用总体规划是在国家或地方层面，依据国民经济和社会发展计划、土地

---

1. 朱道林. 土地管理学［M］. 3版. 北京：中国农业大学出版社，2022.

资源现状、环境保护要求等，对一定时期内土地利用的目标、方向、布局和管理措施作出的部署和安排。因此，农用地转用要以土地利用总体规划为依据。国土空间规划体系改革后，农用地转用则要以国土空间总体规划为依据。

3. 农用地转用的适用范围

《土地管理法》第四十四条规定：建设占用土地，涉及农用地转为建设用地的，应当办理农用地转用审批手续。具体包含以下四种非农建设情形之一的，应当办理农用地转用审批手续：①征收农村集体经济组织农用地的；②农村集体经济组织使用本集体农用地的；③使用国有农用地的；④需要办理农用地转用的其他土地。

6.2.2 农用地转用的依据与内容

1. 符合国土空间规划

《土地管理法》第四条第三款明确规定：使用土地的单位和个人必须严格按照土地利用总体规划确定的用途使用土地。农用地转为建设用地首先要符合土地利用总体规划确定的用途，即在规划的建设用地范围内，可以转为建设用地，否则原则上不能转为建设用地。

2. 符合土地利用年度计划

《土地管理法》第二十三条规定：土地利用年度计划也是国家实行建设用地总量控制的手段之一，经审批的土地利用年度计划必须严格执行。政府批准农用地转用必须在土地利用年度计划控制指标范围之内，不得超计划批准农用地转用。

3. 落实耕地占补平衡责任

《土地管理法》第三十条第二款规定：国家实行占用耕地补偿制度。非农业建设经批准占用耕地的，按照"占多少，垦多少"的原则，由占用耕地的单位负责开垦与所占用耕地的数量和质量相当的耕地；没有条件开垦或者开垦的耕地不符合要求的，应当按照省、自治区、直辖市的规定缴纳耕地开垦费，专款用于开垦新的耕地。

在申请办理农用地转用审批时，应当按照耕地占补平衡制度的要求，制订补充耕地方案，包括补充耕地的位置、面积、质量，补充的期限，资金落实情况等，以及补充耕地备案信息。新开垦和整治的耕地由国务院自然资源主管部门会同农业农村主管部门验收。对于个别省、自治区、直辖市因土地后备资源匮乏，新增建设用地后，新开垦耕地数量不足以补偿所占用耕地数量的，必须报经国务院批准减免本行政区域内开垦耕地的数量，易地开垦数量和质量相当的耕地。

4. 符合建设用地供应政策

建设用地供应政策是控制建设用地方向的主要手段，国家为控制建设用地总量，优化投资结构，防止重复建设和大量占用农用地，会制定各种建设用地供应政策。自然资源部根据国家产业政策将供地分为鼓励、限制、禁止等几种情况，使建设用地供应政策对国家经济起到调控的辅助作用。其中，对于国家鼓励投资的建设项目，应当优先为其办理农用地转用和供地；对于明确禁止的建设项目，要禁止为其办理农用地转用和供地；在国家对建设用地供应不足的条件下，应优先保证国家急需建设项目的用地。

6.2.3　农用地转用的审批权限与报批程序

1. 农用地转用的审批权限

《土地管理法》规定了农用地转用审批的行政主体由国务院，省级人民政府，省级人民政府授权设区的市、自治州共同构成。建设占用土地，涉及农用地转为建设用地的，应当办理农用地转用审批手续。农用地转为建设用地实行两级审批的制度，即国务院和省级人民政府审批。

1）**国务院的批准权限**

省、自治区、直辖市人民政府批准的道路、管线工程和大型基础设施建设项目、国务院批准的建设项目占用土地，涉及农用地转为建设用地的；涉及占用永久基本农田的；国务院批准的建设项目占用规划确定的城市和村庄、集镇建设用地规模范围外的；省、自治区、直辖市人民政府批准的基础设施项目占用规划确定的城市和村庄、集镇建设用地规模范围外的；省、自治区、直辖市人民政府所在地城市、城区人口在 100 万以上的其他城市以及国务院指定的其他城市的城市扩展用地。

2）**省级人民政府的批准权限**

除报国务院审批之外的其他城市的城市扩展占用的；县和县级市所在的城镇及其他建制镇建设扩展占用的；地、市以下政府批准可行性研究报告的建设项目需要占用的。

3）**省级人民政府授权设区的市、自治州的批准权限**

土地利用总体规划确定的村庄、集镇建设用地区内，为实施村、镇规划而需要农用地转用的；已批准的农用地转用范围内，具体建设项目用地安排可由市、县人民政府批准。

为贯彻落实党的十九届四中全会和中央经济工作会议精神，根据《土地管理法》相关规定，在严格保护耕地、节约集约用地的前提下，进一步深化"放管服"改革，改革土地管理制度，赋予省级人民政府更大的用地自主权。国务院于2020年3月印发的《国务院关于授权和委托用地审批权的决定》（国发〔2020〕4号）指出，将国务院可以授权的永久基本农田以外的农用地转为建设用地审批事项授权各省、自治区、直辖市人民政府批准。另外，试点将永久基本农田转为建设用地和国务院批准土地征收审批事项委托部分省、自治区、直辖市人民政府批准。首批试点省份为北京、天津、上海、江苏、浙江、安徽、广东、重庆，试点期限1年。

4）关于宅基地农用地转用审批权的特殊规定

《农业农村部 自然资源部关于规范农村宅基地审批管理的通知》（农经发〔2019〕6号）规定，自然资源部门负责审查用地建房是否符合国土空间规划、用途管制要求，其中涉及占用农用地的，应在办理农用地转用审批手续后，核发乡村建设规划许可证。《自然资源部 农业农村部关于保障农村村民住宅建设合理用地的通知》（自然资发〔2020〕128号）规定，改进农村村民住宅用地的农转用审批。对农村村民住宅建设占用农用地的，在下达指标范围内，各省级政府可将《土地管理法》规定权限内的农用地转用审批事项，委托县级政府批准，统一落实耕地占补平衡。对农村村民住宅建设占用耕地的，县级自然资源主管部门要通过储备补充耕地指标、实施土地整治补充耕地等多种途径统一落实占补平衡，不得收取耕地开垦费。

2. 农用地转用的报批程序

农用地转用需按照以下规定程序办理：

1）用地预审

建设项目批准、核准或备案前后，由自然资源主管部门对建设项目用地事项进行审查，提出建设项目用地预审意见。需要申请核发选址意见书的，应当合并办理并核发建设项目用地预审与选址意见书。

2）拟定方案

建设单位持建设项目的有关批准文件，向市县级土地行政主管部门提出建设用地申请。市县级人民政府组织自然资源等部门拟定农用地转用方案，报有批准权的人民政府批准。农用地转用方案应当说明：拟占用农用地的种类、位置、面积、质量、补充的期限、资金落实情况等，以表格的形式填写。

3）逐级报批

市县级以上人民政府应经过审核后，逐级上报有批准权限的行政主体。其中，农用地转用方案应当重点对是否符合国土空间规划和土地利用年度计划以及补充耕地情况作出说明，涉及占用永久基本农田的，还应当对占用永久基本农田的必要性、合理性和补划可行性作出说明。

4）组织实施

农用地转用方案经决定批准后，由市县级人民政府组织实施。

6.2.4 耕地占补平衡管理

1. 耕地占补平衡

维护粮食安全是我国可持续发展的基石，耕地的数量和质量是约束粮食生产的关键因素。然而，伴随着我国经济高速发展和大规模城市化，大量耕地被占用，对粮食生产产生巨大的不利影响。为加强耕地保护，我国于1997年印发《关于进一步加强土地管理切实保护耕地的通知》（中发〔1997〕11号），首次提出耕地总量动态平衡的要求，逐渐形成耕地占补平衡政策。作为严格保护耕地的重要手段以及中国耕地保护制度的重要一环，我国耕地占补平衡政策在实施二十多年来，实现了由"数量"平衡向"数量–质量–生态"平衡的根本性转变，在宏观层面实现了"三位一体"和全国"一盘棋"的耕地保护格局[1]。

耕地占补平衡政策是由于中国的耕地分布与人口分布、经济发展的空间不平衡而出台的耕地保护政策。其原则是当非农建设通过审批来占用耕地时，要补偿与被占用耕地数量和质量相等的土地，通过补偿从而达到一个占补平衡的状态。实行耕地占用补偿平衡制度是确保耕地总量动态平衡、解决经济发展与耕地保护之间矛盾的措施[2]。

2. 耕地占补平衡的管理

针对耕地占补平衡实践中存在的占多补少、占优补劣、占水田补旱地等现象，党中央、国务院高度重视，于2017年1月下发了《中共中央 国务院关于加强耕地保护和改进占补平衡的意见》（中发〔2017〕4号），对改进耕地占补平衡管理提出

---

1. 蒋瑜，濮励杰，朱明，等.中国耕地占补平衡研究进展与述评［J］.资源科学，2019，41（12）：2342-2355.
2. 汤怀志，桑玲玲，郧文聚.我国耕地占补平衡政策实施困境及科技创新方向［J］.中国科学院院刊，2020，35（5）：637-644.

了一系列要求。

1）严格落实耕地占补平衡责任，完善耕地占补平衡责任落实机制

非农建设占用耕地的，建设单位必须依法履行补充耕地义务，无法自行补充数量、质量相当耕地的，应当按规定足额缴纳耕地开垦费。地方各级人民政府负责组织实施土地整治，通过土地整理、复垦、开发等推进高标准农田建设，增加耕地数量、提升耕地质量，以县域自行平衡为主、省域内调剂为辅、国家适度统筹为补充，落实补充耕地任务。各省（自治区、直辖市）人民政府要依据土地整治新增耕地平均成本和占用耕地质量状况等，制定差别化的耕地开垦费标准。对经依法批准占用永久基本农田的，缴费标准按照当地耕地开垦费最高标准的两倍执行。

2）大力实施土地整治，落实补充耕地任务

各省、自治区、直辖市人民政府负责统筹落实本地区年度补充耕地任务，确保省域内建设占用耕地及时保质保量补充到位。拓展补充耕地途径，统筹实施土地整治、高标准农田建设、城乡建设用地增减挂钩、历史遗留工矿废弃地复垦等，新增耕地经核定后可用于落实补充耕地任务。在严格保护生态前提下，科学划定宜耕土地后备资源范围，禁止开垦严重沙化土地，禁止在25度以上的陡坡开垦耕地，禁止违规毁林开垦耕地。

3）规范省域内补充耕地指标调剂管理

县（市、区）人民政府无法在本行政辖区内实现耕地占补平衡的，可在市域内相邻的县（市、区）调剂补充，仍无法实现耕地占补平衡的，可在省域内资源条件相似的地区调剂补充。各省、自治区、直辖市要规范补充耕地指标调剂管理，完善价格形成机制，综合考虑补充耕地成本、资源保护补偿和管护费用等因素，制定调剂指导价格。

4）探索补充耕地国家统筹

根据各地资源环境承载状况、耕地后备资源条件、土地整治新增耕地潜力等，分类实施补充耕地国家统筹。耕地后备资源严重匮乏的直辖市，新增建设占用耕地后，新开垦耕地数量不足以补充所占耕地数量的，可向国务院申请国家统筹；资源环境条件严重约束、补充耕地能力严重不足的省份，对由于实施国家重大建设项目造成的补充耕地缺口，可向国务院申请国家统筹。经国务院批准后，有关省份按规定标准向中央财政缴纳跨省补充耕地资金，中央财政统筹安排落实国家统筹补充耕地任务所需经费，在耕地后备资源丰富省份落实补充耕地任务。跨省补充耕地资金收取标准综合考虑补充耕地成本、资源保护补偿、管护费用及区域差异等因素确定。

5）严格补充耕地检查验收

市县级人民政府要加强对土地整治和高标准农田建设项目的全程管理、规范项目规划设计、强化项目日常监管和施工监理,做好项目竣工验收、严格新增耕地数量认定,依据相关技术规程评定新增耕地质量。经验收合格的新增耕地,应当及时在年度土地利用变更调查中进行地类变更。省级人民政府要做好对市、县补充耕地的检查复核,确保数量、质量到位。市县级人民政府在拟订农用地转用方案时要认真贯彻落实,确保建设占用的耕地与补充的耕地实现数量和质量的平衡。

6.2.5 退耕还林还草政策

1. 退耕还林还草政策发展历程

退耕还林还草是指从保护和改善西部生态环境出发,将易造成水土流失的坡耕地和易造成土地沙化的耕地,有计划、分步骤地停止耕种,本着宜乔则乔、宜灌则灌、宜草则草、乔灌草结合的原则,因地制宜地造林种草,恢复林草植被。退耕还林还草的实践分为1999年起实施的前一轮退耕还林还草、2014年起实施的新一轮退耕还林还草以及目前我国实施的退耕还林还草。

1)1999—2013 年退耕还林还草政策

前一轮退耕还林还草始于 1999 年,历时 15 年,共实施耕地还林还草 1.39 亿亩、宜林荒山荒地造林 2.62 亿亩、封山育林 0.46 亿亩,造林总面积 4.47 亿亩。截至 2019 年底,中央财政投入补助资金 4 424.8 亿元。工程涉及 25 个省(自治区、直辖市)和新疆生产建设兵团的 287 个地市(含地级单位)、2 422 个县(含县级单位),3 200 万农户 1.24 亿农民直接受益。主要分为三个阶段。

在 1999 年试点示范阶段,四川、陕西、甘肃 3 省按照国务院的要求率先开展退耕还林还草试点,当年完成退耕地还林 572.2 万亩、宜林荒山荒地造林 99.7 万亩。2001 年 10 月到 2002 年 1 月全面实施阶段,国务院西部地区开发领导小组第二次会议、中央经济工作会议、中央农村工作会议先后召开,提出将退耕还林还草作为拉动内需、增加农民收入的一项重要举措,进一步扩大退耕还林还草规模。按照原定退耕还生态林补助 8 年、还经济林补助 5 年、还草补助 2 年的规定,直补农户的政策陆续到期,部分退耕农户生计出现困难。因此,自 2007 年开始,中央开始延长退耕还林还草补助政策并实施巩固成果专项规划,为促进退耕还林还草成果巩固、缓解退耕农户生计困难发挥了重要作用。

2）2014—2019 年退耕还林还草政策

党的十八大以来，党中央、国务院高度重视退耕还林还草工作。习近平总书记强调，要扩大退耕还林、退牧还草，有序实现耕地、河湖休养生息，让河流恢复生命、流域重现生机。2014 年 8 月，经国务院同意，国家发展改革委、财政部、国家林业局、农业部、国土资源部联合颁布《关于印发新一轮退耕还林还草总体方案的通知》（发改西部〔2014〕1772 号），提出到 2020 年将全国具备条件的坡耕地和严重沙化耕地约 4 240 万亩退耕还林还草。2015 年中共中央、国务院印发的《生态文明体制改革总体方案》（中发〔2015〕25 号）提出："编制耕地、草原、河湖休养生息规划，调整严重污染和地下水严重超采地区的耕地用途，逐步将 25 度以上不适宜耕种且有损生态的陡坡地退出基本农田。建立巩固退耕还林还草、退牧还草成果长效机制。"2015 年 12 月，财政部等八个部门联合下发《关于扩大新一轮退耕还林还草规模的通知》（财农〔2015〕258 号），要求将确需退耕还林还草的陡坡耕地基本农田调整为非基本农田，并认真研究在陡坡耕地梯田、重要水源地 15～25 度坡耕地以及严重污染耕地退耕还林还草的需求。

2017 年，国务院批准核减 17 个省（市、区）3 700 万亩陡坡基本农田用于扩大退耕还林还草规模。2018 年印发的《中共中央 国务院关于打赢脱贫攻坚战三年行动的指导意见》要求，"加大贫困地区新一轮退耕还林还草支持力度，将新增退耕还林还草任务向贫困地区倾斜，在确保省级耕地保有量和基本农田保护任务前提下，将 25 度以上坡耕地、重要水源地 15～25 度坡耕地、陡坡梯田、严重石漠化耕地、严重污染耕地、移民搬迁撂荒耕地纳入新一轮退耕还林还草工程范围，对符合退耕政策的贫困村、贫困户实现全覆盖"。2019 年国务院又批准扩大山西等 11 个省（市、区）贫困地区陡坡耕地、陡坡梯田、重要水源地 15～25 度坡耕地、严重沙化耕地、严重污染耕地退耕还林还草规模 2 070 万亩。2014—2019 年，22 个省（市、区）和新疆生产建设兵团共实施新一轮退耕还林还草 6 783.8 万亩（其中还林 6 150.6 万亩、还草 533.2 万亩、宜林荒山荒地造林 100 万亩），中央已投入 749.2 亿元。

3）2020 年以来退耕还林还草政策

2020 年，中央一号文件《中共中央 国务院关于抓好"三农"领域重点工作 确保如期实现全面小康的意见》（中发〔2020〕1 号）提出"扩大贫困地区退耕还林还草规模"。《中共中央 国务院关于新时代推进西部大开发形成新格局的指导意见》提出，要深入实施重点生态工程，进一步加大水土保持、天然林保护、退耕还林还草等重点生态工程实施力度。截至 2021 年底，中央累计投入退耕还林还草资金 5 515 亿元，惠及 4 100 万农户、1.58 亿农牧民，工程区森林覆盖率总体提高 4 个百分点以上。

2022年10月，为顺应我国粮食供需变局，统筹耕地保护和生态安全，经国务院同意，自然资源部等五部门联合发文，明确暂缓安排新增退耕还林还草任务，进一步完善政策措施，巩固退耕还林还草成果，延长第二轮退耕还林还草补助期限，将工作重心转到巩固已有建设成果上来。2023年，中央一号文件再次重申"巩固退耕还林还草成果"，指明了"过渡期"退耕还林还草工作的方向和重点。同年11月15日，国家林草局印发《关于做好退耕还林还草提质增效工作的通知》（林工发〔2023〕109号），强调要依托两轮退耕还林还草形成的林草资源，以全面提升质量效益为重点，大力推进退耕还林还草提质增效。国家林草局提出了"两步走"战略目标，到2025年，重点完成急需且有条件实施的退耕还林还草提质增效任务，提升林草生态系统的整体功能，增强林草生态产品供给能力；到2030年，全面完成两轮退耕还林还草提质增效，构建结构完善、功能完备的林草生态系统，为建设生态文明、推进乡村振兴作出更大贡献。

2. 目前实施退耕还林还草政策法规

经国务院同意，自然资源部、国家林草局、国家发展改革委、财政部、农业农村部下发的《关于进一步完善政策措施 巩固退耕还林还草成果的通知》（自然资发〔2022〕191号）等文件规定我国目前退耕还林还草政策要求：

1）认清当前我国退耕还林还草形势

退耕还林还草工程实施20多年来，各地区各有关部门认真贯彻落实党中央、国务院决策部署，累计安排退耕还林还草2.13亿亩，惠及1.58亿农牧民，取得显著成效，同时也面临可退耕空间不足、成果巩固难度较大等问题。根据当前形势，为统筹耕地保护和生态安全，暂缓安排新增退耕还林还草任务，将工作重心转到巩固已有建设成果上来。各地要切实提高政治站位，扎实做好退耕还林还草任务落实和成果巩固工作。

2）延长退耕还林还草补助期限

为巩固退耕还林还草成果，2014年开始实施的第二轮退耕还林还草现金补助期满后，中央财政安排资金，延长补助期限，继续给予适当补助。具体补助年限和标准是：退耕还林现金补助期限延长5年，补助标准为每亩500元，每年每亩100元；退耕还草现金补助期限延长3年，补助标准为每亩300元，每年每亩100元。[1]

---

1. 摘自《自然资源部 国家林草局 国家发展改革委 财政部 农业农村部 关于进一步完善政策措施 巩固退耕还林还草成果的通知》（自然资发〔2022〕191号），本句的含义具体是指退耕还林现金补助延长期为5年，这5年每亩补助500元，分摊到每年每亩为100元。

涉及农民集体所有土地的，现金补助原则上发放给原土地承包权人，流转耕地实施退耕还林还草的按合同约定发放。现金补助政策已经到期的，2022年一次性补齐应发放补助。补助资金严格按照国家和省级林草部门确认的县级验收结果发放，并与管护责任挂钩。

3）实行退耕还林还草精准管理

各地要全面调查核实第二轮退耕还林还草实施情况，已安排但尚未实施的退耕还林还草任务，要严格限定在全国"三区三线"划定的耕地保护红线任务外实施，且符合国家允许退耕的5种情形（即25度以上坡耕地、陡坡梯田、重要水源地15～25度坡耕地、严重沙化耕地、严重污染耕地）。加快推进退耕还林还草地块上图入库，按照统一技术要求建立并完善第二轮退耕还林还草矢量数据库，确保底数清、位置准、数据实、信息全。加强部门协同，尽快将退耕还林还草地块矢量数据补充标注到以第三次全国国土调查为基础的最新年度国土变更调查成果底图，并纳入国土空间规划"一张图"，实行动态监管和信息共享。对达到地类调查标准的，应及时变更地类，调整承包经营合同，并依申请换发不动产权证书，确保退耕还林还草地块权属清晰。

4）巩固已有退耕还林还草成果

各地要依法依规将退耕还林还草已有成果统一纳入林草资源管理，严格管护，合理利用。将符合条件的退耕还林还草地块按规定分别纳入森林生态效益补偿和草原生态保护补助奖励范围。在详细调查摸底基础上，编制省级退耕还林还草巩固成果提质增效实施方案，对确有必要的已退耕地块，开展补植补造补播、森林抚育、灌木平茬、低质低效林改造、品种改良和退化人工草地更新复壮等。在充分尊重群众意愿、兼顾生态效益的基础上，根据退耕地资源禀赋强化科学经营，积极发展绿色富民产业。

5）强化退耕还林还草责任落实

继续实行省级人民政府对本地区退耕还林还草负总责，按照目标、任务、资金、责任"四到省"要求，进一步加强组织领导，逐级落实市、县、乡目标和责任，细化措施办法，强化成果巩固。加强资金监管，及时发放补助资金，严格执行村级张榜公示制度，接受群众监督，坚决杜绝骗取套取、虚报冒领和挤占挪用补助资金等问题的发生。各地要高度重视巡视督查、审计监督、检查验收等发现问题的整改，落实整改措施，确保整改到位。各级发展改革、财政、自然资源、农业农村、林草等部门要各司其职、密切配合，形成工作合力。国家林草局要进一步加强指导和监管，将退耕还林还草工作纳入林长制督导考核范围。

6.3 建设用地预审制度

建设用地预审制度是建设项目用地审查报批过程中的一个重要环节，也是中国土地管理中的一项重要制度，其目的主要是为了避免土地浪费，确保土地资源的合理利用和保护，同时也为后续的土地使用审批提供依据。本节介绍了建设用地预审的概念和作用，以及相关的法律法规依据和审查内容，并梳理和阐述了建设用地预审的审批权限和报批程序。

6.3.1 建设用地预审的基本概念

1. 建设用地预审的概念

在1997年的《中共中央 国务院关于进一步加强土地管理切实保护耕地的通知》(中发〔1997〕11号)中明确指出，在建设项目的可行性研究报告评审阶段，土地管理部门对项目用地进行预审。随后，在1998年修订的《土地管理法》及《土地管理法实施条例》中对"建设用地预审"进行相关阐述，至此建设项目用地预审被正式写入法律。2001年，原国土资源部出台了《建设项目用地预审管理办法》，在书面上详细规定了预审的原则、依据、范围、内容、权限、程序和效力，从而正式建立了建设项目用地预审制度。此后，这一制度在2004年通过《国务院关于深化改革严格土地管理的决定》(国发〔2004〕28号)得到了进一步强化和改进。为适应建设项目用地发展需求，在2008年和2016年分别对《建设项目用地预审管理办法》进行了两次修正。

建设用地预审是自然资源主管部门在建设项目审批、核准、备案阶段，依法对建设项目涉及的土地利用事项进行的审查。

2. 建设用地预审的作用

建设用地预审作为一项基本的土地管理制度，是建设用地管理程序中的重要环节[1]。同时，建设用地预审也是建设项目管理中重要的前置环节，能够有效地控制建设用地总量，是从源头上控制和引导建设项目用地的重要手段[2]。根据《建设项目用

---

1. 王兆丰，段君君，张林.建设项目用地预审制度改革实践的现状和思考[J].中国土地，2019(2)：18-19.
2. 刘新平，胡如梅，宋子秋.建设项目用地预审制度变迁的理论逻辑、演化特征与路径选择[J].中国土地科学，2018，32(3)：14-20.

地预审管理办法》，建设项目用地预审的目的是保证土地利用总体规划的实施，发挥土地供应的宏观调控作用，控制建设用地总量。通过对建设项目进行预审，介入建设项目的前期工作，在建设项目具体的设计和规划前对项目的可行性、合理性进行审查和评估，旨在避免项目在建设过程中出现不合规、不合理或不可持续的情况。

6.3.2 建设用地预审的依据与内容

1. 建设用地预审的依据

1)《土地管理法》第五十二条

建设项目可行性研究论证时，自然资源主管部门可以根据土地利用总体规划、土地利用年度计划和建设用地标准，对建设用地有关事项进行审查，并提出意见。

2)《土地管理法实施条例》第二十四条

建设项目确需占用国土空间规划确定的城市和村庄、集镇建设用地范围外的农用地，涉及占用永久基本农田的，由国务院批准；不涉及占用永久基本农田的，由国务院或者国务院授权的省、自治区、直辖市人民政府批准。具体按照下列规定办理：建设项目批准、核准前或者备案前后，由自然资源主管部门对建设项目用地事项进行审查，提出建设项目用地预审意见。

3)《中共中央 国务院关于加强耕地保护和改进占补平衡的意见》（中发〔2017〕4号）第二条第五款

一般建设项目不得占用永久基本农田，重大建设项目选址确实难以避让永久基本农田的，在可行性研究阶段，必须对占用的必要性、合理性和补划方案的可行性进行严格论证，通过国土资源部用地预审；农用地转用和土地征收依法依规报国务院批准。

4)《建设项目用地预审管理办法》

建设用地预审有关内容详见后文，此处不作赘述。

5)《自然资源部 生态环境部 国家林业和草原局关于加强生态保护红线管理的通知（试行）》（自然资发〔2022〕142号）第二条

规范占用生态保护红线用地用海用岛审批。除第一条允许的有限人为活动之外，确需占用生态保护红线的国家重大项目，按照规定办理用地用海用岛审批。第（二）款办理要求规定，第（一）款项目（不含新增填海造地和新增用岛）按规定由自然资源部进行用地用海预审后，报国务院批准。

2. 建设用地预审的内容

建设用地预审应审查以下内容：①建设项目用地是否符合国家供地政策和土地管理法律、法规规定的条件。②建设项目选址是否符合土地利用总体规划，属《土地管理法》第二十五条规定情形，建设项目用地需修改土地利用总体规划的，规划修改方案是否符合法律、法规的规定。③建设项目用地规模是否符合有关土地使用标准的规定：对国家和地方尚未颁布土地使用标准和建设标准的建设项目，以及确需突破土地使用标准确定的规模和功能分区的建设项目，是否已组织建设项目节地评价并出具评审论证意见；占用基本农田或者其他耕地规模较大的建设项目，还应当审查是否已经组织踏勘论证。

6.3.3　建设用地预审的审批权限与报批程序

1. 建设用地预审的审批权限

建设用地预审是自然资源主管部门对建设项目涉及的土地利用事项进行前置审查的重要环节，其审批权限在不同层级上有所划分，分为国家、省、市、县（区）四级，分级没有法律法规条文直接明确的规定，而是依据建设项目审批、核准、备案层级来划分，执行"分级预审、同级审查"原则。

1）正常审批

需人民政府或有批准权的发展和改革委员会等部门审批的建设项目，由该人民政府的自然资源主管部门预审。需核准和备案的建设项目，由与核准、备案机关同级的自然资源主管部门预审。即项目报哪一级立项，用地预审需逐级上报至该级自然资源主管部门审批。跨行政区域的建设项目，由项目所在地的共同上一级自然资源主管部门核发用地预审与选址意见书。

2）授权或委托审批

需国务院或国家发展改革等部门审批和核准的且不占永久基本农田的建设项目用地预审，由省自然资源厅根据自然资源部授权批准。

涉及占用永久基本农田、生态保护红线的用地预审由省自然资源厅按照自然资源部委托批准。省管权限建设项目用地预审，委托地级以上市自然资源行政主管部门实施（跨地级市项目用地除外）。

2019年，自然资源部印发的《关于以"多规合一"为基础推进规划用地"多审合一、多证合一"改革的通知》（自然资规〔2019〕2号），对建设项目用地预审权限作了进一步改进。涉及新增建设用地，用地预审权限在自然资源部的，建设单位向地方自然资源主管部门提出用地预审与选址申请，由地方自然资源主管部门受理；经省级自然资源主管部门报自然资源部通过用地预审后，地方自然资源主管部门向建设单位核发建设项目用地预审与选址意见书。用地预审权限在省级以下自然资源主管部门的，由省级自然资源主管部门确定建设项目用地预审与选址意见书办理的层级和权限。

2020年3月6日，自然资源部印发的《关于贯彻落实＜国务院关于授权和委托用地审批权的决定＞的通知》（自然资规〔2020〕1号）提出，将自然资源部的用地预审权同步下放省级自然资源主管部门。即涉及占用永久基本农田的，下放列入用地审批权试点的北京、天津、上海、江苏、浙江、安徽、广东、重庆8个省级自然资源主管部门；不涉及占用永久基本农田的，下放省级自然资源主管部门。其他省级行政区域涉及占用永久基本农田的仍由自然资源部预审。

2. 建设用地预审的报批程序

1）提出预审申请

需审批的建设项目在可行性研究阶段，由建设用地单位提出预审申请；需核准的建设项目在项目申请报告核准前，由建设单位提出用地预审申请；需备案的建设项目在办理备案手续后，由建设单位提出用地预审申请。建设单位在预审申请时应填写建设项目预审申请表，编制建设项目用地预审申请报告，并向预审的自然资源主管部门提供相应材料。

2）受理申请

由有预审权限的自然资源主管部门受理预审申请。其中，应当由自然资源部预审的建设项目，自然资源部委托项目所在地的省级自然资源主管部门受理，但建设项目占用规划确定的城市建设用地范围内土地的，委托市级自然资源主管部门受理。受理后，提出初审意见，转报自然资源部。涉密军事项目和国务院批准的特殊建设项目用地，建设用地单位可直接向自然资源部提出预审申请。应当由自然资源部负责预审的输电线塔基、钻探井位、通信基站等小面积零星分散建设项目用地，由省级自然资源主管部门预审，并报自然资源部备案。

符合规定的预审申请和自然资源主管部门委托的初审转报件，自然资源主管部门应当受理和接收。对于不符合的，应当场或在5日内书面通知申请人和转报人，逾期不通知的，视为受理和接收。受自然资源部委托负责初审的自然资源主管部门应当自受理之日起20日内完成初审工作，并转报自然资源部。

3）预审审查，出具预审意见

自然资源主管部门应当自受理预审申请或者收到转报材料之日起 20 日内，完成审查工作，并出具预审意见。20 日内不能出具预审意见的，经负责预审的自然资源主管部门负责人批准，可以延长 10 日。预审意见应当包括预审审查内容的结论性意见和对建设用地单位的具体要求，预审意见是有关部门审批项目可行性研究报告、核准项目申请报告的必备文件。《自然资源部关于以"多规合一"为基础推进规划用地"多审合一、多证合一"改革的通知》（自然资规〔2019〕2号）规定：将建设项目选址意见书、建设项目用地预审意见合并，自然资源主管部门统一核发建设项目用地预审与选址意见书，不再单独核发建设项目选址意见书、建设项目用地预审意见。使用已经依法批准的建设用地进行建设的项目，不再办理用地预审；需要办理规划选址的，由地方自然资源主管部门对规划选址情况进行审查，核发建设项目用地预审与选址意见书。建设项目用地预审与选址意见书有效期为三年，自批准之日起计算。

2024 年 2 月 22 日印发的《自然资源部关于进一步改进优化能源、交通、水利等重大建设项目用地组卷报批工作的通知》（自然资发〔2024〕36 号）对《关于明确用地预审工作要点规范报部初审报告格式的通知》（自然资用途管制函〔2022〕45 号）需要重新办理预审的情形作了调整。以下几种情形需要重新办理预审：

批准后三年内。需审批的未取得可行性研究报告批复；需核准的未取得项目申请报告（书）核准；需备案的未办理备案手续。

重大建设项目在用地预审时不占永久基本农田、用地审批时占用的。

土地用途发生重大调整的。需要注意的是用地未发生变化，仅被许可人发生变化的，不属于重新预审情形。

6.4 土地征收制度

土地征收制度是我国《土地管理法》等法律法规的重要组成部分，是为了国家和公共利益的需要，对基础设施建设、城市化发展和国防建设等依法进行土地征用。本节主要介绍了土地征收的相关基本概念，以及土地征收的补偿方法、补偿标准、安置途径和审批权限与报批程序，并阐述了土地征收成片开发标准的概念、基本构成和方案与内容。

6.4.1 土地征收的相关基本概念

2004年3月《宪法》将第十条内容"国家为了公共利益的需要，可以依照法律规定对土地实行征用"改为"国家为了公共利益的需要，可以依照法律规定对土地实行征收或者征用并给予补偿"。8月，根据宪法修正案通过的《关于修改＜中华人民共和国土地管理法＞的决定》，将法规中多处使用"征用"的部分修改为"征收"，同时进一步明确了征地补偿原则和程序，对土地征收的目的进行管控，强调了公共利益的界定和农民权益的保护。2007年出台的《物权法》更加严格地限制了征收条件，强调了土地征收补偿费用与被征地农民的社会保障费用问题。针对过去土地征收中长期存在的公共利益界定模糊的情况，2021年的《土地管理法实施条例》中对可征收土地的条件作出了具体规定，详细列举了政府在出于公共利益的何种情形下方能征收土地。

土地征收是指国家基于公共利益的需要，依照法律规定的权限和程序，将农民集体所有的土地转化为国有土地，并依法给予被征地的农村集体经济组织和农民合理补偿和妥善安置的法律行为。土地征用是指国家为了公共利益的需要，依法强制使用集体土地，而在使用完毕后再将土地归还给集体的行为。土地征收和土地征用都是国家为了公共利益的需要，运用国家行为的强制力而对单位和个人的土地权利进行限制；都要经过法定程序，依照法律规定的程序和批准权限进行；都要依法给予被征收、征用单位和个人公平合理的补偿[1]。然而，二者虽然相似，但土地征收的本质是国家强制性取得集体土地所有权，会导致土地性质的变化。而土地征用的实质是强制使用，被征用的土地用完后会返还被征用单位或个人，不需改变其土地所有权性质，只是对土地的一种临时征用。因而相对于土地征用而言，土地征收补偿的内容更多，程序更为复杂。

6.4.2 土地征收的补偿与安置

1. 土地征收的补偿方法

《土地管理法》第四十八条中规定：征收土地应当给予公平、合理的补偿，保障被征地农民原有生活水平不降低、长远生计有保障。征收土地应当依法及时足额支付土地补偿费、安置补助费以及农村村民住宅、其他地上附着物和青苗等的补偿

---

1. 严金明. 土地立法与《土地管理法》修订探讨[J]. 中国土地科学，2004，18（1）：9-13.

费用，并安排被征地农民的社会保障费用。此条目在原有基础上增加了农村村民住宅补偿费用和安排被征地农民社会保障费用的规定，从法律上为被征地农民构建了更加完善的保障机制。

从法律条文内容来看，我国现行法律规定的补偿方式仍以金钱补偿为主。除此之外，在土地征收实践中也发展出了其他的补偿方式，如安置补偿、留地补偿、移民补偿等方式。但一般而言，由土地征收本身系国家强制取得集体的土地所有权的性质所决定，土地征收补偿方式不包括恢复原状和返还原物补偿[1]。

2. 土地征收的补偿标准

土地征收补偿原则是政府在实施土地征收补偿的过程中所遵循的基本准则。《土地管理法》第四十八条将"公平、合理的补偿"确定为征地补偿原则，补偿标准分为农用地、其他土地、大中型水利水电工程建设用地等。

1）征收农用地的补偿标准

《土地管理法》第四十八条规定，征收农用地的土地补偿费、安置补助费标准由省、自治区、直辖市通过制定公布区片综合地价确定。制定区片综合地价应当综合考虑土地原用途、土地资源条件、土地产值、土地区位、土地供求关系、人口以及经济社会发展水平等因素，并至少每三年调整或者重新公布一次。

2）征收其他土地的补偿标准

《土地管理法》第四十八条规定，征收农用地以外的其他土地、地上附着物和青苗等的补偿标准，由省、自治区、直辖市制定。对其中的农村村民住宅，应当按照先补偿后搬迁、居住条件有改善的原则，尊重农村村民意愿，采取重新安排宅基地建房、提供安置房或者货币补偿等方式给予公平、合理的补偿，并对因征收造成的搬迁、临时安置等费用予以补偿，保障农村村民居住的权利和合法的住房财产权益。

3）大中型水利水电工程建设征地补偿标准

《土地管理法》第五十一条规定，大中型水利、水电工程建设征收土地的补偿费标准和移民安置办法，由国务院另行规定。于2017年6月1日起实行且目前仍具有时效性的《大中型水利水电工程建设征地补偿和移民安置条例》对大中型水利水电工程建设征地补偿规定如下。

大中型水利水电工程建设项目用地，应当依法申请并办理审批手续，实行一次

---

1. 蔡乐渭. 土地征收补偿问题研究［M］. 北京：中国民主法制出版社，2019.

报批、分期征收，按期支付征地补偿费。对于应急的防洪、治涝等工程，经有批准权的人民政府决定，可以先行使用土地，事后补办用地手续。

大中型水利水电工程建设征收土地的土地补偿费和安置补助费，实行与铁路等基础设施项目用地同等补偿标准，按照被征收土地所在省、自治区、直辖市规定的标准执行。被征收土地上的零星树木、青苗等补偿标准，按照被征收土地所在省、自治区、直辖市规定的标准执行。被征收土地上的附着建筑物按照其原规模、原标准或者恢复原功能的原则补偿；对补偿费用不足以修建基本用房的贫困移民，应当给予适当补助。使用其他单位或者个人依法使用的国有耕地，参照征收耕地的补偿标准给予补偿；使用未确定给单位或者个人使用的国有未利用地，不予补偿。移民远迁后，在水库周边淹没线以上属于移民个人所有的零星树木、房屋等应当分别依照条例第二款、第三款规定的标准给予补偿。

大中型水利水电工程建设临时用地，由县级以上人民政府土地主管部门批准。

工矿企业和交通、电力、电信、广播电视等专项设施以及中小学的迁建或者复建，应当按照其原规模、原标准或者恢复原功能的原则补偿。

大中型水利水电工程建设占用耕地的，应当执行占补平衡的规定。为安置移民开垦的耕地、因大中型水利水电工程建设而进行土地整理新增的耕地、工程施工新造的耕地可以抵扣或者折抵建设占用耕地的数量。大中型水利水电工程建设占用25度以上坡耕地的，不计入需要补充耕地的范围。

3. 土地征收的安置途径

土地征收必须采取多元安置途径，保障被征地农民原有生活水平不降低、长远生计有保障。目前，被征地农民的安置途径主要有货币安置、农业生产安置、就业安置、入股分红安置、留地安置、社保安置、异地移民安置等[1]。

货币安置：指将土地征收的安置补偿费直接支付给被征地农民的一种安置行为。这种安置方式操作简单，对短期改善被征地农民生活具有重要作用，但不利于农民长远利益的保障。

农业生产安置：指被征地的农村集体经济组织通过利用农村集体机动地、承包农户自愿交回的承包地、承包地流转和土地开发整理新增加的耕地等，进行农业用地调整，使被征地农民有必要的耕作土地，继续从事农业生产。

就业安置：指政府通过积极创造条件，向被征地农民提供免费的劳动技能培

---

1. 李凌，孙广云. 建设用地管理理论与实务［M］. 北京：北京大学出版社，2020.

训，安排相应的工作岗位，或鼓励自主创业。在同等条件下，用地单位应优先吸收被征地的农民就业。征收城市规划区内的农民集体土地，应当将因征地而导致无地的农民纳入城镇就业体系，并建立社会保障制度。

入股分红安置：指对有长期稳定收益的项目用地，在农户自愿的前提下，被征地农村集体经济组织经与用地单位协商，可以以征地补偿安置费用入股，或者以经批准的建设用地土地使用权作价入股。农村集体经济组织和农户通过合同约定以优先股的方式获取收益。

留地安置：指将一定数量的建设用地一次性留给被征地的农村（社区）集体经济组织，通过开发经营，将其收益主要用于解决被征地农民的基本生活保障和壮大农村（社区）集体经济的一种征地安置方式。

社保安置：指按标准计算的土地补偿费和安置补助费不直接支付给农民而是转为社会保障资金，与政府财政补助资金一起用于被征地农民的各种社会保障支出。

异地移民安置：指在本地区因征地无法满足农民基本的生产生活条件时，在充分征求被征地农村集体经济组织和农户意见的前提下，可由政府统一组织实行异地移民安置。

6.4.3　土地征收的审批权限与报批程序

1. 土地征收的审批权限

《土地管理法》规定，国家征收土地的，由国务院和省级人民政府两级审批，依照法定程序批准后，由县级以上地方人民政府予以公告并组织实施。其中，土地征收的审批权限如下：

1）**国务院批准权限**

2020年3月，《国务院关于授权和委托用地审批权的决定》（国发〔2020〕4号）提出，《土地管理法》第四十六条第一款规定的永久基本农田、永久基本农田以外的耕地超过三十五公顷的、其他土地超过七十公顷的土地征收审批事项，国务院委托部分试点省、自治区、直辖市人民政府批准。首批试点省份为北京、天津、上海、江苏、浙江、安徽、广东、重庆，试点期限1年。

永久基本农田以外的耕地超过三十五公顷的，其他土地超过七十公顷的，包括耕地之外的土地超过七十公顷的，以及征收耕地三十五公顷以下，其他土地七十公顷以下，两项之和超过七十公顷的，均需报国务院批准。

2）省级人民政府批准权限

除国务院批准权限以外的土地，由省、自治区、直辖市人民政府批准。

征收农用地的，应当依照《土地管理法》第四十四条的规定先行办理农用地转用审批。其中，经国务院批准农用地转用的，同时办理征地审批手续，不再另行办理征地审批；经省、自治区、直辖市人民政府在征地批准权限内批准农用地转用的，同时办理征地审批手续，不再另行办理征地审批，超过征地批准权限的，应当依照本条第一款的规定另行办理征地审批。

2. 土地征收的报批程序

1）征地批前报批程序

发布土地征收预公告。县级以上地方人民政府认为符合《土地管理法》第四十五条规定的，应当发布征收土地预公告，启动土地征收。征收土地预公告应当包括征收范围、征收目的、开展土地现状调查的安排等内容。征收土地预公告应当采用有利于社会公众知晓的方式，在拟征收土地所在的乡（镇）和村、村民小组范围内发布，预公告时间不少于十个工作日。自征收土地预公告发布之日起，任何单位和个人不得在拟征收范围内抢栽抢建；违反规定抢栽抢建的，对抢栽抢建部分不予补偿。

开展土地现状调查。县级以上地方人民政府对拟征收土地开展土地现状调查，应当查明土地的位置、权属、地类、面积，以及农村村民住宅、其他地上附着物和青苗等的权属、种类、数量等情况。行政机关应当对土地现状做好调查登记，并与当地农村集体经济组织、农户、地上物产权人共同进行确认。调查结果通常在征收范围内公布。

开展社会稳定风险评估。县级以上地方人民政府对拟征收土地开展社会稳定风险评估，应当对征收土地的社会稳定风险状况进行综合研判，确定风险点，提出风险防范措施和处置预案。社会稳定风险评估应当有被征地的农村集体经济组织及其成员、村民委员会和其他利害关系人参加，评估结果是申请征收土地的重要依据。

拟定征地补偿安置方案。县级以上地方人民政府应当依据社会稳定风险评估结果，结合土地现状调查情况，组织自然资源、财政、农业农村、人力资源和社会保障等有关部门拟定征地补偿安置方案。征地补偿安置方案应当包括征收范围、土地现状、征收目的、补偿方式和标准、安置对象、安置方式、社会保障等内容，保障被征地农民原有生活水平不降低、长远生计有保障。

发布征地补偿安置方案公告。征地补偿安置方案拟定后，县级以上地方人民政府应当在拟征收土地所在的乡（镇）和村、村民小组范围内公告，听取被征地的农村集体经济组织及其成员、村民委员会和其他利害关系人的意见，公告时间不少于三十日。征地补偿安置公告应当同时载明办理补偿登记的方式和期限、异议反馈渠道等内容。

组织听证。多数被征地的农村集体经济组织成员认为拟定的征地补偿安置方案不符合法律、法规规定的，县级以上地方人民政府应当组织听证，并根据法律、法规的规定和听证会情况修改安置补偿方案。

办理征地补偿登记。拟征收土地的所有权人、使用权人应当在公告规定期限内，持不动产权属证明材料办理补偿登记。未如期办理征地补偿登记手续的，其补偿内容一般以前期调查结果为准。

签订征地补偿安置协议。县级以上地方人民政府根据法律、法规规定和听证会等情况确定征地补偿安置方案后，应当组织有关部门与拟征收土地的所有权人、使用权人签订征地补偿安置协议。征地补偿安置协议示范文本由省、自治区、直辖市人民政府制定。对个别确实难以达成征地补偿安置协议的，县级以上地方人民政府应当在申请征收土地时如实说明。

申请土地征收审批。县级以上人民政府完成相关征地前期工作后，方可申请征收土地，依照《土地管理法》第四十六条的规定报有批准权的人民政府批准。有批准权的人民政府应当对征收土地的必要性、合理性、是否符合《土地管理法》第四十五条规定的为了公共利益确需征收土地的情形以及是否符合法定程序进行审查。有批准权的人民政府批准后，下达征地批准文件。

2）征地批后报批程序

征收土地方案公告。征收土地申请经依法批准后，被征收土地所在地的市、县人民政府应当在收到征收土地方案批准文件之日起十个工作日内在拟征收土地所在的乡（镇）和村、村民小组范围内发布征收土地公告，公布征收范围、征收时间等具体工作安排。征收土地公告包括内容：①征地批准机关、批准文号、批准时间和批准用途；②被征收土地的所有权人、位置、地类和面积；③征地补偿标准和农业人员安置途径；④办理征地补偿登记的期限、地点。

征收土地的补偿、安置方案公告由市县级自然资源主管部门进行。公告内容包括：①本集体经济组织被征收土地的位置、地类、面积，地上附着物和青苗的种类、数量，需要安置的农业人口的数量；②土地补偿费的标准、数额、支付对象和支付方式；③安置补助费的标准、数额、支付对象和支付方式；④地上附着物和青苗的补偿标准和支付方式；⑤农业人员的具体安置途径；⑥其他有关征地补偿、安置的具体措施。

征地补偿安置方案的批准和交付土地。 市县级自然资源主管部门进行征地补偿安置方案的公告后，公告期满当事人无异议或者根据有关要求对征地补偿安置方案进行完善后，将征求意见后的征地补偿安置方案，连同被征地农村集体经济组织、农民或者其他权利人的意见及采纳情况报市、县人民政府批准，并报省级自然资源主管部门备案。

征地补偿安置方案批准后，市县级人民政府应及时依法组织落实征地补偿安置方案的事宜，将征地补偿安置方案确定的费用及时足额地支付给被征地的农民和村集体经济组织。征地补偿安置方案确定的有关补偿费用没有足额支付到位的，被征地的农村集体经济组织和农民有权拒绝交出土地。如果征地补偿安置方案确定的有关补偿费用已经足额支付到位而被征地的农民拒绝交出土地的，征地的市县级人民政府有权责令限期交出土地。如果被征地的农民对市县级人民政府确定的补偿标准和支付方式等有不同意见，也应该交出土地。对于补偿标准等有关纠纷，可以通过行政复议、行政诉讼、行政裁决的方式予以解决。

6.4.4 土地征收成片开发标准

1. 土地征收成片开发标准的概念

在土地开发实践中，成片开发是大面积连片土地的整体性开发，其用地性质是综合性的，既有公益用地，也有非公益用地，对经济社会发展影响较大，最早可追溯到1956年在《关于加强新工业区和新工业城市建设工作几个问题的决定》提出的成片集中建设的概念[1]。经历多次改革后，我国在《土地管理法》第四十五条中规定"为了公共利益的需要，有下列情形之一，确需征收农民集体所有的土地的，可以依法实施征收：在土地利用总体规划确定的城镇建设用地范围内，经省级以上人民政府批准，由县级以上地方人民政府组织实施的成片开发建设需要用地的"。为落实《土地管理法》中上述规定，2020年11月，自然资源部发布《关于印发＜土地征收成片开发标准（试行）＞的通知》(自然资规〔2020〕5号)。在2023年10月，自然资源部发布了《自然资源部关于印发＜土地征收成片开发标准＞的通知》(自然资规〔2023〕7号)，提到土地征收成片开发应当坚持新发展

---

1. 潘向向，储君，仝德，等. 土地征收成片开发方案与国土空间规划的协调路径研究[J]. 规划师，2022, 38（4）：5-11.

理念，以人民为中心，注重保护耕地，注重维护农民合法权益，注重节约集约用地，注重生态环境保护，促进当地经济社会可持续发展。县级以上地方人民政府应当按照《土地管理法》第四十五条规定，依据当地国民经济和社会发展规划、国土空间规划，组织编制土地征收成片开发方案，纳入当地国民经济和社会发展年度计划，并报省级人民政府批准。中国正处于经济转型升级、加快推进中国式现代化建设的重要时期，通过土地征收成片开发挖掘存量建设用地，推动城镇低效用地再开发和城中村改造，一定程度上可以缓解城市空间无序蔓延、土地开发利用低效等问题，为城市可持续发展提供空间保障，推动国土空间治理迈向现代化新征程[1]。

2. 土地征收成片开发标准

土地征收成片开发标准是指在国土空间规划确定的城镇建设用地范围内，由县级以上地方人民政府组织的对一定范围的土地进行的综合性开发建设活动。

1）土地征收成片开发标准的基本构成

土地征收成片开发标准由面积标准、目的标准和补偿标准构成[2]。①面积标准。我国不同地区土地成片开发的规模效应不同，成片开发面积标准应兼顾制度的统一性与操作的差异性。②目的标准，成片开发标准既应秉持科学性，把成片开发的制度优势充分发挥出来，更应符合公共利益。③补偿标准。征地补偿本质上是征收制度分配和效率的问题，所以补偿标准要体现公平原则。

2）土地征收成片开发的方案与内容

根据《自然资源部关于印发〈土地征收成片开发标准〉的通知》（自然资规〔2023〕7号），土地征收成片开发方案应当包括下列内容：①成片开发的位置、面积、范围和基础设施条件等基本情况；②成片开发的必要性、主要用途和实现的功能；③成片开发拟安排的建设项目、开发时序和年度实施计划；④依据国土空间规划确定的一个完整的土地征收成片开发范围内基础设施、公共服务设施以及其他公益性用地比例，其中比例一般不低于40%，各市县的具体比例由省级人民政府根据各地情况差异确定；⑤成片开发的土地利用效益以及经济、社会、生态效益评估。

有以下情形之一的，不得批准土地征收成片开发方案：①涉及占用永久基本农田的；②市县区域内存在大量批而未供或者闲置土地的；③各类开发区、城市新区

---

1. 于凤瑞.《土地管理法》成片开发征收标准的体系阐释［J］.中国土地科学，2020，34（8）：18-25.

土地利用效率低下的；④已批准实施的土地征收成片开发连续两年未完成方案安排的年度实施计划的。

县级以上地方人民政府编制土地征收成片开发方案时，应当充分听取人大代表、政协委员、社会公众和有关专家学者的意见。土地征收成片开发方案应当充分征求成片开发范围内农村集体经济组织和农民的意见，并经集体经济组织成员的村民会议三分之二以上成员或者三分之二以上村民代表同意。未经集体经济组织的村民会议三分之二以上成员或者三分之二以上村民代表同意，不得申请土地征收成片开发。

省级人民政府应当组织人大代表、政协委员和土地、规划、经济、法律、环保、产业等方面的专家组成专家委员会，对土地征收成片开发方案的科学性、必要性进行论证。论证结论应当作为批准土地征收成片开发方案的重要依据。国家自然资源督察机构、自然资源部、省级人民政府应当加强对土地征收成片开发工作的监管。

土地征收成片开发方案经批准后，应当严格按照方案确定的范围、时序安排组织实施。因国民经济和社会发展年度计划、国土空间规划调整或者不可抗力等因素导致无法实施的，可按规定调整土地征收成片开发方案。成片开发方案调整涉及地块变化的，调整方案应报省级人民政府批准；调整仅涉及实施进度安排的，调整方案应报省级自然资源主管部门备案。调整后公益性用地比例应当符合规定要求，已实施征收的地块不得调出。

6.5　建设用地审查报批制度

建设用地审查报批制度是我国土地管理制度中的一项核心内容，旨在确保土地资源的合理利用、保护耕地和生态环境，以及保障公共利益，它规范了建设项目从立项到土地使用权取得的全过程。本节主要介绍了建设用地审查报批的概念和类型，以及相关的法律法规依据和审查内容，并梳理和阐述了建设用地审查报批的审批权限和报批程序。

6.5.1 建设用地审查报批的基本概念

1. 建设用地审查报批的概念

建设用地审查报批不仅是土地管理的重要环节，也是实现土地资源可持续利用、促进经济社会健康发展的关键手段。根据《土地管理法》和《土地管理法实施条例》，1999年2月24日国土资源部第4次部务会议通过了《国土资源部关于修改部分规章的决定》，修正了《建设用地审查报批管理办法》，并以国土资源部令第49号进行发布。为了加强土地管理，规范建设用地审查报批工作，2016年11月25日根据《国土资源部关于修改＜建设用地审查报批管理办法＞的决定》进行第二次修正，并以国土资源部令第69号进行发布，自2017年1月1日起施行。

建设用地审查报批即依照法定程序，依据国土空间规划和国家规定的批准权限，依法对建设项目用地的申请、审查、报批以及相关环节实施的行政管理过程。建设用地审查报批包括农用地转用审查报批和土地征收审查报批。

2. 建设用地审查报批的类型

按照建设项目选址位于国土空间规划确定的城市和村庄、集镇建设用地规模范围内和范围外，将审查报批类型分为单独选址建设项目用地审查报批和城市（镇）分批次建设用地审查报批[1]。

1）单独选址建设项目用地

在土地利用总体规划确定的建设用地范围外单独选址的建设项目用地，即在土地利用总体规划确定的城市和村镇建设用地范围以外选址的能源、交通、水利、采矿、军事设施等建设项目用地，由建设单位向土地所在地的市、县人民政府自然资源主管部门提出用地申请。并由市县自然资源主管部门拟定农用地转用方案、补充耕地方案、征收土地方案、供地方案，编制建设用地呈报说明书，经同级政府审查同意后，报上一级自然资源主管部门审查，逐级上报有批准权的机关批准。

2）城市（镇）分批次建设用地

在土地利用总体规划确定的城市、村庄和集镇建设用地范围内，为实施城市规划、村庄和集镇规划占用土地的，主要指城乡建设项目用地、工业建设项目

---

1. 李凌，孙广云. 建设用地管理理论与实务 [M]. 北京：北京大学出版社，2020.

用地等。并由市、县自然资源主管部门按照土地利用年度计划分批次拟定农用地转用方案、补充耕地方案、征收土地方案，编制建设用地呈报说明书，经同级政府审查同意后，报上一级自然资源主管部门审查，逐级上报有批准权的机关批准。

6.5.2 建设用地审查报批的依据与内容

1. 建设用地审查报批的依据

建设用地审查报批的依据主要包括：

《中华人民共和国土地管理法》；

《中华人民共和国土地管理法实施条例》；

《建设用地审查报批管理办法》（国土资源部令第 69 号）；

《建设项目用地预审管理办法》（国土资源部令第 42 号）；

《国务院关于深化改革严格土地管理的决定》（国发〔2004〕28 号）；

《国务院关于加强土地调控有关问题的通知》（国发〔2006〕31 号）；

《国务院关于促进节约集约用地的通知》（国发〔2008〕3 号）；

《国土资源部关于改进报国务院批准单独选址建设项目用地审查报批工作的通知》（国土资发〔2009〕8 号）；

《国土资源部关于严把土地供应闸门坚决遏制产能严重过剩行业盲目扩张的通知》（国土资电发〔2013〕31 号）；

《国土资源部关于改进和优化建设项目用地预审和用地审查的通知》（国土资规〔2016〕16 号）；

《自然资源部关于以"多规合一"为基础推进规划用地"多审合一、多证合一"改革的通知》（自然资规〔2019〕2 号）；

《自然资源部关于进一步做好用地用海要素保障的通知》（自然资发〔2023〕89 号）；

《自然资源部关于在经济发展用地要素保障工作中严守底线的通知》（自然资发〔2023〕90 号）；

《自然资源部关于进一步改进优化能源、交通、水利等重大建设项目用地组卷报批工作的通知》（自然资发〔2024〕36 号）。

2. 建设用地审查报批的内容

城市建设用地区外单独选址的建设项目用地是指必须在城市建设用地区外单独选址的使用国有建设用地的建设项目用地的办理情况。除能源、交通、水利、矿山、军事设施等必须在城市建设用地区外单独选址外，都必须实行由县、市人民政府统一征收、统一开发、统一供地的办法。城市建设用地区内用地是指按照土地利用总体规划划定的城市建设用地区，由县、市人民政府按土地利用总体规划、土地利用年度计划按批次征收和农用地转用的土地。具体建设项目使用城市建设用地内的土地，应先分批次办理土地征收和农用地转用，然后再按具体建设项目供地。

其中，如果项目使用集体所有农用地的，要经过农用地转用、土地征收及建设项目用地审批三个步骤，须拟订农用地转用方案、补充耕地方案、土地征收方案和供地方案四大方案。使用集体建设用地或集体未利用土地的，只需办理土地征收审批和建设项目供地审批，须拟订征收土地方案和供地方案。使用国有农用地的，需办理农用地转用审批和建设项目供地审批，拟订农用地转用方案、补充耕地方案和供地方案。项目只使用国有未利用土地的，只需办理建设项目供地审批，拟订供地方案。

6.5.3 建设用地审查报批的审批权限与报批程序

1. 建设用地审查报批的审批权限

我国建设用地审批遵循分级管理体系，各级政府依据法定权限及职责范围进行审批工作：

1）**土地利用总体规划和年度计划**

由国务院批准全国土地利用总体规划，省级人民政府批准省级土地利用总体规划，市（州）、县（市）人民政府分别批准本行政区域的土地利用总体规划。土地利用年度计划由上一级人民政府批准。

2）**农用地转用和土地征收**

农用地转用和土地征收的审批权限根据土地面积和涉及的利益关系确定。2020年3月，《国务院关于授权和委托用地审批权的决定》（国发〔2020〕4号）要求，将国务院可以授权的永久基本农田以外的农用地转为建设用地审批事项授权各省、自治区、直辖市人民政府批准。另外，试点将永久基本农田转为建设用地和国务院批准土地征收审批事项委托部分省、自治区、直辖市人民政府批准。首批试点省份为北京、天津、上海、江苏、浙江、安徽、广东、重庆，试点期限1年。其他农用地转用和土地征收由省、自治区、直辖市人民政府批准；省、自治区、直辖市人民政府批准农用地转用时，同时批准土地征收和建设项目用地。

农用地转用批准权属于国务院，而土地征收权限属于国务院或省级人民政府的，国务院批准农用地转用时，同时批准土地征收和建设项目用地，不再另行办理征地和建设项目供地审批。

农用地转用在省级人民政府批准权限内，而土地征收在国务院批准权限内的，先由省级人民政府办理农用地转用审批，再报国务院批准土地征收和建设项目用地。

项目用地供地方案由批准土地征收的人民政府在批准土地征收方案时一并批准；项目用地只使用国有农用地的，供地方案由批准农用地转用的人民政府在批准农用地转用方案时批准。

农用地转用方案、补充耕地方案、土地征收方案和供地方案的实施和办理国有土地建设项目用地使用权的出让或划拨的具体手续，由当地市、县人民政府自然资源主管部门负责。

在实际操作中，各级政府在行使审批权限时，还需要遵循法定程序，包括但不限于公示公告、征求公众意见、组织专家评审等。同时，各级政府应当加强对建设用地审批的监督管理，确保审批工作的合法性、合规性。

2. 建设用地审查报批的报批程序

建设用地审查报批分为分批次审查报批和单独选址审查报批两种方式。在国土空间规划确定的城市（含建制镇）或村庄、集镇建设用地规模范围内，为实施该规划而占用土地的，按分批次的审查报批方式上报。一个批次用地可以一块或多块土地同时打包上报。各地级以上市、县（市、区）人民政府应在本地区当年各项用地计划指标内严格控制每年度用地审查报批批次。交通、水利、矿山、军事设施等建设项目确需使用国土空间规划确定的城市建设用地规模范围外的土地，或同时使用国土空间规划确定的建设用地规模范围外和范围内土地，按单独选址方式审查报批。

1）预审

在建设项目审批、核准、备案阶段，建设单位应当向建设项目批准机关的同级自然资源主管部门提出建设项目用地预审申请。受理预审申请的自然资源主管部门应当依据土地利用总体规划、土地使用标准和国家土地供应政策，对建设项目的有关事项进行预审，出具建设项目用地预审意见。

2）**申报**

在土地利用总体规划确定的城市建设用地范围外单独选址的建设项目使用土地的，建设单位应当向土地所在地的市、县自然资源主管部门提出用地申请。建设项目拟占用耕地的，还应当提出补充耕地方案；建设项目位于地质灾害易发区的，还应当提供地质灾害危险性评估报告。

需报国务院批准用地的国家重大项目和省级高速公路项目中，控制工期的单体工程和因工期紧或受季节影响确需动工建设的其他工程可申请办理先行用地，申请规模原则上不得超过用地预审控制规模的30%。先行用地批准后，应于1年内提出农用地转用和土地征收申请。

市县级自然资源主管部门对材料齐全、符合条件的建设用地申请，应当受理，并在收到申请之日起30日内拟订农用地转用方案、补充耕地方案、征收土地方案和供地方案，编制建设项目用地呈报说明书，经同级人民政府审核同意后，报上一级自然资源主管部门审查。

3）**审查**

有关自然资源主管部门收到上报的建设项目用地呈报说明书和有关方案后，对材料齐全、符合条件的，应当在5日内报经同级人民政府审核。同级人民政府审核同意后，逐级上报有批准权的人民政府，并将审查所需的材料及时送该级自然资源主管部门审查。

对依法应由国务院批准的建设项目用地呈报说明书和有关方案，省、自治区、直辖市人民政府必须提出明确的审查意见，并对报送材料的真实性、合法性负责。

省、自治区、直辖市人民政府批准农用地转用、国务院批准征收土地的，省、自治区、直辖市人民政府批准农用地转用方案后，应当将批准文件和下级自然资源主管部门上报的材料一并上报。

4）**报批**

有批准权的自然资源主管部门应当自收到上报的农用地转用方案、补充耕地方案、征收土地方案和供地方案并按规定征求有关方面意见后30日内审查完毕。建设用地审查应当实行自然资源主管部门内部会审制度。农用地转用方案、补充耕地方案、征收土地方案和供地方案经有批准权的人民政府批准后，同级自然资源主管部门应当在收到批件后5日内将批复发出。

未按规定缴纳新增建设用地土地有偿使用费的，不予批复建设用地。其中，报国务院批准的城市建设用地，省、自治区、直辖市人民政府在设区的市人民政府按照有关规定缴纳新增建设用地土地有偿使用费后办理回复文件。

6.6 存量建设用地更新制度

存量建设用地更新制度是应对城市空间不合理、城市土地资源日益紧张和建筑设施老旧化等问题的重要手段,也是推进城市可持续发展和提升城市品质的关键措施。本节主要介绍了存量建设用地更新的基本概念和主要类型,以及更新的依据与内容,并阐述了存量建设用地更新方式和审批权限与报批程序。

6.6.1 存量建设用地更新的基本概念与类型

1. 存量建设用地更新的基本概念

随着近年来我国城市化进程的加速,城市用地扩张导致土地资源短缺、空间无序蔓延等问题出现,城市发展开始从"增量扩张"向"存量挖潜"转型,城市更新成为更加紧迫的任务。为了实现城市在有限空间上的无限发展,加强土地集约利用、促进存量用地更新改造,"存量规划"和"减量规划"日益受到政府、业界和市场的关注[1]。按照用地供应方式的不同,我国建设用地分为增量建设用地和存量建设用地。其中,增量建设用地又称新建设用地,主要通过农用地和未利用地的征转而获得,即所谓土地供应的"一级市场",由政府垄断控制。存量建设用地则是指城乡建设已占有或使用的土地,可以在现有土地使用者之间进行交易,即所谓"二级市场",交易必须出于自愿并通过平等协商的方式实现[2]。

存量建设用地更新是对现有城乡建设用地范围内的闲置未利用的占有土地,以及使用不充分、不合理、产出效率低的土地进行再利用的过程。增量建设用地掌握在政府手中,产权完整的存量建设用地则可以在土地使用者之间进行交易,存量建设用地可以通过资本化实现增值[3]。

2. 存量建设用地更新的类型

城市存量建设用地更新类型涉及低效建设用地、"三旧"用地、批而未供、供而未用、闲置土地、旧居住用地、零星老工业用地等。一般而言,布局散乱、利用粗放、用途不合理、建筑危旧的城镇存量建设用地是再开发的必选范围,而空闲土

---

1. 张京祥,黄贤金. 国土空间规划原理[M]. 南京:东南大学出版社,2021.
2. 邹兵. 增量规划向存量规划转型:理论解析与实践应对[J]. 城市规划学刊,2015(5):12-19.
3. 何冬华,许宏福,王秀梅,等. 城市土地再开发规划[M]. 北京:中国建筑工业出版社,2022.

地、闲置土地、不符合安全生产和环保要求等的存量建设用地则被选择性地纳入城市存量建设用地更新范围。

低效建设用地： 一般指低效率、低品质、不安全、不合理的建设用地。经第二次全国土地调查已确定为建设用地中布局散乱、利用粗放、用途不合理、建筑危旧的城镇存量建设用地。包括国家产业政策规定的禁止类、淘汰类产业用地；不符合安全生产和环保要求的用地；"退二进三"产业用地；布局散乱、设施落后，规划确定改造的老城区、城中村、棚户区、老工业区等。

"三旧"用地： 包括旧城镇、旧厂房和旧村庄等。其中，旧城镇通常是指历史较为悠久的城镇区域；旧厂房是指由于产业结构调整或其他原因，已经不再适合当前经济发展需求的工业用地；旧村庄则主要涉及农村地区年久失修、人口流失严重的村落。

批而未供： 指政府已经批准建设项目，但尚未实际提供相应土地进行开发建设。

供而未用： 指政府已经批准建设项目并且实际提供了相应的土地，但该土地却未被开发利用，处于闲置状态。

闲置土地： 指国有建设用地使用权人超过国有建设用地使用权有偿使用合同或者划拨决定书约定、规定的动工开发日期满1年未动工开发的国有建设用地。

空闲土地： 指除闲置土地和批而未供土地之外，处于未被利用状态的土地。这类土地在城市和乡村地区都可能存在，通常由于各种原因而未被开发或使用，主要包括无主地、废弃地，以及因单位撤销、迁移和破产等原因而停止使用的土地。

旧居住用地： 指已经建成并使用了一段时间的住宅用地，但由于各种原因，如房屋年久失修、基础设施老化、功能布局不合理等，未能充分实现其应有的居住功能和经济效益。

零星老工业用地： 指散布在城市或乡村区域内、规模较小且较为分散的老旧工业用地。这类用地通常曾经是工业企业的厂房或作业场所，但由于产业结构调整、企业搬迁或关闭等原因，土地逐渐被废弃或低效利用。

6.6.2 存量建设用地更新的依据与内容

1. 存量建设用地更新的依据

城市存量建设用地更新是在既有的土地上进行再开发、再利用，开发过程涉及新旧土地使用者、投资人、当地政府及社会公众等多方利益主体，各方利益诉求不尽相同，且涉及复杂的权益关系。因此，存量建设用地更新时要依据国家政策法规、城市总体规划、土地利用现状、城市发展需求。

1）国家政策法规指导

《城乡规划法》《土地管理法》《自然资源部关于开展低效用地再开发试点工作的通知》（自然资发〔2023〕171号）等有关城市规划、土地管理、环境保护等方面的法律法规和政策文件为存量建设用地更新提供法律依据和政策指导。

2）城市总体规划

城市总体规划中关于城市发展目标、土地利用总体布局、城市更新改造等内容是存量建设用地更新的直接依据。如深圳市在2010年发布的《深圳市城市总体规划（2010—2020）》中表明了其城市发展开始由"增量扩张"转向"存量优化"，北京市和上海市于2017年分别在其城市总体规划中提出了坚守建设用地规模底线，实现建设用地零增长的要求。

3）土地利用现状与评估

存量建设用地更新需要对现有城市建设用地使用效率、布局结构、功能配套等方面进行分析，并根据城市经济发展、人口增长、产业升级等需求对现有土地进行重新评估和规划，以满足城市发展需要。

4）城市更新改造

存量建设用地更新需要考虑生态保护和可持续发展、历史文化遗产保护与利用及城市公共服务和基础设施需求，针对城市中老城区、工业区等功能衰退或环境品质下降的区域，进行空间布局优化及更新改造。

5）公众参与和社区发展

存量建设用地更新也需要考虑当地居民需求和社区发展，通过公众参与等方式，使存量建设用地更新措施更加符合居民利益和社区发展需要。

2. 存量建设用地更新的内容

存量建设用地更新旨在通过优化生产、生活、生态的国土空间布局调整，实现城市发展方式的转型，并推动城市高质量发展，其更新内容包括开发底线管控、土地集约利用、旧城更新改造、生态保护优先、产业整合升级和历史文化保护等。

1）开发底线管控

存量建设用地更新需严守土地资源利用底线，落实国土空间规划确定的各类管控要求。如《北京城市总体规划（2016—2035年）》中增加了"严控建设总量、调整用地结构、严控建筑高度、划定生态控制线、严控城镇开发强度、严控房地产过度开发"及"科学划定城市开发边界"等方面内容，坚守建设用地规模底线，严格落实土地用途管制制度。

2）**土地集约利用**

存量建设用地更新需对现有土地进行重新评估和规划，提高土地利用效率，实现土地的集约节约利用。如广州市在城市更新改造过程中聚焦可整合用地的整体统筹，增加了"村、厂、城"混合改造以及重点片区成片连片改造等内容，实现城市存量建设用地的集约利用。

3）**旧城更新改造**

存量建设用地更新需针对城市中的老旧住宅区、工业区、商业区等进行改造升级，提升建筑质量、改善居住条件、增强区域功能。如深圳市的城市综合整治和全面改造项目中，针对城中村、旧工业区、旧工商住混合区和旧居住区等提出了具体更新策略。

4）**生态保护优先**

存量建设用地更新需严格遵守城市生态红线控制要求，保护城市生态空间，对已遭受破坏的环境进行生态修复。如北京市将建设区外的低效集体建设用地进行环境整治和腾退集中，并建设城镇组团间的成片绿色生态空间，进行农田林网、河湖湿地生态恢复，构建森林公园体系以及郊野公园带，为城市居民提供良好的宜居宜业环境。

5）**产业整合升级**

存量建设用地更新需通过更新改造，推动产业升级，淘汰落后产能，引入新兴产业，提升经济发展质量。如通过"腾笼换鸟"方式推进传统产业转型升级，压缩产业功能区的建设规模，高效利用存量产业用地，整治改造国有低效存量产业用地更新和集体产业用地。

6）**历史文化保护**

存量建设用地更新需对城市中的历史建筑、文化遗迹进行保护和修复，维护城市的历史文脉和文化特色。如历史文化街区严格控制区域建筑高度，按原貌保护文物。

6.6.3 存量建设用地更新方式

存量建设用地更新的方式是在用地规模锁定、开发边界划定、生态底线确定、空间格局基本稳定的"四定"约束条件下进行更新发展，其更新方式如下：

1. 以供调需

存量建设用地更新在空间布局保持基本稳定的前提下，对需求要有所取舍，选择适合发展的内容。如对占地面积较大的重大项目进行空间布局调整时，要尽量控制调整区域和范围，充分评估结构调整的收益和成本。

2. "四线"划定

存量建设用地更新的空间管制重点是城市内部"四线"（绿线、紫线、蓝线、黄线）的划定，特别需要加强对城市公共绿地和历史文化遗产的保护，防止城市更新改造过程中的侵占和破坏行为。

3. 用地功能调整

存量建设只能通过用地结构的调整来改善城市功能结构，实现人口、就业、居住、交通、游憩等各方面职能的平衡。对于城市用地更新，需要确定不同更新改造模式涉及的用地调整总量、比例和布局；对于闲置用地，要提出延期、收回、赎买回购等不同处理方案的适用范围，作为用地置换的指引；对于违法建设用地，要提出拆除清退、罚没、转正等不同处理方式的规模和布局。

4. 控制建设总量

存量建设对城市功能结构的调控，需由"用地平衡"转向"建筑平衡"，需在总体层次上明确全市及分区的建筑总量和比例控制要求，防止由于城市更新导致的建设总量失控和功能结构失衡。

6.6.4　存量建设用地更新的审批权限与报批程序

存量建设用地更新将成为未来中国城市发展的主流趋势。从增量规划向存量规划转型过程中，土地审批监管制度、土地审批权限及土地报批程序等方面都会受到挑战和冲击，需要修改和重新制定匹配存量建设用地更新的城市规划管理制度体系[1]。

---

1. 何冬华，许宏福，王秀梅，等. 城市土地再开发规划［M］北京：中国建筑工业出版社，2022.

1. 存量建设用地更新的审批权限

1)国务院

2004年《国务院关于深化改革严格土地管理的决定》(国发〔2004〕28号)中已明确"调控新增建设用地总量的权力和责任在中央,盘活存量建设用地的权力和利益在地方"[1]。在2020年发布的《国务院关于授权和委托用地审批权的决定》(国发〔2020〕4号)中,国务院可授权的永久基本农田之外的农用地转用可由省级政府负责审批,永久基本农田转用、国务院批准的土地征收审批事项委托给部分试点省级人民政府。

2)省级政府

在2020年印发的《国务院关于授权和委托用地审批权的决定》(国发〔2020〕4号)中,为贯彻落实党的十九届四中全会和中央经济工作会议精神,根据《土地管理法》相关规定,在严格保护耕地、节约集约用地的前提下,进一步深化"放管服"改革,改革土地管理制度,赋予省级人民政府更大的用地自主权。省级人民政府可以根据实际用地需求和土地开发时序计划,及时完成农用地转为建设用地以及相关事项的审批,不必再按批次上报并等待国务院的统一审核、批复;在严格保护耕地、节约集约用地的前提下,省级人民政府可以依据国土空间规划和土地利用年度计划,自行安排和批准除永久基本农田外的农用地(委托授权的试点省份甚至可以决定永久基本农田)转为建设用地的规模、区位等事项,不必再经由国务院事前审查和批准[2]。

2. 存量建设用地更新的报批程序

1)用地申请

国有建设用地使用权供应计划公布后,需要使用土地的单位和个人可以在市、县人民政府自然资源行政主管部门公布的时限内,向市、县人民政府自然资源行政主管部门提出意向用地申请。

2)选择拿地方式

根据土地用途和项目类型,相应确定提供建设用地的具体方式(批准使用、划拨、出让、租赁、作价出资或入股)和配置方式(行政、协议、招标、拍卖、挂牌)。

---

1. 何冬华,袁媛,刘玉亭,等.国土空间规划中广州存量建设用地审批制度与策略研究[J].规划师,2021,37(15):23-29.
2. 谭荣.从省级政府视角看用地审批制度改革的影响[J].中国土地,2020(8):14-15.

3）编制供地方案

供地方案是土地行政主管部门拟订的向建设用地申请者提供土地的具体方案，其主要内容应包括拟供地位置、用途、面积、规划条件、建设项目内容、是否符合国家供地政策、供地方式、配置方式、供地安排等。供地方案编制后，应报市、县人民政府批准。

4）实施供地

供地方案批准后，市、县自然资源行政主管部门按照批准的供地方案，具体实施供地。根据建设项目具体情况，供地面积必须符合《建设工程用地定额指标》和《工业项目建设用地控制指标》等的要求（投资强度、最低容积率、配套用地等），不得超标准供地。

6.7 国土空间开发保护的全流程管理

国土空间开发保护的全流程管理，是对国家领土范围内的所有土地、水域、矿产、森林、湿地、海洋等自然资源进行规划、开发、利用、保护和恢复等一系列管理活动，旨在实现国土空间的合理利用，维护国家资源安全，促进区域社会经济和生态环境协调发展。为此，本节主要介绍了一般建设项目、重大建设项目、设施农业项目、国土空间综合整治项目、生态保护修复项目、矿产开发项目和海域使用项目的概念和管理要求，以及全流程管理内容。

6.7.1 一般建设项目的全流程管理

1. 一般建设项目的概念和管理要求

1）一般建设项目的概念与分类

一般建设项目是相对于"重大建设项目"而言的，它是指符合国家基本建设规划的除重大建设项目以外的其余一切建设项目。

根据不同的特征和用途，一般建设项目可以分为基础设施建设项目、房地产开发项目、工业建设项目、文化旅游项目等。在我国建筑项目重要性分级中，一般建设项目通常指的是重要性相对较低的项目，如小型水利工程、电力工程、港口码头、矿山等。一般建设项目在工业建设中，通常是一些规模相对较小的工厂或生产线；在民用建设中，以居民区、住宅、学校等的建设居多。

2）一般建设项目的管理要求

为了确保一般建设项目的顺利进行和高效运营，其全流程管理要求为：①强化组织协调，通过建立完善的项目管理组织体系，明确各部门的职责和协作关系，确保各环节之间的顺畅衔接。②严格依法依规，遵守相关规定，确保项目的合规性。③注重风险管理，建立完善的风险管理机制，通过风险识别、评估、监控和应对等环节，有效降低项目风险。④加强信息化建设，利用现代信息技术手段，实现项目信息的快速传递和共享，提高协同办公效率。

2. 一般建设项目的全流程管理

一般建设项目全流程管理是指对建筑工程从策划、设计、施工到运营维护等各个环节进行系统性、科学性的管理，旨在实现项目的经济、社会和环境效益最大化[1]。

1）项目前期准备阶段

项目前期准备阶段需做好项目立项、选址与用地预审、环境影响评价等工作。项目立项需明确项目的建设目标、任务、规模、投资和效益等，通过相关部门的审批和立项，为项目的顺利实施奠定基础。选址与用地预审则需要根据项目性质和规模，确定合适的建设地点，并进行用地预审，确保符合国土空间规划和政策法规。环境影响评价是评估项目可能对环境造成的影响，提出预防和治理措施，确保项目符合环保要求。

2）项目设计阶段

项目设计阶段需做好设计招标与委托、设计方案编制与评审、设计文件审批等工作。设计招标与委托要通过公开招标或委托方式选择具有相应资质的设计单位进行设计，确保设计质量。设计方案编制与评审则需要根据前期准备工作成果，按照相关技术规范，组织开展工程设计，明确具体实施范围、内容、规模、措施、标准等，并编制投资概算，细化资金使用和绩效目标。

3）项目施工阶段

项目施工阶段是土地开发保护项目的核心环节，需做好施工准备、施工许可与开工报告、施工管理等工作。施工准备包括施工队伍的组建、施工设备的购置、施工材料的采购等。施工许可与开工报告则是办理相关手续，确保项目合法开工。施工管理是加强施工现场的安全管理、质量管理、进度管理和成本管理，确保项目顺

---

1. 丁士昭. 工程项目管理［M］. 北京：中国建筑工业出版社，2014.

利推进。

4）项目验收与移交阶段

项目验收与移交阶段是检验项目实施成果的重要环节，需做好工程验收、环境保护验收、档案整理与移交等工作。工程验收需按照相关标准和规范，对项目进行竣工验收，确保工程质量符合要求。环境保护验收是对项目环保设施进行验收，确保达到环保要求。档案整理与移交则是整理项目档案，包括设计文件、施工资料、验收报告等，并移交给相关部门，为项目的后期管理和维护提供依据。

5）后期管理与维护阶段

后期管理与维护阶段是确保国土空间开发保护项目长期效益的关键环节，需做好运营管理、维护保养、监测与评估等工作。运营管理需要制定项目运营管理制度，明确管理职责和流程，确保项目正常运行。维护保养则是定期对项目进行维护保养，延长使用寿命，提高使用效益。监测与评估是对项目运行情况进行监测和评估，及时发现问题并采取措施加以解决，确保项目的长期效益。

6.7.2 重大建设项目的全流程管理

1. 重大建设项目的概念和管理要求

1）重大建设项目的概念与分类

重大建设项目通常是指由政府审批或核准，对国民经济和社会发展有重大影响的基础设施、产业发展、社会民生等固定资产投资项目。

重大建设项目分为国家级重大建设项目和地方级重大建设项目。国家级重大建设项目多为中央政府投资、参与投资或国家批准地方政府投资计划，建设周期较长且影响广泛的项目，例如三峡工程、国家大剧院等工程；地方级重大建设项目虽投资额度、建设周期可能稍逊，但对地方经济发展作用显著，如铁路、公路等基础设施建设。

2）重大建设项目的管理要求

重大建设项目的全流程管理基本要求相较于一般建设项目更为严格和全面，涉及更多的管理领域和细节，包括以下内容：

强化顶层设计与战略规划。制定全面、系统的顶层设计和战略规划，结合国家和地方的宏观政策导向，明确项目的总体目标、发展路径和关键任务，确保项目按时按质完成[1]。

建立高效项目组织体系。明确各级管理机构的职责和权限，形成协同高效的工作机制。同时，加强团队建设，选拔具备丰富经验和专业技能的项目管理人员，确保项目团队具备强大的执行力和创新能力。

严格遵循法律法规与技术标准，确保项目的合规性。同时，加强对项目团队成员的法律法规教育和培训，强化其法律意识和规范意识。

建立全面的风险管理机制与应急预案，全面识别、评估、监控和应对项目风险。制定详细的应急预案，确保在面临突发事件时能够迅速、有效地应对，保障项目的顺利进行[2]。

加强信息化管理与数字化支撑。利用现代信息技术手段，建立先进的项目管理信息系统，实现项目信息的实时收集、传输、处理、集中管理和智能分析，提高项目管理的透明度和效率。同时，加强项目团队成员的信息技术培训，提高其信息化应用能力，推动项目管理向数字化、智能化方向发展。

全过程监测与评估。对重大建设项目进行持续的监测和评估，确保项目按计划进行，及时发现和解决问题。建立项目全流程绩效评估体系，对项目的进展、质量、成本等方面进行全面评估，为项目后续决策提供科学依据。

2. 重大建设项目的全流程管理内容

重大建设项目全流程管理是一个复杂而系统的过程，涉及从项目前期准备、设计、施工到运营维护等各个环节。

1）项目前期准备阶段

在制度设计上，我国已经将划拨用地类建设项目定位在公益事业和国家重点工程建设上，在划拨用地类重大建设项目中，需要注意在供地前解决征地补偿安置问题。同时，由于重大建设项目目标定位具有战略性且规模较大，前期准备阶段的审批环节需重点关注下列事项。

可行性研究报告审批/项目申请报告核准。它是其他所有专题内容的基础和前提，需要提前介入跟进，启动对项目建设方案影响较大的专题编制工作，从而确保时效性。如国家高速公路项目，需由交通运输部组织审查。

用地预审和报批环节。①线性工程项目用地审批流程长，限制因素较多，受

---

1. 武博祎，陈茜，芦翰晨，等.基于基础要素的重大科技工程项目全过程管理及绩效评价研究[J].军事运筹与系统工程，2018，32（3）：70-76.
2. 赵佳红，董小林，宋赪.重大建设项目风险管理机制体系构建及应用[J].武汉理工大学学报（信息与管理工程版），2017，39（6）：689-694.

选址选线条件约束，涉及永久基本农田、保护区审批（自然保护区、水源保护区、生态保护红线）、用地用海指标等，需办理相关穿越或调整保护区范围等审批事项。②根据《关于进一步做好用地用海要素保障的通知》（自然资发〔2023〕89号）最新规定，重大建设项目在一定期限内可以承诺方式落实耕地占补平衡。③用地无标准或超标准项目，需开展节地评价工作，目前可将节地评价内容纳入节约集约用地论证分析专章，需取得专家评审打分通过后，方可作为预审申报材料要件上报预审，节地评价报告不需要单独编制。④用地报批过程需逐级上报自然资源主管部门审查，可能出现用地位置、用地规模与用地预审时偏差过大的情况，若农转与预审时相比，用地面积超10%或者范围重合度低于80%，虽然不用重新预审，但需要对用地情况做充分的必要性说明。⑤对于涉城镇密集区的项目，应重点关注房屋征拆评估，评估情况对社会稳定风险评估及工程造价影响较大。

用海预审和用海审批。根据《国务院关于加强滨海湿地保护严格管控围填海的通知》（国发〔2018〕24号），除国家重大战略项目外，不得通过新增围填海的审批，项目如需涉及新增围填海的须提前介入谋划，争取国家发改委同意并纳入《国家发展改革委关于明确涉及围填海的国家重大项目范围的通知》（发改投资〔2020〕740号）规定的国家重大战略项目范围。

社会稳定风险评估。社会稳定风险评估可以有效规避、预防、控制重大事项实施过程中可能产生的社会稳定风险，确保重大事项顺利实施。由于征地过程会引起社会舆情，协调工作难度较大，开展社会稳定风险评估需针对相关征地的利益群体进行调查。

资金筹措方案审批。它是可行性研究报告审批的前置条件。方案需明确项目估算投资及分年度投资计划，根据年度投资计划明确财政资金来源，建议加大协调力度，尽早取得政府或财政部门意见，不得留有资金硬缺口，避免在后期出现资金缺口而停摆甚至烂尾。

洪水影响评价审批。洪水影响评价成果结论对路线方案的走向和工程规模造价都有较大的影响，建议尽早开展防洪专题，加大协调力度，提前取得水行政主管部门意见。

涉铁工程设计方案审批。涉铁工程项目审批环节流程多，且部分项目需委托铁路设计资质单位开展专项设计，由于需要上跨或者下穿方式穿越铁路或者其他方式交叉，设计方案须取得铁路主管部门同意，协调工作和难度较大，尤其是涉及高铁线路的审批，部分须提交国家铁路集团审批。

2）项目设计阶段

项目单位依据规划条件组织编制建设工程设计方案，提交自然资源主管部门审查。自然资源主管部门征求并综合协调有关行政主管部门对建设工程设计方案的意见，审定建设工程初步设计方案，对符合详细规划和规划条件的，自然资源主管部门颁发建设工程规划许可证，核定建筑总平面图。在设计阶段，重大建设项目的设计理念通常更加注重创新性和前瞻性，需要在满足基本功能需求的同时，注重项目的独特性和标志性，体现时代精神和文化内涵。同时，重大建设项目更加注重环境保护和生态平衡，需要充分考虑项目的环境影响。在技术创新方面，重大建设项目往往需要采用先进的技术和设备，以满足项目的复杂性和高要求。

3）项目施工阶段

在施工阶段，重大建设项目与一般建设项目的主要区别在于施工组织、质量控制两方面。在施工组织上，重大建设项目需要更加严密和高效的施工组织。由于项目规模庞大，施工过程中涉及多个专业、多个单位的协作，因此需要建立完善的施工组织体系，确保施工过程的顺利进行。对于质量控制，重大建设项目对施工质量的要求更高，在施工过程中需要加强对施工质量的监控和管理，确保施工质量符合设计要求。

4）竣工验收与项目后评价阶段

竣工验收由项目建设单位组织实施，项目勘察、设计、施工监理等单位联合检查，出具工程质量检查意见；建设、自然资源、消防、人防、档案等行政主管部门开展联合验收，核查项目建设是否按照许可内容实施并出具验收意见。在此基础上形成竣工验收报告，提交建设行政主管部门办理工程竣工验收备案。

6.7.3 设施农业项目的全流程管理

1. 设施农业项目概念及管理要求

1）设施农业项目概念

《自然资源部 农业农村部关于设施农业用地管理有关问题的通知》（自然资规〔2019〕4号）规定，设施农业项目是指以发展农业生产为目的，实施农业生产设施、附属设施及配套设施建设的项目。其中，设施种植业包括日光温室、连栋温室和植物工厂以及不改变耕地地类的拱棚、塑料大棚等；设施畜牧业包括集约化工厂化设施畜禽养殖场等；设施渔业包括标准化池塘、工厂化循环水和深远海养殖渔场、沿海渔港等，公共服务设施包括产前的集约化育苗、产后的冷藏保鲜、冷链物流和仓储烘干等。

2）设施农业项目的特点及管理要求

设施农业项目的特点主要包括：①资源节约化，环境友好型。设施农业领域广泛应用节水节肥节地节药技术，通过精准施肥、滴灌、无土栽培等技术措施，有效节省资源，降低环境污染。②生产集约化，技术密集型。设施农业采用立体栽培、无土栽培等形式，突破耕地资源的限制，提高生产集约化水平，采用自动控制、信息技术等技术手段提高效率，减少人力成本[1]。

设施农业项目的管理要求主要为以下内容：设施农业项目建设要求坚持规划引领、科学合理。依据设施农业建设规划以及其他相关规划，科学规划设计设施农业项目，因地制宜科学选址并确定设施农业项目的位置与各部分布局，规范取得设施农业用地，设计符合各地实际情况的实施方案。

2. 设施农业项目的全流程管理

设施农业项目全流程管理涉及建设项目前期准备、项目审批、组织实施、项目验收、管护利用、监督管理等流程。

1）制定设施农业建设方案

农业生产经营者向乡（镇）人民政府申领备案申报表，在乡（镇）人民政府的指导下填写申报表并拟定设施农业建设方案。设施农业建设方案内容包括：项目名称、建设地点、用地面积、拟建设设施农业类型、用途、数量、标准和用地规模、拟建设周期、拟经营年限等。不占用耕地的设施农业用地规模可适当增加（具体比例由各市县具体规定）。

2）确定用地条件

设施农业建设项目坚持规划先行，规划应突出资源集约节约、科技创新引领、生产绿色循环的原则，依据农业发展规划、花卉苗木产业发展规划、国土空间规划，结合各类保护区有关要求合理安排设施农业布局。设施农业经营者应与农村集体经济组织依法协商土地用途、使用年限、费用支付、复垦交还和违约责任等有关土地使用条件，上述用地条件构成双方后续签订用地协议的主体内容。

3）签订用地协议

农业生产经营者与乡（镇）人民政府和农村集体经济组织协商土地使用年限、

---

1. 张毅，杨金江. 现代设施农业的创新发展：理论逻辑、现实情境与改革路径［J］. 东岳论丛，2024，45（1）：68–77.

土地用途、土地交还和违约责任等有关土地使用条件，初步确定设施农业用地范围。协商一致的建设方案和土地使用条件由乡（镇）人民政府和农村集体经济组织通过公开形式向社会予以公告，公告时间不得少于10天。公告期结束无异议的，农村集体经济组织与农业生产经营者签订用地协议，并附具设施农业用地最终确定的范围坐标。设施农业用地使用年限不得超过该宗土地的土地承包经营权剩余期限。使用国有土地的，由国有土地使用权人和农业生产经营者签订用地协议。涉及土地承包经营权转让的，农业生产经营者应在征得承包方同意后，应依法先行与承包农户签订流转合同。

4）**办理用地备案**

用地协议签订后，农业生产经营者应当在3个工作日内到当地乡（镇）人民政府备案。设施农业用地严禁占用永久基本农田，涉及使用一般耕地（即永久基本农田以外的耕地）的应在年度内落实耕地"进出平衡"，涉及使用林地的需提供林业部门的意见，涉及生态保护红线的，要符合生态保护红线管控要求。核实通过的，乡镇人民政府予以备案，并汇交至自然资源主管部门及农业农村部门。县级自然资源主管部门根据乡镇人民政府汇交成果变更地类，相关用地按设施农业用地管理。

对于直接利用一般耕地耕作层或其他农用地表层土壤进行粮食、蔬菜等符合一般耕地利用优先序的农作物生产的普通塑料大棚、下挖覆土式大棚、普通日光温室，以及直接利用永久基本农田耕作层进行符合永久基本农田利用优先序的粮、棉、油、糖、菜生产的普通塑料大棚、下挖覆土式大棚、普通日光温室，均按耕地管理，视为普通农业种植行为，纳入耕地种植用途管理，不需要用地审批，不需要办理设施农业用地备案手续。

对生态造成影响的设施农业项目在建设前，项目建设单位应当根据《建设项目环境影响评价分类管理名录（2021年版）》规定，组织编制建设项目环境影响报告书（表）报有审批权的审批机关审批，或办理环境影响登记表网上备案。

5）**设施农业建设与使用**

设施农业经营者办理用地备案手续后，应严格按照建设方案施工建设，不得擅自改变设施农业用地的区位和规模，如需延期应按原审批渠道报批，如需调整建设项目实施方案，应进行论证并报主管单位审核通过。生产设施、附属设施和配套设施用地直接用于或者服务于农业生产，其性质属于农用地，按农用地管理，不需办理农用地转用审批手续。设施农业经营者应在政策规定和协议约定下使用农业设施，不得擅自将农业设施用于非农用途。乡镇人民政府应对设施农业项目进行跟踪管理,设施农业用地不再使用的,必须恢复原用途。

6.7.4 国土空间综合整治项目的全流程管理

1. 国土空间综合整治项目的概念及管理要求

1)国土空间综合整治项目概念

"国土整治"概念在20世纪80年代初在中国提出,经历了土地整理、土地开发整理、土地整治和国土空间综合整治的演进历程[1]。国土空间综合整治是指对某一空间范围内的国土进行开发、利用、整治优化、保护修复的全部活动,以实现高效利用国土空间,调整优化空间布局,提升生态环境质量安全[2]。国土空间综合整治以生态文明理念为指导,强调国土空间全要素、全过程,整体保护、系统修复、综合治理[3]。

国土空间综合整治项目是以国土空间综合整治为目标,即实现国土空间布局优化,土地利用效率提高,生态环境保护、改善与治理,协调落实国土空间用途管制等目标,所采取的包括土地整治、生态修复、基础设施建设等在内的一系列工程措施。

2)国土空间综合整治项目的管理要求

国土空间开发保护是国家发展和社会进步的重要基石,全流程管理作为一种系统性的管理方法,对于确保建设项目的顺利实施和高效运营具有重要意义[4]。

坚持依法依规。国土空间规划及其他相关规划是国土空间综合整治项目的基本依据,国土空间综合整治不应突破国土空间规划确定的农业空间、生态空间、城镇空间的限制,不得随意调整规划确定的区域和用途,维护"三区三线"划定成果的严肃性。

强调分级管理。国土空间从规划到审批落实需要上级政府审批,国土综合整治目标任务从宏观到具体需要多级政府管理,且整治项目涉及山水林田湖草沙多要

---

1. 杨钢桥,孙小宇. 基于供需和韧性视角的中国土地整治政策变迁、演变逻辑与政策导向[J]. 农村经济,2024(3):44-53.
2. 张凌,易海军,何光环. 国土空间规划背景下的全域国土空间综合整治探索—以宁波市镇海区为例[J]. 浙江国土资源,2024(1):27-29.
3. 白中科,周伟,王金满,等. 试论国土空间整体保护、系统修复与综合治理[J]. 中国土地科学,2019,33(2):1-11.
4. 纪经伟. 工程项目全过程管理体系建设[J]. 项目管理技术,2020,18(9):129-133.

素、生产生活生态多空间,因此需坚持分级管理,明确相关部门责任分工[1]。

鼓励公众监督。国土空间综合整治项目的全流程管理要求全过程的透明度和可追溯性,规划与实施方案长期公开,鼓励公众参与,确保项目的透明性和公正性,确保整治目标不走样、规划可实现、流程全透明、质量可监督、成效可评价。

2. 国土空间综合整治项目的全流程管理

国土空间综合整治项目的全流程管理是针对多层级、多尺度、多时相的多要素、多主体作用的国土空间复杂巨系统。基本包括项目前期准备、项目审批、项目实施、竣工验收、后期管护、监督管理等流程,贯穿项目实施的全过程。

1)编制规划方案

根据国土空间规划及其他相关规划,分析当地国土空间综合整治需求与重点,实地调研自然条件、社会经济状况、生态环境等情况,开展全要素评价,分析存在问题,评估整治潜力。依据潜力评估结果,综合上位规划、群众意愿、发展潜力等确定项目选址。衔接国土空间总体规划及专项规划中的发展定位、指标分配等,逐级落实明确国土空间综合整治项目的目标与任务,细化项目安排与空间安排。国土空间综合整治项目应以优化空间格局,提高土地利用效率,提高国土空间品质,改善生态与人居环境等为目标。

2)项目立项审批

县级政府依据县级国土空间规划、专项规划、年度计划及市级目标任务确定国土空间综合整治目标任务,并逐级上报审批。审批通过后编制国土空间综合整治项目实施方案,实施方案应遵循统筹协调、科学合理、经济可行等原则,包括各子项目的空间布局、建设内容、建设时序、实施主体、投资总额、资金来源、主管部门等内容。实施方案编制完成后逐级上报审查,审查批准的实施方案是后续国土空间综合整治实施、验收、监管、考核的依据。

3)建设施工管理

项目主管单位严格按照项目实施方案要求组织整治主体具体实施,各类子项目应按照实施方案和相关法律法规政策规定履行完整的审批、核准以及招投标等相关手续,相关部门根据职责做好实施监督和验收工作,妥善处理项目实施过程中遇到的问题。严格规范实施方案调整步骤,如因政策、资金和农民意愿等变化而造成

---

1. 师诺,赵华甫,任涛,等.高标准农田建设全过程监管机制的构建研究[J].中国农业大学学报,2022,27(2):173-185.

部分子项目难以按批准的实施方案完成的，应经过论证后调整实施方案，并报上级负责单位审核。强化过程监管，在实施管理阶段，需要建立项目管理团队，明确各成员的职责和权责，制定项目管理制度和工作流程，利用无人机、遥感影像等现代化手段等监测手段，加强施工动态监测与评价。公开国土空间综合整治项目相关信息，接受社会监督。相关部门应制定、实施内部控制制度，对国土空间综合整治项目管理风险进行防控，加强事前、事中、事后全过程监督管理，发现问题及时纠正[1]。

4）项目竣工验收

实施方案中各项工程的验收应严格遵照既定的验收程序和质量标准，按照子项目验收、年度验收、省级评定的流程进行。子项目验收按照"谁立项，谁验收"原则，依据相关验收办法评定工程质量，并出具证明。其中，新增耕地必须开展耕地质量等级评定，实测新增耕地面积和永久基本农田面积，并通过日常变更机制报自然资源部核查。年度验收由本级自然资源主管部门组织对上级单位下达的年度目标任务核查验收，并报上级单位核查。整体验收在子项目验收全部完成后进行。验收工作除审核申报材料是否符合相关要求外，还应组织外业核查，重点审查项目建设是否按照批准的规划方案实施，新增农用地及耕地是否属实。对验收中发现的问题，项目单位应按要求及时整改。验收通过后方可按规定开展项目入库工作，及时更新国土空间综合整治数据库，自然资源主管部门应及时进行地类变更。如核查未通过，应限期整改，整改到位后重新验收，确保整治活动达到预期目标和质量标准。

5）后期管护

为防止项目竣工验收后，相关设施因缺乏有效管护造成损坏，甚至出现耕地撂荒等情况，项目单位应落实工程管护措施，并可从项目费用中列支后期管护工作经费，保证项目长期发挥效益。国土空间综合整治项目涉及政府、社会组织或个人、村集体等多主体，通过多种方式明确管护资金、主体、责任，充分发挥新型农业经营主体、企业等社会力量的作用。具体管护可区分公益性和经营性工程，采取公开招标、企业建管一体、受益群体组建等形式统一管护，主管单位定期检查是否存在地类变更、质量下降等情况。

---

1. 曹春华，卢涛，李鹏，等. 国土空间规划监测评估预警：内涵、任务与技术框架［J］. 城市规划学刊，2022（6）：88-94.

6.7.5 生态保护修复项目的全流程管理

1. 生态保护修复相关概念及管理要求

1）生态保护修复相关概念

生态保护修复项目是指以修复、改善生态环境为目的，对遭到污染、破坏的土壤、水系、生物等自然生态系统进行恢复重建的项目。生态保护修复项目旨在恢复生态系统的结构和功能，提升生物多样性，提高环境质量，增强生态系统的服务功能，实现人与自然和谐共生。生态保护修复涵盖了多种类型的活动，包括矿山生态修复、湿地生态修复、河流生态修复、湖泊生态修复、森林生态修复、草原生态修复等[1]。

2）生态保护修复项目的管理要求

建立并落实实施管理制度。各地要加强项目实施过程的监督和指导，明确项目实施和管理责任主体，强化实施管理；结合本地实际，按有关规定建立并落实项目法人制、招标投标制、监理制、合同管理制、验收制等制度，确保项目实施规范有序；探索开展监测评价和适应性管理，研判项目实施中出现的生态问题及潜在生态风险，对可能导致偏离生态修复目标或造成新的生态问题的修复措施，及时予以纠正。

规范实施方案调整。对中央财政转移支付资金支持项目，确有必要调整实施方案的，按照资金管理办法等相关规定分类处置；拟对实施区域、实施内容、绩效目标等作出重大调整的，拟调整区域、实施内容等涉及的工程应立即停工，待实施方案及工程设计按照有关规定批准或备案后再行实施，不得边审批、边施工。对地方财政转移支付资金支持项目，各地应参照上述原则要求，对实施方案调整作出具体规定。

规范开展验收。各级自然资源主管部门应按照"谁立项、谁验收"原则，依据《国土空间生态保护修复工程验收规范》（TD/T 1069—2022）等标准，针对各类国土空间生态修复项目特点，分级分类规范开展项目验收。

做好后期管护。项目验收前，可提前确定后期管护责任单位并共同参与项目竣工验收。项目验收通过后，项目组织实施单位要按照工程管理职责和受益情况等，与管护责任单位签订管护协议，明确管护内容、管护措施、管护周期和资金来源等。

---

1. 王柯，张建军，邢哲，等.我国生态问题鉴定与国土空间生态保护修复方向［J］.生态学报，2022，42（18）：7685-7696.

严格遵守法律法规。要严格遵守耕地和永久基本农田保护、生态保护相关法律法规规定。

2. 生态保护修复项目的全流程管理

为保证生态保护修复项目合理顺利实施，应对项目进行全流程管理，具体涉及项目前期准备阶段、项目施工阶段、项目验收与移交阶段、监督管理、后期管理与维护阶段。

1）项目申报与立项

项目实施单位通过实地调研和现场勘察，收集区域土壤、水文、生物种群等基础生态数据，通过数据分析评估生态损害情况，进行区域生态问题识别，确定修复项目的类型、目标和措施，提出总体修复目标和具体绩效考核指标，充分论证项目实施的必要性、可行性，以及产生的生态效益、社会效益和经济效益，编制项目申报材料。随后，自然资源主管部门根据申报项目的数量，组织专家对项目进行排序，确定列入补助范围的项目，并会同财政部门下达补助资金，批准项目立项，同时鼓励社会资本投入生态修复项目。

2）项目实施

在项目立项后，实施单位按有关规定选取有资质的单位编制实施方案，自然资源主管部门组织专家审查，审核通过后进行备案。随后，实施单位根据相关规定选取招投标代理机构，通过公开招投标等方式确定有资质的施工单位和监理单位，组织项目实施。在实施过程中要做好项目监测与评估，开展适应性管理和单元监测评估，确保生态修复目标和绩效指标完成。

3）全流程监督管理

开展制度建设、工程建设、资金筹措与使用、目标完成情况等方面的跟踪检查，评估工程实施在自然资源保护利用、生态环境治理改善、生态系统服务功能提升等方面所取得的成效。通过建设山水林田湖草沙生态保护修复工程项目数据库与监测监管系统，综合运用遥感、大数据等技术手段进行单元监测评估，实现实时动态、可视化、可追踪的全流程监测监管。

4）项目验收

项目完工以及竣工材料、决算审计等编制完成后，自然资源主管部门组织专家验收。验收通过的项目，自然资源主管部门予以备案；未通过验收的项目，实施单位需进行整改后再申报验收。项目验收之前，项目承担单位应提前与项目所在地乡镇政府或农村集体经济组织或其他单位签订工程移交管护协议。

5）后期管理与维护

后期管理即在竣工验收后，项目承担单位及时向协议单位提供项目资产移交清单，进行资产移交，当地乡镇政府或集体经济组织或其他单位负责项目的后期管理和维护，确保生态修复成果的持续性。

6.7.6　矿产开发项目的全流程管理

1. 矿产开发项目相关概念及管理要求

1）矿产开发项目的概念

矿产开发项目是指把地表或地下的矿产资源，通过开采、加工等工序获得一定形式矿产品的项目。矿产资源的开采主要分为露天开采和地下开采两种方式。露天开采是对地表及浅层的土地进行利用，其特点为占地面积大、分布广，采矿、用地周期相对较短。地下开采是对地表土地及其地下空间进行利用，其特点为一般单宗面积小，总体布局分散，地表的利用位置由地下矿产资源蕴藏条件决定，且不可替代，土地利用期限长[1]。

2）矿产开发项目的管理要求

合理规划。科学规划矿产资源的开发顺序和开采方式，合理布局矿区的基础设施。健全完善实施机制，按照"谁牵头编制，谁组织实施"的原则，建立规划实施目标责任制，明确责任分工和考核指标，纳入年度考核内容。

高效开采。采用先进的开采技术和设备，提高资源的开采效率和利用率。提高管理水平，制定矿山开采项目管理制度，规范矿山开采项目的管理工作，提高管理水平，确保项目的稳定进行。

保护环境。执行严格的环境保护措施，减少开采活动对环境的影响。矿山企业需要按照国家土地管理法规，进行土地使用规划，并制定复垦方案，采矿结束后，必须按照复垦方案进行土地复垦。

明确社会责任。确保项目执行过程中，充分考虑社会稳定和地方经济发展，做到资源共享。合法合规经营，遵守当地法律法规，确保项目的合法性和合规性。关注社会福利，为当地居民提供就业机会，改善基础设施，支持教育和医疗等公共事业。

安全生产。严格遵守安全生产法规，保障员工安全和健康。同时在项目

---

1. 官炎俊，王娟，周伟，等.露天矿区土地复垦适应性管理：内涵解析与框架构建［J］.中国土地科学，2023，37（2）：102-112.

管理过程中应遵循合法性原则、可持续发展原则、安全优先原则、经济效益原则等。

2. 矿产开发项目的全流程管理

矿产开发项目的全流程管理是指对矿产资源从勘探、开采、加工到复垦的全周期进行科学、系统地管理，以确保资源的合理开发和环境的可持续发展[1]。

1）采矿权出让

在有偿出让采矿权前，依据不同的管理权限由自然资源主管部门组织完成矿产资源采矿权出让前期准备，具体包括编制矿区地质勘查报告、开发利用方案、地质环境保护与土地复垦方案，进行出让收益评估等。拟出让的采矿权应符合国土空间规划、生态环境保护、矿产资源规划等要求。

自然资源主管部门依据法律法规规定，遵循依法行政、信息公开、竞争公平、程序公正的原则，采取招标、拍卖、挂牌等方式，向符合要求的申请人授予采矿权，主动接受社会监督。在出让合同中明确开采矿种、范围、开采期限，以及矿产资源综合利用、矿山地质环境保护与恢复治理、土地复垦、出让收益缴纳计划、法定义务等相关事宜。

2）采矿权审批登记

《矿产资源开采登记管理办法》中明确项目单位（采矿权人）签订出让合同后，向自然资源主管部门申请审批登记，办理采矿许可证，登记信息在自然资源主管部门门户网站公示。取得采矿许可证后，项目单位须具备其他相关法定条件后方可实施开采作业。

3）矿山生产

项目单位（采矿权人）在完成矿山基础建设后，在具备其他相关法定条件下，进入矿产资源开采和加工生产阶段。该阶段实施开采信息公示制度，按年度对项目单位履行法定义务和出让合同信息的情况进行公示，通过信息公开、社会监督、随机抽查、重点检查等措施，规范项目单位。

4）矿山关闭注销登记

项目单位（采矿权人）停办、关闭矿山的，应当向原发证机关申请办理采矿许可证注销登记手续。

---

1. 文超祥，何流. 国土空间规划教材系列国土空间规划实施管理［M］. 南京：东南大学出版社，2022.

5）生态修复责任

关闭退出矿山的生态修复责任主体情况应向社会公告。矿业权注销后，明确生态修复责任仍由原企业履行的，地方人民政府应限定责任主体在一段期限内完成修复任务。对于明确由地方人民政府负责修复的，应纳入当地相关规划统筹解决。

6.7.7 海域使用项目的全流程管理

1. 海域使用项目的概念与管理要求

1）海域使用项目的概念

海域使用项目是指通过办理海域使用审批手续，对海洋生物资源、海底矿产资源、海水资源、海洋能与海洋空间资源等多种资源进行开发利用的项目。海域使用项目主要包括围填海、海洋捕捞、海水养殖、海洋运输、海盐及盐化工、海洋油气开采、滨海旅游、滨海砂矿开采以及海水综合利用等开发利用项目[1]。

2）海域使用项目的管理要求

近年来，各级部门对海域使用项目的监管工作也日趋重视，《自然资源部办公厅关于进一步规范项目用海监管工作的函》（自然资办函〔2022〕640号）对用海监管提出工作要求，主要包括：①在用海过程中，海域使用项目不能改变用海面积及用海方式；②用海主体应按照用海批复或海域使用论证报告明确的施工方式开展施工活动；③填海项目在纳入土地管理之前、换发国有土地使用权不动产登记证之时，其他项目在海域使用权终止之前，不能改变批准用途的建设行为或管理行为；④在用海过程中，不应对海洋环境造成破坏；⑤根据批复文件，项目用海存在年限，到期后应进行续期登记或销项。

2. 海域使用项目的全流程管理

1）海域使用的申请

单位和个人可以向县级以上人民政府海洋行政主管部门申请使用海域，取得用海预审意见。用海申请人取得用海预审意见，应当提交下列材料：①项目用海预审申请报告（包括项目基本情况，项目拟用海选址、范围、面积等用海情况，占用海岸线情况，项目用海平面布置情况等）；②海域使用论证报告；③申请人的资信证

---

1. 文超祥，何流.国土空间规划实施管理［M］.南京：东南大学出版社，2022.

明材料（企业营业执照或者个人身份证明等）。

2）海域使用的审批

县级以上人民政府海洋行政主管部门依据海洋功能区划，对海域使用申请进行审核，并依照《海域使用管理法》和省、自治区、直辖市人民政府的规定，报有批准权的人民政府批准。

海洋行政主管部门审核海域使用申请，应当征求同级有关部门的意见，在收到材料后，对需补正材料的，一次告知用海申请人补正要求，对材料齐全的，出具收件凭证，并组织开展海域使用论证报告评审、预审意见征求、现场踏勘、权属核查等工作，主要对下列事项进行审查：①建设项目用海是否符合海洋空间规划；②申请海域是否已设置海域使用权；③申请海域的界址面积是否清楚；④海岸线利用是否符合相关规定；⑤是否存在化整为零、拆分申请、分散审批的情形。

海洋行政主管部门经审查后应当在收件之日起15个工作日内出具用海预审意见。用海预审意见自用海申请人收到之日起两年内有效。有效期内，建设项目拟用海面积、位置、用途发生改变的，用海申请人应当按照本办法规定重新办理用海预审手续。

下列项目用海，应当报国务院审批：①填海五十公顷以上的项目用海；②围海一百公顷以上的项目用海；③不改变海域自然属性的用海七百公顷以上的项目用海；④国家重大建设项目用海；⑤国务院规定的其他项目用海。

除此以外的项目用海的审批权限，由国务院授权省、自治区、直辖市人民政府规定。

3）海域使用许可申请

用海申请人在项目获得审批、核准或备案后，应当向海洋行政主管部门提出办理海域使用申请。

用海申请人向海洋行政主管部门提出海域使用申请，应提交以下申请材料：①海域使用申请书；②海域使用论证报告；③建设项目审批、核准、备案文件；④保护区内建设项目提交保护区管理部门的许可文件。

海洋行政主管部门收到申请材料后，材料齐全、符合法定形式的，或者用海申请人按照要求提交全部补正申请材料的，予以受理，向用海申请人发出受理通知书；不予受理的，发出不予受理决定书。

4）海域使用许可审查

海洋行政主管部门应当组织开展用海审批意见征求、论证报告公示和海域使用论证报告评审等工作。已取得用海预审意见的建设项目在海域使用许可审查时不再组织开展海域使用论证报告评审，如有必要可再次进行现场踏勘和权属核查。

海洋行政主管部门应当自受理海域使用申请后10个工作日内提出审核意见，并报市或者区政府审批。经审批同意的，海洋行政主管部门应当向用海申请人送达海域使用权批准文件；经审批不同意的，海洋行政主管部门应当向用海申请人书面说明理由。

5）批复立项并发放海域使用权证书

海域使用申请经依法批准后，下达海域使用权批准通知。用海单位需在限定时间内向税务部门上缴海域使用金，国务院批准用海的，由国务院海洋行政主管部门登记造册，向海域使用申请人颁发海域使用权证书并向社会公告；地方人民政府批准用海的，由地方人民政府登记造册，向海域使用申请人颁发海域使用权证书并向社会公告。海域使用申请人自领取海域使用权证书之日起，取得海域使用权。海域使用权人依法使用海域并获得收益的权利受法律保护，任何单位和个人不得侵犯。

海域使用权也可以通过招标或者拍卖的方式取得。招标或者拍卖方案由海洋行政主管部门制订，报有审批权的人民政府批准后组织实施。海洋行政主管部门制订招标或者拍卖方案，应当征求同级有关部门的意见。招标或者拍卖工作完成后，依法向中标人或者买受人颁发海域使用权证书。中标人或者买受人自领取海域使用权证书之日起，取得海域使用权。

6）项目施工与验收

用海单位在获得海域使用权证书后，依法办理其他涉海施工手续后组织项目施工。在项目施工建设过程中，应严格按照批准的规划方案实施，不得进行擅自调整海域使用功能，以免给海域自然资源和生态环境造成负面影响。

用海项目竣工后，由自然资源主管部门开展竣工验收工作，通过后出具竣工验收文件，表明用海项目的顺利完成。经验收合格形成用海指标的项目，自然资源主管部门应及时对用海项目进行统一配号、登记，并在网上发布海域使用公告。

7）海域使用动态监视监测

在海域使用权人对海域进行开发利用期间，自然资源主管部门应充分利用国家监管中心提供的卫星遥感、航空遥感影像资料，结合海域使用权属数据，对项目所在海域进行功能监测和风险监管，通过遥感监测发现海域使用变化区块，提取海域使用疑点疑区信息，在报同级海域管理部门批准后进行现场核查，及时采取环境保护措施，降低项目开发利用对自然资源和生态环境破坏的风险。

8)后期变更及管护

海域使用权人在使用海域期间,未经依法批准,不得从事海洋基础测绘。海域使用权人发现所使用海域的自然资源和自然条件发生重大变化时,应当及时报告海洋行政主管部门。海域使用权可以依法继承。海域使用权可以依法转让。因企业合并、分立或者与他人合资、合作经营,变更海域使用权人的,需经原批准用海的人民政府批准。海域使用权人不得擅自改变经批准的海域用途;确需改变的,应当在符合海洋功能区划的前提下,报原批准用海的人民政府批准。

海域使用权期满,未申请续期或者申请续期未获批准的,海域使用权终止。海域使用权终止后,原海域使用权人应当拆除可能造成海洋环境污染或者影响其他用海项目的用海设施和构筑物。因公共利益或者国家安全的需要,原批准用海的人民政府可以依法收回海域使用权,应依法对海域使用权人给予相应的补偿。

填海项目竣工后形成的土地,属于国家所有。填海项目的海域使用权人应当自填海项目竣工之日起三个月内,凭海域使用权证书,向县级以上人民政府土地行政主管部门提出土地登记申请,由县级以上人民政府登记造册,换发国有土地使用权证书,确认土地使用权。

关键术语

建设项目、农用地转用、耕地占补平衡、退耕还林还草、建设用地预审、土地征收、建设用地审查报批、存量建设用地更新、国土空间开发保护的全流程管理

思考题

1. 简述农用地转用应符合的条件。
2. 简述建设用地预审的内容。
3. 简述土地征收安置途径和方式。
4. 建设用地审查报批的类型有哪些?
5. 简述存量建设用地更新方式。

第 7 章

国土空间规划实施的自然资源资产市场治理

■ 导语

自然资源资产作为国家发展的重要支撑，在经济发展、科技进步和社会稳定等方面发挥着至关重要的作用。在我国要素市场化配置改革和自然资源资产有偿使用制度改革不断深化的背景下，市场这只"看不见的手"对自然资源的有效配置起着基础性作用，建立统一规范的自然资源资产市场已成为提升自然资源治理能力的必然要求[1]。通过本章学习，掌握自然资源资产、自然资源资产供应的概念与特征，以及我国自然资源资产市场的产生与发展历程，熟悉我国自然资源资产市场体系及治理的主要内容与方式，了解国有土地市场、集体所有土地市场、专项资源市场（海域、矿产、森林、草原等）体系的概念内涵与治理体系。在此基础上，加深对国土空间规划实施与治理视角下自然资源资产市场治理体系的认识，更好地把握自然资源资产市场的未来发展态势。

7.1 自然资源资产市场治理概述

市场治理是一个囊括市场供给侧、需求侧全流程治理，采用行政、法律等综合手段并且符合多元主体治理理念的综合概念。本节聚焦自然资源资产市场整体架构中关键环节的概念、我国自然资源资产市场的发展历程及市场治理的原则和政策。通过对自然资源资产市场的概念进行初步刻画，进一步熟悉相关概念的

---

1. 冯聪，董为红，刘炎，等.我国自然资源市场建设政策导向与建设路径[J].中国国土资源经济，2023，36（2）：12-17.

内涵及外延，了解我国自然资源资产市场的独特机制与理念的历史动因和政策体现。

7.1.1 自然资源资产供应的基本概念

自然资源资产是指具有稀缺性与明晰产权特征，能够带给所有者包括经济效益以及生态效益在内的多种福利的排他性物质资产。相比于传统的自然资源概念，自然资源资产更加强调"所有权""预期收益"等交换价值，是偏向于财会核算领域、具有鲜明管理导向的概念。

自然资源资产供应指在一定的经济社会条件下，为了满足人类生产、生活等方面的需要，将具有经济价值、生态价值和社会价值的自然资源资产有计划、有组织地供给与分配。这类自然资源资产主要包括土地、矿产、森林、草原以及水资源等。通过市场机制或者其他手段来交易与分配这类自然资源资产，可以达到资源高效利用与优化配置的目的。自然资源资产供应有如下特点：

计划性与组织性。自然资源的供应并不是无序或随机的，而是按照国家和社会的整体发展目标和规划，有组织、有计划地进行的。包括供应计划的编制，供应规模的确定和供应方式的选择。

满足人的需要。提供自然资源资产的基本目的在于满足人们生产、生活等方面的需要。这些要求涉及经济发展、社会进步和生态环境保护等诸多方面。

具有经济价值。自然资源资产供应的供给对象是有经济价值、经过交易与分配能够使价值货币化的自然资源。自然资源资产的供给过程，同时也是资源优化配置的过程。通过市场机制或者其他手段，把资源分配到最需要的地方与环节中去，以达到资源高效利用与效益最大化的目的。

可持续性。自然资源资产供应过程中需充分考虑资源的可再生性及生态环境保护问题，以保证资源永续利用及生态系统的健康与稳定。

自然资源资产组合供应是一种创新的资源供应方式。自然资源资产组合供应的核心为，在特定国土空间范围内，当同一使用权人需要整体使用多门类自然资源资产时，可通过统一的交易平台，将各类自然资源资产的使用条件、开发要求、标的价值、溢价比例等一并纳入供应方案，统一向社会公告、签订配置合同并按职责进行监管。自然资源资产组合供应主要着眼于降低交易成本，从优化供应的前、中、后全流程角度提高自然资源资产供应效率。组合供应更有利于实现自然资源资产综合利用价值的最大化。与单一资源供应相比，自然资源组合供应，具有空间集中连片、用途功能复合等优势，更有利于发挥资产的综合利用价值，实现资产价值最大化，从而更好地保障所有者权益，促进区域经济高质量发展和生态文明建设[1]。

7.1.2 自然资源资产市场的基本概念

现实世界的市场无人不知，买卖双方在市场上为特定的商品或服务进行交易，供求双方各取所需，构成人类社会生活的重要内容。市场（market）被定义为买者和卖者在竞争机制上相互作用并共同决定商品或劳务的价格和交易数量的机制，以及场域的集合。自然资源作为重要的生产要素，在市场经济体系下，其稀缺性决定了自然资源必然存在如何通过市场机制进行资源配置的问题。同时，随着人口增加和社会经济发展，部分自然资源供求矛盾日趋突出，更需要采用市场机制实现其有效配置与合理利用。

自然资源资产本身的特殊性，决定了自然资源资产市场必然区别于一般商品市场。广义上的自然资源资产市场涵盖了自然资源资产、资源环境以及生态产品等全要素，包括自然资源资产市场及其衍生的各种要素市场，是各资源要素交易的场所、领域以及交换关系的总和。狭义上的自然资源资产市场是指在自然资源管理体制改革过程中明确规定的各种资源要素市场，这些市场是根据统一、开放、有序流动的目标，在深化改革的过程中形成的市场集合[2]。自然资源资产市场的发展程度可以作为衡量一个地区社会经济发展水平高低的重要标准之一。总体而言，自然资源资产市场是指在市场经济环境中，拥有明确产权、有条件进行资源开发和价值货币化的自然资源资产的交易场所，包含上述所有具备经济、生态和社会价值的自然资源资产，例如土地、矿产、森林和水资源等。

自然资源资产市场是自然资源资产转化的结果，是自然资源通过市场机制实现其价值货币化的关键路径。自然资源资产市场由自然属性和资产属性两个部分组成，二者相互联系又相互作用，共同构成一个完整的自然资源资产市场体系。自然资源资产市场由自然资源产权交易市场、自然资源资产交易平台和自然资源资产交易服务平台构成。在自然资源资产的交易市场上，这些资产被明确地授予了所有权和使用权，并通过市场机制进行交易和分配，以实现资源的高效使用和最优配置。

---

1. 郑宇，黄鹏，张伟，等. 强化组合供应提高自然资源资产配置效率[J]. 资源导刊，2024（3）：22-23.
2. 董为红，冯聪，张晓颜，等. 我国自然资源市场体系建设评价与展望[J]. 中国国土资源经济，2022，35（6）：75-80.

7.1.3 自然资源资产市场的发展历程与治理依据

1. 自然资源资产市场的发展历程

我国自然资源资产市场是一个逐步建设的过程，经历了由自然资源资产市场缺失到资产市场建设探索再到资产市场深化改革的发展历程。本部分分四个时间段来阐述。

1）第一阶段（1949—1977年）：自然资源公有制确立阶段

新中国成立前后，我国在解放区开展了轰轰烈烈的土地改革运动，废除了封建土地地主所有制。1950年通过的《中华人民共和国土地改革法》中规定，实行土地农民所有制，将土地分配给农民，实现"耕者有其田"的承诺。这一时期除了土地资源明确规定为农民私有制外，其他资源的产权关系未加以明确规范，总体上属于自然资源管理制度的空缺阶段。

1954年《中华人民共和国宪法》（简称《五四宪法》）制定后，我国自然资源公有制度逐步确定下来，《五四宪法》第六条明确规定了包括矿藏、水资源在内的各类自然资源的全民所有制，同时强调自然资源的利用须服务于国家的社会主义建设，具有鲜明的计划经济特征。这一阶段的自然资源配置主要依赖于行政划拨，具有无偿性、无期限、无流动的特性。在自然资源单一公有制阶段，我国自然资源的资产属性尚未形成。1954年—1977年，这一阶段中自然资源的公有属性并未有较大变动，单一的公有制体制下难以形成自然资源资产市场。

2）第二阶段（1978—1987年）：自然资源资产产权改革阶段

1978年党的十一届三中全会开启了中国改革开放的新局面，我国社会主义市场经济体制逐步确立。在建立市场经济的探索当中，我国自然资源资产市场随之建立起来。首先，我国对自然资源产权制度改革进行了有益的探索，1982年在深圳、广州、厦门、上海等地开展城市土地使用费征收试点是我国探索自然资源所有权、使用权分离的初步尝试；1982年制定的《宪法》中明确了我国自然资源的国家、集体二元所有体制；而在1987年正式实行的《中华人民共和国民法通则》（以下简称《民法通则》）中，所有权、使用权分离的自然资源产权制度得到法律确认，但同时《民法通则》又严格限制自然资源使用权以买卖、出租及抵押等交易形式转让。例如，《民法通则》第八十条规定，法律首先明确了集体土地承包经营权等使用权的存在，但也要求土地不得买卖、出租、抵押或者以其他形式非法转让，这一时期的改革体现了我国在自然资源产权制度方面的创新，而产权制度的改革是自然资源资产性质显化以及自然资源资产市场体制形成的基础。

这一阶段我国也积极探索了部分自然资源资产的单行法建设,推动了我国自然资源资产市场的初步建成。1984年制定的《森林法》是我国第一部自然资源单行法,该法明确规定了森林资源的所有权与使用权的分离制度,强调森林资源的合理利用;1985年实行的《草原法》对草原承包权以及草原所有权、使用权的分离制度作出了法律界定,并以法律的形式规范了我国草场资源的开发利用;而1986年实行的《矿产资源法》将矿产资源所有权和使用权进行分离,确立矿业权制度并明确了资源有偿使用的权利基础和相关法律要求。多种自然资源单行法对自然资源使用的规范结束了我国自然资源资产无偿使用的状态,完善了专项自然资源开采利用的产权基础,并在法律层面确立了自然资源的可持续利用原则,为后续自然资源资产市场建立提供了有益的探索。

3) 第三阶段(1988—2011年):自然资源资产市场成型阶段

1988年4月公布实行的《中华人民共和国宪法修正案》规定,土地使用权可以依照法律的规定转让。这为国有土地进入市场扫除了法律障碍,土地资源要素市场逐步成为社会主义市场经济体制中重要的要素市场。同年实行的《土地管理法》进一步提及,"国有土地和集体所有的土地的使用权可以依法转让""国家依法实行国有土地有偿使用制度",以法律条文的形式正式确立了我国的土地有偿使用制度。在这一阶段当中,自然资源的资产属性进一步放大,以土地资源市场为核心的自然资源资产市场逐渐成型。

1992年,党的十四大提出建立社会主义市场经济体制的改革目标,在市场化改革目标的引导下,自然资源资产市场步入快速发展阶段。1998年修订的《森林法》对使用权可转让的林木类型作出了具体规定;2002年的《草原法》修正案对草原的承包经营权流转的法律要求和合同签订的具体细则作出了要求;2001年通过的《海域使用管理法》对海域使用权的取得、流转作出了具体的法律规定。以上多种专项自然资源资产产权流转法律体系的构建是专项自然资源资产市场形成的基础,在这些法律提供的法理支撑上,我国初步形成了分散管理的自然资源资产市场。而2007年《中华人民共和国物权法》(以下简称《物权法》)的颁布对于自然资源资产市场的深化改革具有重要意义,《物权法》对国家所有权、集体所有权和个人所有权作了创造性规定,确立了以所有权为核心,用益物权和担保物权为两翼的自然资源产权体系,这是我国自然资源资产产权制度体系正式建立的重要标志,也是自然资源资产市场体制的一次完善。然而,此阶段中不同自然资源资产市场发育程度差异较大,不同类型的自然资源市场分散治理,缺乏统一的交易平台与交易规范,且普遍存在机制不健全、资源配置效率不高等问题,市场体系仍不完善。

4）第四阶段（2012年至今）：自然资源资产市场深化改革阶段

党的十八大后，中央相继在市场准入、推动公平竞争、价格形成机制、交易平台建设等方面作出了一系列改革部署，如2013年《中共中央关于全面深化改革若干重大问题的决定》提出了全面深化改革，从广度和深度上推进市场化改革，着力解决市场体系不完善、政府干预过多和监管不到位等问题，进一步加快了自然资源资产市场化改革进程；2016年发布的《国务院关于全民所有自然资源资产有偿使用制度改革的指导意见》（国发〔2016〕82号）明确要求建立或者完善国有土地资源、水资源、矿产资源、国有森林资源、国有草原资源以及海域海岛的有偿使用制度，通过协调各个机构、划分不同职能，进一步扩大自然资源使用权的权能，突出自然资源的资产属性，统筹自然资源资产市场的发展，利用扩权赋能以及治理体制完善带来的资产增值，激发自然资源资产市场主体的产权交易意愿以及自然资源资产市场活力，进一步深化自然资源资产市场的改革；2019年颁布的《关于统筹推进自然资源资产产权制度改革的指导意见》提出健全自然资源资产产权体系、统筹推进自然资源资产交易平台和服务体系建设及生态空间修复等具有新时期特色的改革要求。该阶段我国土地、矿产、海洋、林草等自然资源有偿使用制度改革不断深化，要素配置质量和效率明显提升[1]。同时，随着信息化技术的快速发展，自然资源资产市场也逐步实现了数字化、智能化管理，市场的透明度和效率显著提高，自然资源资产市场治理体制朝着现代化的方向深入发展。2024年召开的党的二十届三中全会当中审议通过了《中共中央关于进一步全面深化改革推进中国式现代化的决定》（简称《决定》），《决定》强调要"深化自然资源有偿使用制度改革。推进生态综合补偿，健全横向生态保护补偿机制，统筹推进生态环境损害赔偿"，进一步提高自然资源资产市场和生态文明建设的融合程度，基于生态文明理念推进新时代自然资源市场化配置改革。

2. 自然资源资产市场治理的主要原则及政策

1）自然资源资产市场治理的主要原则

依法治理。治理过程中应当遵守国家和地方政府制定的相关法律法规。这些法律法规明确了自然资源资产的所有权、使用权、交易规则、监管职责等，为市场治理提供了法律保障，是自然资源资产市场治理的首要依据。

可持续发展原则。确保资源的可持续利用和生态环境的稳定，这要求在制定市

---

1. 冯聪，董为红，刘炎，等.我国自然资源市场建设政策导向与建设路径［J］.中国国土资源经济，2023，36（2）：12-17.

场规则和政策时,充分考虑资源的环境承载力和生态系统的健康。

公共利益原则。其利用和管理应当符合公共利益,因此,市场治理需要确保资源的公平分配和合理利用,防止资源因分配不公或过度利用导致社会整体利益受损。

2)自然资源资产市场治理的主要政策

自然资源资产市场治理的主要政策可大致分为自然资源资产管理政策、生态保护政策、市场监管政策三类。

(1)自然资源资产管理政策

自然资源资产管理政策旨在规范自然资源的开发利用行为,加强资源的监管和治理,确保资源的可持续利用。《矿产资源法》规定了矿产资源的国家所有制的法律内涵,明确了矿产资源的勘查、开采的法律要求及探矿权和采矿权有偿使用等基本制度,并从法律层面限制了矿产资源的使用权转让条件,保障矿企合法权益,基于法律的权威性强化矿产资源资产市场的法治化程度。《土地管理法》规定了土地管理的基本制度,包括土地所有权制度、我国耕地保护的基本国策、土地用途管制范围和各类用地的管理细则等。通过实行土地有偿使用制度及土地利用规划,促进了土地资源的合理利用和流转,是土地资源市场的治理依据。《水法》规定了水资源管理的基本制度,构建了水资源的产权体系,包括水资源所有权、使用权、取水权等。通过实行水资源有偿使用制度和水权交易制度,推动了水市场的形成和发展。同时,该法还强调了水资源的节约和保护,为水资源的可持续利用提供了法律保障。当前,我国已经形成了以1982年《中华人民共和国宪法》及《中华人民共和国民法典》为基础,以各种自然资源单行法为主体的自然资源资产管理法律体制,这为我国开展自然资源资产市场治理提供了重要的法律依据[1]。

(2)生态保护政策

生态保护政策旨在防止自然资源的过度开发,保护生态环境,维护生态系统的稳定,包括"三区三线"划定及生态补偿政策、海洋环境保护政策、绿色矿山建设政策、林草保护政策等。例如2024年6月1日开始施行的《生态保护补偿条例》规定了针对各类自然资源保护的财政补偿政策,调动各方参与到生态文明建设当中来;《生态环境损害赔偿管理规定》(环法规〔2022〕31号)规范了我国生态环境损害赔偿的范围、工作程序、保障机制等内容,完善了我国生态环境损害赔偿体制机制,推动了生态环境质量的持续提高,有利于引导自然资源的合理利用。同时,国家还针对具有重要生态价值、重要自然资源富集的区域设定了相应的生态环境保护

---

1. 黄锡生,高颖文.自然资源资产产权制度建构的逻辑主线研究[J].法学论坛,2024,39(4):115-125.

法律，例如《中华人民共和国青藏高原生态环境保护法》，有力保护了国家生态文明高地，利于自然资源的可持续利用。

（3）市场监管政策

市场监管政策通过规范市场交易行为、加强信息披露、打击违法违规行为，维护市场秩序，保障市场的公平、公正与透明。如《自然资源统一确权登记办法（试行）》（国土资发〔2016〕192号），通过建立自然资源统一确权登记制度，明确自然资源的产权归属和权利边界。通过确权登记，清晰地界定资源的产权关系，为市场交易提供权属基础。同时，该办法还强调了自然资源的保护和合理利用，为自然资源资产市场的健康发展提供了制度保障。《关于统筹推进自然资源资产产权制度改革的指导意见》（以下简称《指导意见》）则提出了统筹推进自然资源资产产权制度改革的总体要求、主要任务和保障措施[1]，并强调了自然资源资产监管体系的改革事宜。该《指导意见》提出，应当在多部门之间形成监管合力，实现对自然资源资产开发利用和保护的全程动态有效监管，并通过自然资源资产离任审计制度及自然资源资产数据库的建立，加大新时期的自然资源市场监管力度，维护市场秩序。同时，《指导意见》还强调了生态优先、绿色发展的原则，为自然资源资产市场的可持续发展提供了指导。

7.2 我国自然资源资产市场体系

本节将视角从自然资源资产市场的外部机制及整体构造转换至自然资源资产市场内在机理。通过细致地介绍自然资源资产市场的结构，剖析自然资源资产市场的运行机制，深化对自然资源资产市场的整体认知，系统性构建我国自然资源资产市场的知识体系。

7.2.1 我国自然资源资产市场结构

随着我国经济社会的快速发展，自然资源资产市场的地位和作用日益凸显。一个清晰、合理的市场结构是自然资源资产市场高效、公平运行的基础。自然资源资

---

1. 谭荣.自然资源资产产权制度改革和体系建设思考[J].中国土地科学，2021，35（1）：1-9.

产市场结构是指自然资源资产市场中各类资源的交易形式、主体和机制等方面的组织和布局。随着我国市场经济的深入发展和自然资源管理体制改革的推进，自然资源资产市场结构也在不断优化和完善（图7-1）。

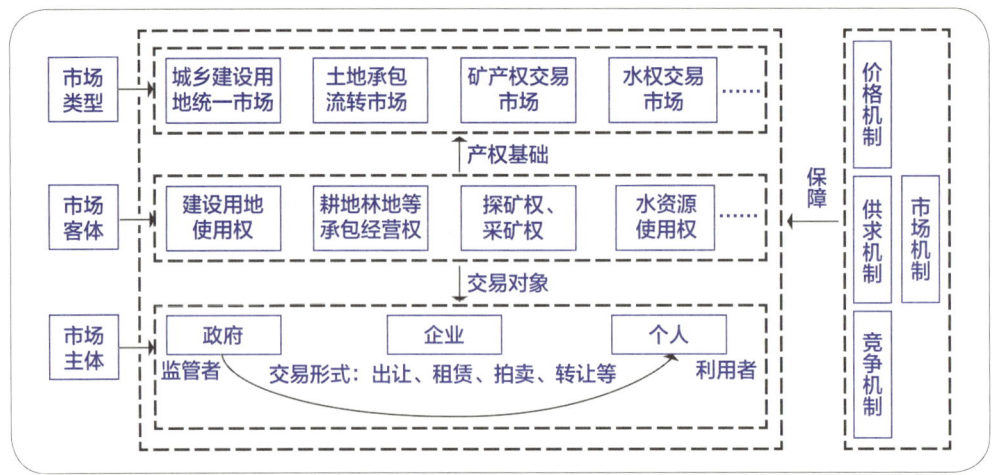

图7-1　我国自然资源资产市场结构示意

1. 自然资源资产市场主体

在自然资源资产市场中，市场主体包括政府、农村集体经济组织、企业、个人等。政府代理履行部分全民所有自然资源资产所有者职责，开展自然资源资产的清查统计、资产核算、规范保护利用工作，同时也行使监管者职责，通过制定法律法规、政策规划等手段，对市场进行宏观调控和指导，以出让、租赁、拍卖等方式将自然资源资产的使用权转让给企业和个人。农村集体经济组织作为农村集体所有土地或林草资源所有权的行使者，将其拥有的集体自然资源资产使用权或经营权依法全部或部分转移给其他公民、法人及非法人组织。企业则是自然资源的主要开发利用者，根据企业自身经营需要，通过购买、租赁等方式获取自然资源资产的使用权或经营权[1]。个人在自然资源资产市场中的参与度相对较低，但也在一定程度上影响着市场的运行，主要通过购买土地使用权、参与碳排放权交易等方式获得自然资源资产的使用权，满足自身的生活需求。

2. 自然资源资产市场客体

自然资源资产市场中的市场客体是指进行交易的具有稀缺性和权属属性的物质

---

1. 景晓栋，田贵良，程飞. "人与自然和谐共生"愿景下生态产品价值实现机制与路径研究[J]. 中国环境管理，2023，15（4）：82-90.

性资产对象，包括城乡建设用地统一市场（包括国有建设用地市场、集体经营性建设用地市场）中的建设用地使用权，土地承包经营权流转交易市场（包括耕地、林地和草原承包流转市场）中的承包经营权，矿业权交易市场中的矿业权（探矿权、采矿权）等[1]。

3. 自然资源资产交易方式

自然资源资产市场的交易方式多种多样，包括出让、租赁、作价出资或入股、转让等。出让是指政府将自然资源资产的使用权通过招标、拍卖等方式转让给企业或个人[2]。租赁则是政府或企业将自然资源资产的使用权出租给承租方使用，收取租金作为回报。作价出资或入股是政府以一定年限的自然资源资产使用权作价作为出资投入改组后的新设企业，该自然资源资产使用权由新设企业持有。转让则是指企业或个人之间通过协商、合同等方式将自然资源资产的使用权进行转让。

4. 自然资源资产市场机制

自然资源资产市场运行机制主要有以下三个方面：市场定价机制、市场准入机制和收益分配机制。这些机制共同确保自然资源的经济效益、社会效益及生态效益得到充分实现，同时保障分配的公平公正。

市场定价机制。自然资源资产的定价机制不同于普通商品，通常需要考虑资源的稀缺性、环境影响、社会价值等多重因素。因此，为了体现资源的经济价值和环境成本，自然资源的使用通常需要支付一定费用。这种有偿使用定价机制有助于提高资源利用的效率，减少浪费。此外，市场定价机制应能反映市场供需关系的变化，并随着资源的稀缺程度和环境保护要求进行调整，以确保资源的合理使用。

市场准入机制。自然资源资产市场的准入机制旨在规范市场参与者的行为，确保资源的可持续利用。主要包括以下机制：①对于进入自然资源资产市场的企业和个人，通常会进行严格的资格审查，确保其具备相应的管理能力和技术水平；②在资源开发利用之前进行详细的环境影响评估，确保开发活动不会对环境造成不可逆的破坏；③建立公开、透明的准入流程，防止因信息不对称导致的资源垄断和利益输送。

---

1. 董为红，冯聪，张晓颜，等.我国自然资源市场体系建设评价与展望[J].中国国土资源经济，2022，35（6）：75-80.
2. 李政，余颖，周宏文，等.全民所有自然资源资产化管理的基本逻辑与路径优化[J].中国国土资源经济.

收益分配机制。收益分配机制是自然资源资产市场的重要组成部分，旨在实现资源收益的公平公正分配。主要包括以下机制：①产权明晰机制。构建和评价各类经营性自然资源资产的产权内容，确保产权关系清晰，权责明确，为收益分配提供基础[1]。②合理分配收益机制。在自然资源开发利用过程中，确保各利益相关方的收益合理分配，避免资源集中在少数人手中。特别是要保障资源所在地社区和居民的利益，促进当地经济发展。③收益再投资机制。部分收益应当用于资源的保护和再生，以及环境治理和恢复，从而实现资源的可持续利用。

7.2.2 我国自然资源资产市场的特点

我国自然资源资产市场具有政府主导与市场机制相结合、产权明晰化、交易对象的稀缺性和生态价值、涉及社会公平和公共利益，以及强调可持续发展等特点。这些特点共同构成了我国自然资源资产市场的独特优势，使得自然资源资产市场能够更好地发挥市场在资源配置中的决定性作用，推动资源的优化配置和合理利用，实现经济社会的可持续发展。

1. 政府主导与市场机制相结合

在我国，自然资源资产市场受到政府的监督和管理，政府在资源配置中发挥着主导作用。同时，市场机制在资源配置中也发挥着重要作用。政府通过制定相关法律法规和政策，规范市场行为，引导资源的合理配置。市场则将自然资源资本化，促进自然资源资产价值的实现。例如，《土地管理法》既将土地的利用置于国家编制的国土空间规划的引领之下，又规范了土地使用权的出让、转让和流转等市场化交易过程，利用市场化机制促进土地资产的保值增值。这种政府主导与市场机制相结合的模式，既确保了资源的合理利用和保护，又提高了资源的配置效率。

2. 交易客体的产权明晰化

自然资源资产具有明确的产权归属，这为资源的交易和配置提供了基础。我国通过制定和完善法律法规，保障自然资源产权的明确性和稳定性，如《土地管理法》《海域使用管理法》《海岛保护法》《矿产资源法》《森林法》《草原法》等，分别明确了土地资源、海域海岛资源、矿产资源、森林资源、草原资源的产权界定及

---

1. 谭荣. 自然资源资产产权制度改革和体系建设思考 [J]. 中国土地科学, 2021, 35 (1): 1-9.

使用规定，确保产权人在法律框架内行使权利。政府通过确权登记、颁发证书等方式，明确了自然资源资产的所有权和使用权，为资源的流转和利用提供了法律保障。产权明晰化有助于减少市场交易的摩擦和纠纷，促进资源的公平交易和高效利用。

3. 交易对象具有稀缺性和生态价值

自然资源具有有限性和稀缺性特征，如土地、水、矿产等资源在一定区域内的总量相对于人的需求来说是不足的，二者之间存在矛盾。这种稀缺性决定了自然资源的特殊地位。同时大部分自然资源具有重要的生态价值，以森林资源为例，位置相对固定的森林资源对于其周遭的国土空间具有调节气候、涵养水土及维持生物多样性等一系列重要生态作用。我国自然资源资产市场在资源开发利用中高度重视节约和高效利用，通过政府的严格调控和法律保障实现资源保护，强调市场在实现经济效益的同时，必须兼顾生态效益，推动可持续发展。

4. 兼顾社会公平和公共利益

与普通市场交易不同，我国自然资源资产市场的交易涉及更广泛的社会公平和公共利益。例如，森林资源的开发不仅影响当地生态环境，还关系到全球气候变化；土地资源的分配和利用直接影响社会经济发展和人民生活水平。政府在资源分配中需考虑公共利益，确保资源利用的公平和合理。因此，我国政府在制定和执行自然资源资产市场治理政策时，需要兼顾考虑生态和社会效益，确保资源利用既满足当前需求，又不损害未来世代的利益，同时确保不同市场主体之间利益分配的合理，从而支撑共同富裕和城乡融合等国家战略的实现。

5. 强调可持续发展

自然资源资产市场对生态环境的影响显著。例如，森林资源的过度砍伐会导致生态失衡，水资源的过度利用会影响水生态系统。我国自然资源资产市场在政策导向上强调可持续发展，政府通过制定相关法律法规和政策，推动资源的节约利用和循环利用，促进生态环境的保护和修复。同时，政府还鼓励企业采用清洁生产技术和绿色生产方式，减少资源消耗和环境污染，推动经济社会的可持续发展。

7.2.3 我国自然资源资产市场治理机制

自然资源资产市场治理机制是维持自然资源资产市场体系稳定运行的重要保障。从发展过程看，自然资源资产市场必然会经历从各类单一自然资源资产市场向广义自然资源资产市场发展的过程，各类自然资源资产市场逐步发展融合，形成一个统一的自然资源资产市场体系。在这个过程中，各类自然资源资产市场按照高标准体系建设要求，深化自然资源有偿使用，持续提交各类自然资源市场化程度和市场化水平，最终形成统一开放、竞争有序的自然资源资产市场体系[1]。自然资源资产治理机制是一个多层次、多部门协同参与的复杂系统，通过计划调控、价格调控和收益分配等方式，促进各类自然资源的合理开发、高效利用、严格保护和可持续管理，同时为自然资源资产市场体系稳定运行提供重要保障。我国自然资源资产治理机制主要内容包括以下六个方面。

1. 自然资源利用计划调控机制

自然资源利用计划调控机制是指通过制定和实施资源利用计划，对自然资源的开发、利用和保护进行系统性调控。主要包括以下几个方面。

总量控制与结构优化。国家和地方政府根据资源禀赋和经济社会发展需求，制定资源利用总量控制目标和优化结构方案。例如，土地利用计划通过控制新增建设用地规模，优化土地利用结构，保障耕地数量和质量。

资源利用规划编制。编制资源利用规划是实现资源科学配置的重要手段。各省级政府根据《省级国土空间规划编制技术规程》（GB/T 43214—2023），制定土地、矿产等资源的利用规划，明确各类资源的开发利用方向和保护要求。

计划实施与监测。通过年度资源利用计划的分解落实和动态监测，确保资源利用与保护目标的实现。利用 RS、GIS 等技术手段，对资源利用情况进行实时监测和评价。

2. 自然资源资产价格调控机制

自然资源资产价格调控机制是指通过市场和政府的价格调控手段，合理确定和调整自然资源资产的市场价格，以反映资源的稀缺性和综合效益。根据价格调控主体的不同，我国自然资源的定价机制主要分为市场定价和政府指导价与基准价两种。

---

1. 马世发，周星汝，胡蝶，等. 自然资产规划：概念辨析、科学逻辑与基本框架[J]. 规划师，2023，39（3）：125-130.

市场定价： 是指通过市场供需关系形成资源价格，往往出现在市场化程度较高的资源领域。市场定价机制中政府发挥规范与监督的作用，确保价格反映真实的市场供需情况。

政府指导价与基准价： 调控往往出现在市场机制不能有效发挥作用的资源领域，政府通过成本或供需情况制定指导价或基准价，调控资源价格水平。

3. 自然资源资产收益分配机制

自然资源资产收益分配机制是指通过制度设计和政策安排，合理分配自然资源开发利用所产生的经济收益，兼顾公平和效率，包括国家收益分配和地方收益分配。国家收益分配是指国家通过税收、资源使用费等方式获取资源开发利用收益，用于国家公共支出和资源保护。例如，矿产资源开发企业需缴纳资源税，其税收用于资源勘查和环境恢复。地方收益分配则是地方政府根据资源禀赋和开发利用情况，获取资源收益并用于地方公共服务和生态保护。例如，土地出让金作为地方财政收入的重要来源，用于城市基础设施建设、乡村振兴和生态环境保护。

4. 自然资源资产市场法律机制

我国自然资源资产市场法律机制是确保自然资源资产市场健康、有序和可持续发展的重要保障。自 2016 年国务院发布《国务院关于全民所有自然资源资产有偿使用制度改革的指导意见》（国发〔2016〕82 号）以来，我国逐渐建立和完善了国有土地、水、矿产、森林、草原和海域海岛等资源的有偿使用制度的法律规范。党的十八届三中全会以后，中央进一步推动集体所有自然资源资产的有偿使用制度改革，改革过程中的阶段性成果已被纳入《中共中央 国务院关于建立健全城乡融合发展体制机制和政策体系的意见》及新修订的《土地管理法》当中，与此同时，《森林法》《草原法》和《矿产资源法》等专项自然资源法律规范也相继完善，我国自然资源资产市场治理在法律的规范下有效开展。

5. 自然资源资产市场创新管理机制

我国自然资源资产市场创新管理机制在实际运作中，通过技术、管理模式、制度等方面的创新，有效提升了自然资源的利用效率和可持续性。在技术方面，我国通过 RS、GIS、大数据及人工智能等手段，监测、整合和分析多种空间数据，实现对自然资源供需的海量数据分析，辅助空间规划和管理决策制定，优化土地资源配置；在管理模式方面，我国将政府与社会资本合作（PPP）、社会化管理和市场化运作管理模式结合，促进资源的高效配置；制度方面，生态补偿制度、绿色金融制度和自然资源资产产权制度改革共同发挥作用，推动生态保护和经济发展的协调统一。

6. 自然资源资产市场其他机制

1）自然资源资产信息公开机制

信息公开机制是确保自然资源资产市场透明度和参与者知情权的重要手段。我国通过信息平台建设、信息发布制度建立和公众参与提高市场的公开度与透明度。

2）自然资源资产分级管理机制

分级管理机制是根据自然资源的不同类型和特点，实行分级分类管理，以实现资源的科学合理配置和高效利用。包括资源分类管理、资源级别划分和管理权限划分。

3）自然资源资产监管机制

我国自然资源资产治理建立了严格的监管机制。自然资源部门会同相关部门对自然资源开发利用活动进行监督检查，对违法违规行为进行查处，形成全社会共同参与、共同治理的良好氛围。

以上措施在促进自然资源的保护和合理使用、维护所有者权益方面已经展现出积极效果。然而，当前我国自然资源资产市场治理机制仍面临定价、准入和分配机制尚有缺陷，经营性资产市场化配置受限等现实问题[1]。首先，一些自然资源的有偿使用定价机制尚未到位，自然资源的价格未能充分实现产权主体的利益及自然资源本身的综合效益，使得国家或集体的所有者权益未能得到有效实现、自然资源保护开发的动力不足。例如，有关森林资源的定价未能充分体现森林的生态价值，在交易过程当中森林提供的生态产品价值难以量化，使得森林资源的最终市场价格无法体现资源本身的综合效益[2]。其次，市场交易机制不完善，这限制了资源转让权的实现和资源的优化配置。例如，国有建设用地的二级市场和集体建设用地市场的市场准入仍存在限制[3]；再比如，矿业权转让的信息公开、中介服务、市场监测监管和调控等机制还不够完善[4]。再次，目前的增值收益分配机制仍存在不合理之处，导致利益主体间分配不公平。例如，农民集体在土地征收或矿业权经营中的收益分配比例

---

1. 谭荣. 自然资源资产产权制度改革和体系建设思考［J］. 中国土地科学，2021，35（1）：1-9.
2. 李力行，黄佩媛，马光荣. 土地资源错配与中国工业企业生产率差异［J］. 管理世界，2016（8）：86-96.
3. ZHANG X L, LIN Y L, WU Y Z, et al. Industrial land price between China's Pearl River Delta and Southeast Asian Regions: competition or coopetition？［J］. Land Use Policy，2017，61：575-586.
4. 曾凌云，史登峰，张博. 整装勘查区探矿权投放形势分析［J］. 中国矿业，2015，24（8）：33-36.

依然很低，而城镇存量建设用地的二次开发交易成本偏高，收益分配不均衡[1]。最后，因法律或政策限制而不能平等参与市场竞争的权益主体的保护机制匮乏，致使其用益物权等无法得到有效保障和实现。例如，受到自然保护区政策影响的原住民、农民集体或其他经济组织在所有权或使用权方面存在限制[2]；或者由于自然条件、社会地位等因素，导致某些权利主体在市场竞争中处于劣势，如偏远地区的农民集体无法充分享受市场化的红利[3]。

如何完善经营性自然资源资产在市场定价、准入、分配及主体的平等参与这四个方面的机制，是我国自然资源资产市场体系构建面临的难题。当前改革的主要目标是确保经营性自然资源资产的综合效益得到充分体现，并保证其得到公平和公正的分配。为此，构建各种经营性自然资源资产的产权体系、有偿使用的定价机制、交易的市场准入机制和收益分配机制等制度体系就尤为重要。同时，还需要关注地方政府在当前的行政、财政和人事体制下的行为激励结构，以及它们对经济权益和市场机制的影响，构建"市场化"配置与监管机制。

7.3 国有土地市场体系

土地资源作为我国自然资源资产在产权体系构建、市场化流转机制探索方面走在前列，并且在国民经济中享有独特地位。因此，对土地资源市场体系进行系统性介绍有助于触类旁通地理解其他专项自然资源资产体系。我国的土地资源资产市场从所有权上可以划分为国有土地市场及集体所有土地市场。我国《宪法》第十条规定，城市的土地属于国家所有，农村和城市郊区的土地，除由法律规定的属于国家所有的以外，属于集体所有；宅基地和自留地、自留山，也属于集体所有。基于此，本小节以介绍土地储备制度为基础，通过梳理国有土地市场内涵及体系并对国有土地市场运行模式进行剖析，进而更好地了解掌握国有土地使用权的市场化流转方式。

---

1. TIAN L，YAO Z H. From state-dominant to bottom-up redevelopment：can institutional change facilitate urban and rural redevelopment in China［J］. Cities，2018，76：72-83.
2. 叶剑平，丰雷，蒋妍，等. 2016 年中国农村土地使用权调查研究：17 省份调查结果及政策建议［J］. 管理世界，2018，34（3）：98-108.
3. TAN R，WANG R Y，HEERINK N. Liberalizing rural-to-urban construction land transfers in China：distribution effects［J］. China Economic Review，2018.

7.3.1 土地储备制度

1. 土地储备的概念

我国的土地储备制度是一项重要的土地管理制度,是国家为了调控土地市场、促进土地资源的合理利用和城市的可持续发展,依法取得土地,进行前期开发、储存以备供应土地的行为。这是一个综合性的法律制度,它涵盖了土地取得、基础设施建设、供地等一系列过程。土地储备制度的核心是土地,其实质是政府为了公共利益和长远发展而采取的一种土地资源管理和利用的手段。

2. 土地储备的环节

我国的土地储备制度包括土地取得、前期开发、土地储备与土地供应4个环节(图7-2)。

土地取得:土地储备的首要步骤。政府通过征用、收购、回收、置换等方式,从分散的土地使用者手中把土地集中起来。这些方式都遵循严格的法律程序,确保土地取得的合法性和公正性[1]。

前期开发:指在取得土地后,政府或土地收储中心等机构会对土地进行前期开发,包括房屋拆迁、土地平整等一系列工作。这些前期开发工作为土地的后续利用和供应奠定了基础。

土地储备:指经过前期开发的土地会被储备起来,以备后续供应。储备的土地会根据社会经济发展需要和国土空间规划进行有计划地管理和调控。

土地供应:指当需要供应土地时,政府会根据市场需求和规划,将储备的土地有计划地投入市场。这个环节可以通过招标、拍卖、挂牌等方式进行,确保土地的公平、公正和高效利用。

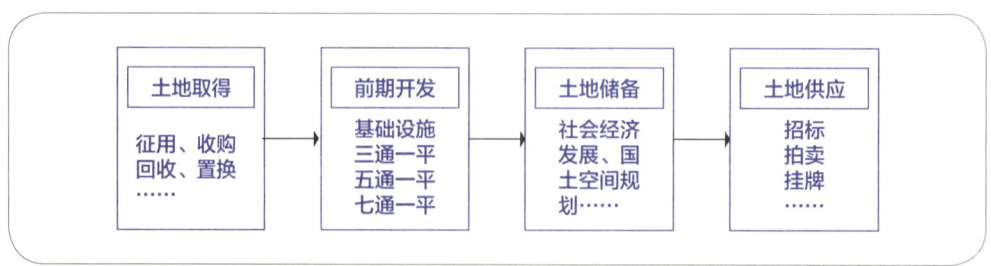

图7-2 土地储备制度运行模式

---

1. 毛中根,林哲.土地储备制度与房地产开发:兼论地价与房价的关系[J].上海经济研究,2005(8):58-63.

3. 土地储备的特征

我国的土地储备制度具有政府主导、规划导向、社会化储备与市场化交易、储备方式多元化等特征。

政府主导。国家统一管理。我国土地储备制度实行政府主导、国家统一管理的原则。政府在土地储备工作中起着核心作用，依法行使相关土地使用审批、拍卖、征收和规划等权利。

规划导向。我国土地储备制度强调规划导向，储备的土地必须符合城市发展和土地利用规划的要求。政府根据规划需要，确定土地储备的规模、区域和用途，以合理布局城市发展。

社会化储备与市场化交易。当前土地储备模式趋于社会化发展，逐步改变传统的"政府主导型"储备模式，强调政府、企业、产权人、社会各界的共同协作，各地土地储备机构在储备土地时既考虑当地国土空间规划的用地要求与发展引领，又需结合市场主体的需求，通过土地出让、出租等方式，将储备的土地提供给市场主体，实现土地的有效利用和市场调节。这种社会化储备与市场化交易的方式有助于提高土地资源的利用效率和市场竞争力。

多元化的储备方式。主要包括政府自持储备、企事业单位储备、集体经济组织储备和其他社会力量储备等。政府根据土地需求和市场情况，选择不同的储备方式，以满足不同地区的土地需求。

此外，我国还建立了公平合理的土地储备制度成本补偿机制。土地储备制度成本补偿机制是指在土地储备过程中，政府或土地储备机构为了取得土地，对被收购土地的单位和个人进行的经济补偿，包括土地取得成本补偿、拆迁安置成本补偿、基础设施建设成本补偿等，确保被收购方在土地被收储后能够得到合理的经济补偿，从而保障其合法权益。

4. 土地储备的作用

我国的土地储备制度在促进城市发展和土地管理中发挥了重要作用，具体如下。

保障城市建设用地需求。通过土地储备，政府可以掌握一定数量的土地资源，根据城市规划和市场需求进行有序供应，从而保障城市建设的用地需求。

规范土地市场运行。土地储备制度有助于规范土地市场运行，防止土地市场出现过度波动和投机行为。政府可以通过土地储备机构对土地市场进行调控和监管，维护土地市场的稳定和健康发展。

促进土地节约集约利用。土地储备制度可以促进土地的节约集约利用。政府可以通过对储备土地进行整理和基础设施建设，提高土地的使用效率和价值。同时，政府还可以通过对储备土地的供应进行规划和管理，引导土地使用者合理利用土地资源。

加强土地宏观调控。政府可以通过对储备土地的供应进行调控，影响土地出让的供求关系和价格水平，从而实现对经济的宏观调控，满足市场主体用地需求的同时，守住我国耕地红线，保护永久基本农田，落实城镇开发边界，保障各类用地有序开发和充分保护。

7.3.2 国有土地市场类型

1. 国有土地市场概念

国有土地市场是指国家对国有土地进行出让、转让、租赁等交易活动的场所和机制的集合。它涵盖了土地所有权、使用权、租赁权、抵押权等权益的交易，是土地资源优化配置和合理利用的重要途径[1]。在我国，国有土地市场主要分为国有土地一级市场、国有土地二级市场、土地金融市场和土地中介服务市场四种类型。

2. 国有土地一级市场

国有土地一级市场，即国有土地使用权出让市场，是我国国有土地市场的重要组成部分，也是土地市场运作的起点。在国有土地使用权出让市场中，国家作为土地所有者，将经由土地收购储备制度收储的国有土地出让给土地使用者。国有土地使用权在一定年限内出让给土地使用者，并由土地使用者向国家支付土地使用权出让金。国有土地使用权出让主体为国家，代表国家行使土地所有权的各级政府及其土地管理部门；而出让的客体则是国有土地使用权，即国家所有的土地在一定年限内的使用权。该市场的主要特点是政府主导，确保了土地资源的公平、公正和高效配置。同时，土地使用权出让后，土地使用者需支付土地出让金，为政府提供了重要的财政收入来源[2]。

---

1. 刘吉军，许实，马贤磊，等. 土地非农化过程中的博弈关系[J]. 中国土地科学，2010，24（6）：56-61.
2. 王晨跃，田莉，周建波，等. "权力—权利"结构视角下中国地权的历史谱系演进与现代启示[J]. 中国土地科学，2024，38（2）：31-40.

3. 国有土地二级市场

国有土地二级市场，即国有土地使用权转让市场，是在土地使用权出让后再转让的交易过程中形成的市场。这一市场类型主要反映了土地使用者之间的交易活动。在土地使用权转让市场中，已取得国有土地使用权的土地使用者，将土地使用权再转移给其他单位或个人[1]。原土地使用者为国有土地使用权出让方，新的土地使用者为受让方，转让双方需依法办理土地使用权变更登记手续。这一交易行为通常发生在土地使用者因为各种原因需要放弃土地使用权，或者因为经济利益而选择将土地使用权转让给更有需要或更有经济实力的单位或个人时。这一过程中，土地价格的形成受到多种因素的影响，包括土地位置、用途、使用年限、市场需求等，是国家调控下的以市场调节为主的土地市场。

4. 土地金融市场

土地金融市场是将国有土地视作一种资产并利用国有土地资产作为信用担保进行资金融通的交易场所和机制的集合。在这一市场中，土地使用权所有人通过抵押等形式从金融机构获得资金。土地金融市场的特点在于其与金融资本的紧密结合。金融机构通过将土地引入金融市场，推动了土地资源的优化配置、高效利用、风险分散及土地使用权人权益的充分实现。

土地金融市场的出现，极大地促进了土地资源的资本化运作。土地使用者可以通过抵押土地使用权获得贷款，扩大经营规模或进行投资。同时，金融机构也可以通过土地抵押等方式，降低贷款风险，提高资金的使用效率。

5. 土地中介服务市场

土地中介服务市场是面向土地使用权的中间流通环节，为土地交易提供磋商、信息服务、评估、登记和仲裁等服务的市场类型。这一市场的特点在于其专业性和服务性。中介机构通过提供专业的土地服务，为土地市场的健康发展提供了重要支撑。同时，土地中介服务市场的发展也促进了土地市场的规范化和专业化程度提高。

在土地中介服务市场中，中介机构扮演着重要的角色。它们通过收集、整理和分析土地信息，为土地买卖双方提供准确的市场信息和交易建议。同时，中介机构还可以为土地买卖双方提供法律咨询、评估报告等服务，降低交易成本和风险。

---

1. 吴宇哲，任宇航，许智钗.国土空间规划体系下土地要素市场配置：理论、机制与模式[J].中国土地科学，2023，37（3）：28-37.

这些不同类型的国有土地市场共同构成了我国以国有土地一级市场、二级市场为核心的土地市场体系，为土地资源的优化配置和高效利用提供了重要支持。同时，政府也通过制定相关法律法规和政策措施，对国有土地市场进行监管和调控，确保市场的稳定和健康发展。

7.3.3 国有土地使用权出让

1. 国有土地使用权出让的概念

国有土地使用权出让是指国家以土地所有者的身份将土地使用权在一定年限内让与土地使用者，并由土地使用者向国家支付土地使用权出让金的行为。主要由各地的自然资源主管部门通过协议、招标及拍卖等方式将国有土地使用权让与土地使用者。

2. 国有土地使用权出让交易方式

国有土地使用权出让主要采用的交易方式有协议出让、招标出让、拍卖出让和挂牌出让。

协议出让指国家与土地受让申请人以协议方式协商用地价款及条件，将土地使用权让与土地使用者，适用于公益事业用地、国家重点扶持的能源、交通、水利等基础设施用地等。

招标出让指国家通过发布招标公告，邀请特定或不特定的自然人、法人及其他组织参与国有土地使用权投标，将土地使用权出让给最符合招标条件的土地使用者，适用于具有特定社会、公益建设条件或其他综合目标的土地。

拍卖出让指国家通过拍卖的方式，将土地使用权出让给出价最高且符合其他条件的土地使用者，适用于区位条件好的商业、房地产及旅游业等地块，具有公开、公平、公正的特点，有助于实现土地资源的优化配置。

挂牌出让指国家通过在特定交易场所挂牌公布国有土地使用权出让的交易条件，接受竞买人的报价并更新挂牌，在挂牌期限截止时根据竞价结果将土地使用权出让给符合条件的土地使用者，适用于市场竞争较为充分的土地。

3. 国有土地使用权出让最高年限与程序

国有土地使用权出让的年限根据土地用途的不同而有所差异。一般来说，居住用地的最高年限为七十年，工业用地的最高年限为五十年，教育、科技、文化、卫生、体育用地的最高年限为五十年，商业、旅游、娱乐用地的最高年限为四十年，综合或者其他用地的最高年限为五十年。

国有土地使用权出让的程序一般包括以下步骤：首先，由市、县人民政府国土资源行政主管部门编制国有土地使用权出让计划，报经同级人民政府批准后组织实施；其次，通过招标、拍卖、挂牌或协议等方式确定土地使用权受让人；然后，土地使用权受让人与出让人签订国有土地使用权出让合同，并支付土地使用权出让金；最后，土地使用权受让人按照合同约定进行土地开发建设和使用。

4. 国有土地使用权出让特征与意义

国有土地使用权出让具有有偿性、期限性、竞争性等特征，下面将展开介绍。

有偿性。国有土地使用权出让的核心特征。土地使用者需要向国家支付土地使用权出让金，这是国家土地所有权在经济上的体现。

期限性。土地使用者只能在规定的年限内使用土地，期限届满后需要按照法律规定进行续期或归还土地。

竞争性。国有土地使用权通常通过招标、拍卖等市场竞争方式进行，这种方式能够充分体现土地资源的价值，利用市场机制促进土地资源的优化配置。

国有土地使用权出让是我国土地有偿使用制度的核心内容。一方面，国有土地使用权出让是国有土地资产化的重要途径。国有土地使用权出让将土地作为资产进行经营和管理，通过出让土地使用权，实现了国有土地资产的保值增值，为国家积累了大量的财富，为国家的经济建设和社会发展提供了有力的资金保障。另一方面，国有土地使用权出让是土地资源市场化配置的重要手段，通过市场竞争机制，公平、公正地确定土地使用权的受让人和出让价格，实现了土地资源的优化配置，促进了土地市场的形成和发展，推动了土地市场的规范化、法治化进程，提高了土地市场的透明度和公平性，为土地市场的健康发展奠定了基础。

7.3.4 国有土地使用权转让

1. 国有土地使用权转让的概念

国有土地使用权转让是指国有土地使用者将土地使用权再转移的行为。具体指土地使用权经国有土地一级市场有偿出让后，土地使用权人通过一系列投资与开发，将土地使用权部分或者全部通过出售、交换和赠与等方式转移给受让人，并获得一定转让费的土地使用者之间横向的经营性行为。

2. 国有土地使用权转让交易方式

国有土地使用权转让包括出售、交换和赠与等多种方式。

出售： 指土地使用权的出售方将土地使用权转移给购买方，购买方为此支付土地使用权价款的行为。

交换： 指当事人双方约定互相转移土地使用权，或一方转移土地使用权，另一方转移金钱以外的物的行为。

赠与： 指赠与人（原土地使用权受让人或者再受让人）自愿将自己的土地使用权无偿转移给受赠人，受赠人表示接受的法律行为。赠与的基本特征是无偿。

3. 国有土地使用权转让交易特点

国有土地使用权转让的特点在于其灵活性和多样性。土地使用者可以根据自身的需求和利益，选择适合的交易方式和价格进行土地使用权的转让。同时，土地价格的波动也反映了市场供求关系的变化，为政府调控土地市场提供了重要参考。

国有土地使用权转让也具有权益保障、市场调节等基本特征。权益保障指转让双方通过合同等法律规定的形式明确各自权益，保障双方的合法权益。市场调节指土地使用权转让价格由市场供求关系决定，体现了土地资源的价值。国有土地使用权转让通过市场竞争机制，使土地资源向更高效、更合理的使用方式流动，有助于打破土地资源的行政垄断和地区封锁，实现土地资源的优化配置和高效利用。

7.3.5 国有土地使用权的其他市场化流转方式

我国除出让、转让外，还存在多种国有土地使用权的市场化流转方式，如出租、抵押、作价出资（入股）等。这些流转类型在土地市场中发挥着不同的作用，共同构成了我国多元化的国有土地市场体系。

1. 国有土地使用权出租

国有土地使用权出租，是指土地使用者将土地使用权单独或随同地上建筑物、其他附着物租赁给他人使用，由他人向其支付租金的行为，是土地使用者将其土地使用权通过租赁方式有偿让渡给他人使用的行为[1]。

---

1. 李倩. 土地资源配置让市场"唱主角"：《关于完善建设用地使用权转让、出租、抵押二级市场的指导意见》要点解读［J］. 资源导刊, 2019（8）: 18-19.

国有土地使用权出租中，原拥有国有土地使用权的土地使用者为出租方，租赁土地使用权并支付租金的单位或个人则为承租方，出租和承租双方需签订租赁合同，明确双方权利和义务。适用于土地使用者希望在不失去土地使用权的前提下，通过出租获取一定经济收益的情况。

国有土地使用权出租具有灵活性高、风险共担等特点。灵活性高指土地使用权出租期限相对较短，便于承租方根据实际需求进行调整。风险共担意味着出租方和承租方共同承担市场风险，实现风险共担、利益共享。通过国有土地使用权出租的方式，土地使用者可以根据市场需求和自身经营需要，选择合适的土地进行使用，从而实现土地资源的最大化利用。同时，土地使用权出租也可为弱势群体提供更多的就业机会和收入来源，从而有助于缓解社会矛盾和促进社会和谐。

2. 国有土地使用权抵押

国有土地使用权抵押，是指土地使用者将其取得的土地使用权作为抵押物，向银行等金融机构申请贷款或其他融资形式的行为。在抵押期间，抵押人（土地使用者）仍享有土地使用权，但须履行按期还款的义务。

在国有土地使用权抵押中，拥有国有土地使用权的土地使用者为抵押人，接受土地使用权抵押的金融机构或其他债权人为抵押权人，抵押双方需签订抵押合同，明确抵押期限、抵押金额、还款方式等条款。通常发生在土地使用者需要融资以支持项目开发或运营，但又不想直接出售土地使用权时。

国有土地使用权抵押具有融资功能和风险担保的特点。国有土地使用权抵押为土地使用者提供了一种有效的融资方式，有助于解决资金短缺问题；而国有土地使用权作为抵押物，为债权人提供了可靠的风险担保。国有土地使用权抵押的融资功能，不仅为土地使用者提供了资金支持的途径，也为金融机构提供了新的贷款方式。这种抵押方式不仅拓宽了融资渠道，而且降低了金融机构的信贷风险，在土地管理和金融市场中发挥着桥梁和纽带的作用，促进了土地资源的有效利用和金融市场的健康发展。

3. 国有土地使用权作价出资（入股）

国有土地使用权作价出资（入股），是指国家以一定年期的国有土地使用权作价，作为出资投入新设企业，该土地使用权由新设企业持有，可以依法进行转让、出租、抵押等经营活动。

国家作为土地所有者，为出资方，以国有土地使用权作为出资方式。新设企业作为土地使用权的持有者，为接收方，享有国有土地使用的权利。国有土地使用权需经专业机构评估，确定其价值作为出资额。适用于国家希望将其土地使用权转化为资本，参与企业或经济组织的运营和发展，分享企业或经济组织的经营成果的情况。

国有土地使用权作价出资（入股）具有资本化运作、权益保障、发展带动的特点。将国有土地使用权转化为资本投入企业，实现了土地资源的资本化运作。同时，国有土地使用权作为出资方式，新设企业的权益得到明确保障，有助于吸引投资、推动企业发展。

7.4 集体所有土地市场体系

本小节系统地梳理集体所有土地市场交易的主要形式、市场体系的历史沿革及市场治理的各项法律规定，根据未来集体所有土地市场的发展方向以及改革重点，全面地了解掌握当前集体所有土地市场体系的运行机制以及未来改革路径。

7.4.1 农村集体经营性建设用地流转

土地二元所有制下的城乡土地权能差异阻碍了土地资源有效配置和城乡统一建设用地市场的发展[1]，构建集体经营性建设用地入市流转制度从根本上打破了农村土地只能通过国家征收方式进入市场的限制，是助力乡村振兴及城乡融合发展的关键举措，对于充分发挥市场在土地资源配置中的关键角色及维护社会公平具有重要的作用。

1. 农村集体经营性建设用地流转的概念

建设用地通常是指通过工程措施和资源开发，为人类的生产、生活等方面和物质建设所提供的土地。它利用的是土地的承载力、操作场地和建筑空间及其地下

---

1. 王斯亮，陈欣. 农村集体经营性建设用地入市对城市土地利用效率的影响［J］. 中国土地科学，2023，37（8）：113-122.

资源，是把土地作为生产基地、生活场所，而不是以取得生物产品为主要目的的用地[1]。2017年发布的《土地利用现状分类》（GB/T 21010—2017）明确建设用地包括一级地类中的商服用地、工矿仓储用地、住宅用地、公共管理与公共服务用地、特殊用地、交通运输用地（不包括农村道路）、水域及水利设施用地中的水工建筑用地和其他土地中的空闲地。根据建设用地的权属关系，可以将其分为国家建设用地和农村集体建设用地两大类。

2019年修订的《土地管理法》第九条规定："城市市区的土地属于国家所有。农村和城市郊区的土地，除由法律规定属于国家所有的以外，属于农民集体所有；宅基地和自留地、自留山，属于农民集体所有。"农村集体建设用地是指乡（镇）村集体经济组织和农村个人投资或集资，进行各项非农业建设所使用的土地，是指属于农村集体所有的用于建造建筑物、构筑物的土地。农村集体建设用地分为三大类：宅基地、公益性公共设施用地和集体经营性建设用地。

农村集体经营性建设用地，是指具有生产经营性质的农村建设用地，具体为农村集体经济组织使用乡（镇）土地利用总体规划确定的建设用地，兴办企业或者与其他单位、个人以土地使用权入股、联营等形式共同举办企业所使用的农村集体建设用地，如过去的乡镇企业用地。中共中央、国务院印发的《国家新型城镇化规划（2014—2020年）》规定，在符合规划和用途管制前提下，允许农村集体经营性建设用地出让、租赁、入股，实行与国有土地同等入市、同权同价。

2. 农村集体经营性建设用地流转的制度变迁

我国农村集体经营性建设用地流转经历了"严格管控—入市试点—深化改革"的历史进程。

1）严格管控阶段（1986—2004年）

1986年颁布的《土地管理法》对农村集体经营性建设用地的流转加以严格限制。该法强调，"任何单位和个人不得侵占、买卖、出租或者以其他形式非法转让土地"。这一阶段中集体经营性建设用地唯一的流转形式，便是该法中第三十六条规定的，特定企业与农村集体经济组织间创办联营企业需占用集体土地时，在获批后可按照国家建设征用土地的规定实行征用，或者遵照协议将土地使用权作为联营条件这一特殊形式[2]。1988年，《宪法》修正案首次规定了土地使用权流转制度。同年，《土地管理法》修正案正式通过。修正案中规定，"允许土地使用权的依法转

---

1. 李凌，孙广云. 建设用地管理理论与实务［M］. 北京：北京大学出版社，2020.
2. 张晓玲. 集体建设用地入市政策演进历程与规划管控策略［J］. 中国土地，2021（3）：4-7.

让",但未对转让细则加以明确阐述,同时期的其他政策进一步明确了对集体土地流转的限制,例如1998年《土地管理法》的修正案规定,"不得将农村集体土地出让、转让或者出租用于非农业建设",强调"农地农用"的大政方针,严禁农村集体经营性建设用地使用权流转。进入21世纪以来,我国各地开始自发探索集体经营性建设用地流转的政策方案,其中2003年广东省印发的《关于试行农村集体建设用地使用权流转的通知》(粤府〔2003〕51号)(以下简称《通知》)最具代表性。《通知》以省级行政条例的形式承认了农村集体经营性建设用地的合法流转。

2)入市试点阶段(2004—2019年)

2004年10月,在各地探索的基础上,国务院下发的《关于深化改革严格土地管理的决定》(国发〔2004〕28号)提出,"在符合规划的前提下,村庄、集镇、建制镇中的农民集体所有的建设用地使用权可以依法流转",并进一步提出积极探索集体非农建设用地进入市场的改革路径,引导农村集体经营性建设用地使用权流转的试点在各地开展。2015年,农村土地制度改革三项试点工作正式启动,其中有15个县(市、区)被安排开展入市改革试点;2016年,这项工作扩大至33个试点县(市、区)。

3)深化改革阶段(2019年至今)

2019年《土地管理法》首次作为上位法明确允许农村集体经营性建设用地入市。2020年,党的十九届五中全会提出要进一步强化健全城乡统一的建设用地市场,积极探索实施农村集体经营性建设用地入市制度。2023年,自然资源部办公厅印发《深化农村集体经营性建设用地入市试点工作方案》(自然资办函〔2023〕364号),标志着新一轮深化改革试点拉开帷幕。2024年7月18日召开的党的二十届三中全会提到,"有序推进农村集体经营性建设用地入市改革,健全土地增值收益分配机制",同时对城乡建设用地增减挂钩机制迭代升级,进一步提高农村集体经营性建设用地市场化程度,释放市场活力。

3. 农村集体经营性建设用地流转的规定

1)农村集体经营性建设用地流转主体

流转主体可分为法律主体和实施主体。集体经营性建设用地属于镇(乡)、村、村民小组三级所有,这三级的集体经济组织都可以成为集体经营性建设用地流转的法律主体。从试点经验来看,由于村集体经济组织经营能力水平有限,存在集体土地所有权人委托授权的情况,包括土地股份合作社、集体资产管理公司、土地联营(专营)公司等。北京大兴在全国首先提出集体经营性建设用地入市"镇级统筹"模式，在保证集体土地所有权不变的前提下，组建镇级集体联营公司作为入市主体，负责整理土地、筹措资金、入市申请、基础设施建设和收入分配等工作，参与统筹的村集体达 226 个，占全区集体经济组织的 53.6%[1]。

2）农村集体经营性建设用地流转范围

2019 年《土地管理法》规定，集体经营性建设用地入市具有三个条件：一是符合土地利用总体规划、城乡规划；二是工业、商业等经营性用途；三是依法登记的集体经营性建设用地。国务院办公厅 2022 年 1 月印发的《要素市场化配置综合改革试点总体方案》（国办发〔2021〕51 号）提出，建立健全城乡统一的建设用地市场，在依法自愿有偿的前提下，允许将存量集体建设用地依据规划改变用途入市交易。此外，还可从两类情况探讨入市范围：一是存量集体经营性建设用地入市，二是规划增量集体经营性建设用地入市[2]。不同试点地区因改革力度不同，其规定的入市范围可能有所差异，浙江德清将入市范围限定在城镇规划建设范围外的集体经营性建设用地存量部分；福建晋江将入市范围限定在存量农村集体建设用地；广西北流则大胆拓宽入市范围，未区分城镇规划建设范围内外，也未将入市对象限定在存量部分。

3）农村集体经营性建设用地流转用途

流转用途包括工业仓储、商业、旅游、娱乐、服务等生产性、经营性项目，但试点地区入市政策对其规定存在差异，例如浙江德清和福建晋江规定了工矿仓储和商服用途，但不允许利用集体经营性建设用地入市开发商业住宅；而广西北流则允许集体经营性建设用地入市开发商住项目，并将国有商住项目的服务和监管制度运用到集体土地上，实行同等管理、同等监督[3]。

4）农村集体经营性建设用地流转方式

农村集体经营性建设用地流转形式主要有出让、出租、作价出资（入股）、合作或联营、转让、互换、出资、赠与及抵押等。通过以出让、出租、作价出资或入股、合作或联营方式依法取得集体建设用地使用权的土地使用人，完成流转协议约定的条件后，在使用年期内，可以依法将余期土地使用权流转。

5）农村集体经营性建设用地流转途径

农村集体经营性建设用地入市途径包括就地入市、整治入市、调整入市。就地

---

1. 高兴民，顾岳汶. 共同富裕视角下集体经营性建设用地入市面临的困境及突破路径［J］. 农村经济，2023（9）：11-19.
2. 林依标，林瀚. 集体经营性建设用地入市的实践思考［J］. 中国土地，2021（6）：4-8.
3. 胡如梅，胡鸿伟，周天肖. 重点任务驱动、财政增收激励与集体经营性建设用地入市改革［J］. 中国土地科学，2023，37（10）：40-48.

入市是指直接对符合规划条件的集体经营性建设用地进行入市交易；整治入市更多的是与城中村和棚户区改造有关，通过对城镇村闲置的集体经营性建设用地综合整治后，进行入市交易；调整入市主要针对集体经营性建设用地较为零碎的情况，通过集体经营性建设用地指标增减挂钩的方式，在相对容易复垦的地方进行农地复垦，保持耕地占补平衡的前提下，供应集体经营性建设用地。从北京大兴的试点情况看，整治入市涉及拆迁安置工作，因此成本较高、程序复杂；调整入市由于获取集体经营性建设用地更为便捷，其成本相较于就地入市和整治入市更低。此外，山东禹城还创新了"增存统筹"的新增建设用地入市模式，即将存量农村集体经营性建设用地与新增建设用地"捆绑"入市，实现乡村土地成片开发的目标[1]。在未来的理论研究与实践中，应继续创新集体土地入市途径，可积极探索将国有土地与集体经营性建设用地打包入市的方式，通过国有土地出让带动集体经营性建设用地入市交易，有效解决集体经营性建设用地用于乡村产业发展吸引力不足的问题[2]。

6）农村集体经营性建设用地流转程序

综合试点地区的经验来看，集体建设用地首次流转程序依次为：申请流转、批准流转申请、价格评估及确定底价、发布交易信息、接受竞买申请、竞买资格审查、组织招拍挂、流转双方签订《成交确认书》、签订《集体建设用地使用权流转合同》、缴纳成交地价款、办理土地登记、公布集体建设用地使用权流转结果。

集体建设用地再次流转程序依次为：委托申请、形式审查、信息发布、征集意向受让方、组织交易、签订《集体建设用地使用权转让合同》、缴纳成交地价款、办理变更土地登记。

7）农村集体经营性建设用地流转收益分配

在地方政府、集体和农户之间建立公平合理的收益分配机制，是推进集体经营性建设用地入市的难点和关键所在。在地方政府收益层面，2016年财政部、国土资源部联合印发《农村集体经营性建设用地土地增值收益调节金征收使用管理暂行办法》（财税〔2016〕41号），该文件规定，政府增值收益占土地增值收益的比例应为20%～50%，该范围参照了试点的实践经验，具有现实合理性。在此范围内，该文件规定，"给地方一定的自由裁量权，根据土地用途、交易方式和政府对入市宗地周边基础设施、公共服务配套设施等开发投入因素，确定具体分配比例"。浙江德清和广西北流确定了"按类别、有级差"的收益调节机制。其中，浙江德清规

---

1. 王亚男，吕晓，张启岚.集体经营性建设用地入市助推乡村振兴的机制与对策[J].农村经济，2022（11）：27-33.
2. 龙开胜.集体经营性建设用地入市支持乡村产业发展的思路[J].中国土地，2023（11）：24-27.

定县城规划区内、县城规划区外和乡镇规划区内、乡镇规划区外的工业用地分别按24%，20%，16%收取，商业用地分别按48%，40%，32%收取。集体与农户收益分配方面，各试点地区在集体经济组织内部土地增值收益的分配方式有所不同，在北京大兴的"镇级统筹"模式下，规定已经分配到各村的土地增值收益，村集体留存30%～35%，其余在集体经济组织成员之间分配；湖南浏阳将集体经济组织与成员的增值收益按3∶7分红[1]。

4. 农村集体经营性建设用地流转展望

随着我国不断推进集体经营性建设用地入市流转改革，如何处理好入市与乡村产业发展的对立统一关系，更好地为乡村产业发展提供建设用地、资金和制度保障；如何协调参与流转的利益主体之间的利益冲突，在利益相关主体博弈的过程中强化农民权益保障、提高集体经营性建设用地的配置效率；如何提高流转过程中的金融参与，充分显化集体经营性建设用地的资产价值和市场属性，促使集体经营性建设用地入市顺畅推进；如何强化流转中政府的监管主体责任，提升政府作为"守夜人"的职权功效；如何联动宅基地制度改革，打通农村闲置宅基地或者废弃集体公益用地转化为集体经营性建设用地的通道；如何厘清农村集体经济组织与基层政府、村民自治组织的关系，强化农村集体经济组织的经济职能；如何促使集体经济组织能力与入市工作的专业性相适配等仍然是未来集体经营性建设用地入市理论研究与改革实践中亟待回应的问题。

7.4.2 农村宅基地流转

新中国成立以来，我国的宅基地制度历经了所有权与使用权的"两权合一"到"两权分离"，再到"三权分置"的重大变革。农村宅基地的流转也经历了从允许自由流转到限制流转，再到尝试解禁的多次改革历程。当前，宅基地"三权分置"的政策背景之下，农村宅基地的流转主要指宅基地使用权在不同使用主体之间的转移。宅基地使用权流转是新时期城乡融合发展的必然要求，也是乡村振兴的重要动力源。

---

1. 李巧玲. 乡村振兴视角下集体经营性建设用地入市的浏阳探索与思考［J］. 中国土地，2023（6）：48-51.

1. 宅基地流转的概念

宅基地是指农村集体经济组织分配给其成员用于建造住宅及其附属设施的集体建设用地，包括住房、附属用房和庭院等用地，在地类管理上属于（集体）建设用地。在中国，农村村民一户只能拥有一处宅基地，其宅基地的面积不得超过省、自治区、直辖市规定的标准。

目前，关于宅基地流转的概念内涵尚未形成统一的认识。从实践探索和学术研究现状来看，有关宅基地流转概念内涵较为普遍的看法是将其看作宅基地使用权的流转，即在有限市场化的条件下，宅基地和其上房屋及其他地上附属设施的使用权在使用权人与他人之间转移，以提升宅基地资源配置效率、凸显宅基地资产价值、提升农民财产性收入的一种合法化宅基地盘活方式。

2. 宅基地使用权流转的制度变迁

新中国成立以来，宅基地使用权流转制度的历史沿革大致可以划分为四个阶段：分别为"两权合一"模式下的自由流转阶段、"两权分离"模式下的变相流转阶段、"两权分离"模式下的限制流转阶段和"三权分置"模式下逐步放开流转的探索与实践阶段。1962年以前，中国农村宅基地实行单一的农民所有制，宅基地以平均分配、无偿取得为主，其使用权具有明显的私有性，农民可以自由流转宅基地。1962年通过《农村人民公社工作条例（修正草案）》，农村宅基地开始由农民个人所有转变成集体所有，宅基地所有权和使用权开始"两权分离"，宅基地使用权可随房屋而变相流转。1978年，党的十一届三中全会决定实行改革开放，农民向城镇居民出卖住房的现象时有发生，为了禁止城镇居民和农村村民之间的宅基地买卖，宅基地的流转从宽松逐渐走向限制，尤其严令禁止向非农户城镇居民流转。随着中国城镇化的发展，城镇建设用地供不应求与农村宅基地闲置浪费严重的矛盾逐渐凸显，成为城乡融合发展和乡村振兴的阻碍。为此，中央政府于2015年开始了农村宅基地制度改革工作，力图探索盘活农村宅基地资源的有效路径。2018年，中央一号文件提出，探索宅基地所有权、资格权、使用权"三权分置"，落实宅基地集体所有权，保障宅基地农户资格权和农民房屋财产权，适度放活宅基地和农民房屋使用权，为宅基地"三权分置"与宅基地使用权流转改革指明了方向。当前，宅基地流转制度虽尚未形成共识，但已是宅基地"三权分置"背景下盘活农村宅基地资源的必然趋势[1]。

---

1. 董新辉. 新中国70年宅基地使用权流转：制度变迁、现实困境、改革方向[J]. 中国农村经济，2019（6）：2-27.

3. 宅基地使用权流转的规定

1）宅基地使用权流转主体

宅基地使用权是农村集体经济组织成员在集体所有的土地上依法建造、保有个人住宅的权利[1]，其流转主体通常包括农村集体经济组织的成员和在特定条件下的非集体经济组织成员。流转通常在集体经济组织成员之间进行，但也存在一些特殊情况，比如通过继承取得宅基地使用权，继承人可以是本集体经济组织成员，也可以是非本集体经济组织成员。在某些试点地区，宅基地使用权流转的主体有所扩展。例如，2015年，全国人大常委会授权国务院在北京大兴区等33个试点县（市、区）暂时调整实施相关法律，允许宅基地使用权在一定条件下流转，同时探索宅基地使用权流转主体扩展的改革实践。试点过程中，湖南省浏阳市南山村探索出宅基地"跨村流转"的改革模式，将宅基地使用权流转主体扩展到其他集体经济组织成员。总的来说，宅基地使用权流转的市场交易主体主要是农村集体经济组织的成员。但在某些试点地区，具体的流转规则和条件可能会因地区和具体政策而有所不同。

2）宅基地使用权流转条件

从各地实践情况来看，宅基地使用权流转的条件通常包括以下五点。

集体经济组织成员资格： 宅基地使用权的流转通常限制在本集体经济组织成员之间。

转让人拥有两处以上的农村住房（含宅基地）。 这是为了确保转让人有足够的住房条件，避免因转让而陷入无房可住的困境。

宅基地所有权人的同意： 宅基地使用权转让需要征得宅基地所有权人的同意，通常即村集体经济组织的同意。

不得违反法律和政策规定： 宅基地使用权的流转不得违反《物权法》《土地管理法》等相关法律法规的规定。例如，禁止城镇居民在农村购置宅基地，严禁利用农村宅基地建设别墅大院和私人会馆等。

不得擅自改变土地用途： 流转后的宅基地使用权人不得擅自改变土地的集体建设用地用途。

3）宅基地使用权流转方式

从各地实践探索来看，当前宅基地使用权流转的方式主要有出租、转让、入股和抵押等。

出租。 出租是目前宅基地使用权流转中最为普遍的一种方式。村集体经济组织

---

1. 王建伟.农村宅基地使用权流转法律问题研究[J].法制与经济（下旬刊），2009（1）：65-66,68.

成员在合法取得的宅基地上建房，然后将房屋在一定期限内出租，获取租金收益。承租人再将房屋用作居住、办公或其他经营方式，事实上也获得了土地使用权。此类情况多出现在城乡接合部等交通便利，经济活跃的区域。

转让。即通过买卖的形式出让宅基地使用权和房屋所有权。买卖的情况主要发生在：一是农民进城购买房屋后，将原有宅基地使用权连同房屋所有权一起卖出的，二是农民存在一户多宅的，将多余的卖出。

抵押。随着中国农村土地制度改革的深入，一些试点地区开始探索宅基地使用权的抵押流转。宅基地使用权抵押是指宅基地使用权人以宅基地使用权作为担保，向银行申请贷款的融资行为。宅基地使用权抵押通常需要满足一定条件，如借款人需具备完全民事行为能力、无不良信用记录，用于抵押的房屋所有权及宅基地使用权没有权属争议，并且所在的集体经济组织书面同意宅基地使用权随农民住房一并抵押及处置等。

入股。宅基地使用权入股指的是农村宅基地使用权人将其拥有的宅基地使用权作为资本投入，参与到农民合作社或其他经营主体中，以此获得股份并参与分红的一种流转方式。宅基地"三权分置"背景下，闲置宅基地和闲置农房的权利入股农民专业合作社，可以作为促进农村土地资源的合理利用，增加农民的财产性收入的一种新途径。

4. 农村宅基地流转展望
1）宅基地使用权流转的实践探索与问题总结

自全国范围内宅基地制度改革试点开展以来，各试点地区结合当地实际情况围绕宅基地制度改革和宅基地"三权分置"进行了较为深入和广泛的探索。从全国宅基地使用权流转实践情况来看，宅基地使用权管理出现了宅基地使用权流转制度空间不断拓宽、流转对象与流转范围适度放宽、流转市场不断完善等改革趋势。随着改革实践的不断深入，地方宅基地使用权流转制度不断细化和丰富，使得宅基地使用权流转市场可交易性更加明显，例如，浙江省义乌市在宅基地使用权流转的改革试点当中创新性地提出"允许将宅基地使用权通过买卖、赠与、互换或其他合法方式转让给本市特定受让人"的改革措施，并设立了"集地券"制度，提升了宅基地使用权流转效率。总之，通过宅基地改革试点县市区改革实践，宅基地使用权流转已取得了一定成效，但面对中国广大农村的差异化需求，仍存在制度建设不完善、经验总结不足、适用性有待验证等问题。

从宅基地制度改革中全国各试点地区的探索情况来看，主要存在以下问题：

①相关法律法规不健全，地方制度不规范。当前，关于农村宅基地流转的法律法规尚不完善，导致流转过程中存在诸多法律空白和模糊地带。这不仅增加了流转的风险和不确定性，也影响了流转市场的健康发展。尤其是，覆盖全国的纲领性"三权分置"改革和宅基地使用权流转政策尚未形成，地方政策中对宅基地资格权和宅基地使用权流转问题认识不统一，一定程度上影响了其实施成效。②流转市场不规范，交易环境有待优化。目前，大部分试点地区的宅基地使用权流转范围仍限制在村集体组织成员内部，部分地区扩大至县域范围内集体组织成员之间，但与建设"以市场配置为主的宅基地配置模式"这一战略目标相距甚远，使得"三权分置"中使用权流转并不充分，市场价格机制作用也极为有限，总体流转效率不高，影响宅基地财产性功能的发挥。部分地区由于缺乏统一的流转市场和监管机制，农村宅基地流转市场存在信息不对称、价格不透明等问题。这不仅损害了农民的利益，也影响了宅基地资源的优化配置。③农民权益保障不足，存在农民权益受损风险。在宅基地流转过程中，农民的权益可能得不到有效保障。一些地方政府或企业为了追求经济利益，往往忽视农民的利益诉求，导致农民在流转过程中处于弱势地位。

2）宅基地使用权流转制度的完善路径

随着乡村振兴战略的实施和土地制度改革的深化，农村宅基地流转将迎来更加广阔的发展前景。未来，宅基地使用权流转制度应更加注重市场化、规范化和法治化，为推动宅基地资源的优化配置和高效利用提供有力支撑。为进一步完善制度体系，保障制度供给，未来中国农村宅基地使用权流转制度应注重从以下方面完善设计，提高制度绩效。

完善相关法律法规。建立健全农村宅基地流转的法律法规体系，明确流转的条件、程序、权益保障等方面的规定。同时，加强法律法规的宣传和普及，提高农民的法律意识和维权能力。

进一步规范流转市场。建立统一的农村宅基地流转市场，完善流转机制，提高流转的透明度和公平性。加强市场监管，打击违法违规行为，维护市场秩序。探索城乡统一的建设用地流转市场的建设路径，打通城乡要素流动桥梁，最终实现集体经营性建设用地与国有建设用地同等入市、同权同价。

尊重农民主体地位，切实保障农民宅基地合法权益。在宅基地流转过程中，应充分尊重农民的意愿和利益诉求，确保农民在流转过程中的主体地位。同时，建立健全农民权益保障机制，为农民提供法律援助和维权服务。

7.4.3 农村承包地流转

当前,分散细碎化的地块难以满足中国式农业农村现代化的发展要求,而农村承包地流转对实现农业规模经营和推进中国式农业农村现代化进程发挥了重要作用,有助于优化农村土地和劳动力要素市场化配置,既能实现土地本身价值,又可释放农村劳动力活力,是推动农村经济发展的必然路径[1]。

1. 农村承包地流转的概念

根据《民法典》《农村土地承包法》的相关规定,所有由农民集体使用的耕地、林地、草地以及其他用于农业的土地,依法实行土地承包经营制度。我国的农村土地实行集体所有权、农户承包权、土地经营权"三权分置"。土地承包权,即农户作为农村集体经济组织成员,享有的承包所在农村集体土地的权利,是农户作为农村集体成员的重要权利之一。当发包方(农村集体经济组织)将土地发包给农户后,农户就享有"承包地使用、获取收益,自主组织生产经营"等方面的权利[2]。土地经营权,即一定时间期限内,权利主体对特定地块的土地占有、开展农业生产经营并取得收益的权利,是承包地处于流转状态,由土地承包经营权分置出来的一束权利。农户的土地承包经营权,狭义上讲,主要包括"使用、获取收益,在承包地上自主组织生产经营和处置产品的权利",同时还可以将其拥有的权益"依法互换、转让",承包地被"征收、征用、占用",有依法获得相应补偿等方面的权利;广义上讲,农户的土地承包经营权应该包括除所有权以外的其他权利,有学者称其为"准所有权"[3]。

农村承包地流转就是农村土地经营权流转,是指在承包方与发包方承包关系保持不变的前提下,承包方依法在一定期限内将土地经营权部分或者全部交由他人自主开展农业生产经营的行为。承包地流转后,原有农户保留承包权,受让人取得土地的经营权,并在流转所获得的土地上从事国家允许的农业生产而获取收益,不拥有承包权和所有权。

2. 农村承包地流转的制度变迁

厘清我国农村承包地流转问题离不开对土地政策制度历史沿革的系统分析。改

---

1. 王术坤,林文声.高标准农田建设的农地流转市场转型效应[J].中国农村经济,2023(12):23-43.
2. 肖华堂.新时代农户土地承包经营权有偿退出研究[D].成都:西南财经大学,2022.
3. KUNG J K S. Equal entitlement versus tenure security under a regime of collective property rights: peasants' preference for institutions in post-reform Chinese agriculture [J]. Journal of Comparative Economics,1995,21(2):82-111.

革开放后,全国各地积极探索农村承包地流转创新模式来改进以往的生产低效率的问题。2002年颁布的《农村土地承包法》和2005年农业部公布的《农村土地承包经营权流转管理办法》为国内农村土地流转提供了法律基础和指导办法[1]。2016年11月中共中央办公厅、国务院办公厅印发《关于完善农村土地所有权承包权经营权分置办法的意见》(中办发〔2016〕67号),2018年修订的《农村土地承包法》将"三权分置"政策上升为法律规范。我国农村土地"三权分置"的入法昭示着"两权分离"制度的终结,反映了我国农村土地流转市场的出现,并为农村土地流转的市场化奠定产权基础[2]。截至2019年底,全国家庭承包耕地流转面积超过5.5亿亩。

3. 农村承包地流转的规定

1)农村承包地流转原则

根据《农村土地承包法》第三十八条规定,农村承包地流转必须遵循以下原则:依法、自愿、有偿,任何组织和个人不得强迫或者阻碍土地经营权流转;不得改变土地所有权的性质和土地的农业用途,不得破坏农业综合生产能力和农业生态环境;流转期限不得超过承包期的剩余期限;受让方须有农业经营能力或者资质;在同等条件下,本集体经济组织成员享有优先权。

2)农村承包地流转方式

关于土地经营权的流转方式,《农村土地经营权流转管理办法》规定承包方可以采取出租(转包)、入股或者其他符合有关法律和国家政策规定的方式流转土地经营权。出租(转包),是指承包方将部分或者全部土地经营权,租赁给他人从事农业生产经营。入股,是指承包方将部分或者全部土地经营权作价出资,成为公司、合作经济组织等股东或者成员,并用于农业生产经营。

3)农村承包地流转合同

农业农村部负责全国土地经营权流转及流转合同管理的指导,县级以上地方人民政府农业农村主管(农村经营管理)部门依照职责,负责本行政区域内土地经营权流转及流转合同管理;乡(镇)人民政府负责本行政区域内土地经营权流转及流转合同管理。根据《农村土地经营权流转管理办法》第十七条规定,承包方流转土地经营权,应当与受让方在协商一致的基础上签订书面流转合同,并向发包方备案。承包方将土地交由他人代耕不超过一年的,可以不签订书面合同。土地经营权

---

1. 陈宇斌. 土地流转对中国农业高质量发展的影响研究[D]. 太原:山西财经大学,2023.
2. 杜姣. 权利失衡:土地流转中"三权分置"的异化实践及其破解[J]. 农业经济问题,2023(7):29-38.

流转合同一般包括以下内容：双方当事人的姓名或者名称、住所、联系方式等；流转土地的名称、四至、面积、质量等级、土地类型、地块代码等；流转的期限和起止日期；流转方式；流转土地的用途；双方当事人的权利和义务；流转价款或者股份分红，以及支付方式和支付时间；合同到期后地上附着物及相关设施的处理；土地被依法征收、征用、占用时有关补偿费的归属；违约责任。

4）农村承包地流转融资

承包方可以用承包地的土地经营权向金融机构融资担保，并向发包方备案。受让方通过流转取得的土地经营权，经承包方书面同意并向发包方备案，也可以向金融机构融资担保。担保物权自融资担保合同生效时设立。当事人可以向登记机构申请登记；未经登记，不得对抗善意第三人。实现担保物权时，担保物权人有权就土地经营权优先受偿。土地经营权融资担保办法由国务院有关部门规定。

4. 农村承包地流转展望

随着我国农业现代化发展的速度不断加快，农村劳动力脱离土地，农户对于农地高效利用的方式进行了各类有益探索，相应的农村土地承包经营权流转实践呈现以下特征。

土地承包经营权流转速度加快。由于主要农产品价格走低，农民耕种粮食的收入降低，与之相对应的是城市务工人均收入增加，激励农村青壮年涌向城市，导致农村劳动力不足。加之农村机械化的广泛运用，提供了农业规模化经营的条件，使得耕种的边际成本降低，进而导致耕地流转面积总量上升、速度加快。

土地承包经营权流转的地区差异明显。我国东部地区和西部地区的农地流转没有中部地区频繁。东部地区因为良好的地理位置和经济发展条件，土地流转方式逐渐向更高级的方向发展，比如土地信托、土地股份合作等；西部地区相对落后，地广人稀，并不具备农地大规模、频繁流转的先天条件。

土地承包经营权流转主体多元化。土地流转的主体由原来单一的农户之间的自发性流转，逐渐转变为政府、工商企业、龙头企业、专业合作社、种植大户等共同参与。

土地承包经营权流转方式多样化。2021年全国农户家庭承包耕地流转情况调查显示，转包形式的土地流转是主要的流转方式，约占土地流转总面积的49.3%；其次是土地出租的流转方式，约占27%；互换、转让以及股份合作约占16%；除此以外，其他的流转方式占6%左右，包括土地银行、土地信托等高级流转方式[1]。

---

1. 李晴. 农村土地承包经营权流转市场现状及完善对策[J]. 农业经济, 2023（4）: 94-96.

7.5 专项自然资源资产产权市场体系

我国的自然资源资产市场还包括了海域海岛、矿产资源、森林资源及草场资源等专项资产市场。当前，专项自然资源资产产权市场正在探索产权体系与规划衔接、完善确权与流转制度、明确产权主体与强化整体性治理等改革。所以本小节将分类介绍不同的专项自然资源资产市场的定义、历史沿革及市场治理体系，通过了解不同自然资源资产独特的产权构建过程、市场治理体系，更好地理解掌握有关当前不同自然资源资产产权的改革方向及路径。

7.5.1 海域海岛市场治理

1. 海域海岛市场的概念

海域、无居民海岛是全民所有自然资源资产的重要组成部分，是我国经济社会发展的重要战略空间。为规范海域和无居民海岛合理开发利用，2017年5月23日，中央全面深化改革领导小组第三十五次会议审议通过了《关于海域、无居民海岛有偿使用的意见》（中办发〔2017〕61号）（以下简称《意见》），《意见》将建立"保护优先、产权明晰、权能丰富、规则完善、监管有效"的海域、无居民海岛有偿使用制度作为改革的目标，从提高用海用岛生态门槛、完善用海用岛市场化配置制度、建立使用金征收标准动态调整机制、加强使用金征收管理、加强海域和无居民海岛有偿使用监管五个方面提出完善海域海岛有偿使用制度、保护海域海岛资源的意见和规范，海域海岛资源市场化供给、配置机制逐步完善。

海域海岛市场是指交换海域海岛使用权的场所、领域和交换关系的总和，可视为经济发展过程中围绕海域海岛使用权的交易行为而形成的特殊经济关系。其中海域海岛使用权主要包括海域使用权及无居民海岛使用权：海域使用权是指权利人依法占有特定海域，并按照规定用途进行养殖、旅游运输、采矿、修建港口和各种设施等活动并获取收益的权利，由《海域使用管理法》《民法典》对其法律属性作出明确规定；无居民海岛使用权是指权利人通过法律程序享有的对标的海岛占有、使用、处分和收益的权利，由《中华人民共和国海岛保护法》在法律上首次提出无居民海岛使用的概念。海域、无居民海岛有偿使用制度的建立实施，对促进海洋资源保护和合理利用、维护自然资源国家所有权所有者权益等发挥了积极作用。

2. 海域海岛市场的发展历程

1）海域海岛资源利用探索阶段（1964—1992年）

1964年，国家海洋局正式成立，这是我国首个管理国家海洋事务的行政机构，标志着我国海洋治理体系建设的开始。这一时期的国家海洋局由海军代管，主要负责海洋灾害救助、海洋资源勘探与利用及维护我国领海国家安全等任务，具有较强的计划经济以及服务于国防建设的特征。当时，我国的海洋产权体系尚未开始构建，海域、海岛资源的配置并未纳入我国的经济体制当中，所以在这一时期我国的海域海岛市场建设的探索也并未起步。而在20世纪80年代，国家海洋局的权力隶属关系经历了一系列更改，先是于1980年更改为由国家科学技术委员会代管，而在1983年又更改为隶属于国务院，主要负责海域管理以及海洋权益保护等综合职责。这一时期的机构隶属关系的变更、资源勘探与开采及海洋科研等工作的开展为海域海岛市场管理体系的建立提供了有益的探索。

2）海域海岛市场建设起步阶段（1992—2006年）

进入20世纪90年代，我国相继发布《中华人民共和国领海及毗连区法》《关于中华人民共和国领海基线的声明》等领海主权规范文件，以法律形式规定了我国管辖海域的范围和权利。同时期，我国于1993年颁布了《国家海域使用管理暂行规定》，首次提出"海域使用权"概念，并以行政规范的形式明确了海域使用权转让行为的界定以及海域有偿使用制度的基本法律规定。2001年制定的《海域使用管理法》是海域资源的配置进入法治化阶段的标志，该法细化了我国的海域使用权取得的法律规范以及海域有偿使用制度的运行机制，我国的海域管理体制和产权体系率先建立起来，但这一时期海域使用权的流转仍以政府配置为主导，市场化程度仍较低。

3）海域海岛市场深化改革阶段（2006年至今）

2006年，国家海洋局发布《国家海洋事业发展规划纲要（2006—2010年）》，这是我国首次对海洋领域的总体发展制定规划，文件提到未来我国海洋事业发展的远景目标包括：要又好又快地发展海洋经济，完善海洋经济治理的法律法规制度，这是我国海域市场发展进入新阶段的重要标志。2007年，我国制定了《物权法》，该法明确规定了海域使用权的物权性质。而2009年《海岛保护法》确立了保护与合理开发并重的海岛管理思路，将海岛分为有居民海岛、无居民海岛和特殊用途海岛，建立了有居民海岛的两级管理和无居民海岛集中统一管理的海岛管理制度，规定了海岛保护规划与措施，健全了海岛保护监督检查制度，我国海域海岛资源的综合治理体系逐渐发展起来。2012年，党的十八大提出，"提高海洋资源开发能力,发展海洋经济,保护海洋生态环境,坚决维护国家海洋权益,建设海洋强国。"2014年起,《中华人民共和国海洋基本法》的制定进入国务院立法规划,我国的海洋法律体系建设的深入发展推动海域海岛市场构建的加快。2018年,国家发布《关于海域、无居民海岛有偿使用的意见》,该文件提出,"到2020年,基本建立保护优先、产权明晰、权能丰富、规则完善、监管有效的海域、无居民海岛有偿使用制度"。我国的海域海岛资源市场化配置改革加快,海域海岛市场治理的体制机制逐渐丰富,各类海域海岛市场进入快速发展的新阶段。

3. 海域海岛有偿使用制度类型

1）海域有偿使用制度

海域有偿使用制度,是国家作为海域的所有者,对经批准使用海域的单位或个人收取海域使用金的制度。海域使用金包括海域出让金、海域转让金和海域租金三种类型,其额度的确定建立在海域使用分等、定级、分类与基准价评估等准备工作的基础上,并根据综合评估用海需求、海域使用权价值、生态环境损害成本、社会承受能力等因素的变化,对海域使用金征收标准进行动态调整。

海域有偿使用制度在具体实践过程中,共包括两个基本环节:

海域资源产权的初始配置。海域资源产权的初始配置是指海域由国家作为出让方直接向作为海域使用者的受让方第一次转让海域使用权的权利分配行为。海域资源产权的初始分配首先考虑公平原则,还要兼顾效率原则,通过行政审批、招投标、拍卖的混合配置模式,将海域使用权在地区之间、行业之间以及海域使用行为主体之间公平合理地进行配置。

建立海域使用权的流转机制,促进海域资源产权市场的形成。海域资源产权的初始配置界定了海域资源的产权主体,但是,海域资源的优化配置只有通过建立海域使用权的流转机制,实现海域使用权在市场上的充分流转,才能够更有效地促使海域资源不断流向高效率的使用方式和使用主体。在允许海域使用权转让的同时,还需实施必要的监督管理和约束,对海域资源产权的交易秩序进行规范,以避免出现海域使用权的垄断[1]。

2）无居民海岛有偿使用制度

无居民海岛有偿使用制度是指在保证无居民海岛国家所有的基础上,根据无居民海岛所有权与使用权分离的原则,国家与无居民海岛使用单位和个人之间依法建

---

1. 陈艳,文皓. 海域资源产权的流转机制探讨[J]. 海洋开发与管理, 2006（1）: 61-64.

立一种租赁关系。无居民海岛使用者在使用期内，对指定的无居民海岛按年度逐年缴纳或按规定一次性缴纳使用金，国家通过宏观调控，保证无居民海岛使用权作为特殊商品进入市场流动的一种新型无居民海岛管理制度[1]。

规范无居民海岛使用金的征收管理，是无居民海岛有偿使用管理的核心。海岛资源极其珍贵，为了充分体现每一个海岛的特有价值，可通过海岛估价制度，确定无居民海岛有偿使用金。无居民海岛使用金纳入财政预算，将用于海岛生态保护与修复、无居民海岛公益性基础设施建设、无居民海岛保护与节约利用的教育宣传和奖励等方面，促进海岛资源的可持续利用和海岛经济的健康发展。

7.5.2 矿业权交易市场治理

1. 矿业权交易市场的概念

1）矿业权交易市场的内涵

矿业权交易是指在市场经济条件下，以矿业权作为交易媒介，不同矿业权主体之间发生的产权让渡或转移的有偿转让行为。其中，矿业权即矿产资源使用权，是矿产资源勘查开发的核心要素之一，包括探矿权和采矿权：前者是指在依法取得的勘查许可证规定的范围内，勘查矿产资源的权利；后者是指在依法取得的采矿许可证规定的范围内，开采矿产资源和获得所开采矿产品的权利。矿业权交易市场正是指矿业权这种特殊商品流转和交易的场所、领域以及交易过程中发生的经济关系的总和，其市场主体包括市场管理者、矿业权交易当事人及有关中介组织，市场客体是矿业权。

矿业权交易市场是我国自然资源要素市场的重要组成部分。矿业权交易市场的建立帮助矿业权人对资本要素进行利用，而发挥其主观能动性，发现更多的潜在矿业资源储量。这种市场化配置方式促进了矿产资源勘查开发的要素资源在更大范围畅通流动，充分提高了矿产资源配置效率[2]，对高质量发展乃至经济社会可持续发展均具有重要的现实价值和意义。

2）矿业权交易市场的特点

矿产资源勘查与开发的特殊性决定了矿业权交易市场具有如下特点：

矿业权交易区域具有限制性。矿业权交易需在服从矿产资源规划、管理和保护的前提下进行，依法、依规避让生态保护红线等禁止或限制勘查开采区域。

---

1. 李锋. 我国无居民海岛有偿使用制度研究[J]. 海洋开发与管理, 2011, 28（3）: 6-8.
2. 王睿. 矿业权交易市场现存问题及改进建议[J]. 中国市场, 2020（27）: 45-46.

矿业权交易风险相对较高。矿产资源勘查开采行业具有周期长、投资大、风险高的特点，不仅面临地质风险、经营风险，还要面临政策风险，尤其是涉及多个行政机关的审批和多方利益主体时，会遇到协调难度大、不确定性高等问题。

矿业权交易市场的发展受关联市场影响较大。对矿业权交易市场影响最大的首先是矿产品市场，矿产品市场的供需形势和趋势直接推动或制约着矿业发展。其次是矿业资本市场，矿业权交易的实现是以一定量的资本投入为前提，矿业权市场的活跃程度在于其吸纳社会资本和国家资本额度的多少，即矿业投资在资本市场中能占到多大份额[1]。

2. 矿业权交易市场的发展历程

1）矿产资源公有制阶段（1949—1986 年）

新中国成立之初，我国实行矿产资源社会主义公有制，1951 年发布的《中华人民共和国矿业暂行条例》明确了全国矿产的公有制，这一时期的矿产资源主要由行政调控，矿业权市场并未出现。改革开放后，矿业领域的市场化发展方向逐渐确定，多种矿产资源市场主体在这一阶段中逐渐出现。

2）矿产资源市场体系建立阶段（1986—2000 年）

1986 年《矿产资源法》的颁布是矿产资源由行政调控转向市场化配置的重要标志，该法首次提出了"矿业权"概念，推动了我国矿产资源产权体系的建立。1996 年新版《矿产资源法》的颁布标志着矿业权交易有形市场体系初步形成。此后，随着 1998 年矿产资源的三个配套法规的实施——《矿产资源勘查区块登记管理办法》（国令〔1998〕240 号）、《矿产资源开采登记管理办法》（国令〔1998〕241 号）和《探矿权转让管理办法》（国令〔1998〕242 号），我国矿业权交易市场体制初步形成，这一时期逐步提出了矿产资源所有权、使用权分离以及探矿权、采矿权的有偿使用等市场化制度。

3）矿业权交易市场深化改革阶段（2000 年至今）

从 2000 年起，国家相继出台《探矿权采矿权招标拍卖挂牌管理办法（试行）》（国土资发〔2003〕197 号）、《关于进一步规范矿业权出让管理的通知》（国土资发〔2006〕12 号）及《关于进一步规范探矿权管理有关问题的通知》（国土资发〔2009〕200 号）等政策文件，进一步完善了我国的矿业交易市场，同时明确了市场在矿产资源配置当中的基础地位。而在 2010 年发布《关于建立健全矿业权有形市

---

1. 范振林，李晶. 矿产资源资产所有者与经营者产权界定［J］. 国土资源情报，2020（7）：31-35，26.

场的通知》(国土资发〔2010〕145号)以及2012年发布《矿业权交易规则(试行)》(国土资发〔2011〕242号)后,我国省、市两级矿业权交易市场快速发展起来。2023年,《矿产资源法(修订草案)》的颁布以及《矿业权出让交易规则》(自然资规〔2023〕1号)的施行推动我国的矿业权交易市场的各项制度逐步完善,矿业权交易市场对于生态文明建设以及高质量发展等战略目标的支撑作用得到显著增强。

3. 矿业权交易市场类型

我国矿业权市场主要包括国家出让矿业权的一级市场、矿业权人之间横向依法转让矿业权的二级市场、矿业权中介技术服务市场以及相关的矿业资本市场,结合矿业权主客体之间的种种经济关系,由此构成了一个以矿业权为核心、以社会资本为动力、以技术中介服务为纽带、以矿业法律法规为交易准则的矿业权市场格局。

1) 矿业权一级市场

矿业权一级市场又被称为矿业权出让市场,是指矿业权同资源所有权发生初始分离,矿业权作为资产初次进入流通领域所形成的市场。在矿业权一级市场中,国家以矿产资源所有者的身份,把矿产资源的探矿权和采矿权投入市场,表现为政府与矿业权使用者之间的交易行为。矿业权申请人依法通过勘查登记或开采登记取得相应的矿业权。国家矿业主管部门根据矿业权申请人的申请,批准矿产资源勘查区块或开采区块登记,并依法授予相应的勘查权或采矿权。一级市场由国家垄断,必须充分体现国家作为所有者的意志和利益。2023年,自然资源部印发《关于深化矿产资源管理改革若干事项的意见》(自然资规〔2023〕6号),除协议出让等特殊情形外,矿业权一律按照《矿业权出让交易规则》以"招拍挂"方式公开竞争出让。

2) 矿业权二级市场

矿业权二级市场又被称为矿业权转让市场,是指矿业权同资源所有权发生初始分离后在不同经济主体之间流转而形成的市场,是一级市场的延伸和扩大,包括买卖、租赁、抵押、合资(作价出资)、合作经营、矿业企业的分立、合并、重组改制、上市及其他变更矿业权主体等方式进行的交易。在矿业权二级市场中,探矿权和采矿权在经营者之间的流转,表现为经营者之间的交易行为,反映的是以矿产资源勘查和开发经营价值为基础的矿业权价值。在二级市场中,交易主体是平等的民事主体,政府不参与交易,仅承担提供公共服务与进行宏观调控、安全监督的职能。因此,二级市场更多地体现了市场经济的公平、公开、效率原则及利益驱动原则。

3）矿业权中介技术服务市场

矿业权中介技术服务市场，是为矿业权交易提供中介服务的机构或个体为实现矿业权交易充当媒介而形成的中介活动领域和产生的各种代理关系的总和。矿业权中介市场的中介机构组织可以包括矿业权评估机构、矿产储量认定机构、矿业权交易机构、财务审计机构、法律服务机构、技术咨询机构等。

4）矿业资本市场

矿业资本市场是金融市场的一个特定的组成部分，是矿业资金与信用供求调节、涉矿商务债权和产权票据等金融资产交易的场所。该市场的核心功能是为矿产勘查和矿业开发等筹措和融通资金。

7.5.3 林权交易市场治理

1. 林权交易市场的概念

1）林权交易市场的内涵

林权交易市场是指交换林权的场所、领域和交换关系的总和，可视为经济发展过程中围绕林权的交易行为而形成的特殊经济关系，属于产权交易市场体系中的一个组成部分。其中林权包括法定主体对森林资源资产（主要指森林、林木、林地）经济权益的总称，包括归属权（所有和占有）、使用权、收益权和处分权等，是一种用益物权，与水权、矿业权、渔业权等并列为同一位阶。

2）林权交易市场的交易范围

我国林权的交易范围大致包括：①用材林、经济林、薪炭林的林木所有权和使用权；②用材林、经济林、薪炭林的林地使用权；③用材林、经济林、薪炭林的采伐迹地、火烧迹地的林地使用权；④法律法规和规章规定的其他森林、林木的所有权和使用权以及其他林地使用权。

林权交易市场中禁止交易的情况包括：①防护林、特种用途林；②纳入国家建设规划拟征用、占用的林地；③权属不清或者有争议的林地或林木；④无法提供合法权属证明的森林、林木和林地；⑤法律法规和规章规定的其他不允许交易的林权，《国务院关于全民所有自然资源资产有偿使用制度改革的指导意见》（国发〔2016〕82号）明确指出，国有天然林和公益林、国家公园、自然保护区、风景名胜区、森林公园、国家湿地公园、国家沙漠公园的国有林地和林木资源资产不得出让。对确需经营利用的森林资源资产，确定有偿使用的范围、期限、条件、程序和方式。

林权交易满足的条件一般包括：①交易双方须具有完全民事权利能力和民事行为能力，并具有交易的真实意愿；②林权权属明晰，权证合法有效；③交易项目符合国家的法律法规、环境保护、林业发展规划、国土空间规划等规定。

2. 林权交易市场的发展历程

1）**森林资源计划供应阶段（1949—1984年）**

新中国成立初期，受土地改革分田到户的影响，我国林木主要为农民私有，权属关系混乱。而1950年颁布的《中华人民共和国土地改革法》将农民私有林权收归为集体林权服务于社会主义建设，这一时期对木材的开采方式较为粗放，同时缺乏生态保护以及可持续发展的意识[1]，林木供应为计划供应体制，我国的林权交易市场尚未开始建设。

2）**林权交易市场初步建立阶段（1984—2008年）**

改革开放后，我国的林木管理体制开始朝着市场化方向转轨。1984年我国颁布《森林法》，规定了我国林木资源的所有权制度，同时从法律层面允许农户在集体承包土地上开展营造林活动。1998年修订的《森林法》首次做出了允许林权转让的规定，在此基础上林权交易市场逐渐发展起来。2003年，中共中央、国务院出台《关于加快林业发展的决定》（中发〔2003〕9号），明确开始探索新集体林权制度改革，我国林权交易市场体系在这一过程当中得以初步形成。

3）**林权交易市场深化改革阶段（2008年至今）**

2008年，基于江西、福建等省份的新一轮集体林改经验，中共中央、国务院颁布《关于全面推进集体林权制度改革的意见》（中发〔2008〕10号），文件提出，林权制度改革的首要目标是确定林农对林地的使用权、经营权和林木所有权，同时进一步明确了以明晰产权、勘界发证、放活经营权、落实处置权、保障收益权、落实责任等为主要内容的集体林权制度改革任务。截至2012年底，林权确权工作基本完成，我国林权交易市场进入新的发展时期。2018年，国家林业、草原局出台《关于进一步放活集体林经营权的意见》（林改发〔2018〕47号），提出进一步推动我国森林资源"三权分置"改革，放活林地经营权，激发新时期林权交易市场活力，大力助推新时期林权交易市场的发展。2019年《森林法》的修订案旗帜鲜明地提出了森林生态效益补偿制度，引导市场朝着生态文明建设方向发展。2021年，国

---

1. 刘欢，孙信丽，巩前文. 建党百年来中国共产党领导林业发展的历程与经验启示［J］. 北京林业大学学报（社会科学版），2023, 22（1）: 1-11.

务院印发《关于深化生态保护补偿制度改革的意见》（中办发〔2021〕50号），强调引入社会资本参与到森林生态保护修复工作中来，建立市场化的统筹保护模式，协调林木资源的开发与保护之间的关系，推动利用—保护—修复全过程相协调的、可持续发展的林权交易市场的建设。

3. 林权交易市场的交易模式

买卖双方直接协商交易或通过亲戚朋友介绍交易。在该类林权交易方式下，交易双方直接协商或通过双方均比较熟悉的亲戚朋友介绍，私下商定拟交易林权的交易价格，并最终实现交易。这类交易一般发生在相互熟悉的主体之间，交易双方彼此相互了解，交易程序简单、交易效率高，因而受到广大林农的欢迎。

通过林权交易中心进行交易。目前通过林权交易中心进行的林权交易，其中的山林权属主要是集体林（即那些仍由行政村等集体组织统一经营的林分）或国有林，由于其交易涉及集体或国家的利益，因而其交易程序相对复杂，通常需要经过以下基本步骤：①由林权拥有人提出申请并提供林权证等权属证明材料，交由林权交易中心进行审核；②中心审核通过后，正式受理双方的交易委托，同时委托有资质的机构进行森林资源资产评估及招投标的相关事宜，并发布交易公告；③中心组织招投标各方进行交易，并确认交易结果；④进行交易后的林权变更登记。

由乡镇招投标办（或村委会和村民小组等主体）统一组织交易。由于大多数乡镇均规定本乡镇的集体或国有林权交易应通过乡镇招投办组织招投标交易，因而该交易方式是当前各村预留的集体林产权交易的最主要方式。

通过其他具有公司性质的中介机构（如拍卖公司）组织交易。常见的方式有：①林权流转电子交易平台模式，主要依托各地林权电子交易中心开展；②林权在线竞价交易模式，通过公开竞价方式进行产权交易；③林权证抵押贷款的业务模式，包括"商业性信贷＋政策性信贷＋商业性保险"等灵活多样的有机组合模式，这种模式仍处于试点和探索过程中；④林业信托担保模式，林业信托担保是经营者为了保障融资安全而设立的特殊架构，将林业资产置于担保关系的核心地位，同时使林业资产的经营管理更加灵活。

4. 林权交易市场的发展态势

第一，随着林权评估、金融风险防范、灾害损失评价等制度的完善，林权交易市场在抵押贷款、森林保险等方面的金融服务功能将进一步加强，促使林权交易市场由商品市场升为资本市场。

第二,随着森林环境服务市场的发展,尤其是生物多样性保护、碳汇市场机制的建立,可纳入交易范围的林权将从对林地和林木直接利用的权属拓展为非直接利用的权属,诸如CO_2排放权,从而使得市场更加具有多元性。

第三,在网络交易平台的辅助下,林权交易机构将融"全国性"和"地方性"双重区域特点于一体。其中,"全国性"指交易场所的业务,诸如交易信息发布、交易双方邀约等工作,不具有地域约束性;"地方性"主要体现在机构处于既定区域,且固定场所等非互联网的业务主要覆盖所在区域及周边附近地区。

第四,将有一批无法适应林权交易市场机制以及缺乏政府持续支持的交易机构倒闭,从而使得交易场所和网络交易平台数量减少,但交易体系总体呈现健康发展态势[1]。

7.5.4 草原流转市场治理

1. 草原流转市场的概念

草原流转市场具体指草原承包经营权流转市场,是依法享有草原承包经营权的主体将草原承包权或经营权转移给其他牧户或经营交易行为发生的场所、领域和交换关系的总和,可视为经济发展过程中围绕草原资源产权交易行为而形成的特殊经济关系。其中草原承包经营权是草原承包方对其承包经营的草原有权进行畜牧业生产,并享有占有、使用和收益的权利[2]。

草原流转市场是自然资源产权交易市场体系中的一个组成部分,通过流转,草原从绩效低下的承包人手中流转到绩效较高的承包人手中,进而推动草场的规模化经营,实现资源的优化利用,促进草原经济的高效发展,对草原资源的优化配置有重要意义。

2. 草原流转市场的发展历程

1)草原资源流转起步阶段(1949—2002年)

1962年的国家科学技术发展规划会议上首次提出要对我国的草场资源开展全面调查,编制草场资源图,强调草原资源对于我国粮食安全的重要意义,这是我国草场建设的新起点[3]。1984年,钱学森院士首次提出草产业理论,我国草地经营发展进

---

1. 中研普华产业研究院.2021林权交易市场发展现状及前景分析[EB/OL].[2021-09-25]. https://www.chinairn.com/scfx/20210925/163337304.shtml
2. 萨仁陶利,张裕凤.草原承包经营权流转、存在问题与建议[J].草原与草业,2020,32(4):20-23,31.
3. 卢欣石.中国草产业的发展历程与机遇[J].草地学报,2015,23(1):1-4.

入产业化新阶段。20世纪90年代末，受到一家一户的生产经营方式的局限性、牧民自身条件等因素影响，牧民自发性的草原流转悄然而起。

2）草原资源市场化流转阶段（2002—2013年）

2002年我国修订《草原法》，明确规定了关于草原承包经营权流转的法律制度，与此同时各地相继出台有关草原流转的规范性文件，如《青海省草原承包经营权流转办法》，引导草原流转逐步向规范化、市场化方向发展。然而受到牧民对草原价值的认识及草原流转方式等方面的局限，草原流转长期处于分散的小规模自发性流转的状态。

3）草原流转市场深化改革阶段（2013年至今）

2013年，中共中央、国务院发布《关于加快发展现代农业进一步增强农村发展活力的若干意见》（中发〔2013〕1号）提出稳定农村土地承包关系，"发展多种形式的适度规模经营"。为规范引导农村牧区草原经营权有序流转，积极发展农牧业适度规模经营，各地也开始结合自治区实际出台实施意见，如内蒙古自治区农牧厅《关于引导农村牧区土地草原经营权有序流转发展农牧业适度规模经营的实施意见》，提出创新土地草原流转形式、规范土地草原流转行为、建立农村牧区产权交易市场等规范引导草原经营权有序流转的意见。草原流转逐步向成片化、规模化、形式多样化发展[1]。2021年，国务院办公厅发布《关于加强草原保护修复的若干意见》（国办发〔2021〕7号），明确了草原保护修复的总体目标、工作举措以及保障机制等战略要求，提出了稳妥推进草原自愿有偿使用制度改革以及推动草原地区绿色发展等改革措施，引导我国的草原流转市场朝着可持续发展以及高质量发展的方向改革。

3. 草原流转市场的法律规定

1）草原流转的原则

综合效益原则。 草原使用权的流转不仅需要符合经济效益最大化的原则，同时还需符合生态文明建设等其他要求。《草原法》第三条重点提及，要实现草原的可持续利用以及生态、经济以及社会的协调发展。

登记确权原则。《草原法》第十一条明确规定，草原使用权的确定需由县级以上的人民政府登记、核发使用权证，变更权属关系应当依法办理权属变更登记手续。

---

1. 刘利珍，张树军. 浅析草原承包经营权流转问题[J]. 人民论坛，2016（2）：82-84.

有偿流转原则。《草原法》第十五条第一款规定，草原承包经营权受法律保护，可以按照自愿、有偿的原则依法转让，即我国草原流转坚持依法、自愿及有偿原则。

规划先行原则。草原流转市场的发展需遵循政府规划的发展与保护要求，《草原法》第十七条规定，国家对草原保护、建设、利用实行统一规划制度，通过制定宏观的草原保护、建设与利用目标和举措以及草原主体功能分区，引导草原流转市场实现生态、社会、经济三效益的结合。

2）草原流转的形式

草原流转包括转包、出租、互换、转让、股份合作等形式。

转包。是指承包方将部分或者全部草原承包经营权以一定期限转包给同一集体经济组织内其他牧户或个人从事畜牧业生产经营。转包后原草原承包关系不变，原承包方继续履行原草原承包合同规定的权利和义务。受让方按转包时约定的条件对转包方负责。

出租。是指承包方将部分或全部草原承包经营权以一定期限租赁给他人从事畜牧业生产经营。出租后原草原承包关系不变，原承包方继续履行原草原承包合同规定的权利和义务。受让方按出租时约定的条件对承包方负责。

互换。是指承包方之间为方便放牧或者各自需要，对属于同一集体经济组织内的承包草原进行互换，同时交换相应的草原承包经营权。

转让。是指承包方有稳定的非农牧职业或者有稳定的收入来源，由承包方和受让方申请，经发包方同意，将部分或者全部承包经营的草原及其相应的权利义务让渡给其他从事畜牧业生产经营的组织或个人，原承包方在承包期内的草原承包经营权部分或全部灭失，由受让方与发包方重新确立承包关系，签订草原承包经营合同，并到草原经营权证发证机关办理权属变更手续，更换证书。

股份合作。是指承包方之间为发展畜牧业经济，将草原承包经营权作为股权，自愿联合从事畜牧业生产经营，承包方承包经营权不变。

关键术语

自然资源资产、自然资源资产供应、自然资源资产市场、土地储备制度、国有土地市场、农村集体经营性建设用地

思考题

1. 我国自然资源资产市场有哪些种类？其交易内容分别是什么？
2. 我国自然资源资产市场区别于一般商品市场的特点。
3. 我国国有土地使用权流转方式有哪些？
4. 简述农村集体经营性建设用地的入市条件、主要来源及使用情形。
5. 阐述我国林权交易市场的发展特点。

第 8 章

国土空间规划实施的监督治理

■ 导语

国土空间规划实施监督作为国土空间规划体系的重要组成部分，也是确保空间规划从静态蓝图型向动态治理型转变的重要环节。建立健全的国土空间规划"一张图"实施监督信息系统关乎规划严肃性和权威性，是推进规划实施监督的重要手段，有助于生态文明制度的落实，提升国土空间治理体系和治理能力现代化水平。本章节主要从国土空间规划编制、监测评估和实施管理等多个环节出发，探讨如何加强国土空间规划实施监督来确保项目具体落实与预期效果。首先，从概念、形式和内容方面，详细阐述了规划实施监督的基本内容；其次，从规划编制和监测评估两个方面，分别描述了规划编制质量、机构资质以及监测评估内容；再次，解析了国土空间规划实施中的监察和督察的内涵、职责和方式区别；最后，重点介绍为进一步加强规划实施监督管理而提出的国土空间规划实施监测网络（China Spatial Planning Online Monitoring Network，CSPON）的内涵、定位和架构。这些内容有助于更好地掌握国土空间规划实施监督的内容、形式以及实施手段。

8.1 国土空间规划实施监督概述

规划实施监督作为国土空间规划全周期管理的重要环节，是确保规划科学性、规范性和可持续性的重要保障，同时也是国土空间规划"一张图"实施监督信息管理系统的核心组成部分。深入解析规划实施监督的内涵、类型和内容，不仅有助于系统化识别空间规划执行过程中的潜在问题，也能为优化国土空间规划实施监督提供理论和实践指导，进而提升国土空间规划实施监督管理水平。

8.1.1 规划实施监督的基本内涵

"监督"一词最早出现在东汉郑玄注的《周礼·地官》中，原文云："大丧用役，则帅其民而至，遂治之。"郑玄注曰："治谓监督其事。"由此可见，"监督"一词在古代已有监察和督促的含义。监督作为一个多领域的概念，其含义在不同场景下的应用有所差别。例如，在组织或企业管理中，监督通常指的是上级对下级工作情况的检查、指导和控制，包括确保工作按照既定的标准和目标跟进，以及在必要时提供反馈；在法律和法规领域，监督指的是监管机构对企业或个人遵守法律法规的监控，确保他们的行为符合法律要求。一般来讲，监督可以理解为监督者对被监督者的行为、工作或活动进行观察、检查、评估和指导，确保被监督者的工作或活动符合既定的标准、目标、规则或法律要求，在必要时提供反馈、支持或纠正措施，这已然成为防止公权力异化的必然要求[1]。

国土空间规划实施监督强调规划的严肃性和权威性，关乎民生福祉和高质量发展。其正式提出可追溯到《若干意见》，该意见强调依托国土空间基础信息平台，建立健全国土空间动态监测评估预警和实施监督机制，主要涉及上级自然资源主管部门对下级国土空间规划中各类管控边界、约束性指标等管控要求的落实情况进行监督、各类国土空间使用项目的监督和国土空间实际使用过程的监督等内容[2]。整体来讲，规划实施监督指对国土空间规划编制、审批、实施、监测评估、调整等全过程的监督管理，以确保规划实施的合法性、科学性和有效性。

在国土空间规划体系下，规划实施监督的特征主要体现在以下三个方面：

全过程性。国土空间规划实施监督覆盖了空间规划从编制审批到监管维护的全生命周期，包括前期规划编制审批、中期用途管制实施，以及后期效果评估。

多样化。主要体现为监督主体、对象和方式的多元性，监督主体不仅来自行政机关，还包括社会公众、专业机构、媒体等多元主体参与。其中，行政机构既是监督主体，也是监督对象；监督手段囊括了遥感监测、视频、大数据分析等多样化技术手段。

信息化。依托国土空间基础信息平台、国土空间规划实施监测网络和国土空间

---

1. 张郁. 监察体制改革背景下行政监督的发展趋向［J］. 中国社会科学院大学学报，2022，42（6）:152–162.
2. 孙施文. 国土空间规划实施监督体系的基础研究［J］. 城市规划学刊，2024（2）:12–17.

用途管制监管系统，综合卫星遥感等技术以及自然资源、生态环境、城乡规划等多部门、多类型数据，加强对国土空间规划实施的监督管理。

8.1.2 规划实施监督的主要类型

1. 行政监督

行政监督作为行政管理过程中的重要环节，主要指行政机关内部、外部的不同监督主体，依据相关法律法规，对行政机关及公职人员行政管理行为的合法性、合理性、有效性进行监察、督察和督导的一种手段，是各级党委和政府统筹行政执法的基本方式。行政监督的种类繁多，主要方式包括监督对象自查和汇报、检查和访谈、统计和评估、"互联网+督查"等。构建全方位、全流程、常态化的行政监督体系，对于提升依法执政水平、法治政府建设和依法治国有着重要的现实意义。

国土空间规划实施的行政监督主要是依据国土空间规划中的相关法律法规，对规划实施过程中的违法违规行为进行监督检查，如存在违反上位规划、突破详细规划核定规划条件、违法用地查处不到位等行为（专栏8-1）。监督的主体一般为县级以上人民政府及自然资源主管部门，具体如下：①《土地管理法》（2019年修订）中强调，县级以上人民政府自然资源主管部门对违反土地管理法律法规的行为进行监督检查。②《城乡规划法》（2019年修订）强调，县级以上人民政府及其城乡规划主管部门应当加强对城乡规划编制、审批、实施、修改的监督检查。监督的对象主要分为两类：①县级以上人民政府自然资源主管部门对下级政府及相关部门在执行国土空间规划审批、管制、监测评估、变更调整等全过程的监督检查[1]。例如，由于有关部门在日常监管中存在简单应付、违规查处不力、敷衍塞责等问题，导致规划实施中出现的重大安全事故，以及别墅私搭私建、违规建设"巨型雕塑"等违法违规事件查处不到位。②县级以上人民政府自然资源主管部门对规划实施落实情况的监督检查。例如，建设单位未经批准，擅自占用永久基本农田、破坏生态保护红线等情况。

专栏8-1 湖南长沙"4·29"特别重大居民自建房屋倒塌事故

2022年4月29日，湖南省长沙市望城区金山桥街道金坪社区盘树湾组发

---

1. 文超祥，何流. 国土空间规划实施管理[M]. 南京：东南大学出版社，2022.

生特别重大居民自建房倒塌事故,造成54人死亡、9人受伤,直接经济损失9 077.86万元。经国务院事故调查组调查认定,该事故主要原因在于房主违法违规建设、加层扩建和用于出租经营,地方党委政府及其有关部门组织开展违法建筑整治、风险隐患排查治理不认真不负责,造成重大安全隐患长期未得到整治而导致的特别重大生产安全责任事故。

随后,经国务院批准成立事故调查组,查明该事故的直接原因在于违法违规建设的原五层(局部六层)房屋建筑质量差、结构不合理、稳定性差、承载能力低,违法违规加层扩建至八层(局部九层)后,荷载大幅增加,致使二层东侧柱和墙超出极限承载力,出现受压破坏并持续发展,最终造成房屋整体倒塌。具体分析如下:①湖南省、长沙市、望城区及有关部门存在集中治理部署迟缓简单应付、日常监管相互推诿回避矛盾、排查整治不认真走过场、对违法违规行为查处不力、房屋检测机构管理混乱、自建房规划建设源头失控等问题。②涉事房主和有关企业存在相关违法违规行为。③地方党委政府及有关部门的公职人员存在渎职和涉嫌腐败等问题。湖南严肃查处长沙"4·29"特别重大居民自建房倒塌事故相关责任人、4名中管干部被问责,纪检监察机关严肃追责62名公职人员,检察机关对涉嫌犯罪的相关人员提起公诉。由此可见,行政监督作为国土空间规划实施监督的重要环节,能够有效防止因建设用地违规违建而引发的严重情况。

资料来源:新华网(http://www.news.cn/2023-05/21/c_1129634115.htm)

2. 立法监督

立法监督是指国家立法机关依据宪法对国家行政机关所实施的监督,它作为贯穿整个立法权运行过程及其所立之法进行审查的一项重要活动,在保障立法的科学化和民主化,维护国家法制的统一和社会主义法律体系协调方面有着重要的作用。广义上讲,立法监督既包括对法律法规、规章的违宪审查和对宪法的解释,也涉及对立法机关的立法行为、行政机关的行政行为和司法机关的司法行为的违宪审查。狭义上讲,立法监督仅仅是对法律法规、规章的违宪审查以及宪法的解释[1]。立法监督的主体是各级人民代表大会及其常务委员会,最高权力由全国人民代表大会及其常务委员会负责行使,其他享有立法监督权的机关也行使着一定范围的立法监督权,形成了以国家最高权力机关为主,其他机关为辅的一元多级的立法监督体制。立法监督的对象种类繁多,主要指立法的过程和结果。例如,全国人民代表大会常

---

1. 胡戎恩.完善立法监督制度:兼论宪法委员会的创设[J].探索与争鸣,2015,(2):17-19.

务委员会制定的宪法和法律解释、国务院制定的行政和军事法规、国务院各部门及直属机构制定的部门规章以及省、市地方性法规和行政规章等。立法监督的主要依据为《中华人民共和国宪法》和《中华人民共和国立法法》（以下简称《立法法》）。2023年3月，十四届全国人大一次会议通过了关于修改《立法法》的决定，规范了合宪性审查制度、地方立法权限范围和立法清理制度，完善了以宪法为核心的中国特色社会主义法律体系。

国土空间规划实施中的立法监督主要指规划落地实施中的法律法规、规章的颁布过程，涉及拟报国务院审查的法律草案、行政法规，以及自然资源部门发布的部门规章等，如《不动产登记法》《国土空间规划法》（拟出台）《矿产资源法实施条例》《永久基本农田保护红线管理办法》等，具有多元化特征。2024年5月，自然资源部办公厅印发《自然资源部2024年立法工作计划》，强调"严守安全底线、优化空间格局、促进低碳发展、维护资产权益的定位，推进自然资源立法工作，填补薄弱点和空白区，通过立法保障自然资源事业高质量发展"。其中，最具代表性的是拟出台的《国土空间规划法》，强调为推动"多规合一"改革，建立国土空间规划编制、审批、实施和用途管制制度。

3. 司法监督

司法是保障人民自由权利、实现社会正义的最后一道屏障。司法监督是司法机关依法对个体、组织的行为，以及个人和社会行为规范的监督[1]，作为党和国家监督体系中强制性程度最高的一种监督机制，它也是党和国家利用监督手段、维护公权力正确行使的"最后一道防线"。司法监督的主体指司法机关，也可以指司法行为。司法机关包括公安机关、国家安全机关、检察机关、审判机关、司法行政机关，因为这些机关被宪法赋予了相应的司法职能[2]。司法监督的对象较为广泛，从公民大众到公职人员的社会主体行为，以及民、商、经、贸、行政、刑事等具体行为对社会影响结果的社会动态秩序的监督。同时，在三权分立的国家，司法机关（法院）可以对立法机关的立法进行合宪性审查，这体现了国家司法监督政治法律意义。纵览各国，司法监督的对象可以包括立法机关、行政机关和司法机关本身。

国土空间规划实施中的司法监督在确保规划合法合规、保护公众利益、防止权力滥用等方面发挥着重要作用，具体包括以下方面：

合法性审查。对国土空间规划的合法性进行审查，确保规划的制定和实施符合

---

1. 宋双. 我国司法监督制度研究[D]. 长春：吉林大学，2006.
2. 李益前. 监督司法与司法监督之区分[J]. 人大研究，2004（9）：44-45.

宪法和相关法律法规的要求，维护法律的权威和公正性。

行政行为的监督。司法机关对实施国土空间规划的行政行为进行监督，确保其程序合法、公正透明。例如，法院可以审查政府在土地征用、土地分配和环境保护等方面的行政决定是否合法，防止行政权力的滥用和腐败行为。

纠纷解决。司法监督通过法律途径解决因国土空间规划引发的各种纠纷，包括土地权属纠纷、征地补偿纠纷、环境污染纠纷等。通过司法途径，可以有效调解利益冲突，维护社会的和谐稳定，并保障当事人的合法权益。

公民权益保护。司法监督保护公民在国土空间规划实施过程中的合法权益，防止因规划实施不当导致公民利益受损。公民可以通过提起行政诉讼、申请行政复议等法律途径来维护自己的权益，确保政府行为符合法律规定，促进公众参与和透明度。自然资源部多次强调自觉接受司法监督，不断完善土地行政执法行为。例如，与公安机关完善案件移送制度，健全办案协调机制；与检察机关探索建立相关工作协调和联动机制，研究确定案件信息共享、重大情况通报、联席会议等制度；与法院协调，积极探索破解"执行难"问题。

4. 社会监督

社会监督作为现代民主政治的重要组成部分，主要指公众、各类社会团体、群众组织和舆论机关等，依据宪法、法律和法规规定，运用多种方式对行政机关及其工作人员遵守国家法纪进行监督，包括各级政协、民主党派和工会、共青团、妇联等组织的民主监督，以及网络、报刊、电视、电台的舆论监督[1]。社会监督作为一种权力系统外部的监督，与其他监督形式存在互补的关系，具备广泛性、制约性、灵活性和公开性等特征[2]。其中，广泛性作为社会监督最具有代表性的特征，指通过运用批评、建议、申诉、控告或检举等方式，对行政机关和人员在工作中存在的违规、违法行为进行监督。然而，社会监督不具备强制力，属于政治权力系统外的监督。为此，其并不直接产生法律后果，缺乏刚性的制度保障，难以将其纳入具体的执法阶段，导致效果往往相对滞后。

国土空间规划实施中的社会监督主要指公众、群体及机构，通过信访、举报、媒体曝光等多种渠道，对规划编制、调整、审批、许可和实施过程中的违法违规等行为进行监督（专栏8-2）。监督主要内容和方式如下：①规划编制和审批阶段，各省自然资源主管部门会通过网络信息平台发布规划文本、审批、调整政策等征求意

---

1. 宋惠昌. 论社会监督 [J]. 理论视野，2011（8）：44-47.
2. 肖应辉. 我国社会监督研究 [D]. 北京：中共中央党校，2011.

见稿，保证公民对规划的知情权、建议权。社会群体通过网上查询来行使监督权，将其反馈作为规划编制或调整的参考依据，提高规划编制内容的公开透明性。②规划许可管理阶段，严格依据规划条件和规划工程许可证开展规划核实，并将核实结果及时公开，便于接受社会监督。③规划实施管理阶段，社会群体对违反国土空间规划和用途管制、违法违规占用耕地、建设和勘查开采矿产资源开发，以及对种植条件和生态环境造成严重损害等行为进行监督。此外，社会监督也涉及对国家自然资源管理执法工作的监督。

专栏 8-2　重庆市丰都县涉嫌侵占农田事件

群众信访举报重庆市丰都县社坛镇社坛村 1 组一家中药材专业合作社，在没有任何审批手续的情况下，涉嫌侵占基本农田、破坏生态红线及占用土地 6 亩多。通过调查：①侵占基本农田属实，侵占 0.22 亩；②无任何审批手续破坏生态红线及占地 6 亩部分属实。该项目实际占地 4.63 亩，无合法用地手续面积 1.0 亩（其中院坝 0.45 亩、消防水池 0.55 亩），且建设的办公楼、住宅楼等共 0.22 亩不符合备案设施农用地用途。为此，县规划自然资源局依法向当事人下达责令限期整改通知书，同时启动对涉事公司非法占地行为的立案调查，并将另发现的涉嫌改变设施农业用地用途行为合并处置。随后，当事人主动拆除占用永久基本农田的消防水池等区域，恢复永久基本农田耕作条件，并完善其他区域用地手续。由此表明，社会监督在规划实施中也发挥着重要作用。

资料来源：中央生态环境保护督察信息公开（https://www.cq.gov.cn/zt/hbdc/bdbg/202406/t20240609_13280207.html）

8.1.3　规划实施监督的主要内容

国土空间规划实施监督是确保国家空间发展战略得以有效执行的关键环节。建立健全规划实施监督管理体系能够确保各级各类空间规划相互衔接，避免规划冲突和资源浪费，提高国土空间治理效率并强化治理效果。此外，加强监督管理还能及时纠正规划实施中的问题，助推生态文明建设和可持续发展。自然资源部于 2023 年 11 月发布的《关于加强和规范规划实施监督管理工作的通知》（自然资发〔2023〕237 号），强调要加强国土空间规划实施和用途管制监督管理，坚决守护法律底线和安全红线。总体来讲，规划实施监督主要涉及用途管制、条件审批、许可管理以及监测评估等内容。

1. 规划实施用途管制

国土空间规划是开展各类国土空间开发保护活动，实施国土空间用途管制的法定依据。规划实施用途管制的监督内容主要涉及总体规划和详细规划：①由于总体规划和详细规划是实施城乡开发建设、整治更新、保护修复活动和核发规划许可的法定依据。因此，不得以城市设计、城市更新规划等专项规划替代国土空间总体规划和详细规划，作为各类开发保护建设活动的规划审批依据。②国土空间总体规划具有战略引领和刚性约束作用，详细规划的编制和修改应当落实上位总体规划的战略目标、功能布局、空间结构、资源利用等要求，不得违反上位总体规划的底线管控要求和强制性内容。需要强调的是，经批准的详细规划应纳入国土空间规划"一张图"实施监督信息系统，作为规划实施监督全过程管理的重要依据。

2. 规划条件审批监督

根据国土空间规划"谁审批、谁监管"原则，县级以上人民政府自然资源主管部门应对国土空间规划的编制审批进行内容监管，主要包括：①核定规划条件，依据详细规划明确用地位置、面积、土地用途、容积率、绿地率、建筑密度、建筑高度、建筑退让、停车泊位以及公共服务、市政交通设施配建、城市设计、风貌管控等。对于乡村产业发展、乡村建设等乡村振兴用地，允许适当简化规划条件有关内容。②以有偿使用的方式供应国有建设用地使用权或集体经营性建设用地入市的，市县级自然资源主管部门应当依据详细规划核定规划条件，并将其作为出让公告、有偿使用合同、入市方案的组成部分。以划拨方式供应国有建设用地使用权或批准使用集体土地举办乡镇企业、建设乡（镇）村公共设施和公益事业的，依据详细规划核定用地的位置、面积、允许建设的范围，并将其纳入国有建设用地划拨决定书或集体建设用地批准文件。用地预审与选址意见书明确的规划要求达到规划条件深度的，可作为规划条件使用。未依法确定规划条件的地块，不得供应建设用地使用权。③市县级自然资源主管部门不得擅自改变规划条件。确需变更规划的，应当符合经依法批准的详细规划、法律法规以及相关规范的要求。变更内容不符合详细规划的，应当依法定程序修改详细规划后，方可办理规划条件变更手续。

3. 规划许可管理合法性

对规划许可合法性的监督主要包括以下几方面：①法律法规规定和由自然资源部公布的规划许可实施规范等各项要求。依据详细规划核发建设用地规划许可证、建设工程规划许可证（含临时），依据村庄规划、县或乡镇国土空间规划管理规定核发乡村建设规划许可证。同时，核发建设用地规划许可证，应当符合保护耕地和生态环境、节约集约用地的要求，不得违反城镇开发边界的管控要求。核发建设工程规划许可、乡村建设规划许可，应依据职责将涉及安全的要素作为审查重点，如不符合国家有关安全的强制性标准的，不予核发。②建设用地规划许可证、建设用地使用权有偿使用合同、国有建设用地划拨决定书及集体建设用地批准文件所明确的宗地土地用途、规划条件应严格一致，不得擅自改变。核发建设工程规划许可证前，应将建设工程设计方案的总平面图予以批前公示，经依法审定后不得随意修改；确需修改的，应当采取适当方式听取利害关系人的意见，并依法办理相应的变更手续。对开发经营类多宗出让地块实施统一规划的，建设工程设计方案相关指标应符合各宗地地块出让合同附具的规划条件，不得通过统一规划规避容积率等控制指标和配套要求。此外，明确改建、扩建项目重新办理建设工程规划许可的情形和程序。未依法依规取得规划许可，不得实施新建、改建、扩建工程，不得擅自改变土地用途。③规划核实监督。规划核实必须两人以上现场审核并全过程记录，核实结果应及时进行公开，接受社会监督，且通过规划核实的项目应纳入国土空间规划"一张图"实施监督信息系统。未取得规划许可或违反规划许可进行建设的项目，不得通过规划核实。采取隐瞒手段骗取通过规划核实或违法违规通过规划核实的，应依法纠正规划核实意见。未通过规划核实和不符合其他法定登记条件的，不予办理不动产登记。

4. 规划实施监测评估监督

国土空间规划实施监测评估主要包括以下几个方面：

违法违规许可行为监督。 地方各级自然资源主管部门要依托国土空间基础信息平台、国土空间规划实施监测网络和国土空间用途管制监管系统，结合国土调查监测和国土空间规划定期体检等工作，综合运用卫星遥感监测等技术手段，加强对国土空间规划实施情况的监督检查，通过"双随机、一公开"等方式对违法违规许可行为实施预警纠错，对建设项目未经许可或未按许可要求建设的情况进行严格监管，确保实施与规划、审批、许可内容的一致性。

建设行为监督。 依法查处违反国土空间规划和用途管制要求的建设行为。对属于地方自然资源主管部门查处职责的，依法及时予以查处；对不属于地方自然资源主管部门职责，而属于其他部门职责的，自然资源主管部门在发现或收到违法线索后，应及时移交其他部门查处，不得只审批不监管、只管合法不管非法、只备案不检查。

国家自然资源督察机构按照职责，对地方政府国土空间规划实施情况适时开展督察。对违法违规审批用地、发放规划许可，未取得规划许可或者未按照规划许可的规定进行建设，并造成严重后果的重大典型违法违规案件，自然资源部将依法开展挂牌督办、公开通报，并对相关责任主体进行约谈、问责。

8.2 国土空间规划编制监督概述

国土空间规划作为国家治理的重要抓手，是落实国家时代发展战略的关键工具。作为主体功能区规划、土地利用规划和城乡规划等"多规合一"的综合性规划，国土空间规划涉及多要素、多主体的复杂利益关系，其核心在于实现不同利益主体之间的协调共赢，构建既代表公共利益又符合国家长远可持续发展的安全、发展和共享的国土空间格局。因此，在编制过程中，须构建健全的监督管理机制，强化对规划编制内容和编制机构资质的监督，以提升规划编制的质量和科学性，确保空间规划在实施过程长期有效。

8.2.1 规划编制质量监管

国土空间规划编制质量监管主要指对国土空间规划编制的内容进行审查，确保其符合国家和地方发展战略和政策导向，纠正编制过程中可能存在的违规行为，确保规划的有效执行和落地，已成为推动国土空间规划体系化、科学化和法治化的关键。国土空间规划编制质量监管内容的要求可根据《自然资源部关于进一步加强国土空间规划编制和实施管理的通知》（自然资发〔2022〕186号）、《自然资源部关于全面开展国土空间规划工作的通知》（自然资发〔2019〕87号）、《需报国务院审批的国土空间规划审查办法》（国函〔2023〕20号）等文件，主要侧重于目标定位、底线约束、控制性指标、相邻关系等要求，以及报批成果形式的合规性等内容，保证国土空间规划编制符合既定的质量标准。当前，自然资源部对规划编制质量监管可分为省级国土空间规划和国务院审批的市级国土空间总体规划，并对其要点审查和质量控制作出了明确的规定。对于其他市、县、乡镇级国土空间规划编制的审查要点，需在此基础上，由各省结合地区的实际情况进行要点审查和质量把控监督。

1. 省级国土空间总体规划编制质量

省级国土空间规划主要是对全国国土空间规划纲要的落实，强调在一定时期内省域国土空间保护、开发、利用、修复的政策和总纲，在国土空间规划体系中发挥着承上启下、统筹协调的作用，具备战略性、综合性、协调性和约束性特征[1]。《自然资源部关于全面开展国土空间规划工作的通知》（自然资发〔2019〕87号）强调，省级国土空间总体规划审查要点包含国土空间开发保护目标、国土空间开发强度、主体功能区划分、城镇体系布局、生态屏障建设、地方特色展现、乡村布局、政策措施制定、对市县规划指导等九个方面内容。为此，对其规划编制质量的控制也应结合这九个方面，可从目标定位、底线约束、控制性指标分解落实以及相邻关系处理等各方面展开。

目标定位。重点在于国家发展战略和规划的落实，如国家发展规划、国家重大战略、区域协调发展、主体功能区战略、新型城镇化战略、乡村振兴等，统筹安全与发展总体格局。

底线约束。严守国土空间底线安全作为夯实高质量发展的重要基石，在规划编制中应强调国土空间三条控制线协调（生态保护红线、永久基本农田、城镇开发边界）、城市四线、自然灾害防御等内容。

控制性指标的分解落实。综合耕地和永久基本农田保护、生态保护红线规模、城镇开发边界扩展系数等核心内容，详细控制用水总量、森林覆盖率、湿地保护率、大陆自然海岸线保有率等指标，并明确传导落实要求。

相邻关系处理。规划编制质量应强调相邻省市之间的协调性，重大基础设施网络布局、城乡公共服务设施配置、生态系统、安全系统，以及区域、陆海、城乡、地上地下的统筹等核心内容。

2. 市级国土空间总体规划编制质量

市县级国土空间规划作为实现"两个一百年"奋斗目标所制定的发展蓝图和战略部署，是引导地方发展和合理配置空间资源的蓝图，起着承接上级意志、统筹本级安排、指导下级落实的作用[2]。市级国土空间规划应以人民为中心，注重城市发展理念的创新，实施高效能空间治理，促进高质量发展和高品质生活的提升。因此，对市级空间规划编制内容和质量的监督，除了应包含省级国土空间规划的内容细化

---

1. 王新哲，薛皓颖，姚凯.国土空间总体规划编制的关键问题：兼议省级国土空间规划编制[J].城市规划学刊，2022（3）:50-56.
2. 谢英挺，吴宇翔，魏立军.市级国土空间总体规划的效用与编制管控策略：空间治理视角的探讨[J].城市规划，2021, 45（6）:46-51, 116.

之外，还应包括：①国土空间规划分区和用途管制，如明确市域、中心城区、都市区等不同分区的功能定位，突出各空间和功能分区发展的侧重点和具体规划内容。②重大交通枢纽、重要线性工程网络、城市安全与综合防灾体系、地下空间、邻避设施等设施布局，以及城镇政策性住房和教育、卫生、养老、文化体育等城乡公共服务设施布局的原则和标准，发挥总体规划对各类专项规划的传导和约束作用。③城镇开发边界内，城市结构性绿地、水体等开敞空间的控制范围和均衡分布要求，各类历史文化遗存的保护范围和要求，通风廊道的格局和控制要求；城镇开发强度分区及容积率、建筑密度等控制指标，高度、风貌等空间形态控制要求。④中心城区城市功能布局和用地结构等。总之，市级国土空间规划编制应按照"问题诊断—目标设定—战略引领—布局优化—保障机制"的逻辑线路，因地制宜提出各地区空间治理和结构优化的对策。此外，为增强规划编制的质量，还应注重空间描述的准确性、图纸表达的清晰性和美观性等问题。

3. 县级国土空间总体规划编制质量

县级国土空间总体规划是对本行政区域开发保护作出的具体安排。根据《若干意见》《自然资源部关于全面开展国土空间规划工作的通知》，不需要报国务院审批的市县级国土空间总体规划，由各省（自治区、直辖市）结合各地实际情况制定质量审查要点。江苏省泗洪县、沭阳县、泗阳县等6个县级国土空间总体规划于2023年9月获批，是全国首批正式获批的县级国土空间总体规划。根据批复，可将其质量审查归结为以下几点：

以人民为中心。 统筹发展和安全，促进人与自然和谐共生，深化实施国家和省重大发展战略。例如，兴化市着力建成江苏省历史文化名城、苏中地区重要工贸城市、里下河田园水乡旅游城市；靖江市着力打造苏中智能制造基地、滨江宜居港口城市；泰兴市将着力建成扬子江畔先进制造业基地、江苏中轴跨江融合节点、沿江美丽宜居城市；沭阳县将着力建成中国花木之都、江淮生态经济区重要支点城市。

优化国土空间开发保护格局。 通过促进农业空间结构优化，推动农业安全、绿色、高效发展；加强生态空间的保护和管控，开展生态修复，持续推进生态文明建设；构建等级合理、协调有序的城镇体系，加强城乡融合发展，优化镇村布局，推进宜居宜业和美乡村建设；严守城镇开发边界，严控新增城镇建设用地，做好分阶段时序管控。此外，加大存量用地挖潜力度，推动地上地下空间复合利用，提高土地节约集约利用水平。

提升城乡空间品质，构建现代化基础设施体系。优化中心城区空间结构和用地布局，统筹布局教育、文化、体育、医疗、养老等公共服务设施，合理安排居住用地，推进社区生活圈建设；严格城市蓝线、绿线管控，系统建设公共开敞空间，稳步推进城市更新；落实历史文化保护线管理要求，保护好各级文物保护单位及其周围环境，保护和传承非物质文化遗产；强化城市设计、村庄设计，优化城乡空间形态，彰显富有地域特色的城乡风貌；完善城乡各类基础设施建设，提升基础设施保障能力和服务水平；健全公共安全和综合防灾体系，保障城市生命线稳定运行，提高城市安全韧性。

8.2.2 规划编制机构资质监管

规划编制机构资质主要指证明单位是否具备从事国土空间规划编制业务的资质，可分为城乡规划编制单位资质和土地规划编制单位资质两类。其中，城乡规划编制单位资质由自然资源主管部门核发；土地规划编制单位资质证书由土地规划机构推荐，如中国土地学会、各省土地学会等。规划编制单位资质的取得主要是依据单位是否有法人资格、专业技术人员、注册城乡规划师数量、近些年独立承担相关规划，以及固定场所、技术、质量、安全、保密、财务等管理制度等内容进行等级认定，且不同等级单位承担的规划业务也存在差异。目前，为贯彻落实"多规合一"改革精神，已将两者统一修改为城乡规划（国土空间规划）编制单位资质，允许 2025 年 12 月 31 日前按照相关要求承担相关国土空间规划编制业务。

1. 规划编制机构资质监管历程

根据《城市规划编制单位资质管理规定》《城乡规划编制单位资质管理规定》《城乡规划编制单位资质管理办法》，可将城乡规划编制机构资质监管划分为城市规划（2001—2012 年）、城乡规划（2012—2018 年）和国土空间规划（2019 年至今）三个演变阶段（图 8-1）。不同阶段的单位资质标准、等级划分、业务范围和监督管理内容存在一定差异。

1）城市规划编制单位资质时期（2001—2011 年）：实行资质年检制度

为加强城市规划编制单位的管理，确保城市规划编制质量，2001 年 1 月，建设部发布《城市规划编制单位资质管理规定》，明确指出县级以上城市规划行政主管部门负责该行政区内城市规划编制单位的资质管理工作。从编制能力、高级技术

图 8-1 国土空间规划编制机构资质发展历程
注：2012—2018 年未出台新文件，而是对 2012 年的文件进行修正。

职称人员数量、注册资金、固定场所等方面，将城市规划编制单位资质划分为甲、乙、丙三个等级，明确规定不同等级单位在城市规划中所能承担的任务。例如，乙级城市规划编制单位在全国范围内仅承担 20 万人口以下城市总体规划、各类专项规划的编制，以及详细规划的编制，并研究拟定大型工程项目规划选址意见书。这一时期，县级以上城市规划行政主管部门负责对规划编制单位进行监管，主要包括：①甲、乙级城市规划编制单位跨省、自治区、直辖市承担规划编制任务时，取得城市总体规划任务后，应向任务所在地的城市规划行政主管部门备案。②甲、乙等级城市规划编制单位跨省设立的分支机构，凡属于独立法人性质的机构，应申请《资质证书》；对于非独立法人的机构，不得以分支机构名义承揽业务。③对于无《资质证书》的单位和个人，不得以任何名义承接城市规划编制任务。④对发证部门或者其委托的机构进行城市规划编制单位实行资质年检制度。其中，未按照规定进行年检或者年检不合格的单位，应责令其限期办理或者整改。⑤提交的规划编制成果，应符合国家有关城市规划的法律法规和规章，符合与城市规划编制有关的标准和规范，并应当在文件扉页注明单位资质等级和证书编号。

2）城乡规划编制单位资质（2012—2018年）：建立信用档案信息制度

随着全球城市化进程的加快，城市与乡村之间的关系变得愈加复杂和紧密。传统的城市规划主要集中于城市内部的空间布局、基础设施建设和环境管理，割裂了城乡之间的交流联系。然而，城市扩张和乡村发展往往互有影响，城市规划模式难以应对这种动态变化和挑战。因此，城乡规划的提出和实施成为一种必要趋势，不仅有助于缓解城市与乡村之间的矛盾，还能推动区域综合协调和可持续发展，为实现更高质量的生活环境和经济发展奠定基础[1]。2012年7月，为加强对城乡规划编制单位的管理，住房和城乡建设部发布《城乡规划编制单位资质管理规定》，重新对编制单位资质甲、乙、丙三个等级认定标准进行了调整。相较于之前城市规划编制单位，城乡规划甲级规划单位资质要求有法人资格、专业技术人员不少于40人、注册规划师不少于10人以及400平方米的固定工作场所等更高的要求，且对高级职称人员或者注册规划师的年龄（70岁以下）有着额外的规定。其中，甲和乙级规划编制单位60岁以上高级职称和注册规划师人员分别不应超过4人和2人。在监督管理方面，该时期规划编制单位资质仍由县级以上地方人民政府城乡规划主管部门负责，与之前监督内容存在不同：①对两个以上城乡规划编制单位合作编制城乡规划进行明确界定，明确指出资质等级较高的一方应对编制成果质量负责。②资质许可机构可以依法对城乡规划编制单位进行检查，例如检查单位提供资质证书，有关人员的职称证书、注册证书、社会保险证明等，以及有关规划编制成果、档案和财务管理等内部管理制度文件。③在监督检查时，应有两名以上监督检查人员参与，且不得妨碍单位正常的经营活动，并将处理结果向社会公布。④对城乡规划编制单位资质撤销和注销的具体情况进行规定。例如，资质许可机关机构人员滥用职权做出的准予单位资质许可，可以撤销其编制单位资质。⑤建立规划编制单位的信用档案信息，如单位基本情况、业绩、合同履约等情况。

3）国土空间规划编制单位资质时期（2019年至今）：多规合一深度改革

随着国务院机构改革，为进一步激发市场主体活力，深化"放管服"改革，国务院推行"证照分离"改革全覆盖。2021年5月，国务院印发《关于深化"证照分离"改革进一步激发市场主体发展活力的通知》，将城乡规划编制单位资质由甲乙丙三级调整为两级，取消丙级资质，并相应调整乙级资质的许可条件。同时，为加强编制单位资质管理，实行"双随机、一公开"监管制度，重点监管违反国土空间规划、未落实约束性指标和刚性管控要求的机构，并建立有关企业信用记录，依法

---

1. 孟庆，马兵. 规划由"城市"向"城乡"转变的思考[J]. 规划师，2008（5）:52-55.

依规对失信主体开展失信惩戒。随后，为贯彻落实党中央"多规合一"改革精神，提升国土空间规划编制的科学性，自然资源部于2023年6月，根据《土地管理法》《城乡规划法》《土地管理法实施条例》等法律法规，起草了《城乡规划编制单位资质管理办法》，并于2024年正式发布。这一时期，甲级资质和乙级资质分别由国务院自然资源主管部门和省级自然资源主管部门审批，且县级以上自然资源主管部门负责其行政区内的城乡规划（国土空间规划）编制单位资质的监管工作，规定初次申请应从乙级资质开始，取得资质证书满两年方可申请甲级资质。此外，对于甲级资质单位中具有高级职称的专业类别人员数量提出了更详细的要求，且对前5年内的牵头和独立完成相关规划的总费用进行规定。该时期监督内容与之前不同之处包括：①规划编制单位及其项目负责人、技术负责人对规划编制成果是否符合有关法律法规和规章规定要求终身负责，同时两个及以上规划编制单位编制的国土空间规划，由牵头单位对编制成果质量负总责，其他单位按照合同承担其相应责任。②申请人若存在隐瞒有关情况或者提供虚假材料申请资质，不予受理申请或者不予同意资质审批，且1年内不得再次申请资质。③存在涂改、倒卖、出租、出借或者以其他形式非法转让资质证书，责令限期改正，并处10万元罚款；若造成损失或构成犯罪的，依法承担赔偿责任，并追究其刑事责任。④监管自然资源主管部门及其工作人员行为，对存在不符合条件的申请人同意批准资质或者超越法定职权批准资质的、对符合法定条件的申请人不予同意资质审批或者未在法定期限内作出同意审批决定的等情况，依法给予处分。

2. 规划编制机构资质的监管内容

规划编制单位资质作为实施规划行业管理的重要抓手，也是保障国土空间规划编制质量、推进国土空间规划专业队伍建设和行业管理的重要制度安排。为贯彻落实"多规合一"，提升国土空间规划编制的科学性，2024年1月，自然资源部印发《城乡规划编制单位资质管理办法》（国土空间规划）文件，对现行的国土空间规划编制单位资质认定标准、审批流程、承担业务和监督管理内容给予了明确的规定，并强调县级以上人民政府自然资源主管部门负责该行政区内城乡规划（国土空间规划）编制单位资质的监管管理工作。首先，该文件指出城乡规划（国土空间规划）编制单位资质分为甲、乙两级，二者认定标准的差异在于专业技术人员数目、注册城乡规划师数目和固定场所面积（表8-1）。此外，对于甲级资质而言，要求在申请之日5年内应牵头或独立承担并完成相关空间类规划项目不少于5项，且项目总经费不低于600万元。

表 8-1　城乡规划编制机构资质认定标准

资质等级认定标准	法人要求	专业人员配置要求	制度要求	项目业绩要求	工作场所要求	审批单位
甲级资质	具有独立法人资格	专业技术人员不少于40人。其中，具有城乡规划、土地规划管理相关专业高级技术职称的分别不少于1人，共不少于5人；具有道路交通、给水排水、建筑、电力电信、燃气热力、地理、风景园林、生态环境、经济、地理信息、海洋、测绘、林草、地质相关专业高级技术职称的总人数不少于5人，且不少于4个专业类别。具有城乡规划、土地规划管理相关专业中级技术职称的分别不少于2人，共不少于10人；具有其他专业中级技术职称的不少于15人，其中具有道路交通、给水排水、建筑、电力电信、燃气热力、地理、风景园林、生态环境、经济、地理信息、海洋、测绘、林草、地质相关专业中级技术职称的总人数不少于10人；注册城乡规划师不少于10人。	有健全的技术、质量、经营、财务管理制度并得到有效执行。	在申请之日前5年内应当牵头或者独立承担并完成相关空间类规划项目不少于5项，且项目总经费不低于600万元。成立不满5年的，业绩要求按已满年度等比例计算。	有400平方米以上的固定工作场所。	国务院自然资源主管部门
乙级资质	具有独立法人资格	专业技术人员不少于20人。其中，具有城乡规划、土地规划管理相关专业高级技术职称的分别不少于1人；具有道路交通、给水排水、建筑、电力电信、燃气热力、地理、风景园林、生态环境、经济、地理信息、海洋、测绘、林草、地质相关专业高级技术职称的总人数不少于2人。具有城乡规划、土地规划管理相关专业中级技术职称的分别不少于1人，共不少于5人；具有其他专业中级技术职称的不少于10人，其中具有道路交通、给水排水、建筑、电力电信、燃气热力、地理、风景园林、生态环境、经济、地理信息、海洋、测绘、林草、地质相关专业中级技术职称的总人数不少于5人；注册城乡规划师不少于3人。	有健全的技术、质量、经营、财务管理制度并得到有效执行。	—	有200平方米以上的固定工作场所。	所在地省级自然资源主管部门

注：国土空间规划编制机构可以聘用70周岁以下的退休高级职称技术人员或者注册城乡规划师，甲级资质机构不超过2人，乙级资质机构不超过1人。隶属于高等院校的规划编制机构，专职技术人员不得低于技术人员总数的70%；其他规划编制机构的专业技术人员应当全部为本机构专职人员。

监督的主要内容包括可分为规划编制单位分支机构独立法人资格、国土空间规划编制成果、编制单位基本信息、风险预警和信用、资质证书、承担业务情况、编制单位资质，以及自然资源主管部门及其工作人员的行为（表8-2）。与之前相比，《城乡规划编制单位资质管理办法》明确了对违反管理办法的罚款要求。例如，以欺骗、贿赂等不正当手段取得资质证书的，由原审批自然资源主管部门吊销其资质证书，并处10万元罚款，3年内不得再次申请资质；涂改、倒卖、出租、出借或者以其他形式非法转让资质证书的，责令限期改正，并处10万元罚款；造成损失的，依法承担赔偿责任；涉嫌构成犯罪的，依法追究刑事责任。此外，该管理办法也增加了对自然资源主管部门及其工作人员的监督内容，对存在不符合条件的申请人同意批准资质或者超越法定职权批准资质的等多个情形之一的，依法给予处分。

表8-2　城乡规划编制机构资质主要监管内容

监管内容	监管措施或惩处
分支机构	具有独立法人资格的，可以申请资质证书，否则不得以分支机构名义承担规划编制业务。
国土空间规划编制成果	编制成果应符合有关法律法规和规章的规定，符合有关标准、规范和上级国土空间规划的强制性内容。规划编制单位应当在规划编制成果文本扉页注明牵头单位资质等级和证书编号。规划编制单位及其项目负责人、技术负责人对规划编制成果是否符合上述要求终身负责。两个及以上规划编制单位合作编制国土空间规划，由牵头单位对编制成果质量负总责，其他单位按照合同约定承担相应责任。
编制单位基本情况、人员信息、业绩、合同履约、接受行政处罚等情况	建立城乡规划（国土空间规划）编制单位信用记录。
规划编制单位的风险预警和信用	大数据等技术手段。
隐瞒有关情况或虚假材料	以欺骗、贿赂等不正当手段取得资质证书的，由原审批自然资源主管部门吊销其资质证书，并处10万元罚款，3年内不得再次申请资质。
资质证书	涂改、倒卖、出租、出借或者以其他形式非法转让资质证书的，责令限期改正，并处10万元罚款；造成损失的，依法承担赔偿责任；涉嫌构成犯罪的，依法追究刑事责任。
超越资质等级承担国土空间规划编制业务，或者违反国家有关标准	定期监管，处以项目合同金额1倍以上2倍以下的罚款；情节严重的，降低其资质等级或吊销资质证书，并依法承担赔偿责任。
编制单位管理信息系统	责令限期改正，逾期未改正的，可以处1 000元以上10 000元以下的罚款。
编制单位资质	定期检查，自然资源主管部门工作人员滥用职权、玩忽职守同意批准资质的；超越法定职权审批资质的；违反法定程序审批资质的；对不符合条件的申请人同意批准资质的；依法可以撤销资质证书的其他情形。
编制单位资质批后监管	定期监管是否符合资质条件。
自然资源主管部门及其工作人员	对不符合条件的申请人同意批准资质或者超越法定职权批准资质的；对符合法定条件的申请人不予同意资质审批或者未在法定期限内作出同意审批决定的；对符合条件的申请不予受理的；利用职务上的便利，索取或者收受他人财物或者谋取其他利益的；不依法履行监督职责或者监督不力，造成严重后果的。

8.3 国土空间规划实施监测与评估

国土空间规划实施监测与评估是政府了解空间政策工具影响、保障战略目标实现的重要手段。建立科学空间规划监测与评估体系，是确保规划有效实施的必要前提。随着信息技术的不断发展，国土空间监测手段经历了从传统统计到数字化，再到数智化的转型，监测内容由城市空间延展到山水林田湖草沙等自然资源，且更加注重规划实施的实时监测和定期评估，为全过程监督管理提供重要的数据支撑。本节主要讲述规划实施监测评估的演进过程、基本内涵及其主要内容。

8.3.1 规划实施监测与评估研究进展

1. 土地资源调查监测阶段（1984—1997年）：传统统计

新中国成立初期，我国为统一划分和分配农村土地开展了丈量评估工作。然而，随着改革开放和家庭联产承包责任制的普遍推行，土地概查的深度、广度和精度未能满足国家经济建设的需求，影响了我国国民经济计划和有关政策的制定。1984年5月，国务院印发了《国务院批转农牧渔业部、国家计委等部门关于进一步开展土地资源调查工作的报告的通知》（国发〔1984〕70号），标志着第一次全国土地调查开始。文件强调，准确的人口和土地数据资料，是编制国民经济计划、制订有关政策的重要依据，目标在于全面摸清我国土地资源的类型、数量、质量、分布和利用状况，并作出科学评价。同年9月，全国农业区划委员会制定了《土地利用现状调查技术规程》，以县为调查单位，盘查全国各种土地利用状况，为全面管理土地等各项工作提供服务。1986年2月，国家土地管理局正式设立，负责土地资源调查评价工作。同年6月，《土地管理法》颁布，规定"建立土地调查统计制度"，预示着我国土地资源调查正式步入新阶段。这次调查统计主要以大比例尺地形图和航片影像作为底图，结合野外调查测绘，结束了长期以来土地资源家底不清、数据不实的历史[1]。这一时期，土地监测最为关注的两个数字为耕地面积以及城市发展对耕地影响。首先，经详查全国耕地总面积约为20亿亩，人均仅为1.68亩，不足世界人均耕地占比的一半；其次，城镇和农村居民点用地为2.7亿亩，人均为153平方米（0.23亩），人均面积占比超过有关标准。以上充分反映了我国人多地

---

1. 冯文利，吴海平，曾珏，等. 以"业务引领+科技赋能"驱动自然资源调查监测发展[J]. 中国土地，2023（8）：24-29.

少的基本国情，以及城市盲目扩张的现象。

总体来讲，该时期采用的基础图件由各县和测绘部门收集，多是不同比例尺的普通航摄照片和部分正射影像图，且航片较多为1980—1987年期间拍摄。然而，由于系统软件落后、计算机应用技术不够成熟，大部分内业工作是由人工操作，如航片转绘、编图绘图等，这均影响了监测评估的进度和质量。尽管此次调查历时十三年，其取得的成绩却十分瞩目，建立了土地调查、统计和登记制度，为现代土地信息化管理奠定了坚实基础。

2. 国土资源大调查阶段（1998—2007年）：数字化基础

国土资源是经济社会可持续发展的重要基础。20世纪90年代，随着经济的快速发展，国土资源领域面临了一系列突出的矛盾和问题。例如，国土资源紧缺、资源利用方式粗放、资源开发利用的区域差异显著，且经济发展与生态环境保护之间缺乏有效的协调机制，这些问题严重威胁了国土资源的可持续利用[1]。为应对这些挑战，原国土资源部成立，并启动了新一轮国土资源大调查工作。2000年5月，原国土资源部印发《土地利用规划实施管理工作若干意见》（国土资发〔2000〕144号），明确提出结合信息技术和遥感监测技术，加强规划实施的动态管理，特别是对重点城市和经济发达地区的规划实施进行遥感动态监测，推动国土空间数字化管理。2005年，国土资源大调查"十五"规划实施情况评估顺利完成。此次评估采用了定性与定量、单位自评与专家评议相结合的方式，重点对比了国土资源大调查"十五"规划中确定的基础调查、土地资源监测调查、矿产资源调查评价、地质灾害调查与监测、数字国土、资源调查与利用技术等方面，进行规划目标实现程度、重点任务执行情况和成果应用效果的综合评价。评估报告认为，此次评估基本圆满地完成了规划确定的目标任务，并取得了一批重要成果。具体包括：①全国陆域中比例尺区域地质调查全覆盖，完成19个省（自治区、直辖市）多目标地球化学调查评价；②首次实现了50万人口以上城市土地利用遥感动态监测，完成了全国耕地后备资源调查评价；③完成了全国新一轮地下水资源评价；④全面开展了地质灾害监测预警，完成了700多个县（市）的地质灾害调查与区划。总体来看，此次国土资源大调查引进和研发了一批先进的国土资源调查评价设备和关键技术，完善了土地利用动态监测体系和地价动态监测体系，初步建立了支撑国土资源工作的基础数据库管理体系，为土地宏观调控、经济建设和国土资源数字化管理提供了重要基础信息。

---

1. 姜志德，姜爱林.论土地资源可持续利用的战略目标与原则［J］.求实，1998（9）:23-24.

3. 国土资源综合管理阶段（2008—2016 年）：数字化管理

随着城市建设用地总量的持续增长和低成本工业用地的过度扩张，违法违规用地、滥占耕地等现象屡禁不止。如何有效监测全国土地利用动态变化，并利用数字化信息平台提供智能化服务，成为国土空间综合管理的关键。2008 年，《土地调查条例》的颁布实施，规定"每 10 年进行一次全国土地调查""每年进行土地变更调查"，实现了土地调查从行政化向法治化的根本性转变，标志着国土资源监测事业进入了一个崭新的时代。同年，《城乡规划法》开始施行，确立了规划实施评估的法定地位。2009 年，住房和城乡建设部制定了《城市总体规划实施评估办法（试行）》，主要评估城市发展和空间布局是否与规划一致、规划阶段性目标落实情况、各项强制性内容的执行情况、决策机制的建立和运行情况，以及土地、交通、产业等相关政策对规划实施的影响，为综合评估城市规划成效提供了指引。此外，自 2010 年起，原国土资源部连续开展年度全国土地变更调查与遥感监测，及时掌握全国土地利用变化情况，并对国家关注的重点地区、重点工作和热点问题开展应急监测，形成了"空、天、地"一体化、全天候的监测监管体系，实现了调查成果管理的数字化，建成了国土资源管理"一张图"和"批、供、用、补、查"综合监管平台，推动了监管方式从"以数管地"到"以图管地"的重大转变。2012 年，全国国土资源信息化工作会议提出，以"全面实现网上办公、网上审批、网上监管、网上交易和网上服务"为抓手，实现国土空间从数字化到智慧化嬗变，增强全程监管能力和管理决策的科学化水平。这一阶段，随着物联网、互联网、云计算、大数据等技术发展，国家在动态管理和实时监控方面取得了显著进展，构建了集数据精准化、业务联动化、监管全程化、决策科学化、服务集群化为一体的国土资源管理决策大平台。同时，强化对规划实施效果的跟踪和评估，确保规划目标实现和资源合理配置。与此同时，注重评估机制的完善，建立了科学的评估指标体系，推动了从传统信息收集到智能化数据分析和决策支持系统的转型，为后续规划调整和政策优化提供了有力支持。

4. 自然资源统一监测评估阶段（2017 至今）：数智化转型

2017 年 10 月，国务院发文部署开展第三次全国土地调查工作。同年 9 月，中共中央、国务院在批复《北京城市总体规划（2016 年—2035 年）》中指出，"建立城市体检评估机制，完善规划公开制度，加强规划实施的监督考核问责"。因此，北京市率先建立了"一年一体检、五年一评估"的城市体检评估机制，成为国土空间规划全生命周期管理的重要组成部分。2018 年 3 月，自然资源部正式挂牌，被赋予"两统一"职责。为适应新时代自然资源管理和生态文明建设的需求，第三次全国国土调查以"3S"技术为基础，进一步融合了移动互联网、云计算、无人机和人工智能等新兴技术，构建了全国统一的"国土调查云"平台，旨在全面查清各类自然资源的规模及空间布局[1]。至此，国土资源调查监测工作已逐步转变为自然资源统一调查监测。2019年5月，《若干意见》进一步提出"建立国土空间规划定期评估制度""依托国土空间基础信息平台，建立健全国土空间规划动态监测评估预警和实施监管机制"，使得国土空间规划的监测与评估再次被提上日程。2020年，自然资源部出台了《自然资源调查监测体系构建总体方案》，明确了构建统一自然资源调查监测体系的目标，常规开展年度全覆盖遥感监测与国土变更调查，以及日常变更调查、土地卫片执法日常监测、年度全国林草湿调查监测等工作。此外，为进一步评估国土空间规划实施情况，促进国土空间全周期监督管理。2021年7月，自然资源部印发了《国土空间规划城市体检评估规程》，从安全、创新、协调、绿色、开放、共享6个维度设置城市体检评估的具体指标，旨在及时发现城市品质的短板，提升治理水平。2023年9月，自然资源部办公厅印发《全国国土空间规划实施监测网络建设工作方案（2023—2027年）》，强调以"数字化""网格化"支撑实现国土空间规划全生命周期管理"智能化"，高效服务新发展格局和城乡高质量发展，推动美丽中国数字化治理体系构建和绿色智慧的生态文明建设。总体来讲，这一时期我国的资源调查监测从"国土资源"到"自然资源"，统一开展各类调查监测、分析评估及成果应用，实现在各类自然资源和国土空间的动态化监测及场景化管理应用，并结合人工智能等技术手段，数智赋能国土空间规划路径的选择，标志着我国自然资源调查监测工作的智能化全面转型升级。

8.3.2 规划实施监测与评估概念内涵

随着全国各级国土空间规划成果陆续获批，工作重点转向于空间规划的实施监督。国土空间规划实施监测与评估是保障规划实施监督、促进国土空间治理能力现代化的重要手段，也是统筹规划实施、制定近期建设规划与年度计划安排、完善国土空间规划动态调整的重要依据，主要包括规划实施的动态监测和定期评估两个方面[2-3]。当前，国土空间规划实施的监测评估工作仍处于初级阶段，有必要结合自然资源保护利用、国土空间用途管制、耕地保护、生态修复、权益保障等主体业务，开

---

1. 徐红. 从调查、核查、检查到督察——高新技术赋能守住"三调"成果真实性"生命线"——访国务院第三次全国国土调查办公室副主任、总体技术组组长、中国国土勘测规划院院长高延利［J］. 中国测绘，2021，（9）:15-19.
2. 王晓莉，胡业翠，牛帅，等. 国土空间规划实施监测评估指标体系构建的探讨［J］. 中国土地，2024，（2）:32-35.
3. 詹美旭，王龙，王建军. 广州市国土空间规划监测评估预警研究［J］. 规划师，2020，36（2）:65-70.

发相应的监测评估设施装备。从"全生命周期"角度出发，探索目标导向的评估方法、技术体系和评价机制，明确监测评估预警的概念内涵，实现对国土空间体征的动态感知和规划实施效果的科学评估。一方面，通过获取长时间序列的动态监测信息，对国土空间开发利用现状以及规划实施成效、目标等进行动态评估，从而精准判断规划是否合乎预期设定，为国土空间规划编制动态调整完善、底线管控等提供依据；另一方面，通过对监测的国土空间要素变化情况或规划评估的状态分析，结合一定的预警规则，对有突破重点管控边界或约束性指标风险的情况及时预警，便于部署相应的行动决策。通过持续的监测评估预警，形成国土空间规划监督监管闭环，从规划"感知"到"决策"的行动路线，助力"可感知、能学习、善治理、自适应"智慧规划目标的实现[1]。

规划实施监测是指立足国土空间系统基础理论，利用科学布点方法构建多层级监测网络体系。通过设计一套科学合理的监测指标，构建常态化监测与诊断系统，以获取长时序、动态性、精细化、多要素、多尺度国土空间系统监测数据。同时，借助国土空间大数据平台构建与智能化分析，对国土空间格局和功能演变进行系统诊断，实现对高强度国土开发背景下的自然资源全面感知。规划实施监测涵盖了规划编制、审批、修改和实施监督全周期，重点在于监测的实时性，尤其是对重要管控边界以及约束性指标而言，需要快速广泛地采集多源数据，为动态分析国土空间要素变化提供支撑。监测是国土空间规划监督监管的基础，通过多样化的信息采集手段，实时获取国土空间诸多要素的变化，从而实现对国土空间保护和开发利用行为的全流程监管，因此监测本质上是对国土空间的感知，而感知的目的则是为了更好地评估与预警[2]。

规划实施评估是指根据特定的价值标准对规划目标和实施效果进行综合分析和判断的过程，重点在于评估规划实施的有效性。《国土空间规划"一张图"实施监督信息系统技术规范》（GB/T 39972—2021）明确指出，规划实施监测评估的核心是依托实时采集和接入的多源数据，动态监测和评估国土空间开发保护现状和规划实施情况，以实现"可感知，能学习、善治理、自适应"国土空间数智化转型。此外，定期评估应对底线管控、结构效率等多维度的规划评估指标进行精准分析，确保评估的精准性与常态化，满足"一年一体检，五年一评估"的要求，便于掌控国土空间开发保护现状与实施情况。

---

1. 张鸿辉，洪良，罗伟玲，等.面向"可感知、能学习、善治理、自适应"的智慧国土空间规划理论框架构建与实践探索研究［J］.城乡规划，2019（6）:18-27.
2. 钟镇涛，张鸿辉，刘耿，等.面向国土空间规划实施监督的监测评估预警模型体系研究［J］.自然资源学报，2022，37（11）:2946-2960.

8.3.3 规划实施监测与评估主要内容

1. 规划实施监测主要内容

国土空间规划实施监测工作主要以土地利用现状为依据，在变更调查成果地类基础上进一步细化相关地类，确定监测要素的空间位置、占地范围、面积（长度）、相关属性等，掌握城市建设总量、用地结构、基础设施和服务功能等情况，支撑城市建设用地细化、规划编制及调整、城市体检评估和用途管制等国土空间治理工作。

1）常规监测

常规监测是指围绕规划目标，对国土空间定期开展的全覆盖动态遥感监测，及时掌握国土空间年度变化等信息，支撑基础调查成果年度更新，服务年度自然资源督察执法以及各类考核工作等[1]。以年度城市国土空间监测为例，将上年度国土变更调查成果为底图，依据本年度高分辨率遥感影像和最新的相关专题资料，结合实地调查等工作，进一步细化相关地类和补充相关监测要素，掌握城市建设总量、用地结构、基础设施和服务功能等情况，满足国土变更调查日常变更、耕地保护、国土空间规划编制及实施监督、城市体检评估、用途管制、开发利用、生态保护修复、督察执法、林草湿保护等自然资源管理和生态文明建设需要。监测内容包括城市住宅、教育、医疗、文体、交通、公用设施、公园绿地、殡葬设施、水利设施、安全韧性、建筑、城市更新等国土空间要素情况。

2）专题监测

专题监测是针对地表覆盖和某一区域、某一类型空间要素的特征指标进行动态跟踪，掌握地表覆盖及自然资源数量、质量等变化情况，主要包括以下4个方面：①围绕国家对耕地和永久基本农田保护红线、生态保护红线、城镇开发边界三条控制线严格管理、监督、考核的需要，对三条控制线开展监测；②围绕京津冀、长江经济带、粤港澳大湾区、长三角、黄河流域等国家重点战略区域开展监测；③围绕用地监管，对涉及自然资源管理的重大工程建设情况、已供土地、临时用地、备案设施农用地使用情况，以及采矿损毁土地情况开展监测；④围绕生态保护修复治理情况，对国家公园、山水林田湖草沙一体化保护和修复工程、新增矿山修复工程、历史遗留废弃矿山生态修复、红树林保护、国家湿地公园等开展监测。

---

1. 吴次芳，吴宇哲，彭毅，等. 空间治理［M］. 北京：地质出版社，2022.

3）应急监测

应急监测是对社会关注的焦点和难点问题，组织开展应急监测工作，第一时间为决策和管理提供第一手资料和数据支撑。其包括突发环境事件应急监测、对公共安全事件、自然灾害事件的应急监测等。以自然灾害事件应急预测为例，围绕地质、水灾、农业、气象、地震、森林防火等自然灾害，结合自然灾害风险普查和隐患排查中识别重大风险与隐患区域，构建覆盖重大风险隐患的多层级自然灾害监测预警体系，实现监测数据全面汇聚，提高风险早期识别能力和预警预报研判水平的全过程监测。

2. 规划实施评估主要内容

1）规划内容评估

围绕国土空间规划展开，对国土空间规划主要内容的完整性、协调性、科学性进行评估，包括战略目标、空间格局、要素配置、国土整治、分解落实、政策措施、平台系统等内容。其中，战略目标包括国家战略目标定位落实情况、规划指标体系；空间格局包括农业空间、生态空间、城镇空间、地下空间、集中建设区布局、城镇体系、乡村振兴、生态保护格局、交通基础设施网络、历史文化保护格局等空间格局、主体功能布局，以及永久基本农田、生态保护红线、城镇开发边界、历史文化保护线等规划控制线管控内容；要素配置包括山水林田湖草沙（海）等自然资源保护与利用，以及综合交通、市政基础设施、城市安全与防灾减灾、公共服务设施、景观风貌、历史文化、城市更新等城乡发展要素配置；国土整治包括山体综合修复、水环境整治、林业生态整治、土壤环境治理、海洋生态保护与修复等生态修复内容，以及建设用地整理、存量建设用地盘活、农用地整治等国土综合整治内容；分解落实包括对上位规划目标、指标的传导、分区分阶段规划指引、下位规划传导指引；政策措施包括传导机制及规划保障机制；平台系统包括国土基本信息平台建设及规划监测评估预警管理系统建设。

2）规划实施效果评估

规划实施效果评估从目标完成、空间落实、利用效率、用途管制、空间治理、实施管理以及规划适应性等方面，系统评估主要成效和存在的突出问题。核心在于考察规划实施结果与规划目标之间的相互关系，评价现行规划产生的效果。同时针对规划主要内容的现状实施情况，开展公众满意度调查，了解公众满意度，从而对规划实施的效果进行综合评价。

3）规划实施过程评估

规划实施过程评估不仅作为一种反馈机制，更是切实落实规划目标任务的监督机制，有助于发现规划实施遇到的风险和困难，找准落实规划的短板，利于规划路径的调整。主要内容包括：①对与国土空间规划体系中的相关重大规划、配套政策，以及政策实施效果与影响进行评估。②对是否完善下层次规划编制，发挥规划的传导作用，建立完善的规划动态实施评估、监测预警考核等机制进行评估。③对是否制定相应的规划配套政策及成效评估。

8.4 国土空间规划实施监察

国土空间规划实施监察是对规划执行情况进行监督和审查的重要环节，旨在确保规划有效落实，保障国土资源的合理开发与利用。规划实施监察作为对自然资源和规划全过程管理中法律法规的监督检查，属于行政执法活动，并具有行政监察的性质。本节重点介绍规划实施监察的基本内涵、职责权力及其形式。

8.4.1 规划实施监察概念内涵

1995 年 6 月，国家土地管理局发布《土地监察暂行规定》，将土地执法监察定义为"土地管理部门依法对单位和个人执行和遵守国家土地法律法规情况进行监督检查以及对土地违法者实施法律制裁的活动"，并强调国家土地管理局主管部门和县级以上地方人民政府土地管理部门分别主管全国土地监察、本行政区域内土地监察工作。随后，原国土资源部和自然资源部相继印发《国土资源执法监督规定》（2018 年 1 月）和《自然资源执法监督规定》（2020 年 3 月），将"土地执法监察"修改为"自然资源执法监督"，指的是"县级以上自然资源主管部门依照法定职权和程序，对公民、法人和其他组织违反自然资源法律法规的行为进行检查、制止和查处的行政执法活动"。

规划实施中的监察指对国土空间规划落实情况所存在的问题的监督，更多强调的是自然资源执法监督。它是指行政主管部门依法对本行政区内的一切机关、团队、单位和个人执行和遵守自然资源相关法律法规情况进行监督检查，并对违法者实施法律制裁的行政执法活动，例如建设用地审批行为、土地的开发利用行为、基本农田保护行为等合法性进行监督监察[1]。监察的主体是县级以上人民政府自然资源主管部门，监察的对象是管理相对人，即一切与规划实施发生法律关系的机关、团体和个人，还包括享有国土空间规划管理权的地方各级人民政府及自然资源行政主管部门。监察的内容主要对国土空间规划法律法规的实施情况进行监督监察，并对违反相关法律法规的行为实施法律制裁。

规划实施监察是落实国土空间规划的重要保障手段，主要具有主体双重性、对象广泛性和手段多样性特征。下面将对这些特征进行介绍。

主体双重性： 监察主体的双重性主要体现在行政主管部门既是监察的主体，又是监察的对象。行政主管部门在进行监察工作的过程中需要接受来自上级部门、立法机关、司法机关以及社会公众的外部监督。

对象广泛性： 监察的对象范围覆盖了所有与土地和规划发生法律关系的单位或个人，以及享有土地征收和建设用地审批权的地方各级人民政府及代表政府行使土地等相关自然资源管理权的自然资源行政主管部门。除此之外，监察还涉及对各级政府及自然资源管理机构的监督，特别是负责土地征收、征用、出让等审批权的政府机构。

手段多样性： 监察规划实施过程的方法多种多样，包括土地动态巡查和卫片执法检查，将实地观察与GIS等现代技术手段相结合，对国土使用情况进行监测和分析，及时发现违规行为，并利用社会监督的力量（如民众举报、投诉等方式），发现和查处违规行为。

8.4.2 监察机构职责与权力

1. 监察职责

规划实施监察的职责更多强调的是自然资源执法监督内容。根据《自然资源执法监督规定》(2020年3月)文件，县级以上自然资源主管部门遵循法律法规，综合运用遥感监测、视频监控等技术和信息化等手段，对公民、法人和其他组织违反自然资源法律法规进行检查的行政执法活动。县级以上自然资源主管部门履行以下执法监督职责：①对执行和遵守自然资源法律法规的情况进行检查；②对发现的违反自然资源法律法规的行为进行制止，责令限期改正；③对涉嫌违反自然资源法律法规的行为进行调查；④对违反自然资源法律法规的行为依法实施行政处罚和行政

---

1. 常纪文. 国有自然资源资产管理体制改革的建议与思考[J]. 中国环境管理, 2019, 11 (1): 11-22.

处理；⑤对违反自然资源法律法规，依法应当追究国家工作人员责任的，依照有关规定移送监察机关或者有关机关处理；⑥对违反自然资源法律法规涉嫌犯罪的，将案件移送有关机关处理；⑦法律法规规定的其他职责。

2. 监察权力

县级以上自然资源主管部门在履行执法监督职责时候，拥有以下权力。

检查权： 要求被检查的单位或者个人提供有关文件和资料，进行查阅或者予以复制；要求被检查的单位或者个人就有关问题作出说明，询问违法案件的当事人、嫌疑人和证人；进入被检查单位或者个人违法现场进行勘测、拍照、录音和摄像等。

制止权： 责令当事人停止正在实施的违法行为，限期改正；对当事人拒不停止违法行为的，应当将违法事实书面报告本级人民政府和上一级自然资源主管部门。

处罚权： 对涉嫌违反自然资源法律法规的单位和个人，依法暂停办理其与该行为有关的审批或者登记发证手续。同时，根据《自然资源行政处罚办法》，行政处罚包括警告、通报批评；罚款、没收违法所得、没收非法财物；暂扣许可证书、降低资质等级、吊销许可证件；责令停业停产以及限期拆除在非法占用土地上的新建建筑物和其他设施。

处分建议权： 对执法监督中发现有严重违反自然资源法律法规，自然资源管理秩序混乱，未积极采取措施消除违法状态的地区，其上级自然资源主管部门可以建议本级人民政府约谈该地区人民政府主要负责人；在执法监督中发现有地区存在违反自然资源法律法规的苗头性或者倾向性问题，可以向该地区的人民政府或者自然资源主管部门进行反馈，并提出执法监督建议。

8.4.3　规划实施监察形式

国土空间规划实施监察的形式多样，根据监察时间、监察范围和监察对象的差异，可将其划分为前中后全周期监察、普遍监察与专门监察、内部监察与外部监察。

1. 前中后全周期监察

根据监察时间的不同，规划实施监察划分为事先监察、事中监察和事后监察三个环节，以实现国土空间规划的全周期管理。

事先监察： 在监察对象行为发生之前进行，旨在防止国土空间规划实施过程中可能出现的违法行为。例如，对国土空间规划中建设项目的条件、规模等进行审查，以确保其合法性。

事中监察：也称日常监察，在监察对象行为实施过程中进行监督。通过不定时检查，督促监察对象依法行事，及时发现并及早制止违法行为，避免对国土空间造成重大损失和不良后果。例如，在规划实施过程中，查处违法占用耕地，尤其是永久基本农田以及违反国土空间规划和"三区三线"规定的行为。

事后监察：针对已经违反国土空间规划的行为，依法对违法者进行惩处。尽管事后监察在全面贯彻国土空间规划相关法律法规、追究违法者法律责任方面不可或缺，但因其属于消极、被动的监察方式，更应加强规划事前和事中的监察力度。

2. 普遍监察与专门监察

根据监察的活动范围不同，规划实施监察可分为普通监察和专门监察两类。普遍监察适用于普遍性的法律法规或规章的执行情况检查；专门监察则多针对某部门、机构、组织或个人可能存在的违法行为，或对具体决定、命令的执行情况进行检查。

普遍监察指监察主体对其工作范围内的各机关、团体、单位和个人遵守相关法律法规及规划执行情况所进行的全面监督监察。例如，通过巡回检查、卫片检查、遥感监测、视频监控等科技和信息化手段，及时掌握自然资源动态以及违法行为，提升执法监督效能。其中，执法巡查是履行执法监督职责的重要方式之一。2009年9月，国土资源部印发了《国土资源执法监察巡查工作规范》(试行)，明确县级国土资源行政主管部门和国土资源管理所是巡查工作实施主体，采用全面巡查和重点巡查两种方式，及时发现未经批准非法占用土地、在临时用地上修建永久性建筑物构筑物、无证勘查、开采矿产资源等六类违法行为。

专门监察也称重点监察，指对特定监察对象进行的专项监督。例如，根据群众举报或揭发，对规划实施过程是否合法进行核查。

3. 内部监察与外部监察

根据监察对象的不同，规划实施监察可分为内部监察和外部监察两类。内部监察是指上级自然资源主管部门对下级自然资源主管部门在贯彻和执行国土空间规划相关法律法规时进行的监督检查，确保规划实施的政策落实到位，主要通过工作指导、工作检查和工作考核等方式进行。规划实施中的外部监察，与行政监督中的外部监督（如国家权力机关、司法机关、社会团体及人民群众等对国家行政机关及其工作人员的监督）不同。规划实施中的外部监察是指自然资源主管部门依法对本系统外的部门、机构、机关、团体、单位和个人在规划实施中遵守国土空间规划相关法律、法规的情况进行的监督检查。

8.5 国土空间规划实施督察

国土空间规划实施督察指对规划编制报批、规划调整、规划实施和政府主体责任落实等情况的监督。开展规划实施督察有利于发现和纠正国土空间规划编制和实施管理中存在的违法违规问题，提升构建可复制、可推广的督察工作模式。本节重点介绍规划实施督察的内涵以及与监察的区别，并重点强调督察的职责和方式。

8.5.1 规划实施督察概念内涵

改革开放之后，建设用地的急剧增长与耕地保护红线之间的矛盾作为土地督察制度出台的直接原因[1]。2006年7月，国务院办公厅下发《关于建立国家土地督察制度有关问题的通知》（国办发〔2006〕50号），标志着国家土地督察制度正式实施，并设立了国家土地总督察办公室。该文件指出，国土资源部代表国务院对省级以及计划单列市人民政府土地利用和管理情况进行监督检查，其目的在于遏制土地违法，落实耕地保护政策[2]。当前，为推进"多规合一"改革和生态文明建设，统一各类自然资源的开发与保护，2018年8月，中共中央办公厅、国务院办公厅印发了《自然资源部职能配置、内设机构和人员编制规定》，该文件明确了完善国家自然资源督察制度，由中央授权自然资源部承担国家自然资源督察任务，在其权限与责任范围内，对地方政府落实党中央、国务院关于自然资源和国土空间规划的重大方针政策、决策部署及法律法规执行情况进行监督检查。为此，自然资源督察被赋予了新的职能，除了做好、做精传统的土地督察业务，还需对草地、森林、海洋、矿产及其他资源进行全要素督察，形成了自然资源督察新体系。需要强调的是，自然资源督察和监察存在显著不同，更多体现在职责范围、法律性质、监督主体和对象等内容（专栏8-3）。

---

1. 郭施宏，肖洁笙. 国家自然资源督察制度的演进逻辑与展望[J]. 土地经济研究，2023（1）:38-54.
2. 姜闻远，陈海嵩. 中国自然资源督察体系完善的规范路径[J]. 自然资源学报，2022，37（12）:3073-3087.

专栏 8-3 国土空间规划实施督察和监察区别

规划实施监察和督察二者都强调对国土空间规划实施管理的监督工作，但在职责范围、法律性质、监督主体和对象上却有着明显区别。

职责范围。监察主要是对自然资源利用和管理过程中涉及的法律法规进行监督和检查，针对具体的违法行为，如非法占地、违规审批等，通过行政执法手段来查处和纠正违法行为。然而，督察更侧重于对地方政府及其部门执行国土空间规划过程中的政策、法律法规的监督和评估，确保相关政策和法律的贯彻执行。

法律性质。监察包括行政执法活动，具有法律强制性，其主要任务是发现和查处具体的违法行为。督察则属于行政监督活动，重点在于对地方政府和部门的监督问责，确保其依法行政、履行职责。

监督主体。监察通常由各级自然资源部门的执法机构负责，如市、县级自然资源和规划局等。督察则由国家级别的自然资源督察机构或其他上级政府部门进行，如国家自然资源督察机构。

监督内容。监察主要包括对土地使用行为的日常巡查、违法案件的调查取证、违法行为的查处和法律责任的追究。土地督察则主要包括对地方政府执行国家土地政策情况的监督评估，对重大土地违法案件的督办，督促地方政府整改落实，确保政策执行到位。

总结来说，监察更多是"微观"层面的具体执法行为，督察则是"宏观"层面对地方政府和部门的政策执行情况进行监督。

资料来源：张海东，胡守庚，龚瑶. 新常态下土地督察和土地监察协作对策研究[J]. 中国国土资源经济，2016，29（7）：27-32.

国土空间规划实施督察主要指对规划编制、落实情况及效果进行监督检查。2021年7月，修订的《土地管理法实施条例》已将自然资源督察制度法定化，并将国土空间规划编制和实施纳入督察范围。从广义上讲，可将其理解为自然资源督察。自然资源督察制度作为生态文明体制改革的重要一环，关乎自然资源资产产权、国土空间开发保护与规划实施等相关制度的落实。具体内容涉及：①督察自然资源、国土空间规划工作重大方针、决策部署和相关法律法规的执行情况；②耕地保护始终被置于督察任务的首位，采取"长牙齿"耕地保护措施，以遏制耕地"非农化"、防止"非粮化"；③督察自然资源节约集约利用情况，落实国土空间生态保护修复，提升生态系统服务价值；④督察"三区三线"划定和国土空间开发保护，优化国土空间发展格局。

8.5.2 督察机构职责与权力

1. 主要职责

自然资源部内设国家自然资源总督察办公室，负责组织实施国家自然资源督察制度和协调自然资源督察工作，向地方派驻国家自然资源督察北京局、沈阳局、上海局、南京局、济南局、广州局、武汉局、成都局、西安局，承担对所辖区域的自然资源和国土空间规划等法律法规执行情况的督察工作。自然资源部授权3个海区局，承担所辖海区内海洋自然资源和国土空间规划督察职责。同时，森林资源监督专员办事处作为国家林业和草原局的派出机构，承担林草领域的相关监督职责。

国土空间规划实施督察的具体内容包括：①督察地方政府落实党中央、国务院关于自然资源重大方针政策、决策部署及法律法规执行等情况；②督察地方政府落实最严格的耕地保护制度和节约用地制度等土地开发利用与管理情况，督察耕地占补平衡、土地复垦、闲置土地处置等措施的实施成效，确保粮食安全和土地资源的可持续利用；③督察地方政府落实自然资源开发利用中的生态保护修复、矿产资源保护及开发利用监管等职责情况；④督察地方政府实施国土空间规划情况，重点是落实生态保护红线、永久基本农田、城镇开发边界等重要控制线情况；⑤对涉及自然资源开发利用、生态保护重大问题开展督察；⑥按照有关规定对地方政府负责人开展约谈，移交移送问题线索；⑦督察地方政府组织实施整改情况，按照有关规定提出责令限期整改建议；⑧承办国家自然资源总督察交办的其他任务。

2. 主要职权

自然资源督察机构的职权是指其在承担自然资源督察任务、履行自然资源督察职责的过程中所赋予的法律手段。自然资源督察机构进行督察时，有权向有关单位和个人了解督察事项有关情况，主要行使调查权、审核权、纠正权、建议权、通报权等职权。有关单位和个人应当支持、协助督察机构工作，如实反映情况，并提供有关材料。下面将对主要职权展开介绍。

调查权。 调查权是行政机关搜集、获取行使行政权所必需的信息的行政行为。例如，自然资源督察机构进行土地督察时，调查的内容主要是地方政府的耕地和基本农田保护情况，土地利用规划与年度计划的执行情况，土地审批、征收、出让或者划拨等过程中的违法违规情况等。通过巡回检查、接受举报、调查研究、相关部门提供材料、运用遥感监测技术等方式进行调查。在进行调查过程中，有权向有关单位和个人了解督察事项有关情况。

审核权。自然资源督察机构有权对农用地转用、土地征收等国土空间规划审批事项是否符合法律法规规定的权限、标准、程序等进行合法性审查。

纠正权。对于督察中发现的问题，自然资源督察机构有权先向督察范围内的有关人民政府提出整改意见；整改不力的，依照有关规定责令限期整改。针对督察实践中时常发生的地方政府虚假整改、应付整改、拖延整改或者整改不到位等问题，应突出督察意见的刚性约束力，将地方政府认真组织整改并报告整改情况作为法定义务予以确认。

建议权。自然资源督察机构除直接督促地方整改外，其发现的各类自然资源保护利用和管理问题还可以行使三个方面的建议权，包括工作建议、问责建议、政策建议。

通报权。自然资源督察机构对其工作情况、发现的问题及对问题的处理意见或建议，可向相关单位进行通报。

8.5.3 规划实施督察形式

1. 日常督察

日常督察是为了实现常态化监管而开展的常规性督察，突出抓典型问题，具有常规性和全面性等特点。日常督察主要内容包括：①上级指示批示事项、媒体披露、舆情反映、信访举报、部门转办线索的核查反馈；②重大违法违规问题线索查处整改；③结合实施监测，对监测监管成果中重大异常情况开展核查并督促整改纠正；④国土空间规划审批事项的合法合规性及批后实施监管情况；⑤督导核查各级人民政府对督察发现问题的整改情况。

2. 例行督察

例行督察是指在一定时间内对某地区的土地、矿产、森林、海洋等自然资源保护利用情况及国土空间规划实施情况开展督察，具有"全过程""全覆盖""全方位"等特点。例行督察的主要内容包括：①督察各级人民政府落实耕地保护责任情况，核查制止耕地"非农化"、有效防止"非粮化"，以及耕地占补平衡、进出平衡责任落实情况；②聚焦生态保护红线、自然保护地等重点生态功能区域，按职责督察违法违规建设占用、非法开采矿产资源等侵占破坏生态保护红线的突出问题；③督察发现并推动解决资源过度开发、粗放利用等突出问题；④加强对国土空间规划实施情况的监督检查，重点督察各级人民政府落实耕地和永久基本农田、生态保护红线和城镇开发边界三条控制线等国土空间管控底线及主要指标落实情况，以及规划编制、审批、实施、调整和监管责任落实情况；⑤维护自然资源领域群众合法权益，对非法批地、违法违规征地、乱占滥用耕地等侵害群众合法权益行为开展督察。

以2024年国家自然资源例行督查为例，本年度例行督查聚焦省级政府主体责任，突出耕地和生态保护，综合运用年度国土变更调查、"三区三线"等监测监管成果、土地矿产卫片执法成果，对31个省（自治区、直辖市）及新疆生产建设兵团2023年度土地、矿产、海洋等自然资源保护利用及国土空间规划实施情况开展督察。各派驻地方的国家自然资源督察局将重点督察地方政府耕地保护、"三区三线"管控责任落实情况、影响生态保护突出问题，以及跟踪督促重大问题整治。

3. 专项督察

专项督察是围绕国家和各省（自治区、直辖市）重大决策部署、各省（自治区、直辖市）自然资源和国土空间规划管理重点工作，组织开展区域性专项督察及重点地区的定点监督检查，具有针对性强、时效性强、威慑力大等特点。专项督察按年度工作计划和专项工作要求实施，与例行督察任务有重合的，结合年度例行督察一并开展。例如，海洋专项督察旨在深入检查以往海洋专项督察问题整改落实情况、新增违法违规围填海和其他用海审批与监管情况、其他突出问题及处理情况；耕地保护督察主要是对耕地占补平衡、耕地保护目标任务完成、永久基本农田保护面积疑似图斑整改、违法占用耕地问题整改、耕地保护督察反馈问题整改等方面开展监督检查。

8.6 国土空间规划实施监测网络

国土空间规划实施监测网络是构建国土空间规划实施监督体系的重要抓手，也是推进智慧国土建设的核心载体。通过数字化、智能化和智慧化手段，推动治理决策科学化，促进国土空间治理的数字化转型，助力构建高效、精准的国土空间治理现代化体系。本节从基本内涵、主要定位、架构关系和推进机制四个方面，对国土空间规划实施监测网络进行深入解析。

8.6.1 国土空间规划实施监测网络的基本概念

1. 基本概念

国土空间规划实施监测网络（China Spatial Planning Observation Network，CSPON）是一个综合性的国土空间监测体系，它通过一系列技术手段和数据采集方式，对国土空间规划的实施情况进行全面、实时、持续的监测与跟踪，其作为构建国土空间规划实施监督的重要抓手，也是国土空间数字化转型中的"里程碑"。CSPON是自然资源部于2023年9月提出的一项国土空间信息化领域的重要建设工作。CSPON建设以国土空间规划业务为核心，依托"一张图"系统，构建业务联动网络、信息系统网络、开放治理网络3个层面的网络，营造共建共治共享的国土空间治理新生态，以数字化、网络化支撑实现国土空间规划全生命周期管理的智能化，高效服务城乡高质量发展，推进美丽中国数字化体系构建和绿色智慧的生态文明建设[1]。CSPON作为一项国土空间数字化、智能化治理工具，是贯彻落实国家决策部署，提升国土空间治理现代化水平的重要举措。

《全国国土空间规划实施监测网络建设工作方案（2023—2027年）》中提到CSPON建设目标如下：到2025年，满足国土空间规划管理业务的基本需求，使国土空间规划编制、审批、实施、监督全流程在线管理水平大幅提升；到2027年，基本建成纵向上下贯通、横向业务协同、数据开放共享的CSPON，使开放治理生态总体形成，国土空间规划全周期管理的自动化及智能化水平显著提升，迈向以数据赋能、协同治理、智慧决策、优质服务为主要特征的国土空间治理新阶段。

2. 核心工作

CSPON建设核心工作具体分为9个方面，根据任务参与主体及其工作场景的侧重点，可将其归纳为聚焦规划业务、突破关键技术、探索治理制度和营造开放治理生态四个维度[2]（图8-2）。首先，聚焦国土空间规划业务，而非自然资源整体的信息化工作。各级自然资源部门以需求和问题为导向，针对本区域国土空间治理的部署及国土空间规划管理的需求，搭建可落地的应用场景，按需动态增加管理功能模块，通过统一的信息系统强化对业务工作的支撑，将CSPON建设作为国土空间治理数字化转型的抓手。其次，顺应新技术革命趋势，提前谋划研究新技术的应用，

---

1. 王伟，柳泽，林俞先，等. 从国土空间规划"一张图"到CSPON"一张网"学术笔谈[J]. 北京规划建设，2024（1）：52-65.
2. 侯静轩，潘海霞，罗杰. 国土空间规划实施监测网络建设的内涵解析及展望[J]. 规划师，2024，40（3）：1-6.

以生成式人工智能（Generative AI）等先进技术在国土空间规划领域的研发应用为突破口，以智能工具和算法模型为支撑，推进相关算法、模型、标准和感知系统的重构，提升国土空间治理"智慧"能力，建设服务数字生态文明的数字生态基础设施。再次，为保障以上工作的顺利开展，制度创新是支撑。要破解管理难题、提升创新能力，进而形成横向互联、纵向贯通的数据融合共享的标准和制度。最后，以融合为核心理念，引入更多参与主体共同探索关键技术、治理制度和组织形式的创新，加强数字化与业务体系建设的深度融合，从而实现业务逻辑与技术逻辑的对接融合、管理数据与社会数据的融合治理。由此可见，CSPON 建设相关工作的开展需要凝聚众智、合力创新，整合创新资源，营造理论创新和技术创新的工作环境与合作模式，发展形成"政产研学用"协同高效的创新机制。

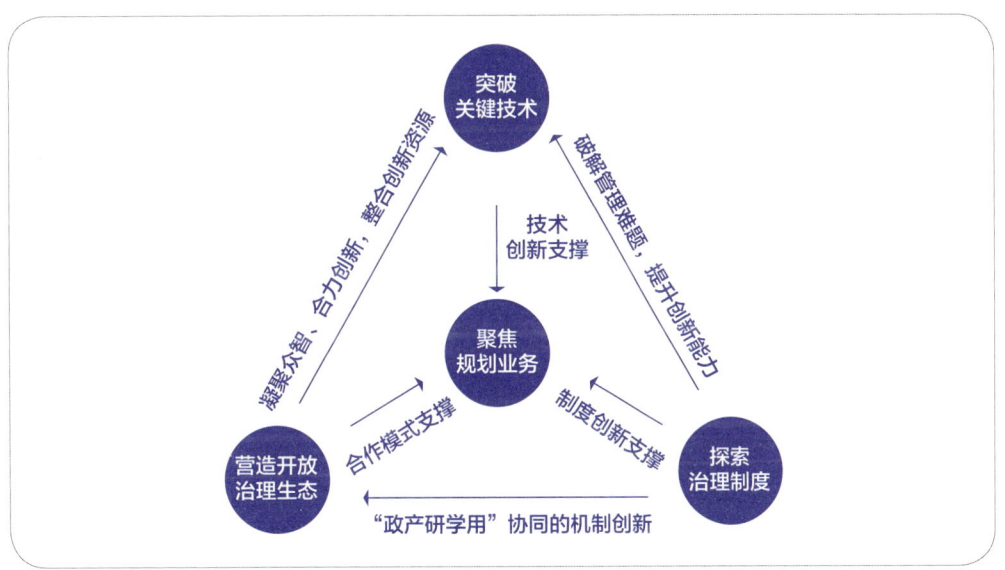

图 8-2　CSPON 建设内涵解析架构示意
图片来源：侯静轩，潘海霞，罗杰 . 国土空间规划实施监测网络建设的内涵解析及展望［J］. 规划师，2024，40（3）：1-6.

8.6.2　国土空间规划实施监测网络的主要定位

1. 聚焦国土空间规划业务，升级拓展规划"一张图"系统

2023 年，全国、省、市、县四级规划"一张图"系统基本建成。规划"一张图"系统定位为国土空间规划日常业务的办理系统，因而对于与其他系统联系的考虑相对较少。CSPON 建设是对规划"一张图"系统的升级拓展，依托国土空间基础信息平台，纵向实现各层级规划"一张图"系统的贯通，横向实现与用途管制、耕地保护、土地利用等关联业务系统的数据互联，形成信息化的网络，为后续国土空间规划全生命周期管理提供统一的操作平台和管理系统。

CSPON 建设强调不另建平台系统。 在实际工作中，各级各类空间规划存在实施监测任务的指标体系不统一、平台建设重复投入等问题，通过统一数据标准，可实现不同指标体系的融合转换及系统的通畅连接。

CSPON 建设强调业务体系的建设和应用。 在规划"一张图"系统数据互联的基础上，根据业务服务需求变化，按需动态增加管理功能模块、加载智能工具以推动实际场景应用。各级自然资源部门可围绕国土空间治理的需要，搭建国土空间规划实施监督、监测评估、部门共享、公众服务、决策支持等应用场景，强化对"三区三线"和"五级三类"国土空间规划实施情况的评估，逐步落实重大战略区域、重点城市、重大工程等规划实施情况，并提升对重点领域、突出问题等的监测预警能力。应用场景来源于具体的规划管理需求，规划部门与技术部门之间需加强对接协同，使业务逻辑与技术逻辑协调一致，实现规划业务管理与人工智能、云计算、大数据、物联网等技术的融合。

2. 以需求为牵引，突破国土空间"智慧"关键技术

CSPON 具备规划编制、审批、实施、监督全流程在线管理功能，并根据管理需求进一步具备动态感知、实时监测、自动预警、模拟推演、便捷服务等能力。要实现这些功能或能力，需攻克相应的国土空间"智慧"关键技术。因此，在搭建应用场景的过程中，强调各方主体广泛参与，以及"政产研学用"协同，以问题为导向，以国土空间治理需求为牵引，梳理并攻克核心技术或关键环节、打通关键堵点，从而实现网络构建、数据治理、模型研发、集成应用、数据保密、国土空间网络治理场景模拟推演等高度智能化的功能。在国土空间治理的场景应用和智能化工作中，国土空间数据是关键要素和基础。如何兼顾数据保密和业务应用效率是当前急需解决的关键问题。因此，国土空间数据的安全传输和融合是 CSPON 硬件条件建设需要攻克的关键技术，具体包括加强基础设施安全保护和网络安全能力建设、加强网络安全和信息安全维护，以及建立健全数据安全管理等基础管理制度。其中的重点是加强传输（区块链）加密、密钥管理、隐私计算、脱敏脱密等国土空间数据安全管理技术的研发，提高空间数据传输和运行效率。在数据传输和融合的基础上，还需针对操作系统、数据库、GIS 平台等相关基础软件进一步自主创新关键技术。

3. 创新数据高效安全融合机制，探索国土空间治理制度

CSPON 以高质量数据为基础，依赖于数据获取、衔接和融合共享的制度保障，通过技术创新实现数据安全传输和融合治理的技术攻关，从而通过治理对象、主体和工具的融合实现国土空间数字化治理。

建立健全权威高效的数据获取机制。CSPON 主要依赖传统遥感和统计调查数据，同时辅以互联网和物联网的新兴数据。数据资源库涵盖了传统统计调查数据，如实时的三维中国地理信息、集成的自然资源三维视图（即"一张图"）、国土调查的精确结果，以及城市特定的相关数据资料。国土空间数据，包括图文、音视频以及位置等源自互联网和物联网的多元数据。故需建立完善的配套体系，促进新数据的无缝接入和利用，强化数据清洗和质量控制，增强数据的完整、标准、一致、精确和相关性，从而提升监控执行的精细度和实时响应能力。

推进数据标准化的无缝衔接与完善发展。CSPON 的横向互联、提升数据安全、整合与共享能力，同时强化更新和应用成效，需建立健全支持 CSPON 运作的标准化框架，涵盖数据安全、汇聚、共享、更新及成果运用等关键环节。行业监管机构需统合不同时段和各部门的标准，确立与相关业务管理数据的连通规范，并强化与信息部门及学术研究机构、高校、企业的协同，推动管理数据和社会数据的整合治理。目标是确保数据在时空上一致、属性可对应，各部门间能无缝协作。

建立健全跨层级、跨地域、跨部门有序共享数据的制度机制。在国家层面，横向上加大资源整合力度，制订 CSPON 运行数据分类管理目录，实现规划"一张图"系统与相关系统的纵横互联，串联国土空间开发保护全链条管理业务；纵向上建立健全规划数据备案、申领、回流等制度，并探索建立"一动皆动、一动皆知"的数据更新维护机制。在地方层面，横向上畅通与各部门各单位的信息交互与服务调用，实现对反映规划实施情况的数据实时汇集及关联计算；纵向上完善国家、省、市、县数据贯通机制，在符合数据管理规定的前提下，采取在线调用、离线汇交等多种方式推动数据上下双向交互，以实现反映各级规划传导情况数据的纵向贯通。通过凝聚各级自然资源部门的力量，最终形成体系化的工作网络，使汇聚的数据发生逻辑联系、形成"智慧"。各级自然资源部门还要发挥机构改革优势，依托政务数据共享机制，畅通数据共享渠道，通过国土空间治理的"开源社区"，构建公共政策研究和空间数据查询平台，提升服务行业和公众的能力。

8.6.3 国土空间规划实施监测网络的架构关系

全国国土空间规划实施监测网络是构建国土空间规划执行监管体系的关键要素，其架构构成围绕三个核心层面：一是业务协同网络。按照监督监测计划，有效利用现有调查监测体系，整合国土空间开发与保护的全流程管理任务，协同各级自然资源管理部门的力量，构建一体化的工作网络。二是高效的信息系统网络。强化国土空间基础信息平台，提升国土空间规划监督信息系统效能，实现纵向多级规划体系的无缝对接，横向实现实时数据交互于关联业务系统，构建标准化、连通顺畅的国土空间规划执行监控网络。三是推行网络公开治理。借助数字化开放平台，优化政策实施体系，创新工作模式，构建一个各界积极参与、协同合作、高效创新的国土空间治理开放共享平台[1]。

8.6.4 国土空间规划实施监测网络的推进机制

围绕规划实施监督的主责主业，优先推进信息系统网络建设，协同推进业务联动网络和开放治理网络构建。聚焦五级三类国土空间规划实施监督监测需求，开展指标、模型、场景等设计。充分利用已有信息化工作基础，不另建平台系统，突出问题导向，攻关瓶颈难点，把工作重点放在网络构建、数据治理、模型研发、集成应用、数据保密等方面[2]，在核心职责内聚焦以下关键任务，共同推动国土空间规划实施监测网络的构建与落地。

1. 升级"一张图"实施监督信息系统功能

优化系统架构设计，增强对管理需求变化的适应性和灵活性，支持按需自定义扩展管理功能模块，并集成智能工具，实现动态升级。优化软硬件配置，实现对三维海量时空数据的快速处理和流畅显示，同时保证国土空间规划的专业模型能高效调用。利用"国土调查云"等先进技术，构建国土空间规划执行监控的移动政务平台，旨在提升一线管理的辅助效能。打造国土空间规划执行监控公开网络，旨在为高校、科研机构、企业及个人等各方提供参与国土空间管理的实用平台。

---

1. 阎炎.国土空间规划实施监测网络建设试点确定［J］.资源与人居环境，2023（12）:11.
2. 罗亚，吴洪涛，张耘逸，等.数字化治理下国土空间规划实施监测网络建设路径［J］.规划师，2024，40（3）:7-13.

2. 围绕监督与监测设计定制化应用场景

优先构建业务体系，依据管理需求和公众期望，设计符合本级职责的国土空间规划执行监督、效能评估、数据共享、公众服务及决策辅助等定制化场景。专注于关键应用场景的开发，实现从规划编制到审批、执行、监督的全程数字化在线治理，提升动态跟踪、即时监控、自动警示、情景模拟和优化服务的效能。主要包括：①根据政策和业务准则，系统化地梳理业务流程并分析数据基础。首要目标是强化安全控制，提升空间效率，推动绿色低碳转型，并确保重大战略的实施；②构建国土空间规划体检评估体系，设定分级别、地域性和主题特定的监测目标与自动评估指标，推动全面自动化处理，包括指标自动计算和报告自动生成。清晰划分各级规划的评估职责，并确保各环节无缝对接，特别关注"三区三线"和五级三类规划的执行情况。逐渐增强对关键区域，如重大战略区、重点城市和重大项目规划实施，以及关键领域的监控预警效能；③专注于无标度国土空间网络结构的研究，增强对流动空间的实时监控与深度分析，精确探测空间形态及动态变化趋势。通过提升人地（海）协调、资源分配、规划优化、质量改良和风险防控等多元化空间管理场景的模拟预演能力，以支持科学决策；④提升在线策略规划与协同、精准项目定位、知识获取与支持、即时政策查阅、开放反馈机制以及高效举报监督等多元公共服务效能。

3. 强化由应用场景驱动的时空数据管理

优化数据整合优势，通过场景导向的策略进行深度数据治理，构建无缝衔接、层级互动的数据与业务流程，以推动业务发展。拓展数据来源、整合数据标准，优化数据质量，强化数据交换与运算，促使汇集的数据实现逻辑连通，从而催生"智慧"。主要包括以下内容：

构建和完善高效权威的数据获取体系。依托实景三维中国的空间数据平台，构建全面的自然资源三维全景"一张图"，以国土调查的最新成果作为基准，依据规划执行中的动态监测需求，不断扩充和完善数据内容。优化多源时空数据的整合与管理流程，优化规划与技术部门协作，提升规划监督监测的实时智能化。聚焦规划传递和底线管控，通过空间实体编码作为关键，整合不动产、用地等多源电子监管号。借助知识图谱技术，构建统一的空间标识"空间码"，促进业务系统和数据间的无缝连接。

构建完善的多层次、广覆盖、协同性的数据共享体系和流程。促进数据双向实时交换，以构建完善的数据备案、申请和回溯体系，确保全国数据的时效性。提升数据共享水平，促进国土空间数据、信息和知识的顺畅流通，旨在为各部门及公众参与国土空间管理提供关键支持服务。

构建完善的国土空间规划数据规范体系。优化元数据管理，实现数据与业务的紧密融合与表达，强化数据清洗与质量控制，优化数据的完整度、标准化、一致性、精确性和相关性。

4. 打造纵横交错的连通性信息化网络体系

优化资源集成，打破信息孤立与系统隔阂，采取整合、提升和联接策略，构建无缝衔接的平台与系统网络。优化网络资源，强化节点构建，实现物理分散与逻辑集中的分布式网络架构，旨在提升各部门间的信息流通与服务调用效率。利用多网络协作，根据不同数据类型和传输需求进行分类，构建国土空间规划一体化监督信息系统，实现与各关联系统的纵向与横向深度连接。

5. 构建智慧国土空间规划的模型系统

积极采用人工智能的创新技术，强化新模型和算法的研发与实际应用。主要包括：开发国土空间信息模型（territory information model，TIM）体系。利用国土空间基础信息平台，整合实景三维中国、智慧城市时空大数据、国土调查及城市空间监测多元数据，形成全面覆盖、实时更新、统一权威、三维立体并融合时空的国土空间信息模型，强化国土空间规划实施监控的数字化基础，推动构建具备互动特性的数字孪生国土空间。构建国土空间规划的专门大型模型，致力于通用人工智能的进步，同时在风险防控的前提下，大力推广和应用人工智能、大数据、云计算及区块链等先进技术。有效利用现有基础设施，构建模型的训练和推理环境，提升国土空间规划法规、政策、规范及案例的标准化和数字化进程，建立详细的时空知识图谱，以此丰富模型训练的数据资源。建立全面的模型安全评估认证体系，实现多场景、多业务、多数据的协同治理，强化大模型的整体效能。

6. 推进政策与标准体系的完善和建立

提炼并持续优化有效操作策略，强化数据整合、共享、更新机制，以及成果运用、安全规定。同步提升制度、政策和标准的适用性，确保国土空间规划监测网络稳定且高效运作，强化标准一致性与业务协同。在国土空间与自然资源规划标准化技术委员会框架内，新增国土空间数字化治理子委员会。强调实效与基础并重，强化对基础建设、平台开发、数据管理、应用场景及算法模型等领域的标准研发，构建一套全面支持国土空间规划实施与监测网络运作的标准体系。同时，推动公开征求公众意见，共同促进国家标准、行业标准、团体标准及地方标准的编制与完善。

7. 建立健全安全运维保障体系

加强基础设施安全保护和网络安全能力建设，严格落实国家关于信息化建设的新要求及各项制度，完善安全保障体系，加强网络安全和信息安全维护，强化网络安全态势感知、监测预警、风险评估、事件处置、灾难恢复等能力。建立健全数据安全管理等基础管理制度，加强传输（区块链）加密、密钥管理、隐私计算、脱敏脱密等国土空间数据安全管理技术研发，提高空间数据传输和运行效率[1]。鼓励支持操作系统、数据库、GIS平台等相关基础软件和高性能空间计算、大规模三维数据管理服务、空间智能、遥感GIS一体化智能分析、中文代码汉语编程等关键技术自主创新。此外，加强灾备中心建设，提高网络应急保障能力。

关键术语

国土空间规划实施监督、国土空间规划编制质量监管、国土空间规划实施监察、国家自然资源督察制度、城市体检评估、国土空间全周期管理、国土空间规划实施监测网络（CSPON）

思考题

1. 国土空间规划不同阶段监督的主要内容和方式是什么？
2. 国土空间规划编制质量控制的举措有哪些？
3. 国土空间规划监测与评估主要手段有什么？
4. 国土空间规划实施中的监察和督察不同在于哪些方面？
5. 国土空间规划实施监测网络的应用场景有哪些？

---

1. 黄伊婧，张姗琪，林昀，等.城市级国土空间规划实施监测体系的构建思路与实践探索：以宁波市为例[J].自然资源学报，2024，39（4）:823-841.

第 9 章

国土空间规划实施的社会治理

■ 导语

　　新时期，国家提出健全共建共治共享的社会治理制度，提升社会治理效能，强调建设人人有责、人人尽责、人人享有的社会治理共同体。国土空间规划实施作为国家治理体系中的关键一环，其蕴含的社会治理内涵正是落实国家战略、推动社会和谐发展的重要支撑。鉴于此，通过本章学习，应系统了解社会治理的概念定义和发展历程，重点掌握国土空间规划实施社会治理的内涵、治理主体、治理客体和关键路径，熟悉责任规划师、公众参与及规划委员会等制度的核心理念、目标、操作原则及实现路径等，形成国土空间规划实施社会治理的专业知识体系。

9.1 国土空间规划实施的社会治理概述

　　随着时代的发展和社会的进步，国土空间规划实施过程已不再是单纯的技术操作或资源分配，而是深刻嵌入社会治理的大框架中。在这一背景下，理解并探讨国土空间规划实施中的社会治理内涵尤为关键。社会，作为人类生活的共同体，其复杂性和多样性要求我们采取系统的治理方式来维护其和谐与稳定。社会治理，是政府、市场、社会等多元主体通过协商、合作、参与等方式共同管理社会事务、维护公共秩序、促进社会公正与可持续发展的过程。这一过程不仅涉及权力的分配与制衡，更关乎公共利益的实现与保障。国土空间规划作为调节国土空间开发、保护、利用和修复活动的总体安排，其顺利实施离不开有效的社会治理机制的支持。新中国成立以来，社会治理的内涵和形态几经变迁，体现了中国社会治理理念与实践的不断创新与发展，也为新时期国土空间规划实施提供了宝贵的经验借鉴。因此，系统了解社会治理的概念定义和发展历程，科学认识规划实施社会治理的内涵与基本要素，对推动国土空间高质量、高效率开发保护具有重要意义。

9.1.1 社会治理概述

1. 社会与社会治理
1）什么是社会

社会是一个含义复杂、充满争论的概念，根据其不同所指可归纳为三类，即宏观层面的"大社会"、中观层面的"小社会"以及微观层面的"聚社会"[1]。具体而言，"大社会"这一概念是相对于自然界的广阔背景而构建的有机体，它囊括了人类活动的全部范畴，即人类社会本身。"小社会"是从宏观"大社会"中抽离出的具体的社会领域，它侧重于对某一特定方面或领域的深入分析。"聚社会"特指基于交互性技术平台与高度组织化的社会技术系统聚合而成的社会群落。根据技术驱动力的差异，"聚社会"可进一步细化为两大类：一类是以互联网广泛渗透为基石的虚拟社群，其互动跨越时空界限；另一类则是以特定项目为核心，围绕共同目标或任务集结而成的紧密型社会集合。

"小社会"常见的划分方式包括"国家与社会"二分法，旨在区分政治权威与民间领域；"政府–经济–社会"三分法，强调政府治理、经济发展与社会结构的相互关联与制衡；以及更为全面的政治、经济、文化、社会、生态五位一体综合划分模型，该模型全面审视了社会发展的多维度要素及其相互作用。

在"国家与社会"二元框架中，社会被界定为超越国家概念范畴的非政治性领域，广泛涵盖了经济、文化等一系列规范与制度体系的总和。在治理范式的流派中，霍布斯、黑格尔等经典理论家倾向于将社会视为国家治理的客体，强调国家作为公共利益的代表，同时肩负着维护个体权益及促进其他社会组织特殊利益的重要使命。相比之下，洛克、托克维尔等思想家则秉持截然不同的立场，他们深刻阐发了社会的先在性原理，并对国家所扮演的角色采取了更为审慎与限制性的视角。这些理论家认为，社会是在国家之前就已存在的实体，其基于契约精神而构建立法与司法权力，本质上是对社会负责的表现。在这一视角下，国家被赋予了工具性的色彩，即社会成员为实现共同目标而设立的管理与服务机构，其权力来源与行使均需

---

1. 何明升. 社会治理概论 [M]. 北京：北京大学出版社，2024.

严格遵循社会的契约基础。

"政府-经济-社会"三分框架将人类社会（大社会）视为一个由政府、市场、社会（小社会）构成的功能协同系统。其中，政府是公共物品和服务的主要提供者，政府行为被认为是一只"看得见的手"，对保持平衡、维护稳定起着巨大作用；市场是私人物品和服务的主要提供者，市场机制被认为是一只"看不见的手"，可以实现资源合理配置。然而，无论是政府还是市场，均可能遭遇因内在机制缺陷或外部性挑战而导致的功能失灵现象。社会既非政府单位又非民营企业，是除政府、市场之外的其他领域，其中最重要的是被称为第三部门的社会组织和被称为基层社会的社区，它们是政府与市场之间的缓冲，能够在一定程度上缓解并减轻市场失灵与政府失灵所带来的负面效应。

"政治、经济、文化、社会、生态"五位一体。在认识社会的过程中，"社会"概念被细分得越来越小、越来越具体。2005年10月，中国提出"四位一体"概念，即中国特色社会主义事业的总体布局，可细分为经济建设、政治建设、文化建设、社会建设。其中，社会建设的含义包括：正确处理人民内部各阶层之间的利益关系，激发社会活力，促进社会公平和正义，维护社会安定团结，形成全体人民各尽其能、各得其所而又和谐相处的社会。党的十八大将中国特色社会主义事业总体布局拓展为包括生态文明建设在内的"五位一体"，党的二十大从经济、政治、文化、社会、生态文明五个方面全面制定了新时代的目标任务和战略部署。其中，社会建设的核心内涵是增进民生福祉，提高人民生活品质，主要包括完善分配制度、实施就业优先战略、健全社会保障体系、推进健康中国建设等。

2）什么是社会治理

（1）社会治理概念

全球治理委员会（Commission on Global Governance，CGG）认为，治理是各种公共的或私人的个人和机构管理其共同事务的诸多方式的总和，是使相互冲突的或不同的利益得以调和并且采取联合行动的持续过程。治理既包括有权迫使人们服从的正式制度和规则，也包括各种人们同意或认为符合其利益的非正式的制度安排。社会治理聚焦政府、社会组织、企事业单位、社区以及个人等多种主体通过平等的合作、对话、协商、沟通等方式，依法对社会事务、社会组织和社会生活进行引导和规范的过程。对于社会治理的内涵，可以进一步从治理范畴、治理目标、治理格局、制度安排等维度来理解。

从治理范畴来看，对应于人类"大社会"，社会治理是一个很宏观的概念，指人类社会的整体性管理逻辑、制度安排和实践方式；对应于领域"小社会"，社会治理是一个中观概念，指某个具体社会领域的管理逻辑、制度安排和实践方式；对应于技术"聚社会"，社会治理是一个具体概念，指针对那些因交互化技术平台或组织化社会技术而形成的具体社会群落的管理逻辑和实践方式，如常见的网络治理、项目治理等。从治理目标来看，社会治理的目标是特定社会领域的良性运行，实现"治理"理念所强调的法治、自治、参与、协商、协同和民主，即"善治"目标。从治理格局来看，治理不仅限于政府的社会管理职能，还包括其他主体以及社会自身的管理，是多元主体以多样化形式进行的社会秩序化过程。一方面，政府要有一个恰如其分的定位，形成承认、保护和促进自主性社会的大环境；另一方面，社会公众、社会组织也要有一个相对完善的发展，达到能够自律、接受他律、勇于互律的高境界。从制度安排来看，社会治理体现为一整套以协同为特征的制度安排，尤其是以法律为中心的文本，它是对各治理主体功能范围和相互作用关系的边界划分，包括权力边界、权利边界和行动边界等。

（2）社会治理模式

社会治理的基本模式是国家治理体系中关于社会领域主客体关系的制度安排和实践逻辑，核心是社会治理过程中的主体地位问题，主要包括政府职能定位、政府与社会之间的关系、社会事务管理的多主体结构及其运行机制等。在"国家与社会"的二分框架下，社会治理的基本模式可分为社会中心模式、国家中心主义模式和混合治理模式等，下面将展开介绍。

社会中心主义认为社会先于国家而存在，并且制约着国家。 社会中心模式主张限制政府权力，尽可能发挥社会理性、社会组织和社会成员的自组织功能，承认市场机制的绝对支配地位并利用"看不见的手"来解决公共物品或准公共物品的生产。在此基础上，作为"守夜人"的政府仅需要履行保障安全等少数职能，从而形成所谓的"小政府大社会"治理形态。

国家中心主义认为，国家先于社会并且决定社会。 国家独立于社会而存在并具体化为国家权力的制度集合，作为社会的最高组织形式，具有国家理性并拥有社会所不具备的强制力。在国家中心模式下，政府职能是全能和强化的，社区、行业作为社会治理的基层组织被行政化，置于政府之下。这种"凡政府所及都是其职责所在"的理念，形成了"强政府弱社会"的治理形态。社会治理的谱系中，社会中心模式与国家中心模式构成了其两端的理论构想。二者虽在理念上形成鲜明对比，却共享一个核心议题：探讨何种治理架构能更有效地促进公共利益的最大化，即国家与社会之间通过某种制度化的、持续性的互动合作机制，推进社会福祉最大化。因此，社会治理本质上是一个政府与社会携手并进的过程，只不过在具体社会情境下，由于事务性质的差异及各自角色定位的不同，二者参与的程度和方式会有所变化，从而孕育出多样化的治理结构。

混合治理模式巧妙地平衡了国家中心与社会中心两种极端，是一种对多样化治理结构探索的体现，寻找二者之间的一个适中点。

3）社会治理的理论依据

新制度经济学理论。新制度经济学认为制度具有以下特征：第一，理性人追求效用最大化的行为必须在制度框架内进行；第二，制度是一种公共产品，是在既定集团力量对比下的公共选择，制度的公共产品属性决定了它是稀缺的、有限的；第三，制度可能是自上而下的国家权威性规范，也可能是社会约定俗成的非正式规范；第四，良好的制度可以降低交易成本，促进合作，提供激励机制，实现外部性的内部化。此外，制度还能抑制人们通过分配性努力去实现利益最大化的行为倾向，从而激励人们通过生产性努力来增加收益。新制度经济学理论从制度约束力、制度渐进式变革和制度供需均衡三个方面为社会治理理论的形成提供了支撑。

新公共管理学理论。新公共管理理论以自利理性的"经济人"假设为逻辑起点，认为公共部门和私人部门的管理在本质上是相通的。新公共管理理论主张政府首先应简政放权、优化职能、削减财政支出，实现从"划桨者"向"掌舵者"的转变；其次，在公共部门中引入价格机制以及竞争机制，打破政府对于公共服务的垄断性供给，强化政府行为的成本意识；最后，还主张政府应将公民视为顾客，观察公民的现实需求，提供具有针对性的优质公共服务，并且为公民提供"用脚投票"的自主选择公共服务的机会。

公共治理理论。公共治理理论强调在公共行政过程中的多主体参与，它既不同于传统公共行政中的政府作为公共服务的提供主体，也不同于新公共管理理论中市场作为公共服务产品的配置主体。它强调决策过程中的正式和非正式的行动者，以及正式和非正式的达成决定和执行决定的结构。在公共治理理论学者看来，传统公共行政中政府管得过多，使政府机构不断膨胀，直至失去了公共服务效率；而新公共管理理论中政府又管得过少，以至于丧失了宣扬公共价值观与美德的能力。公共治理理论以"善治"为目标，主张政府简政放权，与其他社会主体分享公共资源，共担社会责任，构建多中心、多层次、立体式的社会治理网络。同时，在以制度强制手段为核心的传统模式基础上，倡导通过民主协商、公民对话、参与决策等诸多途径来解决社会问题。公共治理理论还主张公民凭借集体的力量防止公权力对私人领域的侵害，保障公民的个人自由。

2. 中国社会治理发展

现阶段中国语境下的社会治理是在中国共产党的领导下，由政府主导，结合社会组织、公众等多方治理主体共同参与，针对社会公共事务及社会问题开展的治理活动，属于典型的国家中心主义模式[1]。其中，执政党处于领导核心，政府占据主导地位，社会组织处于协同地位，而社会公众则处于参与地位。同时，法治在中国社会治理中扮演着重要的规制角色，对社会治理主体的权力、责任、权利、义务、行为以及边界进行规范和保障。新中国成立以来，为建立适应国情的社会治理制度，国家进行了长期探索与实践，相应地社会治理范式大致经历了控制、管理与治理三个阶段，即高度集权的社会管制阶段、政府主导的社会管理阶段和共建共治共享的社会治理新阶段[2]。

1）"高度集权"的社会管制阶段（1949—1978年）

新中国成立初期，政府的首要任务是尽快将社会成员组织起来，恢复社会秩序，最大限度地整合社会资源，调动所有社会力量投入社会主义事业，巩固新生的人民民主专政国家政权。基于此，我国在经济上仿效苏联建立了高度集中的计划经济体制，政府实行高度集权、计划管理的方式，包揽了一切经济事务和社会事务。相应地，我国建立了一套与"指令性"计划经济体制相匹配的、高度一元化的全面控制型社会治理体制，形成了"国家-单位-个人"的政府全能管制型治理模式。其中，城市建立了"单位制为主、街居制为辅"的治理体制，前者作为国家社会控制和福利供给职能的延伸，后者作为单位制的补充，负责管理单位体制之外的城市居民；农村建立了以人民公社体制为核心、"政社合一"的治理体制，以适应中国工业化发展战略需要。这个阶段城乡之间形成了二元治理结构，国家与社会高度整合，社会管制是这一阶段的显著特征和重要治理手段。

2）"政府主导"的社会管理阶段（1978—2012年）

1978年，党的十一届三中全会作出了把工作重点转移到以经济建设为中心上来的战略决策，中国从此进入了改革开放的历史新时期。改革开放是放权让利、调动各方积极性的过程，为适应经济社会发展的形势，这一时期社会治理体制不断调整、完善，经历了传统管理体制不断解体、现代治理体制自觉构建的过程。1992年，以邓小平同志"南方谈话"和中共十四大的召开为标志，我国明确了建立社会主义市场经济体制的改革目标。中共十四届三中全会通过的《中共中央关于建立社会主义市场经济体制若干问题的决定》指出，要"加强政府的社会管理职能，保证

---

1. 雷晓康，马子博. 中国社会治理十讲［M］. 北京：中国社会科学出版社，2018.
2. 何明升. 社会治理概论［M］. 北京：北京大学出版社，2024.

国民经济正常运行和良好的社会秩序"。到党的十六大前夕，我国社会主义市场经济体制已初步建立，市场开始在资源配置中发挥基础性作用；随后，个体和私营经济快速发展，私人经济部门在经济增长和社会就业方面发挥着越来越重要的作用，民间组织管理也从定期清理走向依法登记管理。进入 21 世纪，我国迎来了发展的重要战略机遇期，但同时面临阶层分化、人口流动加速、社会整合缺失、利益冲突加剧等社会矛盾。由此，2002 年党的十六大提出要"完善政府的经济调节、市场监督、社会管理和公共服务职能"，将社会管理作为政府的四大职能之一。2006 年，党的十六届六中全会进一步强调，"必须创新社会管理体制，整合社会管理资源，提高社会管理水平，健全党委领导、政府负责、社会协同、公共参与的社会管理格局"。2011 年，中共中央、国务院出台了我国第一份关于创新社会管理的正式文件《关于加强和创新社会管理的意见》，明确了加强和创新社会管理的指导思想、基本原则、目标任务和主要措施，我国的现代社会管理体制建设不断完善。

3）"共建共治共享"的社会治理新阶段（2012 年至今）

中国特色社会主义进入新时代，社会主要矛盾已经转化为人民日益增长的美好生活需要和不平衡不充分的发展之间的矛盾。立足于时代发展变化的新形势，以往的社会管理模式难以适应现代社会发展。因此，我国从国家治理现代化的战略高度出发，不断推动社会治理现代化，加强和创新社会治理，社会治理思想不断实现新的突破。2012 年，党的十八大提出要"在改善民生和创新管理中加强社会建设"，特别是在党委领导、政府负责、社会协同、公众参与"四位一体"的社会管理体制基础上，加入并强调了法治保障的重要内容，并将"政府负责"改为"政府主导"，强调"要围绕构建中国特色社会主义社会管理体系，加快形成党委领导、政府负责、社会协同、公众参与、法治保障的社会管理体制"。这种新的体制试图将社会和公众纳入社会管理实践中，在很大程度上促进了社会稳定和民生改善。但"社会协同"和"公众参与"仍旧只存在于理论层面，并未成为真正的现实，政府主导的社会管理局面也未发生根本改变。2013 年，党的十八届三中全会适时提出"创新社会治理体制"的改革目标，这是党的正式文件中第一次提出"社会治理"概念，标志着执政理念的新变化。2017 年，党的十九大报告在进一步明确社会治理思想的基础上，提出了要化解社会矛盾、健全公共安全体系、社会治安防控体系、社会心理服务体系、社区治理体系等方面的具体路径。2019 年，党的十九届四中全会将"坚持和完善共建共治共享的社会治理制度，保持社会稳定、维护国家安全"作为重要议题。2022 年，党的二十大报告提出健全共建共治共享的社会治理制度，提升社会治理效能，畅通和规范群众诉求表达、利益协调、权益保障通道，建设人人有责、人人尽责、人人享有的社会治理共同体。这标志着社会治理体制从"四位一体"走向"社会治理共同体",同时,"打造共建共治共享的社会治理格局"成为这一时期我国加强和创新社会治理、建设社会治理共同体的重要支撑。

9.1.2　规划实施社会治理的内涵与基本要素

1. 规划实施社会治理

国土空间利用具有社会属性,规划实施本质上是一个面向国土空间领域的社会治理过程,即针对某一空间地域,致力于构建一个跨领域、跨部门的高效协同体系,对各类空间要素、行动策略及相互关系进行统筹与协调。在这一过程中,政府、市场与社会三大主体相互交织,通过政府的引导与监管、市场的资源高效配置以及社会的广泛参与和反馈,形成一股强大的合力,共同推动空间治理向更加科学、和谐、可持续的方向发展[1]。相较于基础调查、规划编制,规划实施阶段更强调社会组织及公众在国土空间规划实施中的角色,重点聚焦人民主体积极性不高、参与机制不明和监督缺位等原因产生的权力寻租、搭便车、激励不足、效率低下、资源浪费、利益不均等问题。作为社会治理体系的重要组成部分,国土空间规划实施应贯彻新时期"共建共治共享"的社会治理理念,推动国土空间治理能力现代化。在这个过程中,政府主体、市场主体、非政府组织及公民主体等不同主体在功能上的互补深刻影响着规划的实施过程与实施效能。多方主体的共同参与,体现"共治"精神,彰显了实施过程的开放性与包容性,保障了实施结果的合理性与公正性。同时,这也意味着各方主体可"共享"规划实施带来的成果与利益[2]。

1)"共建"

"共建"的核心是培育多元积极理性的参与主体。这一愿景超越了传统治理模式的界限,着力于唤醒并激发社会组织、企业、科研机构以及每一个社会个体的主观能动性,鼓励他们跨越传统角色界限,积极投身于国土空间规划实施中。通过积极参与国土开发、保护、整治与修复等活动,推动国家可持续发展、增进社会福祉,增强对国土空间保护的责任意识、对高效利用的追求以及对科学管理的使命感。同时,"共建"理念高度重视参与主体理性思维与公共精神的培育。它倡导在参与社会治理的过程中,各主体秉持客观、公正、理性的态度,以公共利益为导向,避免个人或小团体利益的短视行为,确保决策与行动的科学性、合理性和可持

---

1. 吴志强. 国土空间规划原理 [M]. 上海: 同济大学出版社, 2022.
2. 王中政, 黄锡生. 国土空间规划助力共同富裕的逻辑与路径 [J]. 规划师, 2023, 39 (5): 40-46.

续性。为实现这一目标,政府须扮演好引导者与支持者的角色。一方面,政府应制定并实施一系列旨在促进社会力量发展的政策措施,包括税收优惠、资金补贴、项目扶持等,为各类社会组织的成长壮大提供坚实的政策保障。另一方面,政府还应加强宣传教育工作,提升公众对国土空间治理重要性的认识,激发其参与热情。此外,通过提供技术培训、法律咨询等支持服务,帮助参与主体提升专业能力,更好地履行其社会责任。政府的信任与赋权是社会力量蓬勃发展的关键,政府应相信并鼓励社会力量在合法合规的前提下自主开展活动,给予其足够的空间与自由度。同时,政府还须建立健全监管机制,确保社会力量的活动不偏离公共利益轨道,对于违规行为及时予以纠正。通过有效的监管与指导,促进政府与社会力量之间形成良性互动,共同推动国土空间治理事业的持续进步与发展。

2)"共治"

"共治"作为现代社会治理体系的核心原则,其精髓在于构建一个多元主体协同参与、有序高效运作的规划实施社会治理机制。实现"共治"的宏伟蓝图,首要任务是清晰界定并合理划分政府、市场、公众等关键主体在国土空间规划实施过程中的角色定位与职能职责,确保各主体既能各司其职,又能相辅相成,共同推动治理效能的最大化。首先,政府应作为主体引导规划实施社会治理,发挥其总揽全局、协调各方、提供保障的核心功能,为整个治理体系提供坚实的政治保证和组织保证,确保治理方向正确、措施有力。其次,坚持空间资源的市场化配置,放宽市场准入,鼓励和支持市场主体积极参与国土空间的开发与建设。引入社会资本,利用市场机制推动项目落地,不仅能够加快基础设施建设,提升公共服务水平,还能有效促进经济社会的全面发展。另外,社会组织作为"共治"体系中的重要一环,其作用不可忽视。非政府组织、行业协会、科研机构等社会组织,凭借其在专业知识、社会监督、公众参与等方面的独特优势,能够为规划实施提供有力的智力支持和社会监督。它们能够协助政府制定科学合理的规划方案,监督规划执行过程,推动公众参与,确保规划实施更加民主、透明、高效。最后,公众作为国土空间规划实施的最终受益者,其监督作用同样至关重要。公众有权了解规划内容、参与规划讨论、监督规划实施,确保自身权益得到切实保障。政府和社会组织应积极搭建公众参与平台,拓宽公众参与渠道,提高公众参与度,让公众成为规划实施社会治理的积极参与者和有力监督者[1]。

---

1. 王国恩. 城市规划管理与法规[M]. 北京:中国建筑工业出版社,2003.

3)"共享"

"共享"作为规划实施社会治理的核心目标,不仅是社会主义制度的本质要求,也是习近平总书记治国理政新理念新思想新战略的重要组成部分。他深刻指出:"为什么人的问题,是检验一个政党、一个政权性质的试金石。"这一论断强调了党性和人民性的高度统一,为我们在国土空间规划实施社会治理中践行"共享"理念指明了方向。坚持以人民为中心的发展思想,是实现国土空间社会治理成果全民共享的根本遵循。这意味着在规划实施过程中,要始终将人民的利益放在首位,确保人民能够安居乐业,享有良好的生活环境和可持续发展的空间资源。通过科学合理的国土空间布局,促进资源高效配置与合理利用,让发展成果更多更公平惠及全体人民,不断增强人民群众的获得感、幸福感、安全感。为实现这一目标,需要建立健全一套为民谋利、为民办事、为民解忧的长效机制。这要求深入基层,倾听民声,了解民情,准确把握人民群众最关心、最直接、最现实的利益问题。在此基础上,不断完善公共服务体系,通过补短板、强弱项、提质量等措施,推动基本公共服务向农村延伸、向社会弱势群体倾斜,促进基本公共服务均等化。同时,加强城乡统筹发展,推动城乡资源要素自由流动和平等交换,促进公共资源在城乡间均衡配置,缩小城乡发展差距,为实现共同富裕奠定坚实基础[1]。此外,在推进规划实施社会治理的过程中,还应重视生态环境保护与修复工作。良好的生态环境是人民群众赖以生存和发展的基础条件之一,也是实现代际公平的关键。因此,在规划实施社会治理过程中要始终贯彻绿色发展理念,坚持生态优先、保护优先的原则,加强生态环境监管,确保国土空间开发建设与生态环境保护相协调、相促进。

2. 规划实施社会治理的主体

规划实施社会治理的主体要素主要回答"由谁来治理"的问题。随着社会矛盾的转变,传统由政府进行管理的模式已无法适应人民日益增长的美好生活需要,规划实施社会治理的主体应具有多元性的特征。

1)政府主体

政府主体主要包括各级人民政府及其组成部门,如省(自治区、直辖市)人民政府、自然资源主管部门、住房城乡建设主管部门、生态环境主管部门等,在国土空间规划实施过程中扮演着政策制定者、实施主导者、监督执行者与利益协调者的多重关键角色。它们为规划实施指明方向、提供依据,监督规划实施情况,促进

---

1. 文超祥,何流.国土空间规划实施管理[M].南京:东南大学出版社,2022.

市场主体、非政府组织、公民主体的参与和合作，推动国土空间规划实施的共建共享，实现多方共赢。政府主体职责的履行，将促进国土空间的合理利用与有效保护，确保国土空间规划的有效实施，推动生态文明建设与可持续发展。

作为政策制定者，政府主体需制定国土空间规划实施的政策框架。一是整合现有政策工具，形成规划实施政策框架，形成系统性的行动指南，指导国土空间规划中关于资源分配、土地利用、环境保护等多方面工作的具体执行，推动社会、经济、环境的可持续发展。二是建立政策调整的优化机制，收集规划实施过程中的意见和建议，结合社会、市场等宏观发展变化，进行政策调整或创新[1]。政府主体应确保国土空间规划实施政策框架的可用性与前瞻性，既能实现国土空间的合理利用、有效保护，又能适应长远发展需求。

作为实施主导者，政府主体需确保国土空间规划的有效落地。一是建立健全工作机制，既要明确各层级、各部门主体的职责与任务，又要促进具有共同发展目标的主体间的联合行动，不断优化政府职责体系，提高政府国土空间规划实施中的执行效率与协调能力[2]。二是提供稳定资金保障，确保规划实施相应的财政支出，并通过政策引导与激励措施，吸纳社会资本参与，建立政府与各界社会资本的合作模式，形成共建共享的良好氛围。另外，政府还需积极调配技术、管理等资源，为规划实施提供必要支持，保障规划目标的实现。

作为监督执行者，政府主体需对规划实施过程进行监督、对实施效果进行评估。一是在实施过程中，对规划项目的质量、进度、效益等，进行多方位、全过程监管，针对潜在问题及风险提前做好应急预案，确保规划项目的顺利实施；对违背规划目标、违反相关规定的具体行为及时制止，并采取相应的处理措施，确保国土空间规划得到严格执行，维护国土空间规划的严肃性与权威性。二是定期评估规划实施效果，及时发现问题，组织调整规划内容及实施方案，论证内容的合理性与方案可操作性，提高规划实施的有效性，也为下一轮国土空间规划编制提供参考[3]。

作为利益协调者，政府主体需确立公共利益的优先地位，统一规划实施的思想与行动。一是建立多层次治理体系，明晰各层级、各部门的责任边界，预防和减少潜在的内部冲突，建立有效的协调机制，确保各层级、各部门间的顺畅沟通，形成区域协调、部门协同、上下联动的工作格局[4]。二是平衡各方利益，在规划实施过程

---

1. 谭宇文，李颖，陈昌勇. 佛山市国土空间规划传导策略［J］. 规划师，2021，37（6）：60-67.
2. 范冬阳，李雯骐. 地方治理目标的呈现与实现：法国市镇联合体空间规划的传导与实施［J］. 国际城市规划，2022，37（5）：37-46.
3. 黄玫. 存量空间增量价值：国土空间详细规划转型及实施路径改革［J］. 规划师，2023，39（9）：9-15.
4. 赵勇健，邢宗海，郭斯赓. 北京城市副中心高质量国土空间治理体系创新研究［J］. 规划师，2023，39（5）：76-82.

中，寻求不同区域、不同部门、不同主体间多元利益的最大公约数，实现利益的协调与平衡；当利益冲突不可避免时，政府应确保决策过程的公正性，采取透明、公正的措施以解决冲突。三是鼓励公众参与规划实施过程，通过规划信息公开的方式，让公众了解规划内容，收集公众意见和建议[1]。

2）市场主体

市场主体包括土地开发商、土地使用权所有者、投资者、规划设计机构等，以资源配置者、创新推动者、服务提供者的角色参与国土空间规划实施。各参与方各司其职、相互协作，以其专业知识及技能共同推动规划实施。

作为资源配置者，市场主体可对国土空间规划实施中的关键资源进行合理、高效地配置。 一是依据国土空间规划的宏伟蓝图，市场主体进行投资决策、推进开发活动，以刚性与弹性相结合的方式，实现资源的合理配置。二是市场主体的内在逐利特性和市场竞争机制，驱动其对土地、资金、技术等资源进行高效配置，不断探索、实践效益最大化的项目开发模式，以此促进资源的高效利用，提升经济效益[2]。

作为创新推动者，市场主体对市场动向具有敏锐感知力，能推动国土空间规划实施的创新。 一是市场主体密切跟踪需求端变化，能够及时响应市场需求。其对市场动态的深刻理解、丰富的公共服务经验，使其能够为政府提供重要的社会发展信息，为国土空间规划实施提供准确方向和调整依据，有助于推动国土空间利用的持续优化。二是市场主体拥有丰厚的经济资本和专业的知识能力，可为国土空间规划创新实施提供必要的经济及技术支撑，如优化土地利用模式、提升基础设施建设及服务水平、促进资源集约化管理等，以此提高国土空间利用效率，进而提升空间经济及社会价值。

作为服务提供者，市场主体在国土空间规划实施中承担着重要的社会责任。 一是市场主体与政府部门、社区等协同合作，通过有效的资源整合，提供多样化的公共服务及产品，以满足社会需求，提升国土空间利用的社会价值。二是市场主体在追求经济利益的同时，需进行自我约束，积极承担社会责任，保护生态环境、促进可持续发展，增进民生福祉。其中，规划设计师应坚持公共利益的价值核心，以其知识优势提高不同利益主体间的沟通效率、协调不同利益主体的诉求，确保国土空间规划的公平性、公正性。

---

1. 汪军，陈曦. 英国规划评估体系研究及其对我国的借鉴意义[J]. 国际城市规划，2019，34（4）：86-91.
2. 王秀兴，钟浩明，李立峰. 国土空间规划背景下详细规划高效实施路径探索[J]. 规划师，2022，38（9）：88-95.

专栏9-1 深圳市开发权转移外部移交机制

2018年,深圳市颁布《深圳市城市更新外部移交公共设施用地实施管理规定》,建立开发权转移的外部移交机制,利用市场化手段促进公共利益用地的供给,解决公共利益用地不足、公共配套设施建设难以实施的问题。以深圳市宝安区松岗第二工业区城市更新单元为例,该项目拟申报拆除用地范围为61 386平方米,其中可计入合法用地的仅有18 480平方米,占比为30.1%,达不到规定的一般更新单元应有60%合法用地比例的要求,无法直接列入城市更新单元计划。该更新单元捆绑的外部移交用地的面积为26 327平方米,其中24 262平方米合法用地指标可全部转移至城市更新单元,再加上更新单元原有的18 480平方米合法用地,该更新单元的合法用地比例超过60%,从而达到了立项要求。通过市场化方式捆绑外部移交用地,既推动了深圳市的城市更新建设,又弥补了建成区范围内公共设施不足的问题。

资料来源:缪春胜,水浩然,张艳.深圳市城市更新开发权外部移交机制探索[J].规划师,2023,39(8):95-101.

3)非政府组织

非政府组织(Non-Governmental Organization,NGO)主要包括规划师协会、科研机构等,在国土空间规划实施过程中扮演着公共利益代表者、专业知识提供者、实施效果评估者的重要角色,具有立场公正性、运作独立性等特征,对提升国土空间规划民主性、包容性具有重要意义。

作为公共利益代表者,非政府组织是沟通公众与政府之间的桥梁。一是非政府组织通过广泛收集公众关于空间发展的意见与建议,整合后形成公众诉求或政策倡议,为政府制定国土空间规划实施的相关政策、确定实施重点提供参考;与此同时,非政府组织利用其自身平台及渠道优势,向公众宣传国土空间规划的理念与目标,提高公众对国土空间规划的认知,增强公众主动参与公共事务的意识,并提升公众自我发展能力[1]。二是非政府组织可与政府展开合作,借助社交媒体等手段,通过社会调查、听证会、座谈会等形式,推动公众参与国土空间规划,以提高规划的民主性与包容性。

1.成钢.美国社区规划师的由来、工作职责与工作内容解析[J].规划师,2013,29(9):22-25.

作为专业知识提供者,非政府组织可依托自身技术资源,开展国土空间规划相关工作。一是非政府组织作为第三方专业机构,其开展的规划实施评估具有一定的客观性及公正性,有利于发现并反馈潜在问题,推动政府及时纠偏或调整规划方案。二是非政府组织可进行国土空间规划独立调查及研究,为政府提供科学数据及深入分析,辅助政府更好地把握国土空间发展的规律及趋势,为政府决策提供支持[1]。三是非政府组织可与政府、市场主体或其他组织展开合作,介入国土空间规划实施,共同推进国土空间规划目标的实现。

作为社会服务提供者,非政府组织可对政府未覆盖的公共服务形成有效补充。一是非政府组织可直接提供社区服务,如参与环境保护、历史文化遗产保护等工作。二是面临自然灾害或社会危机等突发情况时,非政府组织可迅速响应,参与紧急救援与灾后重建工作。三是非政府组织在资源动员与资金筹措方面具有优势,能够吸引学术机构、企业团体等多元主体,吸纳社会资本参与至国土空间规划实施中,为项目推进提供必要的技术及资金支持。

专栏 9-2　中国台湾地区社区营造

社区营造本质是一套多元主体参与的良性协调机制。台湾地区通过"社区总体营造"理念,提升多元主体在规划中的参与度,改善居住条件,形成了从理念到实践的一系列行之有效的工作方式。以新竹县新埔宗祠改造为例,该工作实际由非政府组织性质的新埔宗祠博物馆联营工作站领导。2010年,工作站成立。在修复改造过程中,工作站力求整合宗祠所有权人、新埔镇政府、当地社区协会、文史工作者以及居民的意见与需求,建立协商机制,强化主体连接,以整合共同资源。最终,新埔镇形成了以宗祠为核心的空间与经济结构,并推动了新埔客家生活博物馆的形成。

资料来源:杨哲,初松峰.存量土地活化的机制与主体研究:基于台湾社区营造经验的延伸探讨[J].国际城市规划,2017,32(2):121-130.

4)公民主体

在国土空间规划实施过程中,公民主体作为目标受益者,有权享受国土空间开发建设带来的优质生活环境和公共服务。同时,公民主体也有责任遵守规划规定,

---

1. 余颖.城乡规划行政与行业发展[J].规划师,2006(6):10-12.

维护国土空间规划的权威性和有效性。作为重要参与者，公民主体应拥有表达自身诉求、反馈意见和建议的平台，使公众能够有效介入规划实施过程。作为社会监督者，公民主体应积极行使社会监督权，通过舆论表达、行政和司法途径来揭发损害公共利益、违背社会道德的规划实施行为。这既依赖于公民主体意识的形成，也依赖于公众参与机制的完善。同时，这也将强化国土空间规划的民主性与合理性。

公民参与阶梯是描述公民在公共事务中参与程度的概念框架（图9-1）。这一框架呈现了由低到高的参与层次序列，揭示了公民从被动到主动、从无知到有知、从孤立到集体参与的过程。第一层是"无参与"阶段，公民通过政府及媒体被动接收信息，并以投票行为参与公共事务。其投票行为更多基于个人偏好或情感冲动，缺乏对公共事务的深入理解和理性分析。第二层是"象征参与"阶段，公众可以主动获取、分析信息，并做出反馈，但其反馈意见常被忽略。第三层是"实质参与"阶段，公众表现出高度的主观能动性，积极参与公共事务，并鼓励他人参与，甚至参与竞选公职，努力成为领导者、决策者。在这一阶段，公民需具备卓越的政治智慧和领导才能，坚定的社会责任感和使命感。

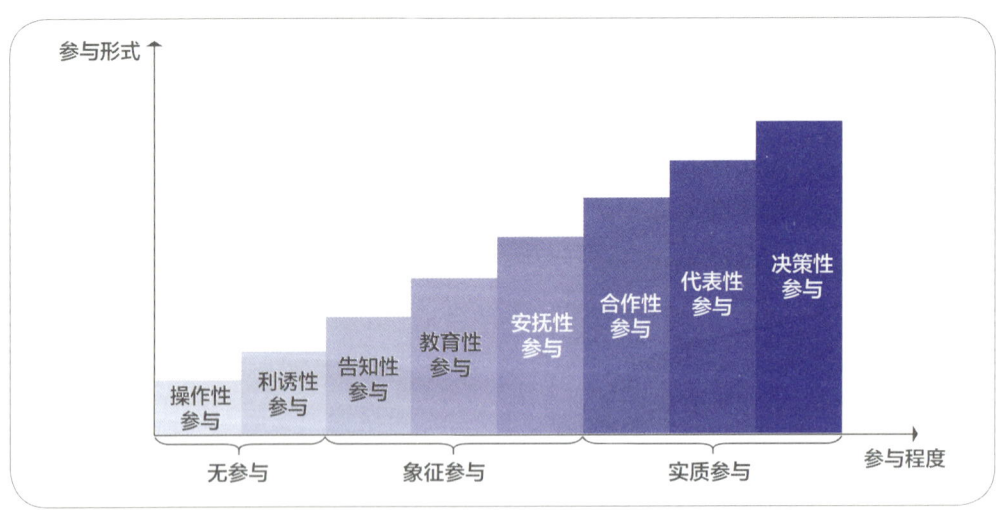

图9-1 公民参与的阶梯
图片来源：邓大才.乡村建设行动中的农民参与：从阶梯到框架[J].探索，2021（4）：26-37, 2.

公民参与阶梯为国土空间规划实施中的公众参与提供了指南。一是在国土空间规划相关规定中明确公众参与的正当性，并在规划实施中切实落实公众参与，确保国土空间的保护利用符合公众诉求，以此强化国土空间规划的民主性与合理性。二是面对公众参与度不高、意见不统一、规划实施难度大等现实挑战，要加强公民教育及培训，提升公众对国土空间规划的认知，提高公民参与层次，使其能积极主动地参与到国土空间规划实施相关的公共事务中。

专栏 9-3 广东省村民自主编制村庄规划实践

2019年，广东省罗定市人民政府印发《罗定市村民自主编制村庄规划工作实施方案》（以下简称《方案》），探索村民自主分类编制自然村规划途径。村民可在云浮市村庄规划编制信息平台中，利用包括影像图、土地利用现状、土地利用规划、基本农田、生态保护红线等在内的规划底图，进行构面、描线、布点安排项目、手绘规划意愿等操作，以表达对村庄规划的愿景。同时，罗定市乡村振兴办、组织部、资源局联合举办罗定市村民自主编制村庄规划工作系列培训班，对不同层级人员进行系统培训，强化公民参与的有效性。《方案》强调村民主体地位的同时，实现了村庄从"被规划"到"自规划"的转变。

资料来源：罗定市人民政府办公室《关于印发罗定市村民自主编制村庄规划工作实施方案的通知》（罗府办〔2019〕5号）

3. 规划实施社会治理的客体

规划实施社会治理的客体要素主要回答"治理什么"的问题。治理客体不同必然导致治理目标、手段的不同，也必然导致治理效果的不同。治理客体可概括为以下四点。

1）空间安全治理

空间安全，作为一个多维度、综合性的概念，不仅涵盖了关乎国计民生的粮食安全，还深刻触及了人类社会可持续发展的生态安全。粮食安全，作为国家安全战略的重要组成部分，直接关系到国家的经济稳定、社会和谐乃至政治安全，是保障人民基本生活需求、促进国家可持续发展的基石。而生态安全则是构建人类命运共同体不可或缺的一环，它关乎自然资源的可持续利用、生态环境的良性循环，以及人类社会的长远福祉，是实现人与自然和谐共生的必要条件。在推动国家可持续高质量发展的过程中，规划实施扮演着至关重要的角色。这个过程必须确保重要的农业空间和生态空间得到有效保护，免受不合理开发、污染及其他潜在威胁的侵害。同时，通过技术创新等手段，不断提升粮食生产能力和生态系统服务能力，既满足当前经济社会发展的需要，又为后代留下充足的资源和良好的生态环境。为此，空间安全治理成为一项复杂而紧迫的任务，它要求政府、非政府组织、企业及公民个人等多元主体携手合作，充分发挥各自的专业优势和社会影响力，共同构建起一道坚不可摧的安全防线。这一治理过程，旨在通过预警、预防、应对和恢复等多个环节，有效预防和处置各类可能危及粮食安全和生态安全的风险事件，确保国家发展的稳定性和可持续性。健全的风险预警和应对体系是空间安全治理的核心。这包括建立高效的空间利用矛盾化解机制，即通过协商、调解、仲裁等方式，及时妥善处理因空间资源分配、使用引发的矛盾和纠纷；同时也包括构建完善的社会舆情和土地利用监测系统，即利用大数据、云计算等现代信息技术手段，实现对空间安全风险的实时监测、预警和评估，为决策提供科学依据。此外，加强法律法规建设，增强公众的空间安全意识，也是提升空间安全治理效能不可或缺的一环。

2）社区/乡村治理

基层治理是国家治理体系的基石与"最后一公里"，也是确保政策红利惠及民生的关键环节。它不仅承载着国家政策的落地执行，更是人民群众体验国土空间治理成效、感知公共服务效能和温度的"神经末梢"。社区/乡村治理涵盖了广泛的政府、非政府组织机构及居民群体，构成了规划实施社会治理的微观生态系统。这些主体依据正式的法律框架、规划条文、规章制度，同时融入非正式的社区习俗、道德规范与公共约定，形成了一套独特的空间治理逻辑。通过协商对话、合作共治、协同作业等柔性治理手段，对社区/乡村内的教育资源配置、医疗服务优化、体育设施布局、居住环境改善等空间安排和利用过程进行精细化管理和有效协调，旨在构建一个功能完善、和谐宜居的生活共同体。这一过程中，社区/乡村治理的核心在于以人为本，将人民群众的利益放在首位。它要求治理者深入基层，倾听民声，了解民意，通过问需于民、问计于民，确保治理决策贴近群众实际需求，真正解决群众"急难愁盼"问题。同时，建立健全群众利益表达机制，拓宽民主参与渠道，鼓励居民积极参与社区/乡村治理，使每个人都能成为社区/乡村发展的参与者和受益者。此外，社区/乡村治理还强调优先协商、强化沟通对话的重要性。通过搭建多元化的沟通平台，促进不同利益主体之间的交流与理解，寻求共识，减少矛盾，为社区/乡村的和谐稳定与持续发展奠定坚实基础。这一过程不仅是治理水平的提升，更是社会治理理念的深刻变革，体现了以人民为中心的发展思想，为推动共同富裕、打造高品质生活提供了坚实的基层支撑。

3）空间管制与监督

空间管制与监督是规划实施社会治理的关键环节。在复杂多变的现代社会环境中，市场机制的局限性逐渐显现，特别是垄断力量的滋生、信息不对称的加剧以及外部性问题的普遍存在，共同导致了市场在空间资源配置上的失灵。资源配置失灵不仅会阻碍资源的优化配置，还可能引发社会不公、环境恶化等一系列问题，从而催生了社会公众对于更加有效、公正的空间管制与监督的强烈需求。为了满足这一需求，政府部门被赋予了重要使命，即通过一系列正式的法律法规、政策制定程序，以及非正式的沟通、协商机制，精心设计和实施空间管制与监督的规则体系。这些规则旨在维护空间秩序，确保国土空间的合理布局与高效利用，同时促进经济、社会、环境的协调发展，为国家的长期繁荣与安全奠定坚实基础。在规划实施社会治理的广阔语境下，空间管制与监督的内涵得到了进一步丰富和拓展。它不仅仅局限于政府对空间利用的直接干预和管理，更是一个多元主体共同参与、相互协作的过程。政府、个人、群体、组织等各方力量，基于维持空间秩序、促进社会公平和利益共享等共同目标，共同参与到空间管制与监督的实践中来。这种参与不仅体现在对政府行为的监督上，确保政府决策的科学性、透明度和公信力；也体现在对市场的监管上，通过建立健全的市场监管机制，防范和纠正市场失灵，维护公共利益；还体现在对空间利用全过程的监督上，从规划实施到评估反馈，每一个环节都需接受严格的监督，以确保空间资源的合理利用和高效配置。

4）数字空间治理

信息技术的日新月异，以前所未有的速度推动了数字空间的蓬勃兴起，深刻地重塑了实体空间与虚拟空间之间的交互模式，使得二者之间的界限日益模糊，相互依存、相互影响。这一变革不仅极大地丰富了人们的生活方式、工作模式与思维方式，同时也对现实社会的政治安全、社会安全乃至心理安全提出了前所未有的挑战。政治信息在网络上的快速传播可能加剧意识形态的冲突与博弈；社会事件的即时曝光则要求更加透明高效的危机应对机制；而虚拟空间中的社交互动与信息传播更是对个体行为产生了深远影响。因此，规划实施社会治理的范围不得不随之扩展，从传统的实体领域延伸至虚拟的数字空间，治理的难度也因技术复杂性、信息海量化、跨国界性等特性而显著增加。各国政府和国际组织纷纷将如何有效应对数字空间安全问题提上议程，将其视为维护国家安全、社会稳定和民众福祉的关键任务，以及推动国家治理体系和治理能力现代化不可或缺的一环。在这一背景下，数字孪生空间治理被赋予了更加深远的意义和使命。它不仅是对技术发展的回应，更是对新时代社会治理需求的主动适应与创新。数字空间治理的核心在于，基于国家安全和社会安全的总体需求，综合运用法律、技术、经济、文化等多种手段，对数字空间的开发、利用、运营及其产生的正面与负面外部效应进行科学合理的规划、培育、监督与调整。这包括建立健全数字空间安全法律法规体系，加强网络安全防护与应急响应能力，促进数字经济的健康发展，同时打击网络犯罪，保护个人隐私与数据安全，以及引导公众形成健康的网络行为习惯和正确的价值观。

4. 规划实施社会治理的路径

1）健全责任规划师制度

责任规划师是指由政府选聘的独立第三方人员，其主要职责是为责任范围内的规划、建设、管理提供专业指导和技术服务，协助搭建共建、共治和共享的精细化治理平台。责任规划师作为政府、公众和社会资本之间的桥梁，是规划实施社会治理中不可或缺的重要角色。责任规划师的工作内容通常包括调研摸底、上传下达、技术咨询、规划评估和总结宣传等。责任规划师的参与是国土空间治理体系和治理能力现代化的重要组成部分，通过其专业能力和技术服务，可以有效提升规划的实施效果和城市治理水平。

2）完善公众参与制度

公众参与是指广泛的公民个体和社会组织积极通过多样化的渠道与方式，深度介入到国土空间规划的实施过程中。这不仅限于被动接收信息，而是主动贡献智慧与力量，共同推动国土空间的合理开发与高效利用。将公众纳入国土空间规划实施的公共决策环节，可以帮助规划者收集并整合来自社会各界的声音与需求，特别是那些直接受规划影响的居民、企业和社区的意见。同时，让不同利益群体有机会表达诉求、协商共识，有效避免了"一言堂"或利益偏颇的情况，保障了各方利益的平衡与协调。另外，由于公众对本地情况有深入了解，他们的参与能够为规划提供宝贵的实践经验与数据支持，使规划方案更加接地气、易执行，减少了实施过程中可能遇到的阻力和挑战。这一过程还能够让公众感受到自己作为城乡主人的地位与权利，从而增强了对城乡规划的认同感与满意度，促进了社会的和谐稳定。

3）强化规委会制度

规划委员会（以下简称规委会）是国土空间规划管理的核心机构，通常由政府部门代表、各领域专家学者以及社会代表组成，旨在通过统筹协调，确保各项规划活动的高效有序进行。规委会作为跨部门的协调机构，能够打破部门壁垒，促进政府各部门之间的有效沟通和合作，避免规划冲突和重复建设；引入专家咨询机制，能够确保在规划决策过程中充分考虑各种因素，如经济、社会、环境等，从而提高决策的科学性和专业性；此外，规委会拓展了公众参与机制，增强公众对空间治理工作的信任度，使规划实施更加贴近民意，满足公众需求。

4）构建多元治理体系

健全自治、法治、德治、智治相结合的规划实施社会治理体系，推动政府治理和社会自我调节、居民自治良性互动，调动群众参与化解空间利用矛盾、生态与粮食安全预警与应对等方面的积极性；增强政府运用法治思维和法治方式化解空间利用矛盾的能力，引导群众依法维权、依法办事；充分发挥德治的社会教化作用，积极培育和践行社会主义核心价值观，树立正确的国土空间开发保护利用价值观；加快促进区块链、大数据、人工智能等现代科技深度嵌入国土空间规划实施社会治理，构建全面动态感知、系统精准认知、全域智慧管控的数字化治理平台。

9.2 国土空间规划实施的责任规划师制度

责任规划师制度，立足于快速城市化进程中对规划精准性与公众参与度提升的迫切需求，是新时代空间规划实施社会治理的鲜明标志，深刻彰显了在复杂多变的社会经济背景下，对专业规划与民主治理并重的时代诉求。责任规划师不仅是科学规划的践行者，更是民主决策的桥梁与纽带。他们旨在激发规划行业的活力与创造力，推动国土空间规划向更加科学化、民主化的方向迈进，最终实现经济繁荣、社会和谐与环境友好的可持续发展目标。责任规划师强调以人民为中心的发展思想，倡导科学决策与民主参与并重，鼓励创新思维与实践探索，为责任规划师提供了清晰的行为指南与价值取向。通过构建高效的组织体系、运作流程和制度保障，责任规划师制度能够为国土空间规划的顺利实施保驾护航。

9.2.1 责任规划师制度的基本概念

1. 定义和背景

责任规划师起源于"规划师"的概念，其最早可追溯到20世纪60年代国外兴起的社区规划师。狭义的责任规划师主要服务于基层治理，包括社区规划师、乡村规划师、驻镇村规划师等基层规划师；广义的责任规划师还包括总规划师、总建筑师等[1]。在我国的治理语境下，主要采用狭义的责任规划师概念，指由政府选聘的独立第三方人员，为特定责任区域（社区、乡村、片区、历史文化街区等）的规划、建设、管理提供专业指导、技术服务和组织协调[2]。

---

1. 刘蕊. 责任规划师在乡村振兴中的作用[J]. 北京规划建设, 2021 (2): 83-87.
2. 王宝强, 刘昭, 史书沛, 等. 我国责任规划师制度的建设成效、挑战与体系构建思考[J]. 规划师, 2022, 38(12): 5-12.

长期以来，基层社区在传统城市规划中往往处于边缘化状态。这种城市规划行动"脱离"基层建设、忽视社区规划与社区治理的做法，不仅在规划与基层间形成了鸿沟，还将规划搁置于"高高在上"的专业技术与精英决策的位置上。在这种背景下，责任规划师作为"新力量"被引入基层治理体系，以解决基层专业技术支撑力量不足、居民对空间环境政治诉求难以协调等国土空间规划"最后一公里"困境[1]。我国责任规划师制度可追溯至2004年北京市规划委员会的前瞻性探索——"胡同保护规划研究"课题，该课题首开先河，提出在核心区域分片实施责任规划师制度，通过规划设计单位的深度介入与技术支持，精细指导胡同文化的保护与复兴。及至2017年，在《北京城市总体规划（2016年—2035年）》的宏伟蓝图中，责任规划师与责任建筑师制度被正式提出并纳入规划体系。北京市在推动责任规划师制度方面迈出了坚实的一步，实现了从理论探索到制度实践的跨越。自此，责任规划师制度迅速在上海、成都、杭州、重庆、武汉、南京等主要城市推广实践。

2. 角色定位

设立责任规划师的初衷，旨在架设一座沟通国土空间规划智慧与"人民城市"建设愿景、高品质生活追求的坚固桥梁，以此深化和完善国土空间规划体系，驱动城乡现代化进程，共同构建真正意义上的"人民城市"。与传统规划师角色定位不同的是，责任规划师不再是单纯的专业技术工作者，而是规划过程中具有交往能力的管理者、沟通者和协调者。责任规划师需要在规划过程中积极推进各类群体的意志表达和协商；强调不同利益主体的平等和公正；重视过程性的沟通和调停；注重公民的规划赋权与赋能[2]。因此，责任规划师通过对上衔接政府、对下服务基层街乡和引导社区自治等，发挥着"宣传、咨询和纽带"作用，扮演着规划问题研究者、规划设计审查者、街区更新指导者、部门合作协调者、公众参与组织者等多重角色。

对于居民，责任规划师通过不断深入基层开展调研，收集居民相关意见，对历史文化保护、老旧小区改造、背街小巷治理、公共空间优化等进行现状分析与问题研判，积极向政府反映居民诉求并协助确定其规划实施的工作重点。对于政府，责任规划师作为连接政府与社区的纽带，既面向社会宣传规划理念，也面向政府承担着规划对接、项目审查、监督实施等职责。此外，责任规划师还可以利用"街乡吹哨、部门报到"的条块统筹机制，推动不同部门之间的协同与对接，对街乡规划工

---

1. 朱雷洲, 黄亚平, 谢来荣等. 困境与路径：新制度主义视角下的责任规划师制度研究[J]. 规划师, 2023, 39（3）: 51-56.
2. 唐燕. 北京责任规划师制度：基层规划治理变革中的权力重构[J]. 规划师, 2021, 37（6）: 38-44.

作面临的困难与问题作出反馈。在各治理主体之间，责任规划师扮演着"社会活动家"的角色，需要在基层发动共商共治，为社区、居民、技术团队、社会组织、市场等各方意见的充分表达和相互协商创造机会。

3. 职责范围

责任规划师的工作职责主要包括三方面：一是作为技术专家参与建设项目立项、规划、设计、实施等方案审查，参与责任范围内社区、乡村重点地段或重点项目规划设计的评审与决策。二是按年度评估责任范围内的规划设计执行情况进行深度调研，捕捉实施过程中的问题与瓶颈，同时广泛收集来自各方的意见与建议，形成全面而深入的报告，为政府及规划和自然资源部门提供决策支持，确保规划方向的科学调整与持续优化。三是作为政府、公众和社会资本之间的桥梁进行沟通、组织、协调，确保规划的实施落地，促进"人民城市"建设。为了应对城乡建设与发展中涉及的不同类型问题，各地的责任规划师制度对责任规划师的责任范围有差异化的规定。例如北京的责任规划师制度要求责任规划师在广泛联系群众推动责任范围内社区改造的同时，还要协助规划部门进行法定规划技术校核、开展街区规划实施统筹等，具有"自上而下"和"自下而上"相结合的双重要求。上海的责任规划师（社区规划师）制度侧重公众参与和项目运营，主要负责配合落实社区微改造项目的精细化管理。广州等地的责任规划师主要负责存量建设地区的城市更新与项目策划[1]。责任规划师的义务包括严格按照总规和分区规划的要求，对责任范围内的规划、建设和管理独立提出专业意见；一般不承担责任范围内的规划、设计和建设项目的设计任务；遵守并严格履行聘用合同；诚实守信，遵守职业操守。

在具体的工作场景中，社区作为最基础的"细胞"与终端节点，自然而然地成了责任规划师深耕细作的核心场域。在乡村地区，通过在地化的规划编制策略和长期扎根的服务模式，实地调研走访采集数据、了解民众需求，以坚实的数据支撑完善制度建设、参与决策把关，促进乡村地区建设水平提高，实现乡村治理能力提升[2]。在城市增量地区，针对重点地区的总规划师制度延续了设计师参与实施管控和协调的做法，大幅提升了重点地区城市设计的完成度，保障了建成环境的质量。在此基础上，部分城市将责任规划师制度的工作对象扩展至行政区全域，其工作目标也转向通过重点项目实施保障总体城市设计成果。

---

1. 陈诺思，林太志. 存量规划时代地区规划师工作探索：以广州市白云湖地区规划为例[J]. 规划师，2018，34（S2）：89–94.
2. 薛璇，王潇，李琳. 公众参与视角下社区规划师制度的实践探索：以徐汇区长桥街道长桥四村社区为例[J]. 规划师，2021，37（S1）：25–31.

> **专栏 9-4** 浙江省驻镇规划师基本职责

专业咨询：驻镇规划师应全面了解、熟悉乡镇（街道）和周边区域的实际情况，建议列席相关工作会议，就乡镇（街道）和村庄的发展定位、规划思路、整体布局、产业发展、风貌塑造与实施策略等提出专业建议，参与规划评审和实施计划拟定。

技术把控：驻镇规划师协助乡镇（街道）把控国土空间规划设计统筹和精细化管理的目标与原则，针对具体规划布局、规模控制、分区准入、边界管控、正负面清单制定和项目设计（如城镇天际线、城镇色彩、建筑风格、街道界面、景观照明、慢行系统、公共环境艺术品、环境景观设施、户外广告等）方面的控制引导要求提出专业建议。

沟通协调：驻镇规划师应了解城乡社区居民和村民需求，掌握社情民意，形成专业意见，反馈现实情况，及时与县市规划管理等相关部门进行沟通协调，帮助乡镇（街道）解决规划设计编制和实施管理中存在的困难与问题，提出解决方案或建议。

宣传服务：驻镇规划师协助乡镇（街道）进行国土空间规划政策宣传、解读规划成果，就规划设计相关问题答疑解惑等，引导熟悉当地情况的乡贤、能人参与规划设计工作；不定期为乡镇（街道）规划专业管理人员进行业务培训与技术指导，提升地方管理水平。

资料来源：《浙江省自然资源厅关于推动建立驻镇村规划师制度的通知》（浙自然资函〔2021〕50号）

9.2.2 责任规划师制度的目标与原则

1. 制度目标

责任规划师制度的目标主要是推进国土空间治理体系和治理能力的现代化，应对当前城市精细化管理、基层空间治理需求，为基层规划、建设、管理提供专业指导和规划技术服务。责任规划师制度的建立旨在解决城市规划与实施过程中出现的问题。例如，提升规划的公众参与度、增强规划实施的动态维护、强化规划治理体系中的审美水平和协调能力，以及推动规划项目从设计到管理的顺利转变等。在制度落实过程中，作为"新角色"的责任规划师需要实现的目标主要有三个：一是为决策者提供信息和智能服务，深入基层获得一手海量信息，提炼对空间治理和基层治理有价值的信息，达到信息可用性的最大化；二是为决策者提供具有技术性或政策性的解决方案，寻找利益价值观正确、多元利益均衡的解答，真正做到问计于民；三是积极参与解决过程，实现知行合一，不断提高总结经验教训的能力，寻求具体方案的改进策略，探索止损、推广或退出机制。在此过程中，通过三种"新业务"实现目标：第一，打破部门界限，建立城市基层治理需要的基础信息数据库和工作平台；第二，依托专业服务和宣讲解读，将政策自上而下进行传导；第三，充分发挥平台协作、资源引介和社会协作等方面优势，引导居民自治共治理念，为中国基层治理赋能。

2. 制度原则

1）以人民为中心

在中国城市治理的语境下，"以人民为中心"是责任规划师制度要坚持的首要原则。这是各城市制定的责任规划师制度的共同点，例如《关于推进北京市核心区责任规划师工作的指导意见》要求"坚持'创新、协调、绿色、开放、共享'的发展理念，牢固树立以人民为中心的发展思想"。责任规划师的诞生是国土空间规划改革背景下规划师对自身历史使命的新认识、新行动，责任规划师是上层规划与人民群众之间的桥梁，其职责的落实是"人民城市人民建，人民城市为人民"理念的具体体现。

2）科学性与专业性

科学性与专业性是责任规划师制度要坚持的另一条原则。责任规划师履行职责的方式主要包括强化调查研究、广泛联系群众、提供专业意见、开展宣教培训、促进多方共治、实施监督反馈。其中，强化调查研究需要责任规划师挖掘和梳理历史文化保护与传承、空间资源高效利用、环境质量提高、居民生活品质提升的各类需求与问题。提供专业意见时，责任规划师需参与规划、设计、实施方案审查，独立出具书面意见，协助推进各类规划建设项目实施。实施监督反馈方面，责任规划师需参与规划实施和城市体检评估等工作，收集问题和意见建议，并反馈相关部门。因此"第三方"立场是基层规划师有效服务基层治理的关键。我国的基层规划师同时肩负着服务政府和对接社会的双重使命，保持相对独立的第三方立场是确保责任规划师实现相关治理目标的重中之重。责任规划师的工作一方面依赖于政府授权与监管；另一方面又需要与政府保持相对独立的第三方立场来开展基层服务和治理。责任规划师第三方立场的建立不仅取决于其职业操守，还在于能够通过制度建设，保障责任规划师在特殊情况下（如责任规划师与基层街道在关键问题上产生分歧时）有可能通过上级政府、社区居民等的支持或救济来处理和裁决问题。

3）公众参与和多方协同

责任规划师是推动传统精英行动走向多元共治的重要力量。基层规划师制度在我国的建立，表征了当前我国规划模式和规划师角色的转型，与国外基层规划师的兴起具有相似性。责任规划师制度通过发起多方参与，将不同社会角色纳入基层规划建设体系，推动着传统的精英规划逐步"接地气"。责任规划师不再是高高在上的技术精英，也不仅是政府职能部门的简单外援，而是促进政府、市场、社区居民等不同利益相关者开展对话，实现多元共治的重要力量。随着我国城镇化水平的不断推进，为确保城镇规划编制的合理性，《城乡规划法》对城市规划过程中的公众参与有了明确的规定，强调城乡规划编制应实施全过程的公众参与；各级各类国土空间规划编制明确了遵循"政府组织、专家领衔、部门合作、公众参与"的原则，责任规划师制度正是对公众参与原则的落实。

9.2.3 责任规划师制度的实现路径

1. 组织方式

国外的责任规划师制度起源于20世纪中叶，是西方世界对第二次世界大战后大规模物质空间规划实践深刻反思的产物，伴随城市规划尤其是社区规划理念的转型而蓬勃兴起。在美国纽约、日本东京、韩国首尔等国际大都市，通过政府引导与民间力量的协同作用，以及社区层面的自发探索，逐步孕育并形成了各具特色、适应本土需求的责任规划师制度。在我国，责任规划师制度的萌芽最初以政府主导的研究项目形式崭露头角，随后正式步入官方议程。伴随着国家行政体制的改革、国土空间规划体系的重塑、城市更新战略的深入实施以及乡村振兴战略在全国范围内的广泛推广，该制度在全国范围内稳步确立，并在北京、上海、成都、杭州、重庆、武汉、南京等核心城市落地生根。在这一进程中，规划主管部门发挥着核心驱动力作用，构建起"省厅引领、学会助力、市局规划、区县执行、基层对接"的立体推进网络，形成了上下联动、协同共进的良好局面。与此同时，为确保责任规划师制度的有效实施，各地纷纷出台了一系列法律法规与政策文件，构建起制度实施的坚实框架。当前，我国责任规划师制度的实践大多体现出鲜明的行政主导色彩，通过自上而下的治理路径，显著提升了规划治理体系的审美标准、协调能力与动态适应性，使得权力运作更加高效、顺畅。当前，我国正在积极探索多元共治的新路径，例如，北京在责任规划师制度的实践中，不仅坚持并完善了自上而下的治理框架,还开辟出自下而上的组织路径。在这一框架下,多样化的实施策略、先进的治理工具以及新兴技术的融合应用,不仅促进了治理效能的飞跃,更在深层次上推动了治理权力的重新配置与平衡,为自上而下的传统治理模式注入了新的活力与内涵。

2. 运作过程

早期的责任规划师制度通过深度介入导则编制等标准化作业及规划审批等行政流程,成功引领规划师角色从单一的"规划者"向综合的"管理者"转型,但其局限性在于以城乡规划设计等空间蓝图作为规划管理依据,工作流程仍限制于项目的规划和建设流程之内。在此基础上,近期的实践使相关制度的运作过程得到了进一步的完善。一方面,责任规划师在夯实规划编制职能的同时,积极融入产业定位深度分析、项目运营策略规划等前端环节,有效衔接了建设、实施与后续运营的各个阶段,确保城市空间不仅"颜值在线",更"功能完备",实现了从"美观"到"实用"的飞跃。另一方面,受"二次订单"理论启发的部分研究,通过强化多元主体间的沟通协调、优化决策环境设计等手段,促使责任规划师制度的功能边界向上游延伸,旨在以更前瞻的视角和更深远的影响,塑造与引导未来的规划与管理工作[1]。

随着责任规划师制度内涵的不断丰富与外延的持续拓展,其工作范畴日益广泛且复杂,单一依靠规划专业技术人员的传统模式已难以满足需求。为应对这一挑战,构建跨学科、多专业的协作团队成为必然趋势。当前,一种高效且普遍的运作模式已渐成气候:规划技术人员担任核心角色,负责全局策略的制定与多方协调;而建筑、景观、运营等领域的专家则各展所长,为专项工作提供精准的技术支撑与现场实施保障。这种以规划师为主导的平台化协作模式,不仅增强了团队的综合应对能力,也促进了各专业领域之间的深度融合与互补,为责任规划师制度在新时代的发展注入了强劲动力。

3. 制度保障

当前,责任规划师的工作目标、范畴、责任界定、作业模式、选拔标准与流程、绩效评估体系、权利与义务界定以及工作保障机制等方面,在各地的探索过程中均得到了全面而清晰的界定,并以法律法规的形式确立了该制度的主管机构及其核心职责范畴。以北京市为例,其规划和自然资源委员会高瞻远瞩,创新性地构建了"1+5+N"责任规划师工作体系。其中,"1+5"模块集综合协调、跨界专家智囊、

---

1. 黄静怡,于涛. 精细化治理转型:重点地区总设计师的制度创新研究[J]. 规划师,2019,35(22):30-36.

专项研究、宣传推广于一体，形成市级层面的工作专班，并辅以跟踪研究、制度优化、能力建设、智慧融合、信息传播等五大支撑机制，而"N"则灵活指代一系列孵化并落地的实施项目。上海市则在探索中展现了三级联动的治理智慧：市级层面聚焦理念引领、制度设计与文件指导；区级层面持续深化机制建设；街道层面则自发形成并向上反馈制度需求，实现从试点专项配合到全面推行的稳步跨越。重庆市规划和自然资源局携手民政局、住建委员会，共同搭建社区规划师制度的框架，创新性地推出"三师"（建筑师、规划师、工程师）下乡服务模式，通过选派乡村规划师实施精准"点对点"规划技术服务，深度融入乡村发展。广州市在推动城市设计全覆盖的进程中，尤为注重人才的专业化与多元化，面向全市广泛招募涵盖规划、建筑、艺术、风景园林、土地资源管理、市政工程等多领域的精英，构建了一个跨行业、跨机构的专家库。通过建立健全运行管理制度，不仅有序推进了社区设计师的培训与普及，还成功实现了社区规划师的全覆盖，并以示范项目为引领，科学分区、团队化推进项目实施，有效促进了各镇政府（街道办事处）辖区内公共财政与集体资金建设项目的高质量实施。

4. 实践经验

当前，北京、上海、重庆、广州、成都、杭州、南京、苏州等一系列城市在责任规划师制度的实施上已取得初步成效，包括高效扁平的组织架构、权责清晰的边界、顺畅的运作流程、专业团队以及坚实的制度支撑体系等。这些城市通过责任规划师制度的深入实践，广泛涵盖了社区面貌焕新、乡村振兴战略实施、项目高效推进、宜居生活圈打造以及历史文化遗产保护等多个关键领域，为规划从蓝图绘制到实践落地的全过程提供了坚实有力的制度保障。然而，面对新时代日益复杂的社会治理挑战及生态文明导向下的国土空间规划变革需求，责任规划师制度仍面临诸多待解难题。

从制度主义的视角看，责任规划师制度存在扩散困境和落实困境的双重挑战。扩散困境表现为两方面，一是强制性同构、规范性同构与制度形式化，即在责任规划师制度扩散过程中缺乏自下而上的商讨空间，落实到基层，责任规划师的沟通协调能力、专业技能水平具有差异性，精细化的治理需求与条块式的制度现实产生矛盾，在不得不完成任务的要求下，"运动式"铺开责任规划师工作更容易导致制度流于表面形式化，原先的责任规划师制度初衷也就束之高阁。二是观念认知限定与制度主体失位，即制度运行过程中行为主体的思维特征和观念被塑造，导致行为主体通常遵循原有工作框架，难以超越原有观念以适应新的制度变迁。落实困境表现为三方面：第一，制度场域限定与制度可持续难题，即责任规划师制度的嵌入导致地方对外部资源超常规投入的依赖，一旦这种特殊的场域难以持续，基层规划治理则更难以可持续发展。第二，政府主导与市场、社会机制的缺失，即自上而下的政府决策和行政命令在制度场域中占主导地位，市场和社会力量相对弱势，加上缺乏对社会力量和公众参与需求的考虑，在制度落实过程中出现了很明显的行政支撑局面。第三，职责范畴、考评机制不明与制度的负面强化效应，即部分地区并未完全认识到该制度的价值和作用，并且认为责任规划师的到来反而加剧了基层本就繁重的工作事务，因此产生了"冷处理"的工作方式，对于责任规划师而言，并未明确的职责范畴及与基层的诉求缺位可能导致其工作进展困难加剧。

根据当前责任规划师制度的现状，研究者总结了一系列优化路径。

逐步建立适应现代化国家治理的规划教育体系。一是促进高校规划教育理念转型与相关知识储备，实现从空间设计到空间治理理念与方法的转型。二是要加强责任规划师的职业技能培训，通过党建活动提升规划师的服务意识。

完善多层级、多部门协同的责任规划师制度体系建设。建立分层决策机制，明确不同层面责任规划师的工作权限，在横向上，由省或市政府进行统一协调，推动形成多部门协作的整体机制。

构建适应多样化需求的责任规划师"建设-管理-社会3.0"三维专业体系。除吸收社会学、社会工作、法律、咨询、公共管理、经济等相关人才来强化责任规划师的社会协调能力外，还要引入退休专家、热心市民等社会公众的参与，采取多样化的聘任方式，发挥其不同的专业技能，创建全民共商、共建、共享的新局面。

探索自身特色与规划诉求相适应的地方模式。各地要结合自身特色，探索与其发展水平、规划诉求、治理需求相适应的地方模式，切忌照搬照抄、流于表面。各城市可根据自己的规划诉求，组织聘任责任规划师、明确责任规划师的组织模式、制定相应政策、明确行动路线、开展城乡建设活动、进行绩效评估与规划师制度评估，对执行中的责任规划师制度予以总结反馈，并不断改进优化方案，逐步探索富有成效的地方模式。

9.3 国土空间规划实施的公众参与制度

公众参与是推动国土空间规划的科学化、民主化进程中不可或缺的一环。作为连接政府与公众、规划编制者与公众意愿的桥梁，公众参与制度的构建与完善深刻体现了国土空间治理模式的转型与升级，为公众提供了参与规划讨论、表达利益诉求、监督规划实施的有效途径。这一制度的实施，不仅是对公民权利的尊重与保障，更是对规划科学性与合理性的内在要求。公众参与制度推动了规划理论向更加人性化、民主化的方向发展，强调了规划实施过程中的社会参与与共识构建，为用地决策提供了更加全面、深入的信息基础。公众参与制度体现了规划实施过程中的多元主体共治与利益协调机制。它要求规划编制者充分考虑公众的需求与期望，将公众意见纳入规划决策过程；同时，也要求公众积极参与规划讨论，理性表达利益诉求，与规划编制者形成良性互动。在这一过程中，科学论证与民主协商相辅相成，共同推动用地方案的优化与完善。

9.3.1 公众参与制度的概念内涵

1. 定义和背景

公众参与（public participation）是指公民通过提案、投票、沟通、质询、公示等方式参与地方事务决策与公共政策制定的过程，旨在通过非暴力形式解决"精英代议"与"全民公投"间的价值差异与利益冲突问题[1]。国土空间规划的公众参与是指民众通过公示、听证、举报等方式参与国土空间规划编制、城市设计、规划实施及规划监督等公共事务决策中。作为一种国土空间规划与设计的重要手段，公众参与将市民纳入国土空间规划管理的公共决策环节，从而帮助规划者全面了解公众需求和利益，增加决策的科学性、公正性和可行性，提高国土空间规划的透明度和可操作性，增强公众对城市规划的认同感和满意度，提升国土空间治理的效率和效益。其中，公众参与主体包括政府机构、公众个体、新闻媒体以及企业单位等；参与客体则包括国土空间规划编制、实施和监督各个环节，贯穿国土空间规划全生命周期；参与形式则主要有座谈会、听证会、现场会、问卷调查、电话咨询、领导信箱、平台问政等沟通渠道。

规划领域内公众参与的兴起是两种社会思潮和实践交互作用形成的结果：一是受自由主义复兴和民权运动影响，公众以自我权利保障为中心的自我意识开始觉醒，并在政府和制度方面得以体现；二是在城市规划内部，针对现代建筑运动主导下城市规划出现的弊病，以及多元化思想的影响，城市规划工作者开始逐渐从高高在上的象牙塔走向社区和公众[2]。可以说，规划的公众参与直接导致了规划的社

---
1. 蔡定剑. 公众参与及其在中国的发展［J］. 团结，2009（4）：32-35.
2. 孙施文. 城市规划中的公众参与［J］. 国外城市规划，2002（2）：1-14.

会化，引发了规划从专业技术领域向社会政治领域的转向。保罗·大卫杜夫（Paul Davidoff）在1960年代提出的"规划的选择理论"（a choice theory planning）以及后来的"倡导性规划"（advocacy planning）概念成为规划公众参与的共同理论基础。1969年，英国公众参与规划委员会发布题为"人民与规划"的报告，是最早的公众参与城市规划的制度框架。1973年，联合国召开世界环境会议，提出"环境是人民创造的"的宣言，为城市规划中的公众参与提供了思想和政治上的保证。此后，随着公众参与理论和实践的推进，城市规划中公众参与被当作市民的一项基本权利而存在，要求在城市规划编制过程中必须让广大市民尤其是受规划内容影响的市民参与规划的编制及讨论，规划部门也必须听取各种意见并将其尽可能反映在规划决策中，公众参与成为规划行动的组成部分，需要在制度和实践中予以全面推行。

在中国语境下，空间规划的公共政策属性明显，自20世纪90年代以来，空间规划领域便引入了公共参与理念。空间规划界的公众参与是作为一个舶来品引入国内的，引入的过程中进行了本土化重构。国内有学者将公众参与本土化研究的理论溯源划分为两个流派：一是以福利经济学、公共选择理论等政治经济学观点为基础，将公众参与视为公共物品进行经济学剖析；二是以古典管理理论、合理性理论及沟通行动理论等社会学观点为基础，从群体性理性、社会交往与沟通行为角度剖析公众参与问题。从我国空间规划公众参与的发展历程来看：2000年前后，有关公众参与的研究主要集中在将英美既有公众参与方式进行本土化的方法论[1]、制度建设的合理性论证[2]、公众参与如何促进社会公平与多元化发展[3]等方面；2010年前后，随着自上而下参与城市治理观念的日渐深化，相关研究开始集中对多样化群体空间诉求反馈[4]、解决社会矛盾与邻避问题[5]、新技术应用[6]、城市规划编制审批制度完善[7]等方面。自2019年《若干意见》发布以来，原本公众参与度不尽相同的不同规划（包括城乡规划、土地规划、环境规划等），经由"多规合一"被整合在国土空间规划"五级三类四体系"的同一框架内，导致环保问题、拆迁问题等自下而上的公众诉求以及建设用地规模、耕地保护等自上而下的刚性要求开始在国土空间规划编制

---

1. 梁鹤年. 公众（市民）参与：北美的经验与教训[J]. 城市规划, 1999（5）: 48-52.
2. 陈锦富. 论公众参与的城市规划制度[J]. 城市规划, 2000（7）: 54-57.
3. 唐文跃. 城市规划的社会化与公众参与[J]. 城市规划, 2002（9）: 25-27.
4. 赵民. "社区营造"与城市规划的"社区指向"研究[J]. 规划师, 2013, 29（9）: 5-10.
5. 郑卫. 我国邻避设施规划公众参与困境研究：以北京六里屯垃圾焚烧发电厂规划为例[J]. 城市规划, 2013, 37（8）: 66-71, 78.
6. 席广亮, 甄峰. 基于大数据的城市规划评估思路与方法探讨[J]. 城市规划学刊, 2017（1）: 56-62.
7. 杨俊雷, 周均清. 县级市城乡规划委员会制度改革及优化：以湖北省GS市为例[J]. 规划师, 2015, 31（10）: 43-50.

与实施工作中集中显现。由此，国土空间规划的公众参与成为了自上而下的国土空间用途管制宏观行政权力下实现自下而上微观公众诉求与自我完善的途径。

2. 定位和特征

公众参与过程实质上是空间规划主管部门向非行政机构让渡部分决策权力的过程，这部分权力包括但不限于决策权、合作权、协商权、知情权等。公众参与可以增强规划决策的透明度，防止决策过程中的腐败和权力寻租现象。其次，公众参与规划决策的过程，也是一个知识共享和资源整合的过程，通过规划公众参与制度能够提高规划质量，增强规划的科学性和可操作性。公众参与使政府获取更多的信息和资源，有助于政府从多个角度和层面了解问题，从而制定出更加科学、合理的规划方案，为规划决策提供更加全面和准确的依据。同时，公众参与也有助于政府提前预见和解决规划实施过程中可能出现的问题，提高规划的实施效果。更为重要的是，规划公众参与制度能够增强社会信任，促进社会和谐稳定。在公众参与规划决策的过程中，政府可以更加深入地了解公众的需求和期望，从而提高政府决策的透明度和公信力，增强公众对政府的信任和支持。信任是社会和谐的基石，有了信任，社会矛盾和冲突能得到有效化解，社会和谐稳定得以维护。

规划公众参与制度的基本特征包括四个方面：一是公开透明，公开透明是规划公众参与制度的基础。政府需要公开规划决策的依据、过程和结果，让公众了解规划的内容和目的。同时，公众也有权获取相关信息，了解规划的实施情况和进度。只有公开透明，才能消除信息不对称，为公众参与创造条件。二是多元参与，多元参与是规划公众参与制度的核心。规划决策涉及众多利益相关者，包括政府、企业、社区居民等。因此，规划公众参与制度需要鼓励多元化主体的参与，充分听取各方意见，平衡各方利益。通过多元参与形成共识，增强规划的可操作性和可持续性。三是制度化保障，制度化保障是规划公众参与制度的重要支撑。政府需要制定完善的法律法规和政策措施，明确公众参与的权利和义务，规范公众参与的程序和方式。在国土空间规划中，自上而下的刚性传导是"五级三类"层级体系下保证国土空间规划法治化的核心。公众参与制度构建的底线在于不能采用自下而上的治理逻辑否定上位规划的合理性，公众参与的意见应当作用于本级规划、下级（下位）规划，而不溯及上级（上位）规划的刚性部分[1]。四是非强制性地促进共识建立，国土空间规划过程中，各参与主体需秉持开放心态，尊重他人观点，通过

---

1. 周子航，张京祥，王梓懿.国土空间规划的公众参与体系重构：基于沟通行动理论的演绎与分析［J］.城市规划，2021，45（5）：83-91.

积极沟通交流达成共识。共识不仅是对规划方案的认同，更是对规划过程公平公正的认可。达成共识的关键在于互相反思和妥协，目的是实现"非强制性的全体一致"。

3. 职责范围

在"五级三类"的国土空间规划体系下，公众参与的限度应当与空间规划的尺度建立起明确的联系。在国家级、省级国土空间规划层面，为确保国家与区域发展战略的顺利传导与落实，应当将工作重心置于政府工具理性对民众多样化价值理性的求同与纠偏上，应采用告知、公示为主的形式开展两者间的"对话"，以保障公众的知情权并获得公众理解。在市、县级国土空间规划层面，为实现区域协调发展、空间用途管制、自然资源保护等目标，应当将工作重心置于确保政府决策意图在国土空间总体规划中的显现，同样应采用告知、公示为主的形式创造公众参与机会。在市、县级国土空间详细规划、专项规划领域，由于该领域关系到在地居民及相关利益群体的幸福感、满意度和切实福祉，应允许公众与政府进行适当的"讨价还价"，以最大化地达成公众认知理性被政府"听见"的公众参与目标。在乡镇级国土空间规划以及乡村规划领域，则应保障基层自治制度赋予居民的事权与决定权，允许公众提出方案，或交由村集体投票解决，见图9-2。

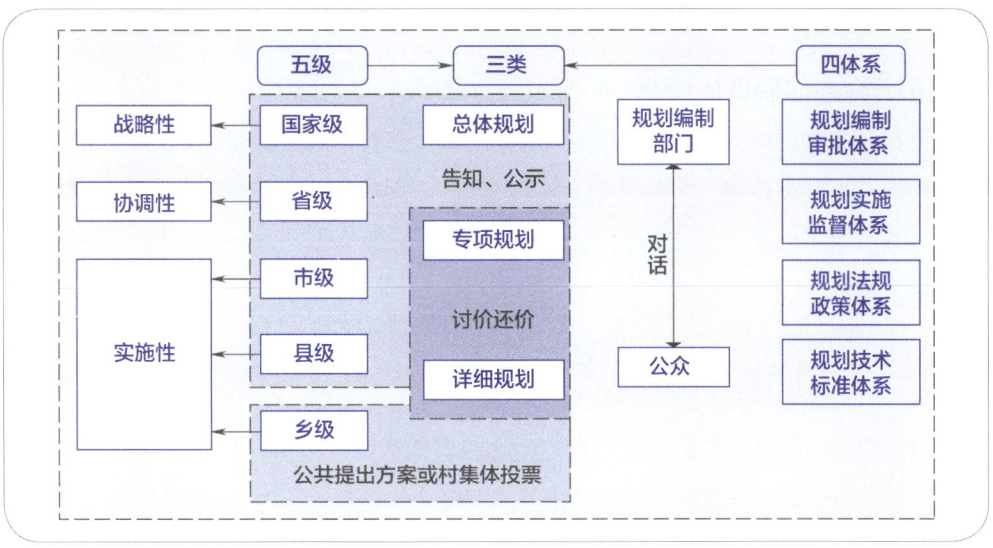

图9-2 "五级三类"国土空间规划体系下的公众参与方式
图片来源：周子航，张京祥，王梓懿．国土空间规划的公众参与体系重构：基于沟通行动理论的演绎与分析[J]．城市规划，2021，45（5）：83-91．

9.3.2 公众参与制度的目标原则

1. 公众参与制度的目标

党的十八届三中全会提出"推进国家治理体系和治理能力现代化""建立空间规划体系""落实用途管制"等新要求,空间治理成为推进国家治理能力、治理体系现代化的重要目标、组成部分和重要举措。2019 年,《若干意见》明确指出要保证规划的科学性,要坚持上下结合、社会协同、公众参与的方式,以落实"以人民为中心"的规划要求。编制国土空间规划的目标,在于充分发挥政府、市场、社会等多元治理主体的协同作用,通过有效的制度安排,形成党委领导、政府组织、市场参与、社会协同的社会治理格局[1]。公众参与制度的目标,在于保障各方主体具有平等的参与权。从公众参与的发展历程来看,公众往往是最容易被忽视和剥夺参与权的参与主体。因此,需要以共治为目标,搭建公众参与新平台,打破以往公众只能"参与"规划公示这一末端环节的窘境,尽可能拓宽公众参与空间治理的渠道。

提供高品质的公共服务是空间治理的重要任务,社区作为空间治理的最基本单元,应率先变革。在提升公共服务品质问题上,政府、社区组织、物业、居民等主体都要参与其中,通过多方可持续性的协商与合作,共同实现重焕空间活力、传承社区文化和加强邻里沟通的社区规划目标。政府要起到引导带头作用,并出台相关政策支持;社区组织主要负责社会资源对接、方案研究讨论;物业管理要配合居委会等做好组织宣传、整合资源的工作;居民则应积极主动参与调研、发表意见。

2. 公众参与制度的原则

公众在参与空间治理的过程中,应当遵循一些基本准则。具体而言,主要包括尊重原则、不伤害原则、自主原则、宽容原则、适度原则、诚信原则和互助原则等。

尊重原则:指在民主平等的基础上,空间治理要做到一视同仁、尊重弱者以及保护他人隐私等。

不伤害原则:指参与空间治理的主体需要做到不假公济私、损人利己,要为他人负责,努力避免使他人受到不应有的伤害。

自主原则:指公众参与必须是发自内心的自知行为、自由行为,这就要求参与主体要对自我的行为进行自控,并随时能进行调整,并对参与活动的个体行为结果负责。

宽容原则:指尊重现代社会利益多元、价值多元和生活方式多元的特征,在不

---

1. 张京祥,夏天慈.治理现代化目标下国家空间规划体系的变迁与重构[J].自然资源学报,2019,34(10):2040-2050.

逾越公正的行为底线前提下，对没有伤害社会的他人行为展现出更多的包容。

适度原则：指公众参与的规模、范围和方式都应适度，投入适度的人力、物力和财力等资源，以达到优化空间治理、有效影响决策、维护自身利益的目的。

9.3.3 公众参与制度的实现路径

1. 组织方式

近年来，随着我国电子政务的迅速发展，国土空间规划的公众参与开始逐渐从线下转移到了线上。除传统的公示、听证、举报等方式外，数字化时代为公众参与提供了更多的形式和更新的理念，要求公众参与向数字化转型，通过数字化的新技术应用提高规划参与的可达性和包容性[1]。数字化时代国土空间规划公众参与的组织方式呈现多元化趋势。一是手机应用软件加快公众参与信息传播。管理部门充分利用大数据筛查技术，获取目标群体的信息获取方式偏好，以管理主体名义创建官方账号、新闻资讯、政府官方网站等不同信息媒介及信息传播渠道，发布国土空间规划管理相关信息，方便公众了解规划管理动态。二是自媒体助力公众参与渠道拓展。国土空间规划管理部门可以通过微博、微信、抖音等自媒体平台，开展有关规划定位、原则、目标等内容的有奖征集活动，鼓励用户通过实名制认证的自媒体账号参与官方账号有关规划许可核发、规划监督管理等的评论、转发，以此表达自己的意见和建议。三是新技术增强公众参与互动体验。使用 VR（virtual reality）、AR（augmented reality）等虚拟现实技术，将规划意图进行直观展示，使规划成果具象化，打破国土空间规划的专业壁垒，激发公众参与热情。四是多手段保证公众参与反馈效果。通过开通政务网站在线咨询服务、自媒体直播平台交流互动、主动联系告知反馈结果等方式保证公众参与的人性化、无门槛化。

2. 运作过程

国土空间规划公众参与制度的基本流程主要包括信息发布、意见征集、反馈与监督三个环节，三个环节的顺利执行有赖于合理的制度设计和参与机制（图9-3）。其中，制度设计是公众参与机制的基础，政府需要明确公众参与在国土空间规划中的核心地位和作用。参与机制是公众参与制度的落实，通过积极回应公众关切和需求，提升公众参与机制的吸引力和影响力。

---

1. 张蕾. 数字化时代国土空间规划管理公众参与优化研究［J］. 中国管理信息化，2023，26（3）：178-181.

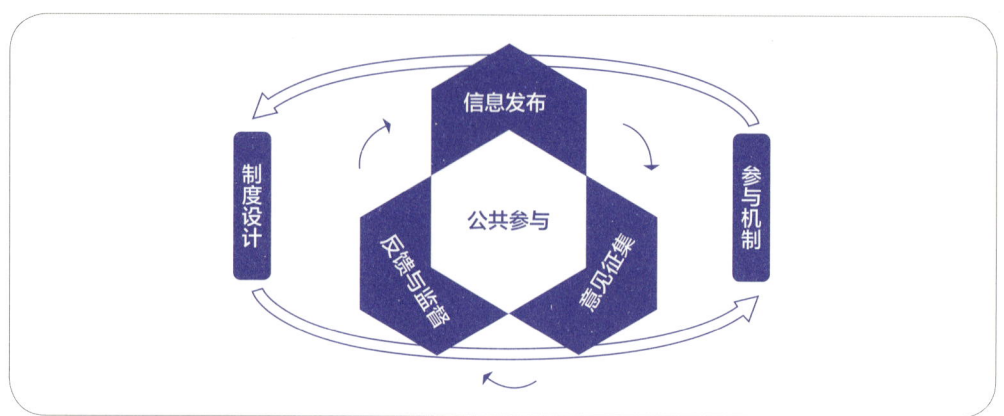

图 9-3　国土空间规划公众参与制度的实现路径

1）信息发布：让公众了解规划内容

信息发布是公众参与机制的重要环节。政府需要及时、准确公开国土空间规划的相关信息，如规划背景、目标、范围、依据等，以便公众全面了解规划内容。政府可通过官方网站、新闻媒体、社区公告等多种渠道发布规划信息，确保信息的广泛覆盖。此外，政府还需设置合理的信息发布时限，以便公众有足够的时间了解规划内容并及时提出意见和建议。

专栏 9-5　英国与广东省规划信息发布

在英国《城乡规划法案》中明确规定："规划生效前需至少公示 6 周，规划覆盖范围内的所有人有权投票表决和表达意见"，为公众参与规划提供公开的沟通空间。英国谢菲尔德市为了使公众能够更好地了解规划许可申请的信息，尽可能采用信件的通知方式，以避免人们没注意到街上张贴的告示而错过公开信息。此外，根据项目的影响范围，如外卖餐馆热食的气味、通信塔台的视觉影响、酒吧的噪声等影响的不仅限于相邻地块的居民，政府会通过规划许可的申请网站或地方社区组织，告知更广泛范围内的社区居民。居民可以对该项规划许可申请提出意见或想法，反馈意见的期限是 21 天。

2004 年 9 月通过的《广东省城市控制性详细规划管理条例》规定，城市规划行政主管部门应当将审查后的控制性详细规划草案公开展示，征询公众意见。控制性详细规划草案公开展示的时间不少于二十日。展示的时间、地点及公众提交意见的期限、方式应当在当地主要新闻媒体或者政府信息网站上公布，同时在规划地块的主要街道或者其他公共场所设置公示栏进行公示。

资料来源：
赵丛霞，朱海玄，周鹏光. 英国规划许可中的公众参与：以英国谢菲尔德市为例[J]. 国际城市规划，2020，35（3）：113-118.
生青杰. 公众参与原则与我国城市规划立法的完善[J]. 城市发展研究，2006（4）：109-113.

2）意见征集：汇聚公众智慧

意见征集是公众参与机制的核心环节。政府应通过问卷调查、听证会、座谈会等多种方式，广泛征集公众对国土空间规划的意见和建议。意见征集的范围应涵盖规划的各个方面，如土地利用、生态环境保护、交通规划等，以确保规划的全面性和科学性。同时，政府还需设置合理的意见征集时限，既要保证公众有足够的时间提出意见，又要确保规划工作能够按时推进。在意见征集过程中，政府应充分尊重公众的意见和建议，将其纳入规划决策的依据之一。

专栏9-6　上海与法国规划意见征集

《上海城市总体规划（2017—2035年）》编制过程中，委托10家研究机构、40个研究团队围绕18个战略专题开展研究；与长三角30个城市的规划主管部门交流沟通，与苏、浙、皖三省规划院共同开展规划研究，有力支撑了区域协同发展；汇集来自经济、社会、文化、生态、政治、城建等各个领域的15名专业人士，组建"公众参与咨询团"，全过程跟踪总规编制和建言献策，成为引导社会力量参与规划的桥梁。通过问卷调查、论坛讲座、现场展示、官方网站、微信公众号、电子邮箱、热线电话、传统媒体等多种方式向市民发布规划信息并收集市民意见，有效拓宽了市民了解、参与城市规划的渠道，提升了总体规划的社会影响力。其中通过网站、微信公众号、主体论坛等建立的公众参与渠道，伴随总规工作的开展逐渐成为公众获取相关资讯的稳定平台，传播的资讯也不再局限于本轮总体规划，更多涉及其他城市规划的热点项目与话题，成为宣传城市规划的长效平台。

法国在规划过程中设立了公众协商程序，其中方案研讨会是公众协商的最重要、最核心的参与方式。一般是在城市规划主管部门的引导和组织下，各设计团队与公众共同工作、研讨方案，使设计团队与公众能够直接互动，公众意见能够及时反馈给设计者，从而更容易选出符合民意的方案。第一种形式是全体公众方案研讨会，邀请尽可能多的公众参与方案研讨，规模大，耗时也较长（5天左右），一般是结合周末进行。第二种是公众代表方案研讨会，由地方居民代表和地方协会代表公众对于规划方案进行讨论，一般会将日程压缩在一天以内（通常是周六）。同时，每个城市规划建设项目在立项之后都会在基地内设一个项目展示中心，公众可以领取介绍项目方案的文件、观看规划师和景观师等专家介绍方案的设计思路和原则的录像，更加深入地了解规划方案；还可向工作人员咨询其对方案不理解的地方，或者询问其感兴趣的问题；并在专门的意见册上留下自己的建议和意见。工作人员会收集公众对方案的看法和建议，整理后反馈给设计团队。展示中心还会公布前面的公众协商活动结果，并预告后续的公众协商活动，鼓励公众参与协商。

资料来源：
张逸. 城市总体规划公众参与的创新性实践：对"上海2035"城市总体规划公众参与的思考 [J]. 上海城市规划，2018（4）：64-67.
谭静斌. 法国城市规划公众参与程序之公众协商 [J]. 国际城市规划，2014，29（4）：89-94.

3）反馈与监督：保障公众参与效果

反馈与监督是公众参与机制的保障环节。政府应建立健全反馈机制，对公众提出的意见和建议进行及时、有效的回应，并解释规划决策的依据和理由。同时，政府还需加强对规划实施过程的监督，确保规划内容得到有效执行。此外，政府还应鼓励公众对规划实施过程进行监督，及时反映问题并推动问题解决。在规划实施一段时间后，政府还应组织公众参与评价，了解规划实施效果，并收集公众的意见和建议，为今后的规划工作提供参考。

专栏9-7 福建省与英国意见反馈与监督

福建省持续推行"阳光规划"，打造阳光规划系统。经批准后的国土空间规划成果和规划修改情况，依照政府信息公开有关规定，及时主动向社会公示公开，方便公众实时查询，并鼓励公众参与监督规划实施，积极开展空间规划的公示和宣传。截至2023年，福建省的规划成果公示达6 100多个，规划成果公开达5 000多个，形成公开透明、高效智能、便民亲民的规划服务平台，保证了规划编制更科学、实施更阳光、监督更有力。

英国在长期的规划改革实践中建立了一项贯穿规划编制、实施、调整全过程的规划监测评估制度，并对应编制、实施和调整 3 个阶段，分别形成可持续性评价、动态监测报告和规划检讨文件。动态监测报告对应规划实施阶段，主要监测规划的实施进展及趋势，支撑规划政策的调整完善，具有动态性和灵活性的特征。从 2013 年开始，《伦敦市年度监测报告》由全文发布的形式改为根据规划框架、分专题不定期评估发布的形式。报告结论可以直接作为检视、修订规划政策的依据，规划政策的修订也将及时反馈至年度监测工作中，根据实施情况对监测指标进行补充和调整。

资料来源：
黄莉芸，张秋仪，杨迪，等.省级国土空间规划运行逻辑与实施机制研究：基于福建省实践的解析［J］.规划师，2023，39（9）：23-31.
周艺霖，邱凯付，刘菁.治理体系现代化视角下省级国土空间规划实施监督体系研究［J］.规划师，2022，38（8）：45-51.

3. 制度保障

1）建立健全公众参与的法律法规体系

完善法律法规体系是实现国土空间规划公众参与的关键。法律需详细规定公众参与的具体形式、程序以及相应的保障机制，为公众参与提供明确的指引和坚实的后盾。参与形式包括听证会、座谈会、问卷调查、公示等，以便让公众能够深入了解规划内容，并提出合理化建议。参与程序具体指公众参与的条件，如哪些规划需要公众参与，哪个层级的国土空间规划需要何种规模（人数）的公众参与，公众参与和专家评审的意见是否得到互相反馈等。参与程序可以确保公众在各个阶段都能按照规定的时间和方式参与进来，提高公众参与的实效性。保障机制包括公众参与的组织保障、信息保障、权益保障等方面。组织保障要求各级政府部门建立健全公众参与的组织体系，确保公众参与工作的顺利进行；信息保障要求政府公开透明地发布规划信息，便于公众了解和参与；权益保障要求对公众参与过程中遭受不公正待遇的群众提供法律援助，维护其合法权益。

专栏 9-8 英国和中国规划公众参与的法律法规体系

英国制定的《城乡规划法案》（1947 年）对公众参与城乡规划作了一般性规定，并在随后发布的《规划与强制购买法》和《邻里规划法案 2017》中明确"每一类型规划从编制、公布、审批到诉讼的程序中都有公众参与的法定要求""只有公众参与规划过程的规划才具有法律效力""当地规划部门必须编制一份有关公众参与的声明",从法律层面保障了规划中的每个主体参与权。

中国于2005年颁布的《城市规划编制办法》第六、十六条对公众参与规划进行了首次阐述,初步确立了公众参与原则和制度框架,明确指出城市规划编制的组织方式应遵循"政府组织、专家领衔、部门合作、公众参与"的原则。《城乡规划法》(2019年第二次修正)将公众参与制度正式纳入城市规划基本法律,公众参与在城市规划中的地位得到提升和立法确认,强调城乡规划编制应实施全过程的公众参与,同时保障任何单位和个人都有权利向相关部门举报或控告违反规划及相关法律法规的行为。2019年5月《中共中央 国务院关于建立国土空间规划体系并监督实施的若干意见》提出"坚持上下结合、社会协同,完善公众参与制度,发挥不同领域专家的作用;运用城市设计、乡村营造、大数据等手段,改进规划方法,提高规划编制水平",进一步强调公众参与机制在国土空间规划中的重要性。

资料来源:
徐瑾,王川,石肖雪.国土空间规划体系中公众参与的法律制度研究[J].规划师,2020,36(23):18-25.
黄耀福,郎嵬,陈婷婷,等.共同缔造工作坊:参与式社区规划的新模式[J].规划师,2015,31(10):38-42.

2)完善公众参与的组织形式和渠道

要吸引更多的公众参与国土空间规划,需要完善公众参与的组织形式和渠道。一方面,可以通过设立专门的公众参与机构,负责组织和协调规划过程中公众的参与活动,确保公众在国土空间规划过程中的积极参与。这不仅可以提高公众对规划工作的认知度,还可以让公众有更多机会参与到规划的编制、审查、实施和监督过程中,从而使规划更加贴近民生需求,有利于国家发展。另一方面,可以利用现代信息技术手段,如网络平台、社交媒体等,拓宽公众参与的渠道和方式。现代信息技术的快速发展为拓宽公众参与渠道提供了有力支撑。通过网络平台、社交媒体等现代信息技术手段,公众能够随时随地了解规划进展、发表意见和建议。这种方式既可以降低公众参与的成本,又能提高公众参与的效率,有助于提升公众对国土空间规划的认同感和参与度。此外,还可积极探索多元化的公众参与方式,如举办公众听证会、座谈会等活动,让公众有更多机会直接参与到规划过程中来。在具体组织中,如何抓住公众关心的主题,将规划专业内容转换为公众容易理解并认知的常识信息是公众参与行动的基础,目前规划师作出了多方面探索。

总之,完善公众参与的组织形式和渠道,有助于提高国土空间规划的公众参与度，使规划更加科学、民主和具有针对性。

3）建立有效的公众参与反馈机制

公众参与国土空间规划的反馈机制是确保规划科学、合理和有效的重要保障。首先，需要建立公众参与意见收集、整理和分析的制度，确保公众意见能够得到及时、准确的反馈。比如设立多元化的公众参与制度化渠道，让公众能够方便地参与到国土空间规划的讨论中，包括规划决策咨询会、座谈会、听证会等规定程序；设立专门的公众意见反馈部门，负责整理和分析公众提交的意见和建议，并将这些意见反馈给相关部门和决策者；建立公开透明的公众意见采纳机制，让公众能够了解到自己的意见在规划制定过程中的作用和影响。其次，应当确保公众能够及时了解到自己的意见反馈情况，通过定期评估和总结公众参与的效果，加强公众对国土空间规划的深入了解和参与，包括评估公众意见的采纳情况、公众参与活动的效果以及公众满意度等。

专栏9-9　北京、武汉公众参与反馈机制

《北京城市总体规划（2016年—2035年）》获批后，北京市创新实施监督工作并畅通反馈渠道，以城市体检评估作为规划实施监督的重要手段，探索构建了城市体检闭环工作体系，形成了强有力的制度保障、开放多元的评估主体、广泛的应用平台和畅通的反馈渠道等重要经验。在具体工作中，各部门、各区、第三方技术团队共同开展体检评估工作，并通过全市居民满意度调查和部分街道、社区深入调研相结合的方式强化公众参与，力图反映各方共识。在实施中充分对接规划实施和政府施政的关键环节，结合监测结果形成对策建议，并反馈指导下一年度的实施工作和重点任务，形成轮番滚动、动态调整的工作机制，确保规划确定的各项内容得到充分落实。

武汉市在2015年1月推出全国首个可供市民在线参与规划的"众规武汉"网站平台，设置"众智成城""众流归海""众所周知"3个板块。最具特色的是"在线规划"功能，平台给公众提供了能绘制方案的网络工具，市民可以设计自己心中的方案，并上传呈交给规划相关部门，实现真正的规划互动参与。在武汉2030总体规划编制中也搭建了"武汉2030"网站平台和微信公众号邀请市民共同参与规划。

资料来源：
周艺霖，邱凯付，刘菁.治理体系现代化视角下省级国土空间规划实施监督体系研究[J].规划师，2022，38（8）：45-51.

4）强化公众参与的监督和激励机制

要实现国土空间规划的公众参与，还需要强化公众参与的监督和激励机制。一方面，要加强对公众参与过程的监督和管理，确保公众参与的公正性和有效性。政府部门应确保公众参与的过程公开透明，及时发布相关信息，让公众充分了解规划的内容和目标。公众应主动关注规划进展，通过各种渠道发表自己的意见和建议，共同保障公众参与的公正性和有效性。另一方面，要通过设立奖励机制、优惠政策等方式，激励更多的公众积极参与到规划过程中来。政府部门可以根据公众参与的程度和质量，给予一定的奖励和优惠政策。奖励不仅可以是物质形式，如现金补贴、减免税费等，还可以是精神层面的，如荣誉证书、荣誉称号等。通过这种方式，鼓励更多公众投身于国土空间规划的制定，为我国国土空间规划提供宝贵的意见和建议。此外，还应加强对公众参与成果的宣传和推广。政府部门应及时总结公众参与的成果，通过各种渠道进行宣传，让更多人了解并认识到公众参与的重要性。提高公众参与的积极性和影响力，可以为国土空间规划提供有力的支持。

5）加强公众参与的教育和培训

国土空间规划是一项涉及公众利益的重要事务。要让公众真正发挥参与规划决策的作用，必须确保参与公众代表具备一定的对规划事务的敏感性和相关知识。从客观方面来看，绝大部分公众缺乏有效参与国土空间规划的知识、能力、信息资源及可靠途径，导致其在面对复杂的规划问题时，难以做出明智的决策。在主观方面，许多公众缺乏足够的敏感性和责任心，以及对公众利益而非仅为个人利益发声的能动性，可能导致公众在参与规划决策时，难以全面考虑各方利益，进而降低公众参与的效能。即使在公众参与主体成熟度相对较高的发达大城市地区，普通公众亦缺乏深度参与国土空间规划的技能，因此在面对专业性较强的规划问题时，难以提出有针对性的意见和建议[1]。因此，要加强公众参与的教育和培训，提高公众的参与能力和素质。具体主要有以下几方面途径：

开展国土空间规划知识的普及活动。普及活动可以帮助公众深入理解和认识规划的重要性，理解规划的目标和内容，推动公众更好地参与到规划过程中，包括举办讲座、研讨会、展览等形式。

举办规划技能培训班，培养一批具备规划专业知识的公众参与骨干。骨干在国土空间规划的制定和实施过程中，可以为公众发声，维护公众利益。培训内容包括

---

1. 杨晓春，毛其智，高文秀，等．第三方专业力量助力城市更新公众参与的思考：以湖贝更新为例［J］．城市规划，2019，43（6）：78-84．

规划的基本理论、方法和技术,以及公众参与的方式和技巧等。

开展案例分析和经验交流活动,让公众更好地了解和参与规划过程。构建公众和专业人士共同探讨的平台,让公众从实际案例中学习到规划的重要性和实践方法。

9.4 国土空间规划实施的规委会制度

规委会制度作为国土空间规划实施领域内的核心管理与决策中枢,其构建与运行不仅标志着对传统规划管理模式的深刻革新与全面超越,更是现代治理智慧在国土空间规划实施中的生动展现与精准落地。这一制度贯穿于规划编制、审批、实施的全生命周期,扮演着至关重要的协调与监督角色,更以其独特的机制设计,确保规划活动能够严格遵循科学逻辑、充分反映民主意愿、有力维护权威地位,成为推动国土空间规划高质量发展的核心驱动力。从理论价值维度审视,规委会制度为我们搭建了一个透视国土空间规划治理体系演变规律的广阔平台,深刻揭示了从单一主体主导到多元主体协同共治的历史性转变趋势。在科学内涵层面,通过构建开放包容的多元主体协商机制,促进政府、市场、社会等多元力量之间的对话与合作,强化规划决策过程中信息交流的畅通无阻与利益诉求的充分表达,规委会制度彰显了高度的科学性、民主性与权威性相统一的特质。

9.4.1 规委会制度的概念内涵

1. 定义和背景

我国规委会是一种以"群体决策"代替以往行政"首脑决策"的制度,是规划决策走向科学化、规范化、制度化的创新制度。规委会通常由政府相关部门、专家学者、公众代表等组成,审议和决定法定规划、专项规划、重大政策、重大建设项目、规划条件等。规委会制度将规划决策与执行相分离,目的在于提高规划决策的科学性、民主性和透明度,保障国土空间规划的有效实施和公共利益最大化。

我国的规委会制度源自香港。20世纪80年代,中国由计划经济向市场经济转型,城市在发展与建设的过程中形成了多元的利益主体和复杂的利益结构,政府对城市规划的管理也从"全能型"的控制者逐步走向了多方利益的协调者。政府角色的转型带来了行政管理模式的转变。香港特区政府一直以来都奉行积极不干预政策，采用"小政府、大社会"的管理模式，实行"决策"和"执行"相分离的现代管理理念。1991年，香港提出建立城市规划委员会，负责香港行政长官指定地区的城市规划设计研究及咨询工作，审查全港发展策略、分区图则和法定图则。1998年深圳以《香港城市规划条例》为原型，制定了《深圳市城市规划条例》，把城市规划委员会确定为常设机构，广泛吸纳社会人士加入，并赋予深圳规划委员会对法定图则的终审权，使城市规划决策和管理逐步走向民主化。由此，深圳规委会也被视为规划决策体制改革的先锋和创新之举。之后，随着"政府组织、专家领衔、部门合作、公众参与、科学决策"理念的深入，几乎所有省会级城市、部分地级市，以及一些县（市、区）都设立了各自的规委会。2016年2月《中共中央 国务院关于进一步加强城市规划建设管理工作的若干意见》明确提出"全面推行城市规划委员会制度"，进一步加快了规委会制度在全国范围的发展。

2. 定位和职责

在国家层面上，《土地管理法》《城乡规划法》等法律法规仅要求"相关规划报批前，应征求专家、公众及有关部门意见"，并未就具体形式作出规定。由政府相关部门、专家学者、公众代表等组成的规委会制度正是落实这一要求的重要体现，是规划审批的前置环节。国家层面的原则性要求也赋予了地方较大的自主权，各地规委会在设立层级、定位、职能等内容存在较大差异。从各地发布的规委会实施细则来看，现阶段我国规委会的行政职能不仅限于提供咨询和建议，部分城市还涉及审议、审定、审批、协调、组织、统筹、研究、论证、协商等多项工作。根据享有的权限高低，可以将各城市的规委会制度分为决策型、审议型和咨询型。

决策型： 规委会由立法机关授权设置，可以对于大部分法定规划行使独立的审批权，自身具备较强的行政管理决策能力和决议效力。例如深圳规委会由公务委员和非公务委员组成，公务委员由市政府领导和相关职能部门代表组成，非公务委员由有关专家和社会人士组成，可对国土空间规划、重大专项规划以及规划委员会章程及运行规则修订行使规划审议或审批权。

审议型： 规委会在城乡规划审批流程中，常作为前置性审议机构存在，政府在此基础上进一步决策。地方城乡规划审议办法界定了其在审批链条中的步骤与程序,确保透明与规范。委员会以非公务员为主,实质上赋予了其在城乡规划关键议题上的准决策权,体现了广泛的参与性与专业性。例如,广州、宁波、成都、宜昌、兰州、长春等地明确规定"未经规划委员会审议或者审议未通过的,政府不予批准"。

咨询型:规委会往往由相关领域专家和领导构成,旨在为重大城市规划与建设决策承担顾问、咨询等职能,以会议决议作为行政决策参考,但不具备强制效力,职能较弱,既不处于正式行政决策序列,也难以对规划事务进行直接干预,完全依附于行政框架体系之内。如廊坊、咸阳等,在章程中笼统地表述为"提出审议意见",作为政府及相关部门决策的依据[1]。

按照各地的规委会章程,不同城市规委会的审议/审查范围界定存在显著的差异性:以"总体规划"和"控制性详细规划"法定规划为主,部分地区深入至重点区域或地段的"专项规划"或"城市设计"及规划管理中的热点,以及地方的标准规范、重点项目等[2]。

9.4.2 规委会制度的目标原则

1. 制度目标

规委会制度的目的在于转变传统规划决策模式、提高规划事务运行效率、推动政府角色转型、促进社会利益共享等多方面。首先,规委会制度旨在建立专家学者、业务部门、社会代表共同协作机制,打破传统单一行政管理的壁垒,推动规划决策过程向更加开放、透明的方向转变,避免规划决策权力过于集中,实现规划权力的科学性和合理性。其次,通过集体决策的方式,汇聚多方智慧与意见,统筹协调政府各部门利益与诉求的功能,减少部门间的冲突与矛盾,提高规划事务的处理效率,弥补传统"善政"管理模式在规划合理性方面的不足。再次,规委会作为政府职能转型的外部推动力,通过其独特的运作模式,促进政府从单一管理者向多元服务者角色转变。通过加强规划决策过程中的公众参与和多方协作,规委会制度有助于提升政府公共服务的效率与质量,更好地满足人民群众对美好生活的向往。最后,实施规委会制度,践行"还权于民"的理念,让公、私主体在规划决策中分享权力,有助于平衡各方利益,提高规划决策的社会接受度和实施效果。

---

1. 张钰. 城市规划委员会决策机制研究 [D]. 广州:华南理工大学,2020.
2. 高捷. 行政法视阈中的"规委会"制度及新规划体制下的建设探讨:基于对15个城市的案例研究 [J]. 城市规划学刊, 2019 (6):94-100.

增强规划实施过程中的社会认同与支持,减少实施阻力,确保规划目标能够顺利实现。

2. 制度原则

1)依法决策原则

规委会在进行规划决策时,必须严格遵守国家、省、市等各级政府关于城乡规划、国土空间规划等方面的法律法规,确保决策过程合法合规。坚持法治精神,以法律为准绳,保障规划决策的权威性和严肃性。

2)科学决策原则

规委会应充分发挥专家委员的作用,利用专业知识和技术经验,为规划决策提供科学依据。在决策前,应进行充分的调查研究,广泛收集相关资料和数据,确保决策基于充分的事实依据。对重大规划决策进行科学论证,评估其可行性、合理性和可持续性,确保决策的科学性。

3)民主决策原则

规委会应确保各方利益代表都能公平参与,充分表达意见和诉求。决策过程应公开透明,及时向社会公布相关信息,接受社会监督。采取集体决策的方式,避免个人独断专行,确保决策结果能够体现多数人的意愿和利益。

4)高效决策原则

规委会应统筹协调政府各部门的利益与诉求,减少部门间的冲突与矛盾,提高决策效率。规委会人员应精简高效,避免冗员和官僚主义现象,确保决策过程迅速、有效。优化决策流程,减少不必要的环节和程序,提高决策效率和质量。

5)责任追究原则

为确保决策结果的严肃性和权威性,规委会制度应建立严格的责任追究机制。明确界定成员在决策过程中的职责范围与权限边界,实行权责一致原则。建立健全问责机制,对决策失误、玩忽职守、滥用职权等违规行为进行严肃查处,追究相关人员的法律责任和行政责任。同时,推动内部监督与外部监督的有机结合,鼓励公众、媒体等社会力量参与监督,形成对决策行为的全方位、多层次监督网络,确保规委会决策工作始终在法治轨道上健康运行。

9.4.3 规委会制度的实现路径

1. 组织方式

各地关于规委会的组织方式因地区而异,但通常都包括职能定位、组织架构、工作机制、成员组成、议事规则等方面。

规委会主要职责包括审议地方发展战略规划、国土空间规划、重大项目选址以及地方性技术规范等。组织架构方面,规委会通常下设多个分支机构,以支持其日常工作和专业审议需求。常见的内设机构包括办公室、技术审查委员会及根据需要设立的专业委员会等,在规委会的领导下,机构各司其职,共同推动规划实施工作的顺利开展。同时,规委会还负责协调各下属委员会的工作,确保规划决策的顺利实施。办公室作为规委会的办事机构,负责处理规委会的日常事务,如议题收集、整理、会议组织等。同时,办公室还负责对审议事项的贯彻执行情况进行督察、督办,确保规划决策的落地实施。技术审查委员会负责对规划项目进行技术审查,为规委会的决策提供科学依据,参与规划项目的评审工作,确保规划项目的合规性、合理性和可行性。专业委员会主要根据规委会的委托,对特定领域的规划问题进行审议,如城市交通及市政设施委员会负责城市交通和市政设施的规划审议;建筑环境与文化艺术委员会负责城市建筑和环境的规划审议等。规委会的成员通常由人民政府及其相关职能部门代表、专家及公众代表组成,以确保决策的广泛代表性和专业性。政府代表包括市长、分管副市长、秘书长以及相关职能部门的主要负责人,代表政府在规委会中行使职权,确保政府意志在规划决策中得到体现。专家代表来自城乡规划、土地管理、建筑设计、环境保护等领域的专家,为规委会提供专业咨询和技术支持,确保决策的科学性和合理性。公众代表包括人大代表、政协委员、社区居民代表等,代表公众利益在规委会中发声,确保公众意见在规划决策中得到充分考虑。

2. 运作过程

规委会的运作流程通常涉及多个环节,通常包括议题收集与初审、会议准备、会议召开、决策落实、监督与评估、总结与改进等环节。

议题收集与初审。相关部门或单位根据工作需要,向规委会办公室提交拟审议的规划议题及相关材料,规委会办公室对提交的议题进行初步审查,确保议题符合规划委员会的职责范围和审议要求。

会议准备。确定审议议题后,规委会办公室协调确定审议议题、会议时间、地点等信息,并提前通知给各参会委员及相关部门,准备会议所需的议题材料、背景资料、相关政策文件等,供参会委员审阅;确保会场设施完善,满足会议需求。

会议召开。参会委员及相关部门代表签到,确认出席情况;会议开始后,由议题提出单位或规委会办公室对审议议题进行介绍,包括议题背景、主要内容、存在问题及建议等;之后参会委员对审议议题进行充分讨论,发表各自意见和建议;讨论过程中,可邀请专家或公众代表进行发言;根据讨论情况,对审议议题进行表决。表决结果一般需经到会委员过半数同意方为有效。

决策落实。规委会办公室负责整理会议记录,形成会议纪要。会议纪要应详细记录会议讨论情况、表决结果及决策意见等。相关部门根据规委会的决策意见,制定并改进实施方案。规委会办公室对决策落实情况进行跟踪督察,确保决策得到有效执行。

信息公开。规委会应及时将审议结果、决策意见等信息向社会公开,接受公众监督。在规划编制、审议和决策过程中,应充分听取公众意见和建议,增强规划决策的民主性和科学性。

监督与评估。规委会内部应建立健全监督机制,对委员履职情况进行监督评估,并接受上级主管部门、纪检监察机关及社会各界的监督,确保规委会工作廉洁高效。

总结与改进。定期对规委会工作进行总结分析,总结经验教训。根据工作实际和反馈意见,不断优化规委会的组织架构、运作流程和决策机制,提高规划决策的科学性、民主性和高效性。

3. 制度保障

规委会作为地方政府进行规划决策的议事机构,其设立和运作应依据国家和地方的相关法律法规。国家有关法律和政策确立了规委会的合法性,其中,《城乡规划法》(2007年审议通过)第二十六至二十七条明确规定"城乡规划报送审批前,组织编制机关应当依法将城乡规划草案予以公告,并采取论证会、听证会或者其他方式征求专家和公众的意见""省域城镇体系规划、城市总体规划、镇总体规划批准前,审批机关应当组织专家和有关部门进行审查";《若干意见》也提出"坚持上下结合、社会协同,完善公众参与制度,发挥不同领域专家的作用"。基于此,我国多个城市已经建立了规委会制度,明确了规委会的组织架构、职能定位、成员构成、议事规则等内容,保障了规划审议过程的合规性。例如,《深圳市城市规划条例》《深圳市城市规划委员会章程》为深圳规委会的运作提供了法律保障;《广州市城市规划委员会组成及议事制度》确定了规委会的组织构成、委员的产生方式、职责范围、经费保障、议事规则、会议程序、审议议题的公众参与机制、委员的责任及工作要求等相关内容，确保规划审议的规范性。

关键术语

社会治理、责任规划师、国土空间规划的公众参与、城市（乡）规划委员会

思考题

1. 如何理解国土空间规划实施中的社会治理概念？它与传统意义上的社会治理有何异同？

2. 在国土空间规划实施社会治理中，多元主体（如政府、社会组织、公众等）各自的角色和作用是什么？

3. 在制度保障方面，你认为哪些措施对于推动公众参与制度的持续发展和完善至关重要？请具体阐述并给出建议。

4. 请你根据对责任规划师制度和规委会制度的理解，结合所在地的实际情况，提出一项可能的创新点或改进措施，以提高社会组织在国土空间规划实施中的效能。

第 10 章

国土空间规划实施与治理的实践与展望

■ 导语

通过本章学习，旨在了解美国、英国、德国、法国、新加坡、日本等不同政体和制度背景下各国国土空间规划[1]演进历程、法规体系、实施策略及治理模式，熟悉不同法律体系（国家规划法律）和规划实施治理的差异，总结可供我国规划体系参考的借鉴与启示。在此基础上，了解国内北京、上海、浙江等典型地区国土空间规划实施与治理的实践概况与创新举措，并结合我国"多规合一"实践历程及新时期国土空间规划面临的机遇与挑战，思考面向中国式现代化的国土空间规划实施与治理体系的发展方向与完善路径。

10.1 各国（地区）国土空间规划实施与治理比较

国土空间规划实施与治理是国家行政组织体系在空间治理上的反映。受不同法律体系和行政体系的影响，不同国家的规划实施与治理在体系构成、传导路径、作用效果等方面存在显著差异。本节以大陆法系和英美法系两大主要法系的典型国家为例，分析不同法系国家在国土空间规划法律体系、规划实施与治理等方面的特点和异同，从而理解不同政体和制度背景对规划实施与治理的影响。

---

1. 因各国对"国土空间规划"一词说法不一，但其内涵与我国国土空间规划内涵相似，故本书在此统一用"国土空间规划"一词。

10.1.1　各国（地区）法律体系比较

1. 大陆法系国家国土空间规划法律体系

1）大陆法系国家空间规划法律体系概述

大陆法系，也称民法法系、罗马法系或罗马-日耳曼法系，是以罗马法为基础发展起来的法律体系的总称。该法系起源于欧洲大陆，以法国和德国为典型代表，通过法律规范的抽象化和概括化，以成文法典明确法律规范，强调制定法的权威性。法官的作用在于严格执行法律规定，采取演绎法，从现存法律规定中找到适用的法律条款，推论出必然的结果，不得擅自创造法律、违背立法精神。因此，大陆法系国家在国土空间规划编制、审批、实施、监督等各个环节，往往通过明确的法律文件、严格的立法程序和司法审查机制进行规范，更加重视"确定性"。在解决国土空间规划相关争议时，通常依据规划法律进行裁判，确保规划工作的合法性和公正性。同时，规划法律进一步规定了相关主体的权利和义务，明确了违反规划的法律责任，保障规划的有效实施，但地方有时缺少一定的自主裁定权和创新性。

2）典型大陆法系国家国土空间规划法律体系

（1）法国国土空间规划法律体系

法国于1919年颁布了法国第一部城市规划的法律文件，并在第二次世界大战后的城市重建过程中不断补充完善，逐步形成了以土地利用许可、城市规划编制为主要手段的规划法律体系。20世纪70年代以来，随着社会经济形势的变化，规划法律更加注重文化、社会、生态等方面的均衡发展，部分规划权力逐渐从中央向市镇和市镇联合体下放，形成了较为完善的规划法制体系[1]。当前，法国的国土空间规划法律体系主要由国土空间规划法律法规及与规划相关的法律文件和公共政策构成，覆盖国家、区域（大区）、地方（市镇）三级单元。在国家尺度上，以2003年修订的《城市规划法典》为代表，汇总了与国土空间规划相关的所有法律法规和政令，明确了规划价值体系、层级关系和基本规范，是国土空间规划法律体系的主干。在区域尺度上，主要包括大区和跨大区的国土规划整治指令及具有同等效力的指导纲要。但在实施过程中，除法兰西岛大区外，其他大区很少编制区域规划文件，实施效果不佳。在地方尺度上，由于地方没有国土空间规划立法权，主要通过划定各类用地边界和发放建设许可，编制国土协调纲要、地方城市规划、市镇地图等地方性规划文件，对市镇内的建设行为进行管控[2]。

---

1. 蔡玉梅，何挺，张建平.法国空间规划体系演变与启示[J].中国土地，2017（7）：32-34.
2. 刘健.20世纪法国城市规划立法及其启发[J].国际城市规划，2009，24（s1）：256-262.

（2）德国国土空间规划法律体系

德国的国土空间规划法律体系基于其联邦制国体，分为联邦、州、地方（市、县）三个层级。在联邦层面，主要以《联邦宪法》《空间规划法》为基础，向下延伸至各个空间层次，为国土空间规划提供总体框架和原则，有效保障各层级规划的制定与实施。其中，《联邦宪法》规定德国联邦享有规划立法权，与州政府共同管理空间规划。联邦通过颁布法律和制定空间规划对国土空间进行开发和管制，并对各州的规划立法进行授权，但权力相对有限，具有法律效力的空间规划权下放在州和地方层面。1965年《空间规划法》规定了德国空间规划的任务、基本原则、空间规划编制方法及需要协调的内容。在州域层面，不同州制定法律的名称和内容均有不同，但都要在《空间规划法》规定的框架和领域内，《州规划法》也规定了州发展规划的目标、任务及其编制与实施。在地方层面，为了实现城市建设的可持续性目标，设有《建设利用条例》《州建设条例》，以及规定行政辖区内土地利用规划和建设规划的具体规范[1]。

2. 英美法系国家国土空间规划法律体系

1）英美法系国家空间规划法律体系概述

英美法系，又称普通法系或判例法系，起源于英国，并随其殖民扩张逐步传播到美国、加拿大、澳大利亚等国家。与大陆法系侧重成文法典的特点相比，英美法系更强调判例的作用，不依赖于单一的成文法典，属于不成文法。在不违背先例的前提下，法官拥有较大的自由度来解释法律，其解释和判决具有法律约束力，这种方式能够较为灵活地适应社会变化，对法律的发展产生重要影响。在此背景下，英美法系各国在规划许可的申请、审批等过程中，往往通过参考以往的判例，评估规划决策是否符合相关规划法律法规的要求，并由此产生相关规划标准。同时，英美法系国家也保留一定的成文法，如英国颁布《住房与城市规划诸法》，为其之后的规划标准提供法律基础，但总体上仍以判例法方式为主导。

2）典型英美法系国家国土空间规划法律体系

（1）美国国土空间规划法律体系

美国国土空间规划法律体系分为联邦、州、地方三个层面。联邦政府以《联邦宪法》为准则，通过《州分区规划授权法案标准》《城市规划授权法案标准》等规定授权模式，调整州政府的权力关系，为各州授权地方政府编制总体规划提供参考

---

1. 曲卫东. 联邦德国空间规划研究[J]. 中国土地科学，2004（2）：58-64.

模式。同时，出台各类特殊区域开发法和专项法，进一步规制地方土地开发利用，保障国土空间规划的有效落实。受联邦政府与各州分权而治的政体影响，州层面的规划法律体系与联邦法律结构相似。其中，州宪法进一步规定了下级政府的权力分配，各类授权法、专项规划明确了州域内国土空间开发利用的规范。当前，美国已有13个州颁布全州规划，并将其作为地方各级必须遵守的规范文件，其他州主要通过规划授权法案或综合规划法案，对地方政府的规划活动进行界定和授权。地方政府的规划法规主要建立在州立法框架之内，州规划法规相较于联邦规划法律对地方的影响更大。在与上位规划法律法规保持一致的前提下，由州赋予地方县、镇政府编制国土空间规划及相关法律法规的权利，通过出台分区条例对区域内土地利用分区进行管理[1]。

（2）英国国土空间规划法律体系

英国于1909年颁布了世界上第一部城市规划法《住房与城市规划诸法》，是城市规划立法与建立现代城市规划最早的国家之一。1947年《城乡规划法》确定了英国城市规划的法律地位和空间规划的两级结构体系，正式建立了国土空间规划体系。此后，英国的规划立法随社会发展和宏观经济政策的变迁，经历了以发展规划为基础的规划立法，针对区域规划和重大基础设施规划的立法，地方主义回归下的规划立法三个阶段。如今，英国形成了以多部核心法律为基础，辅之以各类从属法规、政策文件和指导准则的完备规划立法体系，包括核心法规、从属法规和相关专项法规三类。其中，核心法规以《城乡规划法》《规划与强制购买法》《地方化法案》为代表，是现有国土空间规划体系建立的基础；从属法规是对国土空间规划编制和实施的具体内容及流程作出规范，如《城乡规划（建筑物拆除）条例》《城乡规划（环境影响评价）条例》；相关专项法规是为解决规划过程中涉及的部分特定问题，制定与国土空间规划实施相关的辅助性法规和参考文件，如《规划（历史保护建筑和地区）法》《环境法》《保护（自然栖息地）条例》[2]。

10.1.2 各国（地区）国土空间规划实施比较

1. 大陆法系国家空间规划的实施与治理

1）大陆法系国家空间规划的实施与治理特征

在大陆法系国家，空间规划实施与治理主要由政府机构负责，政府在制定国土

---

1. 陈纪东，易路平，张安录.政府规划权力配置及启示：基于美英空间规划法规的研究[J].公共管理与政策评论，2024，13（4）：139-152.
2. 李经纬，田莉.国土空间规划的国际经验及对我国的启示[J].公共管理与政策评论，2019，8（6）：50-62.

空间规划政策、规划方案和具体实施措施方面起主导作用。首先，这些规划通常是综合性和长期性的，不仅关注土地利用和城市发展，还涉及环境保护、资源管理、基础设施建设等多个方面，考虑城市长期发展和可持续性。其次，为了确保国土空间规划的科学性和合法性，大陆法系国家往往建立一套制度化和程序化的规划管理体系，包括明确的规划程序、评估和审批机制，以及对规划方案、项目和决策进行监督和评估的机构和程序，整合国土空间规划与相关的管理制度。例如，制定协调区域规划、城市规划、土地管理、环境保护等各个领域的规划和管理政策，确保国土空间的合理利用和协调发展。最后，大陆法系国家在国土空间规划的制定和实施过程中，重视利益相关者的参与和民众的意见表达，在决策时充分考虑公众和利益相关者的意见。

2）典型大陆法系国家空间规划的实施与治理

（1）法国空间规划的实施与治理

法国国土空间规划是对国家领土、人口与活动、公共服务和基础设施建设进行提前安排的一种规划实践。其实施与治理融合了法律法规刚性约束、多部门协同合作和公众参与，共同推动规划的有效实施与持续优化。在法律法规层面，按照均衡发展原则，《国土开发与规划法案》明确了各级政府、相关机构及公民在规划中的权利与义务，规范了规划编制、审批、实施等各个环节，确保了规划的权威性和执行力，为解决首都与非首都地区的均衡发展、快速城市化下的乡村振兴、经济开发与自然文化资源保护这三对主要矛盾奠定法律基础。在管理机构的设置上，包括国家建立的负责推动全国国土空间规划的顶层机构、中央政府在地方设立的代表国家意志的指导与监督机构、在国家扶持下由地方政府或社团自发形成的自治机构等。这些机构在国家、区域、地方三级国土空间规划行动中发挥着引导、实施、监督等作用，确保中央政策的向下落实和地方诉求的向上反馈。同时，公众参与是法国国土空间规划管理中的重要一环，通过公众听证会、社区论坛等机制听取公众意见，使规划方案符合公众意志。

（2）德国空间规划的实施与治理

德国空间规划的实施治理机制与联邦、州、地方（市、县）三级行政组织形式对应，不同层级均设有规划和管理机构，形成了层级分明、上下功能明确且衔接良好的完备组织和管理体系。联邦层面，主要由制定全国和专属经济区的空间秩序规划，对各州的国土空间开发利用活动进行规范；州层面，州政府对于区域内规划的编制有一定的自主权，具体由内务部的区域规划与城市规划局制定并管理；地方层面，由地区规划共同体联合会、协会等部门负责规划编制与管理，根据地区发展情况对上级规划进行细化。整个规划管理体系纵向上落实上位规划并指导规范下位规划,横向上与行政机构相互衔接、分工明确。此外,德国建立了以《空间规划法》为核心,各层级规划法律相互衔接的完备规划法律法规体系,为规划工作提供法律支撑。在实施机制上,通过战略环境评价、规划动态监测与构建评估体系等措施,对规划实施效果进行定期评估,及时调整规划策略。同时,公众参与贯穿规划的全过程,根据外界参与的意见对规划进行修改直至无新的修改意见,这提高了规划的透明度和公众的接受度,提升规划的科学性和规范性。

2. 英美法系国家空间规划的实施与治理

1)英美法系国家空间规划的实施与治理特征

相较于大陆法系国家,英美法系国家在空间规划实施与治理过程中注重市场机制的作用。市场导向原则强调供需关系和市场力量的作用,鼓励私人部门参与土地开发和规划。私人部门、利益相关者和公众经常参与规划决策和实施过程,通过协商、咨询和公众参与达成共识,以满足市场需求。同时,地方政府在空间规划方面具有较大的自主权和决策权,可以根据本地需求和条件制定并实施规划政策。此外,英美法系国家的空间规划实施与治理注重灵活性和适应性,规划政策和方案可以根据需求和条件进行调整和修订,以适应经济、社会和环境变化。最后,由于土地所有权和使用权在这些国家被认为是私人产权的核心,因此在规划实施与治理过程中,尤其强调尊重和保护私人产权。

2)典型英美法系国家空间规划的实施与治理

(1)美国空间规划的实施与治理

美国建立了一套完善的规划编制和实施监督管理机制,以确保空间规划的有效实施。在规划编制和审批机制方面,美国并未设置国家层面的规划编制部门,管理主体是各级地方政府设立的规划机构,包括规划委员会、政府规划理事会、咨询委员会、资源规划与分配机构、特别用途区域机构等。规划编制完成后,通常由规划审查委员会对规划的合法性、与上位规划内容的一致性、重大基础设施项目合理性等内容进行全面审查,确保规划方案和开发利用活动符合法律法规、政策要求和公共利益[1]。在规划实施和监督机制方面,受政治体制影响,美国形成了以地方为主导的运行体系,各层级规划之间相互独立且功能清晰,辅之以激励和服务等市场化机制,共同确保规划目标的有效实现。同时,美国建立了政府内部监督和社会外部监督的多元化监督机制,对规划实施情况进行定期检查和评估,并通过持续完善规划

---

1. 王健,邢琦,许笑笑. 规划编制监督管理机制构建的美国经验及启示[J]. 中国土地,2022(1):57-60.

评价指标体系、保留相关主体行政复议和行政上诉权利等方式,进一步保障监管过程和结果的合理性与公平性[1]。

（2）英国空间规划的实施与治理

1986年之前,英国规划管理体制遵循中央、郡和区政府三级管理的原则,各层级分别承担不同的城市规划管理职能。中央机构负责制定国家土地使用和开发的有关法规和政策,郡政府和区政府负责规划编制。1986年,英国政府撤销大伦敦政府和六个大都会地区的郡,将原来由伦敦政府和大都会地区执行的城市规划责任转移到区政府,强化了国家结构规划和地方规划的两级规划体系。为解决区域层面协调性规划的缺失导致跨区域性规划未能有效落实等问题,中央政府主管城市规划的部门不断进行调整:1997年之前环境部负责城市规划工作,1997—2001年由环境部、运输部和区域部负责,2001—2002年由运输部、地方政府和区域部负责,2002年5月开始由副首相办公室负责。2004年,英国将规划结构体系由两级调整为国家、区域、地方三级,是英国规划体系自建立以来最重大的一次变革。2010年之后,英国相继颁布了一系列法律,陆续对2004年的空间规划体系进行了修正,最终在2012年又调回国家和地方两级规划体系,并沿用至今。

10.2 国土空间规划实施与治理的国际实践

国外较早开始国土空间规划体系建立的探索与实践,尤其是发达国家的空间规划管理和规划法律体系建设已取得一定成效,为我国的国土空间规划实施与治理提供了丰富的经验与参考借鉴。本节选取美国、英国、德国、新加坡、日本五个国家,深入分析不同地区和不同法系背景下各国空间规划的演进、分类、实施及空间管制特点,基于我国国情和国土空间规划实践总结借鉴与启示。

10.2.1 美国的规划实施与治理

1. 空间规划演进

19世纪之前,美国的国土空间利用依赖于资源开发,缺乏公共空间规划和政府

---

1. 蔡玉梅,廖蓉,刘杨,等.美国空间规划体系的构建及启示[J].国土资源情报,2017(4):11-19.

有效管制，城市发展混乱无序，产生了一系列生态环境等问题。南北战争结束后，政府开始重视城市规划的编制。1909年，美国编制了第一部城市总体规划《芝加哥总体规划》。此后，美国的国土空间规划从注重物质建设和空间布局等实体要素的规划，逐步转变为考量经济发展战略、公共设施建设、历史文化保护等多方面内容的综合规划，主要经历了以下四个阶段。

起步阶段（1909—1930年）。在美国城市人口不断增加、城镇化快速推进背景下，城市规划编制工作全面推进。1916年，纽约出台全国第一个分区规划，此后其他地区开始逐步编制并实施总体规划和分区规划，以优化土地利用结构，提高土地利用效率。同时，《州分区规划授权法案标准》《城市规划授权法案标准》的出台，使城市规划和分区规划在全国范围内得到全面推广，为构建空间规划体系奠定坚实基础。

形成阶段（1930—1960年）。受经济大萧条下的罗斯福新政和汽车工业时代影响，美国城市功能发生转变，政府介入城市发展过程。通过在内政部成立国家规划局、为地方规划工作提供资金支持等措施，进一步推动城市规划的发展。第二次世界大战后，政府加强对城市发展更新和公共工程建设的管理，推进住房建设和中心区改造，国土空间规划体系逐步构建成型。

发展阶段（1960—1990年）。为解决区域间的发展不平衡问题，美国开始加强跨州区域规划和社区规划，空间规划体系逐渐向下级区域扩展。1968年出台《政府间合作法案》，将规划权力进一步下放至州和区域规划机构。同时，民权运动和环保运动的兴起，促使政府资助城市更新计划、社区行动计划及社区发展计划等规划项目，推动了空间规划体系在纵向上的发展。

稳定阶段（1990年至今）。联邦政府主张新自由主义的经济政策，对地方规划的资助和干预减少。地方政府在城市规划的制定上拥有更多的自主权，与市场紧密结合的城市设计得到了更多关注。同时，面对城市发展过程中的生态环境、历史文化保护等问题，使美国重新考虑城市发展模式和城市空间优化，空间规划逐步从传统物质规划转向统筹经济、社会、生态等多方面的综合性规划，新城市主义、精明城市、可持续城市等理念成为城市规划设计的主要焦点，国土空间规划系统不断完善[1]。

---

1. 蔡玉梅，高延利，张建平，等. 美国空间规划体系的构建及启示[J]. 规划师，2017，33（2）：28-34.

2. 空间规划分类

受联邦制政体影响,美国的国土空间规划体系有较高的自由度,包括州规划、区域规划和地方规划三个层级[1]。联邦政府主要通过综合考量各地资源利用和发展现状,制定策略性指导文件和专项性法律法规,为地方开发活动提供必要的政策性指导和管理,并未出台全国层面的空间总体规划。各级政府在遵循宪法和联邦政府政策指引的基础上,根据区域发展特点和需求调整完善具体规划,以确保规划的连贯性、协调性和实施的有效性。

州规划的主要任务是制定土地利用战略目标和措施,对州内土地利用活动进行安排和管理。规划内容涵盖基础设施建设、经济发展、环境生态保护等方面,主要包括战略性未来规划、战略性操作规划、综合规划、保护规划四种类型。其中,战略性未来规划指明州发展目标和愿景并制定战略计划;战略性操作规划具体指导州相关机构的运行和管理;综合规划协调各级政府间的管理措施和政策,为区域机构和地方政府提供发展指引;保护规划通过划定保护区、城市发展边界等措施,对州内重要地区和物种进行保护。

区域规划主要解决跨界和洲际发展问题,通常涵盖交通运输系统、野生动植物保护策略、灾害防治措施、水资源保护方案、住房和就业等多个领域。涉及地方综合规划时,通常采用审查和监督地方的方式予以协调,确保不同层级规划之间权责清晰和有效落实。

地方规划可细化为总体规划、区划规划和土地细分规划三个层次。总体规划对整个地方的发展进行宏观指导,规划时限较长;区划规划具体划定不同区域的功能和用途,以有效落实总体规划;土地细分规划是宗地被划分为若干单元时制定的规划,以满足具体的开发需求。

3. 空间规划实施

美国空间规划实施与治理融合法律保障、跨部门协作、公众参与及科技应用等多个方面。在法律层面,联邦政府通过《联邦土地政策和管理法》等法规,规范土地开发利用标准,为各级政府的土地利用规划提供明确的法律框架和原则,并确保规划过程的透明度和公正性。在管理机构方面,美国联邦政府通过法律授权,赋予各州规划编制及公有土地管理权,地方政府则依法执行空间规划管控,确保规划实施[2]。此外,采用跨部门协作模式,不同用途的土地由不同的部门管理,提高管理

---

1. 徐雅贞, 王筱春, 彭芯. 美国国土空间规划及其启示 [J].《规划师》论丛, 2012: 140-145.
2. 刘冠男, 叶宸希. 国外空间规划体系经验借鉴: 以美国、英国、德国为例 [J]. 房地产世界, 2021 (14): 25-27.

的专业性，促进部门间的信息共享与协调。地方政府根据地方实际情况制定具体规划，在规划制定与执行中扮演着核心角色。在公众参与层面，政府在规划过程中广泛征求公众意见，鼓励社区居民、企业和非政府组织等利益相关方积极参与讨论和决策，为正式和非正式的参与者或机构提供持续的参与条件。科技应用层面，通过遥感技术、地理信息系统、全球定位系统等技术的应用，规划人员能够更准确地获取和分析土地信息，提高规划编制的科学性和准确性，优化管理流程以提高规划实施与监督效果[1]。

4. 国土空间用途管制

美国主要采用以法律等政府宏观调控手段为核心的国土空间用途管制策略。20世纪50年代以前，主要通过划分土地使用分区，规定每一类区域内的土地用途、开发强度、建筑体量（高度、容积率、密度）等内容，对空间开发活动予以规制。20世纪50年代至20世纪末，主要通过授权地方政府制定土地利用规划，划定城市增长边界线，管控辖区内土地开发的区位、速度与公共设施建设，实行以控制城市扩张、保护农地为核心进行国土空间用途管制。21世纪以来，实行以土地开发许可和发展权限制为主要手段的国土空间用途管制，并愈加注重生态环境质量改善和可持续发展。

当前，美国的国土空间管制体系分为联邦、州、地方三个层级。其中，联邦层面主要通过颁布法律法规授予地方政府开展空间管制的权力，规定不同层级政府实施管制的权责及规范要求。如商务部颁布的《州规划授权法案标准》将土地划分为居住、商业、工业分区，并专门设置规划委员会予以监管，促进空间用途管制的标准化和统一化[2]。州层面主要通过制定《政府法典》等州一级的法律法规，明晰与地方政府空间管制的权责关系。区别于联邦和州层级向下授权和制定综合规划，地方政府的管制措施是规制国土空间开发利用活动的直接手段，在具体空间管制实践中起主导作用。如地方政府根据《区划法》建立区划制度，统筹各用地空间及其开发强度和用途等内容，并在发展过程中不断完善发展权转移、分期管制等弹性管制手段，以有效实现管制目标[3]。

---

1. 瞿忠琼，夏敏.美国空间规划体系的借鉴与启示［J］.土地科学动态，2018，32（6）：51-54.
2. 马丁·贾菲，于洋.20世纪以来美国土地用途管制发展历程的回顾与展望［J］.国际城市规划，2017，32（1）：30-34.
3. 赵勇健.国土空间管制体系的国际比较与经验借鉴：以美、英、日为例［J］.城乡规划，2024（2）：66-74.

5. 借鉴与启示

1）融合发展权转移，提高规划体系弹性

美国明确划定发展权转入区和转出区，通过合理设置转出区的发展权分配率、提高对转入区发展的密度奖励、建立土地发展权银行、推动发展权跨区域转让等措施，有效创造了土地发展权交易市场，支撑实现了对大量生态保护用地的市场化补偿，是城市规划中用来调控社区开发强度、体现政府战略意图的重要手段。我国国土空间规划实施可以参考发展权转移过程，严格控制不同类型开发区域的容积、建筑密度和开发强度等发展权，引导发展权向重点开发区域转移。同时，尝试引入市场运行机制，积极培育区域间发展权流动和交易市场，建立反映区域功能定位、市场供求和政府引导相结合的发展权定价体系，实现土地合理开发与有效保护之间的利益平衡。

2）加强公众参与进程，提高规划体系民主性

美国在空间规划编制、修改和实施过程中，始终坚持市民参与、共识建构的原则。通过自下而上记录反馈市民或机构的意见、适度下放权力至地方等措施，为正式和非正式的主体提供充分参与的条件，使规划内容更容易被市民接受，推进规划的有效落实。同时，各地方规划法律法规的颁布和修订最终是否生效皆由市议会决定，并由法院进行司法监督。我国当前国土空间规划的制定和实施大多实行城市规划委员会审议制度，社会组织和公众参与效果有限，未来应进一步探索规划编制和实施的民主化实现路径，完善国土空间规划管理过程的公众参与和公共决策环节，提高决策的科学性。

3）推进法律法规建设，提高规划体系法治性

美国的空间规划体系建立在完善的法律法规基础之上，将法规作为空间管制的直接手段，依靠法律的强制力推动规划的有效落实，降低规划运行和管理成本。同时，融入激励性分区、叠加或浮动分区等弹性机制，以缓解法规与规划属性间的矛盾。由于规划编制是一个行政过程，其成果通常仅作为具有普遍约束力的行政规范颁布，强制力和严肃性受到限制。因此，我国应进一步完善"多规合一"框架下的国土空间规划法律体系，加快编制和修订林、草、海洋等专项领域的法规条例，加强对各层级、各类空间规划的规范和管理。在此基础上，推进以法律法规为核心的空间治理改革，推动空间治理由"规划编制"向"规则约束"转变。此外，在未来控规编制中留有一定弹性空间，以满足国土空间规划对全域、全要素时空管控的需要[1]。

---

1. 韩文静，邱泽元，王梅，等.国土空间规划体系下美国区划管制实践对我国控制性详细规划改革的启示[J].国际城市规划，2020，35（4）：89-95.

10.2.2 英国的规划实施与治理

1. 空间规划演进

英国于1909年建立了土地规划制度，其空间规划体系自二战后经历了多次演进。1947年，英国为保障二战后大规模城市重建颁布《城乡规划法》，确立了土地开发权国有化的原则，奠定了现代城乡规划体系的基础。1968年，随着城市建设规模扩张和人口的大量增长，单一的发展规划已无法满足地区联合发展的需求。为有效解决城市问题，英国颁布了新的《城乡规划法》，引入"结构规划+地方规划"二级体系，统筹区域住房开发和土地利用，标志着国家层面空间规划的开始。20世纪90年代，受新自由主义影响，地方政府被赋予更多权力。1990年修订的《城乡规划法》和1991年《区域发展机构法》等法案进一步完善了规划体系，形成了大都市区编制单一发展规划和非大都市区维持原有规划的二级规划体系。随着全球化和可持续发展成为国家关注的核心议题，2004年颁布的《规划和强制购买法》引入了三级规划体系，包括国家规划政策指南与声明以及地方发展框架，强化了区域空间战略的法定地位。2007年金融危机后，英国国民经济持续低迷，产业发展动能不足，繁杂的规划程序被认为是经济衰退的原因之一。因此，2011年《地方化法案》和2012年《国家规划政策框架》重新简化了规划体系，明确了规划目标，指导所有形式的开发活动，并对国家经济、环境和社会等议题作出安排。同时，地方层面的规划决策权进一步强化，传统的区域空间规划制度被彻底取代。综上，英国空间规划体系的演进反映了国家对经济、社会和环境问题响应的不断调整和优化，旨在实现更加高效、协调和可持续的国土空间管理[1]。

2. 空间规划分类

2011年，英国通过颁布《地方化法案》增强地方政府的权力，对规划体系和政策制度框架进行改革，奠定了当前英国空间规划体系的基础。现行的规划结构包括国家层面、区域层面（次国家政府区域）和地方层面三个层次：

国家层面规划。主要侧重于全国性的政策制定，涵盖住房、可再生能源、食品安全等多个领域，并将其整合至《国家规划政策框架》统一的框架之中。同时，通过颁布《国家重大基础设施项目规划》，明确由中央政府负责重大基础设施项目的审批工作，对项目进行从决策到实施的全过程把控。

---

1. 周姝天，翟国方，施益军. 英国空间规划经验及其对我国的启示 [J]. 国际城市规划，2017，32（4）：82-89.

区域层面规划。主要包括区域规划指引和区域空间策略，关注医疗卫生、住房、经济发展、气候变化、交通运输、基础设施等问题。其通过设立区域合作机构以协调不同规划部门，但实施效果不佳，大多数地区已废止。目前该规划只应用于伦敦地区，由大伦敦市政府负责编制，为伦敦地区未来20年的发展设定明确的战略目标。

地方层面规划。这一规划框架涵盖地方规划和社区规划。地方规划包括强制性的发展规划和非强制性的行动规划。其中，发展规划涵盖从核心战略到具体场地详细规划，再到新加入的邻里规划、实施区规划，以及其他相关的发展规划文本、补充规划文件和地方发展规划等多个方面。这些共同构成了地方发展规划的完整框架，确保了规划的科学性、系统性和可操作性。行动规划主要在区域进行重大项目开发建设、建设保护区或发生其他重大变化时制定。社区规划由教区或镇议会、邻里论坛、社区组织编制，由地方规划部门审查并赋予其法律效力，是公众参与空间规划的重要手段[1]。

3. 空间规划实施

2004年，英国政府出台《规划与强制购买法》，标志着英国城乡规划体系的重大转变。与传统的以土地利用为核心的规划不同，当前英国国土空间规划实施体系包括国家和地方两个层级，涵盖土地使用的基本议题、发展战略和具体行动计划等内容。在国家层面，英国的社团（地方自治体）与地方政府扮演着空间规划核心管理部门的角色，核心职责是通过国会推动空间规划体系的立法进程，制定全国性的土地利用政策，为地方政府部门提供政策导向与制度指导，并对地方层级空间规划的执行情况进行监督。其领导者同时担任国务大臣，对整个空间规划体系的运行负有全面责任。一旦某个地方的空间规划具有全国性的战略意义，国务大臣将直接参与审批过程，并对规划的筹备和实施情况进行监管。在地方层面，2004年实施的《规划与强制购买法》在英格兰的九个行政区设立了专门的区域空间规划部门，并引入"区域空间战略"概念，主要聚焦可持续发展的四大核心领域。区域层面的空间规划主要涵盖了区域空间规划指导和区域空间策略两大方面，均针对可持续发展、住房供应紧张、交通拥堵等关键问题进行深入分析和研究。但在2010年，除伦敦地区外，其他区域基本上废除了区域空间策略，实施效果并不理想。2011年英国颁布的《地方化法案》显著增强了地方政府在空间规划与治理体系中的监管权力，进一步统筹国家和地方的规划权责，推动规划的有效落实。

---

1. 田颖，耿慧志.英国空间规划体系各层级衔接问题探讨：以大伦敦地区规划实践为例[J].国际城市规划，2019，34（2）：86-93.

4. 国土空间用途管制

英国是世界上最早通过规划立法限制土地开发的国家。为解决土地名义上归国王所有，实际上归私人所有的状况，1947年《城乡规划法》明确提出将土地的所有权与开发权进行分离，为英国采取土地开发许可制度提供了可能。具体包含以下三种空间用途管制模式：

通过制定规划政策开展空间用途管制。在国家层面，英国制定长达15年的《战略规划》，解决地方住房问题，改善基础设施，提高城市设计质量。在地方层面，通过编制地方规划和社区规划对所在区域的国土进行用途管制，地方规划部门可对未授权的开发活动采取强制管理措施。

通过规划许可与规划申诉开展空间用途管制。规划许可是英国国土空间用途管制的主要形式。地方规划部门依据规划要求，通过向符合条件的规划提供许可的方式调节空间利用秩序。规划申诉是英国国土空间用途管制的补充方式，申请人向地区平衡发展、住房和社区事务大臣申诉被地方规划部门拒绝的规划开发申请。大臣通过质询、听证和书面报告来获得申诉依据，对被拒绝的规划开发申请进行重新审查，并做出最终裁决。

通过土地用途转用管制开展空间用途管制。该方法主要包括农业土地用途变更和共有土地用途变更。其中，农业土地用途更改主要包括农村土地所有权结构调整、将荒地或半自然地区用于集约化农业、在农业用地上进行土地排水工程等情形。这种用途变更受到法律保护，若擅自更改农业土地用途，视程度将被起诉，并处以高额罚款。此外，由于英国是土地私有制国家，对共有土地也进行一定的管制。共有土地是指一个或多个个体拥有的土地，他们均有权使用该土地或从中获取资源。其权利被划分为平民权利和地主权利，权利实施通过平民和土地所有者成立的公共委员会进行管理。

5. 借鉴与启示

1）规划内容单一的解决：规划导向的转变

任何空间问题的产生与解决的关键不仅在于空间本身，更在于其背后的经济社会根源。因此，空间规划不是一项或若干层级的具体规划，而是一种规划的工作框架和技术导向，不应拘于对"空间"本身做规划。我国国土空间规划的实践历经从指导项目空间布局的"落地"规划向综合性规划的转变，这是面向区域和城乡空间发展的实际需求所做出的积极响应。在当前市场经济环境下，脱离经济社会战略目标框架、就空间谈空间、以落指标落项目为核心规划内容的空间规划难以适应复杂的区域和城乡发展问题，以及规划管控需求。鉴于此，中国可以参考英国将经济社会发展战略与空间管控引导相结合的规划技术路线，将空间规划作为协调统筹各类空间相关政策的平台，使规划更贴合发展实际[1]。

2）横向治理矛盾的解决：多规合一的推行

英国通过《国家规划政策框架》精简相关政策文件，简化规划编制审批流程，并以此作为所有下位规划的指导依据，极大地提高了规划实施效率。在中国，虽然2018年自然资源部的成立在一定程度上明晰了国土空间规划的职责分配，但不同类型间的规划仍缺乏有效协作，部分地区在规划实施与治理过程中管理权责有待进一步明确，亟需各部门在土地和空间规划职权上加强协调与配合。中国应当借鉴英国的空间规划治理方式，把握国土空间规划体系重构契机，进一步深化"多规合一"，以打破横向部门在空间发展、规划和管理上的壁垒，并进一步推动规划用地"多审合一、多证合一、多验合一、多测合一"等多项改革，为空间规划体系及治理变革奠定坚实基础。

3）纵向衔接缺失的解决：明确层级的划分

中国在国家、省、市、县、乡镇各级空间规划内容的划分上待进一步明晰，导致规划间的衔接困难。特别是在高层级规划编制时，由于涉及范围广泛，对下级规划的指导性不足。例如，地级市中心的周边空间往往受到县级规划的制约，给空间管理带来诸多不便。相比之下，英国的空间规划体系采取"自上而下"的层级划分方式，首先制定国家层面的总体目标，随后各层级逐步细化并落实这些目标，形成地方规划策略。同时，英国现行规划以可持续发展和提高居民生活质量为核心，区域规划和地方规划均紧密围绕国家规划的城市愿景，共同谋划城市未来发展，确保规划的一致性和连续性。中国可以借鉴这一模式，明确各级国土空间规划的职责和范围，加强规划间的衔接与协调。在国家和省级层面更多侧重目标性和战略性的规划，在此基础上由地方编制区域详细发展规划，以提升规划编制的科学性和有效性。

10.2.3 德国的规划实施与治理

1. 空间规划演进

萌芽阶段（1919年以前）。1886年德国颁布了其国内规划领域第一部正式法

---

1. 程遥，赵民. 从"用地规划"到"空间规划导向"：英国空间规划改革及其对我国空间规划体系建构的启示[J]. 北京规划建设，2019（1）：69-73.

律《土地整理法》，规定了土地整理的目的、任务、组织机构等内容，为解决土地问题提供了制度保障。1891年的《分级建筑法令》标志着德国"区划"的诞生，为世界区划思想的发展奠定重要基础[1]。随着工业革命的兴起，1912年德国针对以柏林、慕尼黑等大城市为中心的区域进行区域性规划统筹，标志着德国国土空间规划思想初步形成。

探索阶段（1920—1944年）。工业化与城市化的推进带来交通、医疗等方面的挑战，区域性的城市规划和工矿区规划成为国土空间规划的核心议题。1923年编制的鲁尔区总体规划，标志着德国国土空间规划进入实质性阶段。1929年汉堡-普鲁士国土规划常设委员会和1935年德国国土规划办公室的成立，进一步解决了土地与城镇间的规划问题，推动空间规划不断完善。

发展阶段（1945—1969年）。第二次世界大战后，德国以城市恢复和发展为核心，形成了联邦、州、区域、地方四级规划体系。1945年开始编制区域规划，1949年颁布的基本法明确了空间规划的法律地位，1950年《联邦德国国土规划法》标志着规划进程正式加速。而1960年《联邦建设法》和1965年《德意志联邦共和国国土整治法》为国土空间规划提供了明确的指导原则和任务，要求编制州层级的区域规划。特别是《空间规划法》《空间秩序法》的通过，进一步规范了各级政府在空间规划中的职责[2]。

拓展阶段（1970年至今）。为应对经济全球化和欧洲一体化带来的挑战，德国不断扩展规划范围，强调区域协作和可持续发展。1970年，东德出台《国土整治法》。1987年，西德将《联邦建设法》与《城市建设促进法》合并为《建设法典》，成为国土空间规划的重要里程碑。统一后的德国通过颁布《空间秩序规划报告》《政策措施框架》等文件，对空间规划方法、内容等做出明确规定，进一步完善了空间规划体系。2006年修订的《基本法》和《建设法典》为现阶段的空间规划体系奠定了基础，同年颁布的《德国发展的理念与战略》进一步强调公共服务、自然资源保护和文化景观塑造的重要性[3]。

2. 空间规划分类

德国的空间规划体系是一个多层次、跨领域的公益性政策工具，由空间总体规划和专业部门规划两部分组成，旨在实现空间的合理利用和协调发展。其中，空间

---

1. 邓丽君, 南明宽, 刘延松. 德国空间规划体系特征及其启示[J]. 规划师, 2020, 36（S2）：117-122.
2. 谢敏. 德国空间规划体系概述及其对我国国土规划的借鉴[J]. 国土资源情报, 2009（11）：22-26.
3. 林锦屏, 张豪, 冯佳佳, 等. 德国国土空间规划发展脉络与贡献[J]. 云南大学学报（自然科学版），2022, 44（5）：956-967.

总体规划包括联邦、州、地方三个层次。在联邦层面,德国的空间规划不设立强制性的全国性规划,而是通过《空间规划政策指导纲要》《空间发展报告》等指导性文件,确立空间规划的总框架和原则。这些文件虽无直接约束力,但对各州的空间发展策略具有指导作用,同时也是联邦政府筛选政府投资项目的依据。联邦空间规划的编制充分考虑各州的意见,确保规划的协调性和实施性。在州层面,包括州发展规划和区域规划。州发展规划覆盖整个州域,通过综合分析人口、经济、基础设施和土地利用状况,确立空间协调发展的原则与目标。区域规划作为州与地方规划的桥梁,细化空间秩序规划的目标,实现城镇间的空间协调发展。在地方层面,规划重点关注实施细节,包括预备性土地利用规划和建设规划。预备性土地利用规划为土地资源的利用提供基本意见,确定土地利用类型、规模和市政设施规划。建设规划通过用地性质、容积率等法定指标,规范各地块的规划控制,实现城市建设的可持续性目标。这两类规划在地方行政管辖范围内进行,受《建设法典》《建设利用条例》《州建设条例》的约束。

相较于空间总体规划,德国的专业部门规划聚焦交通、农业、国防、环境等特定专业领域,具有垂直管理的特性。其始终贯穿于整个规划体系之中,与空间总体规划相互补充,共同构建了德国的空间规划体系。除法定规划外,德国地方政府还可根据需要制定景观框架规划、城市发展规划等非正式规划。这些规划具有以问题为导向、灵活开放等特点,能够更加有效解决规划问题,在正式规划的编制与实施中具有重要的辅助作用。

3. 空间规划实施

德国的空间规划体系是宪法赋予联邦政府责任的体现,旨在为全国的空间发展提供指导,是一个动态的过程。各级政府在联邦政府的指导原则下,根据发展情况制定和实施具体规划。这种分权的规划体系既保证了全国空间规划的统一性,又允许各州和地方政府根据地方特点灵活调整,实现空间规划的有效执行和持续发展。通过这种方式,德国的空间规划体系为国家的可持续发展和区域平衡提供了坚实的政策支持[1]。具体来看,联邦政府通过定期发布《空间发展报告》,深入分析国家空间结构现状,提出空间规划实施的建议和主体协作的方法,确立空间规划的框架性文件,影响各州的空间规划和联邦政府投资项目的选择。对于空间规划权力而言,其分散于联邦、州和地方政府等各个等级,强调规划"秩序",形成一个自上而下

---

1. 周颖,濮励杰,张芳怡.德国空间规划研究及其对我国的启示[J].长江流域资源与环境,2006,15(4):409-414.

的规划体系。联邦政府主要负责设定空间规划的总体战略框架，协调各部门和州之间的空间规划，确保全国空间发展的统一性和协调性。各州和地方政府根据这一框架细化具体规划，确保规划目标的有效落地。随着规划层级的下移，规划内容更加具体，约束力也逐步增强。

4. 国土空间用途管制

德国的土地使用分区管制遵循《空间规划法》指导的国土空间规划监测框架（图10-1）。该框架定义州政府必须遵守的联邦土地使用开发准则、地方计划需要考虑的联邦授权目标，使德国的"强国"传统与城市地区的整治活动牢固联系在一起，发挥对控制城市增长、实现公共资源合理分配的重要支撑作用。具体来看，其空间用途管制制度主要分为土地利用规划和地区详细规划。土地利用规划明确土地用途的宏观分区，将土地分为居住、产业、绿地等10种使用类型区，确立了土地利用的基本框架。地区详细规划在此基础上进一步细化，规定了土地利用的具体方式、公共设施布局、建筑密度和高度等限制，确保土地使用的合理性和规划的可执行性。两种规划相辅相成，共同指导市镇村一级的土地开发与管理，实现土地资源的有序利用和城市的可持续发展[1]。在实施层面，德国国土空间用途管制主要依据以《建设法典》为基础的空间规划法系，空间规划法和各专项法律之间形成"总-分"构架，在涉及生态、环境、资源、交通等方面形成具体的管制规则。

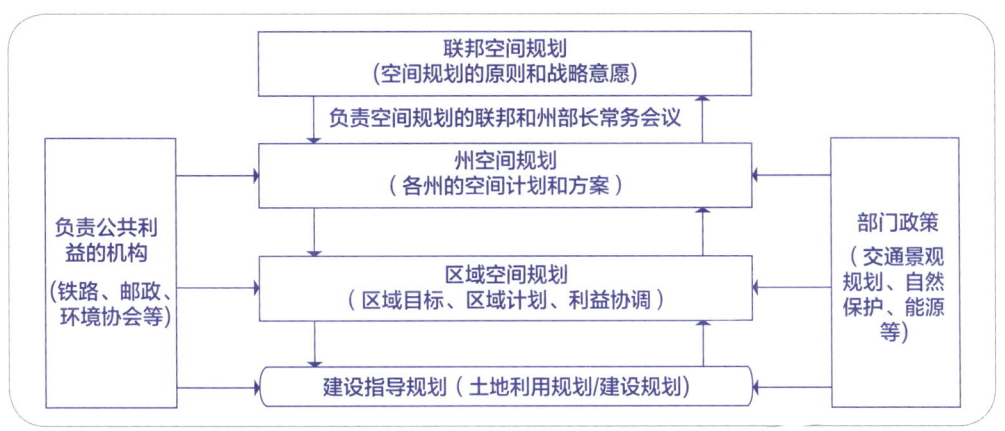

图10-1 德国国土空间规划框架
图片来源：夏陈红，翟国方. 德国国土空间用途管制机制经验与启示[J]. 现代城市研究，2024（1）：76-82，124.

---

1. 蔡玉梅，高平. 发达国家空间规划体系类型及启示[J]. 中国土地，2013（2）：60-61.

5. 借鉴与启示

1）明确建设和非建设空间的差别化准入制度

德国的空间规划遵循"无计划地区无开发"的原则，严格控制生态用地、隔离带或其他非建设用地的开发，实施差别化的增长管理政策。这种宏观和中观层面的空间用途管制，不仅明确了各类空间的准入类型，也强调了可持续发展的要求。面对我国国土空间开发建设过程中出现的利用结构不合理、土地利用效率低等问题，应借鉴德国经验，确立不同空间的差异化准入规则。一方面，需要强化增长管理工具的可操作性，明确城镇增长边界内外的协同发展空间。另一方面，应针对农业、城镇和生态等空间，在宏观和中观规划层级上分级、分类制定准入规则，细化用途类型、强度和环境影响等多维管制内容。

2）构建丰富有效的国土空间用途管制手段体系

德国在用途分区管制规则的基础上实施建筑许可制度，由地方政府开展合规性审查、特许审查，形成了全域空间全面覆盖、城乡建设开发有据可依的建筑许可制度。近年来，我国各地顺应自然资源部《关于以"多规合一"为基础推进规划用地"多审合一、多证合一"改革的通知》（自然资规〔2019〕2号）等政策要求，探索多测整合、多验合一的用地审查制度，但仍面临规划许可的适用范围、审批主体、颁发条件不清等问题。借鉴德国的建筑许可制度，可从以下三方面进行完善：一是对已经实现控规全覆盖的区域，加快明确市县等城乡主管部门的职责范围；二是对尚未制定规划但又处于城镇化可一体发展区域的用地，如城中村、低效产业用地等，可参考周围用地开发建设情况制定针对个案的开发许可制度；三是在既无规划也暂无城镇化可能的乡村，应在编制村庄规划的基础上，制定符合乡村现状特点的乡村建设许可制度。

3）确立统一明细的国土空间用途管制监管体系

德国的"国土空间开发数字化监管"和"利益相关者共同参与治理"双重协调模式，不仅有效确保规划编制、审批和用途监管目标和任务的落实，也充分体现了公众参与规划发展的需求。长期以来，我国国土资源监督监管职责分层次、分类别散布于各个部门与领域，存在有机协调性差、实施效率低、精细化落实不足等问题，阻碍了国土空间治理现代化的进程。因此，为契合数字化时代发展趋势和公众参与的生态文明建设要求，可从以下三方面进行完善：一是创新实施机制，综合选择行政、法律等政策工具，确保实施过程的有效监督；二是创新数字化用途监管，按照《自然资源部信息化建设总体方案》（自然资发〔2019〕170号）要求，建设好国土空间规划实施监测网络CSPON，确保国土空间的精细化管理;三是强化立法支撑,促进多元主体在有法可依的情景下明确自身定位。

10.2.4　新加坡的规划实施与治理

1. 空间规划演进

新加坡的城市规划历程是一段从殖民时期到现代独立国家的演变史。1927年《新加坡改善条例》的颁布和新加坡信托改善基金的成立,标志着系统性解决城市拥挤和住房问题的开始。1951年《新加坡改善条例》的修订赋予信托改善基金更广泛的城市规划职责。1955年完成的新加坡总体规划,通过土地使用分区和建筑规范,为基础设施和社区设施的建设提供了框架。在1959年新加坡获得自治后,由新成立的规划署负责土地开发和规划的审查与修改。此时,信托改善基金虽然已建造约23 000套住房,但仍无法满足人口迅速增长带来的住房需求,人地矛盾仍较突出。

20世纪60年代至90年代中期,随着新加坡经历了多次社会经济发展转型,空间规划也随之进行了多次调整。1961年经济发展局的成立全面推进新加坡工业化进程,以全面规划作为空间开发控制的主要依据。同时,在联合国的帮助下,新加坡于1967年启动了国家和城市规划项目,旨在解决住房和就业问题,并于1971年完成。作为新加坡的第一项概念规划,其侧重于指导政府的土地分配和交通政策,而非详细规定分区和建筑密度。20世纪70年代中期至80年代末,随着工业由劳动密集型向技术密集型转变,疏散人口、中心区建设等现实问题推动规划体系的变革。这一阶段产生了非法定层次的概念规划,统筹近期与远期目标,形成了两级规划体系。1991年,修订后的概念规划将目标转向建设"热带卓越城市",强调生活质量,提出多样化的住房和休闲设施。此次规划调整了新加坡的布局,划分五个区域,并提出发展区域中心以缓解市中心拥堵等措施,是当前新加坡行政区划的基础。

20世纪90年代中期以后,随着科技发展与经济全球化的推进,新加坡的空间规划和管理体系逐步由管理型向服务型转变。2001年的概念规划在2006年的中期审查中进行了更新,并在2008年的总体规划中得到体现。2011年的修订蓝图进一步明确了新加坡作为蓬勃发展的世界级城市的定位。2019年发布的最新总体规划,基于五个主题,全面覆盖经济、住房、交通、环保和可持续发展,致力于打造一个适宜各年龄层居住的活力城市。综上,新加坡国土空间规划的核心在于处理好规划、建设与管理的关系，不断适应并引领社会经济的发展。

2. 空间规划分类

新加坡为实现韧性发展目标，充分展现对城市发展的高度包容性，建立"长期战略研究 – 详细法定规划 – 精细发展管控"三级规划管理体系。

长期规划。也称为概念规划，主要探讨城市在未来30~50年内的长远发展潜力和愿景，核心在于确立与城市长远发展目标相契合的城市形态、空间布局和基础设施框架。为确保规划的灵活性和适应性，长期战略研究每十年进行一次修订，以把握新的发展机遇。编制流程包括对上版规划的全面评估和新一轮规划的修订两部分。由国家发展部长期规划工作委员会牵头，对城市发展各领域进行细致评估并制定研究报告。在此基础上，市区重建局联合各政府机构及企业集团，基于用地需求提出用地供给方案，涉及新开发、再开发或填海等多种方式。

总体规划。对土地用途、开发强度等作出具体规定，为城市未来10~15年的发展提供指导，核心在于制定土地使用的详细管制要求，为城市建设开发提供法定依据。总体规划不仅指导政府土地出让和土地发展管制，还确保规划从理念到项目实施的顺畅衔接。其强制性内容主要包括用地类型、容积率、管控导则编制范围、城市设计核心区范围等，同时包括公园和水体规划、居住区规划、建筑管控、活动引导带规划等多个专项规划。

发展管控。聚焦具体用地的细节管理，确保开发建设活动严格遵循详细法定规划的要求。在规划实施阶段，政府主要通过开发控制手册和竞标技术条款（土地出让条件）规定城市设计要求。其中，开发控制手册作为一般性管理规范，主要阐述城市设计的控制要点和审批细节，为城市建设项目规划许可提供通用指导。竞标技术条款详细规定了地块层面的城市设计要求，并将其落实到具体土地出让条件中，包括建筑设计、街道景观、公共空间等方面。这些要求被精确转化为地块控制图，以确保城市设计意图的准确传达，为城市开发控制和设计审查提供了重要依据。

3. 空间规划实施

作为一个紧凑的城市国家，新加坡公共事务管理主要由中央政府主导，各内阁部门负责各自领域的政策制定和实施。国家发展部是城市形态和空间发展规划的核心部门，市区重建局、住房建设局等下属机构在规划实施中扮演关键角色。其中，市区重建局作为新加坡规划体系的重要组成部分，负责编制概念规划和总体规划。住房建设局负责制定新加坡组屋新城规划，旨在明确新城的人口规模、住房分配比例及相关配套设施的规模和类型。这些规划协同工作，共同建立了新加坡全面而精细的规划体系，确保了城市发展的有序性和可持续性。在规划管理中，新加坡实行了一套精细化的管控导则系统，包括发展控制和城市设计导则两类。发展控制导则作为普遍适用的通则，确保各类用地在开发建设过程中均能满足相应的标准。城市设计导则更加关注地区特色，通过划定重点城市设计区域，为区域内的城市开发建设活动提供特定的指导。具体到每块土地，其规划管控要求通常在土地出让时根据上位管控导则制定，并作为土地出让的规划条件。此外，新加坡重视公共空间建设，通过城市设计导则要求部分项目必须设置一定规模的公共空间并对外开放，以优化城市空间，提高市民生活质量。

4. 国土空间用途管制

新加坡通过总体规划实现用途管制。总体规划蓝图在详细划分国土空间的基础上，对每一地块的发展利用方向、建设控制指标等进行详细控制[1]。为促进产业转型升级，新加坡制定了"白色地带""商务地带"计划，并附有一定的弹性政策。"白色地带"计划是指政府划定特定地块，允许包括商业、居住、旅馆业或其他无污染用途的项目在该地带内混合发展，旨在通过土地利用规划弹性管制区，预留功能无法确定的用地，为将来提供更多灵活的建设发展空间，保证土地用途管制的弹性[2]。"商务地带"计划将园区内原工业、电信和市政设施用途的地带重新规划为新的商务地带，允许商务用地落户，改变用途无须重新申请，并且同一建筑内也允许有不同的用途，以提交土地用途变更的灵活性[3]。

在土地出让管理方面，新加坡土地管理局根据战略远景计划，在综合考虑经济发展和土地可持续利用有效互动的基础上制定土地出让的中期计划。由市区重建局等法定土地代理机构负责衔接中期计划，在符合概念规划以及总体规划理念的基础上，制定以半年为周期进行更新的土地出让计划，阶段性地实现上级规划的目标，合理安排土地出让以支撑开发项目建设。土地出让方式一般以公开招标为主，在正式招标之前，政府以"一事一议"的模式，通过和专门部门进行商讨，确定每一块待出让宗地的详细出让条件：①宗地出让的基本信息，包括由专业部门通过经济测

---

1. 范华. 新加坡白地规划土地管理的经验借鉴与启发[J]. 上海国土资源, 2015, 36（3）: 31-34, 52.
2. 卢为民. 用地政策引领产业转型: 新加坡节约集约用地启示[J]. 资源导刊, 2012（7）: 42-43.
3. 周静, 朱天明. 新加坡城市土地资源高效利用的经验借鉴[J]. 国土与自然资源研究, 2012（1）: 39-42.

算确定的指导地价、总体规划所规定的地块用途、宗地建设面积及建筑类型限制、建筑退线及地块基础设施状况等信息。②依据规划设定一系列开发要求，包括土地利用强度、建设指导方针、基础设施改造要求、需保护或拆除的建筑等。③其他需求，例如公共参与计划、环保计划及施工标准等，将土地出让条件作为专项条款纳入正式土地出让合同。在土地综合调控手段方面，新加坡政府设立土地"二次出让"制度，将土地出让金作为政府储备资金收归国库，不产生土地财政的同时提高了政府调控市场的可调配财力，增强调控能力；对土地使用设置累进税制，打击房地产市场过热；基于"涨价归公"的公众利益角度，对开发商变更规划限制的区域类型和改变开发强度等行为收取一定额度的发展费，政府根据地区经济状况和土地出让计划及时更新发展费，作为引导区划更新、提高区域土地利用率的经济手段。

5. 借鉴与启示

1）统筹集中管控与分类管理，处理好"合一"与"专一"的关系

新加坡土地管理部门的重要职能之一是优化土地资源利用方式，激发并维系城市发展的持续活力。这一过程通常基于市区重建局的总体规划指导，通过细分城市主要功能区并指定专业机构负责相应区域的开发与管理工作。我国可以探索在自然资源部的统一监管框架下，灵活赋予特定行政机构以土地管理权限，或创设专项分支机构及代理机构。这些机构需基于功能实用性和管理实际需求，精确界定各类"专业"功能区的利用规则，强化部门间的协调联动，提升政策执行的有效性，从而完善并优化国土空间用途管制的实施体系。

2）统筹总体规划和详细规划，处理好"底线"与"弹性"的关系

新加坡在规划编制与实施管理中，通过规划调整、复合区划、发展备用地等方式为开发建设增加弹性。这种方式既保持了城市经济社会发展活力，又支撑了宜居生活环境的打造。当前我国国土空间治理实践中，如何平衡用途管制刚性与弹性尚未形成成熟的实践经验。未来可尝试探索设置多种用途并存的混合性用地，增加一定的"留白"地带，并配备相应的准入标准。在此基础上，建立配套的土地价格、租售方式、规划核发许可等管控措施以提高弹性，进一步完善"面向市场"的国土空间用途管制制度。

3）统筹专业保障和公共参与，处理好"专业化"与"大众化"的关系

新加坡土地规划管理部门在土地用途管制过程中采用"一事一议"的自由裁量模式，推动国土空间用途管制制度不断趋于弹性化、精细化和公正化。其一方面依靠隶属政府机构内部、规模庞大的专业管理团队的技术支撑；另一方面得益于政府设立的公众共享管理平台。以市区重建局为例，管理人员中超三分之一是规划师、建筑师、工程师等专业人士，并设有多行业支撑的开发控制委员会。相比之下，我国当前的规划管理部门在专业团队建设上尚存不足，无论是团队规模还是专业结构的多样性，均难以充分满足精细化管理的要求。因此，亟需加强跨学科、专业化、规模化的管理队伍建设，并加速推进规委会、责任规划师、社区规划师、乡村规划师及总规划师等制度的探索与实践，以确保国土空间用途管制制度能够依托稳固且持续的专业力量，实现更加高效、精准的管理与保障。

10.2.5　日本的规划实施与治理

1. 空间规划演进

为解决明治维新后出现的城市无序扩张问题，在西方规划干预机制的影响下，日本于1919年颁布了《城市规划法》(旧法)、《城市建设法》(《市街地建筑物法》)，标志着日本的空间规划和建设管控体系的建立。二战后，日本依据《国土综合开发法》《国土利用规划法》《国土形成规划法》等法律开展了一系列规划实践。

《国土综合开发法》颁布于1950年，旨在满足战后初期日本重建与经济复兴的迫切需求，分为全国、区域（地方）、都道府县、特定地区（特别地域）四级。此后，日本政府编制了21个特定地区的综合开发规划作为应急政策，并于1962年公布首个全国综合开发规划，核心内容是通过公共投资进行开发建设。在战后复兴阶段，除《国土综合开发法》外，日本政府出台大量开发建设相关法律并编制相应规划，包括特定空间范围内的开发建设规划（如大都市圈、地方圈开发建设规划，地域振兴规划）、特定政策导向的规划（如产业布局规划）和基础设施建设长期规划。

《国土利用规划法》颁布于1974年，旨在解决在高速经济增长接近尾声时出现的全国地价高涨、土地利用混乱和环境破坏严重问题，分为全国、都道府县、市町村三级。不同于国土综合开发规划，国土利用规划主要关注土地利用管控，其他全国性规划在国土利用相关事宜上应遵循此法。由于规划编制的时间原因，在实施时，日本政府主要遵循《自然公园法》《森林法》《城市规划法》《农业振兴地区建设法》《自然环境保护法》五部单项法（图10-2）[1]。

---

1. 高浩歌，谭纵波. 日本国土空间规划体系纵览［J］. 城市与区域规划研究，2019，11（2）：16-37.

第 10 章 国土空间规划实施与治理的实践与展望

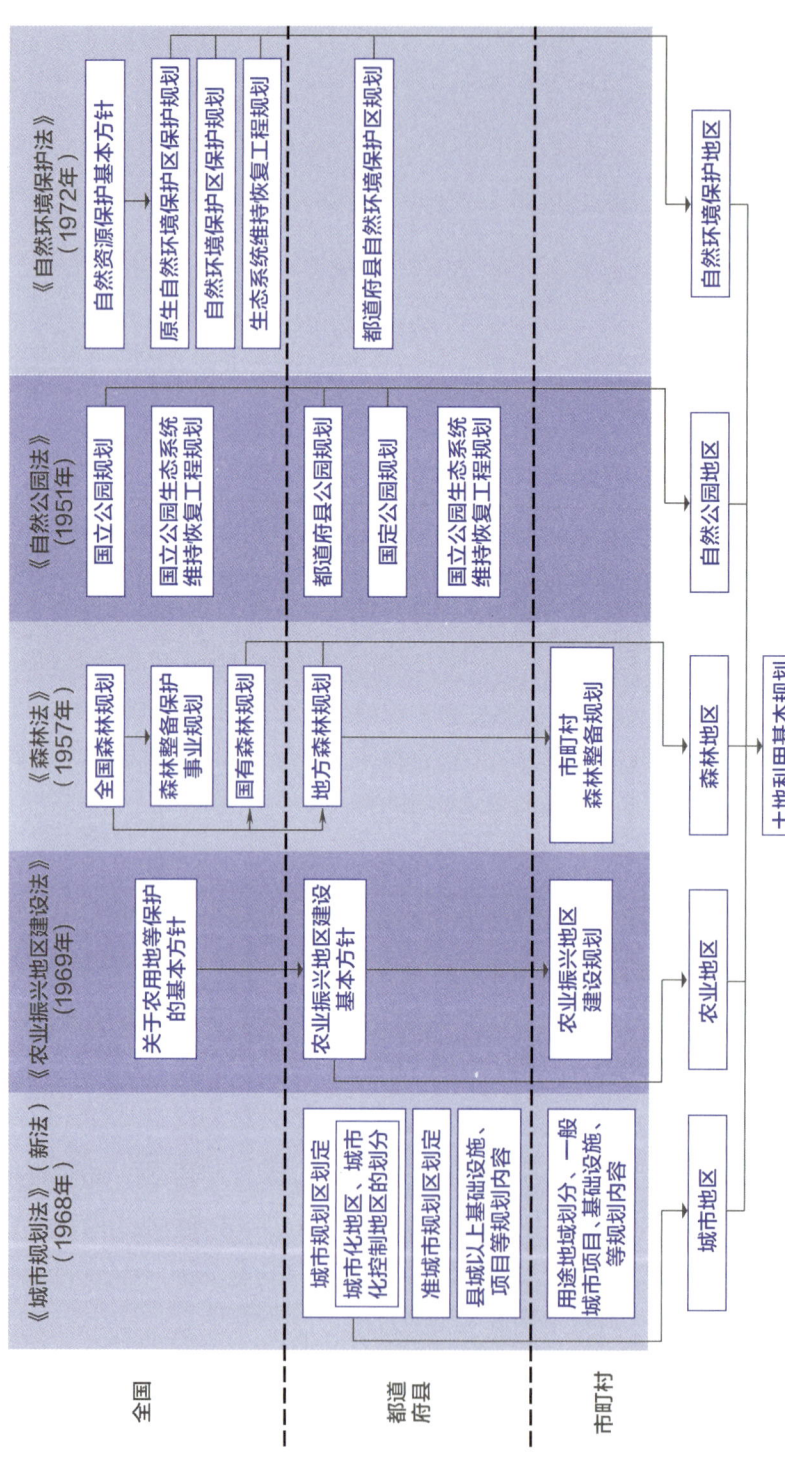

图 10-2 日本国土利用规划五部单项法及五类地区的划定
图片来源：高浩歌，谭纵波. 日本国土空间规划体系纵览[J]. 城市与区域规划研究，2019，11（2）：16-37.

③《国土形成规划法》颁布于2005年[1]，旨在应对20世纪末日本步入老龄化社会、地方分权与行政改革等问题，分为全国和区域性地方两级。此时的发展不再强调增量开发，而是以"充实、建设和保护"为主，并将四级规划简化为全国和地方两级规划，废止五个地方圈开发建设规划，以应对地方分权改革的要求，推动形成地方自治、国家与地方合作的新模式。

2. 空间规划分类

日本现行国土空间规划体系呈现"多规并存"特征。按照主要职能可划分为以下四类：以公共投资建设为主要形式的国土综合开发规划及其修改后的国土形成规划系列、以土地利用管控为主要内容的国土利用规划和土地利用基本规划、作为土地利用基本规划具体实施手段的五类单项规划、作为地方政府行政基本规划的地方综合规划。

在纵向传导方面，分"国家-广域-都道府县-市町村"四个层级。在国家层级，通过发展远景规划《国土形成规划》和空间远景规划《国土利用规划》为下级政府提供战略方向和规划指标。对下级政府提出的项目，通过国家财政支持的方式向下传导中央层面的意见与建议。在广域层级，成立"广域地方规划协议会"，双向协调国家与地方诉求。在都道府县层级，通过《都道府县国土利用规划》细化上位战略目标，通过《土地利用基本计划》和《城市规划法》对国土空间进行分区划线，指导市町村规划。在市町村层级，依据《市町村国土利用规划》进一步落实土地利用的目标、规模与实施举措。在都道府县和市町村层级，公众可通过审议会对规划内容提出意见[2]。

在横向协同方面，各级政府均组建"国土利用审议会"，对各部门、各专项规划进行协调，为纵向传导提供一定弹性。在规划内容上，全国层面的国土形成规划必须与国家环境保护规划保持一致，涉及土地使用的相关内容应与全国国土利用规划保持一致。都道府县层面，农业地区、森林地区、自然公园地区、自然保护区和城市地区的土地利用基本规划与国土利用规划保持一致，各单项地区规划与土地利用基本规划保持一致。市町村层面则相对特殊，一方面作为日本国土利用规划纵向传导的基础层，各单项地区规划与之可能产生矛盾，因此需要加以协调与消解；另一方面，市町村层面具有自身发展的基本构想，需要与国土利用规划分解的战略目标、各单项地区规划、城市规划加以衔接。

---

1. 该法是在2005年由《国土综合开发法》修订而来。
2. 汪劲柏. 国土空间规划层级传导模式的多国经验分类研究与启示[J]. 北京规划建设，2023（1）：130-136.

3. 空间规划实施

2015年8月，日本出台了对流促进型国土形成规划，创造多个小的对流空间，与大的对流空间衔接，实现地球表面的物理空间与知识、信息空间深度融合。同时，为强化广域地区之间的协作，在以往国土规划的基础上，进一步加强以日本东北地方、日本海、西太平洋沿岸新开发区域、西日本为轴心的四个城市集聚区的合作，改变东京地区单极集中的现状。一方面，通过"紧凑+互联"社会建设，依赖"文化特色+交流协作"路径，形成更大、更具有活力的人流、物流、信息流，推进以重点高校为核心的"知识型创新基地"建设，发展高新产业，打造世界领先的超级都市圈。同时，通过一系列鼓励政策构建小型中心社区，统筹二线城市圈，防止人才过度从二三线小城市流向都市圈，构建国民与国土的新型关系。另一方面，强化沿日本海和沿太平洋的国土建设，促进地区交流，大力发展旅游产业。此外，日本政府还将持续提高抗灾能力，优化基础设施，促进节能环保，提高国土空间韧性。在资金保障上，一是积极培育地区自筹资金主体，充分调动民间资金；二是构筑地方资金循环利用模式，通过地方商业出口弥补地方资金缺口；三是利用国家财税体制确保地方产出反哺地方建设，实现地区内循环[1]。

4. 国土空间用途管制

日本国土空间用途管制体系以其精细的规划和严格的法律制度著称，通过土地区划、土地利用规划等多种方式，分地区对国土空间开发利用活动进行管制，具体包括：①城市地区规划由国土部门负责，通过区划和开发许可制度进行管制。城市规划地区细分为城市化促进地区和城市化调整地区，前者进一步划分为12种用途分区，如居住专用地域和工业地域等。《城市规划法》《建筑基准法》对建筑规模和目标等进行严格控制，以维护城市秩序和环境品质。②农业地区管制着重保护农用地，通过《农业振兴地域整备法》严格限制农用地权利移动和用途转用。农田流转许可制度根据耕地条件和城市化状况，将农用地分为不同类型，实行有条件的转用管理，旨在保障农田的合理利用与集约配置。③森林地区的用途管制遵循《森林法》《森林·林业基本法》，通过多层次的森林计划制度实现森林资源的可持续经营。从中央到地方，各级森林计划确保了森林管理方向与目标的一致性，同时激励森林所有者参与森林资源的整体化管理。④自然公园区的管制依据《自然公园法》，将公园划分为不同层级，并制定全面的公园规划体系。这一体系包括分区规

---

1. 姜雅，闫卫东，黎晓言，等.日本最新国土规划（"七全综"）分析[J].中国矿业，2017，26（12）：70-79.

划与事业规划，确保自然公园的妥善利用和保护。⑤自然保护区的管制依据《环境基本法》《自然环境保护法》，形成了分工明确、协调一致的管制体系。不同层级的自然保护区根据其自然环境状况，实行相应的保护和利用限制。综上，日本国土空间用途管制体系的成功实施，依赖于法律法规的权威性、部门职能的明确分工、公众参与的广泛性以及规划监督管理的有效性。这些综合性措施共同促进了日本经济、社会和环境的协调发展，为国土空间资源的合理利用和保护提供了坚实的基础。

5. 借鉴与启示

1）构建互为补充的规划体系

日本形成了以国土空间规划为总纲，各专项规划为支撑的空间规划体系。与将多个专项规划整合到一个规划中不同，日本采用在多个单项规划的基础上设立上位战略规划对其加以统筹的方式，形成"多规合一"体系。在统一空间边界的前提下，这种做法使得各单项规划能够与各部门的权责边界相匹配，厘清不同层级在垂直事务上的关注重点，有利于规划的有效实施。以市町村层级的规划为例，日本政府并没有将市町村层级的所有规划合为一体，而是将市町村战略构想作为发展方向和思路的宏观指引，将城市规划、农业振兴规划、森林整治规划等单项地区规划作为协同支撑，加之多个规划内容边界清晰，协调机制顺畅，从而有助于精准进行空间管控[1]。

2）持续加强空间规划立法

日本国土空间规划采用主干法与专门性法律的架构逻辑，用于厘清各类规划的内容、边界以及上下位规划关系，具有极高的严谨性。在具体规划过程中，日本空间规划表现出极高的严肃性，历次规划所用时间均在2～4年且有法可依。当需要调整某项法律时，通常需要长时间的调研论证与国土空间规划整体体系的系统调整。对我国而言，一方面需要进一步完善《国土空间规划法》，将其作为空间规划的直接法规依据，确立全域空间规划的法律地位；另一方面，需要同步调整修改《森林法》《草原法》《土地管理法》中的规划相关条款，在法规体系内明确各类规划的权力边界和主要内容。

3）权力下放调动地方积极性

自1999年开始，日本进行了一系列地方分权改革，中央政府和都道府县的职

---

1. 董舒婷，张立，赵民. 立法规制与地方自治下的日本空间规划体系的演变、协同和传导[J]. 国际城市规划，2022，37（5）：14-23.

权范围由法规明确界定,其余工作均属市町村的自治事务。因此,在日本国土空间规划体系中,并不强调中央政府的直接管控与规划指标自上而下的层层分解落实,而是通过政策引导、有限干预的方式,促使地方政府进行符合中央政府政策的规划与行政行为,强调层级传导的同时激发基层治理活力。我国可结合治理能力水平现状,采取权责相配的原则,在县和乡镇级下放一定的自由裁量权,使其能够结合当地发展的实际情况,制定本年度规划实施的内容与时序,合理推进事权转移与下沉。此外,可以借助审议会制度,对内加强国土空间规划部门与其他部门的沟通,对外及时征求并收集公众及有关利益机构意见反馈,始终保持国土空间规划刚性与弹性相结合,提高地方有效编制和实施规划的积极性。

10.3 国土空间规划实施与治理的国内实践

随着国土空间规划体系顶层设计基本形成,加之我国首部"多规合一"的国家级国土空间规划全面实施,全国统一、责权清晰、科学高效的国土空间规划体系已完成总体构建。在推进国土空间规划体系整体性和系统性重构的过程中,北京市、上海市、浙江省等地在完善规划体系的基础上,以创新举措切实提高规划实施与治理效能,为有效解决各层级规划间衔接不足、重规划编制轻规划实施等问题提供了实践经验。

10.3.1 北京市国土空间规划实施与治理

1. 实践概况

2017年9月13日,《北京城市总体规划(2016年—2035年)》获中共中央、国务院批复,明确了北京市"四个中心"战略定位,"一核一主一副、两轴多点一区"城市空间结构以及建设国际一流和谐宜居之都的发展目标。随后,《北京城市副中心控制性详细规划(街区层面)(2016年—2035年)》和《首都功能核心区控制性详细规划(街区层面)(2018年—2035年)》的出台,基本建立首都规划建设的"四梁八柱"。2019年,朝阳等13个区的分区规划和《亦庄新城规划(国土空间规划)(2017年—2035年)》获北京市人民政府批复,确定区级人口、用地、建设规模及相关管控要求,配套形成十余项管理规则,形成全域空间管制的基础。在推动以总体规划为代表的系列规划编制与实施的同时，2020年4月，北京市委、市政府印发《关于建立国土空间规划体系并监督实施的实施意见》，正式确立了北京"三级三类四体系"国土空间规划总体框架[1]，即市、区、乡镇三级，总体规划、详细规划、相关专项规划三类，统筹规划编制、规划实施、规划监督、运行保障四个子体系，形成闭环管理工作流程和分级分责不分散的规划管控体系，标志着北京市国土空间规划体系的初步形成（图10-3）。

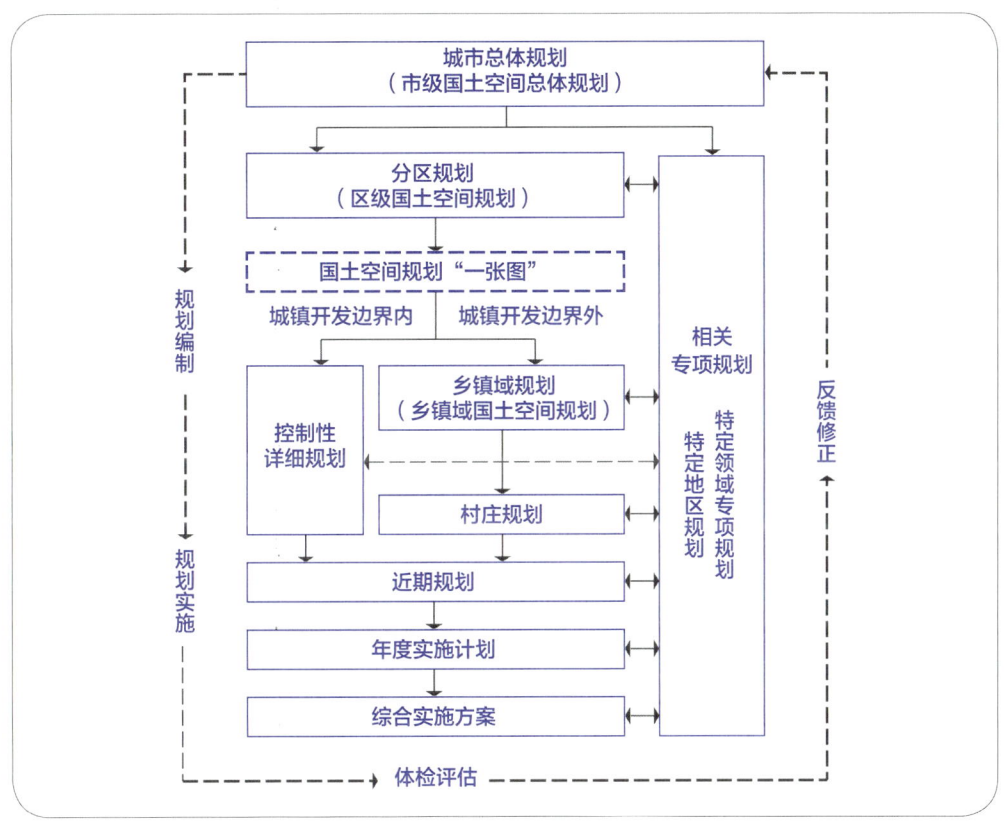

图10-3　北京市国土空间规划体系
图片来源：石晓冬，黄晓春，和朝东.北京国土空间近期规划：新时期国土空间近期规划编制与实施的逻辑构建[J].北京规划建设，2022（3）：10-13.

历经"土规内容装进总规"的融合和"城规装进土规"的转译，北京市用分区规划替代了原有城乡规划和土地利用规划，相关部门在新"国土观"上达成了基本共识[2]，最终在空间维度构建"总体规划—分区规划—乡镇域规划+控制性详细规划"

---

1. 杨浚.北京超大城市空间治理的创新实践[J].前线，2022（1）：80-83.
2. 徐勤政，杨浚，石晓冬.面向首都综合治理的北京市国土空间规划实践与思考[J].城市与区域规划研究，2020，12（1）：107-119.

的空间传导体系，在时间维度构建"近期规划—年度实施计划—规划综合实施方案"的时间传导体系，提高了国土空间规划传导实施效果。2022年2月，《北京市国土空间近期规划（2021年—2025年）》获得市政府批复，进一步统筹谋划总体规划实施各项工作，全面启动总体规划实施第二阶段110项重点任务，目前已取得阶段性进展。结合总体规划上一阶段实施评估发现的重点问题，近期规划通过制度设计，在将总体规划目标分解至中观层面的基础上，有针对性地形成"1+5"成果体系，即1个规划文本和5个配套工作成果。通过指标、任务、空间、政策、项目策划生成5种管理方式协同发力，旨在解决空间上的"规划打架"问题，寻求从"分治"到"合治""共治"转变[1]。

2. 实践创新
1）以"分区规划"推动总规传导落地

北京市为贯彻总体规划明确的发展定位和目标，在"多规合一"的基础上探索全域全类型的国土空间用途管制，创新设置分区规划的传导层级，以进一步细化总体规划的目标和要求，确保总体规划向下有效传导和严格落实。从内涵上看，分区规划是在统筹城乡规划、土地利用规划、相关专项规划等规划的基础上，优化生产、生活、生态等要素配置，形成的对各区在规划期内城乡发展建设、自然资源保护利用等各项工作的统筹安排，是对总体规划在区层面的细化和落实[2]。在北京市空间规划体系中，分区规划处于承上启下的关键位置。对上——分区规划是市委、市政府对各区工作总体要求的具体体现；对下——分区规划在多次博弈和动态实施中确保总体规划向下无损传导，为地方提供规划指导和依据。

实践中，分区规划能够较好地解决规划传导落实不到位、规划与实施衔接不充分等问题，推动总规传导落地。在规划编制上，不同于以往总体规划"自上而下"提出目标要求，分区规划"自下而上"由区委、区政府自主编制。从各区功能定位、建筑规模指标分配、空间结构形态、产业发展布局到用地减量方案，市区之间经历"五上五下"的对接沟通过程。同时，充分听取社会各利益方主体诉求，最终做到分区规划与总体规划提出的发展定位、空间布局、双控三线等各项要求基本一致。在规划内容上，纵向层面采取"用途管制"加"单元管理"的空间管理思路，划定覆盖全域的国土用途分区，将总体规划的大目标分解到各区和各个规划单元，实现对资源的系统性梳理和全要素管理；横向层面，分区规划衔接市级专项规划和

---

1. 杨浚. 北京国土空间近期规划之实践与探索［J］. 北京规划建设，2022（3）：6-9.
2. 施卫良，杨浚. 北京分区规划之实践与探索［J］. 北京规划建设，2019（4）：4-9.

重点功能区规划，统筹不同区和部门的空间诉求，形成分区规划"一张图"，成为各区空间发展指南和各类开发保护建设活动的基本依据。在规划实施上，分区规划进一步注重时间维度上的实施引导，强化规划成本意识。通过开展规划未实施部分的全口径规划实施成本分析测算，评估对比各区规划实施能力，引导各区合理控制规划实施成本，选择适当规划实施方式，倒逼各区规划向功能要素聚集、空间布局集约、土地效益高效方向运转。

2）以"街区指引"加强层级规划衔接

当前，北京市已基本完成总体规划和分区规划的全面编制与审批，正处于总体规划实施与详细规划编制的探索阶段。进一步明晰区与街道、乡之间的纵向管理权责分配，推进总体规划和详细规划在管控要点、工作方式、战略深度等方面的差异衔接，是当前北京市国土空间规划的工作重点。2019年，北京市创新性地提出介于总体规划和详细规划之间的"街区指引"，作为衔接纵向管理层级和横向规划统筹的工作层级。通过空间网格的统一和规划任务重点的明确，将分区规划确定的人口规模、用地规模、建筑规模和公益性设施要求分解落实至街区层面，解决总体规划、详细规划、专项规划传导过程中存在的衔接问题，并随法定规划的审批和现状数据的更新保持时效性[1]。目前，北京市共划定1 000余个街区，划定后的街区成为街区控制性详细规划编制、深化和维护的最小单元，为详细规划的实施奠定了空间网格基础（图10-4）。通过"街区指引"衔接层级规划的主要措施包括四点。

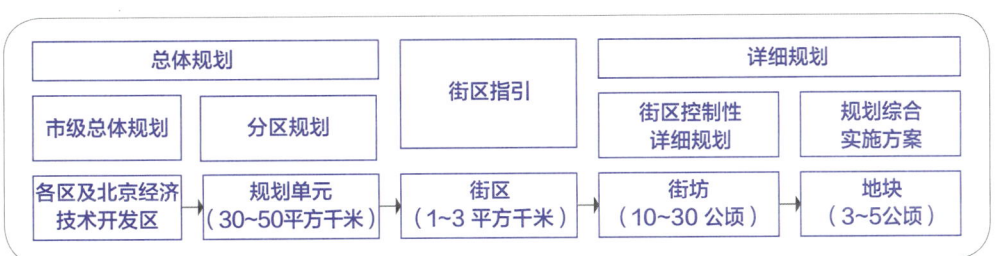

图10-4 北京市规划层级与空间网格对应示意
图片来源：王珊珊，杨贺，徐碧颖，等.北京市"街区指引"创新：国土空间规划总规与详规的传导和统筹[J].规划师，2023，39（9）：78-82.

划定模块化空间网格，以街区边界衔接空间和管理逻辑。通过创新模块化划定方式，统筹行政边界、规划边界和各类空间要素。在分区规划基础上，将规划单元细化至街区，满足规划编制和管理需求。

1.王珊珊，杨贺，徐碧颖，等.北京市"街区指引"创新：国土空间规划总规与详规的传导和统筹[J].规划师，2023，39（9）：78-82.

落实规模差异化管控，以街区分类合理化引导规划编制。在街区划定的基础上，进一步将街区划分成建设主导、生态复合、战略留白"三大类"街区以指导详细规划编制，并划分统筹治理、存量更新、优化完善、动态引导"四小类"街区以统筹各类街区的数量比例，形成不同的重点任务和规划导向。

强化规模结构性优化，以有限指标的精细化监管夯实底账。针对建筑规模问题，改变单一总量管控思路，将建筑规模总量进一步细化为区级统筹规模池、匹配战略留白规模池、发展资源规模池、公共设施规模池、存量规模池，保障市、区两级同步掌握指标结构情况，以实现有效的精细化指标监管。

保持时效性和准确性，以运行维护机制动态化推动管理。"街区指引"成果动态维护机制通过随相关规划审批维护和年度自主维护两种形式开展。其中，随相关规划审批维护是按照规划要求进行的局部维护，年度自主维护是根据土地利用调查变更数据进行的整体维护，用以保障街区指引的完整性和时效性。

3）以"城市体检"探索规划动态实施

为解决城市发展过程中产生的空气污染、交通拥堵等大城市病问题，北京市按照《国土空间规划城市体检评估规程》和总体规划要求，建立"一年一体检、五年一评估"的城市体检评估机制，对规划实施工作进行反馈和修正，确保落实城市总体规划确定的各项内容。与总体规划实施定期和终期评估相比，城市体检更加注重对规划实施过程的实时监测。目前，北京市的城市体检评估机制已经步入常态化阶段。从已开展的体检评估内容来看，分析领域以城市治理为重点，聚焦"七有""五性"重大民生问题。其中，"七有"包括幼有所育、学有所教、劳有所得、病有所医、老有所养、住有所居、弱有所扶，"五性"包括便利性、宜居性、多样性、公正性、安全性[1]。在此基础上，结合每年城市治理工作重点，对体检内容进行动态调整，重点研判各领域工作成效及重点难点，并提出下一步优化实施的政策建议。体检评估工作成果以年度体检报告形式呈现，上报北京市委市政府、首都规划建设委员会，作为北京市向中央报告重要事项，为实现总体规划"一张蓝图干到底"提供支撑[2]。

具体来看，城市体检评估聚焦规划实施中的关键变量和核心任务，总结城市运行和规划实施中存在的问题和难点，形成一张表、一套图、一清单、一调查、一平台五个关键附件。在结合体检评估结论提出的工作重点和主体职责的基础上，加强

---

1. 甘霖，杨明，王良，等.基于民生感知的北京城市体检评估技术框架探索［J］.规划师，2022，38（4）：64-70.
2. 石晓冬，杨明，王吉力.城市体检：空间治理机制、方法、技术的新响应［J］.地理科学，2021，41（10）：1697-1705.

对重点任务的分解细化，针对性修改规划实施的阶段性要求和措施政策，以确保规划实施趋势、过程结果符合规划方向。目前，北京市正按照开展国土空间规划监测评估预警管理系统建设的要求，搭建全覆盖、全过程、全系统的监测评估预警管理系统。利用地理国情普查、土地利用变更调查等统计监测数据，结合遥感影像技术和人工智能等技术，对城市运行情况进行实时监测，助力形成"监测－诊断－预警－维护"常态化机制，推动规划的动态调整和有效落实。

4）以"规划综合实施方案"实现共商共治

面对超大城市治理的需要，北京市进一步优化实施性详细规划，创造性提出规划综合实施方案。规划综合实施方案起源于绿化隔离地区城市化建设规划方案，经历了面向实施单元的统筹规划、指导项目审批的条件方案、强调协同综合的详细规划三个阶段，是对某一区域的近期建设目标做出的全面、具体的安排。随着国土空间规划体系改革的推进，规划综合实施方案是当前北京国土空间详细规划的重要类型之一，处于总体规划、分区规划、街区指引、街区控规的传导层级之下，是实现规划最后一公里落地的直接手段。根据北京市委、市政府印发的《关于建立国土空间规划体系并监督实施的实施意见》，规划综合实施方案主要包括规划实施单元和近期建设项目两个层级，综合空间、资金、权属、政策等各类要素，兼具规划技术性与实操性特征，是统筹规划方案和实施路径的协商平台。本质上，其包含了地块控规、详细蓝图、城市更新单元规划等各类规划的职能，并在"立项用地规划许可""工程建设许可"两个建设项目审批前期阶段中发挥重要作用，统筹"定规划条件"和"审工程方案"的管理事权[1]。

相较于控制性详细规划，综合实施方案不再局限于物质空间塑造，而是强调以落地为导向生成空间方案的机制过程和保障措施：①在编制内容上，由空间规划转向综合方案。通过对规划实施带来的经济效益、社会效益和生态效益进行预估测算，构建路径、步骤、时序、政策多维统筹的实施机制，并配套供地方式和基础保障措施，实现资源与任务的合理匹配。②在编审方法上，由编审分开转向协商共治。编制审批不再采用"规划机构编制，审查部门审批"的传统方式，而是通过"多规合一"协同平台，将管理部门和权利人的要求真正纳入规划编制过程中，将"逐级审查报批"方式转变为"并联审查、分级审批"，使各部门审查意见能够一次性纳入规划设计中。③在实施方式上，由蓝图管理转向过程管理。通过单元层面的打破项目边界、区域层面的指标精准投放与动态调配、管理层面的分期分批审批

---

1. 赵勇健，徐碧颖，王若冰. 共商共治的实施性详细规划：北京规划综合实施方案的内涵思路与技术探索[J]. 城市规划，2023，47（4）：15-24.

与定期评估等方式,对规划全过程实行动态管理,推动规划高质量落地。通过上述措施,北京市规划综合实施方案实现了协商共治、内容灵活等方面的创新,进一步发挥了统筹多主体利益需求、确定规划条件与建筑方案、优化规划实施路径等重要作用。

10.3.2 上海市国土空间规划实施与治理

1. 实践概况

上海市规划体系的建立和完善与总体规划密切相关。1986年,上海市获批第一个城市总体规划《上海市城市总体规划方案》,初步探索建立规划编制体系。20世纪90年代,为适应浦东开发导致的城市功能和布局的变化,上海市编制《上海市城市总体规划(1999—2020年)》并获国务院批复,探索建立了总体层次、分区层次、单元层次、控详层次四个层次,中心城和郊区两条主线的规划编制体系。2008年,随着土地利用规划和国土管理部门的合并,上海市推进城市总体规划与土地利用总体规划的"两规合一",探索建立"市-区-镇"三级的空间规划体系。2014年,按照"两规融合、多规合一"的思路,推进《上海市城市总体规划(2017—2035年)》编制,将规划体系调整为总体规划、单元规划、详细规划三级。2018年以后,为顺应自然资源部成立后的国土空间规划体系改革,中共上海市委、上海市人民政府印发《关于建立上海市国土空间规划体系并监督实施的意见》(沪委发〔2020〕3号),以《上海市城市总体规划(2017—2035年)》为主线,推动构建由规划编制审批体系、实施监督体系、法规政策体系、技术标准体系构成的国土空间规划体系,实现规划编制、审批、实施、监管全过程管理,将已有实践的特色和亮点加以巩固提升,提高各体系的系统性和整体性。

当前,上海市按照《上海市城市总体规划(2017—2035年)》要求,以主体功能区规划为基础,以城市总体规划和土地利用总体规划为主体,构建"两规融合、多规合一"的空间规划体系。在空间维度上,包含总体规划、单元规划、详细规划三个层次,总体规划、单元规划、详细规划、专项规划四种类型。在此基础上,创新地将市级层面的社会事业、基础设施等涉及空间利用的专项规划纳入总体规划层次,作为全市国土空间总体规划的补充。同时,在单元规划层次设置新市镇总体规划,明确各城镇单元和乡村单元的发展要求,对近期建设项目加以指导。在时间维度上,加入国土空间近期规划和自然资源保护利用年度实施计划。前者有序衔接了国民经济和社会发展五年规划,后者从单纯聚焦土地资源利用拓展到山水林田湖草沙等各类自然资源的保护利用。在实施层面，将指标作为管控要素，实现纵向的逐层分解，并在横向建立符合地区特色的差异化指标，形成"监测—评估—维护"的规划管理闭环[1]。

2. 实践创新

1）以"4+X+Y"管控体系引领配套政策实施

在"两规"融合过程中，上海市统筹划定生态保护红线、永久基本农田保护红线、城市开发边界和文化保护控制线，形成以"四线"为基本框架的"4+X+Y"空间分区管控体系。其中，文化保护控制线是为保障文化发展，针对历史文化遗产、自然文化景观和重大文化体育设施集聚区，依据相关法律法规，逐级分类划定的保护和控制范围。"X"指通过控制性详细规划和专项规划划定的产业区块控制线、次干道及以上的道路红线、骨干河道蓝线等总规控制线。"Y"指次干道以下道路红线、非骨干河道蓝线、黄线、绿线、紫线等其他各类市政控制线[2]。

"四线"是实行刚性管控的城市发展底线，其划定需要贯彻底线思维要求，协调城镇组团和各级中心的关系，通过"市-区-镇"三级规划管理体系实现层层落地。为此，上海市将"四线"作为搭建"两规融合、多规合一"的空间和政策统筹平台，通过部门协调机制构建、战略数据共享等手段，整合各类专项规划的空间要求，制定配套管理政策机制，保障"四线"落地管控。一方面，将"四线"纳入各级法定规划，并录入规划国土资源统一信息平台，与所有审批事项自动比对，确保永久基本农田、生态空间、历史文化保护区不被侵占，建设用地规划总量不被突破。另一方面，对于生态空间，重点深化建设项目管控，针对自然环境保护和修复的有关要求，积极健全利益补偿机制和更新完善机制；对于永久基本保护农田，重点关注城镇周边易被占用的耕地及位于生态间隔带、近郊绿环及生态走廊内具有重要生态功能的耕地，维持耕地资源质量；对于城市开发边界，在边界内外实施差异化政策，开发边界外重点聚焦整合规划、土地、财政、产业、环保等减量化发展配套政策，开发边界内重点聚焦存量用地盘活和城市更新，建立促进功能融合发展、土地复合利用的开发机制；对于文化保护控制线，严格按照有关法律法规实施分级管控，积极推动定期评估与更新机制的构建。

---

1. 徐毅松，熊健，范宇，等．关于上海建立国土空间规划体系并监督实施的实践和思考［J］．城市规划学刊，2020（3）：57-64．
2. 史家明，范宇，胡国俊，等．基于"两规融合"的上海市国土空间"四线"管控体系研究［J］．城市规划学刊，2017（s1）：31-41．

2)以"郊野单元规划"促进乡村空间治理

为完善上海"多规合一"的空间规划体系,推进城市开发边界外乡村地区的单元式、网络化、精细化治理,上海市逐渐摸索构建了以郊野单元规划为龙头,推动集建区外郊野乡村地区长远发展的空间治理模式[1]。郊野单元规划主要发挥三个作用:一是基础性作用,实行全覆盖、网格化单元管理,守住生态安全、粮食安全两道红线,控制建设用地规模,为乡村项目落地实施提供空间保障;二是引领性作用,聚焦重点持续发力,"一张蓝图干到底",开创性地整合土地规划的农用地整治和城乡规划的农村居民点整治内容,几乎涵盖镇域国土空间全部地类;三是策略性作用,基于发展目标分解任务,平衡空间、资金和时序,制定推动规划落地的技术路线[2]。由于郊野单元规划既可以整镇编制,也可以一个或多个村编制,介于村镇两级之间,其一方面有利于统筹城乡发展,跨村资源整合,改变城乡分治的局面,另一方面也成为激发村民自治的平台,能够成为体现上级意志和表达基层诉求的契合点。

在以国土空间用途管制为基础信息平台的前提下,上海市以郊野单元规划为协调平台,以村庄设计为共治平台,以全域土地综合整治为实施平台,三者共同构成协同行动平台,形成从规划编制、审批到实施、监督的乡村地区空间治理全周期闭环(图10-5)。其中,郊野单元规划负责承接上位规划要求,统筹布局空间要素,整合近期重点建设项目,实行单元图则管理。在规划审批上,参照原村庄规划审批程序,将审批权下放至区政府,市级规划资源部门负责备案入库。在规划实施上,围绕"两级政府、三级管理"的管理体制,以镇一级政府为实施主体,将基于"四线"的管制分区进一步划分为空间政策区,在各政策区内分要素类别形成管理清单。村庄设计围绕村域空间肌理保护、村落整体风貌提升和建筑景观节点塑造三个层次,充分吸取公众意见,对田、水、路、林、村全要素进行整体设计,为郊野单元村庄规划点状供地提供依据。全域土地综合整治以策划、整合、落实项目为主线,灵活运用各类政策组合工具,形成"带项目、带时序、带资金"的行动方案,推动村庄规划向行动规划转轨。目前,上海已实现县级国土空间规划全覆盖,在全国范围内首次通过村庄布局规划摸清全市乡村地区人地关系的家底,做好资源统筹,将各类管控要素和建设规模分解到乡村单元。截至2023年,上海以镇带村编制的郊野单元村庄规划编制率达90%,实现了应编尽编,初步将各类建设指标全部落地。

---

1. 陈琳,沈高洁.郊野地区空间规划:面向行动管理的上海创新实践[J].城市规划学刊,2022(2):90-95.
2. 顾守柏,沈高洁.关于上海构建乡村地区国土空间规划体系的实践与思考[J].小城镇建设,2023,41(9):15-21.

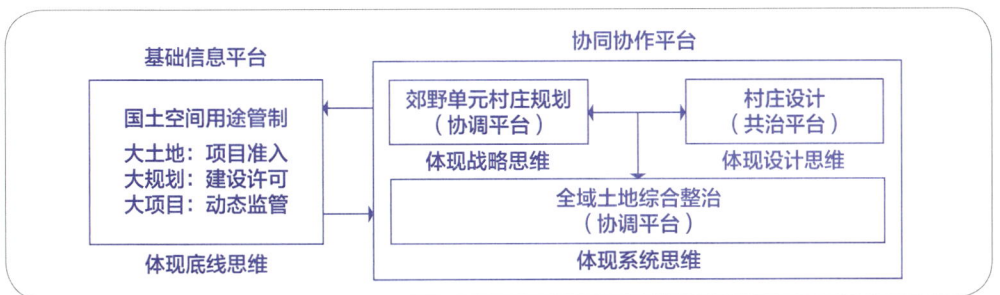

图 10-5　上海市乡村地区空间治理逻辑
图片来源：顾守柏，沈高洁.关于上海构建乡村地区国土空间规划体系的实践与思考［J］.小城镇建设，2023，41（9）：15-21.

3）以"城市更新"完善城市功能品质

城市更新行动是指对旧城区内功能偏离需求、利用效率低下、环境品质不高的存量片区进行功能性改造，打造新型生产生活空间，以推进老旧小区、老旧厂区、老旧街区、城中村等"三老一村"改造为主要内容。为实现资源约束下城市土地资源集约利用和空间布局优化，完善并提升人居环境和城市功能，上海市自 2015 年印发《上海市城市更新实施办法》（沪府发〔2015〕20 号）以来，不断推进城市更新行动，赋能城市品质内涵式升级。2023 年 3 月，上海市颁布《上海市城市更新行动方案（2023—2025 年）》（沪府办〔2023〕10 号），以区域发展为核心，全面启动综合性区域整体焕新、人居环境品质提升、公共空间设施优化、历史风貌魅力重塑、产业园区提质增效、商业商务活力再造六大城市更新战略行动，致力于构建兼具生态宜居性、社会包容性、经济活力与文化多样性的综合性城市体系。在综合区域整体焕新行动中，重点推进"一江一河"沿岸地区、外滩"第二立面"、衡复历史文化风貌区等区域更新的目标任务，展现出重点打造滨江区域、历史风貌及产业园区的城市更新总体布局，突出顶层战略指引。

历经"零星旧改"阶段（1990 年以前）、"大拆大建"阶段（1992—2000 年）、"拆改留"并举阶段（2001—2016 年），步入存量时代，上海市城市更新理念向"留改拆"转变，"保留保护"成为新一轮旧区改造的主旋律，城市更新模式由粗放转向精细化管理。一方面，完善城市更新法规体系。上海市形成了以《上海市城市更新条例》为核心法规引领的政策法规体系，持续完善和细化《上海市城市更新指引》（沪规划资源规〔2022〕8 号）、《上海市城市更新规划土地实施细则》（沪规划资源详〔2022〕506 号）及其他配套法规、政策、技术标准和操作规程文件，为城市更新提供精细化的政策指引。另一方面，从政府主导到多元协同。上海市积极构建多元利益共享机制，明确不同主体权责利，共同解决城市更新治理的复杂难题。例如，对于工业用地，上海市制定《关于本市盘活存量工业用地的实施办法》(沪府办〔2016〕22号)，构建以区县政府为主体，以规划为引导，以企业、社会、政府利益共享为核心的存量工业用地盘活机制。在政府的政策指引下，企业对闲置及低效利用工业用地的调整、升级具有一定自主权，提高了企业参与存量用地盘活的积极性。对于难以整合利用的碎片化公共空间，上海市构建社区微更新机制，在不改变土地使用性质和基本不改变建筑空间主体结构的前提下，构建由居民、企业、政府等多方主体组成的共商共建团队，对小规模公共空间或设施进行品质提升和功能创新，提高群众的参与感、获得感和幸福感[1]。

10.3.3　浙江省国土空间规划实施与治理

1. 实践概况

改革开放以来，浙江省社会经济发展始终走在全国前列，其国土空间规划主要集中于城市规划和用地管理的初步探索。2003年，时任浙江省委书记习近平针对城镇化和工业化进程中的粗放低质发展、资源浪费、生态破坏等问题，提出了"八八战略"与"千万工程"，强调以规划协调和区域统筹的方式推进城乡一体化。同时，习近平在深入嘉兴调研后，要求嘉兴成为全省乃至全国统筹城乡改革的典范，并推动市域总体规划的编制，探索多规合一的规划实践。在此背景下，浙江省以嘉兴市作为试点区域，编制"一张蓝图模式"的市域总体规划。其融合了城市总体规划、土地利用规划等多种规划类型，探索不同规划的衔接机制，具有发展战略性、城乡全域性、部门综合性的特点，成为国土空间规划的重要实践案例。此后，浙江几乎所有的县市均编制了县市域总体规划，推动国土空间规划体系的完善。

2011年，浙江省出台了《浙江省综合土地利用总体规划（2011—2020年）》，要求在提高城镇化水平的同时，推动城市提升发展和城乡统筹发展，促进城镇发展和新农村建设与社会经济发展相协调，与生态环境和文化内涵相适应，是全国第一个经国务院批准实施的新一轮省域城镇体系规划。随着自然资源部的成立以及国土空间规划体系建设的推进，浙江省在前期探索的基础上编制《浙江省国土空间规划（2021—2035年）》（2023年12月获国务院批复），以全方位融入长三角一体化发

---

1. 陈敏. 城市空间微更新之上海实践[J]. 建筑学报，2020（10）：29-33.

展为目标，以数字化改革为牵引，统筹城市乡村、陆地海洋、地上地下空间开发保护，重点优化公共资源布局，创新生态产品价值实现机制，积极推动共同富裕，建设人与自然和谐共生的国土空间格局。在规划实施过程中，浙江省充分协调不同政府职能部门，出台区域协作、财政、产业、人才等系列配套政策予以保障，并大力推进省域空间治理数字化平台建设，实现空间治理数字化和智能化，加强国土空间规划实施全过程监管。

2. 实践创新

1）创新全域全要素用途分区分类

为解决原城市规划"重城市、轻乡村"、土地利用总体规划"重农业、轻其他"的弊端，浙江省在与城规分类、土规分类、自然资源部分区分类标准相衔接的基础上，形成了全域、全要素用途分区分类结构，即区域尺度的城乡建设用地管制分区、规划用途分区，地块尺度的规划用地分类、规划用途分类。因此，在规划实施过程中，浙江省可以将符合分区管控规则的项目直接准入，避免频繁调整规划，增强国土空间规划的政策属性和适应性。此外，浙江省按地块层次将部门或地方的分区分类管控界限叠加到国土空间规划"一张图"中，有利于提升空间管控效率。相较于自然资源部颁布的《市级国土空间总体规划编制指南（试行）》（自然资办发〔2020〕46号）和《国土空间调查、规划、用途管制用地用海分类指南》（自然资发〔2023〕234号，以下简称《分类指南》），浙江省在全域、全要素用途分区分类方面主要有以下创新：①在分区方面，一是细化分级管控内容，如将生态保护区、生态控制区、农田保护区细化至二级分区，将6个二级用海分区细化为16个三级用海分区；二是因地制宜补充分区类型，如增加"文化遗产保护区""区域基础设施集中区""特殊用地集中区""农田整备区"等二级类型；三是结合现实需要调整分区内容，如将"特别用途区"调整为符合浙江标准的"城镇特别用途区"，以促进文化遗产的传承。②在分类方面，浙江省通过设置用途分类与分类指南进一步对接，如设置新增城镇建设用地、重要水域、储备区一般农田、农村集体经营性建设用地等类别，与各级国土空间规划所需传导的约束性指标对应，有利于加强全过程管控，满足浙江特色的管控需求[1]。

2）创新"多规合一"数字化改革路径

浙江省在响应国家"多规合一"改革号召的基础上，创新规划体制机制，利

---

1. 胡庆钢，吕冬敏. 浙江省全域全要素用途分区与用地分类的探索实践［J］. 浙江国土资源，2020（s1）：10-13.

用数字化手段解决规划类型繁多、内容重叠冲突、业务部门职责交叉等问题，推进"多规合一"数字化转型，形成了以数字化平台为核心的"浙江模式"。主要措施包括：①构建国土空间规划实施监测网络基础。以"多规合一"为抓手，建立"纵向传导、横向协同"的规划体系，实现规划"编制—审查—实施—监管"的一体化协同流程。②场景应用搭建。搭建规划监测评估专题应用，完善总量管控、边界管护、计划管理、用途管制的在线管理；搭建规划协调业务专题应用，增强国土空间规划对重大战略、重点领域的引领效能，推动高质量发展。③数据治理支撑。建立健全权威、高效的数据获取机制，完善"省级总仓－市级合仓－县级分仓"模式，推动多源时空数据的集成融合和协同共享；同时，利用数据质量监控、问题数据反馈、数据溯源等流程提升数据质量。④关键技术研究。构建全域全要素覆盖的国土空间数据感知监测体系，建立多模态国土空间规划实施监测智能模型，为风险分析和预警预测提供支撑[1]。

在此基础上，浙江省聚焦重要环节，进一步推进数字化改革保障体系建设，全面构建覆盖各级、各类、各部门空间规划协同需求的制度体系，放大规划政策制度"正效应"[2]。一方面，构建多层级的规划实施评估指标体系，制定《浙江省国土空间专项规划管理办法》（浙政办发〔2023〕29号）等政策文件，为建设工作提供标准化支撑保障。另一方面，强化安全运维保障，落实网络安全和数据安全主体责任。统筹组织实施，推动部省协作，实现数据、指标、模型等方面的共建共享与协同联动，推动规划决策有效落实。

3）创新县市全域规划协同方式

浙江省于1998年开始探索县市全域规划，将县（市）一级的城市总体规划拓展为县（市）域总体规划，打破了规划城乡分割，实现了城乡规划的全覆盖，有利于优化城乡空间布局。随着浙江省城镇化率从2000年的48.7%提高到2018年的68.9%，浙江省县市域全域规划从关注城镇工业区规模与布局，逐步转向公共设施建设、休闲旅游空间发展引导，以及现代农业与第二、第三产业空间的融合发展；从早期强调小城镇建设，逐步转向推进小城市和特色小城镇发展，以及乡村振兴和城市化品质提升。在这一过程中，区域协同和部门协同机制创新发挥了重要作用。

在区域协同方面，为适应浙江省呈现出的从城市化向城市群乃至大湾区、主题性轴带跨区域发展的新趋势，各县市努力打破县域限制，积极探索区域融合发展。在第二轮县市域总规修编过程中，确定县市组合，从空间功能、产业发展、基础设

---

1. 顾浩，郭英，程洋．以规划引领构筑浙江国土空间整体智治新格局［J］．中国土地，2024（6）：34-39．
2. 郭英，滕龙妹，彭瑞，等．谈"多规合一"数字化改革的浙江模式［J］．浙江国土资源，2022（11）：24-27．

施、生态环境等方面协调空间发展规划，实现功能聚合、空间整合、交通缝合与生态融合[1]。选择县市组合时，一是以杭、甬、温大都市区周边县市为代表，重点研究都市区邻接新区的空间融合、功能协作方案与机制；二是以县城紧邻的嵊州市与新昌县，龙港市与平阳县、苍南县等组合为代表，重点研究跨区域组合城市分工协作和基础设施共建共享；三是以大通道、G60科技走廊、"唐诗之路"沿线县市为代表，重点研究主题轴带协同发展。

在部门协同方面，浙江省以县域为单位，在空间上对不同专业部门的规划予以综合协调，明确了不同专业部门规划的定位、时效和作用关系，为探索全域空间整合，构建大型"组合城市"奠定了深厚基础。在协同思路层面，浙江省提出主体协同、专业衔接、统一落实的原则，统筹不同专业部门的规划目标、格局、策略与机制，促进各类基础设施、公共设施等空间要素衔接平衡、统筹布局。在赋权激励层面，通过设置功能兼容复合的规划用地，对工业用地"退二进三"赋予弹性发展权限，使得县级政府能够适当在资源协调方面发挥统筹作用，促进新经济新业态发展。

4）创新土地整治创造高质量供给

2003年，浙江启动实施"千村示范、万村整治"工程，造就了浙江万千美丽乡村，造福了万千农民群众。2018年8月，浙江省政府办公厅出台《关于实施全域土地综合整治与生态修复工程的意见》（浙政办发〔2018〕80号），明确了实施全域土地综合整治与生态修复工程的政策措施，包括实行永久基本农田整备区制度、优化土地利用规划和布局、实行新增建设用地计划指标奖励、优化城乡建设用地增减挂钩政策、减免相关规费等要求，为全域土地综合整治提供明确的政策指引。在实践中，浙江省土地整治创新做法主要体现在：①坚持全域规划，以优化生产、生活、生态空间格局夯实乡村振兴基础。一是以整乡整村为对象，按照"全域规划、全域设计、全域整治"的理念，统筹山水林田湖路村系统治理，优化国土空间开发格局；二是加强多规融合，重点落实"缩减自然村、拆除空心村、改造城中村、搬迁高山村、保护文化村、培育中心村"的要求，优化村庄布局；三是结合土地利用规划编制，根据不同地区资源禀赋和发展现状，探索农村土地精细化管理。②坚持全要素整治，以构建山水林田湖草沙生命共同体激发乡村振兴活力。按照山水林田湖草沙系统治理的理念，浙江省进行全域规划、全域设计、全域整治，对田水林路村进行全要素综合整治，建成农田集中连片、建设用地集中

---

1. 钱家潍，周俊，陈勇.浙江经济转型与县市域总规转变的回顾及实证：浙江省经济发展中县市域总规的作用研究初探［J］.城市规划，2020，44（s1）：75–83.

集聚、空间形态集约高效的国土新格局。③坚持全产业链发展，以创新"土地整治+"模式释放乡村振兴潜能。通过打造以土地整治为平台和纽带的全产业链发展模式，有效延长了土地整治的产业链、价值链和生态链，极大丰富了土地整治功能[1]。

10.4 国土空间规划实施与治理的展望

自2018年机构改革以来，我国国土空间规划编制工作稳步推进，已实现国土空间规划系统性、整体性重构，总体形成了全国统一、权责清晰、科学高效的国土空间规划体系，"多规合一"改革取得开创性、阶段性的成就，国土空间规划体系的顶层设计初步完成。面向中国式现代化，国土空间治理须统筹兼顾开发层面的人地协调、管制层面的公平均衡、布局层面的特色鲜明、功能层面的绿色高效及保障层面的稳定安全目标，承担起新的时代责任。然而，当前我国国土空间治理体系尚未形成政府部门间有效互动格局、尚未健全市场与社会主体参与机制，区域与城乡空间治理差距、安全与发展的有效统筹、部门与主体间复杂博弈等深层次困难挑战仍然存在[2]。未来，需要整合各方力量向着法治化、系统化、人本化、数智化、韧性化方向同步发力。

10.4.1 法治化

面向中国式现代化进程中全面依法治国的根本要求，要加快构建国土空间规划法治逻辑框架，提出完善和健全规划治理体系的具体路径。国土空间规划是各类开发保护建设活动的基本依据，在国家空间规划体系内具有宪法性定位。从实践上看，当前阶段空间规划涉及法律依据多、法律定位不明确、法律关系不清晰、法律体系不健全成为"多规纷争"的重要因素。因此，实现国土空间的"善治"亟需健全有关法律框架，重点从法律法规体系和技术标准体系着手，为国土空间治理提供法律法规、技术和实施保障。

---

1. 董祚继. 探索一条符合中国实际的乡村振兴之路：浙江省农村全域土地综合整治的实践与前瞻[J]. 浙江国土资源, 2018（10）：7-12.
2. 于昊辰, 吕晓, 杨俊, 等. 面向中国式现代化的国土空间治理：从理论逻辑到实现路径[J]. 中国土地科学, 2024, 38（1）：9-19.

在法律法规体系上，应加快编制国土空间规划相关法律法规，确定国土空间规划的法律效力，明晰用途管制的主体、客体和手段，划分各级政府权责边界。在此基础上，以《土地管理法》《矿产资源法》《森林法》《草原法》等各类空间和自然资源专项法律为骨架，支撑国土空间规划治理的具体事务。同时，做好部委规章衔接与矛盾修正工作，推动国土空间规划各项政策规定协同高效。

在技术标准体系上，需统一调查现状、用地分类、空间坐标等基础数据标准，制定各级国土空间规划的编制规程和技术规范，改善长期以来多种数据统计口径、处理方式、数据库格式共存，以及规划重叠矛盾的情况。

在实施过程监管上，建立国土空间规划分级审查备案制度，重点审查规划目标定位、底线约束、控制性指标，保障规划的一致性，并按照"管什么就批什么"的原则简化审批流程。此外，县级以上人民政府及其国土空间规划主管部门应建立督查制度，健全规划编制、审批和实施主体分离的权责体系。同时，应加快建立全流程、多渠道的公众参与制度，提升多元主体在规划前期研究、方案编制、规划公示、规划实施和规划评价全生命周期参与的广泛性、代表性和实效性。

10.4.2 系统化

面向国家治理体系和治理能力现代化的要求，要加强国土空间要素治理、结构治理、功能治理和价值治理。

要素治理指加强山水林田湖草沙等要素的天然联系，一方面通过综合保护与修复，加强自然要素的"地-地"联系；另一方面，通过清除城乡间制度性障碍，加强城乡劳动力、土地、资本等要素的双向互补。

结构治理指理顺国土空间规划分区的使用规范，在用途管制与政策保障体系方面发挥合力。一方面，可构建"三区三线一网络"的国土空间规划分区，串联空间资源和廊道，加强"三区三线"内部沟通；另一方面，明确空间功能的主导性和差异性，结合区域管理目标制定相应的管制规则与配套政策。

功能治理指提升和协调"三生"功能。一方面，需完善和落实主体功能区制度，解决当前主体功能区管控单元尺度偏大、刚性管控和传导机制不足的问题；另一方面，需强化"三生"功能相互关联、相互影响的系统作用，实现"三生"融合发展，提升空间复合效益。

价值治理指多目标权衡管理，建立健全农业、生态产品实现机制，体现国土空间多维价值。一方面，需在政策制定中理顺多元主体利益诉求，通过对不同规划层级中人、地、财等专项政策的协同设计，发挥空间规划对人口分布、土地配置、财政投入、产业发展等的精明引导和调控，促进不同要素协同趋优的向好局面形成，推动高质量发展[1]；另一方面，需加快自然资源确权登记，充分发挥邻近区域产业、生态资源优势以开展结对帮扶，促进"两山"价值实现。

10.4.3 人本化

面向始终坚持以人民为中心的发展思想，规划者须从人的需求出发，以人为本，科学规划，实现人与自然和谐共生，促进社会的可持续发展。

首先，人本化的国土空间规划强调公民参与。从需求调研到方案设计，再到实施评估，都应该有公民的广泛参与。通过问卷调查、公众听证会、社区讨论等形式，让公民表达自己的意愿和需求，使规划更加贴近实际，更能满足公民的期望。

其次，人本化的规划注重空间的多功能性和灵活性。在城市和乡村的规划设计中，不仅要考虑居住、工作、休闲等基本功能，还要考虑文化、教育、健康等社会功能以及环境的可持续性，通过混合用地、紧凑城市、绿色交通等策略，提高空间的使用效率，减少对环境的破坏。

最后，人本化的规划关注弱势群体的需求。在规划中应特别关注老年人、儿童、残疾人等特殊群体的需求，为他们提供安全、便捷、舒适的包容性生活环境。例如，通过无障碍设计以及设置儿童友好型空间、老年人活动中心等措施，确保每个人都能享受到规划带来的便利和好处。

10.4.4 数智化

面向以大数据、云计算、人工智能等为标志的新一轮科技革命，应结合高新技术手段提高战略制定、资源配置、监测评估等治理环节的决策水平，以完善数据要素体系夯实空间治理基础，以统筹数字算力模型打通国土空间多元场景，以优化治理体制机制实现协同共享共治，有效保障国土空间资源资产的保值增值[2]。

在数据要素体系打造上，需继续发展动态转换、尺度转换、数据融合、语义转

---

1. 王伟，李牧耘，魏运喆，等.政策链视角下国土空间规划实施配套政策设计与创新思考：基于既有主体功能区政策文本分析[J].城市发展研究，2020，27（7）：40-48.
2. 王伟，郑雅文，刘诗盈.逻辑·工具·机制：CSPON赋能国土空间价值提升的三重视角[J].城乡规划，2024（4）：12-21.

换等技术，实现多源、多尺度、多时相地理时空数据信息的有效集成和关联，弥合数字鸿沟。具体来说，可通过动态汇集自然资源全要素信息和推进数据治理工程，构建三维立体数据库；通过构建智慧规划知识图谱，建立全域全要素数字对象的关联逻辑；通过完善规则库、指标库、模型库和推理库，建立数字智控规则。

在数字算力模型建设上，依托CSPON统筹建设智能工具箱、拓展数字化复合场景建设，探索跨身份、跨地域、跨部门场景关联，将数字化转型贯穿于规划、实施、监督、预警全过程。具体需要将所有业务场景信息对象化、关联化，再分别以组织－部门－职能－业务活动为对象，构建内部无缝贯穿、外部互通衔接、组织协同高效的流程协同模型。最后将管控依据分解为管控行为，逐级传导到管控要素，构建数字化管控模型。

在治理体制机制优化上，应进一步健全数字化转型标准体系，加快贯通多端平台治理主体的反馈信息链，加速实现纵向贯通、横向协同的国土空间数智化治理模式。通过政务审批一体化、业务管理一体化、监督决策一体化和综合调度一体化，推进形成"全流程贯通、全信息集成、全环节监督、内外互联互通"的国土空间协同治理工作模式，使各类治理主体对国土空间治理的认知"调频"相近、"步调"一致[1]。

10.4.5 韧性化

面向加速演进的百年未有之大变局，要提高国土空间规划运行的抗扰性、敏捷性、多元性和学习性，配备与国土空间规划实施与治理理念、制度、流程、技术、组织相协调的韧性治理路径[2]。

在理念路径上，要充分认识国土空间中风险的复杂性和多维性，树立风险治理的关键在于预防而非事后补救的理念意识。

在制度路径上，要建立既稳定又灵活的风险治理机制，制定完整的风险应急法规制度，拓宽风险预警覆盖的领域，发挥制度在风险识别、管控、改善流程中所起到的指引和规范作用。

在流程路径上，构筑"分级编制、分流控制、分级管理"的流程体系。一是构建从国家顶层到社区基层高效沟通的多层应急网络体系，在网络内合理规划配套各

---

1. 岳文泽，侯丽，韦静娴.国土空间治理的数字化转型：基本内涵、模式演进与关键挑战[J].中国土地科学，2024，38（1）：36-44.
2. 王伟，朱小川，刘谦，等.风险社会应对：国土空间规划治理范式转型与路径创新[J].城市发展研究，2021，28（3）：50-57，91.

类关键生命服务设施韧性基础设施、防灾避险空间以及大数据等新型基础设施；二是根据风险类型性质与威胁影响，明确不同空间与设施在风险治理功能系统中扮演的功能定位，对其进行针对性的功能管理；三是通过分级管理明晰常态化下各级政府风险处置权责清单，同时建立紧急状态下特事特办、急事急办的授权机制。

在技术路径上，根据不断变化的风险形势，将精细化治理理念和目标与物联网、大数据、区块链等技术手段相融合，解决科层制和条块分割引发的"痛点"与"盲点"，进而建立国土空间动态评估系统和风险预演平台，提高国土空间规划实施与治理的韧性。

在组织路径上，政府应充分调动企业、社会组织、民众和媒体等社会力量的积极性，构建"自上而下"与"自下而上"相结合的治理体系，通过多元主体间的良性互动提升国土空间风险治理的组织韧性。

综上，国土空间规划实施与治理是一项复杂的系统工程，需要政府发挥前期主导作用，不断凝聚市场与社会合力，促进实施与治理过程向法治化、系统化、人本化、数智化、韧性化迈进，助力中国式现代化背景下国土空间治理体系和治理能力的不断提升，为实现空间公平正义、增强民生福祉、复兴中华文明做出应有的贡献。

关键术语

大陆法系、英美法系、价值治理、智慧国土空间规划

思考题

1. 国土空间规划实施与治理的数字化转型中，如何通过数据要素体系的打造来夯实空间治理的基座？

2. 在国土空间规划的韧性化层面，如何构建一套分级编制、分流控制、分级管理的流程体系？

3. 国土空间规划实施与治理的法治化路径中，需要从哪些方面着手构建国土空间规划法治逻辑框架？

4. 如何理解国土空间规划实施与治理在推动国家治理体系和治理能力现代化中的作用？

参考文献

［1］European Commission Directorate-General for Regional and Urban Policy. European Spatial Development Perspective: Towards balanced and sustainable development of the territory of the European Union［R］. Luxembourg: Office for Official Publication of the European Communities, 1999.
［2］GARRET H. The tragedy of the commons［J］. Science, 1968, 162（3859）: 1243-1248.
［3］KUNG J K S. Equal entitlement versus tenure security under a regime of collective property rights: peasants' preference for institutions in post-reform Chinese agriculture［J］. Journal of Comparative Economics, 1995, 21（2）: 82-111.
［4］LADD F H. Local Government Tax and Land Use Policies in the United States: Understanding the Links［M］. London: Elgar Publishing, 1998.
［5］LEFEBVRE H. The Production of Space［M］. New Jersey: Wiley-Blackwell, 1992.
［6］MEYFROIDT P, DE BREMOND A, RYAN C M, et al. Ten facts about land systems for sustainability［J］. Proceedings of the National Academy of Sciences, 2022, 119（7）.
［7］STONE C N. Reflections on Regime Politics: From Governing Coalition to Urban Political Order［J］. Urban affairs review, 2015, 51（1）: 101-137.
［8］TAN R, WANG R Y, HEERINK N. Liberalizing rural-to-urban construction land transfers in China: distribution effects［J］. China Economic Review, 2018, 60: 101147.
［9］TIAN L, YAO Z H. From state-dominant to bottom-up redevelopment: can institutional change facilitate urban and rural redevelopment in China［J］. Cities, 2018, 76: 72-83.
［10］ZHANG X L, LIN Y L, WU Y Z, et al. Industrial land price between China's Pearl River Delta and Southeast Asian Regions: competition or coopetition?［J］. Land Use Policy, 2017, 61: 575-586.
［11］白中科, 周伟, 王金满, 等. 试论国土空间整体保护、系统修复与综合治理［J］. 中国土地科学, 2019, 33（2）: 1-11.
［12］保罗·萨缪尔森, 威廉·诺德豪斯. 微观经济学［M］. 19版. 萧琛, 主译. 北京: 人民邮电出版社, 2012.
［13］毕云龙, 徐小黎, 涂梦昭. 关于建立国土空间规划许可制度体系的探讨［J］. 中国土地, 2021（9）: 17-20.
［14］本书编写组. 党的十八届三中全会重要决定辅导读本［M］. 北京: 人民出版社, 2013.
［15］蔡定剑. 公众参与及其在中国的发展［J］. 团结, 2009（4）: 32-35.
［16］蔡乐渭. 土地征收补偿问题研究［M］. 北京: 中国民主法制出版社, 2019.
［17］蔡玉梅, 高平. 发达国家空间规划体系类型及启示［J］. 中国土地, 2013（2）: 60-61.
［18］蔡玉梅, 高延利, 张建平, 等. 美国空间规划体系的构建及启示［J］. 规划师, 2017, 33（2）: 28-34.
［19］蔡玉梅, 何挺, 张建平. 法国空间规划体系演变与启示［J］. 中国土地, 2017（7）: 32-34.
［20］蔡玉梅, 廖蓉, 刘杨, 等. 美国空间规划体系的构建及启示［J］. 国土资源情报, 2017（4）: 11-19.
［21］曹春华, 卢涛, 李鹏, 等. 国土空间规划监测评估预警: 内涵、任务与技术框架［J］. 城市规划学刊, 2022（6）: 88-94.
［22］曾会娟. 林地资源管理与可持续林业发展策略［J］. 中国林业产业, 2023（12）: 61-63.
［23］曾凌云, 史登峰, 张博. 整装勘查区探矿权投放形势分析［J］. 中国矿业, 2015, 24（8）: 33-36.
［24］常纪文. 国有自然资源资产管理体制改革的建议与思考［J］. 中国环境管理, 2019, 11（1）: 11-22.
［25］陈纪东, 易路平, 张安录. 政府规划权力配置及启示: 基于美英空间规划法规的研究［J］. 公共管理与政策评论, 2024, 13（4）: 139-152.
［26］陈锦富. 论公众参与的城市规划制度［J］. 城市规划, 2000（7）: 54-57.
［27］陈立夫. 都市计划司法审查相关法律议题［J］. 月旦法学杂志, 2020（302）: 22-43.
［28］陈琳, 沈高洁. 郊野地区空间规划: 面向行动管理的上海创新实践［J］. 城市规划学刊, 2022（2）: 90-95.
［29］陈敏. 城市空间微更新之上海实践［J］. 建筑学报, 2020（10）: 29-33.
［30］陈诺思, 林太志. 存量规划时代地区规划师工作探索: 以广州市白云湖地区规划为例［J］. 规划师, 2018, 34（s2）: 89-94.
［31］陈艳, 文艳. 海域资源产权的流转机制探讨［J］. 海洋开发与管理, 2006（1）: 61-64.
［32］陈宇斌. 土地流转对中国农业高质量发展的影响研究［D］. 太原: 山西财经大学, 2023.
［33］陈振明, 薛澜. 中国公共管理理论研究的重点领域和主题［J］. 中国社会科学, 2007（3）: 140-152.
［34］陈志广, 许书平, 苗琦. 我国探矿权审批登记特征、存在问题与改革建议［J］. 中国矿业, 2020, 29（5）: 12-17, 21.
［35］成钢. 美国社区规划师的由来、工作职责与工作内容解析［J］. 规划师, 2013, 29（9）: 22-25.
［36］程遥, 赵民. 从"用地规划"到"空间规划导向"-英国空间规划改革及其对我国空间规划体系建构的启示［J］. 北京规划建设, 2019（1）: 69-73.
［37］仇保兴. 19世纪以来西方城市规划理论演变的六次转折［J］. 规划师, 2003（11）: 5-10.
［38］崔彬, 王文, 吕晓岚. 资源产业经济学［M］. 北京: 中国人民大学出版社, 2013.
［39］崔旺来, 钟海玥. 海洋资源管理［M］. 青岛: 中国海洋大学出版社, 2017.
［40］戴加佳, 宋华琳. 论国土空间规划的法律性质［J］. 行政管理改革, 2022, 12: 86-94.

［41］邓丽君，南明宽，刘延松．德国空间规划体系特征及其启示［J］．规划师，2020，36（s2）：117-122．
［42］丁煌．寻求公平与效率的协调与统一：评现代西方新公共行政学的价值追求［J］．中国行政管理，1998（12）：83-86，82．
［43］丁士昭．工程项目管理［M］．北京：中国建筑工业出版社，2014．
［44］丁四保．中国主体功能区划面临的基础理论问题［J］．地理科学，2009，29（4）：587-592．
［45］董书萍．法律适用规则研究［M］．北京：中国人民公安大学出版社，2012．
［46］董舒婷，张立，赵民．立法规制与地方自治下的日本空间规划体系的演变、协同和传导［J］．国际城市规划，2022，37（5）：14-23．
［47］董为红，冯聪，张晓颜，等．我国自然资源市场体系建设评价与展望［J］．中国国土资源经济，2022，35（6）：75-80．
［48］董小林．建设项目风险评价与管理［M］．北京：中国社会科学出版社，2019．
［49］董新辉．新中国70年宅基地使用权流转：制度变迁、现实困境、改革方向［J］．中国农村经济，2019（6）：2-27．
［50］董祚继．探索一条符合中国实际的乡村振兴之路：浙江省农村全域土地综合整治的实践与前瞻［J］．浙江国土资源，2018（10）：7-12．
［51］杜姣．权利失衡：土地流转中"三权分置"的异化实践及其破解［J］．农业经济问题，2023（7）：29-38．
［52］樊杰，周侃，盛科荣，等．中国陆域综合功能区及其划分方案［J］．中国科学：地球科学，2023，53（2）：236-255．
［53］樊杰．我国主体功能区划的科学基础［J］．地理学报，2007（4）：339-350．
［54］樊杰．中国主体功能区划方案［J］．地理学报，2015，70（2）：186-201．
［55］樊杰．主体功能区战略与优化国土空间开发格局［J］．中国科学院院刊，2013，28（2）：193-206．
［56］樊杰．''十五五''时期中国区域协调发展的理论探索、战略创新与路径选择［J］．中国科学院院刊，2024，39（4）：605-619．
［57］樊杰．地域功能-结构的空间组织途径：对国土空间规划实施主体功能区战略的讨论［J］．地理研究，2019，38（10）：2373-2387．
［58］范冬阳，李雯骐．地方治理目标的呈现与实现：法国市镇联合体空间规划的传导与实施［J］．国际城市规划，2022，37（5）：37-46．
［59］范华．新加坡白地规划土地管理的经验借鉴与启发［J］．上海国土资源，2015，36（3）：31-34，52．
［60］范振林，李晶．矿产资源资产所有者与经营者产权界定［J］．国土资源情报，2020（7）：31-35，26．
［61］冯聪，董为红，刘炎，等．我国自然资源市场建设政策导向与建设路径［J］．中国国土资源经济，2023，36（2）：12-17．
［62］冯文利，吴海平，曾珏，等．以"业务引领+科技赋能"驱动自然资源调查监测发展．中国土地，2023（8）：24-29．
［63］甘丹丽．科技创新与新型城镇化协同发展对策研究［J］．科技进步与对策，2014，31（6）：41-45．
［64］甘霖，杨明，王良，等．基于民生感知的北京城市体检评估技术框架探索［J］．规划师，2022，38（4）：64-70．
［65］高浩歌，谭纵波．日本国土空间规划体系纵览［J］．城市与区域规划研究，2019，11（2）：16-37．
［66］高捷．行政法视阈中的"规委会"制度及新规划体制下的建设探讨：基于对15个城市的案例研究［J］．城市规划学刊，2019（6）：94-100．
［67］高秦伟．机构改革中的协同原则及其实现［J］．福建行政学院学报，2018（4）：17-28．
［68］高兴民，顾岳汶．共同富裕视角下集体经营性建设用地入市面临的困境及突破路径［J］．农村经济，2023（9）：11-19．
［69］格里·斯托克，华夏风．作为理论的治理：五个论点［J］．国际社会科学杂志（中文版），2019，36（3）：23-32．
［70］耿慧志，胡淑芬，徐烨婷，等．乡村建设规划许可实施的难点、问题和完善策略［J］．城市发展研究，2020，27（2）：46-53．
［71］顾浩，郭英，程洋．以规划引领构筑浙江国土空间整体智治新格局［J］．中国土地，2024（6）：34-39．
［72］顾守柏，沈高洁．关于上海构建乡村地区国土空间规划体系的实践与思考［J］．小城镇建设，2023，41（9）：15-21．
［73］国务院办公厅．关于全面推行行政规范性文件合法性审核机制的指导意见［EB/OL］．（2018-12-04）［2024-07-01］．https：//www.gov.cn/gongbao/content/2019/content_5355469.htm．
［74］自然资源部办公厅．关于印发《自然资源部2023年立法工作计划》的通知［EB/OL］．（2023-07-06）［2024-07-01］．https：//www.gov.cn/zhengce/zhengceku/202307/content_6891704.htm．
［75］官炎俊，王娟，周伟，等．露天矿区土地复垦适应性管理：内涵解析与框架构建［J］．中国土地科学，2023，37（2）：102-112．
［76］管华诗，王曙光．海洋管理概论［M］．青岛：中国海洋大学出版社，2003．
［77］郭庭宏，肖洁笙．国家自然资源督察制度的演进逻辑与展望［J］．土地经济研究，2023（1）：38-54．
［78］郭英，滕龙妹，彭瑞，等．谈"多规合一"数字化改革的浙江模式［J］．浙江国土资源，2022（11）：24-27．
［79］国务院办公厅．国务院办公厅关于加强行政规范性文件制定和监督管理工作的通知［EB/OL］．（2018-05-31）［2024-07-01］．https：//www.gov.cn/zhengce/content/2018/05/31/content_5295071.htm．
［80］哈维·莫洛奇，吴军，郭西．城市作为增长机器：走向地方政治经济学［J］．中国名城，2018（5）：4-13．
［81］韩文静，邱泽元，王梅，等．国土空间规划体系下美国区划管制实践对我国控制性详细规划改革的启示［J］．国际城市规划，2020，35（4）：89-95．
［82］韩文秀．以深化改革促进高质量发展：深入学习贯彻习近平总书记关于高质量发展的重要论述［J］．求是，2024（12）．
［83］何冬华，许云福，王秀梅，等．城市土地再开发规划［M］．北京：中国建筑工业出版社，2022．
［84］何冬华，袁媛，刘玉亭，等．国土空间规划中广州存量建设用地审批制度与策略研究［J］．规划师，2021，37（15）：23-29．

［85］何明俊．城乡规划法学［M］．南京：东南大学出版社，2016．
［86］何明俊．关于国土空间规划立法模式的探讨［J］．城市规划，2023，47（10）：4-10，53．
［87］何明升．社会治理概论［M］．北京：北京大学出版社，2024．
［88］何盛明．财经大辞典［M］．北京：中国财政经济出版社，1990．
［89］何翔舟，金潇．公共治理理论的发展及其中国定位［J］．学术月刊，2014，46（8）：125-134．
［90］何艳玲．公共行政学史［M］．北京：中国人民大学出版社，2018．
［91］何颖，李思然．“放管服”改革：政府职能转变的创新［J］．中国行政管理，2022，2：6-16．
［92］侯静轩，潘海霞，罗杰．国土空间规划实施监测网络建设的内涵解析及展望［J］．规划师，2024，40（3）：1-6．
［93］胡建淼．行政法学［M］．北京：法律出版社，2023．
［94］胡庆钢，吕冬敏．浙江省全域全要素用途分区与用地分类的探索实践［J］．浙江国土资源，2020（S1）：10-13．
［95］胡戎恩．完善立法监督制度：兼论宪法委员会的创设［J］．探索与争鸣，2015（2）：17-19．
［96］胡如梅，胡鸿伟，周天肖．重点任务驱动、财政增收激励与集体经营性建设用地入市改革［J］．中国土地科学，2023，37（10）：40-48．
［97］胡月明，杨颖，邹润彦，等．耕地资源系统认知的演进与展望［J］．农业资源与环境学报，2021，38（6）：937-945．
［98］黄静怡，于涛．精细化治理转型：重点地区总设计师的制度创新研究［J］．规划师，2019，35（22）：30-36．
［99］黄莉芸，张秋仪，杨迪，等．省级国土空间规划运行逻辑与实施机制研究：基于福建省实践的解析［J］．规划师，2023，39（9）：23-31．
［100］黄玫．存量空间增量价值：国土空间详细规划转型及实施路径改革［J］．规划师，2023，39（9）：9-15．
［101］黄锡生，高颖文．自然资源资产产权制度建构的逻辑主线研究［J］．法学论坛，2024，39（4）：115-125．
［102］黄耀福，郎嵬，陈晓婷，等．共同缔造工作坊：参与式社区规划的新模式［J］．规划师，2015，31（10）：38-42．
［103］黄伊婧，张姗琪，林昀，等．城市级国土空间规划实施监测体系的构建思路与实践探索：以宁波市为例［J］．自然资源学报，2024，39（4）：823-841．
［104］黄征学，蒋仁开，吴九兴．国土空间用途管制的演进历程、发展趋势与政策创新［J］．中国土地科学，2019，33（6）：1-9．
［105］黄征学，潘彪．主体功能区规划实施进展、问题及建议［J］．中国国土资源经济，2020，33（4）：4-9．
［106］黄征学，祁帆．完善国土空间用途管制制度研究［J］．宏观经济研究，2018（12）：93-103．
［107］纪云伟．工程项目全过程管理体系建设［J］．项目管理技术，2020，18（9）：129-133．
［108］姜海，李成瑞，王博，等．土地利用计划管理绩效分析与制度改进［J］．南京农业大学学报（社会科学版），2014，14（2）：73-79．
［109］姜闻远，陈海嵩．中国自然资源督查体系完善的规范路径［J］．自然资源学报，2022，37（12）：3073-3087．
［110］姜雅，闫卫东，黎晓言，等．日本最新国土规划（"七全综"）分析［J］．中国矿业，2017，26（12）：70-79．
［111］姜怡航．高质量发展视角下土地利用计划管理制度优化研究［D］．南京：南京农业大学，2021．
［112］姜志德，姜爱林．论土地资源可持续利用的战略目标与原则［J］．求实，1998（9）：23-24．
［113］蒋瑜，濮励杰，朱明，等．中国耕地占补平衡研究进展与述评［J］．资源科学，2019，41（12）：2342-2355．
［114］金志丰，张晓蕾，张芳怡．自然生态空间用途管制试点情况分析与思考［J］．国土资源情报，2019（2）：10-13．
［115］靳相木．新增建设用地指令性配额管理的市场取向改进［J］．中国土地科学，2009，23（3）：19-23．
［116］景晓栋，田贵良，程飞．"人与自然和谐共生"愿景下生态产品价值实现机制与路径研究［J］．中国环境管理，2023，15（4）：82-90．
［117］雷晓康，马子博．中国社会治理十讲［M］．北京：中国社会科学出版社，2018．
［118］黎浩洁．林地资源保护管理与林业生态建设研究进展［J］．新农业，2023（8）：89-90．
［119］李锋．我国无居民海岛有偿使用制度研究［J］．海洋开发与管理，2011，28（3）：6-8．
［120］李海婷．矿业权登记与矿产资源勘查开采行政许可的关系重构［J］．中国矿业，2016，25（10）：11-13，22．
［121］李红兵．建设项目集成化管理理论与方法研究［D］．武汉：武汉理工大学，2005．
［122］李晋，郑芳媛，邓跃，等．围填海存量资源利用和管控政策研究［J］．中国软科学，2022（10）：13-19．
［123］李经纬，田莉．国土空间规划的国际经验及对我国的启示［J］．公共管理与政策评论，2019，8（6）：50-62．
［124］李莉，张建平，杨翼红．国土空间规划实施监测总体思路与关键技术研究的思考［J］．地理信息世界，2022，29（5）：49-53，60．
［125］李力行，黄佩媛，马光荣．土地资源错配与中国工业企业生产率差异［J］．管理世界，2016（8）：86-96．
［126］李凌，孙广云．建设用地管理理论与实务［M］．北京：北京大学出版社，2020．
［127］李泠烨．控制性详细规划的法律定位及控制［J］．中国法学，2024（4）：250-269．
［128］李倩．土地资源配置让市场"唱主角"：《关于完善建设用地使用权转让、出租、抵押二级市场的指导意见》要点解读［J］．资源导刊，2019（8）：18-19．
［129］李巧玲．乡村振兴视角下集体经营性建设用地入市的浏阳探索与思考［J］．中国土地，2023（6）：48-51．
［130］李晴．农村土地承包经营权流转市场现状及完善对策［J］．农业经济，2023（4）：94-96．
［131］李文华，李芬，李世东，等．森林生态效益补偿的研究现状与展望［J］．自然资源学报，2006（5）：677-688．
［132］李文韬．我国城乡规划权法律控制机制研究：基于公共利益的分析［D］．上海：华东政法大学，2017．
［133］李彦平，刘大海，刘伟峰，等．海洋空间利用年度计划内涵研究与制度框架构建［J］．海洋经济，2019，9（2）：3-11．

［134］李彦平，刘大海．基于生态文明价值导向的海岸带空间用途管制的思考［J］．环境保护，2020，48（21）：31-35．
［135］李益前．监督司法与司法监督之区分．人大研究，2004（9）：44-45．
［136］李玉喜，修艳敏．关于矿产资源勘查开采过程中关键节点的探讨［J］．中国矿业，2021，30（s2）：31-36．
［137］李政，余颖，周宏文，等．全民所有自然资源资产化管理的基本逻辑与路径优化［J/OL］．中国国土资源经济，1-12［2024-07-01］．https: //doi.org/10.19676/j.cnki.1672-6995.001042．
［138］梁鹤年．公众（市民）参与：北美的经验与教训［J］．城市规划，1999（5）：48-52．
［139］林坚，乔治洋，叶子君．城市开发边界的"划"与"用"：我国14个大城市开发边界划定试点进展分析与思考［J］．城市规划学刊，2017（2）：37-43．
［140］林坚．新时代国土空间规划与用途管制［M］．北京：中国大地出版社，2021．
［141］林锦屏，张豪，冯佳佳，等．德国国土空间规划发展脉络与贡献［J］．云南大学学报（自然科学版），2022，44（5）：956-967．
［142］林依标，林瀚．集体经营性建设用地入市的实践思考［J］．中国土地，2021（6）：4-8．
［143］林勇，樊景凤，温泉，等．生态红线划分的理论和技术［J］．生态学报，2016，36（5）：1244-1252．
［144］刘博，励汀郁，谭淑豪，等．现行草地产权制度下牧户的技术效率分析［J］．干旱区资源与环境，2018，32（9）：42-48．
［145］刘大海，李彦平，李晓璇，等．自然资源管理改革基本逻辑下海洋自然资源年度利用计划的思考［J］．海洋开发与管理，2019，36（1）：23-29．
［146］刘飞．城乡规划的法律性质分析［J］．国家行政学院学报，2009，2：45-48．
［147］刘冠男，叶宸希．国外空间规划体系经验借鉴：以美国、英国、德国为例［J］．房地产世界，2021（14）：25-27．
［148］刘欢，孙信丽，巩前文．建党百年来中国共产党领导林业发展的历程与经验启示［J］．北京林业大学学报（社会科学版），2023，22（1）：1-11．
［149］刘吉军，许实，马贤磊，等．土地非农化过程中的博弈关系［J］．中国土地科学，2010，24（6）：56-61．
［150］刘健．20世纪法国城市规划立法及其启发［J］．国际城市规划，2009，24（s1）：256-262．
［151］刘利珍，张树军．浅析草原承包经营权流转问题［J］．人民论坛，2016（2）：82-84．
［152］刘蕊．责任规划师在乡村振兴中的作用［J］．北京规划建设，2021（2）：83-87．
［153］刘莘．行政立法原理与实务［M］．北京：中国法制出版社，2014．
［154］刘松雪，林坚，杨凌．国土空间规划下的土地利用年度计划管理思考［J］．中国土地，2022（6）：28-30．
［155］刘卫东．经济地理学与空间治理［J］．地理学报，2014，69（8）：1109-1116．
［156］刘新平，胡如梅，宋子秋．建设项目用地预审制度变迁的理论逻辑、演化特征与路径选择［J］．中国土地科学，2018，32（3）：14-20．
［157］刘彦随．中国新时代城乡融合与乡村振兴［J］．地理学报，2018，73（4）：637-650．
［158］刘焱序，傅伯杰，王帅，等．空间恢复力理论支持下的人地系统动态研究进展［J］．地理学报，2020，75（5）：891-903．
［159］刘志强，王明全，金剑．国内外地域分异理论研究现状及展望［J］．土壤与作物，2017，6（1）：45-48．
［160］龙贺兴，傅一敏，刘金龙．国际森林治理的变迁历程和展望［J］．林业经济，2016，38（3）：3-7，42．
［161］龙开胜．集体经营性建设用地入市支持乡村产业发展的思路［J］．中国土地，2023（11）：24-27．
［162］卢为民．用地政策引领产业转型：新加坡节约集约用地启示［J］．资源导刊，2012（7）：42-43．
［163］卢现祥，李慧．自然资源资产产权制度改革：理论依据、基本特征与制度效应［J］．改革，2021（2）：14．
［164］卢欣石．中国草产业的发展历程与机遇［J］．草地学报，2015，23（1）：1-4．
［165］鲁春霞，谢高地，成升魁，等．中国草地资源利用：生产功能与生态功能的冲突与协调［J］．自然资源学报，2009，24（10）：1685-1696．
［166］罗亚，吴洪涛，张耘逸，等．数字化治理下国土空间规划实施监测网络建设路径．规划师，2024，40（03）：7-13．
［167］吕一平，赵民．论《国土空间规划法》的立法视域、法律秩序与体系衔接［J］．城市规划，2023，47（3）：28-37．
［168］马丁，贾菲，于洋．20世纪以来美国土地用途管制发展历程的回顾与展望［J］．国际城市规划，2017，32（1）：30-34．
［169］马世发，周星汝，胡蝶，等．自然资产规划：概念辨析、科学逻辑与基本框架［J］．规划师，2023，39（3）：125-130．
［170］毛中根，林哲．土地储备制度与房地产开发：兼论地价与房价的关系［J］．上海经济研究，2005（8）：58-63．
［171］孟庆，马兵．规划由"城市"向"城乡"转变的思考［J］．规划师，2008（5）：52-55．
［172］孟祥锋．法律控权论［M］．北京：中国方正出版社，2009．
［173］苗晨颖．试论海域资源高效利用新模式：以舟山市为例［J］．浙江国土资源，2022（11）：40-41．
［174］缪春胜，水浩然，张艳．深圳市城市更新开发权外部移交机制探索［J］．规划师，2023，39（8）：95-101．
［175］念沛豪，蔡玉梅，马世发，等．国土空间综合分区研究综述［J］．中国土地科学，2014，28（1）：20-25．
［176］聂庆华，包浩生．基于GIS农田质量自动分等定级算法及其实现：以北京市房山区为例［J］．南京大学学报（自然科学版），1999（6）：55-61．
［177］欧文·E·休斯．公共管理导论［M］．4版．张成福，马子博，译．北京：中国人民大学出版社，2015．
［178］欧阳鹏，刘希宇，郑筱津．整体性治理视角下市县国土空间总体规划实施机制研究［J］．规划师，2023，39（9）：1-8．
［179］潘向向，储君，仝德，等．土地征收成片开发方案与国土空间规划的协调路径研究［J］．规划师，2022，38（4）：5-11．
［180］潘裕娟，章征涛，王朝晖．面向村民住宅的乡村建设规划许可实践研究：以珠海市农村地区为例［J］．城市规划，2020，44（7）：46-51．
［181］钱凤魁，王秋兵，边振兴，等．永久基本农田划定和保护理论探讨［J］．中国农业资源与区划，2013，34（3）：22-27．

[182] 钱家潍，周俊，陈勇．浙江经济转型与县市域总规转变的回顾及实证：浙江省经济发展中县市域总规的作用研究初探［J］．城市规划，2020，44（s1）：75-83.
[183] 钱忠好，牟燕．中国土地市场化改革：制度变迁及其特征分析［J］．农业经济问题，2013，34（5）：20-26，110.
[184] 曲卫东．联邦德国空间规划研究［J］．中国土地科学，2004（2）：58-64.
[185] 瞿婧晶，张其琪，唐鑫，等．基于负面清单的泰兴市地下空间开发适宜性评价［J］．城市地质，2022，17（3）：271-279.
[186] 瞿忠琼，夏敏．美国空间规划体系的借鉴与启示［J］．土地科学动态，2018，32（6）：51-54.
[187] 全球治理委员会．我们的全球伙伴关系［R］．牛津：牛津大学出版社，1995：23.
[188] 萨仁陶利，张裕凤．草原承包经营权流转、存在问题与建议［J］．草原与草业，2020，32（4）：20-23，31.
[189] 邵一希．多规合一背景下上海国土空间用途管制的思考与实践［J］．上海国土资源，2016，37（4）：10-13，17.
[190] 沈海花，朱言坤，赵霞，等．中国草地资源的现状分析［J］．科学通报，2016，61（2）：139-154.
[191] 生青杰．公众参与原则与我国城市规划立法的完善［J］．城市发展研究，2006（4）：109-113.
[192] 盛科荣，樊杰，杨昊昌．现代地域功能理论及应用研究进展与展望［J］．经济地理，2016，36（12）：1-7.
[193] 师诺，赵华甫，任涛，等．高标准农田建设全过程监管机制的构建研究［J］．中国农业大学学报，2022，27（2）：173-185.
[194] 施卫良，杨浚．北京分区规划之实践与探索［J］．北京规划建设，2019（4）：4-9.
[195] 全国人民代表大会．十四届全国人大常委会立法规划［EB/OL］．（2023-09-07）［2024-07-01］．http://politics.people.com.cn/n1/2023/0908/c1001-40072920.html.
[196] 石晓冬，杨明，王吉力．城市体检：空间治理机制、方法、技术的新响应［J］．地理科学，2021，41（10）：1697-1705.
[197] 史家明，范宇，胡国俊，等．基于"两规融合"的上海市国土空间"四线"管控体系研究［J］．城市规划学刊，2017（s1）：31-41.
[198] 宋惠昌．论社会监督［J］．理论视野，2011（8）：44-47.
[199] 宋双．我国司法监督制度研究［D］．长春：吉林大学，2006.
[200] 苏保忠，张正河．公共管理学［M］．北京：北京大学出版社，2004.
[201] 孙国华，朱景文．法理学［M］．5版．北京：中国人民大学出版社，2021.
[202] 孙涵，赵虎，陈宇．大城市总体规划层面的公众参与框架研究：以济南市为例［C］//中国城市规划学会．共享与品质——2018中国城市规划年会论文集（11城市总体规划）．北京：中国建筑工业出版社，2018：591-600.
[203] 孙鸿烈．中国资源科学百科全书［M］．青岛：中国石油大学出版社，2000.
[204] 孙施文．城市规划哲学［M］．北京：中国建筑工业出版社，1997.
[205] 孙施文．城市规划中的公众参与［J］．国外城市规划，2002（2）：1-14.
[206] 孙施文．国土空间规划实施监督体系的基础研究［J］．城市规划学刊，2024，（2）：12-17.
[207] 孙施文．我国城乡规划学科未来发展方向研究［J］．城市规划，2021，45（2）：23-35.
[208] 孙施文．现代城市规划理论［M］．北京：中国建筑工业出版社，2007.
[209] 孙悦民，宁凌．海洋资源分类体系研究［J］．海洋开发与管理，2009，26（5）：42-45.
[210] 谭柏平．我国海洋资源保护法律制度研究［D］．北京：中国人民大学，2007.
[211] 谭静斌．法国城市规划公众参与程序之公众协商［J］．国际城市规划，2014，29（4）：89-94.
[212] 谭荣．从省级政府视角看用地审批制度改革的影响［J］．中国土地，2020（8）：14-15.
[213] 谭荣．价值、利益和产权：百年土地产权制度变迁的治理逻辑［J］．中国土地科学，2021，35（12）：1-10.
[214] 谭荣．中国土地制度导论［M］．北京：科学出版社，2021.
[215] 谭荣．自然资源资产产权制度改革和体系建设思考［J］．中国土地科学，2021，35（1）：1-9.
[216] 谭宇文，李颖，陈昌勇．佛山市国土空间规划传导策略［J］．规划师，2021，37（6）：60-67.
[217] 汤怀志，桑玲玲，郧文聚．我国耕地占补平衡政策实施困境及科技创新方向［J］．中国科学院院刊，2020，35（5）：637-644.
[218] 唐文跃．城市规划的社会化与公众参与［J］．城市规划，2002（9）：25-27.
[219] 唐燕．北京责任规划师制度：基层规划治理变革中的权力重构［J］．规划师，2021，37（6）：38-44.
[220] 唐长春，卢幸芷，雷钧钧，等．新时期国土空间规划实施评估框架构建与方法创新：以湖南省湘潭市为例［J］．规划师，2021，37（11）：48-54.
[221] 田颖，耿慧志．英国空间规划体系各层级衔接问题探讨：以大伦敦地区规划实践为例［J］．国际城市规划，2019，34（2）：86-93.
[222] 童颖华，刘武根．国内外政府职能基本理论研究综述［J］．江西师范大学学报（哲学社会科学版），2007（3）：21-25.
[223] 万其刚．论当代中国的授权立法［J］．当代中国史研究，1996（5）：40-48.
[224] 汪劲柏．国土空间规划层级传导模式的多国经验分类研究与启示［J］．北京规划建设，2023，（1）：130-136.
[225] 汪军，陈曦．英国规划评估体系研究及其对我国的借鉴意义［J］．国际城市规划，2019，34（4）：86-91.
[226] 王宝强，刘昭，史书沛，等．我国责任规划师制度的建设成效、挑战与体系构建思考［J］．规划师，2022，38（12）：5-12.
[227] 王晨跃，田莉，周建波，等．``权力—权利''结构视角下中国地权的历史谱系演进与现代启示［J］．中国土地科学，2024，38（2）：31-40.
[228] 王国恩．城市规划管理与法规［M］．北京：中国建筑工业出版社，2003.

[229] 王宏英, 曹海霞. 山西构建煤炭开发生态环境补偿机制的实践与完善建议 [J]. 中国煤炭, 2011, 37（10）: 8-11.

[230] 王建伟. 农村宅基地使用权流转法律问题研究 [J]. 法制与经济（下旬刊）, 2009（1）: 65-66, 68.

[231] 王健, 邢琦, 许笑笑. 规划编制监督管理机制构建的美国经验及启示 [J]. 中国土地, 2022（1）: 57-60.

[232] 王开泳, 陈田. 新时代国土空间规划体系重建与制度环境改革 [J]. 地理研究, 2019, 38（10）: 2541-2551.

[233] 王柯, 张建军, 邢哲, 等. 我国生态问题鉴定与国土空间生态保护修复方向 [J]. 生态学报, 2022, 42（18）: 7685-7696.

[234] 王浦劬. 论转变政府职能的若干理论问题 [J]. 国家行政学院学报, 2015（1）: 31-39.

[235] 王睿. 矿业权交易市场现存问题及改进建议 [J]. 中国市场, 2020（27）: 45-46.

[236] 王珊珊, 杨贺, 徐碧颖, 等. 北京市"街区指引"创新: 国土空间规划总规与详规的传导和统筹 [J]. 规划师, 2023, 39（9）: 78-82.

[237] 王术坤, 林文声. 高标准农田建设的农地流转市场转型效应 [J]. 中国农村经济, 2023（12）: 23-43.

[238] 王斯亮, 陈欣. 农村集体经营性建设用地入市对城市土地利用效率的影响 [J]. 中国土地科学, 2023, 37（8）: 113-122.

[239] 王伟, 柳泽, 林俞先, 等. 从国土空间规划"一张图"到CSPON"一张网"学术笔谈 [J]. 北京规划建设, 2024（1）: 52-65.

[240] 王伟, 李牧耘, 魏运喆, 等. 政策链视角下国土空间规划实施配套政策设计与创新思考: 基于既有主体功能区政策文本分析 [J]. 城市发展研究, 2020, 27（7）: 40-48.

[241] 王伟, 郑雅文, 刘诗盈. 逻辑·工具·机制: CSPON赋能国土空间价值提升的三重视角 [J]. 城乡规划, 2024（4）: 12-21.

[242] 王伟, 朱小川, 刘谦, 等. 风险社会应对: 国土空间规划治理范式转型与路径创新 [J]. 城市发展研究, 2021, 28（3）: 50-57, 91.

[243] 王晓莉, 胡业翠, 牛帅, 等. 国土空间规划实施监测评估指标体系构建的探讨 [J]. 中国土地, 2024（2）: 32-35.

[244] 王新哲, 薛皓颖, 姚凯. 国土空间总体规划编制的关键问题: 兼议省级国土空间规划编制 [J]. 城市规划学刊, 2022（3）: 50-56.

[245] 王秀兴, 钟浩明, 李立峰. 国土空间规划背景下详细规划高效实施路径探索 [J]. 规划师, 2022, 38（9）: 88-95.

[246] 王亚男, 吕晓, 张启岚. 集体经营性建设用地入市助推乡村振兴的机制与对策 [J]. 农村经济, 2022（11）: 27-33.

[247] 王兆丰, 段君君, 张林. 建设项目用地预审制度改革实践的现状和思考 [J]. 中国土地, 2019（2）: 18-19.

[248] 王振波, 刘亚男. 新时代背景下我国乡村振兴研究述评: 基于十九大以来的文献考察 [J]. 社会主义研究, 2020（4）: 151-158.

[249] 王中政, 黄锡生. 国土空间规划助力共同富裕的逻辑与路径 [J]. 规划师, 2023, 39（5）: 40-46.

[250] 韦军. 行政执法实务 [M]. 南宁: 广西人民出版社, 2015.

[251] 文超祥, 何流. 国土空间规划实施管理 [M]. 南京: 东南大学出版社, 2022.

[252] 翁芳玲. 全域全要素覆盖 全生命周期管理: 聚焦福建省厦门市国土空间详细规划体系建设 [J]. 资源导刊, 2024（7）: 54-55.

[253] 吴次芳, 谭永忠, 郑红玉. 国土空间用途管制 [M]. 北京: 地质出版社, 2020.

[254] 吴次芳, 吴宇哲, 彭毅, 等. 空间治理 [M]. 北京: 地质出版社, 2023.

[255] 吴次芳, 叶艳妹, 吴宇哲, 等. 国土空间规划 [M]. 北京: 地质出版社, 2019.

[256] 吴桐, 岳文泽, 夏皓轩, 等. 国土空间规划视域下主体功能区战略优化 [J]. 经济地理, 2022, 42（2）: 11-17, 73.

[257] 吴宇哲, 任宇航, 许宸钇. 国土空间规划体系下土地要素市场配置: 理论、机制与模式 [J]. 中国土地科学, 2023, 37（3）: 28-37.

[258] 吴志强. 国土空间规划原理 [M]. 上海: 同济大学出版社, 2022.

[259] 武博祎, 陈茜, 芦翰晨, 等. 基于基础要素的重大科技工程项目全过程管理及绩效评价研究 [J]. 军事运筹与系统工程, 2018, 32（3）: 70-76.

[260] 席广亮, 甄峰. 基于大数据的城市规划评估思路与方法探讨 [J]. 城市规划学刊, 2017（1）: 56-62.

[261] 肖华堂. 新时代农户土地承包经营权有偿退出研究 [D]. 成都: 西南财经大学, 2022.

[262] 肖应辉. 我国社会监督研究 [D]. 北京: 中共中央党校, 2011.

[263] 谢敏. 德国空间规划体系概述及其对我国国土规划的借鉴 [J]. 国土资源情报, 2009（11）: 22-26.

[264] 谢英挺, 吴宇翔, 魏立军. 市级国土空间总体规划的效用与编制管控策略: 空间治理视角的探讨 [J]. 城市规划, 2021, 45（6）: 46-51, 116.

[265] 熊光清, 蔡正道. 中国国家治理体系和治理能力现代化的内涵及目的: 从现代化进程角度的考察 [J]. 学习与探索, 2022（8）: 55-66.

[266] 徐丹. 我国地方规划权: 发展历程、风险与法律控制 [J]. 盛京法律评论, 2020, 8（1）: 245-267.

[267] 徐红. 从调查、核查、检查到督察——高新技术赋能守住"三调"成果真实性"生命线": 访国务院第三次全国国土调查办公室副主任、总体技术组组长、中国国土勘测规划院院长高延利 [J]. 中国测绘, 2021（9）: 15-19.

[268] 徐瑾, 王川, 石肖雪. 国土空间规划体系中公众参与的法律制度研究 [J]. 规划师, 2020, 36（23）: 18-25.

[269] 徐坤. 中国式现代化道路的科学内涵、基本特征与时代价值 [J]. 求索, 2022（1）: 40-49.

[270] 徐勤政, 杨浚, 石晓冬. 面向首都综合治理的北京市国土空间规划实践与思考 [J]. 城市与区域规划研究, 2020, 12（1）: 107-119.

[271] 徐同远. 土地·房屋法律知识 [M]. 北京: 中国农业出版社, 2010.

[272] 徐小黎，顾余庆，刘剑波.国土空间专项规划清单管理探索研究[J].中国土地，2024（2）：14-17.
[273] 徐新良，刘纪远，庄大方，等.中国林地资源时空动态特征及驱动力分析[J].北京林业大学学报，2004（1）：41-46.
[274] 徐雅贞，王筱春，彭芯.美国国土空间规划及其启示[J].《规划师》论丛，2012（1）：140-145.
[275] 徐毅松，熊健，范宇，等.关于上海建立国土空间规划体系并监督实施的实践和思考[J].城市规划学刊，2020（3）：57-64.
[276] 薛璇，王潇，李琳.公众参与视角下社区规划师制度的实践探索：以徐汇区长桥街道长桥四村社区为例[J].规划师，2021，37（S1）：25-31.
[277] 严金明.土地立法与《土地管理法》修订探讨[J].中国土地科学，2004，18（1）：9-13.
[278] 严金明，迪力沙提·亚库甫，张东昇.国土空间规划法的立法逻辑与立法框架[J].资源科学，2019，41（9）：1600-1609.
[279] 严金明，冯思远，夏方舟.国土空间治理体系和治理能力现代化的思考[J].中国行政管理，2024（4）：129-140.
[280] 严金明，郭栋林，夏方舟.中国共产党百年土地制度变迁的"历史逻辑、理论逻辑和实践逻辑"[J].管理世界，2021，37（7）：19-31，2.
[281] 严金明，黄宇金，夏方舟.面向中国式现代化的国土空间格局优化：基本遵循、理论逻辑和战略任务[J].中国土地科学，2023，37（11）：1-10.
[282] 严金明，张东昇，迪力沙提·亚库甫.国土空间规划的现代法治：良法与善治[J].中国土地科学，2020，34（4）：1-9.
[283] 阎炎.国土空间规划实施监测网络建设试点确定[J].资源与人居环境，2023（12）：11.
[284] 杨波，宿金梦，韩倩倩，等.国土空间用途管制规划许可和监管创新模式探究[J].中国土地，2024（7）：21-25.
[285] 杨潮声.海域使用权制度研究[D].长春：吉林大学，2011.
[286] 杨登峰.新旧法的适用原理与规则[M].北京：法律出版社，2008.
[287] 杨钢桥，孙小宇.基于供需和韧性视角的中国土地整治政策变迁、演变逻辑与政策导向[J].农村经济，2024（03）：44-53.
[288] 杨俊雷，周均清.县级市城乡规划委员会制度改革及优化：以湖北省GS市为例[J].规划师，2015，31（10）：43-50.
[289] 杨浚.北京超大城市空间治理的创新实践[J].前线，2022（1）：80-83.
[290] 杨浚.北京国土空间近期规划之实践与探索[J].北京规划建设，2022（3）：6-9.
[291] 杨晓晨.国土空间规划的类型化及其法律规制[D].北京：中国政法大学，2023.
[292] 杨晓春，毛其智，高文秀，等.第三方专业力量助力城市更新公众参与的思考：以湖贝更新为例[J].城市规划，2019，43（6）：78-84.
[293] 杨哲，初松峰.存量土地活化的机制与主体研究：基于台湾社区营造经验的延伸探讨[J].国际城市规划，2017，32（2）：121-130.
[294] 姚爱国."放管服"改革背景下的建设工程规划许可制度重构[J].规划师，2020，36（14）：33-39.
[295] 叶斌，郑晓华，罗海明，等."三区三线"统筹划定：现象剖析、技术逻辑与南京经验[J].城市规划学刊，2024（1）：54-62.
[296] 叶剑平，丰雷，蒋妍，等.2016年中国农村土地使用权调查研究：17省份调查结果及政策建议[J].管理世界，2018，34（3）：98-108.
[297] 叶丽芳，黄贤金，马奔，等.基于问卷调查的土地督察机构改革设想[J].中国人口·资源与环境，2014，24（3）：77-82.
[298] 叶艳妹，吴次芳.县级土地利用总体规划的理论与实践：以永嘉县为例[M].北京：地质出版社，2001.
[299] 易家林，郭杰，欧名豪，等.国土空间用途管制：制度变迁、目标导向与体系构建[J].自然资源学报，2023，38（6）：1415-1429.
[300] 易家林，郭杰，欧名豪，等.面向治理转型的国土空间用途管制制度完善路径探讨[J].中国土地科学，2024，38（1）：64-72.
[301] 易家林，欧名豪，郭杰.国土空间规划时代的土地利用规划：历史贡献与时代使命[J].南京农业大学学报（社会科学版），2022，22（6）：146-158.
[302] 殷格兰，邵景安，郭跃，等.林地资源变化对森林生态系统服务功能的影响：以南水北调核心水源地淅川县为例[J].生态学报，2017，37（20）：6973-6985.
[303] 于凤瑞.《土地管理法》成片开发征收标准的体系阐释[J].中国土地科学，2020，34（8）：18-25.
[304] 于海涛，林坚，彭震伟，等.健全国土空间用途管制制度学术笔谈[J].城市规划学刊，2023（5）：1-11.
[305] 于昊辰，吕晓，杨俊，等.面向中国式现代化的国土空间治理：从理论逻辑到实现路径[J].中国土地科学，2024，38（1）：9-19.
[306] 余文唐.法律冲突：三大规则之法理研辩[R/OL].（2017-12-11）[2024-07-01].https://www.chinacourt.org/article/detail/2017/12/id/3104756.shtml.
[307] 余颖.城乡规划行政与行业发展[J].规划师，2006（6）：10-12.
[308] 袁勇.规范性文件合法性的判断标准[J].政治与法律，2020，10：82-95.
[309] 岳文泽，侯丽，韦静娴.国土空间治理的数字化转型：基本内涵、模式演进与关键挑战[J].中国土地科学，2024，38（1）：36-44.

［310］岳文泽，王田雨，甄延临．"三区三线"为核心的统一国土空间用途管制分区［J］．中国土地科学，2020，34（5）：52-59，68．
［311］岳文泽，王田雨．中国国土空间用途管制的基础性问题思考［J］．中国土地科学，2019，33（8）：8-15．
［312］詹美旭，王龙，王建军．广州市国土空间规划监测评估预警研究［J］．规划师，2020，36（2）：65-70．
［313］张兵，林永新，刘宛，等．"城市开发边界"政策与国家的空间治理［J］．城市规划学刊，2014（3）：20-27．
［314］张海东，胡守庚，龚émi．新常态下土地督察和土地监察协作对策研究［J］．中国国土资源经济，2016，29（7）：27-32．
［315］张鸿辉，洪良，罗伟玲，等．面向"可感知、能学习、善治理、自适应"的智慧国土空间规划理论框架构建与实践探索研究［J］．城乡规划，2019（6）：18-27．
［316］张京祥，陈浩．空间治理：中国城乡规划转型的政治经济学［J］．城市规划，2014，38（11）：9-15．
［317］张京祥，黄贤金．国土空间规划原理［M］．南京：东南大学出版社，2021．
［318］张京祥，夏天慈．治理现代化目标下国家空间规划体系的变迁与重构［J］．自然资源学报，2019，34（10）：2040-2050．
［319］张京祥．西方城市规划思想史纲［M］．南京：东南大学出版社，2005．
［320］张军扩，侯永志，刘培林，等．高质量发展的目标要求和战略路径［J］．管理世界，2019，35（7）：1-7．
［321］张可云．主体功能区的操作问题与解决办法［J］．中国发展观察，2007（3）：26-27．
［322］张克俊，杜婵．从城乡统筹、城乡一体化到城乡融合发展：继承与升华［J］．农村经济，2019（11）：19-26．
［323］张蕾．数字化时代国土空间规划管理公众参与优化研究［J］．中国管理信息化，2023，26（3）：178-181．
［324］张凌，易海军，何光环．国土空间规划背景下的全域国土空间综合整治探索——以宁波市镇海区为例［J］．浙江国土资源，2024（1）：27-29．
［325］张萍芬．关于韦伯的科层制理论［J］．河北理工大学学报（社会科学版），2011，11（6）：22-23，26．
［326］张尚武，刘振宇，王昱菲．"三区三线"统筹划定与国土空间布局优化：难点与方法思考［J］．城市规划学刊，2022（2）：12-19．
［327］张世良，刘伯恩，王光耀，等．关于推动自然资源综合执法体制改革的思考［J］．中国国土资源经济，2023，35（10）：45-51，89．
［328］张庭伟．1990年代中国城市空间结构的变化及其动力机制［J］．城市规划，2001（7）：7-14．
［329］张先贵．我国土地管理权行使方式研究［D］．南京：南京大学，2020．
［330］张衔春，胡国华，单卓然，等．中国城市区域治理的尺度重构与尺度政治［J］．地理科学，2021，41（1）：100-108．
［331］张晓玲，刘康，蔡玉梅．坚守18亿亩耕地红线不动摇［J］．求是，2009（21）：43-45．
［332］张晓玲．集体建设用地入市政策演进历程与规划管控策略［J］．中国土地，2021（3）：4-7．
［333］张雪飞，王传胜，李萌．国土空间规划中生态空间和生态保护红线的划定［J］．地理研究，2019，38（10）：2430-2446．
［334］张迅，徐志远，朱晓宇，等．贵州省新增耕地核定信息系统的研究与应用［J］．安徽农学通报，2021，27（20）：6．
［335］张一，白敏．生态环保督察与自然资源督察协同治理及其优化［J］．环境保护，2023，51（7）：34-39．
［336］张逸．城市总体规划公众参与的创新性实践：对"上海2035"城市总体规划公众参与的思考［J］．上海城市规划，2018（4）：64-67．
［337］张毅，杨金江．现代设施农业的创新发展：理论逻辑、现实情境与改革路径［J］．东岳论丛，2024，45（1）：68-77．
［338］张郁．监察体制改革背景下行政督察的发展趋向［J］．中国社会科学院大学学报，2022，42（6）：152-162．
［339］张钰．城市规划委员会决策机制研究［D］．广州：华南理工大学，2020．
［340］张远索．土地管理：理论与实践［M］．北京：学苑出版社，2016．
［341］张云昊．规则、权力与行动：韦伯经典科层制模型的三大假设及其内在张力［J］．上海行政学院学报，2011，12（2）：49-59．
［342］赵丛霞，朱海玄，周鹏光．英国规划许可中的公众参与：以英国谢菲尔德市为例［J］．国际城市规划，2020，35（3）：113-118．
［343］赵佳红，董小林，宋赦．重大建设项目风险管理机制体系构建及应用［J］．武汉理工大学学报（信息与管理工程版），2017，39（6）：689-694．
［344］赵民，程遥，潘海霞．论"城镇开发边界"的概念与运作策略：国土空间规划体系下的再探讨［J］．城市规划，2019，43（11）：31-36．
［345］赵民．"社区营造"与城市规划的"社区指向"研究［J］．规划师，2013，29（9）：5-10．
［346］赵涛，张智，梁上坤．数字经济、创业活跃度与高质量发展：来自中国城市的经验证据［J］．管理世界，2020，36（10）：65-76．
［347］赵勇健，邢宗海，郭斯薿．北京城市副中心高质量国土空间治理体系创新研究［J］．规划师，2023，39（5）：76-82．
［348］赵勇健，徐碧颖，王若冰．共商共治的实施性详细规划：北京规划综合实施方案的内涵思路与技术探索［J］．城市规划，2023，47（4）：15-24．
［349］赵勇健．国土空间管制体系的国际比较与经验借鉴：以美、英、日为例［J］．城乡规划，2024（2）：66-74．
［350］郑卫．我国邻避设施规划公众参与困境研究：以北京六里屯垃圾焚烧发电厂规划为例［J］．城市规划，2013，37（8）：66-71，78．
［351］郑新奇，杨树佳，象伟宁，等．基于农用地分等的基本农田保护空间规划方法研究［J］．农业工程学报，2007（1）：66-71，292．
［352］郑宇，黄鹏，张伟，等．强化组合供应提高自然资源资产配置效率［J］．资源导刊，2024（3）：22-23．

［353］中华人民共和国国务院.《中国特色社会主义法律体系》白皮书［R/OL］.（2011-10-27）［2024-07-01］. https://www.gov.cn/jrzg/2011-10/27/content_1979498.htm.

［354］全国人民代表大会.中华人民共和国立法法［EB/OL］.（2023-03-14）［2024-07-01］. https://www.shanghai.gov.cn/2023lhdt/20230314/76faf6b7e18c4116b2e33cc4fbe34dad.html.

［355］中研普华产业研究院.2021林权交易市场发展现状及前景分析［R/OL］.（2021-09-25）［2024-07-01］. https://www.chinairn.com/scfx/20210925/163337304.shtml.

［356］钟明洋，陈平，石义.国土空间用途管制制度体系的完善［J］.中国土地，2020（5）：13-16.

［357］钟镇涛，张鸿辉，刘耿，等.面向国土空间规划实施监督的监测评估预警模型体系研究［J］.自然资源学报，2022，37（11）：2946-2960.

［358］周静，朱天明.新加坡城市土地资源高效利用的经验借鉴［J］.国土与自然资源研究，2012（1）：39-42.

［359］周生贤.走向生态文明新时代：学习习近平同志关于生态文明建设的重要论述［J］.求是，2013（17）：17-19.

［360］周姝天，翟国方，施益军.英国空间规划经验及其对我国的启示［J］.国际城市规划，2017，32（4）：82-89.

［361］周天肖.中央-地方关系下土地规划治理模式研究［D］.杭州：浙江大学，2018.

［362］周文，肖玉飞.中国式现代化道路的独特内涵、鲜明特征与世界意义［J］.马克思主义与现实，2022（5）：36-45+204.

［363］周晓丽.新公共管理：反思、批判与超越：兼评新公共服务理论［J］.公共管理学报，2005（1）：43-48，90.

［364］周艺霖，邱凯付，刘菁.治理体系现代化视角下省级国土空间规划实施监督体系研究［J］.规划师，2022，38（8）：45-51.

［365］周颖，濮励杰，张芳怡.德国空间规划研究及其对我国的启示［J］.长江流域资源与环境，2006，15（4）：409-414.

［366］周子航，张京祥，王梓懿.国土空间规划的公众参与体系重构：基于沟通行动理论的演绎与分析［J］.城市规划，2021，45（5）：83-91.

［367］朱从谋，王珂，张晶，等.国土空间治理内涵及实现路径：基于"要素—结构—功能—价值"视角［J］.中国土地科学，2022，36（2）：10-18.

［368］朱道林.土地管理学［M］.3版.北京：中国农业大学出版社，2022.

［369］朱雷洲，黄亚平，谢来荣，等.困境与路径：新制度主义视角下的责任规划师制度研究［J］.规划师，2023，39（3）：51-56.

［370］朱亚福.长春市国土资源系统干部政治业务建设培训教材［M］.长春：吉林大学出版社，2008.

［371］竺乾威.理解公共行政的新维度：政府与社会的互动［J］.中国行政管理，2020（3）：45-51.

［372］自然资源部国土空间用途管制司.国土空间用途管制理论与实践［M］.北京：商务印书馆，2023.

［373］邹兵.增量规划向存量规划转型：理论解析与实践应对［J］.城市规划学刊，2015（5）：12-19.